市政与环境工程系列丛书

给排水科学与工程专业习题集

主　编　　李慧丽

副主编　　赵红花　王少峰　王惠敏

哈爾濱工業大學出版社

内 容 简 介

本书根据全国给水排水专业指导委员会对给排水科学与工程专业的学科基础课和专业必修课的基本要求编写，可以满足给排水科学与工程专业学生的学习需求。本书共分为上下两篇，共 6 部分内容。包括：《水分析化学》、《水处理生物学》、《泵与泵站》、《水质工程学（上、下）》、《建筑给水排水工程》、《给水排水管网系统》等教材的习题及参考答案。

本书可用于高等学校给排水科学与工程专业、环境工程专业本科生参考，也可供成人教育院校、有关专业的工程技术人员及自学者参考。

图书在版编目（CIP）数据

给排水科学与工程专业习题集/李慧丽主编. —哈尔滨：哈尔滨工业大学出版社，2018.1

（市政与环境工程系列丛书）

ISBN 978-7-5603-6804-7

Ⅰ. ①给… Ⅱ. ①李… Ⅲ. ①给排水系统—高等学校—习题集 Ⅳ. ①TU991-44

中国版本图书馆 CIP 数据核字（2017）第 181027 号

策划编辑 贾学斌
责任编辑 贾学斌
出版发行 哈尔滨工业大学出版社
社 址 哈尔滨市南岗区复华四道街 10 号 邮编 150006
传 真 0451-86414749
网 址 http://hitpress.hit.edu.cn
印 刷 哈尔滨市石桥印务有限公司
开 本 787mm×1092mm 1/16 印张 26.75 字数 640 千字
版 次 2018 年 1 月第 1 版 2018 年 1 月第 1 次印刷
书 号 ISBN 978-7-5603-6804-7
定 价 50.00 元

前　言

本书是“给排水科学与工程专业”的配套辅助教材，以《高等学校给排水科学与工程本科指导性专业规范》为指导，以给排水科学与工程专业的基本概念、基本理论为出发点，以培养学生的专业素质与能力为目标而编写。

本书内容是根据给排水科学与工程专业的学科基础课和专业必修课编写的，分为上下两篇，共6部分内容，包括：水分析化学；水处理生物学；泵与泵站；水质工程学（上、下）；建筑给水排水工程；给水排水管网系统。每章均扼要概括了基本理论、公式及解题要点，有填空、选择、判断等主观题，也有计算等客观题，题目有简有繁，各类典型问题全部采用精练或精解方式，重点说明解题的思路、方法、步骤和解题技巧，便于学生学习和复习专业基础知识，可提高学生对专业基础知识的掌握和运用能力。

本书由兰州理工大学给排水教研室教师合作编写，李慧莉主编，各章节编写人员分工如下：第1章胡家玮、蔚阳；第2章李慧莉；第3章王少峰；第4章杨亚红、赵红花、李彦娟；第5章王惠敏；第6章李慧莉。

本书在编写过程中得到了兰州理工大学张玉蓉、王亚军等老师，以及龙志强、李江尧、刘林刚、原文凯、程一航、党宁等研究生大力支持和帮助，同时也得到了兰州理工大学教学重点项目“给排水科学与工程四位一体化本科教学模式研究项目”[JY2015009]的资助，在此表示衷心的感谢。

本书参考了大量教材、专著和相关资料，也参考了历年国家注册公用设备师（给水排水）考试资料，由于涉及较多，无法在文中一一注明，本书编者在此对这些著作的作者一并表示诚挚的感谢。

由于给排水科学与工程专业知识涉及的内容和领域广泛，编者水平有限，谬误疏漏在所难免，恳请本书的使用者和读者批评指正。

本书适合高等学校给排水科学与工程专业本科生参考，也可供成人教育院校、有关专业的工程技术人员及自学或参考。

编　者

2017年4月

目　　录

上　篇

下　篇

上　篇

第一章　水分析化学

第一节　概　　论

（一）基本要求

掌握常用水质指标的含义及测定方法，如酸度碱度、硬度、浊度、残渣、COD、BOD、DO 等；掌握水质标准的含义及我国生活饮用水卫生标准的内涵；了解水分析化学的任务和作用，水分析化学方法的分类以及水分析化学的发展趋势与方向。

（二）习题

一、名词解释

1. 水质指标	2. 水质标准	3. 浊度	4. 表色
5. 真色	6. 水的酸度	7. 水的碱度	8. 水的硬度
9. 化学计量点	10. COD	11. BOD	12. 总含盐量

二、填空题

1. 滴定分析法根据反应不同分为四大类：（　　　　）、（　　　　）、（　　　　）、（　　　　）。

2. 水中微生物指标主要有：（　　　　）、（　　　　）、（　　　　）和二氧化氯。

3. 水质指标可分为三类：（　　　　）、（　　　　）、（　　　　）。

4. 根据分析时所需要的试样质量或试液体积的不同，可分为常量分析、半微量分析、（　　　　）和（　　　　）。

5. 光学分析法主要包括：（　　　　）、（　　　　）、（　　　　）、（　　　　）、火焰光度法、荧光分析法和比浊分析法。

6. 电化学分析法主要分为：（　　　　）、（　　　　）、（　　　　）和极谱分析法。

7. 电导率表示水溶液（　　　　）的能力。

三、简答题

1. 如何描述水样的臭和味？

2. 如何测定和表示水样的浑浊程度？

3. 如何测定水的色度？

4. 生活饮用水卫生标准对水质的基本要求有哪些？

第二节　水分析测量的质量保证

（一）基本要求

掌握标准溶液的配置方法、浓度表示方法、滴定度和基准物质的相关概念；掌握常用的样品保存技术和预处理技术；掌握各种误差的表示方法及准确度和精密度的表达方法；掌握误差的来源及减免方法。了解有效数字的意义，有效数字的正确表达方法及运算规则。

（二）习题

一、名词解释

1. 绝对误差　2. 相对误差　3. 准确度　4. 绝对偏差　5. 相对偏差
6. 精密度　7. 极差　8. 置信度　9. 标准溶液　10. 基准物质

二、填空题

1. 水样的保存方法主要有：（　　　）、（　　　）和（　　　）。

2. 水样的预处理方法主要包括：（　　　）、（　　　）、（　　　）和（　　　）。

3. 对水样进行消解时通常有三种方式：（　　　）、（　　　）和（　　　）。

4. 根据误差的来源和性质，可分为（　　　）误差、（　　　）误差和（　　　）误差。

5. 系统误差又叫可测误差，包括三种类型：（　　　）、（　　　）和（　　　）。

6. 基准物质必须满足的条件包括：纯度高、稳定、（　　　）、（　　　）、（　　　）以及试剂的组成与它的化学式完全相符。

三、简答题

1. 水样若需保存，通常的保存方法是什么？

2. 准确度与精密度分别表示什么？二者的关系如何？

3. 标准偏差的表达式是什么？

4. 物质的量浓度的含义是什么？

5. 甲乙两位同学同时对某一水样的同一指标，分别得到 5 个平行数据，则用什么来反映某一个数据的精密度？用什么来反映甲、乙各组平行数据的精密度？

6. 某同学发现自己测定的 5 个平行数据中某个数据与其他数据偏离较远，一时未找到其原因，用什么方法来决定其取舍呢？

7. 滴定分析中化学计量点与滴定终点有何区别？

第三节 酸碱滴定法

（一）基本要求

掌握酸碱质子理论、酸碱反应的实质，酸碱离解平衡及平衡常数的表达方法；掌握各种酸碱溶液的pH值计算；掌握缓冲溶液的作用原理及pH值的计算；掌握酸碱指示剂的作用原理与变色范围的计算；掌握滴定过程中滴定突跃范围的计算及指示剂选择原则；掌握水中碱度分类、连续滴定法测定水中的碱度及各种碱度的计算。了解酸碱在不同pH值溶液中，各种存在形式的分布情况、分布系数的概念；了解酸碱滴定终点误差的计算。

（二）习题

一、名词解释

1. 共轭酸碱对　　2. 平衡浓度　　3. 缓冲作用

4. 分布分数　　5. 指示剂的理论变色点

二、选择题

1. 配制好的HCl需贮存于______中。

A. 棕色橡皮塞试剂瓶　　B. 塑料瓶

C. 白色磨口塞试剂瓶　　D. 白色橡皮塞试剂瓶

2. 用c（HCl）=0.1 mol/L HCl溶液滴定c（NH_3）=0.1 mol/L氨水溶液化学计量点时溶液的pH值为______。

A. 等于7.0　　B. 小于7.0　　C. 等于8.0　　D. 大于7.0

3. 欲配制pH=5.0缓冲溶液，应选用的一对物质是______。

A. HAc(K_a=1.8×10^{-5})−NaAc　　B. HAc−NH_4Ac

C. $NH_3\cdot H_2O$(K_b=1.8×10^{-5}) −NH_4Cl　　D. KH_2PO_4−Na_2HPO_4

4. 欲配制pH=10.0缓冲溶液，应选用的一对物质是______。

A. HAc(K_a=1.8×10^{-5}) −NaAc　　B. HAc−NH_4Ac

C. $NH_3\cdot H_2O$ (K_b=1.8×10^{-5}) −NH_4Cl　　D. KH_2PO_4−Na_2HPO_4

5. 在酸碱滴定中，选择强酸强碱作为滴定剂的理由是______。

A. 强酸强碱可以直接配制标准溶液　　B. 使滴定突跃尽量大

C. 加快滴定反应速率　　D. 使滴定曲线较完美

6. 用$NaAc\cdot 3H_2O$晶体、2.0 mol/L NaOH来配制pH值为5.0的HAc−NaAc缓冲溶液1 L，其正确的配制是______。

A. 将49 g $NaAc\cdot 3H_2O$放入少量水中溶解，再加入50 mL 2.0 mol/L HAc溶液，用水稀释至1 L

B. 将98 g $NaAc\cdot 3H_2O$放入少量水中溶解，再加入50 mL 2.0 mol/L HAc溶液，用水稀释至1 L

C. 将25 g $NaAc\cdot 3H_2O$放入少量水中溶解，再加入100 mL 2.0 mol/L HAc溶液，用水稀释至1 L

D. 将49 g $NaAc\cdot 3H_2O$放入少量水中溶解，再加入100 mL 2.0 mol/L HAc溶液，用水稀释至1 L

7. (1+5)H_2SO_4这种体积比浓度表示方法的含义是______。

A. 水和浓H_2SO_4的体积比为1∶6　　B. 水和浓H_2SO_4的体积比为1∶5

C. 浓 H_2SO_4 和水的体积比为 1∶5　　D. 浓 H_2SO_4 和水的体积比为 1∶6

8. 以 NaOH 滴定 H_3PO_4($K_{a1}=7.5\times10^{-3}$，$K_{a2}=6.2\times10^{-8}$，$K_{a3}=5.0\times10^{-13}$)至生成 Na_2HPO_4 时，溶液的 pH 值应当是______。

A. 7.7　　B. 8.7　　C. 9.8　　D. 10.7

9. 用 0.10 mol/L HCl 滴定 0.10 mol/L Na_2CO_3 至酚酞终点，这里 Na_2CO_3 的基本单元数是______。

A. Na_2CO_3　　B. 2 Na_2CO_3　　C. 1/3 Na_2CO_3　　D. 1/2 Na_2CO_3

10. 下列弱酸或弱碱（设浓度为 0.1mol/L）能用酸碱滴定法直接准确滴定的是 ______。

A. 氨水($K_b=1.8\times10^{-5}$)　　B. 苯酚($K_b=1.1\times10^{-10}$)

C. NH_4^+　　D. H_3BO_3($K_a=5.8\times10^{-10}$)

11. 用 0.1 mol/L HCl 滴定 0.1 mol/L NaOH 时的 pH 值突跃范围是 9.7～4.3，用 0.01 mol/L HCl 滴定 0.01 mol/L NaOH 的突跃范围是______。

A. 9.7～4.3　　B. 8.7～4.3　　C. 8.7～5.3　　D. 10.7～3.3

12. 某酸碱指示剂的 $K_{HIn}=1.0\times10^5$，则从理论上推算其变色范围是______。

A. 4～5　　B. 5～6　　C. 4～6　　D. 5～7

13. 用 $NaAc\cdot3H_2O$ 晶体，2.0MHAc 来配制 pH 值为 5.0 的 HAC-NaAc 缓冲溶液 1 升，其正确的配制是（$M_{NaAC\ 3H_2O}=136.1$ g/mol，$K_a=1.8\times10^{-5}$）______。

A. 将 49 g $NaAc\cdot3H_2O$ 放入少量水中溶解，再加入 50 mL 2.0 mol/L HAc 溶液，用水稀释至 1 L

B. 将 98 g $NaAc\cdot3H_2O$ 放入少量水中溶解，再加入 50 mL 2.0 mol/L HAc 溶液，用水稀释至 1 L

C. 将 25 g $NaAc\cdot3H_2O$ 放入少量水中溶解，再加入 100 mL 2.0 mol/L HAc 溶液，用水稀释至 1 L

D. 将 49 g $NaAc\cdot3H_2O$ 放入少量水中溶解，再加入 100 mL 2.0 mol/L HAc 溶液，用水稀释至 1 L

14. NaOH 滴定 H_3PO_4 以酚酞为指示剂，终点时生成______（H_3PO_4：$K_{a1}=6.9\times10^{-3}$，$K_{a2}=6.2\times10^{-8}$，$K_{a3}=4.8\times10^{-13}$）。

A. NaH_2PO_4　　B. Na_2HPO_4

C. Na_3PO_4　　D. $NaH_2PO_4+Na_2HPO_4$

15. 用 NaOH 溶液滴定下列______多元酸时，会出现两个 pH 值突跃。

A. H_2SO_3 ($K_{a1}=1.3\times10^{-2}$，$K_{a2}=6.3\times10^{-8}$)　　B. H_2CO_3($K_{a1}=4.2\times10^{-7}$，$K_{a2}=5.6\times10^{-11}$)

C. H_2SO_4 ($K_{a1}\geqslant1$，$K_{a2}=1.2\times10^{-2}$)　　D. $H_2C_2O_4$ ($K_{a1}=5.9\times10^{-2}$，$K_{a2}=6.4\times10^{-5}$)

16. 用酸碱滴定法测定工业醋酸中的乙酸含量，应选择的指示剂是______。

A. 酚酞　　B. 甲基橙　　C. 甲基红　　D. 甲基红-次甲基蓝

17. 已知邻苯二甲酸氢钾(用 KHP 表示)的摩尔质量为 204.2 g/mol，用它来标定 0.1mol/L 的 NaOH 溶液，宜称取 KHP 质量为______。

A. 0.25 g 左右　　B. 1 g 左右　　C. 0.6 g 左右　　D. 0.1 g 左右

18. HAc-NaAc 缓冲溶液 pH 值的计算公式为______。

A. $[H^+]=\sqrt{K_{HAc}\cdot c(HAc)}$　　B. $[H^+]=K_{HAc}\cdot\dfrac{c(HAc)}{c(NaAc)}$

C. $[H^+]=\sqrt{K_{a1}\cdot K_{a2}}$　　D. $[H^+]=c(HAc)$

19. 双指示剂法测混合碱，加入酚酞指示剂时，消耗 HCl 标准滴定溶液体积为 15.20 mL；加入甲基橙作指示剂，继续滴定又消耗了 HCl 标准溶液 25.72 mL，那么溶液中存在______。

A. $NaOH + Na_2CO_3$　　B. $Na_2CO_3 + NaHCO_3$

C. $NaHCO_3$　　D. Na_2CO_3

20. 双指示剂法测混合碱，加入酚酞指示剂时，消耗 HCl 标准滴定溶液体积为 18.00 mL；加入甲基橙作指示剂，继续滴定又消耗了 HCl 标准溶液 14.98 mL，那么溶液中存在______。

A. $NaOH + Na_2CO_3$　　B. $Na_2CO_3 + NaHCO_3$

C. $NaHCO_3$　　D. Na_2CO_3

21. 下列各组物质按等物质的量混合配成溶液后，其中不是缓冲溶液的是______。

A. $NaHCO_3$ 和 Na_2CO_3　　B. NaCl 和 NaOH

C. NH_3 和 NH_4Cl　　D. HAc 和 NaAc

22. 在 HCl 滴定 NaOH 时，一般选择甲基橙而不是酚酞作为指示剂，主要是由于______。

A. 甲基橙水溶液好　　B. 甲基橙终点 CO_2 影响小

C. 甲基橙变色范围较狭窄　　D. 甲基橙是双色指示剂

23. 用物质的量浓度相同的 NaOH 和 $KMnO_4$ 两溶液分别滴定相同质量的 $KHC_2O_4 \cdot H_2C_2O_4 \cdot 2H_2O$。滴定消耗的两种溶液的体积（$V$）关系是______。

A. $V_{NaOH} = V_{KMnO_4}$　　B. $3V_{NaOH} = 4V_{KMnO_4}$

C. $4 \times 5 V_{NaOH} = 3V_{KMnO_4}$　　D. $4V_{NaOH} = 5 \times 3 V_{KMnO_4}$

24. 既可用来标定 NaOH 溶液，也可用作标定 $KMnO_4$ 的物质为______。

A. $H_2C_2O_4 \cdot 2H_2O$　　B. $Na_2C_2O_4$　　C. HCl　　D. H_2SO_4

25. 下列阴离子的水溶液，若浓度(单位：mol/L)相同，则何者碱性最强?______

A. CN^-($K_{HCN} = 6.2 \times 10^{-10}$)　　B. S^{2-}($K_{HS^-} = 7.1 \times 10^{-15}$，$K_{H_2S} = 1.3 \times 10^{-7}$)

C. F^-($K_{HF} = 3.5 \times 10^{-4}$)　　D. CH_3COO^- ($K_{HAc} = 1.8 \times 10^{-5}$)

26. 以甲基橙为指示剂标定含有 Na_2CO_3 的 NaOH 标准溶液，用该标准溶液滴定某酸以酚酞为指示剂，则测定结果______。

A. 偏高　　B. 偏低　　C. 不变　　D. 无法确定

27. 用 0.100 0 mol/L NaOH 标准溶液滴定同浓度的 $H_2C_2O_4$（$K_{a1} = 5.9 \times 10^{-2}$，$K_{a2} = 6.4 \times 10^{-5}$）时，有几个滴定突跃？应选用何种指示剂？______

A. 二个突跃，甲基橙（$pK_{HIn} = 3.40$）　　B. 二个突跃，甲基红（$pK_{HIn} = 5.00$）

C. 一个突跃，溴百里酚蓝（$pK_{HIn} = 7.30$）　　D. 一个突跃，酚酞（$pK_{HIn} = 9.10$）

28. NaOH 溶液标签浓度为 0.300 mol/L，该溶液从空气中吸收了少量的 CO_2，现以酚酞为指示剂，用标准 HCl 溶液标定，标定结果比标签浓度______。

A. 高　　B. 低　　C. 不变　　D. 无法确定

三、填空题

1. 酸碱给出和获得质子的能力用（　　　　）来表示。

2. 水作为溶剂时，有时能给出质子作为酸，有时能接受质子作为碱，这种既能作为酸又能作为碱的物质称为（　　　　）。

3. 酸碱反应的实质就是（　　　　）的转移过程。

4. 酸碱指示剂的理论变色范围的 pH=（　　　　）；理论变色点的 pH=（　　　　）。

5. 水中的碱度来源于三类物质：强碱、（　　　　）和（　　　　）。

四、判断题

（ ）1. 根据酸碱质子理论，只要能给出质子的物质就是酸，只要能接受质子的物质就是碱。

（ ）2. 酸碱滴定中有时需要用颜色变化明显的变色范围较窄的指示剂即混合指示剂。

（ ）3. 配制酸碱标准溶液时，用吸量管量取 HCl，用台秤称取 NaOH。

（ ）4. 酚酞和甲基橙都有可用于强碱滴定弱酸的指示剂。

（ ）5. 缓冲溶液在任何 pH 值条件下都能起缓冲作用。

（ ）6. 双指示剂就是混合指示剂。

（ ）7. 滴定管属于量出式容量仪器。

（ ）8. 盐酸标准滴定溶液可用精制的草酸标定。

（ ）9. $H_2C_2O_4$ 的两步离解常数为 K_{a1}=5.6×10^{-2}、K_{a2}=5.1×10^{-5}，因此不能分步滴定。

（ ）10. 以硼砂标定盐酸溶液时，硼砂的基本单元是 $Na_2B_4O_7·10H_2O$。

（ ）11. 酸效应曲线的作用就是查找各种金属离子所需的滴定最低酸度。

（ ）12. 用 NaOH 标准溶液标定 HCl 溶液浓度时，以酚酞作指示剂，若 NaOH 溶液因贮存不当吸收了 CO_2，则测定结果偏高。

（ ）13. 酸碱滴定法测定分子量较大的难溶于水的羧酸时，可采用中性乙醇为溶剂。

（ ）14. H_2SO_4 是二元酸，因此用 NaOH 滴定有两个突跃。

（ ）15. 双指示剂法测定混合碱含量，已知试样消耗标准滴定溶液盐酸的体积 $V_1 > V_2$，则混合碱的组成为 Na_2CO_3 + NaOH。

（ ）16. 盐酸和硼酸都可以用 NaOH 标准溶液直接滴定。

（ ）17. 强酸滴定弱碱达到化学计量点时 pH＞7。

（ ）18. 常用的酸碱指示剂，大多是弱酸或弱碱，所以滴加指示剂的多少及时间的早晚不会影响分析结果。

（ ）19. K_2SiF_6 法测定硅酸盐中硅的含量，滴定时，应选择酚酞作指示剂。

（ ）20. 用因保存不当而部分分化的基准试剂 $H_2C_2O_4·2H_2O$ 标定 NaOH 溶液的浓度时，结果偏高；若用此 NaOH 溶液测定某有机酸的摩尔质量时则结果偏低。

（ ）21. 用因吸潮带有少量湿存水的基准试剂 Na_2CO_3 标定 HC1 溶液的浓度时，结果偏高；若用此 HCl 溶液测定某有机碱的摩尔质量时结果也偏高。

五、简答题

1. 指示剂选择的原则是什么？

2. 什么是理论终点？什么是滴定终点？

3. 分别滴定法和连续滴定法测定含 CO_3^{2-}、HCO_3^- 混合碱度时，如何计算其总碱度和分碱度？写出对应的计算式。

4. 以 HAc−NaAc 缓冲溶液为例，说明缓冲溶液的作用原理。

5. 酸碱指示剂的作用原理是什么？

6. 什么是酸碱滴定中的 pH 值突跃范围？影响突跃范围大小的因素有哪些？

7. 指示剂变色范围的表达式及其含义是什么？

8. 为什么用 NaOH/H_2O 溶液滴定 HCl/H_2O 溶液用酚酞指示剂，而不用甲基橙，在用 HCl/H_2O 溶液滴定 NaOH/H_2O 溶液时用甲基橙指示剂而不用酚酞？

六、计算题

1. 已知 0.100 0 mol/L HB 溶液的 pH=3，计算 NaB 溶液的 pH 值。

2. 计算 0.05 mol/L 的 $NaHCO_3$ 溶液的 pH 值。

3. 用 NaOH（0.100 0 mol/L）滴定 HA 0.100 0 mol/L（$K_a=10^{-6}$），试计算化学计量点的 pH 值。

4. 计算 0.3 mol/L 的 HAc 与 0.1 mol/L 的 NaOH 等体积混合后的 pH 值。

5. 1 L 溶液中含有 0.1 mol/L 的 HCl、2.0×10^{-3} mol/L 的 H_2CO_3 和 2.0×10^{-5} mol/L 的 HAc（乙酸）。计算该溶液的 pH 值及 CO_3^{2-}、Ac^-的平衡浓度。

6. 10 mL 0.20 mol/L HCl 溶液与 10 mL 0.50 mol/L HCOONa 和 2.0×10^{-4} mol/L $Na_2C_2O_4$ 溶液混合，计算溶液中的 $c(C_2O_4^{2-})$。HCOOH 的 $K_a=1.8\times10^{-4}$，$pK_a=3.74$；$H_2C_2O_4$ 的 $pK_{a1}=1.25$，$pK_{a2}=4.29$。

7. 计算饱和酒石酸氢钾（0.034 mol/L）标准缓冲溶液的 pH 值。酒石酸 $K_{a1}=9.1\times10^{-4}$，$K_{a2}=4.3\times10^{-5}$。

8. 0.100 0 mol/L NaOH 滴定 0.100 0 mol/L HCl 以及 0.200 0 mol/L H_3BO_3 混合溶液，求 sp 时 pH 值；若 ep 时的 pH 值比 sp 时高 0.5 pH 单位，求 E_t（已知 H_3BO_3 的 $K_a=5.4\times10^{-10}$）。

9. 在 20.00 mL 0.100 0 mol/L HA（$K_a=10^{-7.00}$）溶液中，加入 0.100 0 mol/L 的 NaOH 20.04 mL（此为滴定到化学计量点后的 0.2%），计算溶液的 pH 值。

10. 要配制 200 mL pH=9.35 NH_3-NH_4Cl 缓冲溶液，并且向该溶液在加入 1 mmol 的 HCl 或 NaOH 时，pH 值的变化不大于 0.12 单位，需用多少克和多少毫升的 1.0 mol/L 的氨水？（$pK_a=9.25$）

11. 25.00 mL 0.400 mol/L 的 H_3PO_4 溶液与 30.00 mL 0.500 mol/L 的 Na_3PO_4 溶液混合，稀释至 100 mL。（1）计算 pH 值和缓冲容量β。（2）取上述溶液 25.00 mL，问需加入多少毫升 1.00 mol/L NaOH 溶液，才能使溶液的 pH=9？（3）如果 60.00 mL 0.400 mol/L H_3PO_4 与 12.00 mL 0.500 mol/L Na_3PO_4 混合，pH 值又是多少？（$pK_{a1}=2.12$，$pK_{a2}=7.23$，$pK_{a3}=12.36$）

12. 设计测定含有中性杂质的 Na_2CO_3 和 Na_3PO_4 混合物中两组分的含量的分析方案。用简单流程表明主要步骤、滴定剂、指示剂及结果计算公式。（H_2CO_3：$pK_{a1}=6.38$，$pK_{a2}=10.25$；H_3PO_4：$pK_{a1}=2.12$，$pK_{a2}=7.20$，$pK_{a3}=12.36$）

13. 欲配制 pH 值为 3.0 和 4.0 的 HCOOH-HCOONa 缓冲溶液，应分别往 200 mL 0.20 mol/L HCOOH 溶液中加入多少毫升 1.0 mol/L NaOH 溶液？

14. 用 0.10 mol/L NaOH 滴定 0.10 mol/L HAc 至 pH=8.00，计算终点误差。

第四节 络合滴定法

（一）基本要求

掌握络合物的稳定常数及溶液中各级络合物的分布系数的概念；掌握 EDTA 的离解平衡及 EDTA 与金属离子反应的特点；掌握酸效应系数、条件稳定常数的意义及计算方法、络合反应的完全程度；掌握络合滴定突跃的计算方法、影响滴定突跃的因素、混合离子连续滴定的方法和原理。了解金属指示剂的作用原理和几种常用的金属指示剂、指示剂的封闭现象、僵化现象及预防措施。

（二）习题

一、名词解释

1. 配位数　　2. 螯合物　　3. 酸效应

4. 置换滴定法　　5. 暂时硬度　　6. 永久硬度

二、选择题

1. 直接与金属离子配位的 EDTA 型体为______。

A. H_6Y^{2+}　　B. H_4Y　　C. H_2Y^{2-}　　D. Y^{4-}

2. 一般情况下，EDTA 与金属离子形成的络合物的络合比是______。

A. 1∶1　　B. 2∶1　　C. 1∶3　　D. 1∶2

3. 铝盐药物的测定常用配位滴定法。加入过量 EDTA，加热煮沸片刻后，再用标准锌溶液滴定。该滴定方式是______。

A. 直接滴定法　　B. 置换滴定法

C. 返滴定法　　D. 间接滴定法

4. $\alpha_{M(L)}=1$ 表示______。

A. M 与 L 没有副反应　　B. M 与 L 的副反应相当严重

C. M 的副反应较小　　D. [M]=[L]

5. 以下表达式中正确的是______。

A. $K'_{MY}=\dfrac{c_{MY}}{c_M c_Y}$　　B. $K'_{MY}=\dfrac{[MY]}{[M][Y]}$

C. $K_{MY}=\dfrac{[MY]}{[M][Y]}$　　D. $K_{MY}=\dfrac{[M][Y]}{[MY]}$

6. 用 EDTA 直接滴定有色金属离子 M，终点所呈现的颜色是______。

A. 游离指示剂的颜色　　B. EDTA-M 络合物的颜色

C. 指示剂-M 络合物的颜色　　D. 上述 A+B 的混合色

7. 配位滴定中，指示剂的封闭现象是由______引起的。

A. 指示剂与金属离子生成的络合物不稳定

B. 被测溶液的酸度过高

C. 指示剂与金属离子生成的络合物稳定性小于 MY 的稳定性

D. 指示剂与金属离子生成的络合物稳定性大于 MY 的稳定性

8. 下列叙述中错误的是______。

A. 酸效应使络合物的稳定性降低　　B. 共存离子使络合物的稳定性降低

C. 配位效应使络合物的稳定性降低　　D. 各种副反应均使络合物的稳定性降低

9. 用 Zn^{2+} 标准溶液标定 EDTA 时，体系中加入六次甲基四胺的目的是______。

A. 中和过多的酸　　B. 调节 pH 值

C. 控制溶液的酸度　　D. 起掩蔽作用

10. 在配位滴定中，直接滴定法的条件包括______。

A. $\lg c\cdot K'_{MY}\leqslant 8$　　B. 溶液中无干扰离子

C. 有变色敏锐无封闭作用的指示剂　　　　D. 反应在酸性溶液中进行

11. 测定水中钙硬度时，Mg^{2+}的干扰用的是______消除的。

A. 控制酸度法　　　B. 配位掩蔽法　　　C. 氧化还原掩蔽法　　D. 沉淀掩蔽法

12.配位滴定中加入缓冲溶液的原因是______。

A. EDTA 配位能力与酸度有关　　　　　B. 金属指示剂有其使用的酸度范围

C. EDTA 与金属离子反应过程中会释放出 H^+　D. K'_{MY} 会随酸度改变而改变

13. 产生金属指示剂的僵化现象是因为______。

A. 指示剂不稳定　　B. MIn 溶解度小　　C. $K'_{MIn}<K'_{MY}$　　D. $K'_{MIn}>K'_{MY}$

14. 已知 M_{ZnO}=81.38 g/mol，用它来标定 0.02mol 的 EDTA 溶液，宜称取 ZnO 为______。

A. 4 g　　　B. 1 g　　　C. 0.4 g　　　D. 0.04 g

15. 某溶液主要含有 Ca^{2+}、Mg^{2+}及少量 Al^{3+}、Fe^{3+}，今在 pH=10 时加入三乙醇胺后，用 EDTA 滴定，用铬黑 T 为指示剂，则测出的是______。

A. Mg^{2+}的含量　　　　　　B. Ca^{2+}、Mg^{2+}的含量

C. Al^{3+}、Fe^{3+}的含量　　　　D. Ca^{2+}、Mg^{2+}、Al^{3+}、Fe^{3+}的含量

三、填空题

1. 金属离子与配位体通过（　　　）键形成的化合物称为络合物，络合物中的金属离子称为（　　　），与中心离子结合的阴离子称为（　　　）。

2. 一般情况下水溶液中的 EDTA 总是以（　　　）等（　　　）种型体存在，其中以（　　　）与金属离子形成的络合物最稳定，但仅在 pH 值在（　　　）范围时 EDTA 才主要以此种型体存在。

3. 除个别金属离子外，EDTA 与金属离子形成络合物时，络合比都是（　　　）。

4. 络合滴定的方式有四种：（　　　）、（　　　）、（　　　）和（　　　）。

四、判断题

（ ）1. 金属指示剂是指示金属离子浓度变化的指示剂。

（ ）2. 造成金属指示剂封闭的原因是指示剂本身不稳定。

（ ）3. EDTA 滴定某金属离子有一允许的最高酸度（pH 值），溶液的 pH 值再增大就不能准确滴定该金属离子了。

（ ）4. 用 EDTA 配位滴定法测水泥中氧化镁含量时，不用测钙镁总量。

（ ）5. 金属指示剂的僵化现象是指滴定时终点没有出现。

（ ）6. 在配位滴定中，若溶液的 pH 值高于滴定 M 的最小 pH 值，则无法准确滴定。

（ ）7. EDTA 酸效应系数$\alpha_{Y(H)}$随溶液中 pH 值变化而变化；pH 值低，则$\alpha_{Y(H)}$值高，对配位滴定有利。

（ ）8. 络合滴定中，溶液的最佳酸度范围是由 EDTA 决定的。

（ ）9. 铬黑 T 指示剂在 pH=7～11 范围使用，其目的是为了减少干扰离子的影响。

（ ）10. 滴定 Ca^{2+}、Mg^{2+}总量时要控制 pH≈10，而滴定 Ca^{2+}分量时要控制 pH 值为 12～13，若 pH＞13 时测 Ca^{2+}则无法确定终点。

五、简答题

1. 络合滴定法除了满足一般滴定分析基本要求外，还要满足哪两个条件？

2. 络合物稳定常数的表达式是什么？它与解离常数的关系是什么？

3. 络合滴定中，金属指示剂应具备什么条件？

4. 提高络合滴定选择性的方法有哪两种？

5. EDTA 与金属离子形成的配合物有什么特点？

6. 为什么说 EDTA 在碱性条件下配位能力强？

7. 什么是酸效应系数？酸效应系数与介质的 pH 值有什么关系？酸效应系数的大小说明了什么问题？

8. 什么是配合物的条件稳定常数和配位反应的副反应系数，它们之间的关系如何？

9. 表观稳定常数($K'_{稳}$)与稳定常数($K_{稳}$)有什么联系与区别？

10. 配位滴定时为什么要控制 pH 值，怎样控制 pH 值？

11. 如何确定准确配位滴定某金属离子的 pH 值范围？

12. 已知 $\lg K_{MY}=16$，$\lg K_{NY}=9$，如何控制 pH 值，准确地分别滴定 M 离子和 N 离子？

13. 配位滴定中金属指示剂如何指示终点？

14. 配位滴定中怎样消除其他离子的干扰而准确滴定？

15. 什么是酸效应曲线图，有什么应用？

六、计算题

1. 计算 pH=5 时，EDTA 的酸效应系数及对数值，若此时 EDTA 各种型体总浓度为 0.02 mol/L，求 $c(Y^{4-})$。

2. 在 0.10 mol/L 的 Al^{3+}溶液中，加入 F^-形成 AlF_6^{3-}，如反应达平衡后，溶液中的 F^-浓度为 0.01 mol/L，求游离 Al^{3+}的浓度？

3. 在 pH=11.0 的 Zn^{2+}–氨溶液中，$c(NH_3)$= 0.10 mol/L，求α_M 。

4. 计算 pH=2 和 pH=5 时，ZnY 的条件稳定常数。

5. 计算 pH=5 的 0.1 mol/L 的 AlF_6^{3-}溶液中，含有 0.01 mol/L 游离 F^-时，AlY^-的条件稳定常数。

6. EBT 为有机弱酸，其 $K_{a1}=10^{-6.3}$，$K_{a2}=10^{-11.6}$， Mg–EBT 络合物的稳定常数 $K_{Mg\text{-}EBT}=10^{7.0}$，Mg–EDTA 的稳定常数 $K_{Mg\text{-}EDTA}=10^{8.64}$。当 pH=10.0 时：

（1）求 Mg–EBT 络合物的条件稳定常数？

（2）用方程式表明 EDTA 滴定镁时，铬黑 T 指示剂的作用原理。

7. 铬黑 T 与 Mg^{2+}的配合物的 $\lg K_{MgIn}$ 为 7.0，铬黑 T 的累计常数的对数值为 $\lg\beta_1=11.6$ 和 $\lg\beta_2=17.9$，试计算 pH=10.0 时铬黑 T 的 pMg_t 值。

8. 在 pH 值 10.0 的氨性溶液中，用 0.020 mol/L 的 EDTA 滴定同样浓度的 Mg^{2+}，计算以铬黑 T 为指示剂滴定到变色点 pMg_t 时的 TE%为多少？

9. 为什么以 EDTA 滴定 Mg^{2+}时，通常在 pH=10 而不是在 pH=5 的溶液中进行；但滴定 Zn^{2+}时，则可以在 pH=5 的溶液中进行？（设 SP 时金属离子的浓度皆为 0.01 mol/L）

10. 假设 Mg^{2+}和 EDTA 的浓度皆为 0.01 mol/L，在 pH=6 时条件稳定常数 K'_{MY} 为多少？说明此 pH 值条件下能否用 EDTA 标液准确滴定 Mg^{2+}？若不能滴定，求其允许的最低酸度？

11. 称取 0.100 5 g 纯的 $CaCO_3$，溶解后配成 100 mL 溶液，吸取 25.00 mL，在 pH＞12 时，以钙指示剂指示终点，用 EDTA 标准溶液滴定，消耗 24.90 mL，计算：

（1）EDTA 的浓度；

（2）每毫升 EDTA 溶液相当于 ZnO 和 Fe_2O_3 的克数。

第五节　沉淀滴定法

（一）基本要求

掌握溶度积的概念及计算，了解影响沉淀溶解度的因素及相关计算；掌握沉淀反应的原理、沉淀滴定突跃的计算；掌握摩尔法、佛尔哈德法、法扬司法的原理、应用及操作条件。

（二）习题

一、名词解释

1. 同离子效应　　2. 盐效应　　3. 酸效应　　4. 络合效应　　5. 分步沉淀

二、选择题

1. 在质量分析法中，洗涤无定型沉淀的洗涤液应是______。

A. 冷水　　B. 含沉淀剂的稀溶液

C. 热的电解质溶液　　D. 热水

2. 若 A 为强酸根，存在可与金属离子形成配合物的试剂 L，则难溶化合物 MA 的溶解度计算式为______。

A. $\sqrt{K_{SP} / \alpha_{M(L)}}$　　B. $\sqrt{K_{SP} \cdot \alpha_{M(L)}}$

C. $\sqrt{K_{SP} / \alpha_{M(L)} + 1}$　　D. $\sqrt{K_{SP} \cdot \alpha_{M(L)} + 1}$

3. Ra^{2+}与 Ba^{2+}的离子结构相似，因此，可以利用 $BaSO_4$ 沉淀从溶液中富集微量 Ra^{2+}，这种富集方式是利用了______。

A. 混晶共沉淀　　B. 包夹共沉淀

C. 表面吸附共沉淀　　D. 固体萃取共沉淀

4. 在法扬司法测 Cl^-时，常加入糊精，其作用是______。

A. 掩蔽干扰离子　　B. 防止 AgCl 凝聚

C. 防止 AgCl 沉淀转化　　D. 防止 AgCl 感光

5. 质量分析中，当杂质在沉淀过程中以混晶形式进入沉淀时，主要是由于______。

A. 沉淀表面电荷不平衡　　B. 表面吸附

C. 沉淀速度过快　　D. 离子结构类似

6. 用 $BaSO_4$ 质量分析法测定 Ba^{2+}时，若溶液中还存在少量 Ca^{2+}、Na^+、CO_3^{2-}、Cl^-、H^+和 OH^-等离子，则沉淀 $BaSO_4$ 表面吸附杂质为______。

A. SO_4^{2-}和 Ca^{2+}　　B. Ba^{2+}和 CO_3^{2-}

C. CO_3^{2-}和 Ca^{2+}　　D. H^+和 OH^-

7. 莫尔法不能用于碘化物中碘的测定，主要因为______。

A. AgI 的溶解度太小　　B. AgI 的吸附能力太强

C. AgI 的沉淀速度太慢　　D. 没有合适的指示剂

8. 用莫尔法测定 Cl^-，控制 pH=4.0，其滴定终点将______。

A. 不受影响　　B. 提前到达
C. 推迟到达　　D. 刚好等于化学计量点

9. 对于晶型沉淀而言，选择适当的沉淀条件达到的主要目的是______。
A. 减少后沉淀　　B. 增大均相成核作用
C. 得到大颗粒沉淀　　D. 加快沉淀沉降速率

10. 沉淀质量法中，称量形式的摩尔质量越大______。
A. 沉淀越易于过滤洗涤　　B. 沉淀越纯净
C. 沉淀的溶解度越小　　D. 测定结果准确度越高

11. 质量分析法测定Ba^{2+}时，以H_2SO_4作为Ba^{2+}的沉淀剂，H_2SO_4应过量______。
A. 1%～10%　　B. 20%～30%
C. 50%～100%　　D. 100%～150%

三、填空题

1. 影响沉淀溶解度的因素主要有（　　　）效应、（　　　）效应、（　　　）效应和（　　　）效应。

2. 银量法包括（　　　）法、（　　　）法和（　　　）法，主要用于水中Cl^-、Br^-、CN^-和Ag+离子等的测定。

3. 将沉淀在溶液中放置一段时间，使小晶体转化为大晶体的过程称为（　　　）。

4. 莫尔法只能在（　　　）性和（　　　）性溶液中进行，避免pH值过大时，生成（　　　）沉淀。

5. 均相沉淀法是利用在溶液中（　　　）而产生沉淀剂，使沉淀在整个溶液中缓慢而均匀地析出，这种方法避免了（　　　）现象，从而获得大颗粒的纯净晶型沉淀。

6. 影响沉淀纯度的主要因素是（　　　）和（　　　）。在晶型沉淀过程中，若加入沉淀剂过快，除了造成沉淀剂局部过浓影响晶型外，还会发生（　　　）现象，使分析结果（　　　）。

四、判断题

（ ）1. 在稀和热溶液中进行沉淀是晶型沉淀生成的条件。

（ ）2. 在晶型沉淀过程中，沉淀剂应在不断搅拌下，慢慢加入沉淀剂，这样可以防止局部过浓，降低沉淀剂离子在全部或局部溶液中的过饱和度，得到颗粒大而纯净的沉淀。

（ ）3. 均相成核是指在过饱和溶液中，构晶离子由于静电作用而缔合，从溶液中自发地产生晶核的过程。

（ ）4. 在沉淀反应中，同一种沉淀颗粒愈小，表面积愈大，吸附溶液中异电荷离子的能力越强，沉淀吸附杂质量愈多。

（ ）5. 银量法中吸附指示剂法溶液的酸度应有利于指示剂显色形体的存在。使用pK_a=5.0的吸附指示剂测定卤素离子时，溶液酸度应控制在pH＞5，但pH值太高，Ag^+易发生水解，故溶液酸度应控制在5＜pH＜10。

（ ）6. 指示剂CrO_4^{2-}的用量直接影响Mohr法的准确度。CrO_4^{2-}的浓度过高，不仅终点提前，而且CrO_4^{2-}本身的黄色也会影响终点观察。

（ ）7. 法扬司法中溶液的酸度应有利于指示剂显色形体的存在。吸附指示剂的K_a愈大，滴定适用的pH值愈低。

（ ）8. 无定型沉淀体积庞大、结构疏松、过滤速度慢，应选用疏松即快速滤纸。

（ ）9. 减少或消除吸附共沉淀的有效方法是洗涤沉淀；减少或消除混晶共沉淀的方法是在沉淀时加入沉淀剂的速度慢，沉淀进行陈化；减少或消除包埋或吸留共沉淀的方法是使沉淀重结晶或陈化。

（ ）10. 后沉淀是指在沉淀析出后，溶液中本来不能析出沉淀的组分，也在沉淀表面逐渐沉积出来的现象。沉淀在溶液中放置时间愈长，后沉淀现象愈严重。减少或消除后沉淀的方法是缩短沉淀和母液共置的时间。

（ ）11. 提高 Fe^{3+}的浓度，可减小终点时 SCN^-的浓度，防止 AgCl 沉淀向 AgSCN 沉淀的转化，减小滴定误差。

（ ）12. 一般氢氧化物沉淀为无定型沉淀。进行氢氧化物沉淀应满足（1）在较浓的热溶液中进行；（2）加入大量电解质；（3）不断搅拌，适当加快沉淀剂的加入速度；（4）不必陈化；（5）严格控制溶液的 pH 值。

（ ）13. 沉淀质量法中，沉淀的化学组成称为沉淀形式。沉淀经处理后具有固定组成、供最后称量的化学组成称为称量形式。沉淀形式与称量形式可以相同，也可以不同。

（ ）14. 同离子效应是当沉淀反应达到平衡后，增加适量构晶离子的强电解质浓度，可使难溶盐溶解度降低的现象；盐效应是指难溶盐溶解度随溶液中离子强度的增加而增大的现象。

（ ）15. 在沉淀滴定中，突跃范围的大小取决于构晶离子的浓度和形成沉淀的溶度积常数 K_{sp}。当溶液的浓度一定时，K_{sp}越小，沉淀溶解度越小，突跃范围越大。

（ ）16. 利用同离子效应可降低沉淀溶解度，但构晶离子浓度太大，由于盐效应和配位效应的影响，反而使沉淀的溶解度增加，达不到预期的目的。

五、简答题

1. 沉淀滴定法除必须符合滴定分析的基本要求外，还应满足哪两个条件？
2. 微溶电解质的条件溶度积与溶度积的关系？
3. 莫尔法准确滴定水样中氯离子时，为什么要做空白试验？
4. 莫尔法为什么不能用氯离子滴定银离子？
5. 莫尔法测定氯离子，为了准确测定应注意哪些问题？
6. 为什么在有铵盐存在时，莫尔法测定氯离子只能在中性条件下进行？
7. 佛尔哈德法同莫尔法相比有什么特点？
8. 欲使 $Ag_2Cr_2O_4$ 沉淀完全，为什么要控制 pH 值在 6.5～10.0 之间？
9. 简述莫尔法、佛尔哈德法、法扬司法的主要反应方程式，所用指示剂及反应时的酸度条件。
10. $BaCl_2$、NH_4Cl、NaBr 分别用什么方法测定比较好？为什么？

六、计算题

1. 计算 CaC_2O_4 在 pH 值为 5.00 的 0.050 mol/L $(NH_4)_2C_2O_4$ 中的溶解度。

（已知：$K_{sp}(CaC_2O_4)=2.0\times10^{-9}$，$H_2C_2O_4$ 的 $K_{a1}=5.9\times10^{-2}$，$K_{a2}=6.4\times10^{-5}$）

2. 称取 NaCl 基准试剂 0.177 3 g，溶解后加入 30.00 mL $AgNO_3$ 标准溶液，过量的 Ag^+ 需要 3.20 mL NH_4SCN 标准溶液滴定至终点。已知 20.00 mL $AgNO_3$ 标准溶液与 21.00 mL NH_4SCN 标准溶液能完全作用，计算 $AgNO_3$ 和 NH_4SCN 溶液的浓度各为多少？

（已知 $M_{NaCl}=58.44$）

3. 有纯 LiCl 和 $BaBr_2$ 的混合物试样 0.700 0 g，加入 45.15 mL 0.201 7 mol/L $AgNO_3$ 标准溶液处理，过量的 $AgNO_3$ 以铁铵矾为指示剂，用 25.00 mL 0.100 0 mol/L NH_4SCN 回滴。计算试样中 $BaBr_2$ 的含量。

（已知 $M_{BaBr_2}=297.1$，$M_{LiCl}=42.39$）

4. 用铁铵矾指示剂法测定 0.1 mol/L 的 Cl^-，在 AgCl 沉淀存在下，用 0.1 mol/L KSCN 标准溶液回滴过量的 0.1 mol/L $AgNO_3$ 溶液，滴定的最终体积为 70 mL，c（Fe^{3+}）=0.015 mol/L。当观察到明显的终点时，c（$FeSCN^{2+}$）=6.0×10^{-6} mol/L，由于沉淀转化而多消耗 KSCN 标准溶液的体积是多少？

（已知 $K_{sp(AgCl)}=1.8\times10^{-10}$，$K_{sp(AgSCN)}=1.1\times10^{-12}$，$K_{FeSCN}=200$）

5. 吸取含氯乙醇（C_2H_4ClOH）及 HCl 的试液 2.00 mL 于锥形瓶中，加入 NaOH，加热使有机氯转化为无机 Cl^-。在此酸性溶液中加入 30.05 mL 0.103 8 mol/L 的 $AgNO_3$ 标准溶液。过量 $AgNO_3$ 耗用 9.30 mL 0.105 5 mol/L 的 NH_4SCN 溶液。另取 2.00 mL 试液测定其中无机氯（HCl）时，加入 30.00 mL 上述 $AgNO_3$ 溶液，回滴时需 19.20 mL 上述 NH_4SCN 溶液。计算此氯乙醇试液中的总氯量（以 Cl 表示）；无机氯（以 Cl^- 表示）和氯乙醇(C_2H_4ClOH)的含量。

（已知 $M_{Cl}=35.45$，$M_{C_2H_4ClOH}=80.51$，试液的相对密度=1.033）

6. 0.500 0 g 磷矿试样，经溶解、氧化等化学处理后，其中 PO_4^{3-} 被沉淀为 $MgNH_4PO_4\cdot6H_2O$，高温灼烧成 $Mg_2P_2O_7$，其质量为 0.201 8 g。计算：（1）矿样中 P_2O_5 的质量分数；（2）$MgNH_4PO_4\cdot6H_2O$ 沉淀的质量（g）。

（已知 $M_{P_2O_5}=141.95$，$M_{Mg_2P_2O_7}=222.55$，$M_{MgNH_4PO_4\cdot6H_2O}=245.4$）

7. 将 0.015 mol 的氯化银沉淀置于 500 mL 氨水中，若氨水平衡时的浓度为 0.50 mol/L。计算溶液中游离的 Ag^+ 离子浓度。（已知 Ag^+ 与 NH_3 配合物的 $\lg\beta_1$= 3.24、$\lg\beta_2$=7.05，AgCl 的 $K_{sp}=1.8\times10^{-10}$）

8. 计算下列难溶化合物的溶解度。

（1）$PbSO_4$ 在 0.1 mol/L HNO_3 中。

（已知 H_2SO_4 的 $K_{a_2}=1.0\times10^{-2}$，$K_{sp(PbSO_4)}=1.6\times10^{-8}$）

（2）$BaSO_4$ 在 pH 值 10.0 的 0.020 mol/L EDTA 溶液中。

（已知 $K_{spBaSO_4}=1.1\times10^{-10}$，$\lg K_{BaY}$=7.86，$\lg\alpha_{Y(H)}$= 0.45）

9. 现有 pH 值 3.0 含有 0.010 mol/L EDTA 和 0.010 mol/L HF 及 0.010 mol/L $CaCl_2$ 的溶液。问：

（1）EDTA 的配位效应是否可以忽略？（2）能否生成 CaF_2 沉淀？

（已知 HF 的 $K_a=6.3\times10^{-4}$，$K_{sp(CaF_2)}=3.9\times10^{-11}$，$\lg K_{CaY}=10.69$，$\lg\alpha_{F(H)}=10.63$）

10. 用质量法测 SO_4^{2-}，以 $BaCl_2$ 为沉淀剂。计算：（1）加入等物质量的 $BaCl_2$；（2）加入过量的 $BaCl_2$，使沉淀反应达到平衡时的 c（Ba^{2+}）=0.01 mol/L。25 ℃时 $BaSO_4$ 的溶解度及在 200 mL 溶液中 $BaSO_4$ 的溶解损失量。

（已知 $BaSO_4$ 的 $K_{sp}=1.1\times10^{-10}$，$M_{BaSO_4}=233.4$）

11. 在 100 mL 含有 0.100 0 g Ba^{2+}溶液中，加入 50 mL 0.010 mol/L H_2SO_4 溶液。问溶液中还剩留多少毫克的 Ba^{2+}？如沉淀用 100 mL 纯水或 100 mL 0.010 mol/L H_2SO_4 洗涤，假设洗

涤时达到了溶解平衡，问各损失$BaSO_4$多少毫克？

（已知$BaSO_4$的$K_{sp}=1.1\times10^{-10}$，$M_{Ba}=137.33$，$M_{BaSO_4}=233.4$）

12. 计算沉淀CaC_2O_4在（1）纯水；（2）pH=4.0酸性溶液；（3）pH=2.0的强酸溶液中的溶解度。

（已知CaC_2O_4的K_{sp}=2.0×10^{-9}，$H_2C_2O_4$的K_{a1}=5.9×10^{-2}，K_{a2}=6.4×10^{-105}）

13. 计算AgCl沉淀在（1）纯水；（2）c（NH_3）=0.01 mol/L溶液中的溶解度。

（已知构晶离子活度系数为1，$K_{sp(AgCl)}=1.8\times10^{-10}$，$K_{AgNH_3^+}=1.74\times10^3$，$K_{Ag(NH_3)_2^+}=6.5\times10^3$）

第六节　氧化还原滴定法

（一）基本要求

掌握条件电极电位及其影响因素，掌握如何根据氧化还原的半反应的电极电位判断反应方向及完成程度；掌握影响氧化还原反应速度快慢的因素及加快反应速度的方法；掌握氧化还原滴定突跃电位的计算及影响滴定突跃的因素；掌握高锰酸钾氧化还原半反应式、高锰酸钾标准溶液的配置与标定、高锰酸钾指数的测定原理与测定方法；掌握重铬酸钾法的原理及COD的测定方法；掌握碘量法测定的原理、产生误差的原因、硫代硫酸钠标准溶液的配制与标定、DO的测定原理与方法。了解常用的水中有机污染物的综合指标及测定方法；了解氧化还原指示剂的作用原理、指示剂的选择及几种常用指示剂。

（二）习题

一、名词解释

1. 诱导作用　　2. 氧化还原滴定曲线　　3. 自身指示剂
4. 专属指示剂　　5. 高锰酸钾指数

二、选择题

1. Fe^{3+}/Fe^{2+}电对的电极电位升高和______因素无关。
A. 溶液离子强度的改变使Fe^{3+}活度系数增加
B. 温度升高
C. 催化剂的种类和浓度
D. Fe^{2+}的浓度降低

2. 二苯胺磺酸钠是$K_2Cr_2O_7$滴定Fe^{2+}的常用指示剂，它属于______。
A. 自身指示剂　　B. 氧化还原指示剂
C. 特殊指示剂　　D. 其他指示剂

3. 间接碘量法中加入淀粉指示剂的适宜时间是______。
A. 滴定开始前　　B. 滴定开始后
C. 滴定至近终点时　　D. 滴定至红棕色褪尽至无色时

4. 在间接碘量法中，若滴定开始前加入淀粉指示剂，测定结果将______。
A. 偏低　　B. 偏高　　C. 无影响　　D. 无法确定

5. ______是标定硫代硫酸钠标准溶液较为常用的基准物。

A. 升华碘　　B. KIO_3　　C. $K_2Cr_2O_7$　　D. $KBrO_3$

6. 用草酸钠作基准物标定高锰酸钾标准溶液时，开始反应速度慢，稍后，反应速度明显加快，这是______起催化作用。

A. 氢离子　　B. MnO_4^-　　C. Mn^{2+}　　D. CO_2

7. $KMnO_4$滴定所需的介质是______。

A. 硫酸　　B. 盐酸　　C. 磷酸　　D. 硝酸

8. 在间接碘法测定中，下列操作正确的是______。

A. 边滴定边快速摇动

B. 加入过量 KI，并在室温和避免阳光直射的条件下滴定

C. 在 70～80 ℃恒温条件下滴定

D. 滴定一开始就加入淀粉指示剂

9. 间接碘法要求在中性或弱酸性介质中进行测定，若酸度太高，将会______。

A. 反应不定量　　B. I_2易挥发

C. 终点不明显　　D. I^-被氧化，$Na_2S_2O_3$被分解

10. 下列测定中，需要加热的有______。

A. $KMnO_4$溶液滴定H_2O_2　　B. $KMnO_4$溶液滴定$H_2C_2O_4$

C. 银量法测定水中氯　　D. 碘量法测定$CuSO_4$

11. 对高锰酸钾滴定法，下列说法错误的是______。

A. 可在盐酸介质中进行滴定　　B. 直接法可测定还原性物质

C. 标准滴定溶液用标定法制备　　D. 在硫酸介质中进行滴定

12. 高锰酸钾标准溶液能否直接配制______。

A. 可以　　B. 必须　　C. 不能　　D. 高温时可以

13. 高锰酸钾法测定H_2O_2的滴定反应开始时，滴定速度______。

A. 较慢　　B. 较快　　C. 先快后慢　　D. 很快

14. 重铬酸钾标准溶液能否直接配制______。

A. 不易于提纯，所以不能　　B. 低温时可以

C. 不能　　D. 干燥后可以

15. $K_2Cr_2O_7$与 KI 反应时，溶液的酸度一般以______ mol/L 为宜。

A. 0.01　　B. 0.02～0.04　　C. 0.2～0.4　　D. 0.8～1.0

16.高锰酸钾法一般在______介质中进行。

A. 酸性　　B. 碱性　　C. 中性　　D. 不限制酸碱性

17. 高锰酸钾标准溶液在配制后______。

A. 需放置 2～3 d 才能标定　　B. 需放置 1 h 才能标定

C. 不需放置可直接标定　　D. 需加热至沸 1 h 再标定

18. 用来标定$KMnO_4$溶液的基准物质是______。

A. $K_2Cr_2O_7$　　B. $KBrO_3$　　C. Cu　　D. $Na_2C_2O_4$

19. 用$KMnO_4$法测定H_2O_2水时，一般用下列哪种酸来控制溶液的酸度______。

A. HCl　　B. H_2SO_4　　C. HNO_3　　D. HF

20. 在氧化还原滴定反应中，两个电对的条件电极电位差越大，则滴定突跃范围越______。

A. 小　　B. 不适合滴定　　C. 大　　D. 难以确定选择催化剂

21. 用 $KMnO_4$ 法测定 H_2O_2 水含量时，为了提高滴定反应的速度，应加热至______。

A. 35～45 ℃　　B. 45～55 ℃　　C. 55～65 ℃　　D. 75～85 ℃

22. 氧化还原电对的条件电极电位是______。

A. 测定条件下的标准电极电位

B. 电对的氧化态离子和还原态离子的平衡浓度都等于 1 mol/L 时的电极电位

C. 电对的氧化态和还原态的浓度都相等时的电极电位

D. 在一定介质条件下，电对的氧化态和还原态的总浓度都为 1 mol/L 时校正了各种外界因素影响后的实际电极电位

23. 下列说法正确的是______。

A. $Na_2S_2O_3$ 不是基准物，不能用来直接配制标准溶液

B. $Na_2S_2O_3$ 是基准物，可以用来直接配制标准溶液

C. $Na_2S_2O_3$ 标准溶液长期放置后，不必重新标定，可以直接使用

D. 配制 $Na_2S_2O_3$ 溶液时，需加入少量醋酸，使溶液呈弱酸性

三、填空题

1. 氧化还原滴定法根据滴定剂的种类不同分为（　　　）、（　　　）、（　　　）和（　　　）等。

2. 氧化剂的氧化能力和还原剂的还原能力可用电对的（　　　）衡量，可逆氧化还原电对的电极电位可以用（　　　）方程求解。

3. 氧化还原电对的电极电位越大，表明其氧化态的氧化能力越（　　　）；电对的电极电位越小，表明其还原态的还原能力越（　　　）。

4. 氧化还原反应进行的程度可用（　　　）表示，其值越（　　　），表明反应进行的越完全。

5. 氧化还原指示剂本身具有（　　　）性质，利用其氧化态和还原态的（　　　）不同，进行终点的指示。

6. 氧化还原滴定法，根据滴定剂的种类不同可分为（　　　）、（　　　）、（　　　）、溴酸钾法、硫酸铈法和亚硝酸钠法等。

7. 高锰酸钾具有强（　　　）性，自身显（　　　）色，可以作为自身氧化还原指示剂；高锰酸钾法按照滴定方式的不同分为（　　　）、（　　　）和间接滴定法。

8. 高锰酸钾指数是水体中（　　　）的综合指标之一，我国规定了环境水质的高锰酸钾指数的标准为（　　　）O_2 mg/L。

9. 高锰酸钾指数的测定可采用（　　　）高锰酸钾法和（　　　）高锰酸钾法。

10. 化学需氧量 COD 的测定方法是在一定条件下，水中能被（　　　）氧化的有机物质的总量，用（　　　）作氧化剂氧化有机物，以（　　　）返滴定，用（　　　）作指示剂，出现（　　　）即为终点。

11. COD 测定时，为加快 $K_2Cr_2O_7$ 氧化有机物的反应速度，常加（　　　）作为催化剂。

12. 草酸标定高锰酸钾溶液的反应方程式为：（　　　　　　　　　　）。

13. 重铬酸钾与亚铁离子在酸性条件下反应方程式为：$Cr_2O_7^{2-}$+（　）Fe^{2+}+（　）H^+→（　）Cr^{3+}+（　）Fe^{3+}+$7H_2O$。

14. 碘量法测定溶解氧时，在水样中加入（　　　）和氢氧化钠，溶解氧与其生成（　　　）沉淀，棕色沉淀越多，溶解氧数值（　　　）。

15. 碘量法测定溶解氧时，先（　　　）溶解氧，再加入（　　　），水合氧化锰将 I^- 氧化成（　　　），以（　　　）为指示剂，I_2 再用（　　　）溶液滴定。

16. 在碘量法测定溶解氧时，每消耗 1 mmol 硫代硫酸钠，表明含（　　）mgO_2。

17. 碘量法中常用（　　　）浓度的淀粉水溶液作为指示剂，这是因为（　　）分子可以与淀粉形成（　　）色的络合物。

18. 反映水中有机物污染指标有高锰酸钾指数、（　　　）、（　　）、（　　）、（　　　）等。

四、判断题

（ ）1. 配制好的 $KMnO_4$ 溶液要盛放在棕色瓶中保护，如果没有棕色瓶应放在避光处保存。

（ ）2. 在滴定时，$KMnO_4$ 溶液要放在碱式滴定管中。

（ ）3. 用 $Na_2C_2O_4$ 标定 $KMnO_4$，需加热到 70～80 ℃，在 HCl 介质中进行。

（ ）4. 用高锰酸钾法测定 H_2O_2 时，需通过加热来加速反应。

（ ）5. 配制 I_2 溶液时要滴加 KI。

（ ）6. 配制好的 $Na_2S_2O_3$ 标准溶液应立即用基准物质标定。

（ ）7. 由于 $KMnO_4$ 性质稳定，可作为基准物直接配制成标准溶液。

（ ）8. 由于 $K_2Cr_2O_7$ 容易提纯，干燥后可作为基准物自接配制标准液，不必标定。

（ ）9. 配制好 $Na_2S_2O_3$ 标准滴定溶液后煮沸约 10 min。其作用主要是除去 CO_2 和杀死微生物，促进 $Na_2S_2O_3$ 标准滴定溶液趋于稳定。

（ ）10. 提高反应溶液的温度能提高氧化还原反应的速度，因此在酸性溶液中用 $KMnO_4$ 滴定 $C_2O_4^{2-}$ 时，必须加热至沸腾才能保证正常滴定。

（ ）11. 间接碘量法加入 KI 一定要过量，淀粉指示剂要在接近终点时加入。

（ ）12. 使用直接碘量法滴定时，淀粉指示剂应在近终点时加入；使用间接碘量法滴定时，淀粉指示剂应在滴定开始时加入。

（ ）13. 以淀粉为指示剂滴定时，直接碘量法的终点是从蓝色变为无色，间接碘量法是由无色变为蓝色。

（ ）14. 溶液酸度越高，$KMnO_4$ 氧化能力越强，与 $Na_2C_2O_4$ 反应越完全，所以用 $Na_2C_2O_4$ 标定 $KMnO_4$ 时，溶液酸度越高越好。

（ ）15. $K_2Cr_2O_7$ 标准溶液滴定 Fe^{2+} 既能在硫酸介质中进行，又能在盐酸介质中进行。

五、简答题

1. 请书写能斯特方程，并注明方程中每一项的含义。
2. 简述条件电极电位的含义，阐明它与标准电极电位的关系。
3. 应用于氧化还原滴定法的反应应具备什么条件？
4. 简述重铬酸钾法测定化学需氧量 COD 的原理。
5. 简述碘滴定法为什么必须在中性或酸性溶液中进行？

6. 高锰酸钾标准溶液为什么不能直接配制，而需标定？

7. 用草酸标定高锰酸钾溶液时，1 mol $KMnO_4$ 相当于多少 mol 草酸？为什么？

8. 什么叫高锰酸钾指数？如何测定高锰酸钾指数？

9. 测定高锰酸钾指数时，每消耗 1 mmol $KMnO_4$ 相当于有机物氧化时消耗多少毫克氧气？

10. 为什么水样中含有氯离子时，使高锰酸钾指数偏高？

11. 重铬酸钾法中用试亚铁灵作为指示剂时，为什么常用亚铁离子滴定重铬酸钾，而不是用重铬酸钾滴定亚铁离子？

12. 重铬酸钾滴定法为什么在用试亚铁灵指示剂时，常用返滴定法，即用重铬酸钾与待测物质作用后，过量的重铬酸钾用亚铁离子溶液滴定？

13. 什么是化学需氧量，怎样测定？

14. 推导 COD 计算公式，说明为什么不必知道重铬酸钾标准溶液的浓度即可计算 COD 值？

15. 为什么碘量法测定溶解氧时必须在取样现场固定溶解氧？怎样固定？

16. 写出溶解氧测定时，所得到物质 Mn^{2+}、$MnO(OH)_2$、I_2、$S_2O_3^{2-}$、O_2 的量的对应关系。

17. 高锰酸钾法、重铬酸钾法和碘量法是常用的氧化还原滴定法，这三种方法的基本反应原理是什么？请书写反应方程式。

18. 什么是生化需氧量，它的数值大小反映了什么？

19. 讨论高锰酸钾指数、COD 和 BOD_5 所代表的意义及数值的相对大小。

20. BOD_5 与高锰酸钾指数、COD 指标的意义有何不同？除这三个指标外，还有那些指标可以反映有机物污染情况？

六、计算题

1. 计算在 1 mol/L HCl 中，用 Fe^{3+}溶液滴定 Sn^{2+}溶液的化学计量点电位和突跃范围的电位值，在此滴定中选用何种指示剂？

（已知 $\phi^{o\prime}_{Fe^{3+}/Fe^{2+}}=0.68$ V，$\phi^{o\prime}_{Sn^{4+}/Sn^{2+}}=0.14$ V）

2. 测定血液中的钙时，常将钙以 CaC_2O_4 的形式沉淀，过滤洗涤，溶解于硫酸中，再用 $KMnO_4$ 溶液滴定。现将 5.00 mL 血液稀释至 25.00 mL，取此溶液 10.00 mL 进行上述处理后，用 $KMnO_4$ 溶液（0.001 700 mol/L）滴定至终点时用去 1.20 mL，求 100 mL 血液中钙的毫克数。

3. 计算 pH=3.0 含有未配位的 EDTA 浓度为 0.10 mol/L 时，Fe^{3+}/Fe^{2+}电对的条件电位。（忽略离子强度的影响，已知 pH=3.0 时 $\lg\alpha_{Y(H)}=10.60$，$\phi^{\theta}_{Fe^{3+}/Fe^{2+}}=0.77$ V，$\lg K_{Fe(II)Y}=14.32$，$\lg K_{Fe(III)Y}=25.1$）

4. 计算：（1）在 pH=10.0，游离的氨浓度为 0.10 mol/L 时 Zn^{2+}/Zn 电对的条件电位；

（2）在 pH=10.0 的总浓度为 0.10 mol/L NH_3−NH_4Cl 缓冲溶液中，Zn^{2+}/Zn 电对的条件电位。

（忽略离子强度的影响，已知 $\lg\beta_1$～$\lg\beta_4$ 分别为 2.37，4.81，7.31，9.46；NH_3 的 $K_b=1.8\times10^{-5}$，$\phi^{\theta}_{Zn^{2+}/Zn}=-0.763$ V）

5. 高锰酸钾在酸性溶液中：$MnO_4^- + 8H^+ + 5e = Mn^{2+} + 4H_2O$，$\phi^{\theta}_{MnO_4^-/Mn^{2+}}=1.51$ V。试求其电位与 pH 值的关系，并计算 pH=2.0 和 pH=5.0 时的条件电位（忽略离子强度的影响）。

6. 计算在 1 mol/L HCl 溶液中，当 $c(Cl^-)$=1.0 mol/L 时，Ag^+/Ag 电对的条件电位。

7. 计算 pH=10.0，$c(NH_4^+)+c(NH_3)$=0.20 mol/L 时 Zn^{2+}/Zn 电对条件电位。若 c(Zn(II))=0.020 mol/L，体系的电位是多少？

8. 已知在 1 mol/L HCl 介质中，Fe(III)/Fe(II)电对的 E^0=0.70V，Sn(IV)/Sn(II)电对的 E^0=0.14 V。求在此条件下，反应 $2Fe^{3+}+Sn^{2+}=Sn^{4+}+2Fe^{2+}$的条件平衡常数。

9. 用 30.00 mL 某 $KMnO_4$ 标准溶液恰能氧化一定的 $KHC_2O_4 \cdot H_2O$，同样质量的该溶液又恰能与 25.20 mL 浓度为 0.201 2 mol/L 的 KOH 溶液反应。计算此 $KMnO_4$ 溶液的浓度。

10. 某 $KMnO_4$ 标准溶液的浓度为 0.024 84 mol/L，求滴定度：（1）$T_{KMnO_4/Fe}$；（2）T_{KMnO_4/Fe_2O_3}；（3）$T_{KMnO_4/FeSO_4 \cdot 7H_2O}$。

11. 准确称取含有 PbO 和 PbO_2 混合物的试样 1.234 g，在其酸性溶液中加入 20.00 mL 0.250 0 mol/L $H_2C_2O_4$ 溶液，将 PbO_2 还原为 Pb^{2+}。所得溶液用氨水中和，使溶液中所有的 Pb^{2+} 均沉淀为 PbC_2O_4。过滤，滤液酸化后用 0.040 00 mol/L $KMnO_4$ 标准溶液滴定，用去 10.00 mL，然后将所得 PbC_2O_4 沉淀溶于酸后，用 0.040 00 mol/L $KMnO_4$ 标准溶液滴定，用去 30.00 mL。计算试样中 PbO 和 PbO_2 的质量分数。

12. 称取含有 Na_2HAsO_3 和 As_2O_5 及惰性物质的试样 0.250 0 g，溶解后在 $NaHCO_3$ 存在下用 0.051 50 mol/L I_2 标准溶液滴定，用去 15.80 mL。再酸化并加入过量 KI，析出的 I_2 用 0.130 0 mol/L NaS_2O_3 标准溶液滴定，用去 20.70 mL。计算试样中 Na_2HAsO_3 和 As_2O_5 的质量分数。

第七节 电化学分析法

（一）基本要求

掌握电位分析法的原理以及 pH 值测定的基本原理；掌握电化学分析法的基本原理。了解电化学分析法的基本概念；了解常用的电化学分析法及在水质分析中的应用；了解电化学分析法的特点。

（二）习题

一、名词解释

1. 电位分析法　2. 直接电位法　3. 间接电位法（电位滴定法）
4. 原电池　5. 指示电极　6. 参比电极
7. 金属-金属离子电极　8. 均相氧化还原电极　9. 膜电极
10.复合电极　11. 离子活度

二、选择题

1. 进行电解分析时，要使电解能持续进行，外加电压应______。
A. 保持不变　B. 大于分解电压
C. 小于分解电压　D. 等于分解电压 E，等于反电动势

2. 用 NaOH 直接滴定法测定 H_3BO_3 含量能准确测定的方法是______。
A. 电位滴定法　B. 酸碱中和法

C. 电导滴定法　　D. 库伦分析法

3. 电位滴定法用于氧化还原滴定时指示电极应选用______。

A. 玻璃电极　　B. 甘汞电极

C. 银电极　　D. 铂电极

4. 在电位法中离子选择性电极的电位应与待测离子的浓度______。

A. 成正比　　B. 对数成正比

C. 符合扩散电流公式的关系　　D. 符合能斯特方程式

5. 离子选择性电极的选择系数可用于______。

A. 估计共存离子的干扰程度　　B. 估计电极的检测限

C. 估计电极的线性响应范围　　D. 估计电极的线性响应范围

6. 用酸度计测定溶液的 pH 值时，一般选用______为指示电极。

A. 标准氢电极　　B. 饱和甘汞电极　　C. 玻璃电极　　D. 铁电极

7. 用玻璃电极测量溶液 pH 值时，采用的定量方法为______。

A. 校正曲线法　　B. 直接比较法

C. 一次加入法　　D. 增量法

8. 用电位法测定溶液的 pH 值时，电极系统由玻璃电极与饱和甘汞电极组成，其中玻璃电极是作为测量溶液中氢离子活度（浓度）的______。

A. 金属电极　　B. 参比电极　　C. 指示电极　　D. 电解电极

9. 总离子强度调节缓冲剂的最根本的作用是______。

A. 调节 pH 值　　B. 稳定离子强度

C. 消除干扰离子　　D. 稳定选择性系数

10. 用离子选择电极标准加入法进行定量分析时，对加入标准溶液的要求为______。

A. 体积要大，其浓度要高　　B. 体积要小，其浓度要低

C. 体积要大，其浓度要低　　D. 体积要小，其浓度要高

11. pH 值玻璃电极在使用前一定要在水中浸泡几小时，目的在于______。

A. 清洗电极　　B. 活化电极

C. 校正电极　　D. 除去沾污的杂质

12. 膜电位产生的原因是______。

A. 电子得失　　B. 离子的交换和扩散

C. 吸附作用　　D. 电离作用

13. 为使 pH 值玻璃电极对 H^+响应灵敏，pH 值玻璃电极在使用前应在______浸泡 24 h 以上。

A. 自来水中　　B. 稀碱中

C. 纯水中　　D. 标准缓冲溶液中

14. 将 pH 值玻璃电极（负极）与饱和甘汞电极组成电池，当标准溶液 pH=4.0 时，测得电池的电动势为 0.14 V；将标准溶液换作未知溶液时，测得电动势为 0.02 V，则未知液的 pH 值为______。

A. 7.6　　B. 6.7　　C. 5.3　　D. 3.5

15. 用玻璃电极测定 pH>10 的碱液的 pH 值时，结果______。

A. 偏高　　B. 偏低　　C. 误差最小　　D. 不能确定

16. 用普通玻璃电极测定 pH<1 的酸液的 pH 值时，结果______。

A. 偏高　　B. 偏低　　C. 误差最小　　D. 误差不定

17. 普通玻璃电极不宜用来测定 pH<1 的酸性溶液的 pH 值的原因是______。

A. 钠离子在电极上有响应　　B. 玻璃电极易中毒

C. 有酸差，测定结果偏高　　D. 玻璃电极电阻大

18. 25 ℃时，以玻璃电极为正极测定 pH=4.00 的溶液电动势为 0.209 V，若测定试液，电动势增加 0.103 V，则试液的 pH 值为______。

A. 2.25　　B. 3.75　　C. 6.25　　D. 5.75

19. 下列关于玻璃电极的叙述中，不正确的是______。

A. 未经充分浸泡的电极对 H^+ 不敏感

B. 经充分浸泡的电极，不对称电位值趋向稳定

C. 膜电位是通过 H^+ 在膜表面发生电子转移产生的

D. 玻璃电极不易中毒

20. 区分原电池正极和负极的根据是______。

A. 电极电位　　B. 电极材料　　C. 电极反应　　D. 离子浓度

21. 下列不符合作为一个参比电极的条件的是______。

A. 电位的稳定性　　B. 固体电极　　C. 重现性好　　D. 可逆性好

22. 甘汞电极是常用参比电极，它的电极电位取决于______。

A. 温度　　B. 氯离子的活度

C. 主体溶液的浓度　　D. K^+ 的浓度

23. 下列哪项不是玻璃电极的组成部分？______

A. Ag−AgCl 电极　　B. 一定浓度的 HCl 溶液

C. 饱和 KCl 溶液　　D. 玻璃管

24. 实验测定溶液 pH 值时，都是用标准缓冲溶液来校正电极，其目的是消除何种的影响。______

A. 不对称电位　　B. 液接电位

C. 温度　　D. 不对称电位和液接电位

25. pH 值玻璃电极产生的不对称电位来源于______。

A. 内外玻璃膜表面特性不同　　B. 内外溶液中 H^+ 浓度不同

C. 内外溶液的 H^+ 活度系数不同　　D. 内外参比电极不一样

26. 离子选择电极的电位选择性系数可用于______。

A. 估计电极的检测限　　B. 估计共存离子的干扰程度

C. 校正方法误差　　D. 计算电极的响应斜率

27. pH 值玻璃电极产生酸误差的原因是______。

A. 玻璃电极在强酸溶液中被腐蚀

B. H^+ 浓度高，它占据了大量交换点位，pH 值偏低

C. H^+ 与 H_2O 形成 H_3O^+，结果 H^+ 降低，pH 值增高

D. 在强酸溶液中水分子活度减小，使 H^+ 传递困难，pH 值增高

三、填空题

1. 原电池的写法，习惯上把（ ）极写在左边，（ ）极写在右边，故下列电池中 Zn | $ZnSO_4$ | $CuSO_4$ | Cu，（ ）极为正极，（ ）极为负极。

2. 当加以外电源时，反应可以向相反的方向进行的原电池称为（ ），反之称为（ ），铅蓄电池和干电池中，干电池为（ ）。

3. 在电位滴定中，几种确定终点方法之间的关系是：在 E-V 图上的（ ）就是一次微商曲线上的（ ），也就是二次微商的（ ）点。

4. 在电极反应中，增加还原态的浓度，该电对的电极电位值（ ），表明电对中还原态的（ ）增强。反之增加氧化态的浓度，电对的电极电位值（ ），表明此电对的（ ）增强。

5. 电导分析的理论依据是（ ）。利用滴定反应进行时，溶液电导的变化来确定滴定终点的方法称为（ ）法，它包括（ ）和（ ）。

6. 电解过程中电极的电极电位与它（ ）发生偏离的现象称为极化。根据产生极化的原因不同，主要有（ ）极化和（ ）极化两种。

7. 玻璃电极在使用前，需在蒸馏水中浸泡 24 h 以上，目的是（ ），饱和甘汞电极使用温度不得超过（ ）℃，这是因为温度较高时（ ）。

8. 离子选择性电极的电极斜率的理论值为（ ）。25 ℃时一价正离子的电极斜率是（ ）；二价正离子是（ ）。

9. 某钠电极，其选择性系数 K_{Na^+,H^+}约为 30。如用此电极测定 P_{Na}=3 的钠离子溶液，并要求测定误差小于 3%，则试液的 pH 值应大于（ ）。

10. 用离子选择性电极测定浓度为 1.0×10^{-4} mol/L 某一价离子 i，某二价的干扰离子 j 的浓度为 4.0×10^{-4} mol/L，则测定的相对误差为（ ）。（已知 $K_{ij}=10^{-3}$）

11. 正负离子都可以由扩散通过界面的电位称为（ ），它没有（ ）和（ ），而渗透膜只能让某种离子通过，造成相界面上电荷分布不均，产生双电层，形成（ ）电位。

12. 用氟离子选择电极的标准曲线法测定试液中 F 浓度时，对较复杂的试液需要加入（ ）试剂，其目的有：第一是（ ）；第二是（ ），避免 H^+或 OH^-干扰；第三是（ ）。

13. 电位法测量常以（ ），浸入两个电极，一个是（ ），另一个是（ ）；在零电流条件下，测量所组成的原电池的（ ）。

14. 在电化学分析方法中，由于测量电池的参数不同而分成各种方法：测量电动势为（ ）方法；测量电流随电压变化的是（ ）方法，其中若使用（ ）电极的则称为（ ）方法；测量电阻的方法称为（ ）；测量电量的方法称为（ ）。

15. 电位法测量常以（ ）作为电池的电解质溶液，浸入两个电极，一个是指示电极，另一个是参比电极，在零电流条件下，测量所组成的原电池（ ）。

16. 离子选择电极的选择性系数 $K_{A,B}$ 表明（A）离子选择电极抗（B）离子干扰的能力，系数越小表明（ ）。

17. 离子选择电极用标准加入法进行定量分析时，对加入的标准溶液要求体积要（ ），浓度要（ ），目的是（ ）。

四、简答题

1. 在用离子选择性电极测定离子浓度时，加入 TISAB 的作用是什么？

2. 何谓指示电极及参比电极？举例说明其作用。

3. 为什么离子选择性电极对欲测离子具有选择性？如何估量这种选择性？

4. 直接电位法的主要误差来源有哪些？应如何减免？

5. 列表说明各类反应的电位滴定中所用的指示电极及参比电极，并讨论选择指示电极的原则。

6. 为什么一般来说电位滴定法的误差比电位测定法小？

五、判断题

（ ）1. 参比电极的电极电位是随着待测离子的活度的变化而变化的。

（ ）2. 玻璃电极的优点之一是电极不易与杂质作用而中毒。

（ ）3. pH 值玻璃电极的膜电位是由于离子的交换和扩散而产生的，与电子得失无关。

（ ）4. 强碱性溶液（pH＞9）中使用 pH 值玻璃电极测定 pH 值，则测得 pH 值偏低。

（ ）5. pH 值玻璃电极可应用于具有氧化性或还原性的溶液中测定 pH 值。

（ ）6. 指示电极的电极电位是恒定不变的。

（ ）7. 原电池的电动势与溶液 pH 值的关系为 $E = K+0.059\ 2\ \text{pH}$，但实际上用 pH 值计测定溶液的 pH 值时并不用计算 K 值。

（ ）8. Ag-AgCl 电极常用作玻璃电极的内参比电极。

（ ）9. 用玻璃电极测定溶液的 pH 值须用电子放大器。

（ ）10. 在直接电位法中，可测得一个电极的绝对电位。

（ ）11. 酸度计是专门为应用玻璃电极测定 pH 值而设计的一种电子仪器。

（ ）12. pH 值玻璃电极的膜电位的产生是由于电子的得失与转移的结果。

（ ）13. 指示电极的电极电位随溶液中有关离子的浓度变化而变化，且响应快。

（ ）14. 25 ℃时，甘汞电极的电极电位为 $E(Hg_2Cl_2/Hg) - 0.059\lg\alpha(Cl^-)$。

（ ）15. 电化学分析法仅能用于无机离子的测定。

（ ）16. 液接电位产生的原因是由于两种溶液中存在的各种离子具有不同的迁移速率。

（ ）17. 参比电极的电极电位不随温度变化是其特性之一。

（ ）18. 甘汞电极的电极电位随电极内 KCl 溶液浓度的增加而增加。

（ ）19. 参比电极具有不同的电极电位，且电极电位的大小取决于内参比溶液。

（ ）20. Hg 电极是测量汞离子的专用电极。

（ ）21. 甘汞电极和 Ag-AgCl 电极只能作为参比电极使用。

（ ）22. 玻璃膜电极使用前必须浸泡 24 h，在玻璃表面形成能进行 H^+离子交换的水化膜，故所有膜电极使用前都必须浸泡较长时间。

（ ）23. 离子选择电极的电位与待测离子活度呈线性关系。

（ ）24. 改变玻璃电极膜的组成可制成对其他阳离子响应的玻璃电极。

（ ）25. 玻璃电极的不对称电位可以通过使用前在一定 pH 值溶液中浸泡消除。

（ ）26. 不对称电位的存在主要是由于电极制作工艺上的差异。

（ ）27. K_{ij} 称为电极的选择性系数，通常 $K_{ij} \ll 1$，K_{ij} 值越小，表明电极的选择性越高。

（ ）28. 离子选择性电极的选择性系数在严格意义上来说不是一个常数，仅能用来评价电极的选择性并估算干扰离子产生的误差大小。

（ ）29. 待测离子的电荷数越大，测定灵敏度也越低，产生的误差越大，故电位法多用于低价离子测定。

（ ）30. 测定溶液的 pH 值通常采用比较的方法，原因是由于缺乏标准的 pH 值溶液。

（ ）31. 标准加入法中，所加入的标准溶液的体积要小，浓度相对要大。

六、问答题

1. 简述离子选择性电极的类型及一般作用原理。
2. 简述使用甘汞电极的注意事项。
3. 简述电位滴定曲线的绘制步骤。
4. 简述电位滴定法的应用。

七、计算题

1. 用电位滴定法测定硫酸含量，称取试样 1.196 9 g 于小烧杯中，在电位滴定计上用 $c(NaOH)$ = 0.500 1 mol/L 的氢氧化钠溶液滴定，记录终点时滴定体积与相应的电位值见表 1.1。

表 1.1　滴定记录表

滴定体积/mL	电位值/mV	滴定体积/mL	电位值/mV
23.70	183	24.00	316
23.80	194	24.10	340
23.90	233	24.20	351

已知滴定管在终点附近的体积校正值为−0.03 mL，溶液的温度校正值为−0.4 mL/L. 请计算试样中硫酸含量的质量分数（硫酸的相对分子质量为 98.08）。

2. 用 pH 值玻璃电极测定 pH=5.0 的溶液，其电极电位为 43.5 mV，测定另一未知溶液时，其电极电位为 14.5 mV，若该电极的响应斜率为 58.0 mV/pH，试求未知溶液的 pH 值。

第八节　吸收光谱法

（一）基本要求

掌握吸收光谱法的基本原理及分光光度计的工作原理；掌握吸收光谱法的基本概念。了解吸收光谱法的分类及常用的定量方法；了解吸收光谱法在水质分析中的应用。

（二）习题

一、名词解释

1. 吸收光谱法　　2. 电磁波谱　　3. 吸收光谱
4. 灵敏度指数　　5. 特征吸收曲线　　6. 仪器检出限
7. 方法检出限　　8. 分光光度法　　9. 显色剂

二、选择题

1. 符合朗伯-比尔定律的有色溶液稀释时，其最大吸收峰的波长位置______。

A. 向短波方向移动　　B. 向长波方向移动

C. 不移动，且吸光度值降低　　D. 不移动，且吸光度值升高

2. 双波长分光光度计与单波长分光光度计的主要区别在于______。

A. 光源的种类及个数　　B. 单色器的个数

C. 吸收池的个数　　D. 检测器的个数

3. 在符合朗伯-比尔定律的范围内，溶液的浓度、最大吸收波长、吸光度三者的关系是______。

A. 增加、增加、增加　　B. 减小、不变、减小

C. 减小、增加、减小　　D. 增加、不变、减小

4. 在紫外可见分光光度法测定中，使用参比溶液的作用是______。

A. 调节仪器透光率的零点　　B. 吸收入射光中测定所需要的光波

C. 调节入射光的光强度　　D. 消除试剂等非测定物质对入射光吸收的影响

5. 扫描 $K_2Cr_2O_7$ 硫酸溶液的紫外-可见吸收光谱时，一般选作参比溶液的是______。

A. 蒸馏水　　B. H_2SO_4 溶液

C. $K_2Cr_2O_7$ 的水溶液　　D. $K_2Cr_2O_7$ 的硫酸溶液

6. 在比色法中，显色反应的显色剂选择原则错误的是______。

A. 显色反应产物的 ε 值愈大愈好

B. 显色剂的 ε 值愈大愈好

C. 显色剂的 ε 值愈小愈好

D. 显色反应产物和显色剂，在同一光波下的 ε 值相差愈大愈好

7. 用分光光度法测定 KCl 中的微量 I^- 时，可在酸性条件下，加入过量的 $KMnO_4$ 将 I^- 氧化为 I_2，然后加入淀粉，生成 I_2^- 淀粉蓝色物质。测定时参比溶液应选择______。

A. 蒸馏水　　B. 试剂空白

C. 含 $KMnO_4$ 的试样溶液　　D. 不含 $KMnO_4$ 的试样溶液

8. 常用作分光光度计中获得单色光的组件是______。

A. 光栅（或棱镜）+ 反射镜　　B. 光栅（或棱镜）+ 狭缝

C. 光栅（或棱镜）+ 稳压器　　D. 光栅（或棱镜）+ 准直镜

9. 物质的吸光系数与下列哪个因素有关______。

A. 溶液浓度　　B. 测定波长　　C. 仪器型号　　D. 吸收池厚度

10. 常用的紫外区的波长范围是______。

A. 200～360 nm　　B. 360～800 nm　　C. 100～200 nm　　D. 200～800 nm

11. 某药物的摩尔吸光系数ε很大，则表明______。

A. 该药物溶液的浓度很大　　B. 光通过该药物溶液的光程很长

C. 该药物对某波长的光吸收很强　　D. 测定该药物的灵敏度高

12. 分光光度法中，选用 λ_{max} 进行比色测定的原因是______。

A. 与被测溶液的 pH 有关

B. 可随意选用参比溶液

C. 浓度的微小变化能引起吸光度的较大变化，提高了测定的灵敏度

D. 仪器读数的微小变化不会引起吸光度的较大变化，提高了测定的精密度

三、填空题

1. 在以波长为横坐标，吸光度为纵坐标的浓度不同 $KMnO_4$ 溶液吸收曲线上可以看出（　　）未变，只是（　　）改变了。

2. 不同浓度的同一物质，其吸光度随浓度增大而（　　），但最大吸收波长（　　）。

3. 符合光吸收定律的有色溶液，当溶液浓度增大时，它的最大吸收峰位置（　　），摩尔吸光系数（　　）。

4. 为了使分光光度法测定准确，吸光度应控制在 0.2～0.8 范围内，可采取措施有（　　）和（　　）。

5. 各种物质都有特征的吸收曲线和最大吸收波长，这种特性可作为物质（　　）的依据；同种物质的不同浓度溶液，任一波长处的吸光度随物质的浓度的增加而增大，这是物质（　　）的依据。

6. 符合朗伯-比尔定律的 Fe^{2+}－邻菲罗啉显色体系，当 Fe^{2+}浓度 c 变为 $3c$ 时，A 将（　　）；T 将（　　）；ε 将（　　）。

7. 某溶液吸光度为 A_1，稀释后在相同条件下，测得吸光度为 A_2，进一步稀释测得吸光度为 A_3。已知 $A_1–A_2$=0.50，$A_2–A_3$=0.25，则 T_3/T_1 为（　　）。

8. 光度分析中，偏离朗伯－比耳定律的重要原因是入射光的（　　）差和吸光物质的（　　）引起的。

9. 朗伯-比尔定律表达式中的吸光系数在一定条件下是一个常数，它与（　　）、（　　）及（　　）无关。

10. 在分光光度法中，入射光波一般以选择（　　）波长为宜，这是因为（　　）。

11. 如果显色剂或其他试剂对测量波长也有一些吸收，应选（　　）为参比溶液；如试样中其他组分有吸收，但不与显色剂反应，则当显色剂无吸收时，可用（　　）作为参比溶液。

12. 在紫外-可见分光光度法中，工作曲线是（　　）和（　　）之间的关系曲线。当溶液符合朗伯-比尔定律时，此关系曲线应为（　　）。

13. 在光度分析中，常因波长范围不同而选用不同材料制作吸收池。可见分光光度法中选用（　　）吸收池；紫外分光光度法中选用（　　）吸收池。

四、简答题

1. 分光光度计由哪几个主要部件组成？各部件的作用是什么？

2. 紫外-可见分光光度法具有什么特点？

3. 可见分光光度法测定物质含量时，当显色反应确定以后，应从哪几个方面选择实验条件？

4. 测量吸光度时，应如何选择参比溶液？

5. 什么是分光光度分析中的吸收曲线？制作吸收曲线的目的是什么？

五、判断题

（ ）1. 某物质的摩尔吸光系数越大，则表明该物质的浓度越大。

（ ）2. 在紫外光谱中，同一物质，浓度不同，入射光波长相同，则摩尔吸光系数相同；

同一浓度，不同物质，入射光波长相同，则摩尔吸光系数一般不同。

（ ）3. 有色溶液的透光率随着溶液浓度的增大而减小，所以透光率与溶液的浓度成反比关系；有色溶液的吸光度随着溶液浓度的增大而增大，所以吸光度与溶液的浓度成正比关系。

（ ）4. 朗伯-比尔定律中，浓度 C 与吸光度 A 之间的关系是通过原点的一条直线。

（ ）5. 朗伯-比尔定律适用于所有均匀非散射的有色溶液。

（ ）6. 有色溶液的最大吸收波长随溶液浓度的增大而增大。

（ ）7. 在光度分析法中，溶液浓度越大，吸光度越大，测量结果越准确。

（ ）8. 物质摩尔吸光系数ε的大小，只与该有色物质的结构特性有关，与入射光波长和强度无关。

（ ）9. 若待测物、显色剂、缓冲溶液等有吸收，可选用不加待测液而其他试剂都加的空白溶液为参比溶液。

（ ）10. 摩尔吸光系数ε是吸光物质在特定波长和溶剂中的特征常数，ε值越大，表明测定结果的灵敏度越高。

（ ）11. 在进行紫外分光光度测定时，可以用手捏吸收池的任何面。

（ ）12. 分光光度计检测器直接测定的是吸收光的强度。

六、问答题

1. 简述吸收光谱分析的一般步骤。

七、计算题

1. 测定血清中的磷酸盐含量时，取血清试样 5.00 mL 于 100 mL 量瓶中，加显色剂显色后，稀释至刻度。吸取该试液 25.00 mL，测得吸光度为 0.582；另取该试液 25.00 mL，加 1.00 mL 的磷酸盐 0.050 0 mg，测得吸光度为 0.693。计算每毫升血清中含磷酸盐的质量。

第九节　色谱法

（一）基本要求

掌握气相色谱法及液相色谱法的基本原理。了解气相色谱法及液相色谱法的特点；了解色谱法在水质分析中的应用。

（二）习题

一、名词解释

1. 分配系数　　2. 色谱图　　3. 基线　　4. 分离度

二、选择题

1. 在气相色谱分析中，用于定性分析的参数是______。

A. 保留值　　B. 峰面积　　C. 分离度　　D. 半峰宽

2. 在气相色谱分析中，用于定量分析的参数是______。

A. 保留时间　　B. 保留体积　　C. 半峰宽　　D. 峰面积

3. 良好的气-液色谱固定液为______。

A. 蒸气压低、稳定性好

B. 化学性质稳定

C. 溶解度大、对相邻两组分有一定的分离能力

D. A、B 和 C

4. 使用热导池检测器时，应选用下列哪种气体作为载气，其效果最好？______

A. H_2　　B. He　　C. Ar　　D. N_2

5. 气相色谱法常用的载气是______。

A. 氢气　　B. 氮气　　C. 氧气　　D. 氦气

6. 色谱体系的最小检测量是指恰能产生与噪声相鉴别的信号时，______。

A. 进入单独一个检测器的最小物质量　　B. 进入色谱柱的最小物质量

C. 组分在气相中的最小物质量　　D. 组分在液相中的最小物质量

7. 在气-液色谱分析中，良好的载体为______。

A. 粒度适宜、均匀，表面积大　　B. 表面没有吸附中心和催化中心

C. 化学惰性、热稳定性好，有一定的机械强度　D. A、B 和 C

8. 热导池检测器是一种______。

A. 浓度型检测器

B. 质量型检测器

C. 只对含碳、氢的有机化合物有响应的检测器

D. 只对含硫、磷化合物有响应的检测器

9. 使用氢火焰离子化检测器，选用下列哪种气体作为载气最合适？______

A. H_2　　B. He　　C. Ar　　D. N_2

10. 下列因素中，对色谱分离效率最有影响的是______。

A. 柱温　　B. 载气的种类　　C. 柱压　　D. 固定液膜厚度

11. 在液相色谱法中，提高柱效最有效的途径是______。

A. 提高柱温　　B. 降低板高

C. 降低流动相流速　　D. 减小填料粒度

12. 在液相色谱中，为了改变柱子的选择性，可以进行下列哪种操作______。

A. 改变固定液的种类　　B. 改变载气和固定液的种类

C. 改变色谱柱温　　D. 改变固定液的种类和色谱柱温

13. 在液相色谱中，范第姆特方程中的哪一项对柱效的影响可以忽略______。

A. 涡流扩散项　　B. 分子扩散项

C. 流动区域的流动相传质阻力　　D. 停滞区域的流动相传质阻力

14. 在高固定液含量色谱柱的情况下，为了使柱效能提高，可选用______。

A. 适当提高柱温　　B. 增加固定液含量

C. 增大载体颗粒直径　　D. 增加柱长

15. 在液相色谱中，为了提高分离效率，缩短分析时间，应采用的装置是______。

A. 高压泵　　B. 梯度淋洗　　C. 贮液器　　D. 加温

三、简答题

1. 简述气相色谱法的特点。

2. 简述气相色谱的分离原理。

3. 气相色谱法在水质分析中如何避免水的干扰？

4. 简述高效液相色谱法的分类和应用范围。

5. 在液相色谱中，色谱柱能在室温下工作而不需恒温的原因是什么？

四、计算题

1. 正庚烷与正己烷在某色谱柱上的保留时间为 94 s 和 85 s，空气在此柱上的保留时间为 10 s，所得理论塔板数为 3 900 块，求此二化合物在该柱上的分离度？

五、问答题

1. 介绍色谱柱的组成和制备。

第十节　原子光谱法

（一）基本要求

掌握原子吸收光谱法的基本原理。了解原子吸收光谱法的特点；了解原子光谱法在水质分析中的应用；了解现代仪器分析方法所涉及的概念和基本原理。

（二）习题

一、名词解释

1. 原子吸收光谱法　　2. 共振线　　3. 空心阴极灯

二、选择题

1. 原子吸收光谱是由下列哪种粒子产生的？______

A. 固体物质中原子的外层电子　　B. 气态物质中基态原子的外层电子

C. 气态物质中激发态原子的外层电子　　D. 气态物质中基态原子的内层电子

2. 原子吸收光谱线的多普勒变宽是由下列哪种原因产生的？______

A. 原子在激发态的停留时间　　B. 原子的热运动

C. 原子与其他粒子的碰撞　　D. 原子与同类原子的碰撞

3. 原子吸收光谱测定食品中微量砷，最好采用下列哪种原子化方法？______

A. 冷原子吸收　　B. 空气-乙炔火焰

C. 石墨炉法　　D. 气态氢化物发生法

4. 原子吸收光谱测定污水中微量汞，最好采用下列哪种原子化方法？______

A. 化学还原冷原子化法　　B. 空气-乙炔火焰

C. 石墨炉法　　D. 气态氢化物发生法

5. 石墨炉法原子吸收分析，应该在下列哪一步记录吸光度信号：______

A. 干燥　　B. 灰化　　C. 原子化　　D. 除残

6. 空心阴极灯中对发射谱线宽度影响最大的因素是______。

A. 阴极材料　　B. 填充气体　　C. 灯电流　　D. 阳极材料

7. 原子吸收分析中光源的作用是______。

A. 提供试样蒸发和激发所需的能量　　B. 产生紫外光

C. 发射待测元素的特征谱线　　　　　　　　D. 产生具有足够浓度的散射光

8. 原子吸收光谱是______。

A. 分子的振动、转动能级跃迁时对光的选择吸收产生的

B. 基态原子吸收了特征辐射跃迁到激发态后又回到基态时所产生的

C. 分子的电子吸收特征辐射后跃迁到激发态所产生的

D. 基态原子吸收特征辐射后跃迁到激发态所产生的

9. 原子吸收测定时，调节燃烧器高度的目的是______。

A. 控制燃烧速度　　　　　　　　　　　　B. 增加燃气和助燃气预混时间

C. 提高试样雾化效率　　　　　　　　　　D. 选择合适的吸收区域

10. 在原子吸收分光光度计中，目前常用的光源是______。

A. 火焰　　　　B. 空心阴极灯　　　C. 氙灯　　　　D. 交流电弧

11. 空心阴极灯内充的气体是______。

A. 大量的空气　　　　　　　　　　　　　B. 大量的氖或氩等惰性气体

C. 少量的空气　　　　　　　　　　　　　D. 少量的氖或氩等惰性气体

12. 原子吸收法中原子化器的主要作用是______。

A. 将试样中待测元素转化为基态原子　B. 将试样中待测元素转化为激发态原子

C. 将试样中待测元素转化为中性分子　D. 将试样中待测元素转化为离子

三、填空题

1. 原子吸收光谱分析中，要求光源发射线半宽度（　　　）吸收线半宽度，且发射线与吸收线中心频率（　　）。

2. 原子化系统的作用是将试样中的元素转变成（　　　　）。原子化的方法有（　　　）和（　　）来进行分析的。

3. 原子吸收分光光度分析是利用处于基态的待测原子蒸气，对从光源辐射的（　　　）进行分析的。

4. 原子发射光谱一般由3部分组成，即（　　　）、（　　　）和检测系统。

四、简答题

1. 在原子吸收分光光度法中为什么常常选择共振吸收线作为分析线？

2. 简述原子吸收分光光度法对光源的基本要求，及为什么要求用锐线光源的原因。

3. 简述原子吸收分光光度计的组成及各部分的功能。

4. 为什么可见分光光度计的分光系统放在吸收池的前面，而原子吸收分光光度计的分光系统放在原子化系统的后面？

五、判断题

（ ）1. 原子吸收分光光度计是由光源、分光系统、检测器和显示器四部分组成的。

（ ）2. 原子吸收光谱是由气态物质中基态原子的外层电子跃迁产生的。

（ ）3. 原子吸收法一次只能测定一种元素，而发射光谱法一次可同时测定多种元素。

（ ）4. 原子吸收分光光度计的单色器放置在原子吸收池后的光路中。

（ ）5. 用原子吸收法分析元素时，一定要选择元素的共振吸收线作为分析线。

（ ）6. 原子吸收分光光度计中的火焰类似于一般分光光度计中的吸收池。

（ ）7. 目前测定中药材中的金属元素常用原子吸收法。

习题答案

第一节 概论

一、名词解释

1. 水质指标：表示水中杂质的种类和数量，它是判断水污染程度的具体衡量尺度。

2. 水质标准：表示生活饮用水、工农业用水等各种用途的水中污染物值的最高容许浓度或限量阈值的具体限量和要求。

3. 浊度：表示水中含有悬浮及胶体状态的杂质，引起水的浑浊程度，并以浊度作为单位，是天然水和饮用水的一项重要水质指标。

4. 表色：包括悬浮杂质在内的 3 种状态所构成的水色为表色。测定的是未经静置沉淀或离心分离的原始水样的颜色，只用定性文字描述。

5. 真色：除去悬浮杂质后的水，由胶体及溶解杂质所造成的颜色称为真色。

6. 水的酸度：水的酸度是水中给出质子物质的总量。

7. 水的碱度：水的碱度是水中接受质子物质的总量。

8. 水的硬度：水的硬度原指沉淀肥皂的程度。一般定义为 Ca^{2+}，Mg^{2+}离子的总量。

9. 化学计量点：标准溶液与被测定物质定量反应完全时的那一点称为化学计量点。

10. COD：化学需氧量，是以化学方法测量水样中需要被氧化的还原性物质的量。

11. BOD：生化需氧量，是指在一定期间内，微生物分解一定体积水中的某些可被氧化物质，特别是有机物质，所消耗的溶解氧的数量。

12. 总含盐量：也称矿化度，表示水中各种盐类的总和，也就是水中全部阳离子和阴离子的总量。

二、填空题

1.（酸碱滴定法）（沉淀滴定法）（络合滴定法）（氧化还原滴定法）

2.（细菌总数）（总大肠菌群）（游离性余氯）（二氧化氯）

3.（物理指标）（化学指标）（微生物指标）

4.（微量分析）（超微量分析）

5.（比色法）（吸收光谱法）（发射光谱分析法）（原子吸收光谱法）

6.（电位分析法）（电导分析法）（库伦分析法）

7.（传导电流）

三、简答题

1. 如何描述水样的臭和味？

臭的强度可用从无到很强六个等级描述或用臭阈值表示；味用酸甜苦辣麻等文字描述。

2. 如何测定和表示水样的浑浊程度？

浊度一般用目视比浊法和分光光度法测定；表示方法以 1 mg/L 漂白土所产生的浊度为 1 标准浊度单位。

3. 如何测定水的色度？

色度的测定采用铂钴比色法或铬钴比色法，以氯铂酸钾和氯化钴或重铬酸钾和硫酸钴配制标准系列进行目视比色，规定 1 mg/L 铂、0.5 mg/L 钴产生的颜色为 1 度。

4. 生活饮用水卫生标准对水质的基本要求有哪些？

（1）感官性状无不良刺激或不愉快的感觉。

（2）所含有害或有毒物质的浓度对人体健康不产生毒害和不良影响。

（3）不应含有各种病源细菌、病毒和寄生虫卵，是流行病学上安全的。

第二节　水分析测量的质量保证

一、名词解释

1. 绝对误差：测量值（X）与真实值（X_T）之差称为绝对误差（E）或误差。

2. 相对误差：绝对误差在真值中所占的百分率。

3. 准确度：指测定结果与真实值接近的程度。

4. 绝对偏差：测定值（X_i）与多次测量的平均值（$\bar{X}$）之差。

5. 相对偏差：绝对偏差（d）在多次测量的平均值（$\bar{X}$）中所占的百分数。

6. 精密度：各次测量结果互相接近的程度。

7. 极差：一组数据中最大值与最小值之差。

8. 置信度：置信度就是人们对分析结果判断的有把握程度。它的实质仍然归结为某事件出现的概率，置信度与概率两概念并无本质区别，只是观察问题的角度不同。

9. 标准溶液：已知准确浓度的溶液为标准溶液。

10. 基准物质：能用于直接配制或标定标准溶液的物质称为基准物质。

二、填空题

1.（加入保存试剂）（控制 pH 值）（冷藏冷冻的方法）

2.（过滤）（浓缩）（蒸馏）（消解）

3.（酸性消解）（干式消解）（改变价态消解）

4.（系统）（随机）（过失）

5.（方法误差）（仪器和试剂误差）（操作误差）

6.（易溶解）（有较大摩尔质量）（定量参加反应，无副反应）

三、简答题

1. 水样若需保存，通常的保存方法是什么？

水样保存时通常采用加入保存试剂、控制 pH 值和冷藏冷冻的方法。

2. 准确度与精密度分别表示什么？二者的关系如何？

准确度反映测量值与真实值的接近程度，用误差表示；精密度反映测量值与平均值的接近程度（或测量值互相靠近的程度），用偏差表示。要获得很高的准确度，必须有很高的精密度。但是，分析结果的精密度很高，其准确度不一定很高。

3. 标准偏差的表达式是什么？（答案略）

4. 物质的量浓度的含义是什么？

物质在溶液中，单位溶液体积所含物质的量，常用单位 mol/L 或 mmol/L。

5. 甲乙两位同学同时对某一水样的同一指标，分别得到 5 个平行数据，则用什么来反映某一个数据的精密度？用什么来反映甲、乙各组平行数据的精密度？

某个数据的精密度用绝对偏差或相对偏差来表示，某组平行数据的精密度用平均偏差

（相对平均偏差）相对标准偏差、极差来表示。

6. 某同学发现自己测定的5个平行数据中某个数据与其他数据偏离较远，一时未找到其原因，用什么方法来决定其取舍呢？

偏离其他几个测量值极远的数据为极端值。极端值的取舍，一般参照4 d检验法或Q检验法。

7. 滴定分析中化学计量点与滴定终点有何区别？

化学计量点是根据化学方程式计算的理论终点，滴定终点是实际滴定时用指示剂变色或其他方法停止滴定的点。

第三节　酸碱滴定法

一、名词解释

1. 共轭酸碱对：因质子得失而相互转变的一对酸碱称为共轭酸碱对。

2. 平衡浓度：当反应达到平衡时，水溶液中溶质某种型体的实际浓度称为平衡浓度。

3. 缓冲作用：能对抗外来少量强酸、强碱或稍加稀释不引起溶液pH值发生明显变化的作用称为缓冲作用。

4. 分布分数：溶液中某酸碱组分平衡浓度占其总浓度的分数称为分布分数。

5. 指示剂的理论变色点：指示剂的酸式组分和碱式组分的浓度相等时，称为指示剂的理论变色点。

二、选择题

1. [C]	2. [B]	3. [A]	4. [C]	5. [B]	6. [C]	7. [C]
8. [C]	9. [A]	10. [A]	11. [C]	12. [C]	13. [D]	14. [A]
15. [A]	16. [A]	17. [C]	18. [B]	19. [B]	20. [A]	21. [B]
22. [B]	23. [D]	24. [A]	25. [B]	26. [A]	27. [D]	28. [B]

三、填空题

1. （解离常数）　　2. （酸碱两性物质）　　3. （质子）

4. （$pK_1 \pm 1$）（pK_1）　　5. （弱碱）（强碱弱酸盐）

四、判断题

1. （√）	2. （√）	3. （×）	4. （×）	5. （×）
6. （×）	7. （√）	8. （×）	9. （√）	10. （×）
11. （×）	12. （√）	13. （√）	14. （×）	15. （√）
16. （×）	17. （×）	18. （×）	19. （√）	20. （×）
21. （√）				

五、简答题

1. 指示剂选择的原则是什么？

所选择的指示剂变色范围，必须处于或部分处于计量点附近的pH值突跃范围内。

2. 什么是理论终点？什么是滴定终点？

理论终点即计量点，是根据反应计算得到的理论上计量点时对应的pH值。

滴定终点为实际停止滴定时的pH值，它是由指示剂或其他方法指示的。

3. 分别滴定法和连续滴定法测定含 CO_3^{2-}、HCO_3^- 混合碱度时，如何计算其总碱度和分碱度？写出对应的计算式。

用酚酞指示剂时，CO_3^{2-}被中和成 HCO_3^-所用酸体积为 $V_{8.3}$，用甲基橙指示剂时 CO_3^{2-}、HCO_3^-都被中和成 CO_2，所用酸体积为 $V_{4.8}$。

CO_3^{2-}碱度（$\frac{1}{2}CO_3^{2-}$ mol/L）：$\frac{c(HCl)\times 2\times V_{8.3}}{V_{水样}}\times 10^3$

HCO_3^-碱度（HCO_3^- mol/L）：$\frac{c(HCl)(V_{4.8}-2V_{8.3})}{V_{水样}}\times 10^3$

总碱度（mol/L）：$\frac{c(HCl)\times V_{4.8}}{V_{水样}}\times 10^3$

或 CO_3^{2-}碱度（CO_3^{2-} mol/L）+ HCO_3^-碱度（mol/L）

4. 以 HAc−NaAc 缓冲溶液为例，说明缓冲溶液的作用原理。

HAc 是弱电解质，在水溶液中只有部分电离，NaAc 是强电解质，在水溶液中可完全电离，$HAc \rightleftharpoons H^+ + Ac^-$，$NaAc \rightleftharpoons Na^+ + Ac^-$。如果在此缓冲溶液中，加入少量的强酸，则加的 H^+与溶液中的 Ac^-结合成 HAc 分子，反应式向逆方向进行，溶液中的$[H^+]$增加不多，pH 值变动不大。如加入少量碱，则加入的$[OH^-]$与溶液中的 H^+结合生成水分子 H_2O，从而引起 HAc 继续电离（即反应向右进行）以补充消耗了的 H^+离子，因此，溶液中的$[H^+]$降低不多，pH 值变动不大。如果将溶液稀释（体积变化），虽然$[H^+]$降低了，但$[Ac^-]$也降低了，同离子效应减弱，促使 HAc 的电离增加，即产生的 H^+离子可维持溶液的 pH 值基本不变。

5. 酸碱指示剂的作用原理是什么？

酸碱指示剂多数是有机弱酸，少数是有机弱碱或是两性物质，它们的共轭酸碱对有不同的结构，因而呈现不同的颜色。它们在酸碱滴定过程中也能参与质子的转移反应，因分子结构的改变而引起自身颜色的变化，并且这种结构变化和颜色反应都是可逆的。

6. 什么是酸碱滴定中的 pH 值突跃范围？影响突跃范围大小的因素有哪些？

酸碱滴定的 pH 值突跃范围是指在 f−pH 滴定曲线图上，f=1.000±0.001 区间内，pH 值的大幅度变化，其变化范围叫突跃范围。酸碱的浓度和强度影响突跃范围大小，酸碱的浓度越大，酸的酸性越强，碱的碱性越强，突跃范围则越大。

7. 指示剂变色范围的表达式及其含义是什么？

$pH=pK_1\pm 1$，当溶液的[HIn]/[In−]≥10 时，也就是 $pH\leqslant pK_1-1$ 时，看到的只是酸式颜色；当溶液的[HIn]/[In−]≤1/10 时，也就是 $pH\geqslant pK_1+1$ 时，看到的只是碱色；当溶液的 pH 值由 pK_1-1 变化到 pK_1+1 时，就能明显地看到指示剂酸式色变为碱式色，或者相反，因此指示剂的变色范围约 2 个 pH 单位。

8. 为什么用 $NaOH/H_2O$ 溶液滴定 HCl/H_2O 溶液用酚酞指示剂，而不用甲基橙，在用 HCl/H_2O 溶液滴定 $NaOH/H_2O$ 溶液时用甲基橙指示剂而不用酚酞？

人的视觉对红色比较敏感，用碱滴定盐酸时用酚酞指示剂，终点是由无色变为红色终点敏锐；而用甲基橙作为指示剂终点是红色变为蓝色，不好观察，因而用酚酞指示剂。用盐酸滴定碱时，用酚酞指示剂由红色变无色不好观察；而用甲基橙指示剂是蓝色变为红色，容易识别，所以用甲基橙作为指示剂。

六、计算

1. 已知 0.100 0 mol/L HB 溶液的 pH=3，计算 NaB 溶液的 pH 值。

解：由 $c(H^+)=\sqrt{K_a c_a} \quad \Rightarrow K_a=10^{-5}$

所以
$$c(OH^-)=\sqrt{K_b c_b}=\sqrt{\frac{K_w}{K_a}c_b}=10^{-5}$$

pOH=5；pH=9

2. 计算 0.05 mol/L 的 $NaHCO_3$ 溶液的 pH 值。

解：

$$c(OH^-)=\sqrt{c_b K_{b1}}=\sqrt{c_b\cdot\frac{K_w}{K_{a2}}}=\sqrt{0.05\times\frac{10^{-14}}{5.6\times10^{-11}}}=2.5$$

pH=14− pOH=11.5

3. 用 NaOH（0.1000 mol/L）滴定 HAc 0.1000 mol/L（$K_a=10^{-6}$），试计算化学计量点的 pH 值。

解：

$$c(OH^-)=\sqrt{c_b K_b}$$

$$c_b=\frac{0.100\,0}{2}=0.050\,00\ \ \text{mol/L}$$

$$K_b=K_w/K_a \ \Rightarrow \quad \text{pH}=9.35$$

4. 计算 0.3 mol/L 的 HAc 与 0.1 mol/L 的 NaOH 等体积混合后的 pH 值。

解：

$$c(\text{HAc})=\frac{0.3}{2}=0.15\ \ \text{mol/L}$$

$$c(\text{NaOH})=\frac{0.1}{2}=0.05\ \ \text{mol/L}$$

由
$$\text{pH}=\text{p}K_a+\lg\frac{c_b}{c_a}\Rightarrow \text{pH}=4.74+\lg\frac{0.05}{0.15-0.05}=5.04$$

5. 1 L 溶液中含有 0.1 mol/L 的 HCl、2.0×10^{-3} mol/L 的 H_2CO_3 和 2.0×10^{-5} mol/L 的 HAc（乙酸）。计算该溶液的 pH 值及 CO_3^{2-}、Ac^-的平衡浓度。

解：已知 H_2CO_3 和 HAc 的分析浓度，要计算 H_2CO_3 和 HAc 的平衡浓度，根据分布分数计算公式，需要先计算该溶液的 pH 值。

因为 H_2CO_3 和 HAc 是弱酸，并且浓度又远小于 HCl 的浓度，该溶液 pH 值计算可以忽略 H_2CO_3 和 HAc 的离解所贡献的 H^+浓度。所以 pH＝1。

根据公式计算

$$\delta_0=\frac{c(H^+)^2}{c(H^+)^2+K_{a1}c(H^+)+K_{a1}K_{a2}}$$

$$\delta_1=\frac{K_{a1}c(\mathrm{H^+})}{c(\mathrm{H^+})^2+K_{a1}c(\mathrm{H^+})+K_{a1}K_{a2}}$$

$$\delta_2=\frac{K_{a1}K_{a2}}{c(\mathrm{H^+})^2+K_{a1}c(\mathrm{H^+})+K_{a1}K_{a2}}$$

$$c(\mathrm{CO_3^{2-}})/(\mathrm{mol\cdot L^{-1}})=c(\mathrm{H_2CO_3})\cdot\delta_2=c(\mathrm{H_2CO_3})\cdot\frac{K_{a1}K_{a2}}{c(\mathrm{H^+})^2+K_{a1}c(\mathrm{H^+})+K_{a1}K_{a2}}=$$

$$\frac{2.0\times10^{-3}\times(4.2\times10^{-7}\times5.6\times10^{-11})}{10^{-2}+4.2\times10^{-7}\times10^{-1}+4.2\times10^{-7}\times5.6\times10^{-11}}=4.7\times10^{-18}$$

$$c(\mathrm{Ac^-})/(\mathrm{mol\cdot L^{-1}})=c(\mathrm{HAc})\cdot\delta_{\mathrm{Ac^-}}=c(\mathrm{HAc})\times\frac{K_a}{K_a+c(\mathrm{H^+})}=\frac{2.0\times10^{-5}\times1.8\times10^{-5}}{1.8\times10^{-5}+10^{-1}}=3.6\times10^{-9}$$

6. 10 mL 0.20 mol/L HCl 溶液与 10 mL 0.50 mol/L HCOONa 和 2.0×10^{-4} mol/L $Na_2C_2O_4$ 溶液混合，计算溶液中的 $c(C_2O_4^{2-})$。HCOOH 的 $K_a=1.8\times10^{-4}$，$pK_a=3.74$；$H_2C_2O_4$ 的 $pK_{a1}=1.25$，$pK_{a2}=4.29$。

解：

已知：$c(H_2C_2O_4)=2.0\times10^{-4}$ mol/L，$H_2C_2O_4$ 的 $pK_{a1}=1.25$，$pK_{a2}=4.29$。先求出溶液的 pH 值或者 $c(H^+)$后，才能计算 $C_2O_4^{2-}$的分布分数。

题意中各溶液混合，发生中和反应，甲酸钠浓度远大于草酸钠浓度，可以略去后考所需 $c(H^+)$。反应后构成 $HCOO^-$–HCOOH 缓冲体系，则有

$$c(\mathrm{HCOOH})/(\mathrm{mol\cdot L^{-1}})=0.20\times10/20=0.10$$

$$c(\mathrm{HCOOH})/(\mathrm{mol\cdot L^{-1}})=(0.50\times10-0.20\times10)/20=0.15$$

$$c(\mathrm{H^+})/(\mathrm{mol\cdot L^{-1}})=K_a\cdot c_a/c_b=1.8\times10^{-4}\times0.10/0.15=1.2\times10^{-4}$$

$$c(\mathrm{C_2O_4^{2-}})/(\mathrm{mol\cdot L^{-1}})=2.0\times10^{-4}\times10^{-1.25-4.29}/(10^{-3.95\times2}+10^{-3.95-1.25}+10^{-1.25-4.29})=10^{-4.50}=3.2\times10^{-5}$$

7. 计算饱和酒石酸氢钾（0.034 mol/L）标准缓冲溶液的 pH 值。酒石酸 $K_{a1}=9.1\times10^{-4}$，$K_{a2}=4.3\times10^{-5}$。

解： 因为计算标准缓冲溶液的 pH 值，要考虑离子强度影响。所以先计算离子强度

$$I=1/2(0.034\,0\times1+0.034\,0\times1)=0.034\,0$$

根据德拜–休克尔公式，计算活度系数

$$-\lg\gamma_i=\frac{0.512Zi\sqrt{I}}{1+\alpha\beta\sqrt{I}}$$

$$\gamma_{B2-}=0.514$$

因为 $K_{a2}\cdot c>10K_w$，$c/K_{a1}>100$，所以用最简式计算

$$c(\mathrm{H^+})=\sqrt{K_{a1}K_{a2}}=\sqrt{K_{a1}^0K_{a2}^0\frac{1}{\gamma_{\mathrm{H^+}}^2\gamma_{\mathrm{B^{2-}}}}}$$

$$a_{H^+}=c(H^+)\gamma_{H^+}=\sqrt{K_{a1}^0K_{a2}^0\frac{1}{\gamma_{B^{2-}}}}=\sqrt{\frac{9.1\times10^{-4}\times4.3\times10^{-5}}{0.514}}=2.76\times10^{-4}$$

pH＝3.56

8. 0.100 0 mol/L NaOH 滴定 0.100 0 mol/L HCl 以及 0.200 0 mol/L H_3BO_3 混合溶液，求 sp 时 pH 值;若 ep 时的 pH 值比 sp 时高 0.5 pH 值单位，求 E_t（已知 H_3BO_3 的 K_a =5.4 × 10^{-10}）。

解：硼酸（c_a=0.100 0 mol/L）为极弱酸，K_a<<10^{-7}，可忽略，仅准确滴定 HCl，滴定终点时，HCl 被完全中和时，H_3BO_3 一级电离，则有

H_3BO_3 =H^++ $H_2BO_3^-$，$[H^+]=[H_2BO_3^-]+[OH^-]=[H_2BO_3^-]/[H^+]+K_w/[H^+]$

$c(H^+)/(mol\cdot L^{-1})$=（$c(H_2BO_3^-)K_a+K_w$）$^{1/2}$=（$c_a\times K_a$）$^{1/2}$=（0.100 0 × 5.4×10^{-10}）$^{1/2}$＝7.35×10^{-6}

pH＝5.13，因 ep 时的 pH 值比 sp 时高 0.5，ΔpH=0.5，pH＝5.13+0.5＝5.63，pH 值终点时 $c(H^+)/(mol\cdot L^{-1})$=2.3×10^{-6}。按强酸滴定误差公式得

$$E_t=\frac{10^{\Delta pH}-10^{-\Delta pH}}{\sqrt{\frac{1}{K_w}}\cdot c_a}\times100\%=\frac{10^{\Delta pH}-10^{-\Delta pH}}{10^7\cdot c_a}\times100\%=\frac{10^{0.5}-10^{-0.5}}{10^7\times0.05}\times100\%$$

9. 在 20.00 mL 0.100 0 mol/L HA（K_a=$10^{-7.00}$）溶液中，加入 0.100 0 mol/L 的 NaOH 20.04 mL（此为滴定到化学计量点后的 0.2%），计算溶液的 pH 值。

解：质子平衡式 $[OH^-]=[H^+]+[HA]+[OH^-]$

[HA]用含$[OH^-]$的函数表达，即

$[HA]=c_bK_b/(K_b+[OH^-])$

由于溶液是碱性，忽略$[H^+]$，则

$[OH^-]=c_bK_b/(K_b+[OH^-])+[OH^-]$

因 c(NaOH) >>c(HA)，则最简式 $c(OH^-)=c$(NaOH)，混合后 A^-和 NaOH 的浓度分别为

$c_b/(mol\cdot L^{-1})$=0.100 0×20.00/(20.00+20.04)=$10^{-1.30}$

$c(NaOH)/(mol\cdot L^{-1})$=0.100 0×0.04/(20.00+20.04)=$10^{-4.00}$

按最简式计算 $c(OH^-)/(mol\cdot L^{-1})=c(NaOH)=10^{-4.00}$，再由此计算[HA]，即

$c(HA)/(mol\cdot L^{-1})=c_bK_b/(K_b+c(OH^-))=(10^{-1.30}\times10^{-7.00})/(10^{-7.00}+10^{-4.00})=10^{-4.30}$

$c(OH^-)/(mol\cdot L^{-1})=c_bK_b/(K_b+c(OH^-))+c(NaOH)=(10^{-1.30}\times10^{-7.00})/(10^{-7.00}+c(OH^-))+10^{-4.00}=10^{-3.86}$

pH=10.14

10. 要配制 200 mL pH = 9.35 NH_3-NH_4Cl 缓冲溶液，并且向该溶液在加入 1 mmol 的 HCl 或 NaOH 时，pH 值的变化不大于 0.12 单位，需用多少克和多少毫升的 1.0 mol/L 的氨水？（pK_a =9.25）

解：根据题意先求出缓冲容量，再求出缓冲剂总浓度。

缓冲容量β＝db/dpH＝(1.0×10^{-3}×1 000/200)/0.12= 4.2×10^{-2}，则

$\beta=2.3c\cdot K_a\cdot c(H^+)/(c(H^+)+K_a)^2$

故有 $4.2\times10^{-2}=2.3c\times10^{-9.25}\times10^{-9.35}/(10^{-9.35}+10^{-9.25})^2$

解之 c = 0.074 mol/L，此为缓冲剂总浓度，则需要的量为

$m_{NH4Cl}/g=c\cdot\delta_{NH4+}\cdot V\cdot M_{NH4Cl}=0.074\times10^{-9.35}/(10^{-9.35}+10^{-9.25})\times200\times10^{-3}\times53.49=0.35$

$V_{NH3}/mL = c \cdot \delta_{NH3} \cdot V/1.0 = 0.074 \times 10^{-9.25}/(10^{-9.35}+10^{-9.25}) \times 200/1.0 = 8.2$

11. 25.00 mL 0.400 mol/L 的 H_3PO_4 溶液与 30.00 mL 0.500 mol/L 的 Na_3PO_4 溶液混合，稀释至 100 mL。（1）计算 pH 值和缓冲容量 β。（2）取上述溶液 25.00 mL，问需加入多少毫升 1.00 mol/L NaOH 溶液，才能使溶液的 pH＝9？（3）如果 60.00 mL 0.400 mol/L H_3PO_4 与 12.00 mL 0.500 mol/L Na_3PO_4 混合，pH 值又是多少？（pK_{a1}=2.12，pK_{a2}=7.23，pK_{a3}=12.36）

解：（1）反应式为 $2\ H_3PO_4+3\ Na_3PO_4 = 4\ Na_2HPO_4+ NaH_2PO_4$，则

$$n(H_3PO_4)/mmol = 25.00 \times 0.400 = 10.0$$

$$n(Na_3PO_4)/mmol = 30.00 \times 0.500 = 15.0$$

根据恰好反应完全，可以知道 $c(Na_2HPO_4)$＝0.2 mol/L，$c(NaH_2PO)$=0.05 mol/L，则

$$pH = pK_{a2} + \lg(c_b/c_a) = 7.20+\lg(4/1) = 7.80$$

$$\beta/(mol \cdot L^{-1}) = 2.3 \times c_{总} \times K_{a2}\, c(H^+)/(\,c(H^+)+ K_{a2})^2 =$$

$$2.3 \times (0.20+0.05) \times 10^{-7.2} \times 10^{-7.8}/(10^{-7.8}+10^{-7.2})^2 = 0.092$$

（2）溶液的 pH＝9 时，$c(H^+) = 1.00 \times 10^{-9}$（mol/L），如果加入 x mL 1.00 mol/L NaOH 溶液，根据 $c(H^+) = K_{a2} \times c(H_2PO_4^-)/ c(HPO_4^{2-})$，其中 $c(H_2PO_4^-) = 0.05 \times 25 - x \times 1$，$c(HPO_4^{2-}) = 0.2 \times 25 + x \times 1$，代入上式则有

$$(0.05 \times 25 - x \times 1)/(0.2 \times 25 + x \times 1) = c(H^+)/K_{a2} = 10^{-9}/(6.3 \times 10^{-8})$$

解得 x=1.15 mL。

（3）$n(H_3PO_4)/mmol = 60.00 \times 0.400 = 24.0$，$n(H_3PO_4)/mmol = 12.00 \times 0.500 = 6.00$

两者根据反应式，仅用去 4 mmol H_3PO_4 生成 8 mmol Na_2HPO_4 和 2 mmol NaH_2PO_4，过量的 H_3PO_4 继续与 Na_2HPO_4 反应，其反应式为 $H_3PO_4+Na_2HPO_4 = 2NaH_2PO_4$。

由反应式可以看出，用去 8 mmol H_3PO_4，生成 16 mmol NaH_2PO_4，剩余 20.00−8.00＝12.00（mmol）H_3PO_4 溶液中总共有 16+2=18 mmol NaH_2PO_4，则构成 H_3PO_4 和 NaH_2PO_4 缓冲溶液的 pH 值为

$$pH = pK_{a1} + \lg(c_b/c_a) = 2.12+\lg(18/12) = 2.36$$

12. 设计测定含有中性杂质的 Na_2CO_3 和 Na_3PO_4 混合物中两组分的含量的分析方案。用简单流程表明主要步骤、滴定剂、指示剂及结果计算公式。（H_2CO_3: pK_{a1}=6.38，pK_{a2}=10.25；H_3PO_4: pK_{a1}=2.12，pK_{a2}=7.20，pK_{a3}=12.36）

解：（1）MO 指示剂，HCl 标准溶液滴定，消耗 V_1 mL

$$Na_2CO_3 + Na_3PO_4 = H_2CO_3 + NaH_2PO_4$$

$$CO_3^{2-}+H^+ = HCO_3^- + H^+ = H_2CO_3\ ,\ pK_a=6.38，10.25$$

（2）将（1）滴定后的产物煮沸，除去 CO_2，再以百里酚酞为指示剂，用标准 NaOH 溶液滴定，消耗 V_2 mL，产物为 Na_2HPO_4

$$Na_3PO_4\% = (c(NaOH) \times V_2 \times m\ (Na_3PO_4))/(m \times 1\ 000) \times 100\%$$

$$Na_2CO_3\% = (c(HCl) \times V_1 - 2\ c(NaOH) \times V_2)M(Na_2CO_3)\ /(2 \times m \times 1\ 000) \times 100\%$$

13. 欲配制pH值为3.0和4.0的HCOOH−HCOONa缓冲溶液，应分别往200 mL 0.20 mol/L HCOOH 溶液中加入多少毫升 1.0 mol/L NaOH 溶液？

解：HCOOH 的 pK_a=3.74，设加入 1.0 mol/L NaOH 溶液 x mL，则

$$3.0 = 3.74 + \lg\frac{1.0x}{0.2 \times 200 - 1.0x}$$

解得 x=6.1。

同理

$$4.0 = 3.74 + \lg\frac{1.0x}{0.2\times200-1.0x}$$

解得 x=25.7。

14. 用 0.10 mol/L NaOH 滴定 0.10 mol/L HAc 至 pH = 8.00，计算终点误差。

解：sp 时有

$$c(\text{NaOH}) = 0.05\ \text{mol/L} \qquad K_b = \frac{K_w}{K_a} = 5.6\times10^{-10}$$

$$K_b c > 20K_w \qquad \frac{c}{K_b} > 500$$

$$c(\text{OH}^-)\sqrt{K_b c} = 5.29\times10^{-6}$$

$$\text{pH}_{sp} = 14 - 6 + 0.72 = 8.72$$

$$\Delta\text{pH} = \text{pH}_{ep} - \text{pH}_{sp} = 8 - 8.72 = -0.72$$

$$TE\% = \frac{10^{-0.72} - 10^{0.72}}{\sqrt{\frac{K_a}{K_w}c_{HB}^{ep}}}\times100 = \frac{0.19-5.25}{\sqrt{1.8\times10^{8}\times0.05}}\times100 = -0.05$$

第四节　络合滴定法

一、名词解释

1. 配位数：络合物中与中心离子络合配位的原子数目称为配位数。

2. 螯合物：具有环状结构的络合物称为螯合物，非常稳定。

3. 酸效应：由于 H^+的存在，使络合剂参加主体反应能力降低的效应称为酸效应。

4. 置换滴定法：利用置换反应，置换出等化学计量的另一种金属离子或置换出 EDTA，然后用 EDTA 或另一种金属离子测定，获得被测金属离子浓度的方法。

5. 暂时硬度：碳酸盐硬度包括重碳酸盐和碳酸盐的总量，加热煮沸可以除去，因此称为暂时硬度。

6. 永久硬度：非碳酸盐硬度，通过加热煮沸无法除去，故称为永久硬度。

二、选择题

1. [D]	2. [A]	3. [C]	4. [A]	5. [C]
6. [D]	7. [D]	8. [D]	9. [B]	10. [C]
11. [D]	12. [C]	13. [B]	14. [D]	15. [B]

三、填空题

1.（配位）（中心离子）（配位体）

2.（H_6Y^{2+}、H_5Y^+、H_4Y、H_3Y^-、H_2Y^{2-}、HY^{3-}和 Y^4）（七）（Y^{4-}）（pH＞10）

3.（1：1）

4.（直接滴定法）（返滴定法）（置换滴定法）（间接滴定法）

四、判断题

1.（√）　2.（×）　3.（×）　4.（×）　5.（×）
6.（×）　7.（×）　8.（×）　9.（×）　10.（√）

五、简答题

1. 络合滴定法除了满足一般滴定分析基本要求外，还要满足哪两个条件？

（1）络合滴定中生成的络合物是可溶性稳定的络合物。

（2）在一定条件下，络合反应只形成一种配位数的络合物。

2. 络合物稳定常数的表达式是什么？它与解离常数的关系是什么？

$K_{稳}$=[ML]/[M][L]，稳定常数的倒数是解离常数。

3. 络合滴定中，金属指示剂应具备什么条件？

（1）金属指示剂本身的颜色与显色络合物的颜色应显著不同。

（2）金属指示剂与金属离子形成的显色络合物的稳定性应小于 EDTA 络合物的稳定性，但显色络合物的稳定性不能太低。

（3）指示剂与金属离子形成的络合物应溶于水，避免指示剂僵化。

4. 提高络合滴定选择性的方法有哪两种？

（1）用控制溶液 pH 值的方法进行连续滴定。

（2）用掩蔽和解蔽的方法进行分别滴定。

5. EDTA 与金属离子形成的配合物有什么特点？

有以下特点：①配合物易溶；②配合物稳定性高；③配离子中 EDTA 与金属离子一般为 1∶1 配位；④EDTA 与无色离子形成无色配合物与有色离子配位一般生成颜色更深的配合物。

6. 为什么说 EDTA 在碱性条件下配位能力强？

EDTA 为氨羧类配位剂，是有机弱酸，碱性条件下有利于其电离，事实上 pH=13 以上时，EDTA 以 Y^{4-}离子的形式存在；而 Y^{4-}才是与金属离子配位的配体，因此 EDTA 在碱性条件下配位能力强。

7. 什么是酸效应系数？酸效应系数与介质的 pH 值有什么关系？酸效应系数的大小说明了什么问题？

酸效应系数是反映 EDTA 溶液中，加入的 EDTA 的总浓度与游离 Y^{4-}浓度的倍数。

酸效应系数是氢离子浓度的函数，氢离子浓度越高，酸效应系数越大。

酸效应系数反映了在一定 pH 值条件下，EDTA 的总浓度为游离 Y^{4-}浓度的倍数，实际上就是反映已电离成 Y^{4-}的情况。

8. 什么是配合物的条件稳定常数和配位反应的副反应系数，它们之间的关系如何？

条件稳定常数是描述在有副反应存在时络合平衡的平衡常数，其大小表明配合物 MY 在一定条件下的实际稳定程度；副反应系数是所有未参加主反应的物质浓度之和与该物质平衡浓度之比，用于描述副反应进行的程度。

$$\lg K'_{MY}=\lg K_{MY}-\lg\alpha_{Y}-\lg\alpha_{M}+\lg\alpha_{MY}$$

9. 表观稳定常数（$K'_{稳}$）与稳定常数（$K_{稳}$）有什么联系与区别？

稳定常数是一种理论稳定常数 $K=\dfrac{[MY]}{[M][Y]}$，表现稳定常数是一种条件稳定常数

$K' = \dfrac{[MY]}{[M]_{总}[Y]_{总}}$，即一定条件下的实际反应的稳定常数。表达式中[M]、[Y]是指平衡时游离浓度；$[M]_{总}$、$[Y]_{总}$是指系统中除已生成 MY 的金属离子总浓度、EDTA 各种形式的总浓度。

$$\lg K'_{稳} = \lg K_{稳} - \lg\alpha_{Y(H)} - \lg\alpha_{M(L)}$$

10. 配位滴定时为什么要控制 pH 值，怎样控制 pH 值？

配位滴定时，须严格控制 pH 值。这是因为 EDTA 须离解成 Y^{4-}才能配位，即系统中存在离解平衡和配位平衡的相互竞争。为了保证准确滴定，满足配位平衡占主导地位，每种离子配位滴定时都有最低 pH 值。当然也不是 pH 值越高越好，有的离子在 pH 值高时易生成氢氧化物沉淀。故须严格控制 pH 值。实验室中为了防止加入滴定剂时以及 EDTA 的电离影响介质 pH 值，干扰分析，通常使用缓冲溶液。

11. 如何确定准确配位滴定某金属离子的 pH 值范围？

有 2 种方法：（1）是查酸效应曲线图，待测离子对应的 pH 值即为最低 pH 值，实际应用时一般稍高于此 pH 值一些。（2）是根据 $\lg\alpha_{Y(H)} \leqslant \lg K_{MY} - 8$ 计算出酸效应系数值后再查表找出对应的 pH 值。

12. 已知 $\lg K_{MY}=16$，$\lg K_{NY}=9$，如何控制 pH 值，准确地分别滴定 M 离子和 N 离子？

根据 $\lg K_{MY}=16$、$\lg K_{MY}=9$ 在酸效应曲线图上或计算出对应的最小的酸效应系数值，查表可直接或间接得到对应的准确滴定的最小 pH 值：pH_M、pH_N，且 $pH_M < pH_N$，又因两个稳定常数相差很大，可以分别准确滴定，具体做法是：先在低 pH 值 pH_M 滴定 M，此时 N 不干扰，终点后再将 pH 值升高到 pH_N，此时 M 已被配位，不干扰，可准确滴定 N。

13. 配位滴定中金属指示剂如何指示终点？

配位滴定中的金属指示剂是一种配位剂，它的配位能力比 EDTA 稍弱，终点前，金属指示剂与金属离子配位，溶液呈现 MI_n 色，滴入的 EDTA 与金属离子配位，接近终点时，溶液中游离金属离子极少，滴入的 EDTA 与金属指示剂竞争，即发生：$MI_n + Y^{4-} \rightleftharpoons MY + I_n$ 配位化合物 MI_n 生成 MY 指示剂，I_n 被游离出来，终点时溶液呈 I_n 色。

14. 配位滴定中怎样消除其他离子的干扰而准确滴定？

在某 pH 值条件下测定待测离子，其他离子干扰时，一般采用配位掩蔽、氧化掩蔽和沉淀掩蔽等方法进行掩蔽。

15. 什么是酸效应曲线图，有什么应用？

酸效应曲线是以各种离子稳定常数对数值为横坐标对应 pH 值为纵坐标绘制的曲线图。

酸效应曲线的应用：（1）查出某种金属离子配位滴定时允许的最小 pH 值；（2）查出干扰离子；（3）控制溶液不同 pH 值，实现连续滴定或分别滴定。

六、计算题

1. 计算 pH=5 时，EDTA 的酸效应系数及对数值，若此时 EDTA 各种型体总浓度为 0.02 mol/L，求 $c(Y^{4-})$。

解：

$$\alpha_{Y(H)}/(\mathrm{mol \cdot L^{-1}}) = 1 + \frac{10^{-5}}{10^{-10.34}} + \frac{10^{-10}}{10^{-10.34-6.24}} + \frac{10^{-15}}{10^{-10.34-6.24-2.75}} + \frac{10^{-20}}{10^{-10.34-6.24-2.75-2.07}} + \frac{10^{-25}}{10^{-10.34-6.24-2.75-2.07-1.6}} + \frac{10^{-30}}{10^{-10.34-6.24-2.75-2.07-1.6-0.9}} \approx 10^{6.6}$$

$$\Rightarrow c(\mathrm{Y})=\frac{c(\mathrm{Y}')}{\alpha_{\mathrm{Y(H)}}}=\frac{0.02}{10^{6.60}}=7\times10^{-9}$$

2. 在 0.10 mol/L 的 Al^{3+}溶液中，加入 F^-形成 AlF_6^{3-}，如反应达平衡后，溶液中的 F^-浓度为 0.01 mol/L，求游离 Al^{3+}的浓度？

解： 已知 AlF_6^{3-}的累积稳定常数分别为

$$\beta_1=1.4\times10^6,\ \beta_2=1.4\times10^{11},\ \beta_3=1.0\times10^{15}$$
$$\beta_4=5.6\times10^{17},\beta_5=2.3\times10^{19},\ \beta_6=6.9\times10^{19}$$

$$\begin{aligned}\alpha_{\mathrm{Al(F)}}&=1+1.4\times10^6\times0.01+1.4\times10^{11}\times0.01^2+1.0\times10^{15}\times0.01^3\\&+5.6\times10^{17}\times0.01^4+2.3\times10^{19}\times0.01^5+6.9\times10^{19}\times0.01^6\\&\approx9.0\times10^9\end{aligned}$$

$$c(\mathrm{Al^{3+}})/(\mathrm{mol\cdot L^{-1}})=\frac{c_{\mathrm{Al}}}{\alpha_{\mathrm{Al(F)}}}=\frac{0.10}{9.0\times10^9}=1.1\times10^{-11}$$

3. 在 pH=11.0 的 Zn^{2+}–氨溶液中，$c(NH_3)$= 0.10 mol/L，求 α_M。

解：

$$\alpha_{\mathrm{Zn(NH_3)}}=1+10^{2.37}\times10^{-1.00}+10^{4.81}\times10^{-2.00}+10^{7.31}\times10^{-3.00}+10^{9.46}\times10^{-4.00}=3.1\times10^5$$

$$\mathrm{pH}=11\Rightarrow\lg\alpha_{\mathrm{Zn(0H)}}=5.4,\ \alpha_{\mathrm{Zn(OH)}}=2.5\times10^5$$

$$\alpha_{\mathrm{Zn}}=\alpha_{\mathrm{Zn(NH_3)}}+\alpha_{\mathrm{Zn(OH)}}-1=5.6\times10^5$$

4. 计算 pH=2 和 pH=5 时，ZnY 的条件稳定常数。

解： 查表得 $\lg K_{\mathrm{ZnY}}=16.50$

$$\lg K'_{\mathrm{ZnY}}=\lg K_{\mathrm{ZnY}}-\lg\alpha_{\mathrm{Y(H)}}$$

$$\mathrm{pH}=2\text{时},\lg K'_{\mathrm{ZnY}}=16.50-13.51=2.99$$

$$\mathrm{pH}=5\text{时},\lg K'_{\mathrm{ZnY}}=16.50-6.45=10.05$$

5. 计算 pH=5 的 0.1 mol/L 的 AlF_6^{3-}溶液中，含有 0.01 mol/L 游离 F^-时，AlY^-的条件稳定常数。

解： 查表可知：pH=5 时，$\lg\alpha_{\mathrm{Y(H)}}=6.45$，根据前面的结果，则

$$\lg\alpha_{\mathrm{Al(F)}}=\lg(9.0\times10^9)=9.95$$

查表可知：$\lg K_{\mathrm{AlY}}=16.1\Rightarrow\lg K'_{\mathrm{AlY}}=16.1-6.45-9.95=0.3$ 。

6. EBT 为有机弱酸，其 $K_{a1}=10^{-6.3}$，$K_{a2}=10^{-11.6}$，Mg–EBT 络合物的稳定常数 $K_{\mathrm{Mg\text{-}EBT}}=10^{7.0}$，Mg–EDTA 的稳定常数 $K_{\mathrm{Mg\text{-}EDTA}}=10^{8.64}$。当 pH=10.0 时（1）求 Mg–EBT 络合物的条件稳定常数？（2）用方程式表明 EDTA 滴定镁时，铬黑 T 指示剂的作用原理。

解： $$\mathrm{pH}=10\text{时，}\alpha_{\mathrm{In(H)}}=\frac{1}{\delta}=\frac{1}{\dfrac{K_{a1}\cdot K_{a2}}{c(\mathrm{H}^+)^2+K_{a1}\cdot c(\mathrm{H}^+)+K_{a1}\cdot K_{a2}}}=40.8$$

$$\Rightarrow \lg K'_{\mathrm{Mg-EBT}}=\lg K'_{\mathrm{Mg-EBT}}-\lg\alpha_{\mathrm{In(H)}}=7.0-\lg 40.8=8.4$$

滴定前　　　EBT + Mg → Mg−EBT（显配合体颜色）

滴定终点　　Y + EBT−Mg → MgY + EBT（显游离体颜色）

7. 铬黑 T 与 Mg^{2+}的配合物的 $\lg K_{\mathrm{MgIn}}$ 为 7.0，铬黑 T 的累计常数的对数值为 $\lg\beta_1=11.6$ 和 $\lg\beta_2=17.9$，试计算 pH=10.0 时铬黑 T 的 $\mathrm{pMg_t}$ 值。

解：

$$\alpha_{\mathrm{In(H)}}=1+\beta_1(\mathrm{H}^+)+\beta_2(\mathrm{H}^+)^2=1+10^{-10.0+11.6}+10^{-20+17.9}=10^{1.6}$$

$$\mathrm{pMg_t}=\lg K'_{\mathrm{MgIn}}=\lg K_{\mathrm{MgIn}}-\lg\alpha_{\mathrm{In(H)}}=7.0-1.6=5.4$$

8. 在 pH 值 10.0 的氨性溶液中，用 0.020 mol/L 的 EDTA 滴定同样浓度的 Mg^{2+}，计算以铬黑 T 为指示剂滴定到变色点 $\mathrm{pMg_t}$ 时的 TE%为多少？

解：

$$\mathrm{pMg_{SP}}=\frac{1}{2}(\lg K'_{\mathrm{MgY}}+\mathrm{p}C^{\mathrm{SP}}_{\mathrm{Mg}})=\frac{1}{2}(8.2+2)=5.1$$

$$\lg K'_{\mathrm{MY}}=\lg K_{\mathrm{MgY}}-\lg\alpha_{\mathrm{Y(H)}}=8.7-0.5=8.2$$

$$\Delta\mathrm{p}M=\mathrm{p}M_{\mathrm{ep}}-\mathrm{p}M_{\mathrm{sp}}=5.4-5.1=+0.3$$

$$\Rightarrow \mathrm{TE\%}=+0.1\%$$

9. 为什么以 EDTA 滴定 Mg^{2+}时，通常在 pH=10 而不是在 pH=5 的溶液中进行；但滴定 Zn^{2+}时，则可以在 pH=5 的溶液中进行？（设 SP 时金属离子的浓度皆为 0.01 mol/L）

解： 已知 $\lg K_{\mathrm{MgY}}=8.69$，$\lg K_{\mathrm{ZnY}}=16.50$，则

$$\mathrm{pH}=5\text{时},\lg\alpha_{\mathrm{Y(H)}}=6.45$$

$$\mathrm{pH}=10\text{时},\lg\alpha_{\mathrm{Y(H)}}=0.45$$

根据 $\lg K'_{\mathrm{MY}}=\lg K_{\mathrm{MY}}-\lg\alpha_{\mathrm{Y(H)}}$ 进行滴定 Mg^{2+}，Zn^{2+}。

滴定 Mg^{2+}：

$$\mathrm{pH}=5\Rightarrow\lg K'_{\mathrm{MgY}}=8.69-6.45=2.24<8\ \ \text{无法准确滴定}$$

$$\mathrm{pH}=10\Rightarrow\lg K'_{\mathrm{MgY}}=8.69-0.45=8.24>8\ \ \text{可以准确滴定}$$

滴定 Zn^{2+}：

$$\mathrm{pH}=5\text{时}\Rightarrow\lg K'_{\mathrm{ZnY}}=16.50-6.45=10.05>8\ \ \text{可以准确滴定}$$

10. 假设 Mg^{2+}和 EDTA 的浓度皆为 0.01 mol/L，在 pH=6 时条件稳定常数 K'_{MY} 为多少？说明此 pH 值条件下能否用 EDTA 标液准确滴定 Mg^{2+}？若不能滴定，求其允许的最低酸度？

解：已知 $\lg K_{MgY}=8.69$，应满足 $\lg\alpha_{Y(H)}\leqslant\lg K_{MgY}-8=0.69\Rightarrow pH_{小}=9.7$

$$pH=6\Rightarrow\lg\alpha_{Y(H)}=4.63$$

所以，$\lg K'_{MgY}=8.69-4.63<6\Rightarrow$ 无法准确滴定 Mg^{2+}。

11. 称取 0.100 5 g 纯的 $CaCO_3$，溶解后配成 100 mL 溶液，吸取 25.00 mL，在 pH＞12 时，以钙指示剂指示终点，用 EDTA 标准溶液滴定，消耗 24.90 mL，计算：

（1）EDTA 的浓度；

（2）每毫升 EDTA 溶液相当于 ZnO 和 Fe_2O_3 的克数。

解：

$$c(\mathrm{EDTA})/(\mathrm{mol\cdot L^{-1}})=\frac{0.100\,5\times\frac{25}{100}\times100\,0}{100\times24.90}=0.010\,08$$

$$T_{\mathrm{EDTA/ZnO}}/(\mathrm{g\cdot mL^{-1}})=\frac{a}{t}\cdot\frac{C_T\times V_T\times M_{\mathrm{ZnO}}}{V_T}=0.010\,08\times81.40=0.010\,08\times81.40=0.820\,5\ \mathrm{g/L}=8.205\times10^{-4}$$

$$T_{\mathrm{EDTA/Fe_2O_3}}/(\mathrm{g\cdot L^{-1}})=\frac{a}{t}\cdot\frac{C_T\times V_T\times M_{\mathrm{Fe_2O_3}}}{V_T}=\frac{1}{2}\times0.010\,08\times159.69=\frac{1}{2}\times0.010\,08\times159.69=0.804\,6$$

第五节　沉淀滴定法

一、名词解释

1. 同离子效应：当沉淀反应达到平衡时，如果向溶液中加入构晶离子而使沉淀的溶解度减少的现象称为沉淀溶解平衡中的同离子效应。

2. 盐效应：在微溶化合物的饱和溶液中，加入其易溶强电解质而使沉淀的溶解度增大的现象称为盐效应。

3. 酸效应：溶液的 pH 值对沉淀溶解度的影响称为酸效应。

4. 络合效应：当溶液中存在某种络合剂，能与构晶离子生成可溶性络合物，使沉淀溶解度增大，甚至不产生沉淀的效应称为络合效应。

5. 分步沉淀：利用溶度积 K_{sp} 大小不同进行先后沉淀的作用称为分步沉淀。

二、选择题

1. [C]　2. [B]　3. [A]　4. [B]　5. [D]　6. [A]
7. [B]　8. [C]　9. [C]　10. [D]　11. [B]

三、填空题

1.（同离子）（盐）（酸）（络合）　2.（莫尔）（佛尔哈德）（法扬司）
3.（陈化）　4.（中）（弱碱）（Ag_2O）
5.（发生化学反应）（局部过浓）　6.（共沉淀）（后沉淀）（吸留）（偏高）

四、判断题

1.（√）　2.（√）　3.（√）　4.（×）　5.（×）
6.（×）　7.（√）　8.（×）　9.（×）　10.（×）

11.（√）　12.（√）　13.（×）　14.（×）　15.（×）

16.（×）

五、简答题

1. 沉淀滴定法除必须符合滴定分析的基本要求外，还应满足哪两个条件？

（1）沉淀反应形成的沉淀的溶解度必须很小。

（2）沉淀的吸附现象应不妨碍滴定终点的确定。

2. 微溶电解质的条件溶度积与溶度积的关系？

$$K'_{sp}=K_{sp}\times\alpha(\mathrm{M})\times\alpha(\mathrm{A})$$

$\alpha(\mathrm{M})$，$\alpha(\mathrm{A})$为微溶化合物水溶液中 M^+和 A^-的副反应系数。与络合平衡中算法相同。

3. 莫尔法准确滴定水样中氯离子时，为什么要做空白试验？

莫尔法测定氯离子时，一般加入 $C_rO_4^{2-}$浓度为 5.0×10^{-3} mol/L，当看到明显的砖红色时，滴入的 $AgNO_3$ 已经过量，测量结果偏高。因此，须做空白试验加以校正测定结果。

4. 莫尔法为什么不能用氯离子滴定银离子？

莫尔法是用硝酸银作为滴定剂、铬酸钾作为指示剂，终点时略过量的硝酸银与铬酸钾生成砖红色指示终点。如用氯离子滴定硝酸银，加入铬酸钾就会生成铬酸银沉淀，就不能指示终点了。

5. 莫尔法测定氯离子，为了准确测定应注意哪些问题？

莫尔法测定因素离子时要注意三个问题：

（1）指示剂 K_2CrO_4 的用量要合适，一般 $c(CrO_4^{2-})=5.0\times10^{-3}$ mol/L。

（2）控制溶液 pH 值，即中性或弱碱性溶液，若有铵盐时只能在 pH=6.5～7.2 介质中进行。

（3）滴定时必须剧烈摇动，防止 Cl^-被 AgCl 吸附。

6. 为什么在有铵盐存在时，莫尔法测定氯离子只能在中性条件下进行？

当水样中有铵盐存在时，用莫尔法测定氯离子时，只能在中性条件下进行。因为 pH 值较低，在弱酸或酸性条件下 $2C_rO_4^{2-}+2H^+\rightleftharpoons Cr_2O_7^{2-}+H_2O$，铬酸钾不能指示终点；pH 值较高，在弱碱条件下，弱碱盐 NH_4^+要水解 $NH_4^++2H_2O+H_3^+O$，而 NH_3 是配位剂，可与 Ag^+生成 $Ag(NH_3)_2^+$，影响分析结果。

7. 佛尔哈德法同莫尔法相比有什么特点？

佛尔哈德法的突出优点是在强酸性条件下滴定水中因素离子，弥补了莫尔法不能在强酸下滴定因素离子的不足。

8. 欲使 $Ag_2Cr_2O_4$ 沉淀完全，为什么要控制 pH 值在 6.5～10.0 之间？

当 pH＜6.5 时，会促使 CrO_4^{2-}转变为 $Cr_2O_7^{2-}$的型体；pH＞10.0 时 Ag^+将生成 Ag_2O 沉淀，所以必须控制 pH 值在 6.5～10.0 之间。

9. 简述莫尔法、佛尔哈德法、法扬司法的主要反应方程式，所用指示剂及反应时的酸度条件。

（1）莫尔法

主要反应：$Cl^-+Ag^+=AgCl\downarrow$；指示剂：铬酸钾；酸度条件：pH=6.0～10.5。

（2）佛尔哈德法

主要反应：$Cl^-+Ag^+_{(过量)}=AgCl\downarrow$，$Ag^+_{(剩余)}+SCN^-=AgSCN\downarrow$；指示剂：铁铵矾；酸度条件：酸性。

（3）法扬司法

主要反应：$Cl^-+Ag^+=AgCl\downarrow$；指示剂：荧光黄；酸度条件：pH=7～10。

10. $BaCl_2$、NH_4Cl、NaBr 分别用什么方法测定比较好？为什么？

$BaCl_2$用佛尔哈德法，因为莫尔法能生成$BaCrO_4$沉淀。NH_4Cl用佛尔哈德法或法扬司法。因为当$[NH_4^+]$大了，不能用摩尔法测定；即使$[NH_4^+]$不大，酸度也难以控制。NaBr 用佛尔哈德法最好。用莫尔法在终点时必须剧烈摇动，以减少 AgBr 吸附 Br^-而使终点过早出现。用法扬司法必须采用书光红作为指示剂。

六、计算题

1. 计算CaC_2O_4在 pH 值为 5.00 的 0.050 mol/L $(NH_4)_2C_2O_4$中的溶解度。

（已知：$K_{sp}(CaC_2O_4)=2.0\times10^{-9}$，$H_2C_2O_4$的$K_{a1}=5.9\times10^{-2}$，$K_{a2}=6.4\times10^{-5}$）

解：$$\delta_{C_2O_4^2}=\frac{K_{a_1}\cdot K_{a_2}}{c(H^+)^2+K_{a_1}c(H^+)+K_{a_1}K_{a_2}}=\frac{5.9\times10^{-2}\times6.4\times10^{-5}}{(10^5)^2+5.9\times10^{-2}\times10^5+5.9\times10^{-2}\times6.4\times10^{-5}}=0.86$$

由 $H_2C_2O_4$解离的$C_2O_4^2$ (mol/L)为$\delta_{C_2O_4^2}\cdot c=0.86\times0.050=0.043$

$$c(C_2O_4^2)=s+0.043\approx0.043$$

$$K_{sp}=c(Ca^{2+})\cdot c(C_2O_4^2)=s\times0.043=2.0\times10^{-9}$$

$$s=4.7\times10^{-8}\ \text{mol/L}$$

2. 称取 NaCl 基准试剂 0.177 3 g，溶解后加入 30.00 mL $AgNO_3$标准溶液，过量的Ag^+需要 3.20 mL NH_4SCN 标准溶液滴定至终点。已知 20.00 mL $AgNO_3$ 标准溶液与 21.00 mL NH_4SCN 标准溶液能完全作用，计算 $AgNO_3$ 和 NH_4SCN 溶液的浓度各为多少？（已知$M_{NaCl}=58.44$）

解：过量 $AgNO_3$的体积$V/\text{mL}=3.20\times\dfrac{20.00}{21.00}=3.05$

$$c(AgNO_3)/(\text{mol}\cdot\text{L}^{-1})=\frac{0.177\,3}{(30.00-3.05)\times10^{-3}\times58.44}=0.112\,6$$

$$0.112\,6\times20.00=c(NH_4SCN)\times21.00$$

$$c(NH_4SCN)/(\text{mol}\cdot\text{L}^{-1})=0.107\,2$$

3. 有纯 LiCl 和 $BaBr_2$的混合物试样 0.700 0 g，加入 45.15 mL 0.201 7 mol/L $AgNO_3$标准溶液处理，过量的 $AgNO_3$以铁铵矾为指示剂，用 25.00 mL 0.100 0 mol/L NH_4SCN 回滴。计算试样中 $BaBr_2$的含量。（已知$M_{BaBr_2}=297.1$，$M_{LiCl}=42.39$）

解：设混合物中 $BaBr_2$为 xg，LiCl 为$(0.700\,0-x)$ g

$$(CV)_{AgNO_3}-(CV)_{NH_4SCN}=\frac{w_{LiCl}}{M_{LiCl}}+\frac{2w_{BaBr_2}}{M_{BaBr_2}}$$

$$0.201\,7\times 45.15\times 10^{-3}-0.100\,0\times 25.00\times 10^{-3}=\frac{0.700\,0-x}{42.39}+\frac{2x}{297.1}$$

$$x=0.587\,6\text{ g},\quad w(\text{BaBr}_2)/\%=\frac{0.587\,6\text{ g}}{0.700\,0\text{ g}}\times 100=83.94$$

4. 用铁铵矾指示剂法测定 0.1 mol/L 的 Cl^-，在 AgCl 沉淀存在下，用 0.1 mol/L KSCN 标准溶液回滴过量的 0.1 mol/L $AgNO_3$ 溶液，滴定的最终体积为 70 mL，$c(Fe^{3+})$=0.015 mol/L。当观察到明显的终点时，$c(FeSCN^{2+})=6.0\times 10^{-6}$ mol/L，由于沉淀转化而多消耗 KSCN 标准溶液
的体积是多少？（已知 $K_{sp(AgCl)}=1.8\times 10^{-10}$，$K_{sp(AgSCN)}=1.1\times 10^{-12}$，$K_{FeSCN}=200$）

解：

$$\frac{c(\text{Cl}^-)}{c(\text{SCN}^-)}=\frac{K_{sp(AgCl)}}{K_{sp(AgSCN)}}=\frac{1.8\times 10^{-10}}{1.1\times 10^{-12}}=164$$

$$\frac{c(\text{FeSCN}^{2+})}{c(\text{Fe}^{3+})\cdot c(\text{SCN}^-)}=K_{FeSCN}=200$$

$$c(\text{SCN})/(\text{mol}\cdot\text{L}^{-1})=\frac{6.0\times 10^{-6}}{0.015\times 200}=2.0\times 10^{-6}$$

$$c(\text{Cl}^-)/(\text{mol}\cdot\text{L}^{-1})=164\times 2.0\times 10^{-6}=3.28\times 10^{-4}$$

设多消耗 KSCN 的体积为 V mL，则

$$c(\text{Cl}^-)\times 70=0.1\times V\qquad V/\text{mL}=\frac{3.28\times 10^{-4}\times 70}{0.1}=0.23$$

5. 吸取含氯乙醇(C_2H_4ClOH)及 HCl 的试液 2.00 mL 于锥形瓶中，加入 NaOH，加热使有机氯转化为无机 Cl^-。在此酸性溶液中加入 30.05 mL 0.103 8 mol/L 的 $AgNO_3$ 标准溶液。过量 $AgNO_3$ 耗用 9.30 mL 0.105 5 mol/L 的 NH_4SCN 溶液。另取 2.00 mL 试液测定其中无机氯（HCl）时，加入 30.00 mL 上述 $AgNO_3$ 溶液，回滴时需 19.20 mL 上述 NH_4SCN 溶液。计算此氯乙醇试液中的总氯量（以 Cl 表示）；无机氯（以 Cl^-表示）和氯乙醇(C_2H_4ClOH)的含量。
（已知 $M_{Cl}=35.45$，$M_{C_2H_4ClOH}=80.51$，试液的相对密度=1.033）

解：

$$w_{\text{无机氯}}/\%=\frac{(0.103\,8\times 30.00-0.105\,5\times 19.20)\times 10^{-3}\times 35.45}{2.00\times 1.033}\times 100=1.87$$

$$w_{\text{总氯}}/\%=\frac{(0.103\,8\times 30.05-0.105\,5\times 9.30)\times 10^{-3}\times 35.45}{2.00\times 1.033}\times 100=3.67$$

$$w_{\text{氯乙醇}}/\%=\frac{(3.67\%-1.87\%)\times 80.51}{2.00\times 1.033}\times 100=70.1$$

6. 0.500 0 g 磷矿试样，经溶解、氧化等化学处理后，其中 PO_4^{3-} 被沉淀为 $MgNH_4PO_4\cdot 6H_2O$，高温灼烧成 $Mg_2P_2O_7$，其质量为 0.201 8 g。计算：（1）矿样中 P_2O_5 的百分质量分数；（2）$MgNH_4PO_4\cdot 6H_2O$ 沉淀的质量（g）。

（已知 $M_{P_2O_5}=141.95$，$M_{Mg_2P_2O_7}=222.55$，$M_{MgNH_4PO_4\cdot 6H_2O}=245.4$）

解： $w_{P_2O_5}/\% = \dfrac{mF}{m_s}\times 100 = \dfrac{0.2018\times 141.95/222.55}{0.5000}\times 100 = 25.74$

$$w_{MgNH_4PO_4\cdot 6H_2O}/g = 0.2018\times\frac{2\times 245.4}{222.55} = 0.4450$$

7. 将 0.015 mol 的氯化银沉淀置于 500 mL 氨水中，若氨水平衡时的浓度为 0.50 mol/L。计算溶液中游离的 Ag^+离子浓度。（已知 Ag^+与 NH_3 配合物的 $\lg\beta_1$=3.24、$\lg\beta_2$=7.05，AgCl 的 K_{sp}=1.8×10^{-10}）

解： $\alpha_{Ag(NH_3)2} = 1+10^{3.24}\times 0.5+10^{7.05}\times 0.5^2 = 10^{6.45}$

$$S/(mol\cdot L^{-1}) = c(Ag^+) = c(Cl^-) = \sqrt{K'_{sp}} = \sqrt{K_{sp}\alpha_{Ag(NH_3)_2}} = \sqrt{1.8\times10^{-10}\times 10^{6.45}} = 0.0225$$

$$c(Ag^+)/(mol\cdot L^{-1}) = \frac{S}{\alpha_{Ag(NH_3)_2}} = \frac{0.0225}{10^{6.45}} = 7.98\times10^{-9}$$

8. 计算下列难溶化合物的溶解度。

（1）$PbSO_4$ 在 0.1 mol/L HNO_3 中。（已知 H_2SO_4 的 $K_{a_2}=1.0\times10^{-2}$，$K_{SP(PbSO_4)}=1.6\times10^{-8}$）

（2）$BaSO_4$ 在 pH=10.0 的 0.020 mol/L EDTA 溶液中。（已知 $K_{spBaSO_4}=1.1\times10^{-10}$，$\lg K_{BaY}$=7.86，$\lg\alpha_{Y(H)}=0.45$）

解：（1）$\alpha_H = 1+\dfrac{c(H^+)}{K_{a_2}} = 1+\dfrac{0.1}{1.0\times10^{-2}} = 10$

$$S/(mol\cdot L^{-1}) = \sqrt{K_{sp}\alpha_H} = \sqrt{1.6\times10^{-8}\times 10} = 4.0\times10^{-4}$$

（2）设 $BaSO_4$ 的溶解度为 S，则 $c(Ba^{2+\prime}) = S$，$[SO_4^{2-}] = S$

$$c(Ba^{2+\prime})c(SO_4^{2-}) = K'_{sp(BaSO_4)} = K_{sp(BaSO_4)}\alpha_{Ba(Y)}$$

$$\alpha_{Ba(Y)} = 1+K_{Ba(Y)}c(Y)$$

由于 BaY^{2-}有较大的条件稳定常数，且 $BaSO_4$ 的溶解度较大，因此，消耗在与 Ba^{2+}配位的 EDTA 量不可忽略。即

$$c(Y') = 0.020 - S$$

$$c(Y) = \frac{c(Y')}{\alpha_{Y(H)}} = \frac{0.020-S}{10^{0.45}}$$

根据 $c(Ba^{2+\prime})c(SO_4^{2-}) = K'_{sp(BaSO_4)}$，则有

$$S^2 = K_{sp}\left(1+K_{BaY}\frac{c(Y')}{\alpha_{Y(H)}}\right) \approx K_{sp\ (BaSO_4)} \cdot K_{BaY}\frac{0.020-S}{\alpha_{Y(H)}}$$

$$S^2 = 1.1\times10^{-10}\times10^{7.86}\times\frac{0.020-S}{10^{0.45}} = 5.65\times10^{-5} - 2.83\times10^{-3}\cdot S$$

$$S/(mol\cdot L^{-1}) = 6.23\times10^{-3}$$

9. 现有 pH 值 3.0 含有 0.010 mol/L EDTA 和 0.010 mol/L HF 及 0.010 mol/L $CaCl_2$ 的溶液。问：（1）EDTA 的配位效应是否可以忽略？（2）能否生成 CaF_2 沉淀？

（已知 HF 的 $K_a = 6.3\times10^{-4}$，$K_{sp(CaF_2)} = 3.9\times10^{-11}$，$\lg K_{CaY} = 10.69$，$\lg\alpha_{F(H)} = 10.63$）

解：（1）pH=3.0 时，$\lg K'_{CaY} = \lg K_{CaY} - \lg\alpha_{Y(H)} = 10.69 - 10.63 = 0.06$

因为 $\lg K'_{CaY} = 0.06$，在此条件下，EDTA 与 Ca^{2+}不能形成配合物，所以 EDTA 对 CaF_2 沉淀的生成无影响。

（2）$\alpha_{F(H)} = 1+\frac{c(H^+)}{K_{a_2}} = 1+\frac{10^{-3}}{6.3\times10^{-4}} = 2.6$

$$c(F^-) = \frac{c_F}{\alpha_{F(H)}} = \frac{0.01}{2.6} = 3.8\times10^{-3}$$

$c(F^-)^2c(Ca^{2+})=3.8\times10^{-3}\times2\times0.01=1.4\times10^{-7} > K_{sp}$，在此条件下的 $c(F^-)^2c(Ca^{2+}) > K_{sp}$，故有 CaF_2 沉淀生成。

10. 用质量法测 SO_4^{2-}，以 $BaCl_2$ 为沉淀剂。计算：（1）加入等物质量的 $BaCl_2$；（2）加入过量的 $BaCl_2$，使沉淀反应达到平衡时的 $c(Ba^{2+})$=0.01 mol/L。25 ℃时 $BaSO_4$ 的溶解度及在 200 mL 溶液中 $BaSO_4$ 的溶解损失量。

（已知 $BaSO_4$ 的 $K_{sp} = 1.1\times10^{-10}$，$M_{BaSO_4} = 233.4$）

解：（1）加入等物质量的沉淀剂 $BaCl_2$，$BaSO_4$ 的溶解度为

$$S/(mol\cdot L^{-1}) = c(Ba^{2+}) = c(SO_4^{2-}) = \sqrt{K_{sp}} = \sqrt{1.1\times10^{-10}} = 1.0\times10^{-5}$$

200 mL 溶液中 $BaSO_4$ 的溶解损失量为 $1.0\times10^{-5}\times200\times233.4$ =0.5（mg）。

（2）沉淀反应达到平衡时 $c(Ba^{2+})$=0.01 mol/L，$BaSO_4$ 溶解度为

$$S/(mol\cdot L^{-1}) = c(SO_4^{2-}) = \frac{K_{sp}}{c(Ba^{2+})} = \frac{1.1\times10^{-10}}{0.01} = 1.1\times10^{-8}$$

200 mL 溶液中 $BaSO_4$ 的溶解损失量（mg）为

$$1.1\times10^{-8}\times200\times233.4 = 5.1\times10^{-4}$$

由此可见，利用同离子效应可以降低沉淀的溶解度，使沉淀完全。一般情况下沉淀剂过量 50%～100%，如果沉淀剂不易挥发，则过量 20%～30%可达到预期的目的。若过量太多，有可能引起盐效应、酸效应及配位效应等副反应，反而使沉淀的溶解度增大。

11. 在 100 mL 含有 0.100 0 g Ba^{2+}的溶液中，加入 50 mL 0.010 mol/L H_2SO_4 溶液。问溶液中还剩留多少毫克的 Ba^{2+}？如沉淀用 100 mL 纯水或 100 mL 0.010 mol/L H_2SO_4 洗涤，假设洗涤时达到了溶解平衡，问各损失 $BaSO_4$ 多少毫克？

（已知 $BaSO_4$ 的 $K_{sp} = 1.1\times10^{-10}$，$M_{Ba} = 137.33$，$M_{BaSO_4} = 233.4$）

解：混合后 $c(Ba^{2+})/(mol\cdot L^{-1})=\frac{0.100}{137.33}\times\frac{1\,000}{150}=4.9\times10^{-3}$

$c(SO_4^{2-})/(mol\cdot L^{-1})=0.010\times\frac{50}{150}=3.3\times10^{-3}$

故剩余 Ba^{2+}量（mg）为

$$(4.9\times10^{-3}-3.3\times10^{-3})\times150\times137.33=33$$

100 mL 水洗涤时，将损失 $BaSO_4$ 量（mg）为

$$\sqrt{K_{sp}}\times100\times233.4=\sqrt{1.1\times10^{-10}}\times100\times233.4=0.245$$

100 mL H_2SO_4 洗涤时，将损失 $BaSO_4$ 为

$$H_2SO_4 \longrightarrow H^+ + HSO_4^-$$

0.01　　0.01　0.01（mol/L）

$$HSO_4^- \longrightarrow SO_4^{2-} + H^+$$

0.01−[H+]　[H+]　[H+]+0.01

$$K_a=\frac{c(H^+)c(SO_4^{2-})}{c(HSO_4^-)}=\frac{(c(H^+)+0.01)c(H^+)}{0.01-c(H^+)}=1.0\times10^{-2}$$

解得 $c(H^+)/(mol\cdot L^{-1})=0.41\times10^{-2}$；总 $c(H^+)/(mol\cdot L^{-1})=0.01+0.41\times10^{-2}=1.41\times10^{-2}$

注：亦可用 $c(H^+)=c(H_2SO_4)+c\cdot\delta_{SO_4^{2-}}$ 关系求出 $c(H^+)$。

设洗涤时溶解度为 S，则由 K_{sp} 关系得

$$K_{sp}=1.1\times10^{-10}=c(Ba^{2+})c(SO_4^{2-})=S\times(S+0.010)\times\delta_{SO_4^{2-}}$$

$$\approx S\times0.010\times\frac{K_{a_2}}{c(H^+)+K_{a_2}}=0.010S\times\frac{1.0\times10^{-2}}{1.41\times10^{-2}+1.0\times10^{-2}}$$

得　$$S/(mol\cdot L^{-1})=2.65\times10^{-8}$$

即将损失的 $BaSO_4$ 量（mg）为 $2.65\times10^{-8}\times100\times233.4=6.2\times10^{-4}$。

12. 计算沉淀 CaC_2O_4 在（1）纯水；（2）pH=4.0 酸性溶液；（3）pH=2.0 的强酸溶液中的溶解度。

（已知 CaC_2O_4 的 $K_{sp}=2.0\times10^{-9}$，$H_2C_2O_4$ 的 $K_{a1}=5.9\times10^{-2}$，$K_{a2}=6.4\times10^{-5}$）

解：（1）$S/(mol\cdot L^{-1})=c(Ca^{2+})=c(C_2O_4^{2-})=\sqrt{K_{sp(CaC_2O_4)}}=\sqrt{2.0\times10^{-9}}=4.5\times10^{-5}$

（2）$\alpha_H=1+\frac{c(H^+)}{K_{a_2}}+\frac{c(H^+)^2}{K_{a_1}K_{a_2}}=1+\frac{10^{-4}}{6.4\times10^{-5}}+\frac{(10^{-4})^2}{6.4\times10^{-5}\times5.9\times10^{-2}}=2.6$

$$S/(\mathrm{mol\cdot L^{-1}})=\sqrt{K_{sp}\alpha_{H}}=\sqrt{2.0\times10^{-9}\times2.6}=7.2\times10^{-5}$$

（3）$\alpha_{H}=1+\dfrac{c(H^{+})}{K_{a_2}}+\dfrac{c(H^{+})^2}{K_{a_1}K_{a_2}}=1+\dfrac{10^{-2}}{6.4\times10^{-5}}+\dfrac{(10^{-2})^2}{5.9\times10^{-2}\times6.4\times10^{-5}}=1.8\times10^{2}$

$$S/(\mathrm{mol\cdot L^{-1}})=\sqrt{K_{sp}\alpha_{H}}=\sqrt{2.0\times10^{-9}\times1.8\times10^{2}}=6.0\times10^{-4}$$

由此可见，由于酸效应的影响，使得CaC_2O_4在纯水中的溶解度小于具有一定pH值酸性溶液中的溶解度；pH值越小，CaC_2O_4的溶解度越大，当pH=2时，CaC_2O_4的溶解度是纯水中溶解度的14倍，此时溶解度已超出重量分析要求。所以，草酸与Ca^{2+}生成CaC_2O_4沉淀反应应在pH值4～12的溶液中进行。

13. 计算AgCl沉淀在（1）纯水；（2）$c(NH_3)$=0.01 mol/L溶液中的溶解度。（已知构晶离子活度系数为1，$K_{sp(AgCl)}=1.8\times10^{-10}$，$K_{AgNH_3^+}=1.74\times10^{3}$，$K_{Ag(NH_3)_2^+}=6.5\times10^{3}$）

解：（1）AgCl在纯水中的溶解度

$$S/(\mathrm{mol\cdot L^{-1}})=\sqrt{K_{sp}}=\sqrt{1.8\times10^{-10}}=1.34\times10^{-5}$$

（2）AgCl在0.01 mol/L NH_3水溶液中的溶解度

$$S/(\mathrm{mol\cdot L^{-1}})=\sqrt{K_{sp}(1+K_1c(NH_3)+K_1K_2c(NH_3)^2)}=$$

$$\sqrt{1.8\times10^{-10}\times(1+1.74\times10^{3}\times10^{-2}+1.74\times10^{3}\times6.5\times10^{3}\times10^{-4})}=4.54\times10^{-4}$$

由此可见，由于配合效应的影响，使得AgCl在0.01 mol/L NH_3水溶液中的溶解度是在纯水中溶解度的10倍。

第六节　氧化还原滴定法

一、名词解释

1. 诱导作用：由一个反应的发生，促进另一个反应进行的作用称为诱导作用。

2. 氧化还原滴定曲线：以电对电极电位变化为纵坐标，以滴定剂标准溶液加入量（体积或滴定百分数）为横坐标，绘制的曲线。

3. 自身指示剂：利用滴定剂或被滴定液本身的颜色变化来指示滴定终点的到达。

4. 专属指示剂：专属指示剂本身没有氧化还原性质，但它能与滴定体系中的氧化态或还原态物质结合产生特殊颜色，而指示滴定终点。

5. 高锰酸钾指数：是指在一定条件下，以高锰酸钾为氧化剂，处理水样时所消耗的量，以氧的mg/L表示。

二、选择题

1. [C]　2. [B]　3. [C]　4. [B]　5. [C]　6. [C]　7. [A]
8. [B]　9. [D]　10. [B]　11. [A]　12. [C]　13. [A]　14. [D]
15. [C]　16. [A]　17. [A]　18. [D]　19. [B]　20. [C]　21. [D]

22. [D]　　23. [A]

三、填空题

1.（高锰酸钾法）（重铬酸钾法）（碘量法）（溴酸钾法）

2.（电极电位）（能斯特）

3.（强）（强）

4.（反应平衡常数）（大）

5.（氧化还原）（颜色）

6.（高锰酸钾法）（重铬酸钾法）（碘量法）

7.（氧化）（红）（直接滴定法）（返滴定法）

8.（还原性物质污染程度）

9.（酸性）（碱性）

10.（$K_2Cr_2O_7$）（$K_2Cr_2O_7$）（Fe^{2+}）（试亚铁灵）（红色）

11.（Ag_2SO_4）

12.（$2MnO_4^-+5C_2O_4^{2-}+16H^+ \rightarrow 10CO_2+2Mn^{2+}+8H_2O$）

13. $C_{r2}O_7^{2-}$+（6）Fe^{2+}+（14）$H^+ \rightarrow$（2）Cr^{3+}+（6）Fe^{3+}+$7H_2O$

14.（$MnSO_4$）（水合氧化锰）（越高）

15.（固定）（I^-）（I_2）（淀粉）（$Na_2S_2O_3$）

16.（8）

17.（1%）（I_2）（蓝）

18.（COD）（BOD）（总有机碳）（总需氧量）

四、判断题

1.（√）	2.（×）	3.（×）	4.（×）	5.（√）
6.（×）	7.（×）	8.（√）	9.（√）	10.（×）
11.（√）	12.（×）	13.（×）	14.（×）	15.（√）

五、简答题

1. 请书写能斯特方程，并注明方程中每一项的含义。

$$E(\mathrm{Ox/Red}) = E^{\theta}(\mathrm{Ox/Red}) + \frac{RT}{nF}\ln\frac{[\mathrm{Ox}]}{[\mathrm{Red}]}$$

式中　E(Ox/Red)——氧化还原电对的电极电位；

E^{θ}(Ox/Red)——氧化还原电对的标准电极电位；

[Ox]，[Red] ——分别为氧化态和还原态的活度；

n——半反应中电子的转移数；

R——气体常数，为 8.314/（K·mol）；

T——绝对温度。

2. 简述条件电极电位的含义，阐明它与标准电极电位的关系。

标准电极电位 E'是指在一定温度条件下（通常为 25 ℃）半反应中各物质都处于标准状态，即离子、分子的浓度（严格讲应该是活度）都是 1 mol/L（或其比值为 1）（如反应中有气体物质，则其分压等于 1.013×10^5 Pa，固体物质的活度为 1 mol/L）时相对于标准氢电极的电极电位。

电对的条件电极电位（E^{0f}）是当半反应中氧化型和还原型的浓度都为 1 或浓度比为，并且溶液中其他组分的浓度都已确知时，该电对相对于标准氢电极的电极电位（且校正了各种外界因素影响后的实际电极电位，它在条件不变时为一常数）。由上可知，显然条件电位是考虑了外界的各种影响，进行了校正。而标准电极电位则没有校正外界的各种因素。

影响条件电位的外界因素有以下 3 个方面：①配位效应；②沉淀效应；③酸浓度。

3. 应用于氧化还原滴定法的反应应具备什么条件？

应用于氧化还原滴定法的反应，必须具备以下几个主要条件：

（1）反应平衡常数必须大于 10^6，即$\Delta E>0.4$ V。

（2）反应迅速，且没有副反应发生，反应要完全，且有一定的计量关系。

（3）参加反应的物质必须具有氧化性和还原性或能与还原剂或氧化剂生成沉淀的物质。

应有适当的指示剂确定终点。

4. 简述重铬酸钾法测定化学需氧量 COD 的原理。

水样在强酸性条件下，过量的重铬酸钾与水中有机物等还原性物质反应后，以试亚铁灵作为指示剂，用硫酸亚铁铵溶液返滴定剩余的重铬酸钾，溶液由浅蓝变为红色为滴定终点。根据硫酸亚铁铵的用量计算水样的化学需氧量。

5. 简述碘滴定法为什么必须在中性或酸性溶液中进行？

在碱性溶液中，I_2 发生歧化反应：$3I_2+6OH^-\rightarrow IO_3^-+5I^-+3H_2O$。

6. 高锰酸钾标准溶液为什么不能直接配制，而需标定？

高锰酸钾试剂中常含有少量的 MnO_2 和痕量 Cl^-、SO_3^{2-}或 NO^-_2 等，而且蒸馏水中也常含有还原性物质，它们与 MnO^-_4 反应而析出 MnO_2 沉淀，故不能用 $KMnO_4$ 试剂直接配制标准溶液。只能配好溶液后标定。

7. 用草酸标定高锰酸钾溶液时，1 mol $KMnO_4$ 相当于多少 mol 草酸？为什么？

由方程式 $2M_nO_4^-+5C_2O_4^-+14H^+ = 2M_n^{2+}+10CO_2+7H_2O$ 可知：1 mol $KMnO_4$ 相当于 2.5 mol $C_2O^-_4$。

8. 什么叫高锰酸钾指数？如何测定高锰酸钾指数？

高锰酸钾指数是指在一定条件下，以高锰酸钾为氧化剂，处理水样时所消耗的量，以氧的 mg/L 表示。高锰酸钾指数测定时，水样在酸性条件下，加入过量高锰酸钾标准溶液，在沸水中加热反应一定时间，然后加入过量的草酸钠标准溶液还原剩余的高锰酸钾，最后再用高锰酸钾标准溶液回滴剩余草酸钠，滴定至粉红色一分钟内不消失为终点。

9. 测定高锰酸钾指数时，每消耗 1 mmol $KMnO_4$ 相当于有机物氧化时消耗多少毫克氧气？

由方程式 $4M_nO_4^-+5C+12H^+\rightarrow 4M_n^{2+}+5CO_2\uparrow+6H_2O$　　$C+O_2\rightarrow CO_2\uparrow$

可知测定高锰酸钾指数时，每消耗 1 mol MnO^-_4 相当于分解有机物时耗氧 $\frac{5}{4}$ mol，所以，1 mmol $KMnO_4$ 消耗 40 mg 氧气。

10. 为什么水样中含有氯离子时，使高锰酸钾指数偏高？

水样中含有氯离子，在测定高锰酸钾指数时氯离子也能被高锰酸钾氧化，从而使测定结果偏高。

11. 重铬酸钾法中用试亚铁灵作为指示剂时，为什么常用亚铁离子滴定重铬酸钾，而不是用重铬酸钾滴定亚铁离子？

重铬酸钾法用试亚铁灵做指示剂的原理是：滴定过程中，被滴定化合物重铬酸钾被滴定剂亚铁离子还原，终点时因亚铁离子过量，与试亚铁灵反应生成红色化合物指示终点。所以只能用亚铁离子滴定重铬酸钾，否则用重铬酸钾滴定亚铁离子，就不能用试亚铁灵做指示剂。

12. 重铬酸钾滴定法为什么在用试亚铁灵指示剂时，常用返滴定法，即用重铬酸钾与待测物质作用后，过量的重铬酸钾用亚铁离子溶液滴定？

重铬酸钾法就是利用重铬酸钾的氧化性进行滴定的一种分析方法。但用重铬酸钾滴定其他还原剂时，没有较好的指示剂指示终点，所以常用返滴定法，先加过量重铬酸钾氧化其他还原性物质，过量的重铬酸钾再用亚铁离子滴定，这样就能进行准确滴定分析。

13. 什么是化学需氧量，怎样测定？

化学需氧量是一水体中有机物污染综合指标，是在一定条件下，水中能被重铬酸钾氧化的有机物的总量。测定方法如下：水样在强酸性条件下，过量的 $K_2Cr_2O_7$ 标准物质与有机物等还原性物质反应后，用试亚铁灵作为指示剂，用亚铁离子标准溶液进行滴定呈红色为终点，做空白试验校正误差。

14. 推导 COD 计算公式，说明为什么不必知道重铬酸钾标准溶液的浓度即可计算 COD 值？

COD 测定中，水样的蒸馏水都加入同一浓度、同一体积的重铬酸钾溶液，所以

$$C_{\frac{1}{6}Cr_2O_7^{2-}} \cdot V_{Cr_2O_7^{2-}} = C_{\frac{1}{4}C} V_{水} + C_{Fe^{2+}} \cdot V_{Fe^{2+}}$$

$$C_{\frac{1}{6}Cr_2O_7^{2-}} \cdot V_{Cr_2O_7^{2-}} = C_{Fe^{2+}} \cdot V_{Fe^{2+}空白}$$

二式相减

$$C_{\frac{1}{4}C} V + C_{Fe^{2+}} \cdot V_{Fe^{2+}水} = C_{Fe^{2+}} \cdot V_{Fe^{2+}空白}$$

$$C_{\frac{1}{4}C} V_{水} = C_{Fe^{2+}} (V_{Fe^{2+}空白} - V_{Fe^{2+}水})$$

最后计算式 COD/（mg·L^{-1}）$= \dfrac{(V_{Fe^{2+}空白} - V_{Fe^{2+}}) \times C_{Fe^{2+}} \times 8 \times 10^3}{V_{水}}$

显然从上式可知，并不需要知道重铬酸钾的准确浓度。

15. 为什么碘量法测定溶解氧时必须在取样现场固定溶解氧？怎样固定？

水中的溶解氧与大气压力、温度有关，也与水中有机物的生物分解有关，所以水样的运输、保存过程中势必要发生溶解氧的变化，所以碘量法测溶解氧时，须现场固定。

溶解氧固定方法是在水样中加入硫酸锰和氢氧化钠，水中的溶解氧将 Mn^{2+} 氧化成棕色的 $MnO(OH)_2$ 沉淀。

16. 写出溶解氧测定时，所得到物质 Mn^{2+}、$MnO(OH)_2$、I_2、$S_2O_3^{2-}$、O_2 的量的对应关系。

测定溶解氧时，涉及 Mn^{2+}、$MnO(OH)_2$、I_2、$S_2O_3^{2-}$、O_2 等物质。在计算溶解氧时应清楚它们之间量的关系。从反应式可知

$$1\ mol\ Mn^{2+} \rightarrow 1\ mol\ MnO(OH)_2 \xrightarrow{\frac{1}{2}molO_2} 1\ mol\ MnO(OH)_2 \rightarrow 1\ mol\ I_2 \xrightarrow{2molS_2O_3^{2-}} 2\ mol\ I^-$$

因此对应关系为

$$1\ mol\ Mn^{2+} \rightarrow 1\ mol\ MnO(OH)_2 \rightarrow 1\ mol\ I_2 \rightarrow 2\ mol\ S_2O_3{}^{2-} \rightarrow \frac{1}{2}\ mol\ O_2$$

最后计算 DO 时，要用到 $1\ mol\ S_2O_3{}^{2-} \rightarrow \frac{1}{4}\ mol\ O_2$。

17. 高锰酸钾法、重铬酸钾法和碘量法是常用的氧化还原滴定法，这三种方法的基本反应原理是什么？请书写反应方程式。

（1）高锰酸钾法：$2MnO_4+5H_2O_2+6H^+ {=\!=} 2Mn^{2+}+5O_2\uparrow+8H_2O$

$MnO_2+H_2C_2O_4+2H^+ {=\!=} Mn^{2+}+2CO_2+2H_2O$

（2）重铬酸钾法：$Cr_2O_7{}^{2-}+14H^++Fe^{2+} {=\!=} 2Cr^{3+}+Fe^{3+}+7H_2O$

$CH_3OH+Cr_2O_7{}^{2-}+8H^+ {=\!=} CO_2\uparrow+2Cr^{3+}+6H_2O$

（3）碘量法：$3I^2+6HO^- {=\!=} IO_3{}^-+3H_2O$

$2S_2O_3{}^{2-}+I_2 {=\!=} 2I^-+2H_2O$

$Cr_2O_7{}^{2-}+6I^-+14H^+ {=\!=} 3I^2+3Cr^{3+}+7H_2O$

18. 什么是生化需氧量，它的数值大小反映了什么？

生化需氧量是在规定条件下，微生物分解水中的有机物所进行的生物化学过程中，所消耗的溶解氧的量。

生化需氧量反映了水中能够被好氧微生物氧化分解的有机物含量，是比较重要的有机物污染综合指标。

19. 讨论高锰酸钾指数、COD 和 BOD_5 所代表的意义及数值的相对大小。

高锰酸钾指数（OC）、COD 分别表示水中能被高锰酸钾、重铬酸钾氧化的有机物的含量情况；BOD_5 反映水中能被微生物好氧分解的有机物含量情况，它们从不同角度反映水中有机物污染情况。通常同一水样测定结果为 COD>BOD_5>OC。

20. BOD_5 与高锰酸钾指数、COD 指标的意义有何不同？除这三个指标外，还有哪些指标可以反映有机物污染情况？

高锰酸钾指数、COD 是一定条件下用氧化剂氧化，反映能被氧化剂氧化的有机物的量；BOD_5 是一定条件下能被微生物氧化分解的情况下，反映能被微生物分解的有机物的量。

除上述外，反映有机物污染的综合指数还有 TOC、TOD、CCE 及 UVA 值等。

六、计算题

1. 计算在 1 mol/L HCl 中，用 Fe^{3+} 溶液滴定 Sn^{2+} 溶液的化学计量点电位和突跃范围的电位值，在此滴定中选用何种指示剂？（已知 $\phi^{o'}_{Fe^{3+}/Fe^{2+}}=0.68V$，$\phi^{o'}_{Sn^{4+}/Sn^{2+}}=0.14\ V$）

解：滴定反应 $2Fe^{3+}+Sn^{2+} \rightleftharpoons 2Fe^{2+}+Sn^{4+}$

半反应　$Fe^{3+}+e \rightleftharpoons Fe^{2+} \rightleftharpoons \phi^{\theta'}_{Fe^{3+}/Fe^{2+}}=0.70\ V$

$Sn^{4+}+2e \rightleftharpoons Sn^{2+} \rightleftharpoons \phi^{\theta'}_{Sn^{4+}/Sn^{2+}}=0.14\ V$

化学计量点电位为 $\phi_{sp}/V=\frac{n_1\phi_1^{\theta'}+n_2\phi_2^{\theta'}}{n_1+n_2}=\frac{1\times0.70+2\times0.14}{1+2}=0.33$

电位突跃范围为 $\phi_{-0.1\%}/V=\phi_2^{\theta'}+\frac{0.059\times3}{n_2}=0.14+\frac{0.059\times3}{2}=0.23$

$$\phi_{+0.1\%}/V=\phi_1^{\theta'}-\frac{0.059\times3}{n_1}=0.70-\frac{0.059\times3}{1}=0.52$$

亚甲蓝指示剂的 $\phi^{\theta'}=0.36$ V，位于滴定电位突跃范围（0.23 V～0.52 V）内，因而选亚甲蓝作为指示剂为宜。

2. 测定血液中的钙时，常将钙以 CaC_2O_4 的形式沉淀，过滤洗涤，溶解于硫酸中，再用 $KMnO_4$ 溶液滴定。现将 5.00 mL 血液稀释至 25.00 mL，取此溶液 10.00 mL 进行上述处理后，用 $KMnO_4$ 溶液（0.001 700 mol/L）滴定至终点时用去 1.20 mL，求 100 mL 血液中钙的毫克数。

解： $CaC_2O_4+2H^+\rightleftharpoons Ca^{2+}+H_2C_2O_4$

$$5H_2C_2O_4+2MnO_4^-+16H^+\rightleftharpoons 2Mn^{2+}+10CO_2\uparrow+8H_2O$$

$$2\ KMnO_4\sim5\ H_2C_2O_4\sim5\ Ca^{2+}$$

故 $m_{Ca^{2+}}/mg=\frac{5}{2}C_{KMnO_4}V_{KMnO_4}M_{Ca}=\frac{5}{2}\times0.001\,700\times1.20\times40.08=0.2044$

100 mL 血液中 Ca^{2+} 的质量为

$$m'_{Ca^{2+}}/mg=0.204\,4\times\frac{25.00}{10.00}\times\frac{100}{5}=10.22$$

3. 计算 pH=3.0 含有未配位的 EDTA 浓度为 0.10 mol/L 时，Fe^{3+}/Fe^{2+} 电对的条件电位。（忽略离子强度的影响，已知 pH=3.0 时 $\lg\alpha_{Y(H)}=10.60$，$\phi^{\theta}_{Fe^{3+}/Fe^{2+}}=0.77$ V，$\lg K_{Fe(II)Y}=14.32$，$\lg K_{Fe(III)Y}=25.1$）

解： 因为 $\alpha_{Fe^{2+}}=1+K_{Fe(II)Y}c(Y)=1+K_{Fe(II)Y}\frac{c(Y')}{\alpha_{Y(H)}}=1+10^{14.32}\times\frac{10^{-1.0}}{10^{10.60}}=10^{2.72}$

同理，$\alpha_{Fe^{3+}}=1+K_{Fe(III)Y}c(Y)=1+K_{Fe(III)Y}\frac{c(Y')}{\alpha_{Y(H)}}=1+10^{25.1}\times\frac{10^{-1.0}}{10^{10.60}}=10^{13.50}$

由
$$\phi_{Fe^{3+}/Fe^{2+}}=\phi^{\theta}_{Fe^{3+}/Fe^{2+}}+0.059\lg\frac{c(Fe^{3+})}{c(Fe^{2+})}=\phi^{\theta}_{Fe^{3+}/Fe^{2+}}+0.059\lg\frac{c(Fe^{3+})\alpha(Fe^{2+})}{c(Fe^{2+})\alpha(Fe^{3+})}$$

当 $c(Fe^{3+})=c(Fe^{2+})=1$ mol/L 时，则

$$\phi^{\theta'}_{Fe^{3+}/Fe^{2+}}/V=\phi^{\theta}_{Fe^{3+}/Fe^{2+}}+0.059\lg\frac{\alpha(Fe^{2+})}{\alpha(Fe^{3+})}=0.77+0.059\lg\frac{10^{2.72}}{10^{13.50}}=0.135$$

4. 计算：（1）在 pH=10.0，游离的氨浓度为 0.10 mol/L 时 Zn^{2+}/Zn 电对的条件电位；（2）在 pH=10.0 的总浓度为 0.10 mol/L NH_3−NH_4Cl 缓冲溶液中时 Zn^{2+}/Zn 电对的条件电位。（忽略离子强度的影响，已知 $\lg\beta_1 \sim \lg\beta_4$ 分别为 2.37，4.81，7.31，9.46；NH_3 的 $K_b=1.8\times10^{-5}$，$\phi^{\theta}_{Zn^{2+}/Zn}=-0.763$ V）

解：（1）由 $\alpha(Zn(NH_3))=1+\beta_1 c(NH_3)+\beta_2 c(NH_3)^2+\beta_3 c(NH_3)^3+\beta_4 c(NH_3)^4=$

$$1+10^{2.37}\times0.10+10^{4.81}\times(0.10)^2+10^{7.31}\times(0.10)^3+10^{9.46}\times(0.10)^4=10^{5.49}$$

$$\phi_{Zn^{2+}/Zn}=\phi^{\theta}_{Zn^{2+}/Zn}+\frac{0.059}{2}\lg c(Zn^{2+})=\phi^{\theta}_{Zn^{2+}/Zn}+\frac{0.059}{2}\lg\frac{c(Zn^{2+})}{\alpha(Zn(NH_3))}$$

当 $c(Zn^{2+})=1.0$ mol/L 时，则有

$$\phi^{\theta'}_{Zn^{2+}/Zn}/V=\phi^{\theta}_{Zn^{2+}/Zn}+\frac{0.059}{2}\lg\frac{1}{\alpha(Zn(NH_3))}=-0.763+\frac{0.059}{2}\lg\frac{1}{10^{5.49}}=-0.925$$

（2）由 $c(NH_3)=c\delta_{NH_3}=c\dfrac{K_a}{c(H^+)+K_a}$，且有

$$K_a=\frac{K_W}{K_b}=\frac{10^{-14}}{1.8\times10^{-5}}=5.6\times10^{-10}=\frac{0.10\times5.6\times10^{-10}}{10^{-10}+5.6\times10^{-10}}=0.008\,5=10^{-2.07}$$

又因为 $\alpha(Zn(NH_3))=1+\beta_1 c(NH_3)+\beta_2 c(NH_3)^2+\beta_3 c(NH_3)^3+\beta_4 c(NH_3)^4=$

$$1+10^{2.37}\times10^{-2.07}+10^{4.81}\times(10^{-2.07})^2+10^{7.31}\times(10^{-2.07})^3+10^{9.46}\times(10^{-2.07})^4=$$

$$1+10^{0.30}+10^{0.67}+10^{1.1}+10^{1.18}=10^{1.55}$$

而 $\phi_{Zn^{2+}/Zn}=\phi^{\theta}_{Zn^{2+}/Zn}+\dfrac{0.059}{2}\lg\dfrac{c(Zn^{2+})}{\alpha(Zn(NH_3))}$，则有当 $c(Zn^{2+})=1.0$ mol/L 时

$$\phi^{\theta'}_{Zn^{2+}/Zn}/V=\phi^{\theta}_{Zn^{2+}/Zn}+\frac{0.059}{2}\lg\frac{1}{\alpha(Zn(NH_3))}=-0.763+\frac{0.059}{2}\lg\frac{1}{10^{1.55}}=-0.809$$

5. 高锰酸钾在酸性溶液中：$MnO_4^-+8H^++5e=Mn^{2+}+4H_2O$，$\phi^{\theta}_{MnO_4^-/Mn^{2+}}=1.51$ V。试求其电位与 pH 值的关系，并计算 pH=2.0 和 pH=5.0 时的条件电位（忽略离子强度的影响）。

解：由 $\phi_{MnO_4^-/Mn^{2+}}=\phi^{\theta}_{MnO_4^-/Mn^{2+}}+\dfrac{0.059}{5}\lg\dfrac{c(MnO_4^-)c(H^+)^8}{c(Mn^{2+})}$ 可知

$$\phi_{MnO_4^-/Mn^{2+}}=\phi^{\theta}_{MnO_4^-/Mn^{2+}}+\frac{0.059}{5}\lg c(H^+)^8+\frac{0.059}{5}\lg\frac{c(MnO_4^-)}{c(Mn^{2+})}$$

当 $c(MnO_4^-)=c(Mn^{2+-})=1$ mol/L 时，则有

$$\phi^{\theta'}_{MnO_4^-/Mn^{2+}}=\phi^{\theta}_{MnO_4^-/Mn^{2+}}+\frac{0.059}{5}\lg c(H^+)^8=1.51-0.094\text{ pH}$$

pH=2.0 时 $\phi^{\theta'}_{MnO_4^-/Mn^{2+}}/V = 1.51 - 0.094 \times 2.0 = 1.32$

pH=5.0 时 $\phi^{\theta'}_{MnO_4^-/Mn^{2+}}/V = 1.51 - 0.094 \times 5.0 = 1.04$

6. 计算在 1 mol/L HCl 溶液中，当 $c(Cl^-)$=1.0 mol/L 时，Ag^+/Ag 电对的条件电位。

解：经查表，在 1 mol/L 的溶液中，$E^{0'}_{Ag+/Ag}$=0.799 4 V，因为

$$E = E^0_{Ag+/Ag} + 0.059\,2 \times \lg\frac{c(Ag^+)}{c(Ag)} = 0.799\,4 + 0.059\,2 \times \lg c(Ag^+)$$

又因为 $c(Cl^-)$=1 mol/L；$K_{sp}\,c(AgCl)=\frac{1}{1.8}\times 10^{10}$

所以 $E/V = 0.799\,4 + 0.059\,2 \times \lg\frac{1}{1.8}\times 10^{10} = 0.22$

7. 计算 pH=10.0，$c(NH_4^+)+c(NH_3)$=0.20 mol/L 时 Zn^{2+}/Zn 电对条件电位。若 $c(Zn(Ⅱ))$=0.020 mol/L，体系的电位是多少？

解：已知 $E^0_{Zn^{2+}/Zn}$=−0.763V，Zn−NH_3 络合物的 $\lg\beta_1$～$\lg\beta_4$ 分别为 2.27，4.61，7.01，9.06。$c(HO^-)=10^{-4}$，pK_a=9.26。

（1）$pH = pK_a + \lg c(NH_3)/c(NH_4^+)$

$10.0 = 9.26 + \lg c(NH_3)/c(NH_4^+)$ （1）

$c(NH_3) = c(NH_4^+) + c(NH_3) = 0.20$ （2）

式（1）和式（2）联立解得 $c(NH_3)$=0.169 mol/L

因为 $\alpha_{Zn} = 1 + \beta_1 c(NH_3) + \beta_2 c(NH_3)^2 + \beta_3 c(NH_3)^3 + \beta_4 c(NH_3)^4$

$= 1 + 10^{2.27}\times 0.169 + 10^{4.61}\times(0.169)^2 + 10^{7.01}\times(0.169)^3 + 10^{9.06}\times(0.169)^4$

$= 9.41\times 10^5$

所以 $E/V = E^0 + \frac{0.059}{2}\times\lg\frac{1}{\alpha_{Zn}} = -0.763 + \frac{0.059}{2}\times\lg\frac{1}{9.41\times 10^5} = -0.94$

（2）若 $c(Zn^{2+})$=0.020 mol/L，则 $E/V = -0.94 + \frac{0.059}{2}\times\lg 0.02 = -0.99$

8. 已知在 1 mol/L HCl 介质中，Fe(Ⅲ)/Fe(Ⅱ)电对的 E^0=0.70 V，Sn(Ⅳ)/ Sn(Ⅱ)电对的 E^0=0.14 V。求在此条件下，反应 $2Fe^{3+}+Sn^{2+}==Sn^{4+}+2Fe^{2+}$的条件平衡常数。

解：已知 E^0Fe^{3+}/Fe^{2+}=0.70 V，E^0Sn^{4+}/Sn^{2+}=0.14 V

对于反应 $2Fe^{3+}+Sn^{4+}=2Fe^{2+}+Sn^{2+}$，则

$$\lg K' = \frac{n(E_1^0 - E_2^0)}{0.059} = \frac{2\times(0.70+0.14)}{0.059} = 18.98$$

$$K' = 9.5\times 10^5$$

9. 用 30.00 mL 某 $KMnO_4$ 标准溶液恰能氧化一定的 $KHC_2O_4\cdot H_2O$，同样质量的该溶液又恰能与 25.20 mL 浓度为 0.201 2 mol/L 的 KOH 溶液反应。计算此 $KMnO_4$ 溶液的浓度。

解：$n(KHC_2O_4H_2O)=0.201\ 2\times 25.20\times 10^{-3}$

$c(KMnO_4)\cdot V\times 5=n(KHC_2O_4H_2O)\times 2$

$$c(KMnO_4)=\frac{0.201\ 2\times 25.20\times 10^{-3}\times 2}{30.00\times 10^{-3}\times 5}=0.067\ 60\ \text{mol/L}$$

10. 某 $KMnO_4$ 标准溶液的浓度为 0.024 84 mol/L，求滴定度：（1）$T(KMnO_4/Fe)$；（2）$T(KMnO_4/Fe_2O_3)$；（3）$T(KMnO_4/FeSO_4\cdot 7H_2O)$。

解：

$$MnO_4^-+5Fe^{2+}+8H^+=Mn^{2+}+5Fe+4H_2O$$

（1）

$$T=c\times M/100\ 0\times b/a$$

$$T/(g\cdot mol^{-1})=0.024\ 84\times 55.85\times 5\times 10^{-5}=0.069\ 37$$

（2）

$$T/(g\cdot mol^{-1})=0.024\ 84\times 10^{-3}\times 2.5\times 159.69=0.009\ 917$$

（3）

$$T/(g\cdot mol^{-1})=0.024\ 84\times 10^{-3}\times 1\times 5\times 278.03=0.034\ 53$$

11. 准确称取含有 PbO 和 PbO_2 混合物的试样 1.234 g，在其酸性溶液中加入 20.00 mL 0.250 0 mol/L $H_2C_2O_4$ 溶液，将 PbO_2 还原为 Pb^{2+}。所得溶液用氨水中和，使溶液中所有的 Pb^{2+} 均沉淀为 PbC_2O_4。过滤，滤液酸化后用 0.040 00 mol/L $KMnO_4$ 标准溶液滴定，用去 10.00 mL，然后将所得 PbC_2O_4 沉淀溶于酸后，用 0.040 00 mol/L $KMnO_4$ 标准溶液滴定，用去 30.00 mL。计算试样中 PbO 和 PbO_2 的质量分数。

解：

$$n_{总}/\text{mol}=0.250\ 0\times 20\times 10^{-3}=5\times 10^{-3}$$

$$n_{过}/\text{mol}=0.04\times 10\times 10^{-3}\times\frac{5}{2}=1\times 10^{-3}$$

$$n_{沉}/\text{mol}=0.04\times 30\times 10^{-3}\times\frac{5}{2}=3\times 10^{-3}$$

$$n_{还}/\text{mol}=5\times 10^{-3}-10^{-3}-3\times 10^{-3}=10^{-3}$$

$$n(PbO_2)/\text{mol}=10^{-3}\times 2/2=10^{-3}$$

$$w(PbO_2)\%=\frac{10^{-3}\times 239.2}{1.234}\times 100=19.38$$

$$n(Pb)/\text{mol}=2\times 10^{-3}$$

12. 称取含有 Na_2HAsO_3 和 As_2O_5 及惰性物质的试样 0.250 0 g，溶解后在 $NaHCO_3$ 存在下用 0.051 50 mol/L I_2 标准溶液滴定，用去 15.80 mL。再酸化并加入过量 KI，析出的 I_2 用 0.130 0 mol/L NaS_2O_3 标准溶液滴定，用去 20.70 mL。计算试样中 Na_2HAsO_3 和 AS_2O_5 的质量分数。

解：$As_2O_5\rightarrow AsO_4^{3-}$　　$AsO_4^{3-}+I_2\rightarrow As^{+5}$　　$As^{+5}+I^-\rightarrow As^{3+}$

$$N(As^{3+})=0.051\ 50\times 15.80\times 10^{-3}$$

所以

$$w(NaHAsO_3)/\%=\frac{0.051\ 50\times 15.80\times 10^{-3}\times 169.91}{0.25}\times 100=55.30$$

$$n(As_2O_5) = 0.5 \times (0.130\,0 \times 20.70 \times 0.5 \times 10^{-3} - 0.051\,50 \times 15.80 \times 10^{-3}) = 0.513\,8$$

$$w(As_2O_5)/\% = \frac{\frac{1}{2} \times 0.513\,8 \times 229.84 \times 10^{-3}}{0.25} \times 100 = 24.45$$

第七节　电化学分析法

一、名词解释

1. 电位分析法：利用电极电位和活度或浓度之间的关系，并通过测量电极电位来测定物质含量的方法，分为直接电位法和间接电位法（电位滴定法）。

2. 直接电位法：通过测定原电池电极电位直接测定水中被测离子的活度或浓度的方法，包括 pH 值电位测定法和离子选择电极法。

3. 间接电位法（电位滴定法）：向水样中滴加能与被测物质进行化学反应的滴定剂，根据反应达到化学计量点时被测物质浓度的变化所引起电极电位的突跃来确定滴定终点，根据滴定剂的浓度和用量，求出被测物质的含量或浓度。

4. 原电池：由一个指示电极和一个参比电极组成的系统。

5. 指示电极：电极电位随溶液中被测离子的活度或浓度的变化而改变的电极。

6. 参比电极：电极电位为已知的恒定不变的电极。

7. 金属-金属离子电极：将具有氧化还原反应的金属浸入该金属离子的溶液中达到平衡后组成的电极。

8. 均相氧化还原电极：又称惰性金属电极，由惰性金属（如铂或金）构成，本身不参与反应，只作为氧化态、还原态物质电子交换场所。

9. 膜电极：以固态或液态膜为传感器的电极，可以有选择性地让某种特定离子渗透或交换并产生膜电位，又称离子选择电极。

10. 复合电极：指示电极与参比电极组成的电极。

11. 离子活度：电解质溶液中参与电化学反应的离子的有效浓度。

二、选择题

1. [B]　2. [C]　3. [D]　4. [D]　5. [A]　6. [C]　7. [B]
8. [C]　9. [B]　10. [D]　11. [B]　12. [B]　13. [C]　14. [B]
15. [B]　16. [A]　17. [C]　18. [A]　19. [C]　20. [A]　21. [B]
22. [B]　23. [C]　24. [D]　25. [A]　26. [B]　27. [D]

三、填空题

1.（负）（正）（Cu）（Zn）

2.（可逆电池）（不可逆电池）（不可逆电池）

3.（拐点）（最高点）（等于零的）

4.（下降）（还原能力）（上升）（氧化能力）

5.（欧姆定律）（电导滴定）（恒电流）（恒电位）

6.（未电解时体系的平衡电位）（浓差）（电化学）

7.（恒定不对称电位）（80）（电位值不稳定）

8.（2.303 RT/nF）（59.2 mv）（29.6 mv）

9.（6）

10.（20%）

11.（扩散电位）（强制性）（选择性）（Donnan）

12.（总离子强度调节剂（TISAB））（维持试样与标准试液有恒定的离子活度）（使试液在离子选择电极适合的 pH 值范围内）（使被测离子释放成为可检测的游离离子）

13.（待测试液作为电池的电解质溶液）（指示电极）（参比电极）（电动势）

14.（电位分析）（伏安）（滴汞）（极谱）（电导分析法）（库伦分析法）

15.（待测试液）（电动势）

16.（抗干扰能力越强）

17.（小）（高）（减小稀释效应）

四、简答题

1. 在用离子选择性电极测定离子浓度时，加入 TISAB 的作用是什么？

（1）恒定离子强度；（2）缓冲 pH 值；（3）掩蔽干扰。

2. 何谓指示电极及参比电极？举例说明其作用。

指示电极：用来指示溶液中离子活度变化的电极，其电极电位值随溶液中离子活度的变化而变化，在一定的测量条件下，当溶液中离子活度一定时，指示电极的电极电位为常数。例如测定溶液 pH 值时，可以使用玻璃电极作为指示电极，玻璃电极的膜电位与溶液 pH 值呈线性关系，可以指示溶液酸度的变化。

参比电极：在进行电位测定时，是通过测定原电池电动势来进行的，电动势的变化要体现指示电极电位的变化，因此需要采用一个电极电位恒定、不随溶液中待测离子活度或浓度变化而变化的电极作为基准，这样的电极就称为参比电极。例如，测定溶液 pH 值时，通常用饱和甘汞电极作为参比电极。

3. 为什么离子选择性电极对欲测离子具有选择性？如何估量这种选择性？

离子选择性电极是以电位法测量溶液中某些特定离子活度的指示电极。各种离子选择性电极一般均由敏感膜及其支持体、内参比溶液、内参比电极组成，其电极电位产生的机制都是基于内部溶液与外部溶液活度不同而产生电位差。其核心部分为敏感膜，它主要对欲测离子有响应，而对其他离子则无响应或响应很小，因此每一种离子选择性电极都具有一定的选择性。可用离子选择性电极的选择性系数来估量其选择性。

4. 直接电位法的主要误差来源有哪些？应如何减免？

误差来源主要有：（1）温度：主要影响能斯特响应的斜率，所以必须在测定过程中保持温度恒定。（2）电动势测量的准确性：一般相对误差为 4%，因此必须要求测量电位的仪器要有足够高的灵敏度和准确度。（3）干扰离子：凡是能与欲测离子起反应的物质，能与敏感膜中相关组分起反应的物质，以及影响敏感膜对欲测离子响应的物质均可能干扰测定，引起测量误差，因此通常需要加入掩蔽剂，必要时还须分离干扰离子。（4）另外溶液的 pH 值，欲测离子的浓度、电极的响应时间以及迟滞效应等都可能影响测定结果的准确度。

5. 列表说明各类反应的电位滴定中所用的指示电极及参比电极，并讨论选择指示电极的原则。

选择指示电极的原则为指示电极的电位响应值应能准确反映出离子浓度或活度的变化。

表 1.2　电位滴定中所用指示电极及参比电极

反应类型	指示电极	参比电极
酸碱滴定	玻璃电极	甘汞电极
氧化还原滴定	铂电极	甘汞电极
沉淀滴定	离子选择性电极或其他电极	玻璃电极或双盐桥甘汞电极
络合滴定	铂电极或相关的离子选择性电极	甘汞电极

6. 为什么一般来说电位滴定法的误差比电位测定法小？

直接电位法是通过测量零电流条件下原电池的电动势，根据能斯特方程式来确定待测物质含量的分析方法；而电位滴定法是以测量电位的变化为基础的。因此，在电位滴定法中溶液组成的变化、温度的微小波动、电位测量的准确度等对测量影响较小。

五、判断题

1.（×）　2.（√）　3.（√）　4.（√）　5.（√）
6.（×）　7.（√）　8.（√）　9.（√）　10.（×）
11.（√）　12.（×）　13.（√）　14.（√）　15.（×）
16.（√）　17.（×）　18.（×）　19.（√）　20.（×）
21.（×）　22.（×）　23.（×）　24.（√）　25.（×）
26.（×）　27.（√）　28.（√）　29.（√）　30.（×）
31.（√）

六、问答题

1. 简述离子选择性电极的类型及一般作用原理。

简述离子选择性电极主要包括晶体膜电极、非晶体膜电极和敏化电极等。晶体膜电极又包括均相膜电极和非均相膜电极两类；而非晶体膜电极包括刚性基质电极和活动载体电极；敏化电极包括气敏电极和酶电极等。晶体膜电极以晶体构成敏感膜，其典型代表为氟电极。其电极的机制是：由于晶格缺陷（空穴）引起离子的传导作用，接近空穴的可移动离子运动至空穴中，一定的电极膜按其空穴大小、形状和电荷分布，只能容纳一定的可移动离子，而其他离子则不能进入，从而显示了其选择性。活动载体电极则是由浸有某种液体离子交换剂的惰性多孔膜作为电极膜而制成的，通过液膜中的敏感离子与溶液中的敏感离子交换而被识别和检测。敏化电极是指气敏电极、酶电极、细菌电极及生物电极等。这类电极的结构特点是在原电极上覆盖一层膜或物质，使得电极的选择性提高。典型敏化电极为氨电极。以氨电极为例，气敏电极是基于界面化学反应的敏化电极，事实上是一种化学电池，由一对离子选择性电极和参比电极组成。试液中欲测组分的气体扩散进透气膜，进入电池内部，从而引起电池内部某种离子活度的变化。而电池电动势的变化可以反映试液中欲测离子浓度的变化。

2. 简述使用甘汞电极的注意事项。

甘汞电极在使用前需将橡皮帽及侧管口橡皮塞取下，管内应充满饱和 KCl 溶液，且有少许 KCl 晶体存在，并注意随时补充 KCl 溶液；不能将甘汞电极长时间浸在待测液中，以免渗出的 KCl 污染待测溶液；检查电极是否导通；用完后洗净，塞好侧管口及橡皮帽，以防止 KCl 溶液渗出管外；将甘汞电极浸泡在饱和 KCl 溶液里保存。

3. 简述电位滴定曲线的绘制步骤。

简述一般情况下绘制电位与滴定剂体积曲线，如滴定曲线对称且电位突跃部分陡直，则电位突跃的中点（或转折点）即为滴定终点。如果电位突跃不明显，可以绘制一次微商曲线，曲线的最高点即为滴定终点，所对应的体积即为终点体积，用一次微商做图法确定终点较为准确。由于一次微商做图过程麻烦，可用二次微商法通过计算求得滴定终点。一次微商与滴定剂体积（V）曲线的最高点恰是二次微商，它所对应的体积便是滴定体积，可通过计算求得。

4. 简述电位滴定法的应用。

（1）酸碱滴定：酸碱滴定过程中，溶液的H^+浓度发生变化，一般采用玻璃电极为指示电极，饱和甘汞电极为参比电极。在水质分析中常用电位滴定法测定水中的酸度或碱度，用 NaOH 标准溶液或 HCl 标准溶液作为滴定剂，由 pH 值计或电位滴定仪指示反应的终点，用滴定曲线法确定 NaOH 或 HCl 标准溶液消耗的量，从而计算水样中的酸度和碱度。

（2）沉淀滴定：电位滴定法测定水中Cl^-时，以氯离子选择电极为指示电极，以玻璃电极或双液接参比电极为参比，用 $AgNO_3$ 标准溶液滴定，用伏特计测定两电极间的电位变化。在恒定地加入小量 $AgNO_3$ 的过程中，电位变化最大时仪器的读数即为滴定终点。

（3）络合滴定：例如用氟离子选择电极为指示电极，以氟化物滴定 Al^{3+}；用钙离子选择电极为指示电极，以 EDTA 滴定 Ca^{2+}等。

（4）氧化还原滴定：一般以铂电极为指示电极，以汞电极为参比电极，计量点附近氧化态／还原态浓度发生急剧变化，使电位发生突跃。例如用 $KMnO_4$ 标准溶液滴定 Fe^{2+}、Sn^{2+} 和 $C^2O_4{}^{2-}$等离子。

七、计算题

1. 用电位滴定法测定硫酸含量，称取试样 1.196 9 g 于小烧杯中，在电位滴定计上用 c(NaOH)=0.500 1 mol/L 的氢氧化钠溶液滴定，记录终点时滴定体积与相应的电位值见表 1.3。

表 1.3　电位滴定法测定硫酸含量

滴定体积/mL	电位值/mV	滴定体积/mL	电位值/mV
23.70	183	24.00	316
23.80	194	24.10	340
23.90	233	24.20	351

已知滴定管在终点附近的体积校正值为−0.03 mL，溶液的温度校正值为−0.4 mL/L，请计算试样中硫酸含量的质量分数（硫酸的相对分子质量为 98.08）。

解：做曲线确定滴定终点，在曲线的两个拐点处做两条切线，然后在两条切线中间做一条平行线，平行线与曲线的交点即为滴定终点（图 1.1）。

可得 Vep=23.95 mL。

$$w(\mathrm{H_2SO_4})/\% = \frac{0.5\times(23.93-0.03-0.4)\times10^{-3}\times98.08}{2\times1.190\,9}\times100=48.97$$

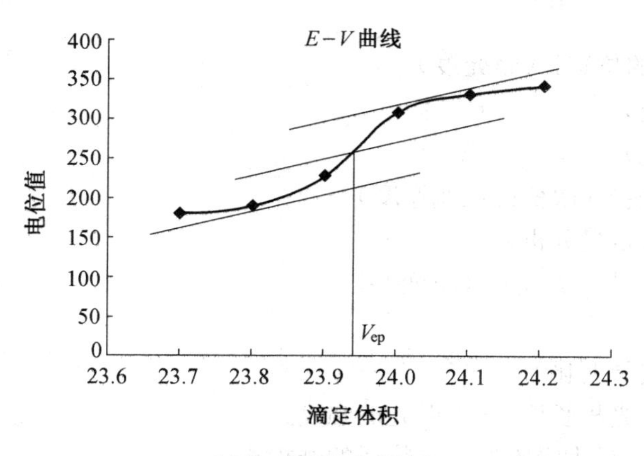

图 1.1　滴定曲线

2. 用 pH 值玻璃电极测定 pH=5.0 的溶液，其电极电位为 43.5 mV，测定另一未知溶液时，其电极电位为 14.5 mV，若该电极的响应斜率为 58.0 mV/pH，试求未知溶液的 pH 值。

解：套用公式计算。得

$$\mathrm{pH} = 5.0 + \frac{(14.5 - 43.5)}{58.0} = 4.5$$

第八节　吸收光谱法

一、名词解释

1. 吸收光谱法：基于物质对光的选择性吸收而建立起来的分析方法，也称吸光光度法或分光光度法。

2. 电磁波谱：按波长顺序进行排列，从波长极短的宇宙射线到波长很长的无线电波构成的电磁波图表。

3. 吸收光谱：当以一定范围的光波连续照射分子或原子时，就有一个或几个一定波长的光波被吸收，于是产生了被吸收谱线所组成的吸收光谱。透过的光谱就不出现这些波长的光，这种光谱称为吸收光谱。

4. 灵敏度指数：又称桑德尔灵敏度，是单位截面积光程内所能检出的吸光物质的最低含量。

5. 特征吸收曲线：吸收光谱曲线上有起伏的峰谷。

6. 仪器检出限：指分析仪器能够检测的被分析物的最低量或最低浓度，用于不同仪器的性能比较。

7. 方法检出限：指产生一个能可靠地被检出的分析信号所需的被测组分的最小浓度或含量。

8. 分光光度法：以较纯的单色光作入射光测定物质对光的吸收的方法。

9. 显色剂：与被测组分形成有色化合物的试剂。

二、选择题

1. [C]　　2. [B]　　3. [B]　　4. [D]　　5. [B]　　6. [B]　　7. [B]
8. [B]　　9. [B]　　10. [A]　　11. [C]　　12. [C]

三、填空题

1.（最大吸收峰的位置）（吸光度）

2.（增大）（不变）

3.（不变）（不变）

4.（改变溶液浓度）（改变比色皿厚度）

5.（定性分析）（定量分析）

6.（增至 3 倍）（降至 T^3 倍）（不变）

7.（5.62）

8.（单色光）（化学变化）

9.（溶液浓度）（光程长度）（入射光的强度）

10.（最大吸收）（最大吸收波长与物质的结构相关）

11.（显色剂）（空白试样）

12.（溶液浓度）（吸光度）（吸收曲线）

13.（玻璃）（石英）

四、简答题

1. 分光光度计由哪几个主要部件组成？各部件的作用是什么？

（1）光源——供给符合要求的入射光；

（2）单色器——把光源发出的连续光谱分解为单色光；

（3）吸收池——盛放待测溶液和决定透光液厚度；

（4）检测器——对透过吸收池的光做出响应，转换为电信号；

（5）信号显示器——将电信号放大，用一定的方式显示出来。

2. 紫外-可见分光光度法具有什么特点？

（1）具有较高的灵敏度，适用于微量组分的测定；

（2）分析速度快，操作简便；

（3）仪器设备不复杂，价格低廉；

（4）应用广泛，大部分无机离子和许多有机物质的微量成分都可以用这种方法测定。

3. 可见分光光度法测定物质含量时，当显色反应确定以后，应从哪几个方面选择实验条件？

显色剂的用量、溶液的酸度、显色的温度、显色的时间、溶剂的选择、显色反应中的干扰及消除。

4. 测量吸光度时，应如何选择参比溶液？

（1）溶剂参比，试样组成简单，其他组分对测定波长的光不吸收，仅显色产物有吸收时选择溶剂参比。

（2）试剂参比，显色剂或其他试剂在测定波长由吸收时，应采用试剂参比溶液。

（3）试液参比，试样中其他组分有吸收，但不与显色剂反应，当显色剂在测定波长不吸收时，可用试样溶液作参比溶液。

（4）褪色参比，显色剂和基体都有吸收时，可加入某种褪色剂使已显色的产物褪色，用此溶液作参比。

5. 什么是分光光度分析中的吸收曲线？制作吸收曲线的目的是什么？

将不同波长的光依次通过某一固定浓度和厚度的有色溶液，分别测出它们对各种波长光的吸收程度，以波长为横坐标，以吸光度为纵坐标，画出曲线，此曲线就是该物质的吸收曲线。它描述了物质对不同波长光的吸收程度，可以通过吸收曲线找到最大吸收波长。

五、判断题

1.（×）　2.（√）　3.（×）　4.（√）　5.（√）
6.（×）　7.（×）　8.（×）　9.（√）　10.（√）
11.（×）　12.（×）

六、问答题

1. 简述吸收光谱分析的一般步骤。

（1）确定最佳显色体系。样品通常无色，需要进行显色反应。

（2）绘制特征吸收曲线，找出最大的吸收波长。

（3）绘制标准曲线。方法：配制系列标准溶液在最大吸收波长下测定，得到一组（A_i，c_i），在平面直角坐标系上以 A_i 对 c_i 作图，得到一条直线。

注意：标准溶液吸光度 A=0.04～0.8；高浓度溶液时 A 与 c 不是直线关系（偏离）。

（4）测定水样 A 值，在标准曲线上找到对应的 c 值。

七、计算题

1. 测定血清中的磷酸盐含量时，取血清试样 5.00 mL 于 100 mL 量瓶中，加显色剂显色后，稀释至刻度。吸取该试液 25.00 mL，测得吸光度为 0.582；另取该试液 25.00 mL，加 1.00 mL 的磷酸盐 0.050 0 mg，测得吸光度为 0.693。计算每毫升血清中含磷酸盐的质量。

解：在 25.00 mL 试液中加 1.00 mL 磷酸盐 0.050 0 mg，溶液体积为 26.00 mL，校正到 25.00 mL 的吸光度为

$$0.693\times\frac{26.0}{25.0}=0.721$$

加入 1.00 mL 的 0.050 0 mg 磷酸盐所产生的吸光度为：0.721−0.582=0.139，代入公式

$$\frac{A_{标}}{c_{标}}=\frac{A_{样}}{c_{样}}$$

得 25.00 mL 磷酸盐质量/mg =（0.582/0.139）×0.050 0=0.209 4。

则每毫升血清中含磷酸盐的质量为（mg）

$$0.209\,4\times\frac{100}{25}\times\frac{1}{5.00}=0.167$$

第九节　色谱法

一、名称解释

1. 分配系数：在一定温度下，组分在固定相和流动相之间分配达到平衡时的浓度比。

2. 色谱图：记录的电信号与时间的曲线。

3. 基线：实验条件下，只有当纯流动相通过检测器时所得到的信号-时间曲线。

4. 分离度：相邻两峰保留值之差与两峰基线宽度平均值的比值。

二、选择题

1. [A] 2. [D] 3. [D] 4. [A] 5. [C] 6. [B] 7. [D]
8. [A] 9. [D] 10. [A] 11. [D] 12. [C] 13. [B] 14. [A]
15. [B]

三、简答题

1. 简述气相色谱法的特点。

（1）高效能——色谱能使多组分复杂混合物分离；

（2）高选择性——能够分离性质极为相近的物质；

（3）高灵敏度——适用于痕量和微量分析；

（4）分析速度快——一般几分钟或几十分钟就能完成一个分析周期；

（5）应用广泛。

2. 简述气相色谱的分离原理。

利用不同的物质在两相间具有不同的分配系数，当两相做相对运动时，水样中的各组分，就在两相中经反复多次的分配，使得原来的分配系数只有微小差别的各组分产生很大的分离效果，从而将各组分分离开来。

3. 气相色谱法在水质分析中如何避免水的干扰？

（1）有机溶剂萃取——将被测组分萃取到有机溶剂相中以除去水分达到浓缩目的。

（2）采用适当的固定相——使水峰提前以避免水的干扰。

（3）选择适当的分离条件。

4. 简述高效液相色谱法的分类和应用范围。

（1）液-固吸附色谱：适用于异构体、烃类、维生素、硝基化合物、表面活性剂、偶氮染料等的分离。

（2）液-液分配色谱：适用于农药、烷烃、芳烃、稠环芳烃、丙烯酸、丙酸、丙烯酰胺等的分离。

（3）离子交换色谱：适用于 pK<7 的阴离子。

（4）凝胶色谱法：适用于农药、杀虫剂、酚类、芳烃、稠环芳烃、硝基苯类、水溶性维生素等的分离。

5. 在液相色谱中，色谱柱能在室温下工作而不需恒温的原因是什么？

由于组分在液－液两相的分配系数随温度的变化较小，因此液相色谱柱不需恒温。

四、计算题

1. 正庚烷与正己烷在某色谱柱上的保留时间为 94 s 和 85 s，空气在此柱上的保留时间为 10 s，所得理论塔板数为 3 900 块，求此二化合物在该柱上的分离度？

解：已知 $n_{理}$=3 900，t_0=10 s，t_1=85 s，t_2=94 s，则

$$n_{理}=16\times(t_1/w_1)^2,\quad n_{理}=16\times(t_1/w_1)^2$$

即

$$3\,900=16\times(85/w_1)^2,\quad 3\,900=16\times(94/w_2)^2$$

分别求得，w_1=5.44 s，w_2=6.02 s，代入公式，得

$$R=\frac{2(t_2-t_1)}{W_2+W_1}=\frac{2(94-85)}{6.02+5.44}=1.57$$

五、问答题

1. 介绍色谱柱的组成和制备。

（1）柱型：毛细柱或填充柱

填充柱：可反复使用，可更换固定相；

材料——承受一定的温度，玻璃，聚氯乙烯，不锈钢；

形状——U 型、螺旋型；

分类——按固定相，分为非极性柱、弱极性柱、中等、强。

（2）填充柱的制备

①填充柱的清洗；

②固体固定相——用负压抽吸法填充；

②液体固定相——要进行涂渍(固定)后再填充；

④老化：用不含任何样品的载气进行吹扫。

老化温度：老化时色谱柱的温度低于固定相的使用温度、高于分析时的柱温；

老化时间：4～8 h；

老化目的：赶走残存的溶剂、赶走在固定相制备过程中低沸点的杂质、赶走低分子量的聚合物、老化过程是固定相的再分配过程。注意：老化时注意断开检测器。

第十节　原子光谱法

一、名称解释

1. 原子吸收光谱法：从光源辐射出具有待测元素特征谱线的光，通过试液蒸气时，被试液蒸气中待测元素基态原子所吸收，通过测定这种特征谱线光的减弱程度，根据朗伯-比尔定律来确定试液中待测元素含量的方法。

2. 共振线：由基态跃迁至第一激发态所产生的谱线；通常也是最灵敏线，也作为分析线。

3. 空心阴极灯：又称元素灯，是一种辐射强度大、稳定性高的锐线光源。

二、选择题

1. [B]　2. [B]　3. [C]　4. [A]　5. [C]　6. [C]　7. [C]
8. [B]　9. [D]　10. [B]　11. [B]　12. [A]

三、填空题

1.（小于）（相同）

2.（元素转变成原子蒸气）（火焰原子化法）（非火焰原子化法）

3.（待测元素的特征谱线的吸收来进行分析的）

4.（激发光源）（分光系统）

四、简答题

1. 在原子吸收分光光度法中为什么常常选择共振吸收线作为分析线？

原子吸收一定频率的辐射后从基态到第一激发态的跃迁最容易发生，吸收最强。对大多数元素来说，共振线（特征谱线）是元素所有原子吸收谱线中最灵敏的谱线。因此，在原子吸收光谱分析中，常用元素最灵敏的第一共振吸收线作为分析线。

2. 简述原子吸收分光光度法对光源的基本要求，及为什么要求用锐线光源的原因。

原子吸收分光光度法对光源的基本要求是光源发射线的半宽度应小于吸收线的半宽度；

发射线中心频率恰好与吸收线中心频率γ_0相重合。

原子吸收法的定量依据使比尔定律，而比尔定律只适应于单色光，并且只有当光源的带宽比吸收峰的宽度窄时，吸光度和浓度的线性关系才成立。然而即使使用一个质量很好的单色器，其所提供的有效带宽也要明显大于原子吸收线的宽度。若采用连续光源和单色器分光的方法测定原子吸收则不可避免的出现非线性校正曲线，且灵敏度也很低。因此原子吸收光谱分析中要用锐线光源。

3. 简述原子吸收分光光度计得组成及各部分的功能。

原子吸收分光光度计由光源、原子化系统、分光系统和检测系统四部分组成。

（1）光源的功能是发射被测元素的特征共振辐射；

（2）原子化系统的功能是提供能量，使试样干燥，蒸发和原子化；

（3）分光系统的作用是将所需要的共振吸收线分离出来；

（4）检测系统将光信号转换成电信号后进行显示和记录结果。

4. 为什么可见分光光度计的分光系统放在吸收池的前面，而原子吸收分光光度计的分光系统放在原子化系统的后面？

可见分光光度计的分光系统的作用是将来自光源的连续光谱按波长顺序色散，并从中分离出一定宽度的谱带与物质相互作用，因此可见分光光度计的分光系统一般放在吸收池的前面。而原子吸收分光光度计的分光系统的作用是将所需要的共振吸收线分离出来，避免临近谱线干扰。为了防止原子化时产生的辐射不加选择地都进入检测器以及避免光电倍增管的疲劳，单色器通常配置在原子化器之后。

五、判断题

1.（×）　2.（√）　3.（√）　4.（√）　5.（×）

6.（√）　7.（√）

第二章　水处理生物学

第一节　绪论

（一）基本要求

熟悉水处理微生物学的研究对象；掌握水中常见微生物的类型及其特点；掌握微三物在给水排水工程中的作用。了解生物学的分界。

（二）习题

一、名词解释

1. 微生物　　　　　2. 小型水生动物　　　　　3. 大型水生植物

二、填空题

1. 微生物的命名采用（　　　　　）法。
2. 被称为“水下哨兵”的生物是（　　　　　）。

三、简答题

1. 简要介绍水处理生物学的研究对象。
2. 简要介绍生物界的五界系统包括哪些界？
3. 微生物具有什么特点？
4. 水生植物分几类？

第二节　原核微生物

（一）基本要求

掌握水处理中常见的原核微生物的种类及特点；掌握细菌的基本概念、形态、一般结构和特殊结构；掌握革兰氏染色方法、染色原理及革兰氏阳性细菌和革兰氏阴性细菌的区别；掌握菌落的概念。了解细菌菌落在不同的培养基中的菌落特征。掌握放线菌的特点，了解其形态、菌落特征；掌握蓝细菌的特点，了解其生长环境条件。

（二）习题

一、名词解释

1. 细菌　2. 细胞膜　3. 细胞质　4. 核区　5. 内含物
6. 菌胶团　7. 趋性　8. 芽殖　9. 菌落　10. 放线菌
11. 丝状细菌　12. 光合细菌

二、填空题

1. 细菌的三种基本形态为（　　）、（　　）和（　　）。
2. 细菌的基本结构包括（　　）和（　　）两部分。
3. 原生质体包括（　　）、（　　）、（　　）。
4. 根据染色反应特征，细菌可以分成两大类：（　　）和（　　）。
5. 细菌的特色结构一般指（　　）、（　　）和（　　）三种。
6. 荚膜的成分主要是（　　）、（　　）和（　　）。
7. 鞭毛的主要成分是（　　）。从形态上分三部分：（　　）、（　　）和（　　）。
8. 细菌裂殖方式有（　　）、（　　）和（　　）。
9. 根据菌丝的不同形态与功能，可分为（　　）、（　　）和（　　）。
10. 放线菌的繁殖方式以（　　）为主，也可以通过（　　）繁殖。
11. 与污泥膨胀相关的细菌主要是（　　）。
12. 光合细菌可分为（　　）和（　　）。
13. 在细胞内寄生的小型原核生物有（　　）、（　　）和（　　），他们的代谢能力差。

三、简答题

1. 简要介绍革兰氏染色法的操作过程。
2. 细胞壁具有哪些功能？
3. 什么是流动镶嵌模型？
4. 是否可以通过染色来判断细菌处于的生长阶段？
5. 简要介绍铁细菌的危害。
6. 蓝细菌对水体有哪些危害？

四、判断题

（　）1. 自然界中，球菌最为常见，杆菌次之，螺旋菌最少。
（　）2. 细菌是无色的。
（　）3. 细胞膜是包围在细菌细胞最外面的一层富有弹性的、厚实的坚韧结构。
（　）4. G 阴性菌染色后细菌细胞仍然保留初染结晶紫的蓝紫色。
（　）5. 革兰氏染色反应结果主要与细菌细胞膜有关。
（　）6. 磷脂都是两性分子，有一个亲水的头部和疏水的尾部。
（　）7. 细胞膜具有流动性。
（　）8. 鞭毛与细胞壁和细胞膜都有关。
（　）9. 原核生物的细胞质是流动的。
（　）10. 细胞质中蛋白质、核酸和脂类占 80%。

（　）11. 所有细菌都能形成菌胶团。

（　）12. 污水生物处理构筑物中的活性污泥的主要存在形式是菌胶团。

（　）13. 营养细胞内形成的芽孢具有繁殖能力。

（　）14. 能形成芽孢的细菌一般是革兰氏染色阳性的细菌。

（　）15. 所有的螺旋菌都具有鞭毛。

（　）16. 鞭毛起源于细胞壁，并穿过细胞壁伸出细菌体外。

（　）17. 菌毛多数存在于革兰氏阳性的致病菌中。

（　）18. 细菌繁殖的主要方式为裂殖。

（　）19. 放线菌多数为腐生菌，少数为寄生菌。

（　）20. 放线菌大多数是有害菌。

（　）21. 气生菌丝又称为初级菌丝。

（　）22. 孢子丝由气生菌丝分化而来。

（　）23. 当环境中硫化氢充足时，在硫细菌体内累积很多硫粒。

（　）24. 光合细菌以光作为能源，能在厌氧光照或好氧黑暗条件下利用自然界中的有机物、硫化物、氨等作为供氢体进行光合作用。

（　）25. 从支原体、立克次氏体到衣原体，寄生性逐渐减弱。

五、问答题

1. 为什么不同细菌革兰氏染色反应不同？
2. 细胞膜的主要功能有哪些？

第三节　古　　菌

（一）基本要求

掌握古菌的特点与分类。

（二）习题

一、填空题

1. 硫酸盐还原古菌的营养类型分为（　　　　）、（　　　　）或（　　　　）营养等。
2. 在厌氧生物处理中起重要作用的古菌是（　　　　）。

二、简答题

1. 简述环境中常见的古菌种类。
2. 硫酸盐还原古菌化能异养和化能自养有何异同？

第四节　真核生物

（一）基本要求

掌握水处理中常见的真核微生物；掌握真菌中的酵母菌、霉菌的形态、结构特点、繁殖方式、生活条件，区别菌落特征、生长环境。了解藻类的形态，掌握其生理特性及其在环境中的作用。了解原生动物和后生动物的结构特点和营养方式，掌握其在水处理中的作用。

（二）习题

一、名词解释

1. 真核生物　　2. 生活史　　3. 藻类　　4. 底栖生物

二、填空题

1. 真核细胞的构造分两类：（　　）和（　　）。
2. 低等真菌细胞壁的主要以（　　）为主，高等陆生真菌的细胞壁以（　　）为主。
3. 真核细胞的内膜系统除了细胞质膜外，还有（　　）、（　　）和（　　）等。
4. （　　）是进行氧化磷酸化的主要细胞器。
5. 叶绿体由三部分组成，包括（　　）、（　　）和（　　）。
6. （　　）被认为是人类“第一种家养微生物”。
7. 原生动物是动物界中最低等的（　　）动物。
8. 原生动物有两种类型运动胞器，一种是（　　），另一种是（　　）。
9. 原生动物的排泄胞器是（　　）。
10. 原生动物的营养方式有：（　　）、（　　）和（　　）。
11. 原生动物有三类：（　　）、（　　）和（　　）。
12. 常见的固着型纤毛虫主要是（　　）。
13. 在曝气池运行初期，常出现的原生动物是（　　）和（　　）。当（　　）出现数量较多时，表明活性污泥已成熟，充氧正常。在正常运行的曝气池中，如果（　　）减少，（　　）突然增加，表明曝气池处理效果将变坏。
14. 在水处理工作中常见的微型后生动物主要是多细胞的无脊椎动物，包括（　　）、（　　）和昆虫及其（　　）等。
15. 氧化塘出水中往往含有较多藻类，可以利用（　　）净化。
16. 底栖生物包括（　　）、（　　）与（　　）。
17. 被称为“水下哨兵”的生物是（　　），包括（　　）种和（　　）种，其种类与多样性可作为长期监测水体质量的指示生物。

三、简答题

1. 简述真核微生物的主要类群。
2. 简要介绍酵母菌的特点。
3. 简要介绍酵母菌的繁殖方式。
4. 霉菌在环境保护中的作用有哪些？
5. 简述原生动物在污水生物处理中的作用。
6. 简述底栖动物的生活类型。

四、判断题

（　）1. 大多数真核细胞都有外形固定、核膜包裹的细胞核。

（　）2. 溶酶体的主要功能是细胞内的消化作用。

（　）3. 微体能使细胞免受 H_2O_2 的毒害，并能氧化分解脂肪酸。

（　）4. 叶绿体是真核细胞的“动力车间”。
（　）5. 叶绿体存在于所有真核生物的细胞中。
（　）6. 一般年轻细胞中的液泡大而明显。
（　）7. 液泡具有维持细胞渗透压和贮存营养物质的功能，还有溶酶体的功能。
（　）8. 大部分霉菌菌丝内部有隔膜。
（　）9. 藻类的叶绿体中都含有叶绿素 b。
（　）10. 藻类运动主要靠纤毛进行。
（　）11. 绿藻与真菌可形成共生地衣体。
（　）12. 一般原生动物的运动胞器就是它的感觉胞器。
（　）13. 绿眼虫属于纤毛类原生动物。
（　）14. 当活性污泥中出现水蚤时，表明处理效果良好。
（　）15. 船蛆属于攀爬动物。

五、问答题

1. 真菌有哪些特征？
2. 介绍藻类对环境工程的影响。

第五节　病毒

（一）基本要求

掌握病毒特点，了解其大小、形态、结构。掌握一般病毒的繁殖方式；掌握烈性噬菌体、温和噬菌体、溶源性细菌的概念。

（二）习题

一、名词解释

1. 病毒

二、填空题

1. 根据病毒的宿主范围，可以将病毒分为（　　　）、（　　　）和（　　　）。
2. 以原核生物为宿主的病毒通称（　　　）。
3. 噬菌体大部分都是蝌蚪状的，头部为对称的（　　　）面体。
4.（　　　）是病毒的遗传物质。
5. 噬菌体常分为两类：（　　　）和（　　　）。

三、简答题

1. 病毒的主要特点有哪些？
2. 简要叙述病毒的繁殖过程。

四、判断题

（　）1. 一种病毒仅能感染一定种类的微生物、动物或植物。
（　）2. 噬菌体的寄生性具有广泛性，可以浸染一种或几种细菌。

第六节　微生物的生理特性

（一）基本要求

掌握微生物的营养、营养类型；掌握培养基的概念及类型，了解其配制方法；掌握营养物质吸收的途径；掌握新陈代谢的概念及其作用；掌握呼吸作用及其类型；掌握酶的特性。

（二）习题

一、名词解释

1. 营养	2. 异养微生物	3. 自养微生物	4. 培养基
5. 酶	6. 酶的活性中心	7. 半饱和常数	8. 呼吸作用
9. 厌氧呼吸	10. 灭菌	11. 消毒	12. 防腐

二、填空题

1. 氮源分为两类：（　　　）和（　　　）。
2. 磷源主要是（　　　）和（　　　）。
3.（　　　）和（　　　）是提供细胞中核酸和蛋白质合成的原料。
4. 狭义的生长因子一般指（　　　）。
5. 水在微生物细胞内有两种存在状态：（　　　）和（　　　）。
6. 根据物理状态的不同，培养基可分为（　　　）、（　　　）和（　　　）三大类。
7. 培养基根据用途不同，分为（　　　）、（　　　）和（　　　）。
8.（　　　）和（　　　）是影响酶活力比较重要的两个因素。
9. 新陈代谢是指活细胞中的各种（　　　）与（　　　）的总和。
10. 微生物的能量来源有（　　　）作用和（　　　）作用两个途径。
11. 根据基质脱氢后，最终受氢体的不同，微生物的呼吸作用可分为：（　　　）、（　　　）和（　　　）。

三、简答题

1. 简述微生物的六大营养物。
2. 简要叙述无机盐类在细胞中的主要作用。
3. 简述微生物的营养类型。
4. 简述培养基的配制过程。
5. 营养物质的吸收和运输有哪些途径？
6. 酶有什么特点？
7. 写出基质脱氢四条途径的名称。

四、判断题

（　）1. 营养是代谢的基础，代谢是生命活动的表现。
（　）2. 光辐射能不属于营养物。
（　）3. 同一微生物的化学组分是一定的。
（　）4. 几乎所有化能自养菌都为专性好氧菌。

（　）5. 大多数微生物酶的产生与基质存在与否无关。

（　）6. 生物的通用能源是高能化合物三磷酸腺苷，ADP。

（　）7. 呼吸作用中的还原表现为：获得电子，同时可能伴随加氢或脱氧。

五、问答题

1. 水的生理作用有哪些？
2. 细胞中根据酶促反应性质划分的六大类酶是什么？
3. 写出米门方程，划分酶反应级数，并画出米门公式图解。
4. 影响微生物生长的环境因素有哪些？

第七节　微生物的生长和遗传变异

（一）基本要求

掌握微生物的生长、繁殖、世代时间的概念；掌握微生物在间歇培养中生长繁殖的一般规律和特点；了解细菌生长曲线在污水生物处理中的作用。掌握一种微生物生长测定的方法。掌握微生物遗传变异的概念；了解微生物遗传变异的物质基础；了解变异的原因；基因重组。

（二）习题

一、名词解释

1. 生长　　2. 间歇培养　　3. 世代时间　　4. 生物膜
5. 遗传性　　6. 菌种的复壮

二、填空题

1.（　　）计数法又称为全数法。
2. 显微镜直接计数法分为：（　　）、（　　）和（　　）。
3.（　　）又称为间接计数法，这种方法不含死的微生物细胞。
4. 常用的间接计数法有（　　）、（　　）和（　　）。
5. 延时曝气及污泥消化时，微生物处于（　　）期。
6. 连续培养分两种：（　　）连续培养和（　　）连续培养。
7. 生物遗传的物质基础是（　　）。
8. DNA 的复制过程包括（　　）和（　　）。
9. RNA 在细胞中的三种主要类型是：（　　）、（　　）和（　　）。
10. 微生物的变异主要分两类：（　　）和（　　）。

三、简答题

1. 生物膜的生长分几个阶段？
2. 简述遗传信息的传递和表达过程。
3. 污泥驯化的目的是什么？
4. 常用的菌种保藏方法有哪些?

四、判断题

（　）1. 微生物以芽殖的方式形成两个子细胞，子细胞又重复以上过程，就是繁殖。

（ ）2. 全数法的特点是测定过程快速，但不能区分微生物的死活。

（ ）3. 好氧微生物比厌氧微生物的世代时间短；单细胞比多细胞微生物的世代时间短；原核微生物比真核微生物的世代时间短。

（ ）4. 处于对数期的微生物代谢活性和絮凝沉降性能均较好，传统活性污泥法普遍运行在这一范围。

（ ）5. 绝大多数微生物是以浮游方式生长。

（ ）6. 生物膜的形成是微生物的一种本能。

（ ）7. 生物膜都是纯种微生物形成的。

（ ）8. 微生物的遗传物质不仅存在于细胞染色体，而且存在于真核微生物的细胞器、染色体外的质粒、RNA 核酸和朊病毒中的朊蛋白中。

（ ）9. 遗传中有变异，变异中有遗传；遗传是相对的，变异是绝对的。

五、问答题

1. 根据微生物数目绘制微生物生长曲线图，并写出不同生长阶段的特点。

第八节　微生物的生态

（一）基本要求

掌握微生物在土壤、空气、水体中的种类及分布特点，了解其污染源。掌握土壤自净、水体自净的概念；掌握污染土壤的微生物生态；掌握污染水体的微生物生态；掌握水体有机污染物指标；掌握空气微生物的测定方法。

（二）习题

一、名词解释

1. 种群　　2. 群落　　3. 生态系统　　4. 生物圈

5. 生态演替　　6. 互生关系　　7. 共生关系

二、填空题

1. 生态系统中，生物群落自己不断地进行着（ ）和（ ）。

2. 生态系统中的生物有三种：（ ）、（ ）和（ ）。

三、简答题

1. 生态系统失去调节能力的原因是什么？

2. 土壤中常见的微生物有哪些？

3. 简述微生物在较深水体中的分布特点。

4. 简述微生物之间的相互关系。

四、判断题

（ ）1. 生产者的主体是绿色植物，以及一些能够进行光合作用的菌类。

（ ）2. 消费者主要是各种细菌和部分真菌。

（ ）3. 能量流是双向的。

（ ）4. 一般来说，沿岸水域中的微生物比湖泊中心水域的微生物丰富，活性也高。

（　）5. 空气中不具备微生物生长所必需的营养物质和条件，因此，空气中不存在微生物。

（　）6. 地衣是藻类和真菌的互生体。

（　）7. 噬菌体和细菌存在着寄生的关系。

五、问答题

1. 微生物在生态系统中有什么作用？

第九节　大型水生植物

（一）基本要求

掌握大型水生植物的主要类群及其分布特点；了解常见的大型水生植物。

（二）习题

一、名词解释

1. 大型水生植物

二、填空题

1. 大型水生植物可分为四种生活类型：（　　　）、（　　　）、（　　　）和（　　　）。

三、简答题

1.简述大型水生植物的繁殖特点。

四、判断题

（　）1. 大型水生植物从岸边向深水区分布的位置依次为：挺水--浮叶根生--沉水。

（　）2. “绿色垫层”是由浮叶根生植物在水面形成的。

（　）3. 黑藻、金鱼藻、苦草和狐尾藻可以在水下形成“水下森林”或“水底草坪”。

第十节　微生物对污染物的分解与转化

（一）基本要求

掌握有机物的好氧生物分解和厌氧生物分解；掌握碳、氮、硫、磷、铁的循环及其在各自循环中的主要作用和主要参与的微生物。

（二）习题

一、名词解释

1. 内源呼吸　　2. 甲烷发酵　　3. 氨化作用　　4. 硝化作用
5. 反硝化　　6. 生物浓缩　　7. 生物放大　　8. 生物吸附

二、填空题

1. 根据生物分解的程度和最终产物的不同，有机物的生物分解可分为（　　　）、（　　　）、（　　　）和（　　　）4种不同的类型。

2. 根据是否存在氧气，生物分解可分为（　　　）分解和（　　　）分解。

3.（　　　）是最简单的一类碳水化合物。

4. 引起石油烃类物质转化的有（　　　）和（　　　）。

5. 硫化氢被氧化成硫黄和硫酸的过程，称为（　　　）；硫酸盐被还原成硫化氢的过程，称为（　　　）。

6. 磷在生物圈中的循环过程属于典型的（　　　）循环。

三、简答题

1. 好氧分解和厌氧分解的最终产物是什么？

2. 为什么厌氧处理工艺的出水通常是黑色、黑灰色或灰色？

3. 二沉池污泥上浮是什么原因？

4. 混凝土容易造成什么腐蚀？如何克服？

四、判断题

（　）1. 生物去除是指通过微生物的降解，有机物被分解成稳定的无机物。

（　）2. 当有机物几乎耗尽时，微生物会通过内源呼吸为自身提供能量。

（　）3. 半纤维素易被土壤中微生物分解，能分解纤维素的微生物大多数能分解半纤维素。

（　）4. 无论是好氧降解或厌氧降解，脂肪分解的第一阶段都是在脂肪酶的作用下水解为甘油和脂肪酸。

（　）5. 类似于碳、氮循环，磷在自然界中可以形成循环。

（　）6. 磷酸盐是一种可以再生的资源。

（　）7. 主动吸附的特点是快速、可逆。

五、问答题

1. 生物处理构筑物内，微生物的增长如何计算？

2. 什么是共代谢现象？产生的原因可能是什么？

3. 污水中有机污染物的生物分解性如何评价？

六、计算题

1. 某城市收集的污水采用活性污泥法进行处理。污水处理厂曝气池的有效容积为250 m^3，进水流量为100 m^3/h，进水BOD_5为300 mg/L，出水BOD_5为20 mg/L。曝气池内污泥浓度为4 000 mg/L (其中挥发份占75%)。若采用鼓风曝气，根据氧的重量为1.43 kg/m^3，每天所需的空气量为多少立方米？（a=0.5，b=0.15）

2. 某城市收集的污水采用活性污泥法进行处理。污水处理厂曝气池的有效容积为250 m^3，进水流量为100 m^3/h，进水BOD_5为300 mg/L，出水BOD_5为20 mg/L。曝气池内污泥浓度为4 000 mg/L(其中挥发份占75%)。若剩余污泥的含水率为99%，根据物料平衡原理试计算每天产生的剩余污泥的体积。（a=0.6，b=0.075，污泥的相对密度为1 004 kg/m^3）

第十一节　污水生物处理系统中的主要微生物

（一）基本要求

掌握微生物在污废水中的脱氮除磷原理；了解此过程主要作用的微生物及影响微生物作

用的环境因素。熟悉好氧堆肥的原理，了解好氧堆肥分解过程。掌握厌氧堆肥的过程，了解此过程作用的微生物。掌握微生物净化废气的主要方法。

（二）习题

一、名词解释

1. 好氧生物处理　　　　　　　2. 厌氧生物处理

二、填空题

1. 活性污泥反应器中主要生物种群是（　　　）、（　　　）和（　　　）。
2. 微小絮体是由于（　　　）和（　　　）形成的。
3. 参与厌氧生物处理的微生物主要分两大类：（　　　）和（　　　）。
4. 产甲烷细菌对（　　　）和（　　　）都相当敏感。
5. 聚磷菌区别于其他细菌的主要标志之一是其细胞内含有（　　　）。
6. 聚磷菌和（　　　）是密切相关的互生关系。

三、简答题

1. 活性污泥法运行中微生物造成的问题有哪些？
2. 影响污水处理系统中硝化过程的主要因素有哪些？
3. 影响反硝化作用的因素有哪些？

四、判断题

（　）1. 曝气池中的生物絮体主体是异养细菌。
（　）2. 生物滤池下层，主要是硝化细菌。

五、问答题

1. 对于丝状微生物造成的污泥膨胀，应采用哪些控制运行条件的方法来解决？
2. 影响生物除磷的主要因素有哪些？

第十二节　水生植物的水质净化作用及其应用

（一）基本要求

掌握大型水生植物的水质净化功能；根据不同的植物生活类型，掌握大型水生植物在水处理和水体修复生态工程中的作用。

（二）习题

一、填空题

1. 漂浮植物系统是在（　　　）基础上发展而来的水质净化技术。
2. 用于水处理的挺水植物系统一般称为（　　　）。
3. 根据污水水流方式，人工湿地可分为（　　　）人工湿地和（　　　）人工湿地。
4. 沉水植物通常用于（　　　）的治理。

二、简答题

1. 大型水生植物的水质净化功能有哪些？

2. 浮游藻类有哪些水质净化功能？
3. 沉水植物有哪些环境生态功能？

第十三节　水卫生生物学

（一）基本要求

掌握水中的病原微生物及其危害；掌握水质生物学主要的指标及水的卫生学检验方法。

（二）习题

一、名词解释

1. 致病性微生物　　　　2. 军团菌

二、填空题

1. 与水有关的微生物感染疾病可分为（　　）疾病、（　　）疾病、（　　）疾病和（　　）疾病。
2. 军团菌的主要污染源是（　　）及冷却塔和（　　）。
3. 肠道正常细菌有三类：（　　）、（　　）和（　　）。
4. 可以采用（　　）试验，区分大肠菌群与好氧芽孢杆菌。

三、简答题

1. 大肠菌群在品红亚硫酸钠培养基平板上的菌落有什么特征？
2. 大肠菌群在伊红美蓝培养基平板上的菌落有什么特征？

四、判断题

（　）1. 水体中的病原微生物是水中原有的微生物。
（　）2. 结膜炎、砂眼及腹泻属于洗水性疾病。

五、问答题

1. 如何选择评价水质安全的指示性微生物？

六、计算题

1. 用 300 mL 水样进行初步发酵试验，其中 100 mL 的水样 2 份，10 mL 的水样 10 份。试验结果显示，100 mL 的水样中没有大肠菌群的存在，在 10 mL 的水样中有 7 份存在大肠菌群。则大肠菌群的最可能数目为多少？

第十四节　水中有害生物的控制

（一）基本要求

掌握水中有害生物的控制方法；熟悉水体富营养化产生的原因；熟悉有害水生植物的控制方法。

（二）习题

一、名词解释

1. 入侵植物

二、填空题

1. 常用的消毒方法有：（　　　　）、（　　　　）和（　　　　）等。
2. 藻类生长抑制技术按原理可分为：（　　　　）技术、（　　　　）技术和（　　　　）技术。
3. 生物抑藻技术主要包括：（　　　　）抑藻技术、（　　　　）技术和（　　　　）抑藻技术。
4. 常见的有害水生植物是（　　　　）、（　　　　）、（　　）。

三、简答题

1. 湖泊富营养化的危害有哪些？
2. 常用的抑制藻类生长的物理技术有哪些？
3. 化学抑藻技术有何特点？

四、判断题

（　）1. 凡是氯化物都有氧化能力和消毒能力。
（　）2. 过氧化氢是一种强氧化剂，具有很强的消毒能力。

第十五节　水质安全的生物检测

（一）基本要求

掌握污化指示生物监测方法；了解生物毒性检测。

（二）习题

一、名词解释

1. 生物毒性　　　　2. 生物毒性检测

二、填空题

1. 按照毒性作用时间长短可以分为（　　　　）、（　　　　）和（　　　　）。
2. 污水系统中划分为四个带，分别是：（　　　　）、（　　　　）、（　　　　）和（　　　　）。

三、简答题

1. 简述多污带的特点。
2. 简述α-中污带的特点。
3. 简述β-中污带的特点。
4. 简述寡污带的特点。

四、判断题

（　）1. 多污带的代表性指示生物是细菌。
（　）2. β-中污带中的指示性生物是小球藻、菱形藻等。
（　）3. 寡污带的代表性指示生物是玫瑰旋轮虫和大变形虫。

五、问答题

1. 为什么在水生物监测中采用藻类和原生动物较多？

习题答案

第一节 绪论

一、名词解释

1. 微生物：肉眼看不见或看不清楚的微小生物的总称。

2. 小型水生动物：多指1～2 mm以下的后生动物。

3. 大型水生植物：除微型藻类以外的所有水生植物类群。

二、填空题

1.（林奈双命名）

2.（水生底栖动物）

三、简答题

1. 简要介绍水处理生物学的研究对象。

水处理生物学研究对象主要是与水中的污染物迁移、分解及转化过程密切相关的微生物、微型水生动物和水生/湿生植物，特别是应用于水处理工程实践的生物种类。

2. 简要介绍生物界的五界系统包括哪些界？

五界系统：原核生物界、原生生物界、植物界、真菌界和动物界。

3. 微生物具有什么特点？

（1）个体非常微小；（2）种类多；（3）分布广；（4）繁殖快；（5）易变异

4. 水生植物分几类？

水生植物可分为：挺水植物、漂浮植物、浮叶根生植物和沉水植物四大类型。

第二节 原核微生物

一、名词解释

1. 细菌：一类单细胞、个体微小、结构简单、没有真正细胞核的原核生物。

2. 细胞膜：又称细胞质膜，质膜或内膜，是一层紧贴着细胞壁而包围着细胞质的薄膜，组成主要是蛋白质、脂类和少量糖类。

3. 细胞质：是细胞膜包围的除核区以外的一切透明、胶状、颗粒状物质的总称。其主要成分是水、蛋白质、核酸和脂类等。

4. 核区：又称核质体、原核、拟核。指存在于细胞质内、无核膜包裹、无固定形态的原始细胞核。

5. 内含物：是细菌新陈代谢的产物，或是贮备的营养物质。

6. 菌胶团：当荚膜物质融合成一团块，内含许多细菌时，称为菌胶团。

7. 趋性：生物体对其环境中不同物理、化学或生物因子作有方向性的运动，称为趋性。

8. 芽殖：在母细胞表面先形成一个小突起，待其长度长大到与母细胞相仿后，再相互分离并独立生活的一种繁殖方式。

9. 菌落：许多细胞聚集在一起且肉眼可见的细胞集合体，具有一定形态和构造特征，称为菌落。

10. 放线菌：呈菌丝状生长和以孢子繁殖的陆生性较强的原核生物。

11. 丝状细菌：铁细菌、硫细菌和球衣细菌常称为丝状细菌。工程上常把菌体细胞能相连而形成丝状的微生物统称为丝状菌，如丝状细菌、放线菌、丝状真菌等。

12. 光合细菌：具有原始光能合成体系的原核生物的总称。

二、填空题

1.（球状）（杆状）（螺旋状）

2.（细胞壁）（原生质体）

3.（细胞膜）（细胞质）（核质和内含物）

4.（G 阳性）（G 阴性）

5.（糖被）（芽孢）（鞭毛）

6.（多糖）（多肽）（蛋白质）

7.（蛋白质）（鞭毛丝）（鞭毛钩）（基体）

8.（二分裂）（三分裂）（复分裂）

9.（基内菌丝）（气生菌丝）（孢子丝）

10.（无性孢子繁殖）（菌丝断裂或菌丝片段）

11.（球衣细菌）

12.（产氧光合细菌）（不产氧光合细菌）

13.（支原体）（立克次氏体）（衣原体）

三、简答题

1. 简要介绍革兰氏染色法的操作过程。

丹麦病理学家 Gram 提出了一个经验染色法，用于观察细菌形态。操作过程是：结晶紫初染，碘液媒染；然后酒精脱色；最后用蕃红或沙黄复染。

2. 细胞壁具有哪些功能？

细胞壁的主要功能有：（1）保持细胞性状和提高细胞机械强度，使其免受渗透压等外力的损伤；（2）为细胞的生长、分裂所必需；（3）作为鞭毛的支点，实现鞭毛的运动；（4）阻拦大分子有害物质进入细胞；（5）赋予细胞特定的抗原性以及对抗生素和噬菌体的敏感性。

3. 什么是流动镶嵌模型？

细胞膜的结构就是流动镶嵌模型，特点是：（1）磷脂双分子层组成细胞膜的基本骨架；（2）磷脂分子和蛋白分子在细胞膜中以多种方式不断运动，因而膜具有流动性；（3）膜蛋白以不同方式分布于膜的两侧或磷脂层中。

4. 是否可以通过染色来判断细菌处于的生长阶段？

可以。幼龄菌的细胞质非常稠密、均匀，很容易染色。成熟细菌的细胞质内含有不少颗粒状的贮藏物质和空泡，染色能力较差，着色不均匀。因此，根据细菌不同生长阶段的染色特点，可以区分细菌是处于幼龄还是衰老阶段。

5. 简要介绍铁细菌的危害。

当供水水管中含有自养铁细菌时，会产生大量氢氧化铁沉淀，会降低水管的输水能力；水管中的氢氧化铁沉积物还能使水发生浑浊并呈现颜色；铁细菌吸收水中的亚铁盐后，促使水管的铁质更多的溶入水中，加速钢管和铸铁管的腐蚀。

6. 蓝细菌对水体有哪些危害？

蓝细菌与水体环境质量关系密切。当蓝细菌生长茂盛时，水体变蓝或其他颜色，有些蓝细菌发出草腥气味或霉味。大量繁殖会导致水体恶化，引起水华或赤潮，引起一系列环境问题。

四、判断题

1.（×）（杆菌最常见，球菌次之） 2.（√） 3.（×）（细胞壁）
4.（×）（阳性） 5.（×）（细胞壁） 6.（√） 7.（√）
8.（√） 9.（×）（不） 10.（×）（水占 80%） 11.（×）（不是）
12.（√） 13.（×）（不具备） 14.（√） 15.（√）
16.（×）（起源于细胞膜） 17.（×）（阴性） 18.（√）
19.（√） 20.（×）（有益菌） 21.（×）（次生） 22.（√）
23.（√） 24.（√） 25.（×）（增强）

五、问答题

1. 为什么不同细菌革兰氏染色反应不同？

答：革兰氏染色反应结果主要与细菌细胞壁有关。革兰氏阳性和阴性细菌具有不同的细胞壁结构。革兰氏阳性细菌的细胞壁较厚，主要由肽聚糖组成，含一定数量的磷壁酸，脂类很少。而革兰氏阴性细菌的细胞壁分为两层：外层主要由脂多糖和脂蛋白组成，脂类含量达到 40%以上；内层的组分是肽聚糖。

由于结构不同，细菌经过初染和媒染后，细胞壁及膜上结合了不溶于水的结晶紫与碘的大分子复合物。革兰氏阳性菌细胞壁较厚，肽聚糖含量高，故酒精脱色时，结晶紫与碘复合物仍阻留在细胞壁内，使其呈现出蓝紫色。与此相反，革兰氏阴性菌的细胞壁较薄，与酒精反应后细胞壁上出现较大的空洞或缝隙，结晶紫和碘的复合物很容易被溶出细胞壁，脱去了初染的颜色。当复染时，细胞就带有复染的颜色。

2. 细胞膜的主要功能有哪些？

答：细胞膜的主要功能有：（1）选择性地控制细胞内外物质的运送和交换；（2）维持细胞内正常渗透压；（3）合成细胞壁组分和荚膜的场所；（4）进行氧化磷酸化或光合磷酸化的产能基地；（5）许多代谢酶和运输酶以及电子呼吸链组成的所在地；（6）鞭毛的着生和生长点。

第三节　古菌

一、填空题

1.（化能异养）（化能自养）（化能混合）

2.（产甲烷菌）

二、简答题

1. 简述环境中常见的古菌种类。

在环境中常见的古菌主要包括：产甲烷古菌；硫酸盐还原古菌；嗜盐古菌；嗜热古菌；无细胞壁的嗜热嗜酸古菌等。

2. 硫酸盐还原古菌化能异养和化能自养有何异同？

硫酸盐还原古菌自养生长时可利用硫代硫酸盐和 H_2 作电子供体，但难以利用硫酸盐。异养生长时可利用葡萄糖、乳酸盐、甲酸盐和蛋白质等作电子受体，而以硫酸盐、亚硫酸盐、硫代硫酸盐等作电子供体并生成 H_2S，有的还能生成少量的甲烷。

第四节　真核生物

一、名词解释

1. 真核生物：细胞核具有核膜，能进行有丝分裂，细胞质中存在线粒体或同时存在叶绿体等多种细胞器的生物。

2. 生活史：又称生命周期，指上一代生物个体经一系列生长、发育阶段而产生下一代个体的全部过程。

3. 藻类：是具有光合作用色素，并能独立生活的自养低等植物。

4. 底栖生物：由栖息在水域底部和不能长时间在水中游动的各类生物组成，是水生生物中一个重要生态类型。

二、填空题

1.（动物细胞）（植物细胞）

2.（纤维素）（几丁质）

3.（细胞核膜）（线粒体膜）（液泡膜）

4.（线粒体）

5.（叶绿体膜）（类囊体）（基质）

6.（酵母菌）

7.（单细胞）

8.（伪足）（鞭毛和纤毛）

9.（伸缩泡）

10.（动物性营养）（腐生性营养）（植物性营养）

11.（肉足类）（鞭毛类）（纤毛类）

12.（钟虫类）

13.（肉足虫）（鞭毛虫）（钟虫）（固着型纤毛虫）（游泳型纤毛虫）

14.（轮虫）（甲壳类动物）（幼虫）

15.（甲壳类动物）

16.（底栖植物）（底栖动物）（微生物）

17.（底栖动物）（敏感）（耐污）

三、简答题

1. 简述真核微生物的主要类群。

真核微生物主要包括菌物界中的真菌、黏菌和假菌；植物界中的显微藻类；动物界中的原生动物和微型后生动物。

2. 简要介绍酵母菌的特点。

酵母菌具有以下特点：（1）个体一般以单细胞状态存在；（2）多数营出芽繁殖；（3）能发酵糖类产能；（4）细胞壁常含有甘露聚糖；（5）常生活在含糖量较高、酸度较大的水生环境中。

3. 简要介绍酵母菌的繁殖方式。

酵母菌的繁殖方式有两种：（1）无性繁殖，包括芽殖，裂殖和产生无性孢子。（2）有性繁殖，以子囊孢子和担孢子的方式进行有性繁殖。

4. 霉菌在环境保护中的作用有哪些？

霉菌的代谢能力很强，对复杂有机物（如纤维素、木质素等）有很强的分解能力；在固体废弃物的资源化及处理工程中具有重要作用；有些霉菌能有效氧化无机氰化物，去除率可达90%以上。

5. 简述原生动物在污水生物处理中的作用。

原生动物在污水中的数量比较大，常占微型动物总数的95%以上，因而也有一定的净化污染物的能力。原生动物多以细菌等为食物，成为可能的污泥减量化方法。原生动物还可作为指示生物，用以反映活性污泥和生物膜的质量以及污水净化的程度。

6. 简述底栖动物的生活类型。

根据底栖动物的生活类型，可分为固着动物、穴居动物、攀爬动物和钻蚀动物。

四、判断题

1.（×）（一切）　2.（√）　3.（√）　4.（×）（线粒体）
5.（×）（只存在于绿色植物）　6.（×）（老龄）　7.（√）
8.（√）　9.（×）（a）　10.（×）（鞭毛）　11.（√）
12.（√）　13.（×）（鞭毛类）　14.（×）（轮虫）　15.（×）（钻蚀动物）

五、问答题

1. 真菌有哪些特征？

真菌的共同特征是：（1）体内无叶绿素和其他光合作用色素，不能利用二氧化碳制造有机物，只能靠腐食性吸收营养方式取得碳源、能源和其他营养物质；（2）细胞贮藏养料是肝糖原而不是淀粉；（3）真菌细胞一般都有细胞壁，细胞壁多数含几丁质；（4）以产生大量无性和有性孢子方式繁殖；（5）陆生性较强。

2. 介绍藻类对环境工程的影响。

（1）藻类对给水工程有一定的危害性。当藻类在水库、湖泊中大量繁殖时，会使水有臭味，有些种类藻类还会产生颜色。水源水中含大量藻类时，会影响水厂的正常处理过程，造成滤池阻塞。（2）水体中藻类大量繁殖会造成水体富营养化，严重影响水环境质量。（3）在氧化塘等生物处理工艺中，藻类产生的氧被好氧微生物有效利用，可氧化分解水中的有机污染物。（4）天然水体自净过程中，藻类也起一定的作用。

第五节　病毒

一、名词解释

1. 病毒：是一类超显微、非细胞的、没有代谢能力的绝对细胞内寄生性生物。

二、填空题

1.（噬菌体）（动物病毒）（植物病毒）

2.（噬菌体）

3.（二十）

4.（核酸）

5.（烈性噬菌体）（温和噬菌体）

三、简答题

1. 病毒的主要特点有哪些？

（1）病毒是非细胞生物；（2）病毒具有化学大分子的属性；（3）病毒不具备独立代谢能力。

2. 简要叙述病毒的繁殖过程。

（1）吸附；（2）侵入和脱壳；（3）复制与合成；（4）转配和释放

四、判断题

1.（√）　　2.（×）（高度的专一性）

第六节　微生物的生理特性

一、名词解释

1. 营养：是指生物体从外部环境中摄取对其生命活动必需的能量和物质，以满足正常生长和繁殖需要的一种基本生理功能。

2. 异养微生物：利用有机碳作主要碳源的微生物，称为异养微生物。

3. 自养微生物：以无机碳源作主要碳源的微生物，则称为自养微生物。

4. 培养基：由人工配制的、适合微生物生长繁殖或产生代谢产物的混合营养物。

5. 酶：是生物细胞中自己合成的一种催化剂，其基本成分是蛋白质。

6. 酶的活性中心：是指酶蛋白肽链中由少数几个氨基酸残基组成的、具有一定空间构象与催化作用密切相关的区域。

7. 半饱和常数：当基质浓度等于米氏常数，酶促反应速度正好为最大反应速度的一半，称为半饱和常数，用 K_m 表示。

8. 呼吸作用：微生物在氧化分解基质的过程中，基质释放电子，生成水或其他代谢产物，并释放能量的过程。

9. 厌氧呼吸：又称无氧呼吸，指以某些无机氧化物作为受氢体的生物氧化。

10. 灭菌：杀死一切微生物及孢子。

11. 消毒：杀灭病原微生物，而不一定完全杀死非病原微生物及芽孢和孢子。

12. 防腐：一种抑菌而非灭菌的作用。

二、填空题

1.（有机氮源）（无机氮源）

2.（无机磷酸盐）（偏磷酸盐）

3.（磷源）（硫源）

4.（维生素）

5.（自由水）（结合水）

6.（液体）（固体）（半固体）

7.（选择性培养基）（鉴别培养基）（加富培养基）

8.（温度）（pH 值）

9.（合成代谢）（分解代谢）

10.（呼吸）（光合）

11.（好氧呼吸）（厌氧呼吸）（发酵）

三、简答题

1. 简述微生物的六大营养物。

（1）碳源；（2）氮源；（3）能源；（4）生长因子；（5）无机盐；（6）水

2. 简要叙述无机盐类在细胞中的主要作用。

（1）构成细胞的组成成分；（2）酶的组成成分；（3）酶的激活剂；（4）维持适宜的渗透压；（5）自养型细菌的能源

3. 简述微生物的营养类型。

微生物的营养类型有四种：光能自养、光能异养、化能自养、化能异养。

4. 简述培养基的配制过程。

适量水——加入各营养组分、无机盐——加入凝固剂——调节 pH 值——加入生长因子或指示剂等——高压蒸汽灭菌——冷却放置备用。

5. 营养物质的吸收和运输有哪些途径？

单纯扩散；促进扩散；主动运输；基团转位

6. 酶有什么特点？

酶的特点：具有很大的分子量；呈胶体状态存在；为两性化合物；有等电点；不耐高热，易被各种毒物钝化或破坏；有最适、最高、最低温度，离子强度和酸碱度。

7. 写出基质脱氢四条途径的名称。

（1）EMP：糖酵解途径；（2）HMP：戊糖磷酸途径；（3）ED：2-酮-3-脱氧-6-磷酸葡萄糖酸途径；（4）TCA：三羧酸循环。

四、判断题

1.（√）　　2.（×）（属于）　　3.（×）（在不同生长期有差异）

4.（√）　　5.（√）　　6.（×）（ATP）　　7.（√）

五、问答题

1. 水的生理作用有哪些？

（1）溶剂作用：所有物质必须先溶解于水，才能参加各种生化反应；（2）参与生化反应；（3）运输物质的载体；（4）维持和调节机体的温度；（5）光合作用中的还原剂。

2. 细胞中根据酶促反应性质划分的六大类酶是什么？

（1）水解酶；（2）氧化酶；（3）转移酶；（4）同分异构酶；（5）裂解酶；（6）合成酶。

3. 写出米门方程，划分酶反应级数，并画出米门公式图解（图 2.1）。

米门方程：

V——反应速度；S——基质浓度；V_m——最大反应速度；K_m——半速度常数/米氏常数

（1）如果 $S \ll K_m$，则米门方程可简化为，酶促反应为一级反应；

（2）如果 $S \gg K_m$，则米门方程可简化为 $v = V_m$，反应呈零级反应。

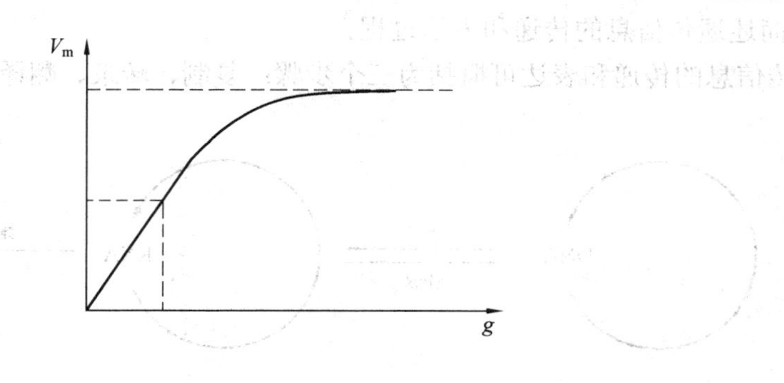

图 2.1　米门公式图

4. 影响微生物生长的环境因素有哪些？

（1）温度；（2）氢离子浓度；（3）氧化还原电位；（4）干燥；（5）渗透压；（6）光及辐射；（7）化学药剂。

第七节　微生物的生长和遗传变异

一、名词解释

1. 生长：细胞自身体积或重量的不断增加的现象。

2. 间歇培养：将少量微生物接种于一定量的液体培养基内，在适宜的温度下培养，在培养过程中不加入也不取出培养基和微生物的方法，叫间歇培养。

3. 世代时间：或称倍增时间。是指微生物繁殖一代即个体数目增加一倍的时间。

4. 生物膜：是一种不可逆的黏附与固体表面的，被微生物胞外多聚物包裹的有组织的微生物群体。

5. 遗传性：微生物在一定的环境条件下，形态、结构、代谢、繁殖和对异物的敏感等性状相对稳定，并能代代相传，子代与亲代之间表现出相似性的现象。

6. 菌种的复壮：使衰退的菌种恢复原来优良性状。

二、填空题

1.（显微镜直接）

2.（涂片染色法）（计数器测定法）（比例计数法）

3.（活菌计数法）

4.（平板计数法）（液体计数法）（薄膜计数法）

5.（衰老）

6.（恒浊）（恒化）

7.（核酸）

8.（解旋）（复制）

9.（信使 RNA）（转移 RNA）（核糖体 RNA）

10.（基因突变）（基因重组）

三、简答题

1. 生物膜的生长分几个阶段？

（1）细胞黏附；（2）生物膜的发展（微生物菌落的生成）；（3）生物膜成熟与脱落。

2. 简述遗传信息的传递和表达过程。

遗传信息的传递和表达可概括为三个步骤：复制、转录、翻译，这三个步骤称为中心法则。

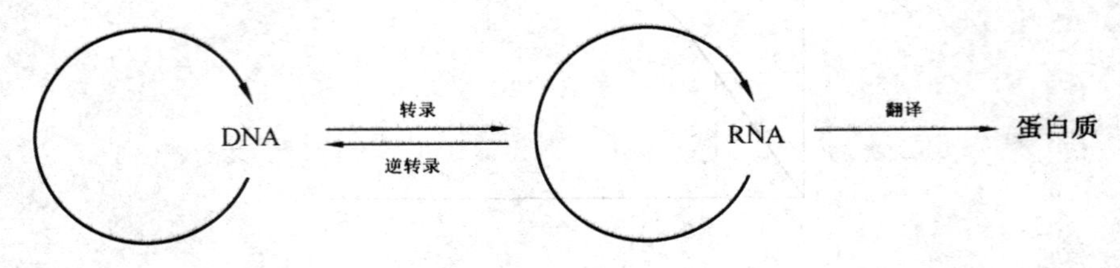

图 2.2　中心法则

3. 污泥驯化的目的是什么？

污泥驯化两个目的：（1）培养微生物的抗毒性，使污泥中的微生物群落能够适应较高毒性的水质，且污染物去除率不降低；（2）培养出具有特异和高效降解特性的微生物，使微生物对于待处理污水中的碳源、氮源物质由不利用到利用，由缓慢利用达到快速降解。

4. 常用的菌种保藏方法有哪些?

（1）斜面保藏法；（2）石蜡油封藏法；（3）载体保藏法；（4）冷冻干燥保藏法。

四、判断

1.（×）（二分裂）　2.（√）　3.（√）　4.（×）（稳定期）

5.（×）（附着在固体表面以生物膜）　6.（√）　7.（×）（可能）

8.（√）　9.（√）

五、问答题

1. 根据微生物数目绘制微生物生长曲线图，并写出不同生长阶段的特点。

根据微生物数目绘制的生长曲线如下：

表 2.1　微生物生成曲线及生长特点

生长曲线各期 / 生长及代谢特点	①调整期	②对数期	③稳定期	④衰亡期	
生长量及测定	刚接种到培养基上，适应，调整	繁殖大于死亡，迅速增长，呈等比数列增长	繁殖=死亡，活菌数量最多，接近 K 值	繁殖率小于死亡率，活菌数量急剧下降	a.测数目 b.测重量
代谢特点	大量合成酶和 ATP	生理特征稳定，选育菌种时期	代谢产物积累，产生次级代谢产物	畸形、自溶、释放代谢产物	微生物的生长受温度、pH 值、氧气等影响

第八节　微生物的生态

一、名词解释

1. 种群：一个物种在一定空间范围内的所有个体的总和，在生态学中称为种群。

2. 群落：所有不同种的生物的总和称为群落。

3. 生态系统：生物群落及其生存环境共同组成的动态平衡系统。

4. 生物圈：地球上所有生物及其生活的那部分非生命环境的总称。

5. 生态演替：在同一环境内，原有的生物群落可暂时或永久消失，由新生的群落所代替，这种现象，称为生态演替或生态消长。

6. 互生关系：两种不同的生物，当其生活在一起时，可以由一方为另一方提供或创造有利的生活条件，这种关系称为互生关系。

7. 共生关系：两种不同种的生物共同生活在一起，互相依赖并彼此取得一定利益。它们不能分开独自生活，形成了一定的分工。

二、填空题

1.（物质交换）（能量流动）

2.（生产者）（消费者）（分解者）

三、简答题

1. 生态系统失去调节能力的原因是什么？

生态系统失去调节能力的因素有三种：

（1）种群成分的改变；（2）环境因素的变化；（3）信息系统的破坏

2. 土壤中常见的微生物有哪些？

土壤微生物中细菌最多，大部分为革兰氏阳性细菌。主要有：细菌，放线菌，真菌，藻类，原生动物。

3. 简述微生物在较深水体中的分布特点。

微生物在较深水体中具有垂直层次分布的特点。（1）在光线和氧气充足的沿岸带、浅水区分布着大量光合藻类和好氧微生物，如假单胞菌、噬纤维素菌等；（2）深水区位于光补偿水平面以下，光线少、溶氧低，可见紫色和绿色硫细菌及其他兼性厌氧菌；（3）在水体底部是厌氧的沉积物，分布着大量厌氧微生物，主要有脱硫弧菌、甲烷菌、芽孢杆菌和梭菌。

4. 简述微生物之间的相互关系。

微生物之间的相互关系，可分为：互生、共生、拮抗和寄生四种。

四、判断题

1.（√）　2.（×）（分解者）　3.（×）（单向）　4.（√）

5.（×）（仍存在）　6.（×）（共生体）　7.（√）

五、问答题

1. 微生物在生态系统中有什么作用？

微生物是生态系统的重要成员，特别是作为分解者分解系统中的有机物，对生态系统乃至整个生物圈的能量流动、物质循环发挥着独特、不可替代的作用。

（1）有机物的主要分解者；（2）物质循环中的重要成员；（3）生态系统中的初级生产者；（4）物质和能量的蓄存者；（5）地球生物演化中的先锋种类。

第九节　大型水生植物

一、名词解释

1. 大型水生植物：是指植物体的一部分或全部永久地或至少一年中数月沉没于水中或漂浮在水面上的高等植物类群。

二、填空题

1.（挺水）（漂浮）（浮叶根生）（沉水）

三、简答题

1. 简述大型水生植物的繁殖特点。

大型水生植物具有很强的繁殖能力，不但能以种子进行有性繁殖，而且还能以它们的分枝或地下茎进行营养繁殖产生新植株。

四、判断题

1.（√）　　2.（×）（漂浮植物）　　3.（√）

第十节　微生物对污染物的分解与转化

一、名词解释

1. 内源呼吸：在微生物的生长过程中，除吸收入体内的一部分有机物被氧化并释放出能量外，还有一部分微生物的细胞物质也在进行氧化，同时放出能量。这种细胞质的氧化称为自身氧化或内源呼吸。

2. 甲烷发酵：醇类和有机酸在厌氧环境中可被产甲烷细菌分解而产生甲烷，这一过程称为甲烷发酵。

3. 氨化作用：由有机氮化物转化为氨态氮的过程，称为氨化作用。

4. 硝化作用：由氨氧化成硝酸的过程，称为硝化作用。

5. 反硝化：硝酸盐在缺氧的情况下可被厌氧菌作用而还原成亚硝酸盐和氮气等，这一过程称为反硝化。

6. 生物浓缩：当吸收速率大于体内分解速率与排泄速率之和时，化学物质就会在体内积累，这种现象称为生物浓缩。

7. 生物放大：指在生态系统中，某种化学物质的生物浓缩系数在同一食物链上，由低位营养级生物到高位营养级生物逐级增大的现象。

8. 生物吸附：水中的金属离子与微生物细胞表面的特定基团结合而使其吸附到细胞的表面，这种现象称为生物吸附。

二、填空题

1.（生物去除/表观分解）（初级分解）（环境可接收的分解）（完全分解/矿化）

2.（好氧）（厌氧）

3.（单糖）

4.（酵母菌）（细菌）

5.（硫化作用）（反硫化过程）

6.（沉积型）

三、简答题

1. 好氧分解和厌氧分解的最终产物是什么？

好氧分解的最终产物是稳定而无臭的物质，包括二氧化碳、水、硝酸盐、硫酸盐、磷酸盐等。

厌氧分解的最终产物主要是甲烷、二氧化碳、氨、硫化氢等。

2. 为什么厌氧处理工艺的出水通常是黑色、黑灰色或灰色？

有机物厌氧分解的最终产物中包括硫化氢，由于硫化氢与铁作用形成硫化铁，所以通过厌氧分解的水往往呈现黑色、黑灰色或灰色，与铁和硫化氢的浓度有关。

3. 二沉池污泥上浮是什么原因？

在活性污泥法曝气池的出水中含有硝酸盐。如果硝酸盐含量高，则二沉池污泥中由于反硝化作用产生大量氮气，气体的上升将促使污泥杂质浮起而影响沉淀效果。

4. 混凝土容易造成什么腐蚀？如何克服？

在混凝土沟渠中，硫酸盐还原所形成的硫化氢，被硫黄细菌等氧化成硫酸后，可使混凝土由于腐蚀而受到损坏。通常，污水中硫酸盐还原菌不多，比较容易集中在沟渠沉淀物中。所以，为了减少沟渠中可能产生的硫化氢，也要求沟渠有适当的坡度和加强渠道的维护工作。

四、判断题

1.（×）（完全分解）　2.（√）　3.（√）　4.（√）
5.（×）（行不成）　6.（×）（不能）　7.（×）（被动）

五、问答题

1. 生物处理构筑物内，微生物的增长如何计算？

生物处理构筑物内新生的细胞物质等于所合成的细胞物质减去由于内源呼吸而耗去的细胞物质，公式为

$$\Delta X=a\Delta S-bX$$

ΔX——新生长的细胞物质（kg/d）；ΔS——所利用的基质，即去除的 BOD_5（kg/d）；X——构筑物内原有的细胞物质（kg）；a——合成系数（kg/去除的 BOD_5kg）；b——细胞自身氧化率或衰减系数（1/d）。

2. 什么是共代谢现象？产生的原因可能是什么？

共代谢：一些有机化合物，单独存在时不能进行生物分解，但与其他有机化合物同时存在时，可以进行生物分解，这种现象称为共代谢。

可能的原因是：（1）缺少分解该类化合物的酶系；（2）生物分解的中间产物对原化合物的分解有抑制作用；（3）浓度低，不能维持微生物的生命活动

3. 污水中有机污染物的生物分解性如何评价？

（1）根据 BOD_5/COD_{cr} 的比值预测污水可生物处理性的参考标准：

$BOD_5/COD_{cr}>0.4\sim0.6$　　污水的可生物处理性好

$0.2<BOD_5/COD_{cr}<0.4$　　污水中含有难生物分解的有机物，较难生物处理

$BOD_5/COD_{cr}<0.1$　　污水中的有机污染物的生物分解性差，难以生物处理

（2）根据 BOD_5 和溶解性 TOC（DOC）比值预测污水可生物处理性的参考标准：

$BOD_5/DOC_r>1.2$　　污水的可生物处理性好

$0.3<BOD_5/DOC<1.2$　　污水中含有难生物分解的有机物，较难生物处理

$BOD_5/DOC<0.3$　　污水中的有机污染物的生物分解性差，难以生物处理

六、计算题

1. 某城市收集的污水采用活性污泥法进行处理。污水处理厂曝气池的有效容积为 250 m^3，进水流量为 100 m^3/h，进水 BOD_5 为 300mg/L，出水 BOD_5 为 20 mg/L。曝气池内污泥浓度为 4 000 mg/L (其中挥发份占 75%)。若采用鼓风曝气，根据氧的重量为 1.43 kg/m^3，

每天所需的空气量为多少立方米？（a=0.5，b=0.15）

解：

$$O_2=a\Delta S+bX$$

$$\Delta S/(\mathrm{kg\cdot d^{-1}})=(300-20)\times100\times24/1\ 000=672$$

$$X_{MLVSS}/\mathrm{kg}=4\times75\%\times250=750，a=0.5，b=0.15$$

$$O_2/(\mathrm{kg\cdot d^{-1}})=0.5\times672-0.15\times750=336-112.5=223.5$$

$$V_{空气}/(\mathrm{m^3\cdot d^{-1}})=223.5/1.43/21\%=744.3$$

2. 某城市收集的污水采用活性污泥法进行处理。污水处理厂曝气池的有效容积为 250 m^3，进水流量为 100 m^3/h，进水 BOD_5 为 300 mg/L，出水 BOD_5 为 20 mg/L。曝气池内污泥浓度为 4 000 mg/L(其中挥发分占 75%)。若剩余污泥的含水率为 99%，根据物料平衡原理试计算每天产生的剩余污泥的体积。（a=0.6，b=0.075，污泥的相对密度为 1 004 kg/m^3）

解：

$$\Delta X=a\Delta S+bX$$

$$\Delta S/(\mathrm{kg\cdot d^{-1}})=(300-20)\times100\times24/1\ 000=672$$

$$X_{MLVSS}/\mathrm{kg}=4\times75\%\times250=750，a=0.6，b=0.075$$

$$\Delta X_{MLVSS}/(\mathrm{kg\cdot d^{-1}})=0.6\times672-0.075\times750=403.2-56.25=346.95$$

$$\Delta X_{MLSS}/(\mathrm{kg\cdot d^{-1}})=346.95/75\%=462.6$$

$$V_{\Delta XMLSS}/(\mathrm{m^3\cdot d^{-1}})=(100/100-99)\times(1/1\ 004)\times462.6=46$$

第十一节　污水生物处理系统中的主要微生物

一、名词解释

1. 好氧生物处理：在有氧的条件下，借好氧微生物的作用来进行处理。在处理过程中，污水中的溶解性有机物透过细菌的细胞壁和细胞膜而为细菌所吸收；固体和胶体有机物先附着在细菌细胞体外，由细菌所分泌的胞外酶分解为溶解性物质，再渗入细胞。

2. 厌氧生物处理：在无氧条件下，借厌氧微生物，主要是厌氧菌的作用来处理含有机物的废水。该方法主要用于高浓度有机污水的处理。

二、填空题

1.（细菌）（原生动物）（线虫）

2.（长泥龄）（低有机负荷）

3.（不产甲烷微生物）（产甲烷微生物）

4.（温度）（酸碱度）

5.（异染颗粒）

6.（发酵产酸菌）

三、简答题

1. 活性污泥法运行中微生物造成的问题有哪些？

活性污泥在运行中最常见的故障是二次沉淀池中泥水分离问题。造成污泥沉降问题的原因是污泥膨胀、不絮凝、微小絮体、起泡沫和反硝化。

2. 影响污水处理系统中硝化过程的主要因素有哪些？

污泥龄；溶解氧；温度；pH 值；营养物质；毒物。

3. 影响反硝化作用的因素有哪些？

营养物质；溶解氧；温度；pH 值。

四、判断题

1.（√）　　　　　　2.（√）

五、问答题

1. 对于丝状微生物造成的污泥膨胀，应采用哪些控制运行条件的方法来解决？

（1）控制污泥负荷；（2）控制营养比例；（3）控制DO浓度；（4）加氯、臭氧或过氧化氢；（5）投加混凝剂。

2. 影响生物除磷的主要因素有哪些？

（1）溶解氧/氧化还原电位；（2）温度；（3）pH值；（4）硝酸盐与亚硝酸盐浓度；（5）碳源；（6）污泥龄。

第十二节　水生植物的水质净化作用及其应用

一、填空题

1.（氧化塘）

2.（人工湿地）

3.（表面流）（潜流式）

4.（富营养化浅水湖泊）

二、简答题

1. 大型水生植物的水质净化功能有哪些？

（1）促进悬浮物质的沉降；（2）吸收、分解污染物：氮磷、重金属及有机物；（3）抑制藻类生长：资源竞争抑制，释放抑藻化感物质。

2. 浮游藻类有哪些水质净化功能？

（1）对氮磷的吸收；（2）对重金属的去除；（3）对有机物的去除。

3. 沉水植物有哪些环境生态功能？

（1）吸收、固定水中的氮磷等营养物质；（2）抑制藻类生长；（3）澄清水质；（4）提高水生生态系统的生物多样性。

第十三节　水卫生生物学

一、名词解释

1. 致病性微生物：水中能够引起疾病的微生物，称为致病性微生物，包括细菌、病毒和原生动物等。

2. 军团菌：具有高度暴发性和流行性的呼吸道致病菌。

二、填空题

1.（饮水传播性）（洗水性）（水依赖性）（水相关性）

2.（供水系统）（空调系统）

3.（大肠菌群）（肠球菌）（产气荚膜杆菌）

4.（革兰氏染色）

三、简答题

1. 大肠菌群在品红亚硫酸钠培养基平板上的菌落有什么特征？

（1）紫红色，具有金属光泽的菌落；（2）深红色，不带或略带金属光泽的菌落；（3）

淡红色，中心色较深的菌落。

2. 大肠菌群在伊红美蓝培养基平板上的菌落有什么特征？

（1）深紫黑色，具有金属光泽的菌落；（2）紫黑色，不带或略带金属光泽的菌落；（3）淡紫红色，中心色较深的菌落。

四、判断题

1.（×）（一般不是）　　　　2.（√）

五、问答题

1. 如何选择评价水质安全的指示性微生物？

指示性微生物需要具备以下特性：

（1）这类微生物仅存在于粪便等污染源中，且数量较多；（2）与病原微生物的生理特性相似；（3）在洁净水体中不存在、与病原微生物在外界的存活能力相似；（4）在宿主外不繁殖；（5）容易检测。

六、计算题

1. 用 300 mL 水样进行初步发酵试验，其中 100 mL 的水样 2 份，10 mL 的水样 10 份。试验结果显示，100 mL 的水样中没有大肠菌群的存在，在 10 mL 的水样中有 7 份存在大肠菌群。则大肠菌群的最可能数目为多少？

解：

另，可以通过阳性管数和阴性管数查表获得。

第十四节　水中有害生物的控制

一、名词解释

1. 入侵植物：因人为或自然原因，从原来的生长地进入另一个环境，并对该环境的生物、农林牧渔业生产造成损失，给人类健康造成损害，破坏生态平衡的植物。

二、填空题

1.（氯消毒）（臭氧消毒）（紫外消毒）

2.（物理）（化学）（生物）

3.（微生物）（生物滤食）（植物化感）

4.（凤眼莲）（空心莲子草）（大米草）

三、简答题

1. 湖泊富营养化的危害有哪些？

（1）危害水域生态环境，影响栖息生物的生存，造成水产养殖业损失；（2）导致水生生态系统的失衡；（3）破坏水域生态景观、影响旅游观光；（4）影响自来水厂的生产和自来水的质量，威胁人类身体健康。

2. 常用的抑制藻类生长的物理技术有哪些？

过滤法；遮光法；沉淀法；超声波法；紫外线法。

3. 化学抑藻技术有何特点？

化学抑藻技术见效快，但不可避免地将破坏生态平衡并造成环境污染。一般的化学抑藻剂在杀灭藻类的同时，会杀死其他水生生物，有较大的生态风险。

四、判断题

1.（×）（高于-1 价）　　　　2.（×）（但是消毒能力较差）

第十五节　水质安全的生物检测

一、名词解释

1. 生物毒性：指化学物质能引起生物集体损害的性质和能力。

2. 生物毒性检测：利用生物的细胞、个体、种群或群落对环境污染或环境变化所产生的反应，评价环境质量安全的一种方法。

二、填空题

1.（急性毒性）（慢性毒性）（亚慢性毒性）

2.（多污带）（α-中污带）（β-中污带）（寡污带）

三、简答题

1. 简述多污带的特点。

多污带靠近污水出水口的下游，水色一般呈暗灰色，很浑浊，含有大量有机物，但溶解氧极少，甚至完全没有。在有机物的分解过程中，产生 H_2S、SO_2 和 CH_4 等气体。由于环境恶劣，多污带水生生物的种类很少，几乎全部是异养性生物，无显花植物，鱼类绝迹。

2. 简述α-中污带的特点。

α-中污带的水色仍为灰色，溶解氧很少，为半厌氧状态，有氨和氨基酸等存在。含硫化合物已开始氧化，但 H_2S 还存在，BOD 已开始减少，有时水面上有泡沫和浮泥。

3. 简述β-中污带的特点。

在β-中污带中绿色植物大量出现，水中溶解氧升高，有机物含量很少，BOD 和悬浮物的含量都较低，蛋白质的分解产物氨基酸和氨进一步氧化，转变成铵盐、亚硝酸盐和硝酸盐，水中 CO_2 和 H_2S 含量很少。

4. 简述寡污带的特点。

在寡污带，河流的自净作用已经完成，溶解氧已经恢复到正常含量，无机化作用彻底，有机污染物已完全分解，CO_2 含量很少，H_2S 几乎消失，蛋白质已分解成硝酸盐类，BOD 和悬浮物含量都很低。

四、判断题

1.（√）　　　　2.（×）（α）　　　　3.（√）

五、问答题

1. 为什么在水生物监测中采用藻类和原生动物较多？

（1）以藻类为指示生物的原因：藻类与水污染的关系密切，进入水体的 N、P 增多会引起某些藻类的过量，形成富营养化，因此监测水体的富营养化趋势需要监测藻类；藻类也是监测水的净化过程所不可忽视的指标之一；藻类对水体中毒物的耐受力不同。（2）以原生动物为指示生物的原因：除了原生动物具有微型生物进行监测的一般优势外，还因为原生动物对环境的变化十分敏感。

第三章 泵与泵站

第一节 绪论

（一）基本要求

主要介绍水泵及水泵站在国民经济各部门中的作用，对给水排水系统安全运行的重要性，对经常维护运行费用的巨大影响和对给水排水工程节能的重要意义。

（二）习题

一、名词解释

1. 水泵　2. 水泵站　3. 叶片式泵　4. 容积式泵

二、填空题

1. 泵的总体发展趋势为（　　）、（　　）；（　　）、（　　）；（　　）、（　　）、（　　）。

2. 在城镇及工业企业的给水排水工程中，大量的、普遍使用的泵是（　　）和（　　）两种。

第二节 叶片式水泵

（一）基本要求

以离心泵的性能、性能调节方法以及离心泵装置工况确定为主要中心，要求学生能够掌握教材中提供的基本方法。

（二）习题

一、名词解释

1. 扬程　2. 功率　3. 水锤　4. 流量　5. 效率
6. 有效功率　7. 转速　8. 允许吸上真空高度　9. 气蚀余量 H_{SV}
10. 汽蚀　11. 噪声　12. 叶轮液流相对速度　13. 叶轮液流牵连速度

14. 叶轮液流绝对速度 15. 叶片泵的基本方程 16. 瞬时工况点
17. 几何相似 18. 运动相似 19. 工况相似水泵 20. 比转数
21. 泵的并联工作 22. 泵的串联工作 23. 轴流泵通用特性曲线

二、简答题

1. 叶片式水泵的主要特点是什么？
2. 给出下列水泵型号中各符号的意义（1）10 Sh-19 A；（2）1 400ZLQ-70。
3. 简述离心泵工作的四阶段原理（四阶段）。
4. 离心泵的是如何分类的？
5. 简述离心泵叶轮功能及其构造。
6. 说明减漏环的功能。
7. 离心泵基本方程式推导假定条件是什么？
8. 离心泵装置工况点的影响因素有哪些？
9. 简述叶片泵相似理论研究重要性：（按流体力学相似理论用模拟的手段可以解决如下问题）
10. 简述泵并联工作的特点。
11. 简述泵串联工作的特点。
12. 水泵设计时，为了防止气蚀，应考虑哪些方面？
13. 简述轴流泵的基本构造。
14. 说明轴流泵的性能特点。
15. 用图解法确定一台水泵向高低出水构筑物供水时的工作点。
16. 试述离心泵与轴流泵的实验性能曲线的异同？
17. 为什么离心泵采用闭阀启动？轴流泵采用开阀启动？
18. 试述汽蚀的防治措施。
19. 用图解法确定一台泵向高、低不同的出水建筑物供水时的工况点？并给出相应的关系式。
20. 给出下列水泵型号中各符号的意义（1）60-50-250；（2）14 ZLB-70。
21. 用图解法如何确定两台同型号泵并联运行的工作点？
22. 试述离心式水泵减漏环的作用及常见类型。
23. 单级单吸式离心泵可采用开平衡孔的方法消除轴向推力，试述其作用原理及优缺点。
24. 为什么离心泵的叶轮大都采用后弯式（$\beta_2 < 90°$＝叶片）。
25. 轴流泵为何不宜采用节流调节？常采用什么方法调节工况点？
26. 已知管路特性曲线 $H=H_{ST}+SQ^2$ 和水泵在 n_1 转速下的特性曲线（$Q-H$）$_1$的交点为 A_1，但水泵装置所需工况点 A_2（Q_2，H_2）不在（$Q-H$）$_1$曲线上，如图 3.1 所示，若采用变速调节使水泵特性曲线通过 A_2 点，则水泵转速 n_2 应为多少？试图解定性说明之。（要求写出图解的主要步骤和依据，示意地画出必要的曲线，清楚标注有关的点和参数。）
27. 已知水泵在 n_1 转速下的特性曲线（$Q-H$）$_1$，如图 3.2 所示，若水泵变速调节后转速变为 n_2，试图解定性说明翻画（$Q-H$）$_2$特性曲线的过程。（要求写出图解的主要步骤和依据，示意地画出必要的曲线，清楚标注有关的点和参数）

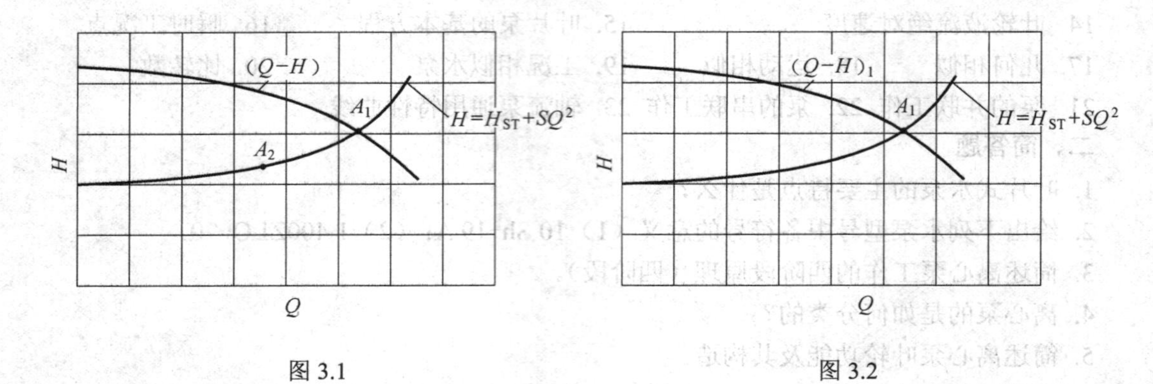

图 3.1　　　　图 3.2

28. 已知管路特性曲线 $H=H_{ST}+SQ^2$ 和水泵特性曲线（Q–H）的交点为 A_1，但水泵装置所需工况点 A_2 不在（Q–H）曲线上，如图 3.3 所示，若采用变径调节使水泵特性曲线通过 A_2（Q_2，H_2）点，则水泵叶轮外径 D_2 应变为多少？试图解定性说明。（要求写出图解的主要步骤和依据，示意地画出必要的曲线，清楚标注有关的点和参数。）

29. 两台同型号水泵对称并联运行，若吸水管路水头损失可忽略不计，其单台水泵特性曲线（Q–H）$_{1,2}$及压水管路特性曲线 $H=H_{ST}+SQ^2$，如图 3.4 所示，试图解定性说明求解水泵装置并联工况点的过程。（要求写出图解的主要步骤和依据，示意地画出必要的曲线，清楚标注有关的点和参数。）

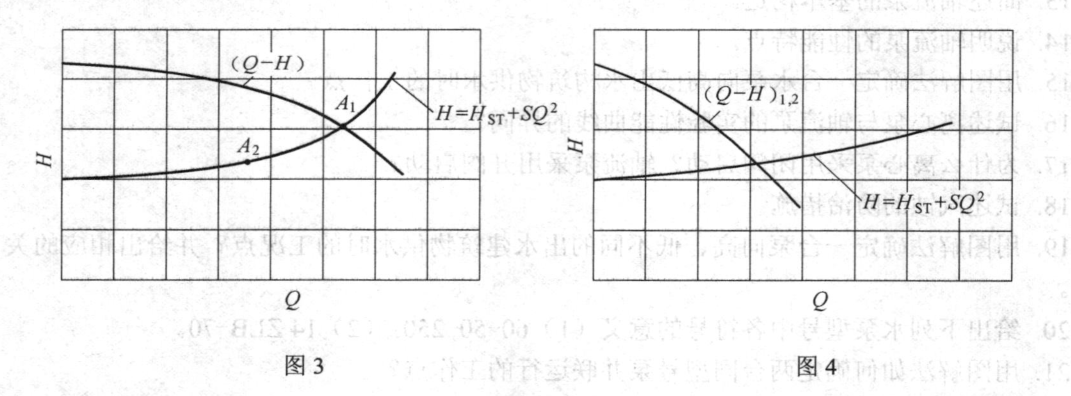

图 3　　　　图 4

30. 三台同型号水泵并联运行，其单台水泵特性曲线（Q–H）$_{1,2}$及管路特性曲线 $H=H_{ST}+SQ^2$，如图 3.5 所示，试图解定性说明求解水泵装置并联工况点的过程。（要求写出图解的主要步骤和依据，示意地画出必要的曲线，清楚标注有关的点和参数。）

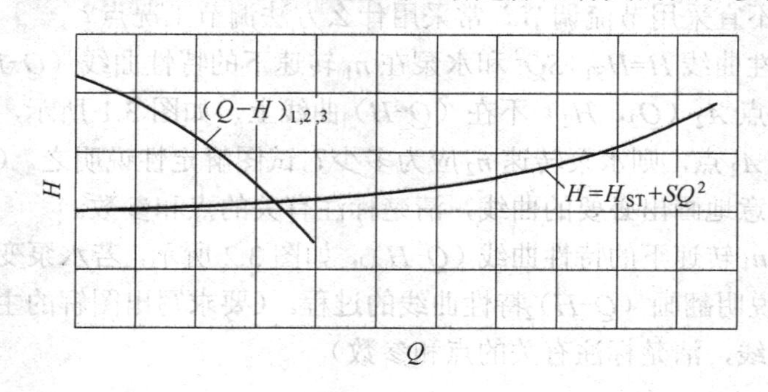

图 5

31. 分析叶轮的进出口速度三角形，证明水泵的理论扬程 $H=H_1+H_2$。

三、填空题

1. 离心泵吸水渐缩管锥度一般为（ ），将吸水管路中的液体以最小损失均匀进入叶轮。扩散管扩散角为（ ），汇集叶轮处高速流出的液体，导向水泵出口，使流速水头的一部分转化为压力水头。

2. 按叶轮出流方向不同，叶片泵主要有（ ）、（ ）和（ ）三种。

3. 抽水装置由（ ）、（ ）、（ ）及其（ ）组成。

4. 水泵比转速 $n_s=\dfrac{3.65n\sqrt{Q}}{\sqrt[4]{H^3}}$，对双吸泵，式中流量为泵流量的（ ）；对三级泵，式中扬程为泵扬程的（ ）。水泵转速增加后，比转速（ ）。

5. 水泵性能曲线与需要扬程曲线的交点为（ ），调节离心泵工况可采用（ ）、（ ）和（ ）等方法。

6. 单级离心泵有（ ）吸和（ ）吸两种，其中（ ）吸离心泵具有（ ）优点。

7. 由于低比转速离心泵轴功率随流量的增大而（ ），为避免动力机过载，机组应（ ）起动。

8. 按发生的部位，水泵汽蚀有（ ）、（ ）、（ ）三种形式。汽蚀对水泵的危害有（ ）、（ ）、（ ）。

9. 水泵进口断面单位重力水体所具有的超过饱和汽化压力的能量称（ ），其值必须大于（ ），水泵才不发生汽蚀。

10. 对泵站出水管道而言，停泵水锤的主要危害是（ ）和（ ）。

11. 离心泵的工作原理是（ ）。

12. 水泵的功率主要有（ ）、（ ）、（ ）。

13. 轴流泵应采用（ ）启动方式，离心泵应采用（ ）启动方式。

14. 根据其结构，泵房可分为（ ）、（ ）、（ ）、（ ）。

15. 压力管道的布置形式有（ ）、（ ）、（ ）、（ ）。

16. 常见叶片泵的叶轮形式有（ ）、（ ）、（ ），离心泵最常用的叶轮是（ ）。

17. 轴流泵主要与离心泵不同的构件有（ ）、（ ）、（ ）。

18. 叶片泵按其叶片的弯曲形状可分为（ ）、（ ）和（ ）三种。而离心泵大都采用（ ）叶片。

19. 水在叶轮中的运动为一复合运动，沿叶槽的流动称为（ ）运动，随叶轮绕轴的旋转运动称为（ ）运动，这两种运动速度决定了叶轮的（ ）。

20. 离心泵大都采用（ ）叶片，因为这种形式的叶轮具有（ ）和（ ）特性。

21. 水泵内的不同形式的能量损失中（ ）损失直接影响水泵的流量，而与水泵流量、扬程均无关系的损失是（ ）损失。

22. 轴流式水泵应采用开阀启动方式，其目的是（ ）。

23. 水泵装置进行节流调节后，水泵的扬程将（ ），功率将（ ）。

24. 与低比转数水泵相比，高比转数水泵具有（ ）的扬程；与高比转数水泵相比，低比转数水泵具有（ ）的流量。

25. 水泵变速调节的理论依据是（ ）。当转速变小时（在相似工况条件下），流量以转速之比的（ ）关系减小，功率则以转速之比的（ ）关系下降。

26. 水泵与高位水池联合工作时，高位水池具有（ ）的作用。与水池处于供水状态相比，水池处于蓄水状态时水泵的扬程（ ），流量（ ）。

27. 水泵的允许吸上真空高度越大，水泵的吸水性能越好；水泵的允许气蚀余量越（ ），水泵的吸水性能越差。

28. 水泵的设计工况参数（或铭牌参数）是指水泵在（ ）状态下运行所具有的性能参数。

29. 水泵的空载工况和极限工况是指水泵在（ ）和（ ）状态下的运行工况。

30. 叶轮的理论扬程是由动扬程和势扬程组成，后弯式叶轮具有较大的势扬程。

31. 同一水泵输送两种不同重度的液体，且$\gamma_1<\gamma_2$，则叶轮的理论扬程、功率、流量的关系为H_1（ ）H_2、N_1（ ）N_2、Q_1（ ）Q_2。

32. 由基本方程式所计算出的理论扬程，必须进行（ ）修正和（ ）修正后才能得到其实际扬程。

33. 两台同型号水泵对称并联工作时，若总流量为Q_M，每台水泵的流量为Q_{I}（$=Q_{\mathrm{II}}$），那么Q_M（ ）$2Q_{\mathrm{I}}$；若两台水泵中只有一台运行时的流量为Q，则Q_M与Q的关系为Q_M（ ）Q，Q_{I}与Q的关系为Q_{I}（ ）Q。

34. 水泵的气蚀余量要求在水泵的（ ）部位，单位质量水流所具有的总能量必须大于水的（ ）比能。

35. 离心泵的主要特性参数有（ ）、（ ）、（ ）、（ ）、（ ）和（ ）。

36. 离心泵Q–H特性曲线上对应最高效率的点称为（ ）或（ ）。Q–H特性曲线上任意一点称为（ ）。

37. 水泵配水管路以及一切附件后的系统称为（ ）。当水泵装置中所有阀门全开时所对应的水泵工况称为水泵的（ ）。

38. 在离心泵理论特性曲线的讨论中，考虑了水泵内部的能量损失有（ ）、（ ）、（ ）。

39. 水泵Q–H曲线的高效段一般是指不低于水泵最高效率点的百分之（ ）左右的一段曲线。

40. 离心泵的吸水性能一般由（ ）及（ ）两个性能参数反映。

41. 给水泵站按其作用可分为（ ）、（ ）、（ ）、（ ）。

42. 离心泵装置工况点可用切削叶轮的方法来改变，其前提是（ ）。

四、选择题

1. 水泵有效功率P_e与配套电动机输入功率P_{mot}的比值称为______。

A. 水泵效率　　B. 装置效率　　C. 电动机效率　　D. 机组效率

2. 为保证水泵内部不产生汽蚀，水泵进口实际吸上真空高度H_s应______允许吸上真空高度$[H_s]$。

A. 大于　B. 小于　C. 等于　D. 大于、等于

3. 两台同型号的离心泵并联运行，设单开一台泵时流量为 Q，两台泵全开时，总流量______。

A. 等于 $2Q$　B. 小于 $2Q$　C. 大于 $2Q$　D. 不确定

4. 一台锅炉给水泵，当水温越来越高时发生汽蚀，原因是______。

A. 装置汽蚀余量增大　B. 装置汽蚀余量减小

C. 必需汽蚀余量增大　D. 必需汽蚀余量减小

5. 水泵比转速是指泵______工况的比转速。

A. 任意　B. 最高效率　C. 实际运行　D. 最大流量

6. 水泵比例律适用于水泵______调节运行。

A. 变径　B. 变阀　C. 变角　D. 变速

7. 防止水泵汽蚀的有效措施有______、______。

A. 抽真空　B. 正确设计出水管　C. 合理确定水泵安装高程

D. 减小吸水管管径　E. 降低转速

8. 某台离心泵装置的运行功率为 N，采用变阀调节后流量减小，其功率变由 N 变为 N'，则调节前后的功率关系为______。

A. $N'<N$　B. $N'=N$　C. $N'>N$　D. $N'\geqslant N$

9. 离心泵的叶片一般都制成______。

A. 旋转抛物线　B. 扭曲面　C. 柱状　D. 球形

10. 叶片泵在一定转数下运行时，所抽升流体的容重越大（流体的其他物理性质相同），其轴功率______。

A. 越大　B. 越小　C. 不变　D. 不一定

11. 当水泵站其他吸水条件不变时，随输送水温的增高，水泵的允许安装高度______。

A. 将增大　B. 将减小　C. 保持不变　D. 不一定

12. 定速运行水泵从水源向高水池供水，当高水池水位不变而水源水位逐渐升高时，水泵的流量______。

A. 逐渐减小　B. 逐渐增大　C. 保持不变　D. 不一定

13. 性能参数中的水泵额定功率是指水泵的______。

A. 有效功率　B. 配套功率　C. 轴功率　D. 动力机的输出功率

14. 当起吊设备的最大重量为 4 吨时，一般采用______起吊设备。

A. 桥式吊车　B. 双轨电动吊车　C. 单轨手动吊车　D. 三角架配手动葫芦

15. 上凹管处危害最大的水击是______。

A. 负水击　B. 正水击　C. 启动水击　D. 关阀水击

16. 离心泵的叶轮一般安装在水面______。

A. 以下　B. 以上　C. 都可以　D. 不一定

17. 轴流泵的特点是______。

A. 流量大扬程高　B. 流量大扬程低　C. 流量小扬程高　D. 流量小扬程低

18. 轴流泵一般采用______安装方式。

A. 卧式水面以下　B. 卧式水面以上　C. 立式水面以下　D. 立式水面以上

19. 变速调节的原理是______。

A. 相似率 B. 比例率 C. 车削定律 D. 相似准则

20. 离心泵的叶轮一般是______的。

A. 柱状 B. 扭曲面 C. 旋转抛物面 D. 锥体

21. 离心泵的叶片最常用的是______。

A. 扭曲面 B. 柱状前弯式 C. 柱状后弯式 D. 柱状径向式

22. 离心泵一般采用______的启动方式。

A. 关阀启动和停机 B. 关阀启动或停机

C. 开阀启动关阀停机 D. 关阀启动开阀停机

23. 与轴流泵相比，离心泵的比转数______。

A. 大 B. 小 C. 差不多 D. 不一定

24. 高位水池与水泵联合向低位水池供水时，高位水池与水泵之间是______关系。

A. 并联 B. 串联 C. 混联 D. 不一定

25. 两台同型号离心泵可串并联转换运行，当水源水位降低而使抽水装置特性曲线跨过串联和并联的交点时，其运行方式应该是______。

A. 串联变为并联 B. 并联变为串联 C. 保持并联 D. 保持串联

26. 固定式轴流泵只能采用______调节。

A. 变速 B. 变径 C. 变角 D. 变阀

27. 变阀调节时，水泵的工作点向______移动。

A. 右下方 B. 左上方 C. 左下方 D. 右上方

28. 我国的离心泵常用的汽蚀性能参数是______。

A. 允许汽蚀余量 B. 装置汽蚀余量

C. 必需汽蚀余量 D. 允许吸上真空高度

29. 双吸式离心泵的机组台数较少时，可采用______布置形式。

A. 单排纵向布置 B. 单排横向布置

C. 双排对齐布置 D. 双排交错布置

30. 小型泵站机械通风的形式宜采用______通风。

A. 热压和风压 B. 热压或风压 C. 鼓风机和换气扇 D. 鼓风机或换气扇

31. 水源水位变幅较小时，中小型离心泵的机房结构形式宜选______。

A. 分基型 B. 干室型 C. 湿室型 D. 块基型。

32. 最重起吊部件重量小于 10 kN 时，宜选用______起吊设备。

A. 桥式吊车 B. 单轨电动吊车

C. 单轨手动吊车 D. 三脚架配手动葫芦

33. 压力管道较长的大中型泵站，一般采用______布置形式。

A. 并联 B. 串联 C. 平行 D. 辐射状

34. 根据产生的原因水锤可进行分类，其中危害最大是______。

A. 启动水锤 B. 关阀水锤 C. 直接水锤 D. 停泵水锤

35. 进行压力管道的设计时，不允许发生______。

A. 直接水锤 B. 事故水锤 C. 正水锤 D. 负水锤

36. 在进行泵房整体稳定分析时，要求向底截面简化的主矢必须位于截面核心之内，是为了保证满足______整体稳定的要求。

A. 抗滑　　B. 抗倾　　C. 抗渗　　D. 抗浮

37. 下列泵中，______不是叶片式泵。

A. 混流泵　　B. 活塞泵　　C. 离心泵　　D. 轴流泵

38. 与低比转数的水泵相比,高比转数的水泵具有______。

A. 流量小、扬程高　　B. 流量小、扬程低

C. 流量大、扬程低　　D. 流量大、扬程高

39. 离心泵的叶轮一般都制成______。

A. 敞开式　　B. 半开式　　C. 半闭封式　　D. 闭封式

40. 轴流泵的叶片一般都制成______。

A. 柱状　　B. 扭曲面　　C. 旋转抛物线　　D. 球体

41. 叶片泵在一定转数下运行时，所抽升流体的容重越大（流体的其他物理性质相同），其理论扬程______。

A. 越大　　B. 越小　　C. 不变　　D. 不一定

42. 叶片泵在一定转数下运行时，所抽升流体的容重越大（流体的其他物理性质相同），其轴功率______。

A. 越大　　B. 越小　　C. 不变　　D. 不一定

43. 水泵铭牌参数（即设计或额定参数）是指水泵在______时的参数。

A. 最高扬程　　B. 最大效率　　C. 最大功率　　D. 最高流量

44. 当水泵站其他吸水条件不变时，随当地海拔的增高水泵的允许安装高度_______。

A. 将下降　　B. 将提高　　C. 保持不变　　D. 不一定

45. 定速运行水泵从水源向高水池供水，当水源水位不变而高水池水位逐渐升高时，水泵的流量______。

A. 保持不变　　B. 逐渐减小　　C. 逐渐增大　　D. 不一定

46. 固定式轴流泵只能采用______。

A. 变径调节　　B. 变角调节　　C. 变速调节　　D. 变阀调节

47. 水泵调速运行时，调速泵的转速由 n_1 变为 n_2 时，其流量 Q、扬程 H 与转速 n 之间的关系符合比例律，其关系式为______。

A. $(H_1/H_2)=(Q_1/Q_2)=(n_1/n_2)$　　B. $(H_1/H_2)=(Q_1/Q_2)=(n_1/n_2)^2$

C. $(H_1/H_2)=(Q_1/Q_2)^2=(n_1/n_2)^2$　　D. $(H_1/H_2)^2=(Q_1/Q_2)=(n_1/n_2)^2$

48. 上凸管处危害最大的水击是______。

A. 启动水击　　B. 关阀水击　　C. 正水击　　D. 负水击

49. 轴流泵的叶轮一般安装在水面______。

A. 以下　　B. 以上　　C. 位置　　D. 不一定

50. 下列泵中哪一种是叶片式泵______。

A. 混流泵　　B. 活塞泵　　C. 齿轮泵　　D. 水环式真空泵

51. 下列泵中那些属于叶片式______。

A. 离心泵　　B. 轴流泵　　C. 齿轮泵　　D. 水射泵

E. 混流泵　　F. 旋涡泵　　G. 水环式真空泵

52. 两台相同型号的水泵对称并联工作时每台泵的扬程为$H_{\mathrm{I}}(=H_{\mathrm{II}})$，当一台停车只剩一台水泵运行时的扬程为$H$，若管路性能曲线近似不变，则有______。

A. $H_{\mathrm{I}}>H$　　B. $H_{\mathrm{I}}<H$　　C. $H_{\mathrm{I}}=H$　　D. $H=2H_{\mathrm{I}}$

53. 某台离心泵装置的运行功率为N，采用节流调节后流量减小，其功率变为N'，则调节前后的功率关系为______。

A. $N'>N$　　B. $N'=N$　　C. $N'=2N$　　D. $N'<N$

54. 定速运行水泵从低水池向高水池供水，当低水池水位不变而高水池水位逐渐升高时，水泵的流量______。

A. 逐渐减小　　B. 保持不变

C. 逐渐增大　　D. 可能增大也可能减小

55. 两台同型号水泵对称并联运行时，其总流量为$Q_{\mathrm{I+II}}$，当一台水泵停车只剩一台运行时的流量为Q，若管路性能曲线近似不变，则有______。

A. $Q_{\mathrm{I+II}}>2Q$　　B. $Q_{\mathrm{I+II}}=2Q$　　C. $Q<Q_{\mathrm{I+II}}<2Q$　　D. $Q_{\mathrm{I+II}}=Q$

56. 高比转数的水泵应在______。

A. 出口闸阀全关情况下启动　　B. 出口闸阀半关情况下启动

C. 出口闸阀全开情况下启动

57. 低的比转数水泵应在______。

A. 出口闸阀全关情况下启动　　B. 出口闸阀半关情况下启动

C. 出口闸阀全开情况下启动

58. 离心式清水泵的叶轮一般都制成______。

A. 敞开式　　B. 半开式　　C. 闭封式　　D. 半闭封式。

59. 具有敞开式或半开式叶轮的水泵适合于输送______。

A. 清水　　B. 腐蚀性介质　　C. 含有悬浮物的污水　　D. 高温水

60. 减漏环的作用是______。

A. 密封作用　　B. 引水冷却作用　　C. 承摩作用

D. 减漏作用　　E. 润滑作用。

61. 离心泵装置工况点可采用切削叶轮外径的方法来改变，其前提条件是______。

A. 控制切削量在一定范围内　　B. 要符合相似律　　C. 要保持管路特性不变

62. 下列哪一项不属于水泵内的水力损失______。

A. 冲击损失　　B. 摩阻损失　　C. 局部损失　　D. 圆盘损失

63. 下列哪几项属于水泵的水力损失______。

A. 冲击损失　　B. 摩阻损失　　C. 容积损失

D. 圆盘损失　　E. 局部损失

64. 下列哪几项属于水泵的机械损失______。

A. 容积损失　　B. 冲击损失　　C. 摩阻损失　　D. 轴承摩擦损失

E. 圆盘损失　　F. 填料与泵轴的摩擦损失

65. 下列哪几项不属于水泵的机械损失______。

A. 冲击损失　　B. 圆盘损失　　C. 摩阻损失

D. 容积损失　　　E. 轴承摩擦损失

66. 比转数相同的水泵其几何形状______。

A. 一定相似　　　B. 不一定相似　　　C. 一定不相似

67. 几何形状相似的水泵，其比转数______。

A. 一定相等　　　B. 一定不相等　　　C. 工况相似时才相等

68. 叶片式水泵在一定转数下运行时，所抽升流体的容重越大（流体的其他物理性质相同），其理论扬程_____。

A. 越大　　　B. 越小　　　C. 不变。

69. 水泵的额定流量和扬程______。

A. 与管路布置有关　　　B. 与水温有关

C. 与当地大气压有关　　　D. 与水泵型号有关

70. 叶片泵的允许吸上真空高度______。

A. 与当地大气压有关　B. 与水温有关　　　C. 与管路布置有关

D. 与水泵构造有关　E. 与流量有关。

五、计算题

1. 已知某多级式离心泵的额定参数为流量 Q=25.8 lm^3/h ，扬程 H=480 m ，级数为 10 级，转速 n=2 950 rpm 。试计算其比转数 n_s。

2. 已知水泵供水系统的设计净扬程 H_{ST}=13 m，设计流量 Q=360 L/s，配用电机功率 N_P=75 kW，电机效率 η=92%，水泵与电机采用直接传动，传动效率为 η_C =100%，吸水管路总的阻抗 S_1=7.02 S^2/m^5，压水管道总的阻抗 S_2=17.98 S^2/m^5，试求水泵的扬程 H、轴功率 N 和效率 η。

3. 锅炉给水泵将除氧器内的软化水送入蒸汽锅炉，如图 3.6 所示。设除氧器内压力为 p_0=117.6 KPa，相应的水温为饱和温度（t=104 ℃），吸水管内的水头损失为 h_w=1.5 m，所用给水泵为 6 级离心泵，其允许汽蚀余量为[NPSH]=5 m，试问其最小倒灌高度 H_g 为多少？若 P_0=1 atm，t=90 ℃（相应的饱和蒸汽压力高度为 7.14 m 水柱），设 $p_1=-\dfrac{\gamma v_1^2}{2g}$，则 H_g 又为多少？

4. 已知某变径运行水泵装置的管道系统特性曲线 H=30+3 500 Q^2 和水泵在直径为 D_2=300 mm 时的（Q−H）曲线如图 3.7。试图解计算：

（1）该抽水装置工况点的 Q_1 与 H_1 值。

（2）若保持静扬程不变，流量下降 10%时其直径 D'_2 应降为多少？（要求详细写出图解步骤，列出计算表，画出相应的曲线，计算结果不修正）

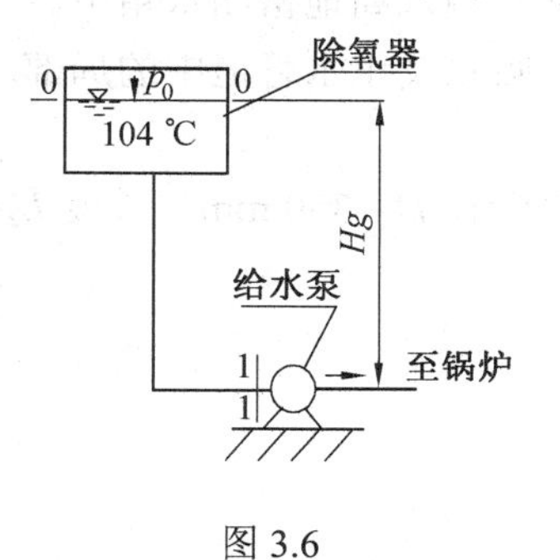

图 3.6

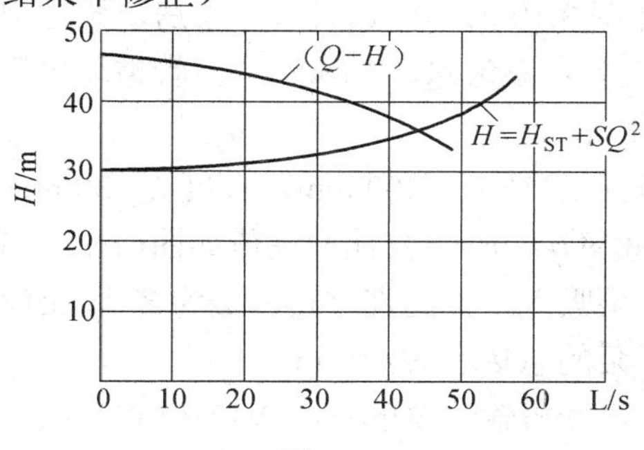

图 3.7

5. 已知某双吸式离心泵，其额定参数为：流量Q=1 680 m^3/h，扬程H=32 m，转数n=1 450 r/min，试求其比转数n_s。

6. 某取水泵站，水泵由河中（Z_b=1 500 m）直接抽水，出水建筑物设计水位为Z_0=1 570 m，已知水泵流量Q=220 L/s，吸水管直径d_1=400 mm，管长l_1=6.0 m，摩阻系数λ_1=0.03；压水管直径d_2=350 mm，管长l_2=200 m，摩阻系数λ_2=0.029。假设吸水管路局部水头损失为h_{j1}=0.5 m，压力水管按长管计算，水泵的效率η=81%。试计算①水泵扬程H；②及轴功率N。

7. 已知某变径运行水泵装置的管道系统特性曲线$H=30+3\ 500\ Q^2$和水泵在转速为n=1 450 rpm时的（Q–H）曲线如图3.8所示。试图解计算：

（1）该抽水装置工况点的Q_1与H_1值。

（2）若保持静扬程不变，流量下降30%时其直径n'应降为多少？（要求详细写出图解步骤，列出计算表，画出相应的曲线，计算结果不修正）

8. 已知某12SH型离心泵的额定参数为Q=692 m^3/h，H=10 m，n=1 450 r/min。试计算其比转数。

9. 如图3.9所示取水泵站，水泵由河中直接抽水输入高地密闭水箱中。已知水泵流量Q=160 L/s，吸水管：直径D_1=400 mm，管长L_1=10 m，摩阻系数λ_1=0.002 8；压水管：直径D_2=350 mm，管长L_2=200 m，摩阻系数λ_2=0.002 7。假设吸、压水管路局部水头损失各为1 m，水泵的效率η=70%，其他标高见图。试计算水泵扬程H及轴功率N。

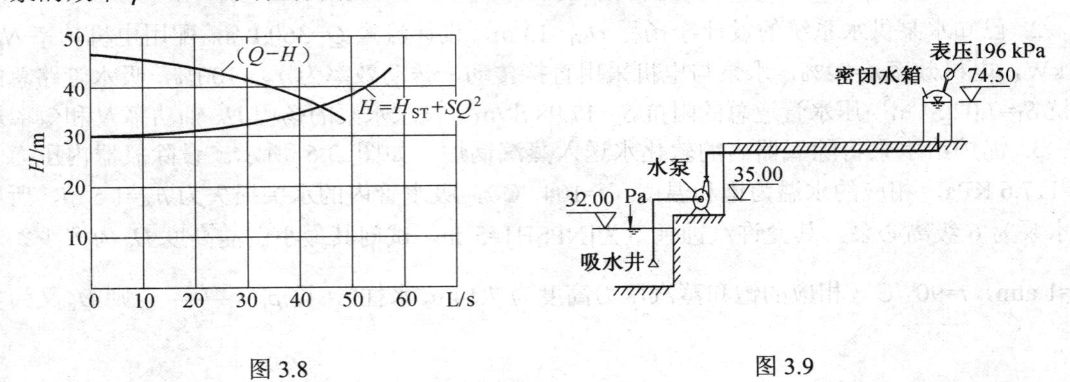

图3.8　　　　图3.9

10. 12SH-19A型离心水泵，设计流量为Q=220 L/s，在水泵样本中查得相应流量下的允许吸上真空高度为$[H_S]$=4.5 m，水泵吸水口直径为D=300 mm，吸水管总水头损失为Σh_S=1.0 m。当地海拔高度为1 000 m，水温为40 ℃，试计算最大安装高度H_g。（海拔1 000 m时的大气压为h_a=9.2 m H_2O，水温40 ℃时的汽化压强为h_{va}=0.75 m H_2O）

11. 如图3.10所示岸边式取水泵房，泵由河中直接抽水输入高地密闭水箱中。

已知条件：泵流量Q=160 L/s，管道均采用铸铁管，吸水及压水管道中的局部水头损失假设各为1 m。

吸水管：管径Ds=400 mm，长度L_1=30 m；压水管：管径D_d=350 mm，长度L_2=200 m；泵的效率η=70%，其他标高值如图所示。试问：

（1）泵吸入口处的真空表读数为多少mH_2O？

（2）泵的总扬程H=?（m）

（3）电动机输给泵的功率N=?（kW）

12. 现有离心泵一台，量测其叶轮的外径 D_2=280 mm，宽度 b_2=40 mm，出水角β_2=30°。假设此泵的转速 n=1450 r/min，试绘出其 Q_T–H_T 理论特性曲线。

13. 一台输送清水的离心泵，现用来输送密度为水的 1.3 倍的液体，该液体的其他物理性质可视为与水相同，泵装置均同，试问：

（1）该泵在工作时，其流量 Q 与扬程 H 的关系曲线有无变化？在相同的工作情况下，泵所需的功率有无改变？

（2）泵出口处的压力表读数（MPa）有无改变？如果输送清水时，泵的压力扬程 H_d 为 0.5 MPa，此时压力表读数为多少 MPa？

（3）如该泵将液体输往高地密闭水箱时，密闭水箱的压力为 2 atm，如图所示，试问此时该泵的扬程 H_{ST} 应为多少？

14. 如图 3.11 所示，A 点为该泵装置的极限工作点，其相应的效率为η_A。当闸阀关小时，工作点由 A 移至 B 点，相应的效率为η_B。由图可知$\eta_A < \eta_B$，现问：

（1）关小闸阀是否可以提高效率？此现象如何解释？

（2）如何推求关小闸阀后该泵装置效率变化公式？

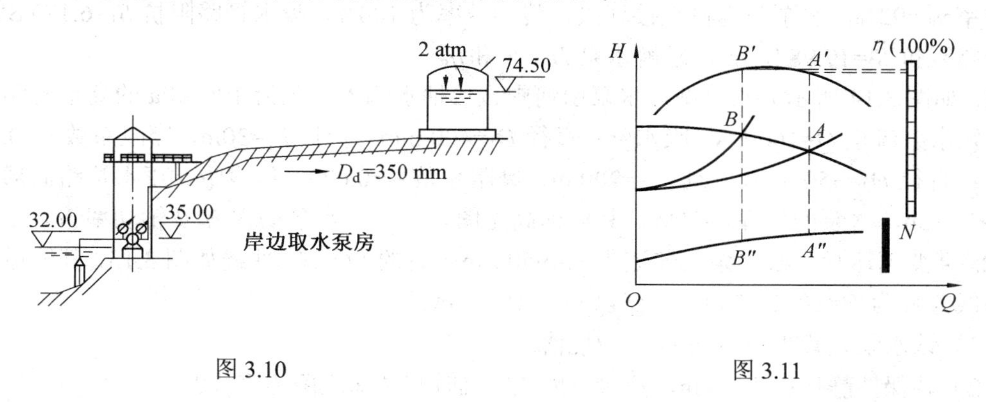

图 3.10　　　　图 3.11

15. 同一台泵，在运行中转速由 n_1 变为 n_2，试问其比转数 n_s 值是否发生相应的变化？为什么？

16. 在产品试制中，一台模型离心泵的尺寸为实际泵尺寸的 1/4 倍，并在转速 n=730 r/min 时进行实验。此时量出模型泵的设计工况出水量 Q_m=11 L/s，扬程 H=0.8 m。如果模型泵与实际泵的效率相等。试求：实际泵在 n=960 r/min 时的设计工况流量和扬程。

17. 某循环泵站中，夏季为一台 12SH-19 型离心泵工作，泵叶轮直径 D_2=290 mm，管路中阻力系数 S=225 S^2/m^5，静扬程 H_{ST}=14 m。到了冬季，用水量减少了，该泵站须减少 12% 的供水量，为了节电，到冬季拟将另一备用泵叶轮切小后装上使用。问：该备用叶轮应切削外径百分之几？

18. 某机场附近一个工厂区的给水设施如图 12 所示。已知：采用一台 14SA-10 型离心泵工作，转速 n=1 450 r/min，叶轮直径 D=466 mm，管道阻力系数 S_{AB}=200 s^2/m^5，S_{BC}=130 s^2/m^5，试问：

（1）当泵与密闭压力水箱同时向管路上 B 点的四层楼房屋供水，B 点的实际水压等于保证 4 层楼房屋所必需的自由水头时，问 B 点出流的流量应为多少 m^3/h？

（2）当泵向密闭压力水箱输水时，B 点出流量已知为 40 L/s 时，问泵的输水量及扬程应

为多少？输入密闭压力水箱的流量应为多少？（以图解法或数解法求之）

19. 如图 3.13 在水泵进、出口处按装水银差压计。进、出口断面高差为 ΔZ=0.5 m，差压计的读数为 Hp=1 m，求水泵的扬程 H。（设吸水管口径 D_1 等于压水口径 D_2）

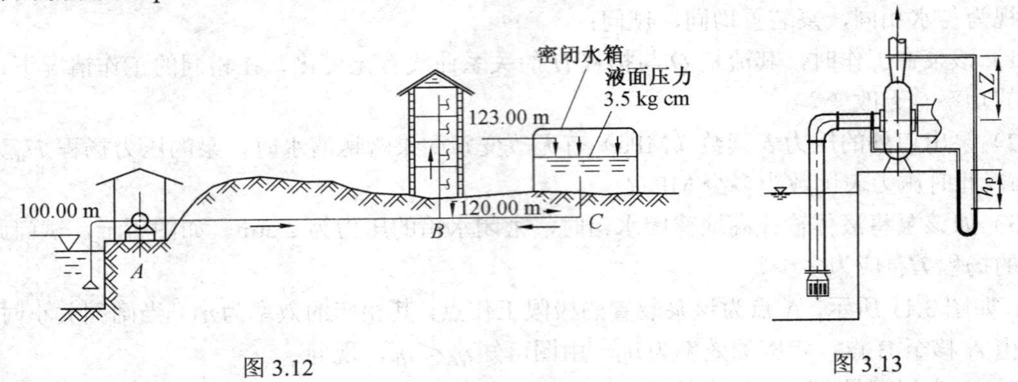

图 3.12　　　图 3.13

20. 已知水泵供水系统静扬程 H_{ST}=13 m，流量 Q=360 L/s，配用电机功率 $N_{电}$=79 kW，电机效率 $\eta_{电}$=92%，水泵与电机直接连接，传动效率为 100%，吸水管路阻抗 S_1=6.173 S^2/m^5，压水管路阻抗 S_2=17.98 S^2/m^5，求解水泵 H、N 和 η。

21. 如图 3.14 所示取水泵站，水泵由河中直接抽水输入表压为 196 kPa 的高地密闭水箱中。已知水泵流量 Q=160 L/s，吸水管：直径 D_1=400 mm，管长 L_1=30m，摩阻系数 λ_1=0.028；压水管：直径 D_2=350 mm，管长 L_2=200 m，摩阻系数 λ_2=0.029。假设吸、压水管路局部水头损失各为 1 m，水泵的效率 η=70%，其他标高见图。试计算水泵扬程 H 及轴功率 N。

22. 某变速运行离心水泵其转速为 n_1=950 r/min 时的（Q–H）$_1$曲线如图 3.15，其管道系统特性曲线方程为 H=10+17 500Q^2（Q 以 m^3/s 计）。试问

（1）该水泵装置工况点的 Q_A 与 H_A 值。

（2）若保持静扬程为 10 m，流量下降 33.3%时其转速应降为多少?

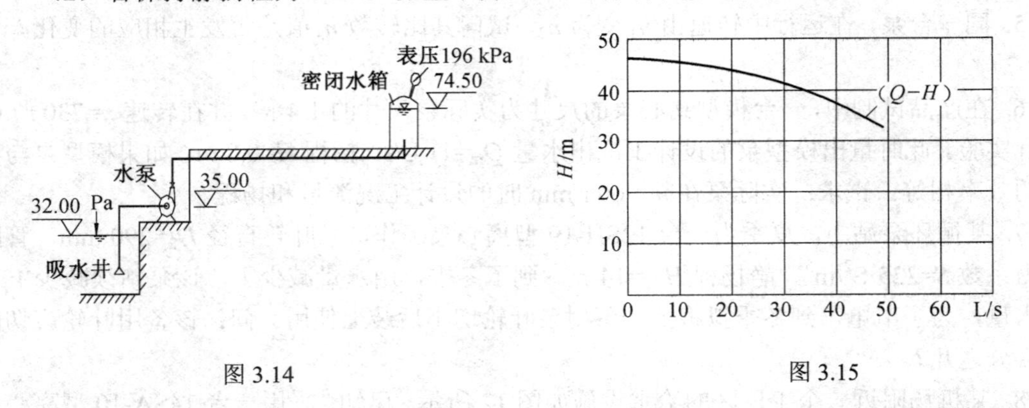

图 3.14　　　图 3.15

23. 已知某离心泵铭牌参数为 Q=220 L/s ，$[H_S]$=4.5 m，若将其安装在海拔 1 000 m 的地方，抽送 40 ℃的温水，试计算其在相应流量下的允许吸上真空高度$[H_S]'$。（海拔 1 000 m 时，h_a=9.2 m，水温 40 ℃时，h_{va}=0.75 m）

24. 已知水泵装置流量 Q=0.12 m^3/s（图 3.16），吸水管直径 D_1=0.25 m，抽水温度 t=20 ℃，允许吸上真空高度为$[H_s]$=5 m，吸水井水面绝对标高为 102 m，水面为大气压强，设吸水管水头损失为 h_s=0.79 m，试确定泵轴的最大安装标高。（海拔为 102 m 时的大气压为 h_a=10.2 m

H_2O）

25. 12SH-19A 型离心水泵，流量 Q=220 L/s 时，在水泵样本中查得允许吸上真空高度 $[H_S]$=4.5 m，装置吸水管的直径为 D=300 mm，吸水管总水头损失为 Σh_S=1.0 m，当地海拔高度为 1 000 m，水温为 40 ℃，试计算最大安装高度 H_g（海拔 1 000 m 时的大气压为 h_a=9.2 m H_2O，水温 40 ℃时的汽化压强为 h_{va}=0.75 m H_2O）

26. 水泵输水流量 Q=20 m^3/h，安装高度 H_g=5.5 m（图 3.17），吸水管直径 D=100 mm 吸水管长度 L=9 m，管道沿程阻力系数 λ=0.025，局部阻力系数底阀 ζ_e=5，弯头 ζ_b=0.3，求水泵进口 C–C 断面的真空值 P_{VC}。

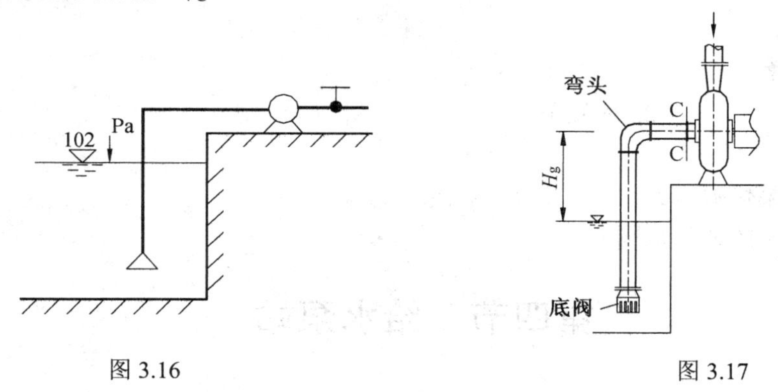

图 3.16　　　　　　图 3.17

27. 已知某离心泵铭牌参数为 Q=220 L/s，$[H_S]$=4.5 m，若将其安装在海拔 1 500 m 的地方，抽送 20 ℃的温水，若装置吸水管的直径为 D=300 mm，吸水管总水头损失为 Σh_S =1.0 m，试计算其在相应流量下的允许安装高度 H_g。（海拔 1 500 m 时，h_a=8.6 m ；水温 20 ℃时，h_{va}= 0.24 m）

28. 如图 3.18 所示，冷凝水泵从冷凝水箱中抽送 40 ℃的清水，已知水泵额定流量为 Q=68 m^3/h，水泵的必要汽蚀余量为[NPSH]=2.3 m，冷凝水箱中液面绝对压强为 p_0=8.829 kPa，设吸水管阻力为 h_s=0.5 m，试计算其在相应流量下的最小倒罐高度$[H_g]$。（水温 40 ℃寸，水的密度为 992 kg/m^3，水的汽化压强为 h_v=0.75 m）

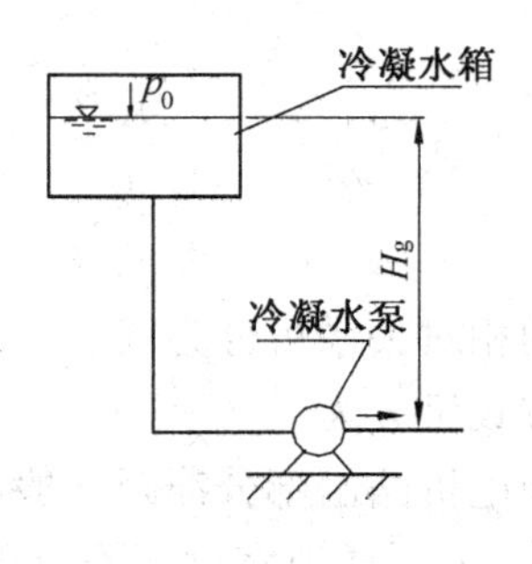

图 3.18

29. 已知某 12SH 型离心泵的额定参数为 Q=684 m^3/h，H=10 m，n=1 450 r/min。试计算其比转数 n_s。

30. 已知某多级泵，其额定参数为 Q=45 m^3/h，H=33.5 m，转数 n=2 900 r/min，级数为 8，试求其比转数 n_s。

第三节 其他泵与风机

（一）基本要求

本单元以射流泵为重点，讲清工作原理、基本构造及应用范围。在学时较紧情况下，对其他几种水泵可选择性地讲其中一至二种。

（二）习题

一、名字解释

1. 气升泵　　　　　　2. 往复泵

二、简答题

1. 简述射流泵优缺点。
2. 简述射流泵的适用范围。

第四节 给水泵站

（一）基本要求

主要介绍泵站设计中，水泵选择，泵站的动力及变配电设备，水泵机组的布置与基础，吸水管路与压水管路，泵站水锤及其防护，泵站辅助设备等内容，要求学生了解给水泵站设计的工作内容。

（二）习题

一、名词解释

1. 水锤　　　　　　2. 停泵水锤

二、填空题

1. 根据其结构，泵房可分为（　　）、（　　）、（　　）、（　　）。
2. 压力管道的布置形式有（　　）、（　　）、（　　）、（　　）。
3. 给水泵站按其作用可分为（　　）、（　　）、（　　）、（　　）。
4. 给水泵站按其位置与地面的相对关系可分为（　　）、（　　）、（　　）。
5. 给水泵站按其操作条件及方式可分为（　　）、（　　）、（　　）、（　　）。
6. 水泵基础之间净距或水泵和电机凸出部分净距一般不小于（　　）。
7. 电动机容量不大于 55 kw 时，人行通道宽度应不小于（　　），电动机容量大于 55 kw 时不小于（　　）。
8. 机组与墙的净距不小于（　　），如电动机容量大于 55 kw 则不小于（　　）。

三、简答题

1. 简述取水泵站的主要特点。
2. 简述给水泵站的分类及其内容。

3. 简述取水泵站设计注意事项。
4. 简述送水泵站主要特点。
5. 简述给水泵站中吸水井的基本形式。
6. 简述加压泵站的主要特点。
7. 简述循环泵站的主要特点。
8. 简述二级泵站设计流量和扬程的确定方法。
9. 简述给水泵站设计时选泵要点。
10. 简述选泵时需考虑的其他因素。
11. 选泵后的消防校核方法有哪些?
12. 简述水泵纵向排列及其特点。
13. 简述水泵横向排列及其特点。
14. 简述水泵横向双行排列主要特点。
15. 简述水泵轴线呈直线双行交错排列主要特点。
16. 简述水泵轴线平行双排交错排列主要特点。
17. 水泵泵机组基础的施工要求有哪些?
18. 对吸水管的基本要求有哪些?
19. 吸水管有关设计规定有哪些?
20. 对压水管的基本要求有哪些?
21. 停泵水锤的防护措施有哪些?
22. 水泵选型的原则是什么?
23. 防护水锤过大增压的措施有哪些?
24. 压力管道的选线原则有哪些?
25. 简述并联工作中调速泵台数的确定方法。

第五节　排水泵站

（一）基本要求

介绍排水泵站用途及排水泵站分类，污水泵站的工艺特点，雨水泵站的工艺特点，螺旋泵站的工艺特点。要求学生了解排水泵站设计的工作内容

（二）习题

一、名词解释

1. 合流泵站

二、简答题

1. 简述排水泵站分类。
2. 简述排水泵站的基本类型及其特点。
3. 污水泵站的工艺设计注意事项有哪些?
4. 简述污水泵站设计泵台数和型号确定的基本原则。

5. 简述污水泵站集水池容积确定原则及方法。

6. 简述污水泵站机组、管道布置技术方法。

7. 简述污水泵站内部标高的确定方法。

8. 简述雨水泵站基本类型及其特点。

9. 简述雨水泵站选泵的技术方法。

10. 简述合流泵站的特点。

习题答案

第一节　绪论

一、名词解释

1. 水泵：它是一种水力机械。它把动力机的机械能传递给所输送的水流，使水流的能量增加，从而把水流从低处抽提到高处，或从一处输送到另一处。

2. 水泵站：由抽水机（水泵、动力机、传动设备）、机房、管道、进出水构筑物、电力系统等所组成的多功能、多目标的综合水利枢纽。

3. 叶片式泵：对液体的压送是靠装有叶片的叶轮高速旋转而完成的。例如：离心泵、轴流泵、混流泵。

4. 容积式泵：对液体的压送是靠泵体工作室容积的改变来完成的。工作室容积的改变方式通常有往复运动和旋转运动两种。例如：活塞式往复泵、柱塞式往复泵、转子泵。

二、填空题

1.（大型化）（大容量化）（高扬程化）（高速化）（系列化）（通用化）（标准化）

2.（离心式）（轴流式）

第二节　叶片式水泵

一、名词解释

1. 扬程：单位质量水体从水泵的进口到出口所获得的能量。用 H 表示。单位 kg·m/kg=mH_2O。水泵铭牌上标出的扬程是这台泵的设计扬程，即相应于通过设计流量时的扬程，也称额定扬程。

2. 轴功率：又称输入功率，泵轴得自原动机所传递来的功率称为轴功率，以 N 表示。原动机为电力施动时，轴功率用 kw 表示，也用马力表示。1 马力=735.5 瓦=0.735 5 kw。水泵铭牌上的轴功率是指通过设计流量时的轴功率，又称额定功率。

3. 水锤：由于某种原因，使水力机械或管道内的运动要素发生急剧变化的现象。

4. 流量：泵在单位时间内输出液体的数量。体积流量单位为 L/s，m^3/s，质量流量单位 t/h。水泵铭牌上标出的流量是这台泵的设计流量，又称额定流量。泵在该流量下运行效率最高。若偏离这个流量运行，效率就会降低，为节约能源，节省提水的成本，应力争使水泵在设计流量下运行。

5. 效率：泵的有效功率与轴功率的比值，用η表示，是标志水泵性能优劣的一项重要技术经济指标。水泵铭牌上的效率是对应于通过设计流量时的效率，该效率为泵的最高效率。

泵的效率越高，表示泵工作时能耗损失越小。

6. 有效功率：水泵的输出功率，也就是水流流经水泵时实际得到的功率，用 N_u 表示，$N_u=\gamma QH$。

7. 转速：泵叶轮的转动速度，通常以每分钟转动的次数来表示。以字母 n 表示，常用单位 r/min。水泵铭牌上的转速是这台泵的设计转速，又称额定转速。一般口径小的泵转速高，口径大的泵转速低。转速是影响水泵性能的一个重要参数，转速变化时，水泵的其他 5 个性能参数也相应地按一定规律变化。

8. 允许吸上真空高度：允许吸上真空高度 H_S 是泵在标准状态下（水温 20 ℃，表面压力为一个标准大气压）运转时，泵所允许的最大的吸上真空高度。常用它来反映离心泵的吸水性能。即水泵吸入口处的最大真空值。

9. 气蚀余量 H_{SV}：泵进口处，单位重量液体所具有的超过饱和蒸汽压力（液体汽化的压力）的富裕能量。铭牌上最大允许吸上真空高度是真空表读数 H_V 的极限值。在实用中，泵的 H_V 超过样本规定的 H_S 值，就意味着泵将会遭受气蚀。气蚀余量是恒量水泵抗气蚀性能的一个指标，水泵的气蚀余量越小，说明水泵抗气蚀的性能越好。

10. 汽蚀：由于某种原因，使水力机械低压侧的局部压强降低到该温度下的汽化压强以下，引起气泡的发生、发展和溃灭。从而造成过流部件损坏的全过程。

11. 噪声：一种令人烦恼、讨厌、产生干扰、刺激，使人心神不安，妨碍和分散注意力或对人体有危害的声音。

12. 叶轮液流相对速度：液体从旋转着的叶轮由里向外的运动，这是液体质点对动坐标系统的运动，称为相对运动，相应的速度称为相对速度，所谓相对速度是相对于叶轮而言的，用 W 表示。其方向与叶轮的叶片相切且由里向外。

13. 叶轮液流牵连速度：液体随着叶轮做旋转运动，此运动可以看作叶轮这个动坐标系统对泵壳这个静坐标系统的运动速度，称为牵连速度（圆周运动），以 u 表示。其方向与叶轮圆周切线方向一致即与所在点对应的叶轮半径 R 垂直。

14. 叶轮液流绝对速度：液体相对于泵壳的运动称为绝对运动，其速度称为绝对速度，用 C 表示。绝对速度是相对速度和牵连速度的合成，等于两个速度的向量和，其方向为 u，ω二者合成方向，C 表示水流在叶槽内的速度。

15. 叶片泵的基本方程：叶片泵的基本方程是反映叶片泵理论扬程和液体运动状况变化的方程式，又称理论扬程方程或欧拉方程。

16. 瞬时工况点：水泵工作时某一瞬时的实际出水量（Q），扬程（H），轴功率（N）以及效率（η）值等，表示了水泵在此瞬时的实际工作能力。把这些值在 Q–H、Q–N、Q–η曲线上的具体位置，称为该泵装置的瞬时工况点。

17. 几何相似：两个叶轮主要过流部分一切相对应的尺寸成一定比例，所有的对应角相等。

18. 运动相似：两叶轮对应点上水流的同名速度方向一致，大小互成比例，即在相应点上水流的速度三角形相似。

19. 工况相似水泵：只要两台水泵能满足几何相似和运动相似的条件，则称为工况相似水泵。

20. 比转数：能够反映叶片泵共性的综合性的特征数，是泵规格化的基础。若干个相似泵群，相似泵群中的水泵有相同的相似准数。比转数是设计水泵的标准，是进行水泵比较和分类的依据。比转数是叶轮相似定律在叶片泵领域内的具体应用。

21. 泵的并联工作：大中型水厂中，为了适应各种不同时段管网中所需水量、水压的变化，常常需要设置多台泵联合工作，这种多台泵联合运行，通过联络网共同向管网或高地水池输水的情况，称为并联工作。

22. 泵的串联工作：将水泵串联在一起，第一台水泵的压水管与第二台泵的吸水管相连，第二台水泵直接从第一台水泵压水管吸水加压送水，使水流被串联水泵连续加压，达到所需的高压，这种多台水泵串联运行称为串联工作。

23. 轴流泵通用特性曲线：一定 n 下，不同叶片装置角 β 时的性能曲线、等效率曲线以及等功率曲线绘制在一张图上，通过此图可以根据需要的工作参数找适当的叶片装置角，也可用此图来选泵。

二、简答题

1. 叶片式水泵的主要特点是什么？

依靠叶轮的高速旋转对水产生作用力，将原动机的机械能转化为水的动能和压能，从而完成能量的转换。效率高、成本低、结构简单、使用方便、运行可靠和适用范围广。

2. 给出下列水泵型号中各符号的意义（1）10Sh-19A；（2）1400ZLQ-70。

（1）10——水泵的进口直径，单位英寸；SH——卧式双吸式离心泵；19——比转速为190；A——叶轮已被车削一次。

（2）1400——水泵的出口直径，单位 mm；Z——轴流泵；L——立式安装；Q——全调节；70—比转速为 700。

3. 简述离心泵工作的四阶段原理（四阶段）。

（1）水在大气压力作用下进入叶轮

（2）叶轮在泵轴驱动下高速旋转

（3）水在离心力作用下被甩入泵壳（完成能量交换）

（4）泵壳约束水流进入水泵出水管

4. 离心泵是如何分类的？

（1）叶轮进水方式
- 单吸泵：单面吸水，前后盖板不对称——小流量
- 双吸泵：两面吸水，前后盖板对称——大流量

（2）叶轮数量
- 单级泵：只有一个叶轮
- 多级泵：一根泵轴上串若干个

（3）泵轴安装方式
- 卧式泵：泵轴与地面平行
- 立式泵：泵轴与地面垂直

（4）工作压力
- 低压泵：＜100 m H_2O
- 中压泵：650 m H_2O～100 m H_2O
- 高压泵：＞650 m H_2O

5. 简述离心泵叶轮功能及其构造。

（1）功能：水泵进行能量转换的主要部件

（2）构造 盖板情况
- 封闭式叶轮：前后两个盖板的叶轮，叶片 6～8 片
- 半封闭式叶轮：只有后盖板没有前盖板
- 敞开式叶轮：只有叶片，没有完整盖板

6. 说明减漏环的功能。

减少泵壳内高压水向吸水口的回流量，承受叶轮与泵壳的磨损。水泵叶轮进口外缘与泵壳内缘之间留有一间隙，如果间隙过小，将会引起机械磨损过大，出水侧的高压水流会经过此间隙大量地回流到吸水口一侧，使水泵出水量减小，效率降低。为了使间隙尽可能的小，又能在磨损后便于处理，一般是在泵壳上镶装一个铸铁减漏环。当减漏环磨损到漏水量太大时可以更换。

7. 离心泵基本方程式推导假定条件是什么？

液体在叶轮中的运动很复杂，为简化分析推理，对叶轮的构造和液流的性质做三点假设：

（1）液体是恒定流（叶轮在工作期间 Q 一定）；

（2）叶槽中，液流均匀一致，叶轮同半径处液流的同名速度相等（认为叶轮的叶片无限多无限薄，液体的流动与叶片完全一致）；

（3）液流为理想液体（不考虑叶轮中液体运动的水力损失）。

8. 离心泵装置工况点的影响因素有哪些？

①泵本身型号；

②泵运行实际转速；

③水泵装置管路系统布置。

说明：配上管道系统，在固定转速下运行，一台水泵会维持在一个相对固定的工况点工作，提供一个相对固定的（Q、H）组合。

9. 简述叶片泵相似理论研究重要性。（按流体力学相似理论用模拟的手段可以解决如下问题）

（1）按照模型试验进行新产品的设计与制造；

（2）根据已经制成的叶片泵的试验数据确定与其相似的水泵的性能；

（3）研究转速变化后水泵性能的变化。

10. 简述泵并联工作的特点。

①增加供水量，输水干管中的流量等于各台并联泵出水量之总和；

②可以通过开停泵的台数来调节泵站的流量和扬程，以达到节能和安全供水的目的。

③当并联工作泵有一台损坏时，其他几台泵仍可连续供水，提高了泵站运行调度的灵活性和供水的可靠性。

11. 简述泵串联工作的特点。

①增加总扬程，被输送的水流所获得的总扬程是各串联水泵实际工作扬程之和；

②一台水泵有问题，其他水泵也不能工作；

③水泵串联工作可以用多级泵代替，工程中用水泵串联工作较少。

12. 水泵设计时，为了防止气蚀，应考虑哪些方面？

（1）选定合适的安装高度 H_s。

由于泵长期使用后性能会下降，设计时要把计算出来的安装高度调低一些，以适应长期使用后，水泵允许吸水真空高度 H_s 的降低。

（2）尽可能减少管路水头损失 Σh_s，使水泵进口处的设计气蚀余量尽可能大一些。

（3）若出现气蚀现象，可采取减小流量的方法，提高实际气蚀余量，防止发生气蚀。

（4）进行泵站设计时，要考虑最不利水力情况，在最不利工况下进行计算，以确保水泵的吸水条件。

13. 简述轴流泵的基本构造。

轴向流，水流方向与泵轴平行，产生轴向升力。

（1）吸水管：与吸水池连接。为改善入口水力条件，减少水头损失，常采用流线型的喇叭管或做成流道形式。

（2）叶轮：由叶片和轮毂组成，轮毂体用来固定叶片，由泵轴带动轮毂旋转，轮毂带动叶片旋转。

根据是否可调节：
- 固定式：叶片和轮毂体铸成一体，叶片的安装角度不能调节。
- 半调式：叶片用螺栓栓紧在轮毂体上，可调整叶片在轮毂体上的安装角度，进而改变泵的性能。
- 全调式：可以根据不同的扬程和流量要求，在停机或不停机状态下，通过一套油压调节机构来改变叶片安装角度，从而改变其性能。

（3）导叶：把叶轮中向上流出的水流的螺旋形旋转运动变为轴向运动，一般轴流泵导叶 6～12 片。轴流泵中液体在叶轮中呈螺旋形上升运动，有轴向运动和旋转运动。旋转运动使液体损失能量。在叶片上方安装固定在泵壳上不运动的导叶片，水流经导叶消除旋转运动，将旋转动能转化为压能，降低能量损失。

（4）泵轴：传递扭矩，将原动机的机械能传递给叶轮空心轴：为了在轮毂体内布置调节、操作机构，泵轴内安置调节操作油管。

（5）轴承：
- 导轴承：承受径向力，其径向定位作用
- 推力轴承：立式轴流泵中，承受水流作用在叶片上的方向向下的轴向推力，将其传递给基础

（6）密封装置：轴流泵出水弯管的轴孔处需设置密封装置，一般采用压盖填料型密封装置。

14. 说明轴流泵的性能特点。

（1）H 随 Q 的减小而急剧增大，Q–H 曲线陡降，并有转折点。一般空转扬程为设计工况点扬程的 1.5～2 倍。

（2）Q–N 曲线也是陡降曲线，Q=0（出水闸关闭）时，轴功 N_0=（1.2～1.4）N_d 轴流泵启动时，应采用“开闸启动”。

（3）Q–η曲线成驼峰状，高效区范围小，不能采用闸阀调节流量，因为流量在偏离设计工况点不远处效率就快速下降。一般采用改变叶片装置角β的方法改变泵的性能曲线，称为变角调节。变角调节有半调形和全调形两种。

（4）轴流泵样本中，其吸水性能一般用气蚀余量Δh_{SV}表示。

15. 用图解法确定一台水泵向高低出水构筑物供水时的工作点。

如图 3.19 所示，把高低出水构筑物的抽水装置特性曲线 R_1、R_2 横向叠加，得到总的抽水装置特性曲线 R，它与水泵的扬程性能曲线 Q–H 曲线的交点 A，就是一台水泵向高低出水构筑物供水时的工作点，过该点作水平线，与 R_1、R_2 的交点 A_1、A_2，分别是高低出水构筑物的工作点。其关系是：

$$\begin{cases} Q = Q_1 + Q_2 \\ H = H_1 = H_2 \end{cases}$$

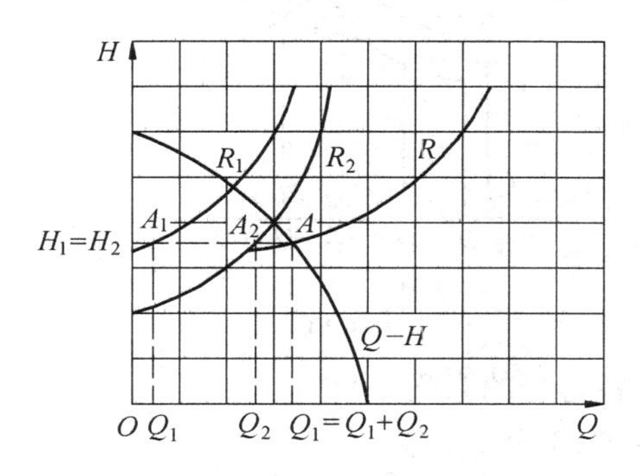

图 3.19

16. 试述离心泵与轴流泵的实验性能曲线的异同？

表 3.1　离心泵与轴流泵实验性能曲线

性能曲线类型	离心泵	共同点	轴流泵
扬程	缓慢下降	上凸下降的二次抛物线	快速下降
功率	缓慢上升的近似直线		快速下降的上凸抛物线
效率	最高点两侧下降缓慢	具有最高点的上凸二次抛物线	最高点两侧下降较陡
允许吸上真空高度	缓慢下降的近似直线		
允许汽蚀余量			具有最低点的上凹二次抛物线

17. 为什么离心泵采用闭阀启动？轴流泵采用开阀启动？

（1）离心泵的功率性能曲线，是一条缓慢上升的近似直线，其关死功率最小，为了轻载启动和停机，固在启动和停机前应首先关闭出水管闸阀。

（2）轴流泵的功率性能曲线，是一条快速下降的上凸抛物线，其关死功率最大，为了避免错误的操作方式引起的动力机严重超载，轴流泵的抽水装置上不允许设置任何阀门。

18. 试述汽蚀的防治措施。

①降低安装高度；②改善进流条件；③减少吸水损失；④增加局部压力；⑤降低局部水温；⑥调节运行工况等。

19. 用图解法确定一台泵向高、低不同的出水建筑物供水时的工况点？并给出相应的关系式。

如图 3.20 所示，把高、低不同的出水建筑物的抽水装置特性曲线横向叠加，与水泵的扬程性能曲线的交点 A（Q，H），就是一台泵向高、低不同的出水建筑物供水时的工况点。其关系式为

$$\begin{cases} Q = Q_1 + Q_2 \\ H = H_1 = H_2 \end{cases}$$

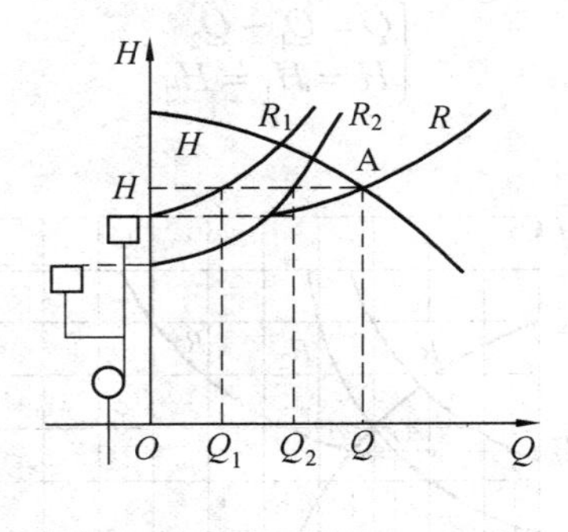

图 3.20

20. 给出下列水泵型号中各符号的意义。

（1）60-50-250；（2）14ZLB-70。

①60——水泵的进口直径，单位 mm；50——水泵的出口直径，单位 mm；250——叶轮标称直径，单位 mm；单级单吸悬臂式离心泵。

②14——水泵的出口直径，单位英寸；Z——轴流泵；L——立式；B——半调节；70——比转速为 700。

21. 用图解法如何确定两台同型号泵并联运行的工作点？（图 3.21）

方法一：把单泵的扬程性能曲线 Q_1-H_1 横向放大一倍得到两台同型号泵并联运行的扬程性能曲线 Q-H，与抽水装置特性曲线 R 的交点 A 就是两台同型号泵并联运行的工作点，过该点作水平线，与单泵扬程性能曲线的交点 A_1 就是两台同型号泵并联运行单泵的工作点。

方法二：绘制出两台同型号泵并联运行单泵的抽水装置特性曲线 R_1，与单泵的扬程性能曲线 Q_1-H_1 的交点 A_1 就是两台同型号泵并联运行单泵的工作点。

（备注：两种方法，答一个即可以）

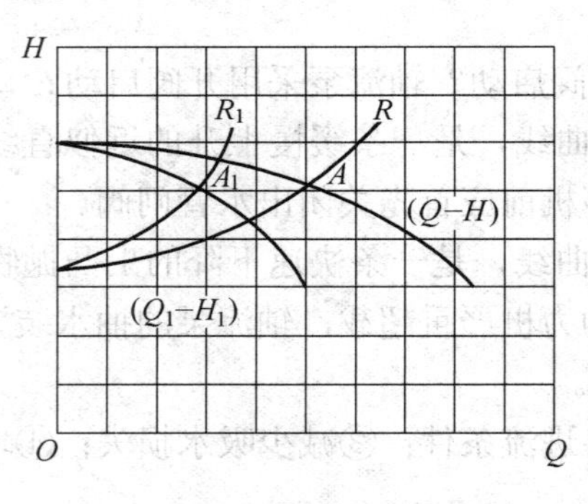

图 3.21

22. 试述离心式水泵减漏环的作用及常见类型。

作用：减少回流，承受磨损。

常见类型：单环型，双环型，双环迷宫型。

23. 单级单吸式离心泵可采用开平衡孔的方法消除轴向推力，试述其作用原理及优缺点。

在叶轮后盖板上开平衡孔并在后盖板与泵壳之间加装减漏环。压力水经减漏环时压力下降，并经平衡孔流回叶轮中，使叶轮后盖板的压力与前盖板相近，这样即消除了轴向推力。

优点：结构简单，容易实行。

缺点：叶轮流道中的水流受到平衡孔回流水的冲击，使水力条件变差，水泵效率有所降低。

24. 为什么离心泵的叶轮大都采用后弯式（$\beta_2<90°$）叶片。

后弯式叶片其 Q–N 曲线上升平缓，有利于配用电机的运行。另外，后弯式叶片叶槽弯度小，水力损失小，有利于提高水泵效率。因此，离心泵大都采用后弯式叶片。

25. 轴流泵为何不宜采用节流调节？常采用什么方法调节工况点？

轴流泵 Q–η曲线呈驼峰形，也即高效率工作范围很小，流量在偏离设计工况不远处效率就下降很快。因此不宜采用节流调节。轴流泵一般采用变角调节来改变其性能曲线，从而达到改变工况点的目的。

26. 已知管路特性曲线 $H=H_{ST}+SQ^2$ 和水泵在 n_1 转速下的特性曲线（Q–H）$_1$的交点为 A_1，但水泵装置所需工况点 A_2（Q_2，H_2）不在（Q–H）$_1$曲线上，如图 3.22 所示，若采用变速调节使水泵特性曲线通过 A_2 点，则水泵转速 n_2 应为多少？试图解定性说明之。（要求写出图解的主要步骤和依据，示意地画出必要的曲线，清楚标注有关的点和参数。）

（1）写出通过 A_2 点的相似工况抛物线方程：$H=KQ^2=\dfrac{H_2}{Q_2^2}Q^2$ 并绘制抛物线；

（2）$H=KQ^2$ 曲线与（Q–H）$_1$曲线相交于 B（Q_1，H_1）点，则 B 点与 A_2 点为相似工况点。根据比例律得调节后的转速为 $n_2=n_1\dfrac{Q_2}{Q_1}$。

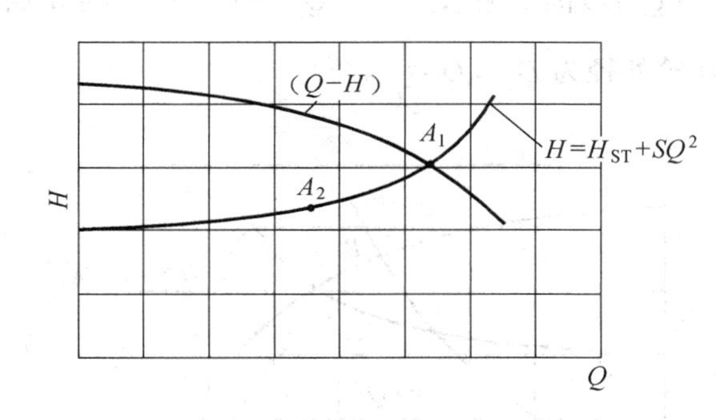

图 3.22

27. 已知水泵在 n_1 转速下的特性曲线（Q–H）$_1$ 如图 3.23 所示，若水泵变速调节后转速变为 n_2，试图解定性说明翻画（Q–H）$_2$ 特性曲线的过程。（要求写出图解的主要步骤和依据，示意地画出必要的曲线，清楚标注有关的点和参数。）

（1）在（Q–H）$_1$特性曲线上定出 A_1，B_1，C_1…各点参数 Q_1，H_1 为已知。

（2）根据比例率计算与 A_1，B_1，C_1…各点对应的相似工况点 A_2，B_2，C_2…

$$Q_2=Q_1\frac{n_2}{n_1};\quad H_2=H_1\left(\frac{n_2}{n_1}\right)^2$$

（3）将所得 A_2，B_2，C_2…各点光滑连线，得变速后特性曲线（Q–H）$_2$。

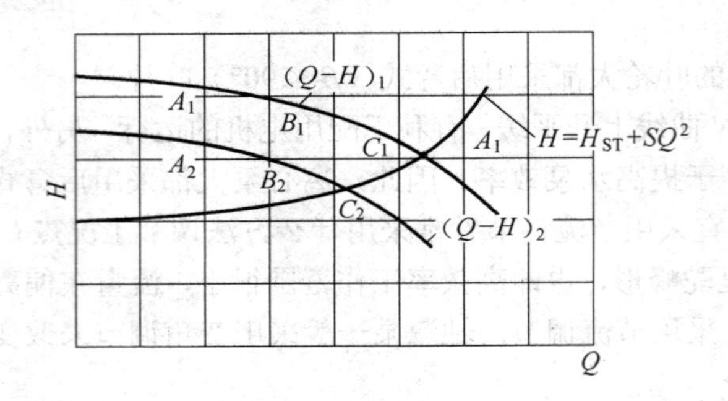

图 3.23

28. 已知管路特性曲线 $H=H_{ST}+SQ^2$ 和水泵特性曲线（Q–H）的交点为 A_1，但水泵装置所需工况点 A_2 不在（Q–H）曲线上如图 3.24 所示，若采用变径调节使水泵特性曲线通过 A_2（Q_2，H_2）点，则水泵叶轮外径 D_2 应变为多少？试图解定性说明。（要求写出图解的主要步骤和依据，示意地画出必要的曲线，清楚标注有关的点和参数。）

（1）写出通过 A_2 点的等效率曲线方程：

（2）$H=KQ^2=\dfrac{H_2}{Q_2^2}Q^2$ 并绘制该曲线；

（3）$H=KQ^2$ 曲线与（Q–H）$_1$曲线相交于 B（Q_1，H_1）点，则 B 点与 A_2 点为对应点。根据切削律得调节后的叶轮外径为 $D_2=D_1\dfrac{Q_2}{Q_1}$。

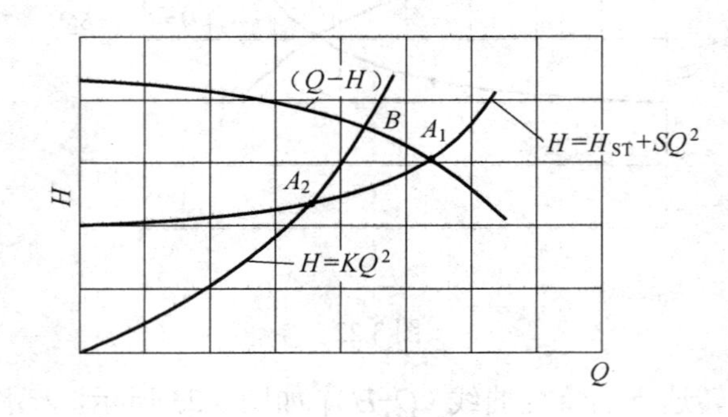

图 3.24

29. 两台同型号水泵对称并联运行，若吸水管路水头损失可忽略不计，其单台水泵特性曲线（Q–H）$_{1,2}$ 及压水管路特性曲线 $H=H_{ST}+SQ^2$，如图 3.25 所示，试图解定性说明求解水泵装置并联工况点的过程。（要求写出图解的主要步骤和依据，示意地画出必要的曲线，清楚标注有关的点和参数。）

（1）在（Q–H）$_{1,2}$ 特性曲线上定出 1，2，3…点根据等扬程下流量叠加原理将各点流量加倍得相应各点 1′，2′，3′…

（2）将所得 1′，2′，3′…各点光滑连线，得并联特性曲线（Q–H）$_{1+2}$。

（3）（Q–H）$_{1+2}$ 并联特性曲线与管路特性曲线 $H=H_{ST}+SQ^2$ 的交点即为所求并联工况点 A。

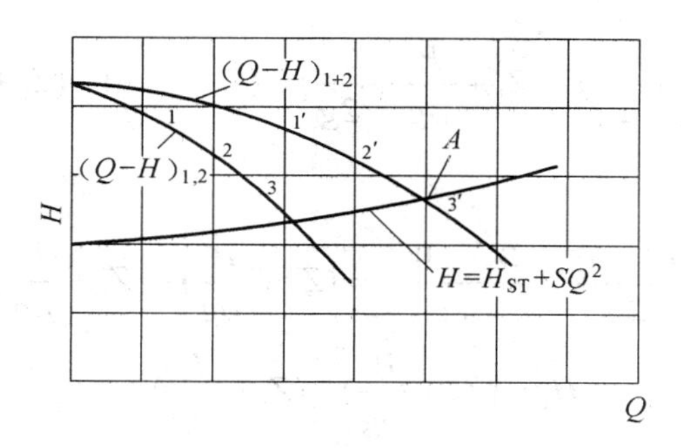

图 3.25

30. 三台同型号水泵并联运行，其单台水泵特性曲线$(Q-H)_{1,2}$及管路特性曲线 $H=H_{ST}+SQ^2$ 如图 3.26 所示，试图解定性说明求解水泵装置并联工况点的过程。（要求写出图解的主要步骤和依据，示意地画出必要的曲线，清楚标注有关的点和参数）

（1）在（$Q-H$）$_{1,2,3}$特性曲线上定出 1，2，3…点根据等扬程下流量叠加原理将各点流量乘 3 得相应各点 1′，2′，3′…

（2）将所得 1′，2′，3′…各点光滑连线，得并联特性曲线（$Q-H$）$_{1+2+3}$；

（3）$(Q-H)_{1+2+3}$ 并联特性曲线与管路特性曲线 $H=H_{ST}+SQ^2$ 的交点即为所求并联工况点。

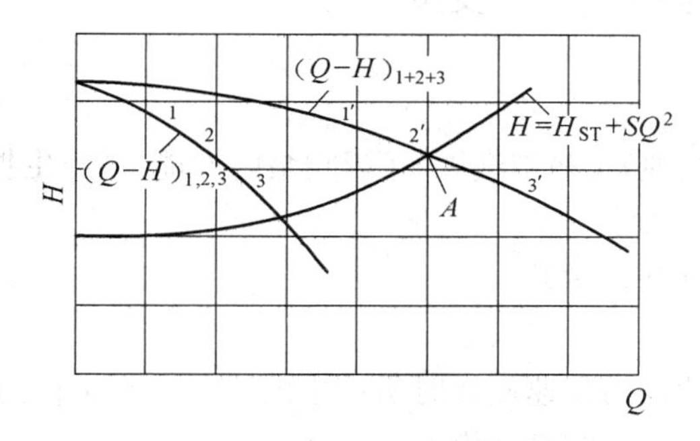

图 3.26

31. 分析叶轮的进出口速度三角形，证明水泵的理论扬程 $H=H_1+H_2$

$$W_2^2 = C_2^2 + u_2^2 - 2C_2u_2\cos\alpha_2 \tag{1}$$

$$W_1^2 = C_1^2 + u_1^2 - 2C_1u_1\cos\alpha_1 \tag{2}$$

（1）和（2）除以 2g 并相减可得

$$\frac{u_2C_2\cos\alpha_2 - u_1C_1\cos\alpha_1}{g} = \frac{u_2^2-u_1^2}{2g} + \frac{C_2^2-C_1^2}{2g} + \frac{W_1^2-W_2^2}{2g}$$

因此

$$H_T = \frac{u_2^2-u_1^2}{2g} + \frac{C_2^2-C_1^2}{2g} + \frac{W_1^2-W_2^2}{2g}$$

由能量方程

$$H_T = E_2 - E_1 = (Z_2 + \frac{P_2}{\rho g} + \frac{C_2^2}{2g}) - (Z_1 + \frac{P_1}{\rho g} + \frac{G_1^2}{2g}) = (Z_2 + \frac{P_2}{\rho g}) - (Z_1 + \frac{P_1}{\rho g}) + (\frac{C_2^{\ 2}}{2g} - \frac{C_1^{\ 2}}{2g})$$

因此

$$\frac{u_2^{\ 2} - u_1^{\ 2}}{2g} + \frac{W_1^{\ 2} - W_2^{\ 2}}{2g} = (Z_2 + \frac{P_2}{\rho g}) - (Z_1 + \frac{P_1}{\rho g})$$

叶轮水泵产生的势扬程 $H_1 = (Z_2 + \frac{P_2}{\rho g}) - (Z_1 + \frac{P_1}{\rho g})$

叶轮水泵产生的动扬程 $H_2 = \frac{C_2^2 - C_1^2}{2g}$

故 $H_T = H_1 + H_2$

三、填空题

1.（7°～18°）（8°～12°）

2.（离心泵）（混流泵）（轴流泵）

3.（水泵、动力机）（传动装置）（进、出水管）（附件）

4.（1/2）（1/3）（不变）

5.（水泵工况点）（变速）（变径）（变阀）

6.（双）（轴向力小）

7.（增大）（闭阀）

8.（翼面汽蚀）（间隙汽蚀）（涡带汽蚀）（影响泵的性能）（产生振动和噪声）（缩短机组的使用寿命）（破坏泵的过流部件）

9.（汽蚀余量）（必需汽蚀余量）

10.（失稳）（爆裂）

11.（利用装有叶片的叶轮的高速旋转时所产生的离心力来工作的泵）

12.（有效功率）（轴功率）（配套功率）

13.（关阀）

14.（分基型）（干室型）（湿室型）（块基型）

15.（平行布置）（辐射状布置）（并联布置）（串联布置）

16.（封闭式）（半开式）（敞开式）（封闭式）

17.（进水喇叭管）（导叶体）（出水弯管）

18.（后弯式）（前弯式）（径向式）（后弯式）

19.（相对）（牵连）（理论扬程）

20.（后弯式）（流道内水损小）（水泵效率高）

21.（容积损失）（机械损失）

22.（开阀）（轻载启动）

23.（增加）（减小）

24.（较低）（较大）

25.（相似率）（一次方）（三次方）

26.（调节水量）（较高）（较小）

27.（大）（小）

28.（最高效率）

29.（阀门全闭）（阀门全开）

30.（动）（势）（势）

31.（=）（＜）（=）

32.（水力）（反旋）

33.（=）（ ＞）（＜）

34.（吸水口）（气化）

35.（流量）（杨程）（功率）（效率）（转速）（允许吸上真空高度）

36.（额定工况点）（极限工况点）（瞬时工况点）

37.（水泵装置）（极限工况点）

38.（水力损失）（机械损失）（容积损失）

39.（10%）

40.（允许吸上真空高度）（汽蚀余量）

41.（取水泵站）（送水泵站）（加压泵站）（循环泵站）

42.（等效率原则）

四、选择题

1. [D]　2. [B]　3. [B]　4. [B]　5. [B]　6. [D]　7. [CE]

8. [A]　9. [C]　10. [C]　11. [B]　12. [B]　13. [C]　14. [C]

15. [B]　16. [B]　17. [B]　18. [C]　19. [B]　20. [A]　21. [C]

22. [A]　23. [B]　24. [A]　25. [B]　26. [A]　27. [B]　28. [D]

29. [A]　30. [D]　31. [A]　32. [D]　33. [A]　34. [D]　35. [A]

36. [B]　37. [B]　38. [C]　39. [D]　40. [B]　41. [C]　42. [A]

43. [B]　44. [A]　45. [B]　46. [C]　47. [C]　48. [C]　49. [A]

50. [A]　51. [ABE]　52. [A]　53. [D]　54. [A]　55. [C]　56. [C]

57. [A]　58. [C]　59. [C]　60. [CD]　61. [A]　62. [D]　63. [ABE]

64. [DEF]　65. [ACD]　66. [B]　67. [C]　68. [C]　69. [D]　70. [ABD]

五、计算题

1. 已知某多级式离心泵的额定参数为流量 Q=25.80 lm^3/h，扬程 H=480 m，级数为 10 级，转速 n=2 950 rpm。试计算其比转数 n_s。

解：

$$n_S = 3.65\frac{n\sqrt{Q_1}}{H_1^{3/4}} = 3.65\times\frac{2\ 950\times\sqrt{25.81/3\ 600}}{\left(\dfrac{480}{10}\right)^{3/4}} = 50$$

答：其比转数为 50。

2. 已知水泵供水系统的设计净扬程 H_{ST}=13 m，设计流量 Q=360 L/s，配用电机功率 N_p=75 kW，电机效率 η=92%，水泵与电机采用直接传动，传动效率为 η_C =100%，吸水管路总的阻抗 S_1=7.02 S^2/m^5，压水管道总的阻抗 S_2=17.98 S^2/m^5，试求水泵的扬程 H、轴功率 N 和效率 η。

解： $$H = H_{ST} + h_w = H_{ST} + (S_1 + S_2)Q^2 = 13 + (7.02 + 17.98) \times 0.360^2 = 16.24\ \text{m}$$

$$N = N_M \eta_M \eta_D = 75 \times 0.92 \times 1.00 = 69.0\ \text{kW}$$

$$\eta = \frac{\gamma QH}{N} = \frac{9.81 \times 0.360 \times 16.24}{69.0} = 83.12\%$$

答：水泵 H、N 和 η 分别为 16.24 m、69.0 kW 和 83.12%。

3. 锅炉给水泵将除氧器内的软化水送入蒸汽锅炉，如图 3.27 所示。设除氧器内压力为 p_0=117.6 kPa，相应的水温为饱和温度（t=104 ℃），吸水管内的水头损失为 h_w=1.5 m，所用给水泵为六级离心泵，其允许汽蚀余量为[NPSH]=5 m，试问其最小倒灌高度 H_g 为多少？若 p_0=1 atm，t=90 ℃（相应的饱和蒸汽压力高度为 7.14 m 水柱），设 $p_1 = -\frac{\gamma v_1^2}{2g}$，则 H_g 又为多少？

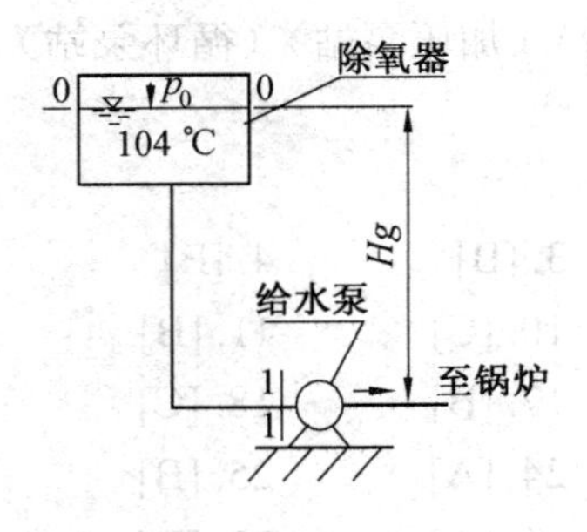

图 3.27

解： 列除氧器水面 0–0 和水泵进口 1–1 断面间能量方程为

$$H_g + \frac{p_0}{\gamma} = \frac{p_1}{\gamma} + \frac{v_1^2}{2g} + \sum h_s，\quad H_g + \frac{p_0}{\gamma} - \frac{p_v}{\gamma} = \frac{p_1}{\gamma} + \frac{v_1^2}{2g} - \frac{p_v}{\gamma} + \sum h_s$$

因为
$$p_1 = -\frac{\gamma v_1^2}{2g}$$

所以
$$[H_g] = \frac{p_v - p_0}{\gamma} + [\text{NPSH}] + \sum h_s$$

（1）当 $p_0 = p_v$ 时 $\quad [H_g]/\text{m} = [\text{NPSH}] + \sum h_s = 5 + 1.5 = 6.5$

（2）当 $p_0 \neq p_v$ 时，$[H_g]/\text{m} = \frac{p_v - p_0}{\gamma} + [\text{NPSH}] + \sum h_s = 7.14 - \frac{101.3}{9.81} + 5 + 1.5 = 3.31$

答：最小倒灌高度 H_g 分别为 6.5 m 和 3.31 m。

4. 已知某变径运行水泵装置的管道系统特性曲线 H=30+3 500 Q^2 和水泵在直径为 D_2=300 mm 时的（Q–H）曲线如图 3.8 所示。试图解计算：（1）该抽水装置工况点的 Q_1 与 H_1 值；（2）若保持静扬程不变，流量下降 10%时其直径 D'_2 应降为多少？（要求详细写出图解步骤，列出计算表，画出相应的曲线，计算结果不修正）

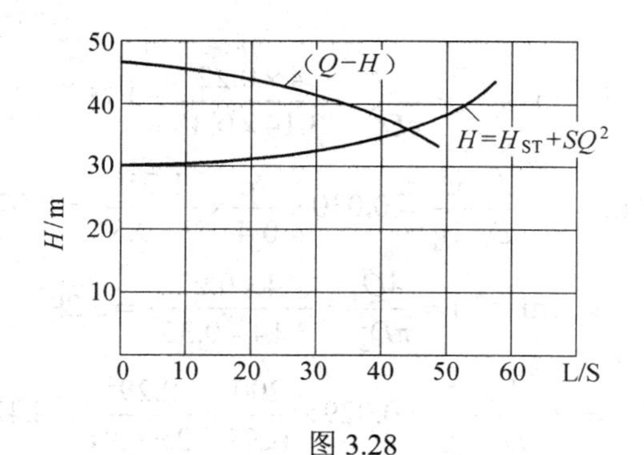

图 3.28

解：（1）根据所给管道系统特性曲线及水泵特性曲线得交点 A（44，36.8）即 Q_A =44 L/s H_A =36.8 m。

（2）流量下降 10%时，工况点移动到 B 点，$Q=(1-0.1)\times 44=39.6$ L/s 由图 3.28 中查得 $H_{B'}$=35.49 m，则通过 B 点的相似功况抛物线方程为

$$H=K_{B'}Q^2=\frac{H_{B'}}{Q_{B'}^2}Q^2=\frac{35.49}{0.039\,6^2}Q^2=22\,631Q^2$$

表 3.2　水泵扬程特性

流量 Q/（$\mathrm{L\cdot s^{-1}}$）	10	20	30	35	39.6	40	50
R 曲线的扬程 H/m	2.26	9.05	20.37	27.72	35.49	36.21	56.56
扬程性能曲线的扬程/m	30.35	31.40	33.15	34.29	35.49	35.60	38.75

（3）绘制 $H=K_BQ^2$ 曲线：$H=K_BQ^2$ 曲线与（Q–H）曲线的交点为 B（39.6，35.49）即 Q_B=39.6 L/s，H_B=35.49 m。查得 C 点 C（42，39.9）。

则根据车削定律得

$$\frac{D_2'}{D_2}=\frac{Q_B'}{Q_B}$$

则

$$D_2'/\text{mm}=\frac{Q_B'}{Q_B}D_2=\frac{40}{42}\times 300=283$$

5. 已知某双吸式离心泵，其额定参数为：流量 Q=1 680 m^3/h，扬程 H=32 m，转数 n=1 450 r/min，试求其比转数 n_s。

解：
$$n_S=3.65\frac{n\sqrt{Q_1/2}}{H_1^{3/4}}=3.65\times\frac{1\,450\times\sqrt{1\,680/2/3\,600}}{(32)^{3/4}}=190$$

答：其比转数为 190。

6. 某取水泵站，水泵由河中（Z_b=1 500 m）直接抽水，出水建筑物设计水位为 Z_0=1 570 m，已知水泵流量 Q=220 L/s，吸水管直径 d_1=400 mm，管长 l_1=6.0 m，摩阻系数 λ_1=0.03；压水管直径 d_2=350 mm，管长 l_2=200 m，摩阻系数 λ_2=0.029。假设吸水管路局部水头损失为 h_{j1}=0.5 m，压力水管按长管计算，水泵的效率 η=81%。试计算①水泵扬程 H；②及轴功率 N。

解：吸水管计算

$$v_1/(\mathrm{m\cdot s^{-1}})=\frac{4Q}{\pi D_1^2}=\frac{4\times0.22}{3.14\times0.4^2}=1.75$$

$$h_{f1}/\mathrm{m}=\lambda_1\frac{l_1}{D_1}\frac{v_1^2}{2g}=0.030\times\frac{6}{0.4}\times\frac{1.75^2}{2\times9.81}=0.07$$

压水管计算

$$v_2/(\mathrm{m\cdot s^{-1}})=\frac{4Q}{\pi D_2^2}=\frac{4\times0.22}{3.14\times0.35^2}=2.29$$

$$h_{f2}/\mathrm{m}=\lambda_2\frac{l_2}{D_2}\frac{v_2^2}{2g}=0.029\times\frac{200}{0.35}\times\frac{2.29^2}{2\times9.81}=4.42$$

总水头损失为

$$\sum h/\mathrm{m}=h_{f1}+h_{f2}+h_{j1}=0.07+4.42+0.5=4.99$$

$$H_{ST}/\mathrm{m}=Z_0-Z_b=1\,570-1\,500=70$$

$$H/\mathrm{m}=H_{ST}+\sum h=70+4.39=74.99$$

$$N_u/\mathrm{kW}=\frac{\gamma QH}{\eta}=\frac{9.81\times0.16\times74.39}{0.81}=199.80$$

7. 已知某变径运行水泵装置的管道系统特性曲线 H=30+3 500 Q^2 和水泵在转速为 n=1 450 rpm 时的（Q–H）曲线如图 3.29 所示。试图解计算：

（1）该抽水装置工况点的 Q_1 与 H_1 值。

（2）若保持静扬程不变，流量下降 30%时其直径 n'应降为多少？（要求详细写出图解步骤，列出计算表，画出相应的曲线，计算结果不修正）

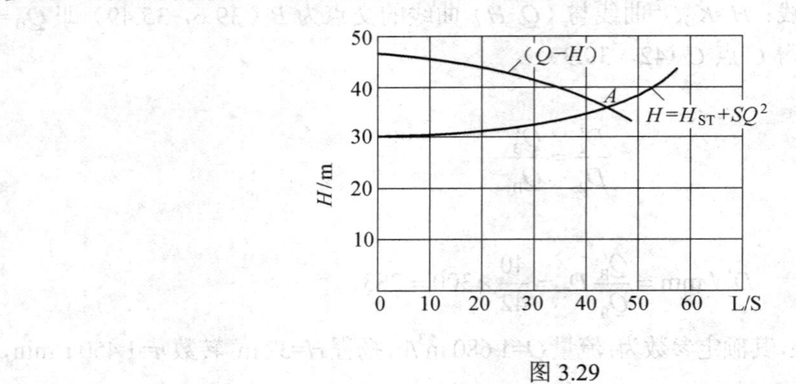

图 3.29

解：（1）根据管道系统特性曲线方程绘制管道系统特性曲线，由图解得交点 A（40.2，35.66）即 $Q_A/(\mathrm{L\cdot s^{-1}})$=40.2；$H_A$/m =30+3 500×0.040 22=35.66。

（2）流量下降 33.3%时，工况点移动到 B 点，$Q'_B/(\mathrm{L\cdot s^{-1}})$=40.2×0.7=28.14，则

H'_B/m =30+3 500×0.281 42=32.77，K=32.77/0.281 42=41 386

表 3.3　抽水装置特性曲线计算表

流量 Q/（$\mathrm{L\cdot s^{-1}}$）	0	10	20	28.14	30	40	40.2	50
扬程 H/m	30	30.35	31.40	32.77	33.15	35.60	35.66	38.75

相似功况抛物线方程为

$$H = KQ^2 = \frac{H_{B'}}{Q_{B'}^2}Q^2 = \frac{32.77}{0.028\,14^2}Q^2 = 41\,386\,Q^2$$

（3）绘制 $H=KQ^2$ 曲线

表 3.4　相似工况抛物线计算表

流量 Q/（$L\cdot s^{-1}$）	0	10	20	28.14	30	31.08	40	50
扬程 H/m	0	4.138 6	16.554	32.772	37.247	39.98	66.218	103.47

$H=KQ^2$ 曲线与（Q–H）曲线的交点为 B（31.08，39.98）则根据比例律有

$$n_2 / (r\cdot \min^{-1}) = \frac{Q_{B'}}{Q_B}n_1 = \frac{28.14}{31.08}\times 1\,450 = 1\,313$$

8. 已知某 12SH 型离心泵的额定参数为 Q=692 m^3/h，H=10 m，n=1 450 r/min。试计算其比转数。

解：

$$n_S = 3.65\frac{n\sqrt{Q_1}}{H_1^{3/4}} = 3.65\times\frac{1450\times\sqrt{692/3\,600/2}}{10^{3/4}}$$

答：其比转数为 80 rpm。

9. 如图 3.30 所示取水泵站，水泵由河中直接抽水输入高地密闭水箱中。已知水泵流量 Q=160 L/s，吸水管：直径 D_1=400 mm ，管长 L_1=10 m，摩阻系数 λ_1=0.002 8；压水管：直径 D_2=350 mm，管长 L_2=200 m ，摩阻系数 λ_2=0.002 7。假设吸、压水管路局部水头损失各为 1 m，水泵的效率 η=70%，其他标高见图。试计算水泵扬程 H 及轴功率 N。

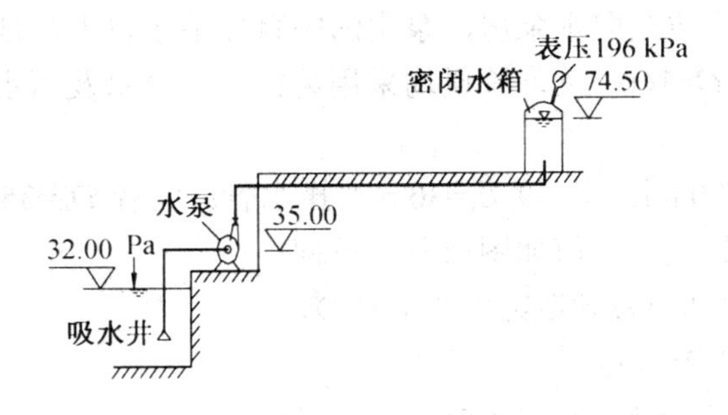

图 3.30

解：

$$H_{ST} / m = Z_O - Z_B = \left(74.50 + \frac{196\times 10.33}{101.3}\right) - 35 = 57.86$$

$$v_1 / (m\cdot s^{-1}) = \frac{4Q}{\pi D_1^2} = \frac{4\times 0.16}{\pi\times 0.4^2} = 1.273\text{，}\quad v_2 / (m\cdot s^{-1}) = \frac{4Q}{\pi D_2^2} = \frac{4\times 0.16}{\pi\times 0.35^2} = 1.663$$

$$h_{w1}/\text{m}=h_{f1}+h_{f2}+h_j=\lambda_1\frac{L_1}{D_1^{16/3}}\frac{v_1^2}{2g}+\lambda_2\frac{L_2}{D_2^{16/3}}\frac{v_2^2}{2g}+h_j=$$

$$0.0028\times\frac{10}{0.4^{16/3}}\frac{1.273^2}{2g}+0.0027\times\frac{200}{0.35^{16/3}}\frac{1.663^2}{2g}+1=22.63$$

$$H/\text{m}=H_{ST}+h_w=57.86+22.63=80.49$$

$$N/\text{kW}=\frac{\gamma QH}{\eta}=\frac{9.81\times0.16\times80.49}{0.7}=180.483$$

答：水泵扬程和轴功率分别为：80.49 m 和 180.483 kW。

10. 12SH-19A 型离心水泵，设计流量为 Q=220 L/s，在水泵样本中查得相应流量下的允许吸上真空高度为$[H_S]$=4.5 m，水泵吸水口直径为 D=300 mm，吸水管总水头损失为Σh_S=1.0 m。当地海拔高度为 1 000 m，水温为 40 ℃，试计算最大安装高度 H_g。（海拔 1 000 m 时的大气压为 h_a=9.2 m H_2O，水温 40 ℃时的汽化压强为 h_{va} =0.75 m H_2O）

解：水泵吸水口流速为

$$v/(\text{m}\cdot\text{s}^{-1})=\frac{Q}{\omega}=\frac{\frac{220}{1\,000}}{\frac{\pi}{4}\times0.32^2}=3.11$$

$$[H_s]'/\text{m}=[H_s]-(10.33-h_a)-(h_{va}-0.24)=4.5-(10.33-9.2)-(0.75-0.24)=2.86$$

列吸水井水面（0-0）与水泵进口断面（1-1）能量方程为

$$[H_g]/\text{m}=[H_g]'-\frac{v^2}{2g}-h_s=2.86-\frac{3.11^2}{2\times9.81}-1.0=1.37$$

答：H_g=1.37 m。

11. 如图 3.31 所示岸边式取水泵房，泵由河中直接抽水输入高地密闭水箱中。

已知条件：泵流量 Q=160 L/s，管道均采用铸铁管，吸水及压水管道中的局部水头损失假设各为 1 m。

吸水管：管径 D_s=400 mm，长度 L_1=30 m；压水管：管径 D_d=350 mm，长度 L_2=200 m；泵的效率η=70%，其他标高值如图所示。试问：

（1）泵吸入口处的真空表读数为多少 mH_2O？

（2）泵的总扬程 H=?（m）

（3）电动机输给泵的功率 N=?（kW）

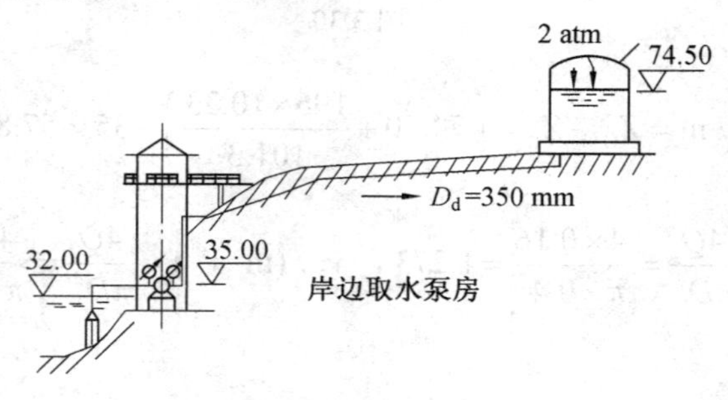

图 3.31

解：（1）①求水泵吸水管中的流速

$$v_1/(\mathrm{m\cdot s^{-1}})=\frac{Q}{\frac{\pi}{4}D_s^2}=\frac{0.16}{\frac{3.14}{4}\times 0.4^2}=1.27$$

②求水泵吸水管中的总水头损失

$$\sum h_s=h_{fs}+h_{js}=i_1 l_1+1.0$$

方法 1：查《给水排水设计手册.第 01 册.常用资料》P396，知 i=0.005 7，所以

$$\sum h_s/\mathrm{m}=i_1 l_1+1.0=0.0057\times 30+1.0=1.17$$

方法 2：当 $v\geqslant 1.2$ m/s 时，$i=0.001\,07\frac{v^2}{D^{1.3}}$，所以

$$i_1=0.001\,07\frac{1.27^2}{0.4^{1.3}}=0.005\,7$$

给水管道的钢管和铸铁管，其单位长度的水头损失

当 $v<1.2$ m/s 时，$i=0.000\,912\frac{v^2}{D^{1.3}}\left(1+\frac{0.867}{v}\right)^{0.3}$；

当 $v\geqslant 1.2$ m/s 时，$i=0.001\,07\frac{v^2}{D^{1.3}}$。

③求真空表读数

列吸水池水面（0-0）与真空表（1-1）断面的能量方程为

$$Z_0+\frac{P_a}{\rho g}+\frac{v_0^2}{2g}=Z_1+\frac{P_1}{\rho g}+\frac{v_1^2}{2g}+\sum h_s$$

$$32+10+0=35+\frac{P_1}{\rho g}+\frac{1.27^2}{2\times 9.81}+1.17$$

得

$$\frac{P_1}{\rho g}=5.75\ \mathrm{mH_2O}$$

真空表读数为

$$\frac{P_v}{\rho g}=\frac{P_a}{\rho g}-\frac{P_1}{\rho g}=10-5.75=4.25\ \mathrm{mH_2O}=313\ \mathrm{mmHg}=41.7\ \mathrm{kPa}$$

真空度为

$$\frac{P_v}{P_a}=\frac{4.17\times 10^4}{1.01\times 10^5}\times 100\%=41\%$$

方法 2：

$$H_V/\mathrm{mH_2O}=H_{SS}+\frac{v_1^2}{2g}+\sum h_s=35-32+\frac{1.27^2}{2\times 9.81}+1.17=4.25$$

解：（2）①求压水管中的流速

$$v_2/(\mathrm{m\cdot s^{-1}})=\frac{Q}{\frac{\pi}{4}D_d^2}=\frac{0.16}{\frac{3.14}{4}\times 0.35^2}=1.66$$

②求压水管中的总水头损失

$$\sum h_{\mathrm{d}}=h_{\mathrm{fd}}+h_{\mathrm{jd}}=i_2 l_2+1.0$$

方法 1：查《给水排水设计手册.第 01 册.常用资料》P396，知 $i=0.0116$。

方法 2：$i_2=0.00107\dfrac{v_2^2}{D_{\mathrm{d}}^{1.3}}=0.00107\dfrac{1.66^2}{0.35^{1.3}}=0.0115$。

所以
$$\sum h_{\mathrm{d}}/\mathrm{m}=i_2 l_2+1.0=0.0116\times 200+1.0=3.3$$

③求水泵的总扬程为

$$H=H_{\mathrm{ST}}+\sum h_{\mathrm{s}}+\sum h_{\mathrm{d}}$$

$$H/\mathrm{m}=74.5-32+1.17+3.3+10=56.97$$

（3）电动机输给水泵的功率

$$N/\mathrm{kW}=\frac{N_{\mathrm{u}}}{\eta}=\frac{\rho g Q H}{\eta}=\frac{1000\times 9.81\times 0.16\times 56.97}{0.70}=127.74$$

12.现有离心泵一台，量测其叶轮的外径 D_2=280 mm，宽度 b_2=40 mm，出水角 β_2=30°。假设此泵的转速 n=1450 r/min，试绘出其 Q_{T}–H_{T} 理论特性曲线。

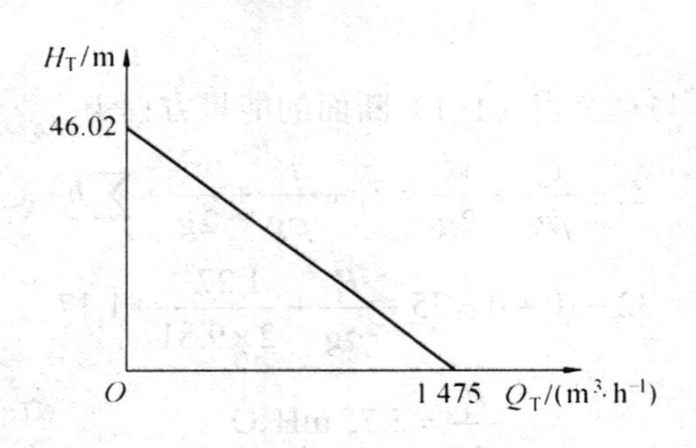

图 3.32

解：（1）离心泵的理论扬程公式为

$$H_{\mathrm{T}}=\frac{u_2 C_{2\mathrm{u}}}{g}$$

而
$$C_{2\mathrm{u}}=u_2-\frac{Q_T}{F_2}\cot\beta_2$$

于是
$$H_T=\frac{u_2}{g}\left(u_2-\frac{Q_T}{F_2}\cot\beta_2\right)$$

（2）圆周速度

$$u_2/(\mathrm{m\cdot s^{-1}})=\frac{n\pi D_2}{60}=\frac{1450\times 3.14\times 0.28}{60}=21.247$$

（3）叶轮出口面积

$$F_2/\mathrm{m}^2=\pi D_2 b_2 \phi=3.14\times 0.28\times 0.04\times 0.95=0.033\,4$$

（4）将圆周速度和叶轮出口面积代入离心泵的理论扬程公式中得到

$$H_\mathrm{T}=\frac{u_2}{g}(u_2-\frac{Q_\mathrm{T}}{F_2}\cot\beta_2)=\frac{21.247}{9.81}(21.247-\frac{Q_\mathrm{T}}{0.0334}\cot 30°)=46.02-112.32Q_\mathrm{T}$$

（5）$H_\mathrm{T}=46.02-112.32Q_\mathrm{T}$

当 Q_T=0 时，H_T=46.02 m；

当 H_T=0 时，Q_T=0.409 7 $\mathrm{m^3/s}$=409.7 L/s =1 475 $\mathrm{m^3/h}$

（6）绘图，见图 3.32。

13. 一台输送清水的离心泵，现用来输送密度为水的 1.3 倍的液体，该液体的其他物理性质可视为与水相同，泵装置均同，试问：

（1）该泵在工作时，其流量 Q 与扬程 H 的关系曲线有无变化？在相同的工作情况下，泵所需的功率有无改变？

（2）泵出口处的压力表读数（MPa）有无改变？如果输送清水时，泵的压力扬程 H_d 为 0.5 MPa，此时压力表读数为多少 MPa？

（3）如该泵将液体输往高地密闭水箱时，密闭水箱的压力为 2 atm，如图 3.32 所示，试问此时该泵的扬程 H_ST 应为多少？

解：（1）由

$$H_\mathrm{T}=\frac{u_2 C_{2\mathrm{u}}-u_1 C_{1\mathrm{u}}}{g}$$

可知水泵的扬程与所抽送液体的密度无关，所以流量 Q 与扬程 H 的关系曲线没有改变。

由

$$N=\frac{N_\mathrm{u}}{\eta}=\frac{\rho g Q H}{\eta}$$

可知水泵所需的功率与所抽送液体的密度有关，所以在相同的工作情况下，泵所需要的功率有改变，为原来的 1.3 倍。

（2）由泵出口处的压力表读数 $P_\mathrm{d}=\rho g H_\mathrm{d}$，可知压力表读数为原来的 1.3 倍。因为水泵压水管高度 H_d（m）没有变化，所以

$$H_\mathrm{d}=\frac{P_{\mathrm{d}水}}{\rho_{水} g}=\frac{P_{\mathrm{d}液}}{\rho_{液} g}$$

得

$$P_{\mathrm{d}液}/\mathrm{MPa}=\frac{P_{\mathrm{d}水}\rho_{液}}{\rho_{水}}=0.5\times 1.3=0.65$$

（3）该泵的净扬程

$$H_\mathrm{ST}/\mathrm{m}=48+\frac{P_2-P_1}{\rho g}=48+\frac{10}{1.3}=55.7$$

14. 如图 3.11 所示，A 点为该泵装置的极限工作点，其相应的效率为 η_A。当闸阀关小时，工作点由 A 移至 B 点，相应的效率为 η_B。由图可知 $\eta_\mathrm{A}<\eta_\mathrm{B}$，现问：

（1）关小闸阀是否可以提高效率？此现象如何解释？

（2）如何推求关小闸阀后该泵装置效率变化公式？

解：把闸阀关小时，水泵所供应的能量有一部分消耗于克服闸阀的附加阻力，造成额外

损失。如果调阀前工况点的位置对应于水泵最高效率点，或在最高效率点的左边，则关小闸阀时不仅增大管路的附加阻力，并且增加水泵内的能量损失，使水泵效率η下降，这显然是不经济的。如果泵工况点位于水泵最高效率点的右边，则关小闸阀虽然增大管路的阻力，却使泵内损失减小，使水泵效率η上升，这样是否经济，应进一步加以分析。为此，引用管路效率η_L，即

$$\eta_L = \frac{H_{ST}}{H} = \frac{H-h}{H} = 1-\frac{h}{H}$$

来表征管路中的水头有效利用率，然后综合考虑这个效率和水泵效率η，再根据这两个效率的乘积（即为水泵装置效率η_z），来判断节流调节的经济性。

$$\eta_z = \eta\eta_L = \left(1-\frac{h}{H}\right)\eta = \frac{H_{ST}}{H}\frac{\gamma QH}{N} = \frac{\gamma QH_{ST}}{N}$$

对于水的容重γ和水泵装置净扬程H_{ST}不随Q而变化，功率N则随流量Q而变化。从图中看出，离心泵的N虽随Q的减小而减小，但比Q减小得慢些。绝大多数叶片泵装置的η_z值均随Q的减小而减小。因此，对于绝大多数已装成的抽水装置来说，即使泵工况点位于最高效率点的右边，节流调节还是不经济的。节流调节虽不经济，但由于简单、易行，在水泵性能试验和现场测定中，仍被广泛采用。闸阀关小后的水泵装置的效率变化为

$$\Delta\eta_z = \frac{\gamma QH_{ST}}{N} - \frac{\gamma(Q-\Delta Q)H_{ST}}{(N-\Delta N)}$$

15. 同一台泵，在运行中转速由n_1变为n_2，试问其比转数n_s值是否发生相应的变化？为什么？

解：不变。

$$\frac{Q_1}{Q_2} = \frac{n_1}{n_2} = k，\quad \frac{H_1}{H_2} = \left(\frac{n_1}{n_2}\right)^2 = k^2$$

又

$$n_s = \frac{3.65n\sqrt{Q}}{H^{3/4}}$$

故

$$\frac{n_{s1}}{n_{s2}} = \frac{\dfrac{n_1\sqrt{Q_1}}{H_1^{3/4}}}{\dfrac{n_2\sqrt{Q_2}}{H_2^{3/4}}} = 1$$

16. 在产品试制中，一台模型离心泵的尺寸为实际泵尺寸的1/4倍，并在转速n=730 r/min时进行实验。此时量出模型泵的设计工况出水量Q_m=11 L/s，扬程H=0.8 m。如果模型泵与实际泵的效率相等。试求：实际泵在n=960 r/min时的设计工况流量和扬程。

解：$\dfrac{Q}{Q_m} = (\dfrac{D}{D_m})^3\dfrac{n}{n_m} = \lambda^3\dfrac{n}{n_m}$，$Q/(\text{L}\cdot\text{s}^{-1}) = \lambda^3\dfrac{n}{n_m}Q_m = 4^3\times\left(\dfrac{960}{730}\right)\times 11 = 925.8$

$$\frac{H}{H_m} = \left(\frac{D}{D_m}\right)^2\left(\frac{n}{n_m}\right)^2 = \lambda^2\left(\frac{n}{n_m}\right)^2，\quad H/\text{m} = \lambda^2\left(\frac{n}{n_m}\right)^2 H_m = 4^2\times\left(\frac{960}{730}\right)^2\times 0.8 = 22.1$$

17. 某循环泵站中，夏季为一台12SH-19型离心泵工作，泵叶轮直径D_2=290 mm，管路中阻力系数S=225 S^2/m^5，静扬程H_{ST}=14 m。到了冬季，用水量减少了，该泵站须减少12%的供水量，为了节电，到冬季拟将另一备用泵叶轮切小后装上使用。问：该备用叶轮应切削外径百分之几？

解：(1)假设12SH-19的Q–H曲线的高效段方程为：$H=H_x-S_xQ^2$。根据教材P60，12SH-19离心泵的性能曲线图，在Q–H曲线的高校段内取两个点（0.2 m^3/s，20 m），（0.24 m^3/s，15 m），带入上式，解得

$$S_x=284，H_x=31.4\ m$$

故水泵Q–H曲线　　$H=31.4-284Q^2$　　①

管路特性曲线　　$H=14+225Q^2$　　②

联立①②求解得，夏季水泵装置工况点：$Q_1=0.185\ m^3/s$，$H_1=21.7\ m$。

（2）冬季该泵装置的工况点为

$$Q_2/(m^3\cdot s^{-1})=Q_1（1-12\%）=0.185\times（1-12\%）=0.163$$

将Q_2带入②式，解得水泵扬程：$H_2=20.0\ m$

相似工况抛物线　　$k=\dfrac{H_2}{Q_2^2}=\dfrac{20.0}{0.163^2}=753，H=753Q^2$　　③

联立①③解得　　$Q'_2/(m\cdot s^{-1})=0.174$

$$D_2/mm=\frac{Q_2}{Q'_2}D_1=\frac{0.163}{0.174}\times290=272$$

$$\frac{D_1-D_2}{D_1}\times100\%=\frac{290-272}{290}\times100\%=6.2\%$$

18. 某机场附近一个工厂区的给水设施如图3.33所示。已知：采用一台14SA-10型离心泵工作，转速n=1 450 r/min，叶轮直径D=466 mm，管道阻力系数S_{AB}=200 S^2/m^5，S_{BC}=130 S^2/m^5，试问：

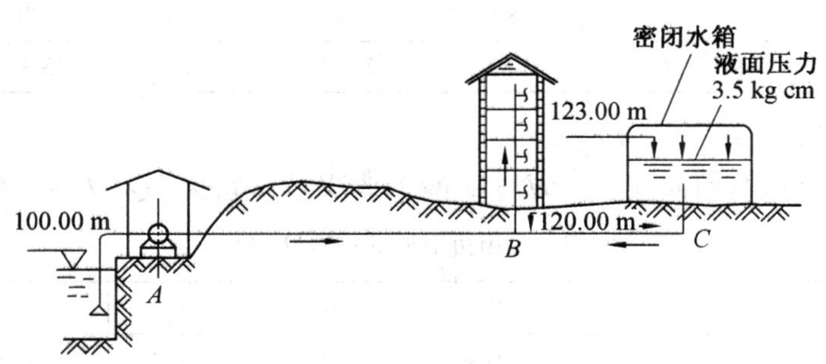

图3.33

（1）当泵与密闭压力水箱同时向管路上B点的四层楼房屋供水，B点的实际水压等于保证4层楼房屋所必需的自由水头时，问B点出流的流量应为多少m^3/h？

（2）当泵向密闭压力水箱输水时，B点出流量已知为40L/s时，问泵的输水量及扬程应为多少？输入密闭压力水箱的流量应为多少？（以图解法或数解法求之）

解：（1）把水泵和水箱的特性曲线折引到B点，然后用横加法求并联特性曲线，与管路特性曲线的交点。

4 层楼房最小服务水头：H_B=120+40×(4−2)=200 kPa=20 m H_2O

步骤：

（1）14SA-10 型离心泵特性曲线（Q–H）$_1$图 3.33 所示。取点绘图：

表 3.4　离心泵特性

Q/（L·s^{-1}）	0	80	160	240	320	400
H/m	73	78	77.5	73	69	59

（2）密闭水箱的液面不变，则（Q–H）$_2$为一条直线。$H_{箱}$=123−120+25=28 m。

（3）折引水泵特性曲线。

①先画 Q–Σh_{AB} 曲线，$\Sigma h_{AB}=S_{AB}Q^2=200Q^2$。

表 3.5　Q–Σh_{AB} 曲线表

Q/（L·s^{-1}）	0	80	160	240	320	400
Σh_{AB}/m	0	1.28	5.12	11.52	20.48	32

②求水泵折引后曲线（Q–H）$_1'$

采用对应流量下从水泵曲线（Q–H）$_1$上减去曲线 Q–Σh_{AB}。

表 3.6　水泵折引后曲线表（Q–H）$_1'$

Q/（L·s^{-1}）	0	80	160	240	320	400
H_1–Σh_{AB}/m	73	76.72	72.38	61.48	48.52	27

（4）折引水箱 C 特性曲线。

①画 Q–Σh_{BC} 曲线，$\Sigma h_{BC}=S_{BC}Q^2=130\ Q^2$

表 3.7　折引水箱 C 特性曲线表

Q/（L·s^{-1}）	0	80	160	240	320	400
Σh_{BC}/m	0	0.832	3.328	7.488	13.312	20.8

②求水箱折引后曲线（Q–H）$_2'$

采用对应流量下从水箱曲线（Q–H）$_2$ 上减去曲线 Q–Σh_{BC}。（Q–H）$_2'$：H＝28−130 Q^2。

表 3.8　水箱折引后曲线（Q–H）$_2'$

Q/（L·s^{-1}）	0	80	160	240	320	400
$H_{箱}$–Σh_{BC}/m	28	27.168	24.672	20.512	14.688	7.2

（5）横加法，叠加（Q–H）$_1'$与（Q–H）$_2'$ 等扬程下流量叠加。

表 3.9　（Q–H）$_1'$与（Q–H）$_2'$ 等扬程下流量叠加

Q_{1+2}/（L·s^{-1}）					400+80	410+180	420+240
H_1/m	38	35	32	29	27	23	20

（6）画出管路特性曲线，如图 3.34 所示，即为 $H=H_B$=20 m。

（7）求管路特性曲线与并联特性曲线交点 M，该点流量即为 B 点流量 Q_B。

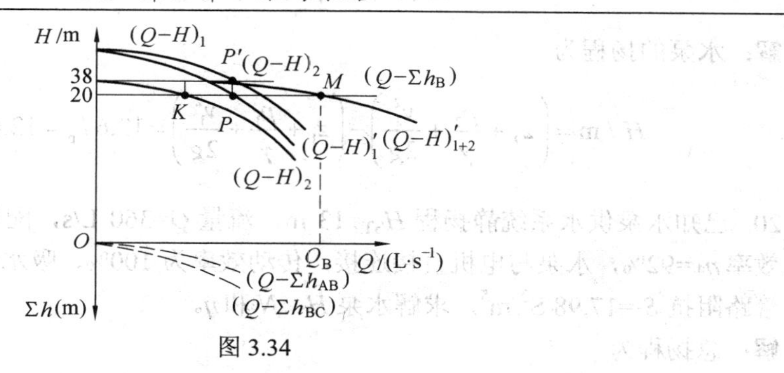

图 3.34

（2）此工况类似于图 3.35。

方法：水泵折引到 B 点，将两个管路损失叠加求管路损失曲线，再求交点。

步骤：

①把水泵折引到 B 点和（1）同。

②4 楼管路损失不考虑，四层楼房的损失为 0。

③求水箱管路损失曲线：Q−Σh_{BC}，同（1）。

$H=H_{ST}+S_{BC}Q^2=123-120+25+130\ Q^2=28+130\ Q^2$，取点计算后绘图。

④求交点 M。

⑤向上做垂线求得水泵工况点 N，Q_N，H_N 即为所求。

⑥$Q_{箱}=Q_N-Q_B=Q_N-40$ L/s

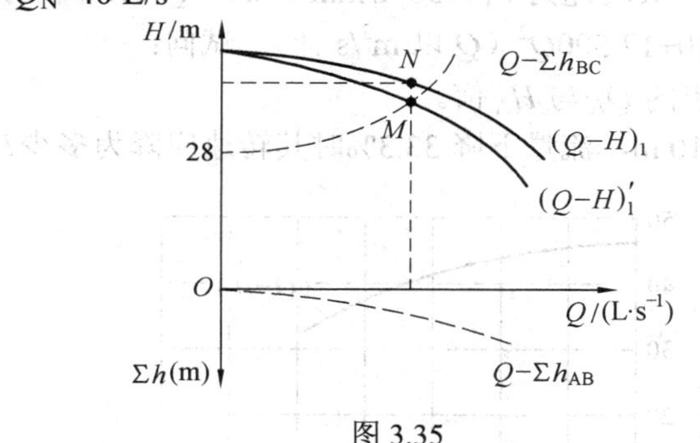

图 3.35

19. 如图 3.36 所示，在水泵进、出口处按装水银差压计。进、出口断面高差为 ΔZ=0.5 m，差压计的读数为 h_p=1 m，求水泵的扬程 H。（设吸水管口径 D_1 等于压水口径 D_2）

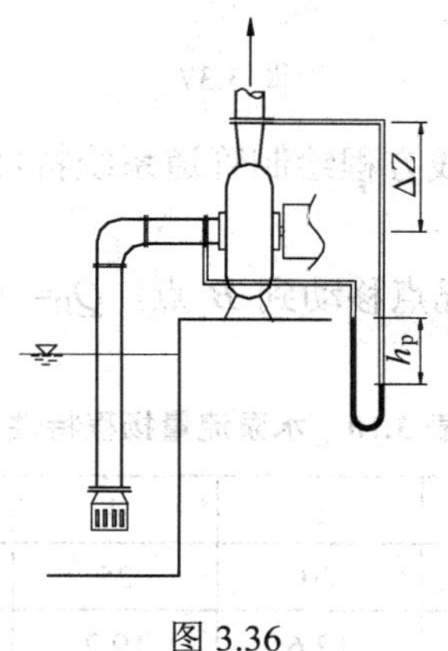

图 3.36

解：水泵的扬程为

$$H/\mathrm{m}=\left(z_2+\frac{p_2}{\gamma}+\frac{v_2^2}{2g}\right)-\left(z_1+\frac{p_1}{\gamma}+\frac{v_1^2}{2g}\right)=12.6\ h_p=12.6\times1=12.6$$

20. 已知水泵供水系统静扬程 H_{ST}=13 m，流量 Q=360 L/s，配用电机功率 $N_{电}$=79 kW，电机效率 $\eta_{电}$=92%，水泵与电机直接连接，传动效率为 100%，吸水管路阻抗 S_1=6.173 S^2/m^5，压水管路阻抗 S_2=17.98 S^2/m^5，求解水泵 H、N 和 η。

解：总扬程为

$$H/\mathrm{m}=H_{ST}+\sum h_s+\sum h_d=H_{ST}+S_1Q^2+S_2Q^2=H_{ST}+(S_1+S_2)Q^2=$$

$$13+(6.173+17.98)\times0.36^2=16.13$$

水泵轴功率即电机输出功率

$$N/\mathrm{kW}=N_{电}\eta_{电}=79\times0.92=72.68$$

水泵效率为

$$\eta/\%=\frac{N_u}{N}=\frac{\gamma QH}{N}=\frac{9.81\times0.36\times16.13}{72.68}=78.4$$

21. 某变速运行离心水泵其转速为 n_1=950 r/min 时的（Q–H）$_1$曲线如图 3.37 所示，其管道系统特性曲线方程为 H=10+17 500Q^2（Q 以 m^3/s 计）。试问：

（1）该水泵装置工况点的 Q_A 与 H_A 值。

（2）若保持静扬程为 10 m，流量下降 33.3%时其转速应降为多少？

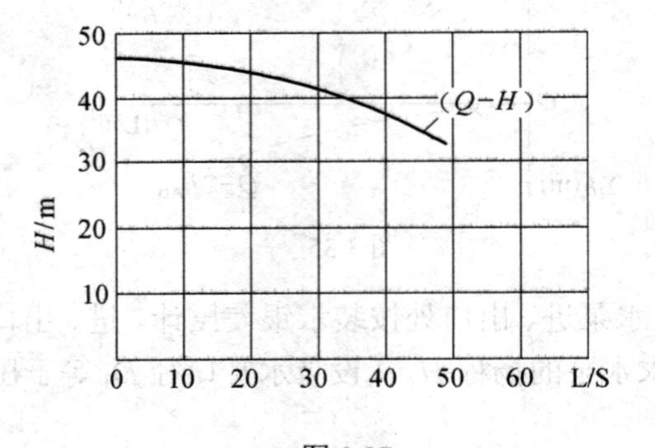

图 3.37

解：（1）根据管道系统特性曲线方程绘制管道系统特性曲线：图解得交点 A（40.5，38.2）即 Q_A =40.5 L/s；H_A =38.2 m。

（2）流量下降 33.3%时，工况点移动到 B 点，Q_B=（1−0.333）Q=27 L/s。由图中查得 H_B =23 m。

表 3.10　水泵流量扬程特性

编号	1	2	3	4	5	6	7
流量	10	15	20	25	30	35	40
扬程	3.2	7.1	12.6	19.7	28.4	38.7	50.1

相似工况抛物线方程为

$$H = KQ^2 = \frac{H_B}{H_B^2}Q^2 = \frac{23}{27^2}Q^2 = 0.0316\,Q^2$$

（3）绘制 $H=KQ^2$ 曲线：

$H=KQ^2$ 曲线与（Q–H）曲线的交点为 A_1（36，40）即 Q_{A1}=36 L/s，Q_{H1}=40 m。则根据比例律有

$$\frac{n_2}{n_1} = \frac{Q_B}{Q_{A1}}$$

则

$$n_2/(r\cdot \min^{-1}) = \frac{Q_B}{Q_{A1}}n_1 = \frac{27}{36}\times 950 = 713$$

22. 已知某离心泵铭牌参数为 Q=220 L/s，$[H_S]$=4.5 m，若将其安装在海拔 1 000 m 的地方，抽送 40 ℃的温水，试计算其在相应流量下的允许吸上真空高度$[H_S]'$。（海拔 1 000 m 时，h_a=9.2 m，水温 40 ℃时，h_{va}=0.75 m）

解： $[H_S]/\text{m} = [H_S] - (10.33 - h_a) - (h_{va} - 0.24) = 4.5 - (10.33 - 9.2) - (0.75 - 0.24) = 2.86$

23. 已知水泵装置流量 Q=0.12 m^3/s（图 3.38），吸水管直径 D_1=0.25 m，抽水温度 t=20 ℃，允许吸上真空高度为$[H_s]$=5 m，吸水井水面绝对标高为 102 m，水面为大气压强，设吸水管水头损失为 h_s=0.79 m，试确定泵轴的最大安装标高。（海拔为 102 m 时的大气压为 h_a=10.2 m H_2O）

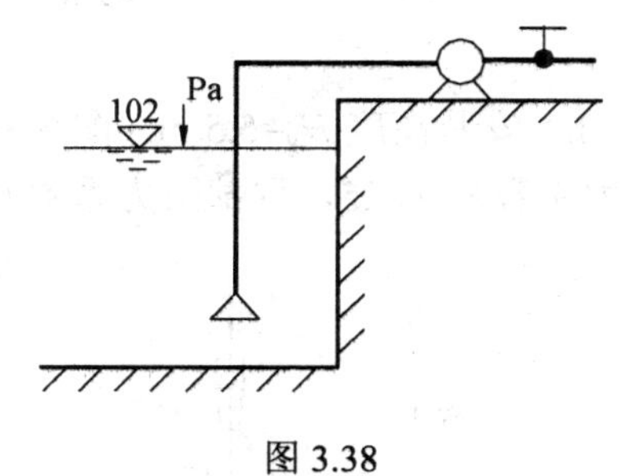

图 3.38

解： $[H_S]'/\text{m} = [H_S] - (10.33 - h_a) = 5 - (10.33 - 10.2) = 4.87$

列吸水井水面（0–0）和水泵吸入口断面（1–1）能量方程为

$$\frac{p_a}{\gamma} = H_g + \frac{p_1}{\gamma} + \frac{v_1^2}{2g} + h_s$$

$$\frac{p_V}{\gamma} = \frac{p_a - p_1}{\gamma} = H_g + \frac{v_1^2}{2g} + h_s$$

$$[H_S]' = [H_g] + \frac{v_1^2}{2g} + h_S$$

$$[H_g]/\text{m} = [H_S]' - \frac{v_1^2}{2g} - h_S = 4.87 - 0.30 - 0.79 = 3.78$$

答：泵轴最大安装标高为 $102+[H_g]=102+3.78=105.78$ m。

24. 12SH-19A 型离心水泵，流量 Q=220 L/s 时，在水泵样本中查得允许吸上真空高度 $[H_S]$=4.5 m，装置吸水管的直径为 D=300 mm，吸水管总水头损失为 Σh_S=1.0 m，当地海拔高度为 1 000 m，水温为 40 ℃，试计算最大安装高度 H_g（海拔 1 000 m 时的大气压为 h_a=9.2 m H_2O，水温 40 ℃时的汽化压强为 h_{va}=0.75 m H_2O）

解：吸水管流速为 $V/(\mathrm{m\cdot s^{-1}})=\dfrac{Q}{\omega}=\dfrac{\frac{220}{1\,000}}{\frac{\pi}{4}\times 0.3^2}=3.11$

$$[H_S]'/\mathrm{m}=[H_S]-(10.33-h_a)-(h_{va}-0.24)=4.5-(10.33-9.2)-(0.75-0.24)=2.86$$

列吸水井水面（0-0）与水泵进口断面（1-1）能方程为

$$\frac{p_a}{\gamma}=H_g+\frac{p_1}{\gamma}+\frac{v_1^2}{2g}+\sum h_s$$

$$H_V=\frac{p_a-p_1}{\gamma}=H_g+\frac{v^2}{2g}+\sum h_s$$

$$[H_S]'=[H_g]+\frac{v^2}{2g}+\sum h_S$$

$$[H_g]/\mathrm{m}=[H_S]'-\frac{v^2}{2g}-h_S=2.86-\frac{3.11^2}{2\times 9.81}-1.0=1.37$$

答：H_g=1.37 m。

25. 水泵输水流量 Q=20 m^3/h，安装高度 H_g=5.5 m（图 3.39），吸水管直径 D=100 mm 吸水管长度 L=9 m，管道沿程阻力系数 λ=0.025，局部阻力系数底阀 ζ_e=5，弯头 ζ_b=0.3，求水泵进口 C-C 断面的真空值 P_{VC}。

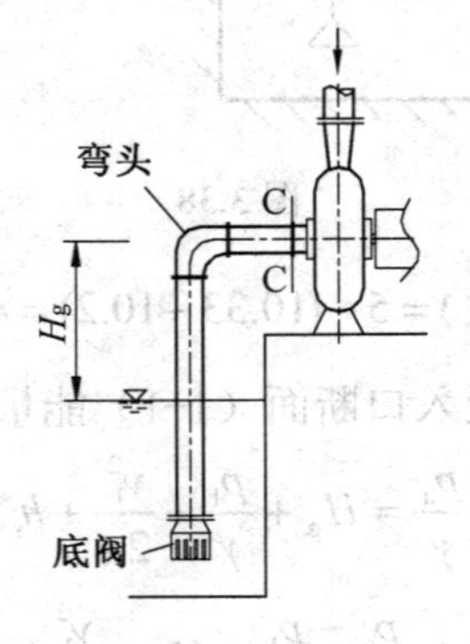

图 3.39

解：
$$v/(\mathrm{m\cdot s^{-1}})=\frac{Q}{\omega}=\frac{Q}{\frac{\pi}{4}\times d^2}=\frac{4\times 20}{3.14\times 0.1^2\times 3\,600}=0.71$$

$$\frac{v^2}{2g}=\frac{0.71^2}{2\times 9.81}=0.026\ \mathrm{m}$$

$$\sum h_{\mathrm{S}}/\mathrm{m}=\left(\lambda\frac{1}{d}+\xi_{\mathrm{e}}+\xi_{\mathrm{b}}\frac{v^2}{2g}=0.025\times\frac{9}{0.1}+5+0.3\right)\frac{0.71^2}{2\times 9.81}=0.19$$

列吸水井水面（0–0）与水泵进口断面（C–C）能方程为

$$\frac{p_{\mathrm{a}}}{\gamma}=H_{\mathrm{g}}+\frac{p_{\mathrm{c}}}{\gamma}+\frac{v^2}{2g}+\sum h_{\mathrm{s}}$$

$$H_{\mathrm{V}}/\mathrm{mH_2O}=\frac{p_{\mathrm{a}}-p_{\mathrm{c}}}{\gamma}=H_{\mathrm{g}}+\frac{v^2}{2g}+\sum h_{\mathrm{s}}=5.5+0.026+0.19=5.72$$

则

$$p_{\mathrm{vc}}/\mathrm{Pa}=\gamma H_{\mathrm{v}}=9\,810\times 5.72=56\,113.2$$

26. 已知某离心泵铭牌参数为 Q=220 L/s，$[H_S]$=4.5 m，若将其安装在海拔 1 500 m 的地方，抽送 20 ℃的温水，若装置吸水管的直径为 D=300 mm，吸水管总水头损失为Σh_S =1.0 m，试计算其在相应流量下的允许安装高度 H_g。（海拔 1 500 m 时，h_a=8.6 m；水温 20 ℃时，h_{va}=0.24 m）

解：

$$V/(\mathrm{m\cdot s^{-1}})=\frac{Q}{\omega}=\frac{\frac{220}{1\,000}}{\frac{\pi}{4}\times 0.3^2}=3.11$$

$$[H_{\mathrm{S}}]'/\mathrm{m}=[H_{\mathrm{S}}]-(10.33-h_{\mathrm{a}})=4.5-(10.33-8.6)=2.77$$

$$[H_{\mathrm{S}}]'=[H_{\mathrm{g}}]+\frac{v^2}{2g}+\sum h_{\mathrm{S}}$$

$$[H_{\mathrm{g}}]/\mathrm{m}=[H_{\mathrm{S}}]'-\frac{v^2}{2g}-h_{\mathrm{S}}=2.77-\frac{3.11^2}{2\times 9.81}-1.0=1.28$$

27. 如图 3.40 所示，冷凝水泵从冷凝水箱中抽送 40 ℃的清水，已知水泵额定流量为 Q=68 m^3/h，水泵的必要汽蚀余量为[NPSH]=2.3 m，冷凝水箱中液面绝对压强为 p_0=8.829 Kpa，设吸水管阻力为 h_s=0.5 m，试计算其在相应流量下的最小倒灌高度$[H_g]$。（水温 40 ℃时，水的密度为 992 kg/m^3，水的汽化压强为 h_v=0.75 m）

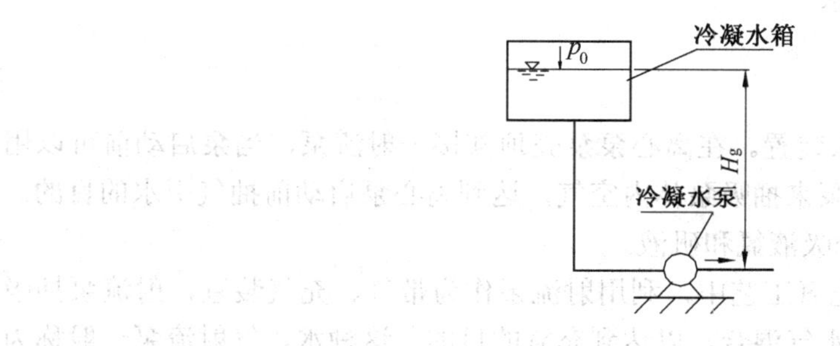

图 3.40

解：
$$[H_g]/\text{m}=[\text{NPSH}]-\frac{p_0-p_V}{\gamma}+h_S=[\text{NPSH}]-\frac{p_0}{\gamma}+h_v+h_S=$$
$$2.3-\frac{8\,829}{992\times 9.81}+0.75+0.5=2.64$$

28. 已知某12SH型离心泵的额定参数为Q=684 m^3/h，H=10 m，n=1 450 r/min。试计算其比转数n_s。

解：
$$n_s=\frac{3.65n\sqrt{Q}}{H^{\frac{3}{4}}}=3.65\frac{1\,450\sqrt{\frac{684}{2}\times\frac{1}{3\,600}}}{10^{\frac{3}{4}}}=288$$

29. 已知某多级泵，其额定参数为Q=45 m^3/h，H=33.5 m，转数n=2 900 r/min，级数为8，试求其比转数n_s。

解：
$$n_s=3.65\frac{nQ^{\frac{1}{2}}}{\left(\frac{H}{8}\right)^{\frac{3}{4}}}=3.65\frac{2\,900\times\left(\frac{45}{3\,600}\right)^{\frac{1}{2}}}{\left(\frac{33.5}{8}\right)^{\frac{3}{4}}}=404$$

第三节　其他泵与风机

一、名词解释

1. 气升泵：由扬水管、输气管、喷嘴和气水分离箱等组成。又名空气扬水机，以压缩空气来升水、升液或提升矿浆的气举装置。

2. 往复泵：由泵缸、活塞、吸、压水阀构成。依靠在泵缸内作往复运动的活塞来改变工作室的容积，从而达到吸入和排出液体的目的。

二、简答题

1. 简述射流泵优缺点。

（1）优点：①构造简单、尺寸小、质量轻、价格低；②便于就地加工、安装容易、维修简单；③无运动部件，启闭方便；④可以抽升污泥或其他含颗粒液体；⑤可以与离心泵联合串联工作从大口井或深水井取水。

（2）缺点：效率低。

2. 简述射流泵的适用范围。

（1）用作离心泵的抽气引水装置。在离心泵泵壳顶部接一射流泵，当泵启动前可以用外接给水管的高压水，通过射流泵来抽吸泵体内空气，达到离心泵启动前抽气引水的目的。

（2）在水厂中利用射流泵抽吸液氯和矾液。

（3）在地下水除铁曝气的充氧工艺中，利用射流泵作为带气、充气装置，射流泵抽吸的始终是空气，通过混合管进行水气混合，以达到充氧的目的。这种水、气射流泵一般称为加气阀。

（4）在排水工程中，作为污泥消化池中搅拌和混合污泥用泵。

（5）与离心泵联合工作以增加离心泵装置的吸水高度。在离心泵吸水管的末端装置射流泵，利用离心泵压出的压力水作为工作液体，可使离心泵从深达 30～40 m 的井中抽升液体。适用于地下水位较深的地区或牧区解决人民生活用水、畜牧用水及小规模农田灌溉。

第四节　给水泵站

一、名词解释

1. 水锤：在压力管道中，由于流速的剧烈变化引起的一系列急剧的压力交替升降的水力冲击现象。

2. 停泵水锤：泵机组因突然失电或其他原因，造成开闸停车时，在泵及管路中水流速度发生递变而引起的压力递变现象。

说明：水泵正常运行时，水泵和管路中压力稳定，不会产生水锤。

按操作规程规定，先关闭压水管闸阀再停泵，不会产生水锤。

二、填空题

1.（分基型）（干室型）（湿室型）（块基型）

2.（平行布置）（辐射状布置）（并联布置）（串联布置）

3.（取水泵站）（送水泵站）（加压泵站）（循环泵站）

4.（地面式泵站）（地下式泵站）（半地下式泵站）

5.（人工手动控制）（半自动化）（全自动化）（遥控泵站）

6.（2 m）

7.（0.8 m）（1.2 m）

8.（0.7 m）（1 m）

三、简答题

1. 简述取水泵站的主要特点。

（1）临江靠岸，泵站高度很大（因水位枯水期和洪水期变化大，既保证泵站在枯水期抽水的可能还保证最高洪水位时泵房筒体不被淹没进水），运行管理困难、复杂。

（2）机组及辅助设施的设置，应尽可能地充分利用泵房内面积，泵机组及电动间阀的控制可以集中在泵房顶层集中管理，底层尽可能做到无人值班，仅定期下去抽查。

（3）进水口水位变化较大，出水位变化小。

（4）施工困难，具有季节性（在枯水位施工），扩建困难。

2. 简述给水泵站的分类及其内容。

（1）泵机组设置的位置与地面的相对标高关系
- 地面式泵站
- 地下式泵站
- 半地下式泵站

（2）操作条件及方式
- 人工手动控制
- 半自动化
- 全自动化

（3）泵站在给水系统中的作用
- 遥控泵站
- 取水泵站
- 送水泵站
- 加压泵站
- 循环泵站

3. 简述取水泵站设计注意事项。

（1）选址：防洪堤以内不允许建设永久性建筑物，一般建在防洪堤以外。

（2）泵站与江水之间应有集水构筑物集水井，水通过引水管自流进集水井。泵房与取水井可以合建（节省投资）也可以分建。不允许挖堤时，自流管采用顶管施工。

（3）充分利用允许吸上真空高度提高泵房高度，降低造价。

（4）n 台并联水泵出水管在闸阀井内联合，只有两根或一根管线输水至水厂混合池。

4. 简述送水泵站主要特点。

（1）泵房埋深小（吸水水位变化范围小），运行管理方便，常建成地面式或半地下式。

（2）吸水水位变化小（一般为 3～4 m），但送水水位变化大。

（3）输送清水，水质好。

（4）泵站设置不同型号和台数的泵机组（适应管网中用户水量和水压变化），泵站面积增大，运行管理复杂。

（5）调速泵在送水泵站中尤其重要。

5. 简述给水泵站中吸水井的基本形式。

（1）分离式吸水井：邻近泵房独立设置的吸水井，吸水井分为两个独立格，中间隔墙上有阀门，阀门口径应足以通过邻格最大吸水流量，以便当其中一进水管切断时，泵房内各机组仍能工作。

（2）池内吸水井：将清水池的一端用隔墙分出一部分容积作为吸水井。吸水井分成两格，隔墙装上阀门或者闸板，两格均可独立工作。吸水井一端接入来自另一清水池的旁通管，当主体清水池需要清洗时，可关闭隔墙上的进水阀（闸板），由旁通管供水，使泵房仍能继续工作。

6. 简述加压泵站的主要特点。

（1）加压泵站埋深小，水质好。

（2）进水口水位变化小，出水口水位变化大。

（3）运行不稳定。

7. 简述循环泵站的主要特点。

（1）一般设输送冷、热水两组泵。

（2）供水对象要求水压稳定，水量随季节的气温变化而变化。

（3）泵备用率较大，泵台数较多。

（4）确定泵数目和流量时，要考虑一年中水温的变化，可以选用多台同型号泵，不同季节开动不同台数的泵调节流量。

（5）循环泵站通常位于冷却构筑物或净水构筑物附近。

（6）最好采用自灌式（保证良好的吸水条件），循环水泵大多数是半地下式。

8. 简述二级泵站设计流量和扬程的确定方法。

（1）流量确定

①城市管网用水 24 h 均不相同，找出流量随时间变化给率，确定最高日最高时用水量 Q_h，水泵流量以 Q_h 为依据，并应随用水量变化而变化。

②根据最大日逐时用水变化曲线分级供水。

a. 对于小城市给水系统，由于用水量不大，大多数采取泵站均匀供水方式，即泵站设计流量按最高日平均小时用水量计算。

b. 对于大城市给水系统，采取无水塔、多水源、分散供水系统，宜采取泵站分级供水方式（泵站设计流量按最高日最高时用水量计算，运用多台或不同型号的水泵组合来适应用水量的变化）。

c. 一般分为高峰、低峰两级供水，最多不超过三级供水，一般各级供水量可取该供水时段用水量的平均值。泵站各级供水线尽量接近用水线，分级供水优点是管网中水塔的调节容积比均匀供水时小。分级不宜过多，如果多需设置较多的泵，增大泵站面积和清水池的调节容积，增大二级泵站的输水管直径（按最大一级供水流量设计输水管道直径）。

（2）扬程确定

$$H = H_{ST} + \sum h ;\quad H_{ST} = H'_{ST} + H_{sev}$$

H'_{ST}——水源井中枯水位（或最低动水位）与给水管网中控制点的地面标高差 m。

H_{sev}——给水管网中控制点所要求的最小自由水压，也叫服务压头。

注意：一级泵站及二级泵站水泵扬程按公式确定后要考虑加上一定得安全水头。

9. 简述给水泵站设计时选泵要点。

（1）大小兼顾、调配灵活

在用水量和水压变化较大情况下，选用性能不同的泵的台数越多，越能适应水量变化的要求，浪费的能量越少。为了节省动力费用，应根据管网用水量和相应水压变化情况合理地选择不同性能的泵，做到大小泵兼顾，在运行中可灵活调度，以求得最经济的效果。

（2）型号整齐，互为备用

①实际工程中水泵台数不能太多，否则工程投资很大，另外型号过多也不便于管理，因此一般不宜超过三种类型的水泵。

②实际工作中多采用多台同型号的泵并联工作以减少扬程浪费。而且水泵型号相同，可以互为备用，对零配件、易损件的储备、管道的制作和安装、设备的维护和管理都很方便。

③水泵台数增加，泵站投资费用也增加，一般水泵站并联台数不是特别多（5～7 台内）时，运行效率提高而节省的能耗足以抵偿多设置水泵的投资。

（3）水泵换轮运行

水泵换轮运行同样可以达到减少扬程浪费的目的。但更换叶轮需要停泵，操作不方便，宜于长期调节时使用。

（4）水泵调速运行

多台水泵并联工作时，可以采用调速泵和定速泵配合工作，达到节能和节省投资的最佳效果。

（5）合理利用各泵的高效段

（6）近远期相结合。可考虑近期用小泵大基础的方法，近期发展采用换大轮运行，远期采用换大泵运行。

（7）大中型泵站需做选泵方案比较。

10. 简述选泵时需考虑的其他因素。

（1）泵的构造形式。

（2）保证泵的正常吸水条件，在保证不发生汽蚀的前提下，充分利用 H_s。

（3）选用效率较高的泵。尽量选择大泵，因为大泵效率高。

（4）为保证供水可靠性，选择一定数量的备用泵。

①不允许减少供水量和不允许间断供水的泵站，应有两套备用机组，如大工况企业。

②允许减少供水量，只保证事故供水量的泵站，可设一套备用泵组。

③允许短时间间断供水、城市供水系统中的泵站以及高层建筑给水泵；一般只设一台备用泵。

④通常备用泵与最大泵型号相同。

⑤如果给水系统中有相当大容积的水塔，也可不设备用机组。

⑥备用泵要处于完好准备状态，随时能启动工作，备用泵和工作泵互为备用、轮流工作的关系。

（5）选泵时尽量结合地区条件优先选择当地制造成系列生产的、比较定型的和性能良好的产品。

11. 选泵后的消防校核方法有哪些？

在泵站中的泵选好之后，必须按照发生火灾时的供水情况，校核泵站的流量和扬程是否满足消防时的要求。

（1）一级泵站备用泵流量的校核

一级泵站在火灾时只在规定时间内向清水池中补充必须得消防储备用水，由于供水强度小，一般可不专门设置消防水泵，在补充消防备用水时间内开动备用泵加强泵站工作。

备用泵流量校核
$$Q=\frac{2\alpha(Q_f+Q')-2Q_r}{t_f}$$

（2）二级泵站选泵后校核

二级泵站中如开动备用泵也不能满足消防时所需流量，可增加一台消防水泵。如果是因为启用备用泵后扬程不能满足消防用水，泵站中正常运行的泵都停运，另选合适消防时扬程的泵，其流量为消防流量和最高时用水量之和，这样增加泵站的容量，不合理，一般采用调整个别管段的管径，而不使消防扬程过高。

12. 简述水泵纵向排列及其特点。

水泵纵向排列是指各机组轴线平行单排并列。其特点：

（1）布置紧凑、泵房跨度小、进水管顺直

（2）吸水、出水条件好，出水管省弯头

（3）适用于IS型单级单吸离心泵

13. 简述水泵横向排列及其特点。

水泵横向排列是指各机组轴线成一直线单行排列，侧向进出水。其特点：

（1）布置紧凑，泵房跨度小，进出水管顺直，水力条件好

（2）吸压水条件好，布置简单，吊装方便

（3）泵房最长

（4）适用于SH、SA型单级双吸卧式离心泵

14. 简述水泵横向双行排列主要特点。

（1）排列紧凑，节省建筑面积

（2）泵房跨度大，起重设备需考虑采用桥式行车

（3）两行水泵的转向从电机方向看去是彼此相反的，在水泵订货时应向水泵厂特别说明配置不同转向的轴套止锁装置。

15. 简述水泵轴线呈直线双行交错排列主要特点。

（1）适合泵站内多台泵，管路顺直的情况。

（2）可减小泵房长度，减小面积。

（3）泵房宽度比第三种情况小，泵房长度比第二种情况小。

（4）此种布置方式使用较多，房间跨度较大。

16. 简述水泵轴线平行双排交错排列主要特点。

（1）排列紧凑、节省建筑面积。

（2）泵房跨度大，管线布置复杂。

（3）梁的高度与跨度之比 1:8～1:12。

（4）如果跨度大则梁大，施工不方便。

17. 水泵泵机组基础的施工要求有哪些？

（1）泵机组基础采用混凝土浇筑，施工时预埋螺栓孔 0.15～0.2 m。

（2）基础质量大于泵机组总质量的 2.5～4 倍，基础高度一般不应小于 50～70 cm。

（3）混凝土基础应高出室内地坪 10～20 cm，基础在室内地坪以下的深度还取决于邻近管沟的深度，不得小于管沟的深度。

（4）尽量使基础底部放在地下水位以上（以免水促进震动传播），如在地下水位以下应将泵房地板做成整体的连续钢筋混凝土板，将机组安装在地板上凸起的基础座上。

18. 对吸水管的基本要求有哪些？

（1）不漏气：漏气时吸不上水或出水量减少。采用钢管防止漏气，接口可焊接，埋于土时涂沥青防腐层。

（2）不积气：积气易形成气囊，影响过水能力，严重时破坏真空吸水。为及时排气防止积气形成气囊，吸水管应有沿水流方向连续上升的坡度，一般大于 0.005，应使沿吸水管线的最高点在泵吸入口的顶端，吸水管断面一般大于泵吸入口的断面（减少水头损失），吸水管路上的变径管宜采用偏心渐缩管。

（3）不吸气：吸水管淹没深度不够时，进水口处水流产生涡流吸水时带入大量空气，破坏泵正常吸水。保证吸水口在最低水位下有足够的淹没深度 0.5～1.0 m，如此深度不能满足则在管子末端装置水平隔板。

19. 吸水管有关设计规定有哪些？

（1）吸水管路尽可能短，以减少$\sum h$

（2）为防止吸入井底沉渣，吸水管进口高于井底不小于 0.8 D。D 为吸水管喇叭口扩大部分直径，通常为吸水管直径 1.3～1.5 倍。

（3）吸水管喇叭口边缘距井壁不小于（0.75～1.0）D。

（4）同一井中安装有几根吸水管时吸水喇叭口之间距离不小于（1.5～2.0）D。

（5）为减少吸水管进口处水头损失，吸水管进口通常做成喇叭口形式，如水中有较大杂质时，喇叭口外需设滤网。

（6）当泵从压水管引水启动时，吸水管上应装有底阀（水只能从吸水管口进入泵，而

不能从其流出）。

（7）吸水管中设计流速：管径小于 250 mm 时，1.0～1.2 m/s；管径大于等于 250 mm 时，1.2～1.6 m/s；管路较短且地形吸水高度不大时，1.6～2.0 m/s。

20. 对压水管的基本要求有哪些？

（1）压水管承受高压，采用钢管焊接接口，为便于检修适当位置可用法兰接口。

（2）考虑压水管内水对水管的作用力传至水泵，应设伸缩节或者可曲挠的橡胶接头。

（3）为承受管路中内压力造成的推力，在一定部位上（各弯头处）应设置专门的支墩或拉杆。

（4）泵与压水闸阀之间需设置止回阀，以免水倒流。

（5）设计流速的规定：管径小于 250 mm，1.5～2.0 m/s；管径大于等于 250 mm，2.0～2.5 m/s。

（6）压水管上闸阀因承受高压开启较困难，当压水管直径大于等于 400 mm 时，大都采用电动或水力闸阀。

21. 停泵水锤的防护措施有哪些？

（1）防止水柱分离。

（2）设置水锤消除器。

（3）设空气缸。利用气体体积与压力成反比原理，适用于小直径或输水管长度不大的情况。

（4）采用缓闭止回阀或缓闭止回蝶阀。阀门缓慢关闭或不全闭，允许局部倒流，有效减弱由于开闸停泵而产生的高压水锤。

（5）取消止回阀。

22. 水泵选型的原则是什么？

①满足用水部门的设计要求，也就是设计流量和设计扬程的要求；

②水泵在高效区运行，在长期运行中的平均效率最高；

③一次性投资最省，年运行费用最低；

④尽量选择标准化、系列化、规格化的新产品；

⑤便于安装、检修、运行和管理，利于今后的发展等。

23. 防护水锤过大增压的措施有哪些？

①控制设计流速；

②设置水锤消除器；

③设置高压空气室；

④设置爆破膜片；

⑤装设飞轮等。

24. 压力管道的选线原则有哪些？

①垂直等高线，线短弯少损失小；

②在压力示坡线以下；

③减少挖方，避开填方，禁遇塌方，躲开山洪；

④躲开山崩、雪崩、泥石流、滑坡和大断层等不良地质地段；

⑤便于运输、安装、检修和巡视，利于今后的发展。

25. 简述并联工作中调速泵台数的确定方法。

配置原则：泵站中多台泵并联运行，调速泵与定速泵配置台数比例的选定，应以充分发挥每台调速泵在调速运行时仍能在较高效率范围内运行。

实例：三台泵并联，泵站要求供水量 Q_A，如果 $Q_2<Q_A<Q_3$（Q_2 为两台定速泵并联时的总供水量，Q_3 为三台定速泵并联时的总供水量），开启两台定速泵一台调速泵可以满足要求。此时泵站总供水量 Q_A，两台定速泵每台供水量 Q_0，调速泵供水量 Q_i。如果当 Q_A 很接近 Q_2 时，此时调速泵出水量 Q_i 很小，其效率 η 很低，达不到节能效果，此时可以采用两调一定方案。若泵站要求供水量 $Q_2<Q_A<Q_3$，此时定速泵流量为 Q_0，每台调速泵的流量为 $\frac{Q_0+Q_i}{2}$，远远大于 Q_i，可以控制调速泵在高效区工作。如果泵站要求流量减少 $Q_A<Q_2$，则可以关闭定速泵由两台调速泵供水，这样较容易使调速泵在其高效段工作，达到调速节能的目的。如果泵站要求供水量 $Q_3<Q_A$，可以增加一台调速泵即两调两定来供水。

实际工作中，多台泵并联时，调速泵台数越多越好，因为调速泵越多每台泵调速的范围越小，效率下降越小，但调速泵越多，工程造价越高。

第五节　排水泵站

一、名词解释

1. 合流泵站：用于提升或排除服务区域内污水和雨水的泵站称为合流泵站。

二、简答题

1. 简述排水泵站分类。

（1）排水性质
- 污水泵站
- 雨水泵站
- 河流泵站
- 污泥泵站

（2）排水系统中的作用
- 中途泵站（区域泵站）
- 终点泵站（总泵站）

（3）水泵启动前引水方式不同
- 自灌式泵站
- 非自灌式泵站

（4）泵房的平面形状
- 圆形泵站
- 矩形泵站

（5）集水池与机器间的组合情况
- 合建式泵站
- 分建式泵站

（6）采用泵的特殊性
- 潜水泵站
- 螺旋泵站

（7）泵站控制方式
- 人工控制
- 自动控制
- 远程遥控

2. 简述排水泵站的基本类型及其特点。

（1）合建式圆形排水泵站，装配卧式泵，自灌式工作。

优点：圆形结构受力条件好，便于采用沉井法施工，降低工程造价，水泵启动方便，易于根据吸水井中水位实现自动操作。

缺点：机器内机组与附属设备布置困难，当泵房很深时，工人上下不便，电动机易受潮，需考虑机械通风以降低机器间温度（电动机深入地下）

适用范围：中小型排水量，泵不超过 4 台

（2）合建式矩形排水泵站，装配立式泵，自灌式工作

优点：机组、管道和附属设备布置方便，启动操作简单，易于实现自动化。电气设备置于上层不宜受潮，工人操作管理条件好。

缺点：建造费用高，当土质差、地下水位高时不利于施工不宜采用。

适用范围：大型泵站，泵台数为 4 台或更多。

（3）分建式排水泵站

优点：结构上比合建式简单、施工方便、机器间没有被污水渗透和淹没的危险。为减小机器间的地下部分深度，应尽量利用泵的吸水能力，以提高机器间标高。工人操作条件好。

缺点：需抽真空启动，为满足排水站来水不均匀，泵启动频繁，给运行操作带来困难。

适用范围：土质差、地下水位高时采用此泵站形式可降低施工难度和工程造价。

（4）螺旋泵站

优点：可不设集水池、不建地下式或半地下式泵房，节约土建投资。抽水不需要封闭的管道，水头损失小，节省电能。

缺点：扬程较低，一般 3～6 m。体积大、斜装，占地面积大，耗钢材多。

适用范围：部分敞开，维护检修方便，运行时无须看管，可直接安装在下水道内提升污水。

（5）潜水泵站

优点：不需要设置机器间，将潜水泵直接置于集水井内。

适用范围：新建和改建的排水泵站。

3. 污水泵站的工艺设计注意事项有哪些？

（1）污水泵站一般扬程较低，局部损失占总水头损失比重较大，不能忽略。

（2）选泵时要在计算基础上增加 1～2 m 的安全扬程。

（3）集水池水位变化导致静扬程 H_{ST} 变化，管道系统特性曲线改变，水泵工况点改变，要求改变后的工况点仍落在水泵高效段。除并联水泵工况点落在高效段外每台泵单泵运行时都应落在高效段内。

4. 简述污水泵站设计泵台数和型号确定的基本原则。

（1）小型排水泵站（最高日污水量 5 000 m^3 以下）设 1～2 套机组，大型排水泵站（最高日污水量超过 15 000 m^3）设 3～4 套机组。

（2）选泵要求并联工作能满足最大排水量要求。

（3）每台泵的流量最好相当于设计流量的 1/2～1/3，并采用同型号泵。

（4）如选不同型号的两台泵，小泵出水量应不小于大泵出水量的 1/2，如选 1 大量小 3 台泵时，小泵出水量不小于大泵出水量的 1/3。

（5）污水泵站一般选立式离心污水泵，流量大时可选轴流泵，当泵房不太深时可选卧式离心泵。

（6）排除含腐蚀性工业废水的泵站，应选用耐腐蚀的泵，排除污泥一般选污泥泵。

（7）如泵站正常工作的同型号的泵不多于四台，可设一台备用泵；超过四台时，除设一台备用泵外仓库还应存放一台泵备用。

5. 简述污水泵站集水池容积确定原则及方法。

（1）确定原则

满足格栅和吸水管的要求，保证泵工作时的水力条件，及时将流入的污水抽走。尽可能小，既能降低泵站造价，还可减轻集水池中大量杂物的沉积和腐化。

（2）容积确定

①全昼夜运行的大型污水泵站，集水池容积根据工作泵机组停车时启动备用泵机组所需时间计算，一般采用不小于泵站中最大一台泵 5 min 出水量的体积。

②小型污水泵站夜间流入量不大，一般夜间停泵。集水池容积应能满足储存夜间流入量的要求。

③工厂污水泵站的集水池，还应根据短时间内淋浴排水量复核集水池容积。

④自动控制污水泵站：一级工作$W=\dfrac{Q_0}{4n}$；二级工作$W=\dfrac{Q_2-Q_1}{4n}$。

⑤抽升污泥的泵站的集泥池容积，根据从沉淀池、消化池一次排出的污泥量或回流和剩余的活性污泥量计算确定。

6. 简述污水泵站机组、管道布置技术方法。

（1）机组布置特点

①污水泵站水泵台数一般不超过 3～4 台，污水均轴向进水，一侧出水，常采用并列布置

②污水泵站机组间距及通道大小参照给水泵站要求

③污水泵常采取自灌式工作（减小集水池容积，水泵启闭频繁），但泵房埋深较大

（2）管道布置特点

①吸水管

每台泵一条单独的吸水管，吸水管进口装置喇叭口，喇叭口直径为吸水管直径的 1.3～1.5 倍，喇叭口安装在集水池的集水坑内。吸水管流速一般为 1.0～1.5 m/s，不低于 0.7 m/s，如吸水管很短流速可提高至 2.0～2.5 m/s。如果为非自灌式泵，应采用真空泵或水射器引水启动。吸水管上必须装阀门以便检修。

②压水管

压水管流速一般不小于 1.5 m/s，当两台或两台以上泵合用一条压水管而仅有一台泵工作时，流速不得小于 0.7 m/s。为防止停泵时泵的压水管内形成杂质淤积，各泵的出水管不得自压水干管底部接入。每台泵压水管上需装设闸阀。2 台或 2 台以上水泵共用一根输水管时，每台水泵的出水管上设置闸阀，并在闸阀和水泵之间设置止回阀。

③管道敷设

泵站内管道一般明装。吸水管常设置于地面上，压水管多采用架空安装，通常沿墙架设在托架上。管道应注意稳定。管道布置不应妨碍泵站内交通和检修。不允许把管道装设在电

气设备上空。污水泵站管道易被腐蚀，一般不采用钢管。

7. 简述污水泵站内部标高的确定方法。

确定原则：进水管渠底标高或管中水位确定。

（1）自灌式泵站集水池底板与机器间底板标高基本一致

（2）非自灌式泵站，机器间底板标高较集水池底板高

（3）集水池最高水位的确定

①小型泵站，集水池中最高水位取进水管渠渠底标高

②大、中型泵站集水池中最高水位取进水管渠计算水位标高

（4）泵轴线标高

①自灌式泵站，泵轴线标高根据允许吸上真空高度和当地条件确定。泵基础标高由泵轴线标高推算，进而确定机器间底板标高。机器间上层平台标高一般比室外地坪高出 0.5 m。

②自灌式泵站，泵轴线标高可由喇叭口标高及吸水管上管配件尺寸推算确定。

8. 简述雨水泵站基本类型及其特点。

雨水泵站特点：流量大、扬程小。一般采用轴流泵，也可用混流泵。

（1）干室式：分三层，自上而下分别是电动机间、机器间和集水池，机器间和集水池用不透水的隔墙分开。

（2）湿室式：电动机层下面是集水池，泵浸于集水池内。

9. 简述雨水泵站选泵的技术方法。

（1）流量的确定

大型雨水泵站按照流入泵站的雨水道（进水管渠）设计流量选泵

小型雨水泵站中，泵的总抽水量可略大于雨水道设计流量

（2）扬程确定

泵的扬程需满足从集水池平均水位到出水池最高水位所需扬程的要求。

（3）泵台数的确定

雨水泵台数一般不宜小于 2～3 台，最多不宜超过 8 台。以适应来水流量的变化。泵的型号不宜太多，最好选用同一型号的。如必须大小泵搭配时，其型号不宜超过两种。雨水泵可以在旱季检修，因此可不设备用泵。

10. 简述合流泵站的特点。

（1）不下雨时合流泵站抽送的是污水，流量小。

（2）下雨时，合流泵站输送污水和雨水，流量较大。

（3）合流泵站选泵时，要设大流量泵以供抽送雨天合流污水，还要配置小流量的泵用于不下雨时抽送经常连续来的少量污水。

（4）合流泵站的污水泵要考虑设置备用泵。

下　篇

第四章　水质工程学

课程教学目标：

《水质工程学》是给排水科学与工程专业的主干专业课之一。通过本课程的学习，使学生全面系统地了解水和废水的水质特征与水质指标、水体污染与自净的基本概念与理论，较扎实地掌握水处理的基本理论与方法，基本掌握主要水处理工艺，了解水处理工艺技术的最新发展，为将来从事本专业的工程设计、科研及水处理设施的运行管理工作奠定必要的理论基础。

第一节　水质与水质标准

（一）基本要求

掌握天然水中杂质的种类与性质，掌握水体污染、水体富营养化及水体自净的基本概念；掌握河流氧垂曲线的意义；了解饮用水水质与水质标准及其与人体健康的关系等；了解国内外新近污水排放标准和意义。

（二）习题

一、填空题

1. 按水中杂质的尺寸，可以将杂质分为（　　　　）、（　　　　）和（　　　　）三种。
2. 有直接毒害作用的无机物：（　　　　）、（　　　　）、（　　　　）、（　　　　）、（　　　　）和（　　　　）。
3. 水体中 BOD 值与 DO 值呈现（　　　　）关系。
4. 生活饮用水四大类水质指标：（　　　　）、（　　　　）、（　　　　）和（　　　　）。
5. 水的循环包括：（　　　　）和（　　　　）。
6. 污水复用分（　　　　）和（　　　　）。
7. 污水的最终出路：（　　　　）和（　　　　）。

8. 通常采用（　　　）、（　　　）、（　　　）等水质指标来反应水质耗氧有机物的含量。

二、判断题

（　）1. 现行国家生活水水质标准共分为：感官性状和一般化学指标、毒理学指标、细菌学指标、放射性指标。

（　）2.《生活饮用水卫生指标》规定：出水浊度<3 度，大肠菌群≤3 个/L。

（　）3. 水源水中杂质根据尺寸大小分为：悬浮物、胶体和溶解杂质。

（　）4. 地表水特点：浊度变化大、水温不稳定、易受有机物污染、细菌多。

（　）5. 地下水与地表水相比，其特点是：分布广、水温稳定、浊度低、受污染少。

（　）6. 地表水水源有江河水、湖泊、水库水和海水。最常用的是海水。

（　）7. 给水处理的方法有：澄清和消毒、软化、淡化和除盐、除臭和除味、除铁除锰和除氟。

三、名词解释

1. 合流制　　2. 分流制　　3. BOD_5　　4. COD

5. TOC　　6. TOD　　7. 水体富营养化　　8. 水体自净

9. 总残渣　　10. 氧垂曲线　　11. MLVSS

四、简答题

1. 什么是“水华”现象？
2. 污水中含氮物质是如何分类及相互转换的？
3. 什么是水体富营养化？富营养化有哪些危害？
4. 写出氧垂曲线的公式，并图示说明什么是氧垂点。
5. 简述 BOD 的缺点及意义？
6. 什么是水体自净？为什么说溶解氧是河流自净中最有力的生态因素之一？
7. 水中杂质按尺寸大小可分成几类？了解各类杂质主要来源、特点及一般去除方法。
8. 简述《生活饮用水卫生标准》中各项指标的意义。

五、问答题

1. 论述我国水资源概况及合理开发和利用水资源的方法和措施。
2. 论述水源污染概况与趋势。
3. 反映有机物污染的指标有哪几项？它们相互之间的关系如何？

第二节　水的处理方法概论

（一）基本要求

掌握理想反应器的基本概念和理论，掌握不同水工艺处理单元需要的反应器类型，掌握水的物理化学处理法、生物处理法以及污泥处理与处置的基本概念、基本理论与基本方法；了解饮用水处理常见的流程、污水处理常见的流程、各种工业废水、回用水等常见的处理流程等。

（二）习题

一、填空题

1. 水处理按技术原理可分为（　　　　）和（　　　　）两大类。

2. 按对氧的需求不同，将生物处理过程分为（　　　　）和（　　　　）两大类。

3. 膜分离分为（　　　　）、（　　　　）、（　　　　）和（　　　　）。

4. 按反应器内的物料的形态可以分为（　　　　）和（　　　　）；按反应器的操作情况可将反应器分为（　　　　）和（　　　　）。

5. 去除水中浊度和泥沙，通常采取设置泥沙（　　　　）或（　　　　）工艺。

二、名词解释

1. 间歇式反应器　　2. 活塞流反应器　　3. 恒流搅拌反应器　　4. 给水处理

三、简答题

1. 水的主要物理和化学处理方法有哪些？

2. 简述典型给水处理工艺流程。

3. 简述典型城市污水处理工艺流程。

4. 反应器原理用于水处理有何作用和特点？

四、问答题

1. 三种理想反应器的假定条件是什么?研究理想反应器对水处理设备的设计和操作有何作用？

2. PF 型和 CMB 型反应器为什么效果相同？两者优缺点比较。

3. 混合与返混合在概念上有何区别？返混合是如何造成的？

4. 为什么串联的 CSTR 型反应器比同体积的单个 CSTR 型反应器效果好？

5. 地表水源和地下水源各有何优缺点？

6. 概略叙述我国天然地表水源和地下水源的特点。

7. 试举出 3 种质量传递机理的实例。

五、计算和推导

1. 在实验室内做氯消毒试验。已知细菌被灭活速率为一级反应，且 $k=0.85\ \text{min}^{-1}$。求细菌被灭 99.5%时，所需消毒时间为多少分钟？（分别为 CMB 型和 CSTR 型计算）

2. 液体中物料 i 浓度为 200 mg/L，经过 2 个串联的 CSTR 型反应器后，i 的浓度降至 20 mg/L。液体流量为 5 000 m^3/h；反应级数为 1；速率常数为 0.8 h^{-1}。求每个反应器的体积和总反应时间。

3. 设物料 i 分别通过 CSTR 型和 PF 型反应器进行反应，进水和出水中 i 浓度之比为 $C_0/C_e=10$，且属于一级反应，$k=2\ \text{h}^{-1}$ 水流在 CSTR 型和 PF 型反应器内各需多少停留时间？（注：C_0—进水中 i 初始浓度；C_e—出水中 i 浓度）

4. 设物料 i 分别通过 4 只 CSTR 型反应器进行反应，进水和出水中 i 浓度之比为 $C_0/C_e=10$，且属于一级反应，$k=2\ \text{h}^{-1}$。求串联后水流总停留时间为多少？

5. 根据物料平衡方程简单推导完全混合间歇式反应器的停留时间公式：

$$t=\int_{C_0}^{C_i}\frac{\mathrm{d}C_i}{-k\cdot C_i^2}=\frac{1}{k}\left(\frac{1}{C_i}-\frac{1}{C_0}\right)$$

第三节 凝聚和絮凝

（一）基本要求

掌握混凝基本理论，胶体的双电层结构与稳定性；掌握混凝动力学原理；了解常见的混凝剂特征及其机理；掌握混凝设施的特征和设计计算、混凝剂和助凝剂的种类及混凝剂的配制投加方式；了解影响混凝剂效果的因素、目前国内外用于生产的水处理混凝剂和混凝剂的发展趋势。

（二）习题

一、选择题

1. 胶体稳定性的关键是_____。

A. 动力学稳定性　B. 聚集稳定性　C. 水化膜　D. 范德化力作用

2. 压缩双电层与吸附电性中和作用的区别在于_____。

A. 前者会出现电荷变号　B. 后者会出现电荷变号

C. 前者仅靠范德华引力　D. 后者仅靠静电引力

3. 异向絮凝是由下列_____因素造成的颗粒碰撞。

A. 布朗运动　B. 机械　C. 水力　D. 水泵

4. 同向絮凝中，颗粒的碰撞速率与下列_____因素有关。

A. 速度梯度　B. 颗粒浓度　C. 颗粒直径　D. 絮凝时间　E. 搅拌方式

5. 影响混凝效果的主要因素为_____。

A. 水温　B. 水的 pH　C. 水的碱度　D. 水的流速　E. 水中杂质含量

6. 絮凝池型式的选择和絮凝时间的采用，应根据原水水质情况和相似条件下的运行经验或通过_____确定。

A. 计算　B. 比较　C. 试验　D. 分析

7. 药剂仓库的固定储备量，应按当地供应、运输等条件确定，一般可按最大投药量的_____天用量计算。其周转储备量应根据当地具体条件确定。

A. 5～10　B. 7～15　C. 15～30　D. 10～20

8. 起端流速一般宜为_____m/s，末端流速一般宜为 0.2～0.3 m/s。

A. 0.2～0.3　B. 0.5～0.6　C. 0.6～0.8　D. 0.8～1.0

9. 凝聚剂的投配方式为_____时，凝聚剂的溶解应按用药量大小、凝聚剂性质，选用水力、机械或压缩空气等搅拌方式。

A. 人工投加　B. 自动投加　C. 干投　D. 湿投

10. 凝聚剂用量较小时，溶解池可兼作_____。

A. 贮药池　B. 搅拌池　C. 投药池　D. 计量池

11. 设计隔板絮凝池时，絮凝时间一般宜为_____min。

A. 20～30　　B. 15～20　　C. 10～15　　D. 12～15

12. 凝聚剂和助凝剂品种的选择及其用量，应根据相似条件下的水厂运行经验或原水凝聚沉淀试验资料，结合当地药剂供应情况，通过_____比较确定。

A. 市场价格　　B. 技术经济　　C. 处理效果　　D. 同类型水厂

13. 设计机械絮凝池时，搅拌机的转速应根据桨板边缘处的线速度通过计算确定，线速度宜自第一挡的_____m/s 逐渐变小至末挡的_____m/s。

A. 0.5；0.1　　B. 0.5；0.2　　C. 0.6；0.3　　D. 0.6；0.2

14. 凝聚剂投配的溶液浓度，可采用_____%（按固体质量计算）。

A. 3～10　　B. 5～20　　C. 5～10　　D. 3～15

15. 经过混凝沉淀或澄清处理的水，在进入滤池前的浑浊度一般不宜超过_____度，遇高浊度原水或低温低浊度原水时，不宜超过 15 度。

A. 3　　B. 5　　C. 8　　D. 10

16. 设计机械絮凝池时，池内一般设_____挡搅拌机。

A. 4～5　　B. 1～2　　C. 2～3　　D. 3～4

17. 设计穿孔旋流絮凝池时，絮凝池每格孔口应作 _____对角交叉布置。

A. 前后　　B. 左右　　C. 进出　　D. 上下

18. 湿投凝聚剂时，溶解次数应根据凝聚剂用量和配制条件等因素确定，一般每日不宜超过_____次。

A. 3　　B. 2　　C. 4　　D. 6

19. 设计折板絮凝池时，折板夹角采用_____。

A. 45°～90°　　B. 90°～120°　　C. 60°～100°　　D. 60°～90°

20. 用于 _____的凝聚剂或助凝剂，不得使处理后的水质对人体健康产生有害的影响。

A. 生活饮用水　　B. 生产用水　　C. 水厂自用水　　D. 消防用水

21. 与凝聚剂接触的池内壁、设备、管道和地坪，应根据凝聚剂性质采取相应的措施为_____。

A. 防渗　　B. 防锈　　C. 防腐　　D. 防藻

22. 絮凝池宜与沉淀池_____。

A. 宽度一致　　B. 深度一致　　C. 合建　　D. 高程相同

23. 计算固体凝聚剂和石灰贮藏仓库的面积时，其堆放高度一般当采用凝聚剂时可为_____m。当采用机械搬运设备时，堆放高度可适当增加。

A. 0.5～1.0　　B. 0.5～1.5　　C. 1.0～1.5　　D. 1.5～2.0

24. 设计隔板絮凝池时，隔板间净距一般宜大于_____m。

A. 1.0　　B. 0.8　　C. 0.5　　D. 0.3

25. 凝聚剂用量较大时，溶解池宜设在_____。

A. 地上　　B. 地下　　C. 半地下　　D. 药库旁

26. 设计折板絮凝池时，絮凝过程中的速度应逐段降低，分段数一般不宜少于_____段。

A. 二　　B. 三　　C. 四　　D. 五

27. 混合方式一般可采用_____混合专设的混合设施。

A. 重力　　B. 水泵　　C. 搅拌　　D. 人工

28. 加药间应与药剂仓库毗连，并宜靠近_____。加药间的地坪应有排水坡度。

A. 值班室　　B. 投药点　　C. 主要设备　　D. 通风口

29. 混合设备的设计应根据所采用的凝聚剂品种，使药剂与水进行_____恰当的、充分的混合。

A. 急剧　　B. 均匀　　C. 长时间　　D. 全面

二、填空题

1. 混合阶段要求快速剧烈，通常不超过（　　　）。
2. 比较公认的凝集机理有四个方面：（　　　）（　　　）（　　　）和（　　　）。
3. 根据快速混合的原理，混合设施主要有如下四类：（　　　）、（　　　）、（　　　）、（　　　）。
4. 破坏胶体稳定性可采取投加（　　　）。
5. 在混合阶段，剧烈搅拌的目的是（　　　）、（　　　）及（　　　）。
6. 胶体能稳定存在于水中的原因是具有（　　　）、（　　　）、（　　　）。
7. 在水力絮凝池中，颗粒碰撞主要靠（　　　）来提供。
8. 影响混凝效果的水力控制参数是（　　　）。
9. 影响混凝效果的主要因素为：（　　　）、（　　　）、（　　　）和（　　　）。
10. 混凝机理可归纳为：（　　　）、（　　　）和（　　　）。
11. 混合设施可分为：（　　　）、（　　　）、（　　　）、（　　　）。
12. 絮凝设施可分为：（　　　）、（　　　）。
13. 在机械絮凝池中，颗粒碰撞主要是靠（　　　）提供能量。
14. 采用机械絮凝池中，采用 3～4 挡搅拌机且各挡之间需用隔墙分开的原因是：（　　　）、（　　　）、（　　　）。
15. 混凝剂的投加可采用（　　　）、（　　　）、（　　　）、（　　　）。
16. 混凝剂投加采用的计量设备有：（　　　）、（　　　）、（　　　）、（　　　）。
17. 混凝时可作为混凝剂的有：（　　　）、（　　　）、（　　　）。
18. 混凝剂的选择应符合：（　　　）、（　　　）、（　　　）、（　　　）、（　　　）。
19. 常用的混凝剂可分为（　　　）和（　　　）两大类。
20. 为防止絮凝体破碎，在絮凝阶段要求速度梯度（　　　）。

三、名词解释

1. 胶体稳定性　2. 聚集稳定性　3. 动力学稳定性　4. 胶体脱稳　5. 同向凝聚
6. 异向凝聚　7. 机械混合　8. 混凝剂　9. 助凝剂　10. 絮凝
11. 水力混合　12. 隔板絮凝池　13. 药剂固定储备量　14. 混合　15. 折板絮凝池
16. 机械絮凝池　17. 栅条（网格）絮凝池

四、简答题

1. 水温对混凝效果有何影响？
2. 混合和絮凝的作用及其对水力条件有何要求？
3. 影响混凝效果的主要因素有哪几种？这些因素是如何影响混凝效果的？

4. 目前我国常用的混凝剂有哪几种？各有何优缺点？

5. 混凝药剂的选用应遵循哪些原则？

6. 絮凝过程中，G 值的真正涵义是什么？沿用已久的 G 值和 GT 值的数值范围存在什么缺陷？请写出机械絮凝池和水力絮凝池的 G 值公式。

7. 当前水厂中常用的混合方法有哪几种？各有何优缺点？在混合过程中，控制 G 值的作用是什么？

8. 混合和絮凝反应同样都是解决搅拌问题，它们对搅拌的要求有何不同？为什么？

9. 净化水时加混凝剂的作用是什么？

10. 常见的净水混凝剂有哪些？有机混凝剂常见的是哪种？

11. 吸附架桥作用净水机理是什么？

12. PAM 在碱性条件下如何水解？

13. 混合和凝聚作用对水力条件的要求是什么？

14. 何谓胶体稳定性？试用胶粒间互相作用势能曲线说明胶体稳定性的原因。

15. 混凝过程中，压缩双电层和吸附-电中和作用有何区别？简要叙述硫酸铝混凝作用机理及其与水的 pH 值的关系。

16. 高分子混凝剂投量过多时，为什么混凝效果反而不好？

17. 什么叫助凝剂？常用的助凝剂有哪几种？在什么情况下需要投加助凝剂？

18. 为什么有时需将 PAM 在碱化条件下水解成 HPAM？PAM 水解度是何涵义？一般要求水解度为多少？

19. 何谓同向絮凝和异向絮凝？两者絮凝速率（或碰撞数率）与哪些因素有关？

20. 混凝控制指标有哪几种？为什么要重视混凝控制指标的研究？你认为合理的控制指标应如何确定？

21. 根据反应器原理，什么形式的絮凝池效果较好？折板絮凝池混凝效果为什么优于隔板絮凝池？

22. 何谓混凝剂“最佳剂量”？如何确定最佳剂量并实施自动控制？

23. 当前水厂中常用的絮凝设备有哪几种？各有何优缺点？在絮凝过程中，为什么 G 值应自进口至出口逐渐减少？

24. 采用机械絮凝池时，为什么要采用 3～4 挡搅拌机且各档之间需用隔墙分开？

五、计算题

1. 隔板絮凝池设计流量 75 000 m^3/d。絮凝池有效容积为 1 100 m^3。絮凝池总水头损失为 0.26 m。求絮凝池总的平均速度梯度 $\overline{G}$ 值和 $\overline{G}T$ 值各为多少？（水厂自用水量按 5%计）

2. 某机械絮凝池分成 3 格。每格有效尺寸为 2.6 m（宽）×2.6 m（长）×4.2 m（深）。每格设一台垂直轴桨板搅拌器，构造见图 15.21，设计各部分尺寸为：r_2=1 050 mm；桨板长 1 400 mm，宽 120 mm；r_0=525 mm。叶轮中心点旋转线速度为：第一格 v_1=0.5 m/s；第二格 v_2=0.32 m/s；第三格 v_3=0.2 m/s。

求：3 台搅拌器所需搅拌功率及相应的平均速度梯度 $\overline{G}$ 值（水温按 20 ℃计算）。

第四节　沉淀

（一）基本要求

掌握颗粒在静水中的沉淀机理及沉降公式；掌握理想沉淀池的假定条件和特征；掌握平流、辐流、竖流、斜板（管）沉淀池的构造、特点、设计计算；掌握沉砂池的作用、类型特征和分类、沉淀池的分离效率；沉淀池沉淀机理；了解澄清池、浓缩和浓缩池、沉淀设备的排泥、沉砂池、气浮原理和气浮装置、运行过程及其设计计算；了解水中造粒的原理。

（二）习题

一、选择题

1. 改善沉淀池水力条件最有效的措施是减小_____。

A. 水力半径 R　　B. 截流沉速 u_0　　C. 池宽 B　　D. 池深 H

2. 判断平流式沉淀池稳定性的指标是_____。

A. Re　　B. 水平流速 v　　C. Fr　　D. 水力半径 R

3. 属于泥渣循环型的澄清池有_____。

A. 脉冲澄清池　　B. 水力循环澄清池　　C. 悬浮澄清池　　D. 斜管沉淀池

4. 颗粒在斜管内的沉淀分为_____。

A. 絮凝段　　B. 分离段　　C. 过渡段

D. 清水段　　E. 浓缩段

5. 设计沉淀池和澄清池时应考虑_____的配水和集水。

A. 均匀　　B. 对称　　C. 慢速　　D. 平均

6. 异向流斜管沉淀池，斜管沉淀池的清水区保护高度一般不宜小于_____m；底部配水区高度不宜小于 1.5 m。

A. 1.0　　B. 1.2　　C. 1.5　　D. 0.8

7. 气浮池溶气罐的溶气压力一般可采用 0.2～0.4 MPa；_____一般可采用 5%～10%。

A. 回流比　　B. 压力比　　C. 气水比　　D. 进气比

8. 选择沉淀池或澄清池类型时，应根据原水水质、设计生产能力、处理后水质要求，并考虑原水水温变化、制水均匀程度以及是否连续运转等因素，结合当地条件通过_____比较确定。

A. 工程造价　　B. 同类型水厂　　C. 施工难度　　D. 技术经济

9. 平流沉淀池的每格宽度（或导流墙间距），一般宜为 3～8 m，最大不超过 15 m，长度与宽度之比不得小于 4；长度与深度之比不得小于_____。

A. 5　　B. 6　　C. 8　　D. 10

10. 悬浮澄清池宜采用穿孔管配水，水在进入澄清池前应有_____设施。

A. 气水分离　　B. 计量　　C. 排气　　D. 取样

11. 气浮池接触室的上升流速，一般可采用_____mm/s，分离室的向下流速，一般可采用 1.5～2.5 mm/s。

A. 2～10　　B. 8～15　　C. 10～20　　D. 15～30。

12. 机械搅拌澄清池是否设置机械刮泥装置，应根据池径大小、底坡大小、进水中_____含量及其颗粒组成等因素确定。

A. 浊度　　B. 悬浮物　　C. 含砂量　　D. 有机物

13. 气浮池的单格宽度不宜超过_____m；池长不宜超过 15 m；有效水深一般可采用 2.0～2.5 m。

A. 6　　B. 10　　C. 12　　D. 8

14. 沉淀池和澄清池的个数或能够单独排空的分格数不宜少于_____同时工作的个数。

A. 一个　　B. 三个　　C. 两个　　D. 四个

15. 异向流斜管沉淀池，斜管_____液面负荷，应按相似条件下的运行经验确定，一般可采用 9.0～11.0 $m^3/(m^2 \cdot d)$。

A. 进水区　　B. 配水区　　C. 沉淀区　　D. 出水区

16. 异向流斜管沉淀池，斜管设计一般可采用下列数据：管径为 25～35 mm；斜长为 1.0 m；倾角为_____。

A. 30　　B. 75　　C. 45　　D. 60

17. 平流沉淀池的有效水深，一般可采用_____m。

A. 2.0～3.0　　B. 1.5～2.0　　C. 3.0～3.5　　D. 2.0～2.5

18. 脉冲澄清池的_____高度和清水区高度，可分别采用 1.5～2.0 m。

A. 沉泥区　　B. 进水层　　C. 悬浮层　　D. 配水区。

19. 沉淀池积泥区和澄清池沉泥浓缩室（斗）的容积，应根据进出水的_____含量、处理水量、排泥周期和浓度等因素通过计算确定。

A. 浊度　　B. 悬浮物　　C. 含砂量　　D. 有机物

20. 同向流斜板沉淀池斜板沉淀区液面负荷，应根据当地原水水质情况及相似条件下的水厂运行经验或试验资料确定，一般可采用_____ $m^3/(m^2 \cdot h)$。

A. 30～40　　B. 15～25　　C. 10～20　　D. 20～30

21. 水力循环澄清池清水区的_____流速，应按相似条件下的运行经验确定，一般可采用 0.7～1.0 mm/s。

A. 进水　　B. 出水　　C. 水平　　D. 上升

22. 澄清池应设_____装置。

A. 检修　　B. 观测　　C. 控制　　D. 取样

23. 异向流斜管沉淀池宜用于浑浊度长期低于_____度的原水。

A. 1 000　　B. 800　　C. 300　　D. 500

24. 脉冲澄清池应采用穿孔管配水，上设人字形_____。

A. 盖板　　B. 分水板　　C. 导流板　　D. 稳流板

25. 水力循环澄清池导流筒（第二絮凝室）的有效高度，一般可采用_____m。

A. 1～2　　B. 2～3　　C. 3～4　　D. 1.5～2.5

26. 同向流斜板沉淀池宜用于浑浊度长期低于_____度的原水。

A. 100　　B. 200　　C. 150　　D. 300

27. 平流沉淀池的沉淀时间，应根据原水水质、水温等，参照相似条件下的运行经验确定，一般宜为_____h。

A. 1.0～1.5　　B. 0.5～1.5　　C. 1.0～3.0　　D. 1.0～2.0

28. 悬浮澄清池清水区高度宜采用 1.5～2.0 m；悬浮层高度宜采用 2.0～2.5 m；悬浮层下部倾斜池壁和水平面的夹角宜采用_____。

A. 300～400　　B. 400～500　　C. 450～500　　D. 500～600

29. 水力循环澄清池宜用于浑浊度长期低于 2 000 度的原水，_____的生产能力一般不宜大于 7 500 m^3/d。

A. 滤池　　B. 设计　　C. 单池　　D. 水厂

30. 平流沉淀池的水平流速可采用 10～25 mm/s，水流应避免过多_____。

A. 急流　　B. 转折　　C. 涡流　　D. 交叉

31. 气浮池一般宜用于浑浊度小于_____度及含有藻类等密度小的悬浮物质的原水。

A. 50　　B. 100　　C. 150　　D. 200

32. 机械搅拌澄清池搅拌叶轮提升流量可为进水流量的 3～5 倍，叶轮直径可为第二絮凝室内径的 70%～80%，并应设调整叶轮_____和开启度的装置。

A. 转速　　B. 角度　　C. 间距　　D. 数量

33. 设计折板絮凝池时，絮凝时间一般宜为_____min。

A. 6～15　　B. 5～10　　C. 6～10　　D. 5～12

34. 机械搅拌澄清池搅拌叶轮提升流量可为进水流量的 3～5 倍，叶轮直径可为第二絮凝室内径的 70%～80%，并应设调整叶轮_____和开启度的装置。

A. 转速　　B. 角度　　C. 间距　　D. 数量

35. 气浮池一般宜用于浑浊度小于_____度及含有藻类等密度小的悬浮物质的原水。

A. 50　　B. 100　　C. 150　　D. 200

36. 悬浮澄清池单池面积不宜超过 150m^2。为矩形时每格池宽不宜大于_____m。

A. 5　　B. 3　　C. 6　　D. 4

37. 选择加氯点时，应根据_____、工艺流程和净化要求，可单独在滤后加氯，或同时在滤前和滤后加氯。

A. 原水水质　　B. 消毒剂类别　　C. 水厂条件　　D. 所在地区

38. 预沉措施的选择，应根据原水_____及其组成、沙峰持续时间、排泥要求、处理水量和水质要求等因素，结合地形并参照相似条件下的运行经验确定，一般可采用沉沙，自然沉淀或凝聚沉淀等。

A. 浊度　　B. 水质　　C. 含砂量　　D. 悬浮物

39. 平流沉淀池宜采用_____配水和溢流堰集水，溢流率一般可采用小于 500 $m^3/(m\cdot d)$。

A. 穿孔墙　　B. 导流墙　　C. 左右穿孔板　　D. 上下隔板

40. 水力循环澄清池的回流水量，可为进水流量的_____倍。

A. 1.5～2　　B. 2～4　　C. 1.5～3　　D. 1～2

41. 气浮池溶气释放器的型号及个数应根据_____释放器在选定压力下的出流量及作用范围确定。

A. 气浮池　　B. 单个　　C. 多个　　D. 两个

42. 预沉池一般可按沙峰持续时期内原水日平均_____设计（但计算期不应超过一个月）。

当原水含砂量超过设计值期间，必要时应考滤在预沉池中投加凝聚剂或采取其他设施的可能。

A. 浊度　　B. 水质　　C. 悬浮物　　D. 含砂量

43. 悬浮澄清池宜用于浑浊度长期低于 3 000 度的原水。当进水浑浊度大于 3 000 度时，宜采用_____式悬浮澄清池。

A. 三层　　B. 双层　　C. 活动式　　D. 组合式

二、填空题

1. 平流沉淀池纵向分隔的作用是（　　　）。
2. 设计平流沉淀池的主要控制指标是（　　　）和（　　　）。
3. 沉淀池分为：（　　　）、（　　　）和（　　　）。（写出三种即可）
4. 沉淀类型有：（　　　）、（　　　）、（　　　）、（　　　）。
5. 高浊度水在沉淀筒中的拥挤沉淀可分为（　　　）、（　　　）、（　　　）、（　　　）。
6. 颗粒在斜管内沉淀可分为（　　　）、（　　　）、（　　　）。
7. 悬浮澄清池的代表池型有（　　　）。
8. 判断平流沉淀池水力条件好坏可由（　　　）。
9. 在平流沉淀池中，提高 Fr 和降低 Re 的有效措施是（　　　）。
10. 对理想沉淀池沉淀效果产生影响的主要因素为（　　　）、（　　　）。
11. 理想沉淀池的假设条件是（　　　）、（　　　）、（　　　）。
12. 非凝聚性颗粒在理想沉淀池中沉淀过程为（　　　）。脉冲澄清池中悬浮颗粒的沉淀为（　　　）。

三、名词解释

1. 理想沉淀池	2. 自由沉淀	3. 拥挤沉淀	4. 表面负荷率
5. 截留沉速	6. 接触絮凝	7. 平流沉淀池异重流	8. 机械搅拌澄清池
9. 脉冲澄清池	10. 上向流斜管沉淀池	11. 侧向流斜板沉淀池	12. 预沉

四、简答题

1. 为什么斜板斜管沉淀池水力条件比平流沉淀池好？
2. 机械搅拌澄清池搅拌设备有何作用？
3. 沉淀池表面负荷率和截留沉速关系如何、二者含义有何区别？
4. 平流沉淀池进水为何采用穿孔隔墙？出水为什么往往采用出水支渠？
5. 斜管沉淀池的理论根据是什么？为什么斜管倾角通常采用 60°？
6. 机械搅拌澄清池和水力循环澄清池优缺点有何不同？
7. 澄清池的基本原理和主要特点是什么？
8. 简述浅池理论。
9. 简述肯奇沉淀理论的基本概念和它的用途。
10. 理想沉淀池应符合哪些条件？根据理想沉淀条件，沉淀效率与池子深度、长度和表面积关系如何？
11. 影响平流沉淀池沉淀效果的主要因素有哪些？沉淀池纵向分格有何作用？
12. 设计平流沉淀池是根据沉淀时间、表面负荷还是水平流速？为什么？

13. 平流沉淀池进水为什么要采用穿孔隔墙?出水为什么往往采用出水支渠？

14. 简要叙述书中所列四种澄清池的构造，工作原理和主要特点？

15. 说明沉淀有哪几种类型？各有何特点，并讨论各种类型的内在联系和区别，各适用在哪些场合？

16. 如何衡量平流式沉淀的水力条件？在工程实践中为获得较好的水力条件，采用什么措施最为有效？

五、计算题

1. 平流沉淀池设计流量为 720 m^3/h。要求沉速等于和大于 0.4 mm/s 的颗粒全部去除。试按理想沉淀条件，求：

（1）所需沉淀池平面积为多少 m^2?

（2）沉速为 0.1 mm/s 的颗粒，可去除百分之几？

2. 原水泥砂沉降试验数据见表 4.1。取样口在水面 180 cm 处。平流沉淀池设计流量为 900 m^3/h，表面积为 500 m^2，试按理想沉淀池条件，求该池可去除泥砂颗粒约百分之几？（C_0 表示泥砂初始浓度，C 表示取样浓度）。

表 4.1 砂沉降试验数据表

取样时间/min	0	15	20	30	60	120	180
C/C_0	1	0.98	0.88	0.70	0.30	0.12	0.08

3. 设初沉池为平流式，澄清部分高为 H，长为 L，进水量为 Q，试按理想沉淀理论对比：

①出水渠设在池末端。

②如图 4.1 所示，设三条出水渠时，两种情况下可完全分离掉的最小颗粒沉速 u_o。

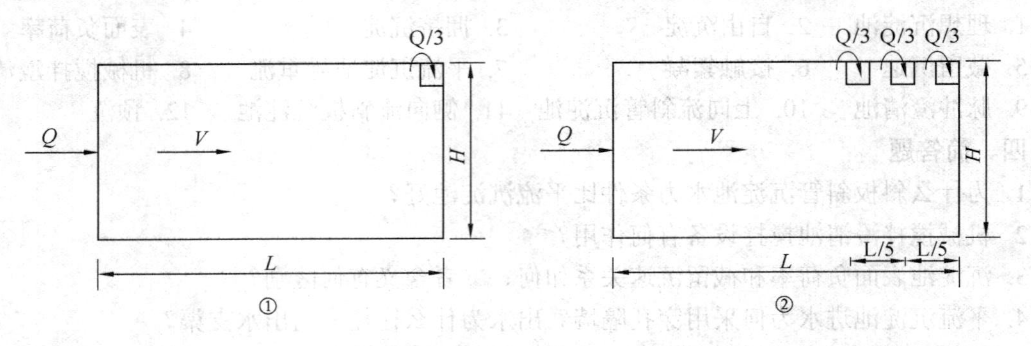

图 4.1 平流式沉淀池示意图

4. 平流式沉淀池，水深 3.6 m，进水浊度 20 L，停留时间 T=100 min，水质分析见表 4.2。求出水浊度。

表 4.2 平流沉淀池试验数据表

v_i /(mm·s^{-1})	0.05	0.10	0.35	0.55	0.6	0.75	0.82	1.0	1.2	1.3
≥v_i所占颗粒%	100	94	80	62	55	46	33	21	10	3.9

第五节　过滤

（一）基本要求

掌握两种过滤类型：慢滤池和快滤池；掌握滤料类型与承托层的作用；掌握配水系统的类型；掌握快滤池的运行过程和过滤理论；掌握不同滤池反冲洗方式及作用；掌握各种滤池的构造及设计计算。了解各种滤池的特征、工作原理和适用条件。

（二）习题

一、选择题

1. 常规作为单层滤料滤池的滤料是_____。

A. 无烟煤　　B. 磁铁矿　　C. 活性炭　　D. 石英砂

2. 滤池反冲洗效果决定于_____。

A. 膨胀度　　B. 水温　　C. 颗粒粒径　　D. 冲洗流速

3. V 型滤池采用的反冲洗工艺为_____。

A. 高速水流反冲洗　　B. 低速水流反冲洗加表面助冲
C. 气水反冲洗　　D. 中速水流反冲洗

4. 滤池承托层的作用是_____。

A. 增加布水均匀性　　B. 减少水头损失　　C. 增加含污能力
D. 防止滤料流失　　E. 提高出水水质

5. 等速过滤时，随着过滤时间的延续，滤池水头损失_____。

A. 逐渐增大　　B. 逐渐减小　　C. 不变　　D. 不确定

6. 快滤池宜采用大阻力或中阻力配水系统。大阻力配水系统孔眼总面积与滤池面积之比为_____。

A. 1.0%～1.5%　　B. 1.5%～2.0%　　C. 0.20%～0.28%　　D. 0.6%～0.8%

7. 快滤池冲洗前的水头损失，宜采用 2.0～3.0 m。每个滤池应装设_____。

A. 计量装置　　B. 压力表　　C. 真空表　　D. 水头损失计

8. 滤层表面以上的水深，宜采用_____m。

A. 1.5～2.0　　B. 2.0～2.5　　C. 1.0～1.5　　D. 1.0～1.2

9. 快滤池_____断面流速宜为 2.0～2.5 m/s。

A. 排空管　　B. 冲洗水管　　C. 溢流管　　D. 取样管

10. 虹吸滤池冲洗前的水头损失，一般可采用_____m。

A. 1.5　　B. 1.2　　C. 2.0　　D. 2.5

11. 三层滤料滤池宜采用_____配水系统。

A. 小阻力　　B. 中阻力　　C. 中阻力或大阻力　　D. 大阻力

12. 每个无阀滤池应设单独的进水系统，_____系统应有不使空气进入滤池的措施。

A. 出水　　B. 冲洗　　C. 排水　　D. 进水

13. 滤池的工作周期，宜采用_____h。

A. 8～12　　B. 10～16　　C. 10～18　　D. 12～24

14. 移动罩滤池过滤室滤料表面以上的直壁高度应等于冲洗时滤料的_____高度再加保护高。

A. 滤层　　B. 平均　　C. 最大膨胀　　D. 水头损失。

15. 移动罩滤池的设计过滤水头，可采用_____m，堰顶宜做成可调节高低的形式。移动罩滤池应设恒定过滤水位的装置。

A. 1.2～1.5　　B. 1.0～1.2　　C. 0.8～1.0　　D. 1.5～1.8

16. 快滤池、无阀滤池和压力滤池的个数及单个滤池面积，应根据生产规模和运行维护等条件通过技术经济比较确定，但个数不得少于_____。

A. 三个　　B. 两个　　C. 两组　　D. 三组

17. 虹吸滤池冲洗水头应通过计算确定，一般宜采用 1.0～1.2 m，并应有_____冲洗水头的措施。

A. 调整　　B. 减少　　C. 增大　　D. 控制

18. 移动罩滤池的分组及每组的分格数，应根据生产规模、运行维护等条件通过技术经济比较确定，但不得少于可独立运行的_____，每组的分格数不得少于 8 格。

A. 四组　　B. 三组　　C. 一组　　D. 两组

19. 滤池的正常滤速根据滤料类别不同一般分：①8～12 m/h，②10～14 m/h，③18～20 m/h。采用石英砂滤料过滤应该取_____滤速。

A. ①　　B. ②　　C. ③　　D. 不在上述范围内

20. 当压力滤池的直径大于_____m 时，宜采用卧式。

A. 2　　B. 5　　C. 3　　D. 4

21. 除铁滤池的滤料一般宜采用天然_____或石英砂等。

A. 锰砂　　B. 砾石　　C. 磁铁矿　　D. 卵石

22. 无阀滤池应有辅助_____措施，并设调节冲洗强度和强制冲洗的装置。

A. 虹吸　　B. 排气　　C. 计量　　D. 冲洗

23. 移动罩滤池集水区的高度应根据滤格尺寸及格数确定，一般不宜小于_____m。

A. 0.3　　B. 0.4　　C. 0.5　　D. 0.6

24. 两级过滤除锰滤池的设计宜遵守滤速_____m/h。

A. 3～5　　B. 4～6　　C. 5～8　　D. 8～10

25. 虹吸进水管的流速，宜采用_____m/s；虹吸排水管的流速，宜采用 1.4～1.6 m/s。

A. 1.0～1.2　　B. 1.2～1.5　　C. 0.6～1.0　　D. 0.8～1.2

26. 滤料应具有足够的机械强度和_____性能，并不得含有有害成分，一般可采用石英砂、无烟煤和重质矿石等。

A. 水力　　B. 耐磨　　C. 化学稳定　　D. 抗蚀

27. 洗滤池根据采用的滤料不同的冲洗强度及冲洗时间分为：①q＝12～15 L/(s·m^2)，t＝7～5 min；②q＝13～16L/(s·m^2)，t＝8～6 min；③q＝16～17L/(s·m^2)，t＝7～5 min；如果采用双层滤料过滤其冲洗强度和冲洗时间应选_____。

A. ①　　B. ②　　C. ③　　D. 不在上述范围内

28. 虹吸滤池、无阀滤池和移动罩滤池宜采用小阻力配水系统，其孔眼总面积与滤池面积之比为______。

A. 1.0%～1.5%　　B. 1.5%～2.0%　　C. 0.20%～0.28%　　D. 0.6%～0.8%

29. 无阀滤池冲洗前的水头损失，一般可采用______m。

A. 1.5　　B. 1.2　　C. 2.0　　D. 2.5

30. 快滤池洗砂槽的平面面积，不应大于滤池面积的______%，洗砂槽底到滤料表面的距离，应等于滤层冲洗时的膨胀高度。

A. 30　　B. 25　　C. 20　　D. 15

31. 无阀滤池过滤室滤料表面以上的直壁高度，应等于冲洗时滤料的______高度再加保护高。

A. 平均　　B. 最大膨胀　　C. 滤层　　D. 水头损失

32. 滤池应按正常情况下的滤速设计，并以检修情况下的______校核。

A. 反冲洗强度　　B. 滤层膨胀率　　C. 强制滤速　　D. 单池面积

33. 虹吸滤池的分格数，应按滤池在______运行时，仍能满足一格滤池冲洗水量的要求确定。

A. 正常　　B. 交替　　C. 高负荷　　D. 低负荷

二、填空题

1. 过滤的目的是去除水中（　　　）和（　　　）。

2. 双层滤料滤池的上层滤料是：（　　　），下层滤料是：（　　　）。

3. 三层滤料滤池中的滤料为：（　　　）、（　　　）和（　　　）。

4. 可能出现滤池负水头现象的滤池有：（　　　）。

5. 在处理水量一定时，滤池滤速越低，则滤池面积（　　　）。

6. 滤池的分类：从滤料的种类分有（　　　）、（　　　）、（　　　）。按作用水头分，有（　　　）和（　　　）；从进、出水及反冲洗水的供给与排除方式分有（　　　）、（　　　）和（　　　）。

三、名词解释

1. 截留沉速　　2. 反粒度过滤　　3. 滤层负水头　　4. 滤层含污能力

5. 滤料的反冲洗膨胀率　　6. 滤料的不均匀系数　　7. 均质滤料　　8. 滤层的冲洗强度

9. 强制滤速　　10. 截污量　　11. 虹吸滤　　12. 大阻力配水系统

13. 均匀级配滤料　　14. 无阀滤池　　15. 冲洗周期　　16. 反滤层

17. 滤料有效粒径（d_{10}）　　18. 滤速　　19. 表面扫洗　　20. 承托层

21. 表面冲洗　　22. 初滤水

四、简答题

1. 滤料不均匀系数 K_{80} 越大，对滤料和反冲洗有何影响？

2. 什么叫“等速过滤”和“变速过滤”？分析两种过滤方式的优缺点。

3. 什么是等速过滤？什么是变速过滤？为什么说等速过滤实质上是变速的，而变速过滤却接近等速？

4. 什么叫“负水头”？它对过滤和冲洗有何影响？如何避免滤层中“负水头”产生？

5. 简述V型滤池的主要特点。

6. 双层和多层滤料混杂与否与哪些因素有关？滤料混杂对过滤有何影响？

7. 滤料承托层有何作用？

8. 气-水反冲洗有哪几种操作方式？各有什么优缺点？

9. 小阻力配水系统有哪些形式？选用时主要考虑哪些因素？

10. 给水处理所选滤料符合要求是什么？

11. 什么叫“最小流态化冲洗流速”？当反冲洗流速小于最小流态化冲洗流速时，反冲洗时的滤层水头损失与反冲洗强度是否有关？

12. 简述滤池冲洗水的供给方式。

13. 简述大阻力配水系统和小阻力配水系统的优缺点。

14. 冲洗水塔或冲洗水箱的高度和容积如何计算？

15. 为什么粒径小于滤层中孔隙尺寸的杂质颗粒会被滤层拦截下来？

16. 根据滤层中杂质分布规律，分析改善快滤池的几种途径和滤池发展趋势。

17. 直接过滤有哪两种方式？采用原水直接过滤应注意哪些问题？

18. 清洁滤层水头损失与哪些因素有关？过滤过程中水头损失与过滤时间存在什么关系？可否用数学式表达？

19. 什么叫“等速过滤”和“变速过滤”？两者分别在什么情况下形成？分析两种过滤方式的优缺点并指出哪几种滤池属“等速过滤”。

20. 什么叫滤料“有效粒径”和“不均匀系数”?不均匀系数过大对过滤和反冲洗有何影响?“均质滤料”的含义是什么？

21. 滤池反冲洗强度和滤层膨胀度之间关系如何?当滤层全部膨胀起来以后，反冲洗强度增大，水流通过滤层的水头损失是否同时增大？为什么？

22. 快滤池管廊布置有哪几种形式？各有何优缺点？

23. 滤池的冲洗排水槽设计应符合哪些要求，并说明理由。

24. 无阀滤池虹吸上升管中的水位变化是如何引起的？虹吸辅助管管口和出水堰口标高差表示什么？

25. 无阀滤池反冲洗时，冲洗水箱内水位和排水水封井上堰口水位之差表示什么？若有地形可以利用，降低水封井堰口标高有何作用？

26. 为什么无阀滤池通常采用 2 格或 3 格滤池合用 1 个冲洗水箱？合用冲洗水箱的滤池格数过多对反冲洗有何影响？

27. 进水管 U 形存水弯有何作用？

28. 虹吸管管径如何确定？设计中，为什么虹吸上升管管径一般要大于下降管管径？

29. 虹吸滤池分格数如何确定？虹吸滤池与普通快滤池相比有哪些主要优缺点？

30. 设计和建造移动罩滤池，必须注意哪些关键问题？

31. 简要地综合评述普通快滤池、无阀滤池、移动罩滤池、V 型滤池及压力滤池的主要优缺点和适用条件。

32. 从滤层中杂质分布规律，分析改善快滤池的几种途径和滤池发展趋势。

33. 为什么小水厂不宜采用移动罩滤池？它的主要优点和缺点是什么？

五、计算题

1. 一石英砂滤池，滤料$\rho_s=2.65\ g/cm^2$，$m_0=0.43$，单独水反冲洗时测得每升砂水混合物中含砂重 1.007 kg，求膨胀度 e。

2. 某一组石英砂滤料滤池分 4 格，设计滤速 8 m/h，强制滤速 14 m/h，其中第一格滤池滤速为 6.2 m/h 时即进行反冲洗，这时其他滤池的滤速按反冲前滤速等比例增加，求第一格将要反冲时，其他滤池最大的滤速。

3. 某天然海砂筛分结果见表 4.3。

表 4.3　筛分实验记录

筛孔/mm	留在筛上砂量		通过该号筛的砂量	
	质量/g	%	质量/g	%
2.36	0.8			
1.65	18.4			
1.00	40.6			
0.59	85.0			
0.25	43.4			
0.21	9.2			
筛盘底	2.6			
合计	200			

根据设计要求：d_{10}=0.54 mm，K_{80}=2.0。试问筛选滤料时，共需筛除百分之几天然砂粒（分析砂样 200 g）

已知：砂粒球度系数ϕ=0.94；砂层孔隙率 m_0=0.4；砂层总厚度 l_0=70 cm；水温按 15 ℃。

4. 设滤池尺寸为 5.4 m（长）×4 m（宽）。滤层厚 70 cm。冲洗强度 q＝14 $L/s\cdot m^2$，滤层膨胀度 e＝40%。采用 3 条排水槽，槽长 4 m，中心距为 1.8 m。求：

（1）标准排水槽断面尺寸；

（2）排水槽顶距砂面高度；

（3）校核排水槽在水平面上总面积是否符合设计要求。

5. 滤池平面尺寸、冲洗强度及砂滤层厚度同上题，并已知：冲洗时间 6 min；承托层厚 0.45 m；大阻力配水系统开孔比α＝0.25%；滤料密度为 2.62 g/cm^3；滤层孔隙率为 0.4；冲洗水箱至滤池的管道中总水头损失按 0.6 计。求：

（1）冲洗水箱容积；

（2）冲洗水箱底至滤池排水冲洗槽高度。

六、推导分析题

1. 什么是大阻力配水系统？试推导穿孔管大阻力配水系统的设计依据（图 4.2）。

$$\left(\frac{f}{w_0}\right)^2+\left(\frac{f}{nw_a}\right)^2\leqslant 0.29$$

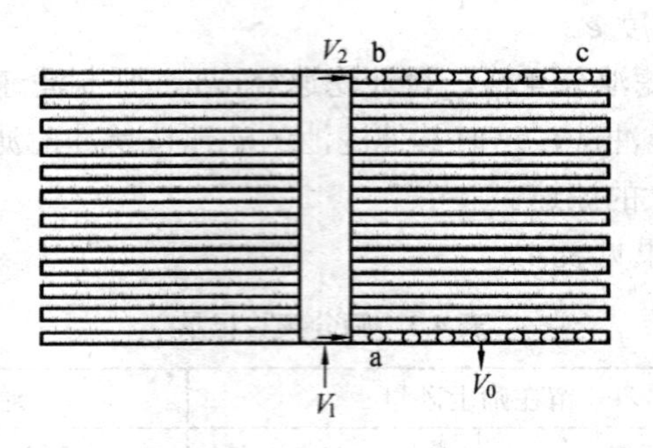

图 4.2　大阻力配水系统干管支管示意图

第六节　吸附

（一）基本要求

掌握吸附原理，掌握吸附等温式；掌握活性炭的吸附与再生；掌握活性炭吸附塔设计计算。了解国内外新近污水处理中的其他吸附剂

（二）习题

一、填空题

1. 按照吸附的作用机理，吸附作用可分为（　　　）和（　　　）两大类。
2. 常见的等温吸附模型有（　　　）和（　　　）。
3. 目前粒状活性炭的再生方法有（　　　）、（　　　）、（　　　）、（　　　）、（　　　）、（　　　）。
4. 水处理中常用的吸附剂除活性炭外，还有（　　　）、（　　　）、（　　　）等。

二、名词解释

1. 吸附　　2. 吸附法　　3. 吸附剂　　4. 吸附质　　5. 粉末活性炭吸附

三、简答题

1. 什么是吸附等温线？它的物理意义和实用意义是什么？
2. 什么是吸附平衡？
3. 简述吸附等温式有哪些？
4. 简述吸附过程的 3 个阶段。
5. 简述影响活性炭吸附性能的因素主要有哪些？
6. 简述水处理过程中，通常怎样选择粉末活性炭的投加点？说明原因。

四、问答题

1. 活性炭的表面化学性质有哪些？
2. 试从传质原理定性地说明影响吸附速度的因素。
3. 活性炭吸附操作方式有哪些？

4. 常见的活性炭吸附设备有哪些？

第七节　氧化还原与消毒

（一）基本要求

掌握加氯消毒机理及其特点；掌握其他氯氧化和消毒方法、机理和特征；掌握折点加氯的实际意义和特点；了解其他氧化剂的消毒设备和消毒特点，了解氧化还原与消毒在水处理中的应用和消毒方法。

（二）习题

一、选择题

1. 当采用氯胺消毒时，氯和氨的投加比例应通过_____确定，一般可采用质量比为 3:1～6:1。

A. 计算　　B. 经济比较　　C. 试验　　D. 经验。

2. 供生活饮用水的过滤池出水水质，经_____后，应符合现行的《生活饮用水卫生标准》的要求。供生产用水的过滤池出水水质，应符合生产工艺要求。

A. 深度处理　　B. 检测　　C. 消毒　　D. 清水池

3.水和氯应充分混合。其接触时间不应小于_____min。

A. 60　　B. 20　　C. 25　　D. 30

4. 通向加氯（氨）间的给水管道，应保证不间断供水，并尽量保持管道内_____的稳定。

A. 流速　　B. 流态　　C. 水压　　D. 流量

5. 加氯（氨）间外部应备有防毒面具、抢救材料和工具箱。防毒面具应严密封藏，以免失效。_____和通风设备应设室外开关。

A. 报警器　　B. 加氯机　　C. 照明　　D. 氯瓶

6. 投加消毒药剂的管道及配件应采用耐腐蚀材料，加氨管道及设备_____采用铜质材料。

A. 应该　　B. 尽量　　C. 不宜　　D. 不应

7. 加漂白粉间及其仓库可采用_____通风。

A. 机械　　B. 自然　　C. 强制　　D. 人工

8. 加氯、加氨设备及其管道应根据具体情况设置_____。

A. 阀门　　B. 检修工具　　C. 管径　　D. 备用

9. 投加液氯时应设加氯机。加氯机应至少具备指示瞬时投加量的仪表和防止水倒灌氯瓶的措施。加氯间宜设校核氯量的_____。

A. 仪表　　B. 磅秤　　C. 流量计　　D. 记录仪

10. 加氯（氨）间必须与其他_____隔开，并设下列安全措施：一、直接通向外部且向外开的门；二、观察窗。

A. 设备　　B. 氯库　　C. 工作间　　D. 加药间

11. 采用漂白粉消毒时应先制成浓度为 1%～2%的澄清溶液再通过计量设备注入水中。每日配制次数不宜大于_____次。

A. 3　　B. 6　　C. 2　　D. 4

12. 液氨和液氯或漂白粉应分别堆放在单独的仓库内，且宜与加氯（氨）间______。

A. 隔开　　B. 毗连　　C. 分建　　D. 合建

13. 加氯（氨）间应尽量靠近______。

A. 值班室　　B. 氯库　　C. 清水池　　D. 投加点

14. 加氯（氨）间及其仓库应有每小时换气______次的通风设备。

A. 8～12　　B. 10～12　　C. 8～10　　D. 6～10

15. 水和氯应充分混合。氯胺消毒的接触时间不应小于______h。

A. 2　　B. 1.5　　C. 1　　D. 0.5

16. 氯的设计用量，应根据相似条件下的运行经验，按______用量确定。

A. 冬季　　B. 夏季　　C. 平均　　D. 最大

17. 加氯间及氯库内宜设置测定______中氯气浓度的仪表和报警措施。必要时可设氯气吸收设备。

A. 氯瓶　　B. 空气　　C. 加氯装置　　D. 加氯管

18. 药剂仓库及加药间应根据具体情况，设置计量工具和______设备。

A. 防水　　B. 搬运　　C. 防潮　　D. 报警

19. 生活饮用水必须消毒，一般可采用加______、漂白粉或漂粉精法。

A. 氯氨　　B. 二氧化氯

C. 臭氧　　D. 液氯对于某一流域来说，影响流域年产沙量

20. 加药间必须有保障工作人员卫生安全的劳动保护措施。当采用发生异臭或粉尘的凝聚剂时，应在通风良好的单独房间内制备，必要时应设置______设备。

A. 安全　　B. 净化　　C. 除尘　　D. 通风

二、填空题

1. 氯消毒可分为（　　　）和（　　　）两类。

2. 目前，控制水中氯化消毒副产物的技术：（　　　）、（　　　）和（　　　）。

3. （　　　）和（　　　）被认为是氯化消毒过程中形成的两大类主要副产物。

4. 臭氧处理工艺主要由（　　　）、（　　　）和（　　　）组成。

5. 氯瓶上放置自来水的目的是（　　　）。

6. 对水起消毒作用的消毒剂是：（　　　）、（　　　）、（　　　）等。

三、名词解释

1. 折点加氯　　2. 自由性氯　　3. 化合性氯　　4. 需氯量

5. 余氯量　　6. 氯胺消毒法　　7. 臭氧尾气消除装置　　8. 臭氧一生物活性炭处理

9. 臭氧尾气　　10. 液氯消毒法

四、简答题

1. 制取 ClO_2 有哪几种方法？写出它们的化学反应式并简述 ClO_2 消毒原理和主要特点。

2. 用氯处理含氰废水时，为何要严格控制溶液的 pH 值？

3. 加氯点通常设置在什么位置？为什么？

4. 什么叫折点加氯？出现折点的原因是什么？折点加氯有何利弊？

5. 生活饮用水标准中对余氯量是如何规定的？为什么要保持一定的余氯量？

6. 试举出四种消毒方法。
7. 简述自由性氯消毒原理。
8. 当水中含有氨氮时，试述加氯量与余氯的关系。
9. 简述目前水的消毒方法。
10. 什么叫自由性氯？什么叫化合性氯？两者消毒效果有何区别？简述两者消毒原理。
11. 水的 pH 值对氯消毒作用有何影响？为什么？
12. 什么叫余氯？余氯的作用是什么？
13. 用什么方法制取 O_3 和 NaOCl？简述其消毒原理和优缺点。
14. 什么叫自由性氯？什么叫化合性氯？两者消毒效果有何区别？简述两者消毒原理。
15. 水的 pH 值对氯消毒作用有何影响？为什么？

五、计算和分析题

1. OCl^- 离子占自由氯的百分比，其中 pH 值为 8。氯气溶解后电离，$HClO = H^+ + ClO^-$
K=[H+][ClO−]/[HClO]，$K=2.6\times10^{-8}$，pH=8，问 ClO^- 占自由氯的含量。
2. 试绘出折点氯化曲线，并说明每一区域氯的主要形态和消毒特点。

第八节 离子交换

（一）基本要求

了解离子交换树脂基本结构及特点，掌握离子交换反应原理；了解离子交换装置结构特点，以及离子交换附属设备工作原理，掌握离子交换树脂的运行及操作方法，了解和掌握离子交换在水的软化及除盐工艺中的应用。

（二）习题

一、名词解释

1. 离子交换	2. 交联度	3. 粒度	4. 湿真密度
5. 湿视密度	6. 总交换容量	7. 工作交换容量	8. 平衡交换容量
9. 离子交换平衡	10. 树脂饱和程度	11. 复床	12. 混合床

二、填空题

1. 离子交换树脂的结构主要由（　　）和（　　）构成。

2. 离子交换树脂根据交换基团不同，可分为（　　　　）和（　　　　）。（　　）树脂可电离的离子是氢离子和金属离子；（　　）树脂可电离的离子是氢氧根离子和酸根离子。

3. 离子交换树脂对各种离子具有不同的亲和力，可以优先交换溶液中某种离子，这种现象称为离子交换树脂的（　　　　）。一般化合价（　　　　）的离子被交换能力越强，同价离子中优先交换原子序数（　　　）的离子。

4. 离子交换如同化学反应一样，服从（　　　　），且是（　　　　）反应，离子交换技术就是基于（　　　）与（　　　　）来进行交换与再生的。

5. 离子交换中的（　　　　）、（　　　　）、（　　　　）是进行水质软化的基本设计依据。

6. 离子交换过程不仅受到（　　　）和（　　　）的影响，同时还受到（　　）的影响，后者归结为有关离子交换与时间的关系，即离子交换的速度问题。

7. 离子交换软化方法有（　　　）、（　　　）、（　　　）。

8. 离子交换软化系统的选择主要取决于（　　　）和（　　　）。

9. 一级复合床除盐中最基本的系统组成有（　　　）、（　　　）、（　　　）。

10. 混合床反洗分层主要借助于（　　　）。

三、简答题

1. 离子交换树脂的物理性质都有哪些？

2. 影响离子交换选择性的主要因素有哪些？

3. 离子交换反应由膜扩散控制还是由孔道扩散控制，其主要区别有哪些？

4. 简述顺流再生固定床的特点。

5. 与顺流再生比较，逆流再生具有哪些优点。

6. 简述弱酸树脂的特性。

7. 简述大孔型离子交换树脂。大孔型的特点：

8. 强碱阴床设置在强酸阳床之后的原因有哪些？

9. 什么是阴离子双层床？简述双层床的优点。

10. 简述树脂污染后的复苏处理。

四、计算题

1. 现有试验用强酸干树脂 1 000 g，湿水溶胀后称重为 1 961 g，如果不记干树脂内部孔隙体积，则湿水溶胀后树脂颗粒本身体积增加多少？溶胀后树脂的含水率是多少？

2. 测定苯乙烯系强酸树脂交换层中树脂湿视密度约为 1.3 g/mL，湿视密度为 0.75 g/mL，求该树脂交换层的孔隙率为多少？

五、论述题

1. pH 值对离子交换树脂有哪些影响？

第九节　膜滤技术

（一）基本要求

掌握膜滤技术分类、超滤膜和超滤过滤原理及浓差极化、反渗透膜以及透过机理、反渗透装置主要参数工艺流程布置、电渗析原理及过程、电流效率与极限电流密度概念、极化与沉淀、电渗析器工艺设计与计算。了解膜滤技术在水处理领域中的应用。

（二）习题

一、名词解释

1. 膜滤过程	2. 截留率	3. 渗透通量	4. 通量衰减系数
5. 污泥密度指数	6. 错流过滤	7. 死端过滤	8. 反渗透
9. 电渗析	10. 浓差极化	11. MBR	12. 膜对
13. 膜堆	14. 极限电流密度		

二、填空题

1. 中空纤维膜组件可以分为（　　　）和（　　　）两种。

2.（　　　）、（　　　）、（　　　）、（　　　）、（　　　）以及（　　　）统称为膜分离法。

3. 超滤和微滤有两种过滤模式，（　　　）和（　　　）。

4. 渗透发生的条件为：（　　　）、（　　　）。

5. 反渗透膜组件有（　　　）、（　　　）、（　　　）和（　　　）4 种类型。

6. 反渗透的（　　　）指的是淡水连续通过的膜组件串联数，（　　　）指的是浓水连续通过的膜组件串联数。

7. 电渗析器结构包括（　　　）、（　　　）、（　　　）、（　　　）、（　　　）、（　　　）、（　　　）、（　　　）等部件。

三、简答题

1. 简述膜组件的分类及其优缺点？

2. 影响反渗透运行的参数主要有哪些？

3. 简述反渗透膜的脱盐机理。

4. 简述 MBR 系统的特点。

5. 简述电渗析的基本原理？

四、计算题

1. 已知：设计产水量 2 160 m^3/d，水回收率 75%，选用 Film tec BW30-8040 型元件，（1.6 MPa，30 m^3/d，脱盐 98%），选用压力容器长可容 4 个元件。试计算膜组件的数量及排列数并绘制工艺布置图（水经过内装 4 个 BW30-8040 长膜元件的回收率为 40%）？

第十节　水的冷却

（一）基本要求

了解冷却构筑物类型和工艺构造，掌握湿空气性质、水的冷却原理、冷却塔的热力计算基本方程、冷却水水质特点及其处理。

（二）习题

一、名词解释

1. 冷却水系统　2. 直流式水冷却系统　3. 绝对湿度　4. 相对湿度
5. 含湿量　6. 露点　7. 湿空气的密度

二、填空题

1. 水的冷却系统常见的有（　　　）和（　　　）两种，循环式又分为（　　　）和（　　　）。

2. 水的冷却有多种方法，包括水（　　　）、（　　　）和（　　　）。

3. 循环水中的沉积物主要指（　　　）、（　　　）、（　　　），（　　　）主要成分是 $CaCO_3$，（　　　）和（　　　）主要是尘埃、泥沙、悬浮固体及微生物代谢产物。

4. 控制水垢形成及析出的主要方法有（　　）、（　　）、（　　）、（　　）及物理处理技术等。

5. 在冷却水系统中防止热交换器金属腐蚀的方法有（　　）、（　　）、（　　）和（　　）等办法，其中以（　　）最为常见并且效果显著。

三、简答题

1. 简述冷却塔的分类。

2. 冷却塔内的主要装置有哪些？分别起到什么作用？

3. 简述水的冷却原理。

4. 简述循环冷却水处理的内容。

第十一节　腐蚀与结垢

（一）基本要求

了解和掌握腐蚀的类型与过程，熟悉影响腐蚀的因素与腐蚀形式，掌握水质稳定处理的方法。

（二）习题

一、名词解释

1. 腐蚀　2. 标准电极电位　3. 阴极保护法　4. 牺牲阳极保护法

二、填空题

1. 在给水排水工程中，腐蚀通常分为（　　）和（　　）。

2. 金属腐蚀可分为（　　）、（　　），其中（　　）危险性极大。

3. 局部腐蚀可以分为（　　）、（　　）、（　　）、（　　）、（　　）、（　　）和（　　）。

4. 控制腐蚀的因素有：（　　）和（　　）。

5. 阴极保护法可以分为（　　）和（　　）。

三、简答题

1. 影响腐蚀的因素有哪些？

2. 简述腐蚀的过程。

3. 如何判断水垢析出的结果？

4. 水质稳定处理的方法有哪些？

第十二节　其他处理方法

（一）基本要求

理解和掌握中和法、化学沉淀法、电解法、吹脱气提法和萃取法的基本原理和过程，了解以上方法在水处理中的应用。

（二）习题

一、名词解释

1. 中和　　2. 过滤中和法　　3. 化学沉淀法　　4. 电解
5. 分解电压　　6. 吹脱、气提法　　7. 亨利定律　　8. 萃取

二、填空题

1. 酸性废水中和处理采用的中和剂主要有（　　）、（　　）、（　　）、（　　）、（　　）等；碱性废水中和处理常采用的中和剂有（　　）和（　　）。

2. 酸性废水的中和方法可分为（　　）、（　　）和（　　）三种方法；碱性废水的中和方法可分为（　　）和（　　）。

3. 根据使用沉淀剂的不同，化学沉淀法可分为（　　）、（　　）和（　　）。

4. 吹脱气提法的基本原理是（　　）和（　　）。

5. 吹脱法一般采用（　　）和（　　）两类设备，前者占地面积较大，而且易污染周围环境，所以有毒气体的吹脱都采用（　　）。

6. 萃取剂的再生方法有（　　）和（　　）。

7. 根据萃取剂与水接触方式不同，萃取操作过程可分为（　　）和（　　）；按照有机相与水相两者接触次数不同，萃取过程可分为（　　）和（　　）。

三、简答题

1. 选择中和方法时应考虑哪些因素？
2. 化学沉淀法的工艺流程包括哪些步骤？
3. 简述电絮凝的作用。
4. 影响吹脱的主要因素有哪些？
5. 如何选择萃取剂？
6. 简述萃取的工艺过程。

第十三节　典型给水处理系统

（一）基本要求

掌握给水处理设计步骤、要求和设计原则、水厂平面和高程布置原则；掌握和熟悉给水厂中各处理环节并能够进行相关设计。

（二）习题

一、名词解释

1. 抗冲击性能

二、填空题

1. 给水处理系统中常用的化学氧化剂有（　　）、（　　）、（　　）和（　　）。

2. 给水厂沉淀池的排泥水包括（　　）和（　　）。

3. 给水厂污泥量的多少将直接影响水厂的建设规模，其主要影响因素是原水中的

（　　　　）和（　　　　）。

三、简答题

1. 选择给水处理工艺的依据是什么？

2. 什么是地面水常规处理工艺系统，简述其工艺过程。

3. 水厂平面布置应考虑哪些因素？

4. 给水厂污泥的处置方法有哪些？

5. 给水处理厂基本建设程序有哪些？

6. 简述给水处理厂的设计原则。

第十四节　特种水源水处理系统

（一）基本要求

熟悉和掌握地下水除铁除锰工艺，高浊水的处理工艺，水的除氟和除砷以及游泳水处理系统。

（二）习题

一、名词解释

1. 活性氧化铝　　　　　　2. 总硬度　　　　　　3. 软化

二、填空题

1. 地下水中的溶解性铁、锰主要以（　　　　）存在。

2. 我国《生活饮用水卫生标准》GB 5749—2006 规定，铁、锰浓度分别不得超过（　　　　）。

3. 去除地下水中铁质的方法有很多种，一般常用（　　　　），即（　　　　），由于（　　　　）在水中的溶解度极小，故能从水中析出，再用固液分离法将之取出，从而达到地下水除铁的目的。

4. 地下水中除锰也有很多种方法，但仍以（　　　　）为主，即（　　　　），（　　　　）能从水中析出，再用固液分离的方法将其去除，从而达到除锰的目的。

5. 高浊度水沉淀属于（　　　　）形式，浑液面沉降缓慢，且泥沙浓度越高沉速越小。

6. 我国《生活饮用水卫生标准》GB 5749—2006 规定，氟浓度分别不得超过（　　　　），当城市生活饮用水中氟浓度低于 0.5 mg/L 时，可以向水中加氟。

7. 常用的除氟方法有（　　　　）、（　　　　）、（　　　　），其中以（　　　　）最为常用。

8. 常见的除氟吸附剂有（　　　　）、（　　　　）或（　　　　）。

9. 一般对于低压锅炉进水要求进行（　　　　）处理，对于中、高压锅炉要求进行水的（　　　　）和（　　　　）处理。

10. 常用的药剂软化法有（　　　　）、（　　　　）、（　　　　）、（　　　　）等。

11. 除盐的方法有（　　　　）、（　　　　）、（　　　　）、（　　　　）、（　　　　）等。

12. 游泳池是城市的重要公共设施，其水质应符合（　　　　）中关于人工游泳池水质卫生标准的规定。

13. 为使游泳池水质在使用过程中保持良好的水质，需对池水不断进行（ ）净化处理，即用泵将池水抽出，投加混凝剂，并进行过滤，滤后水经加热、消毒后，再送回游泳池重复使用。

三、简答题

1. 为什么旧天然锰砂滤料的接触氧化活性比新天然锰砂滤料强？
2. 含锰地下水常常含有铁，铁和锰的去除顺序如何，为什么？
3. 简述高浊度水处理的特点及其工艺？
4. 简述电渗析法除氟的原理。

第十五节 城市污水处理系统

（一）基本要求

掌握城市污水处理工艺系统选择的基本思想与原则，掌握城市污水处理系统的工艺流程，了解和掌握污泥处理工艺与污水深度处理系统。

（二）习题

一、名词解释

1. 污水污泥的堆肥

二、填空题

1. 现代污水处理技术，按原理可分为（ ）、（ ）和（ ）3 类。按处理程度划分，可分为（ ）、（ ）和（ ）。

2. 城市污水二级处理水只能达到（ ）排放标准，深度处理是满足（ ）排放标准和污水再生再循环。

3. 污水深度处理目的一是（ ），二是（ ）。

4. 污泥处理包括：（ ）、（ ）、（ ）、（ ），在必要时还要求（ ）。

5. 表征污泥性质的主要指标有：（ ）、（ ）、（ ）以及（ ）等。

6. 污泥稳定的主要方法有（ ）、（ ）和（ ）等。

7. 污泥处理的方法常取决于（ ）和（ ）。

三、简答题

1. 基于水循环和物质循环的基本思想，污水处理工艺流程选择应考虑哪些原则？
2. 简述传统二级处理典型流程。
3. 再生水主要用途有哪些？
4. 污水深度处理系统有哪些？

第十六节　工业废水处理的工艺系统

（一）基本要求

熟悉和了解工业废水的分类及处理方法。

（二）习题

一、名词解释

1. 工业废水　　2. 印染废水　　3. 循环氨水

二、填空题

1. 工业废水包括（　　）、（　　）和（　　）3 种。
2. 所有的工业废水的排放，必须严格遵守国家、部、行业所规定的标准——（　　），（　　）等。
3. 控制工业污染源的基本途径是（　　）和（　　）。
4. 废水处理法大体可分为：（　　）、（　　）、（　　）和（　　）。
5. 油类在水中存在的形式可分为（　　）、（　　）、（　　）和（　　）4 类。
6. 制浆造纸厂水污染主要来自于（　　）。
7. 制浆造纸过程排放的主要污染物有（　　）、（　　）、（　　）、（　　）、（　　）。
8. 目前最常用的黑液回收法是（　　）和（　　）。
9. 乳品废水根据其来源通常可分为三大类，即（　　）、（　　）和（　　）。
10. 处理乳品废水的主要技术是（　　），包括（　　）、（　　）。
11. 纺织印染废水可分为（　　）、（　　）、（　　）、（　　）4 类。
12. 含氰废水处理目前国内外多采用（　　）。
13. 含铬废水的处理方法有（　　）、（　　）、（　　）、（　　）、（　　）、（　　）等，其中（　　）是国内外应用较为广泛的方法之一。
14. 中和滤池有（　　）、（　　）、（　　）、（　　）四种类型。
15. 抗生素废水的组成有（　　）、（　　）、（　　）。
16. 国内外基本上采用（　　）处理有机磷农药废水。

三、简答题

1. 简述工业废水的分类。
2. 减少废水产出量的措施有哪些？
3. 简述降低废水污染物的浓度的措施。
4. 石油化工废水有哪些特点？
5. 美国造纸工业主要的厂内防治措施有哪些？
6. 采用厌氧一好氧工艺处理啤酒废水具有哪些优点？
7. 常用的印染废水处理工艺流程有哪几种？

8. 简述煤气废水的水质特征。

第十七节　水质标准与水体自净

（一）基本要求

掌握氧垂曲线方程及其应用；熟悉水体自净基本规律，污水的来源，组成，出路；了解污染物存在状态，污染指标。

（二）习题

一、填空题

1. 废水处理方法主要有：（　　　　）、（　　　　）、（　　　　）。
2. 污水处理的一级排放标准要求，CODcr（　　　　），SS（　　　　），pH（　　　　）。
3. 日常人们所说的废水，按其产生的来源，一般可分为（　　　　）、（　　　　）和（　　　　）三种。
4. 废水的物理指标包括（　　　　）、（　　　　）、（　　　　）、（　　　　）等指标。
5. 污水的最终处置方式有（　　　　）、（　　　　）、（　　　　）。
6. 按化学组成，污水中的污染物可分为（　　　　）、（　　　　）两大类。
7. 易于生物降解的有机污染物的污染指标主要有（　　　　）、（　　　　）、（　　　　）、（　　　　）。
8. 水体自净过程按其机理可分为（　　　　）、（　　　　）、（　　　　）。

二、选择题

1. 生化需氧量指标的测定，水温对生物氧化速度有很大影响，一般以______为标准。

A. 常温　　B. 10 ℃　　C. 20 ℃　　D. 30 ℃

2. 在水质分析中，常用过滤的方法将杂质分为______。

A. 悬浮物与胶体物　　B. 胶体物与溶解物　　C. 悬浮物与溶解物　　D. 无机物与有机物

3. 测定水中微量有机物和含量，通常用______指标来说明。

A. BOD　　B. COD　　C. TOC　　D. DO

4. 用高锰酸钾作氧化剂，测得的耗氧量简称为______。

A. OC　　B. COD　　C. SS　　D. DO

5. 水体如严重被污染，水中含有大量的有机污染物，DO 的含量为______。

A. 0.1　　B. 0.5　　C. 0.3　　D. 0

6. 某些金属离子及其化合物能够为生物所吸收，并通过食物链逐渐______而达到相当的程度。

A. 减少　　B. 增大　　C. 富集　　D. 吸收

7. 污水排入水体后，污染物质在水体中的扩散有分子扩散和紊流扩散两种，两者的作用是前者______后者。

A. 大于　　B. 小于　　C. 相等　　D. 无法比较

8. 测定水中微量有机物的含量，通常用______指标来说明。

A. $B0D_5$　　B. COD　　C. TOC　　D. DO

9. BOD_5指标是反映污水中，______污染物的浓度。

A. 无机物　　B. 有机物　　C. 固体物　　D. 胶体物

10. 用含有大量______的污水灌溉农田，会堵塞土壤孔隙，影响通风，不利于禾苗生长。

A. 酸性　　B. 碱性　　C. SS　　D. 有机物

11.通过三级处理，BOD_5要求降到______以下，并去除大部分N和P。

A. 20 mg/L　　B. 10 m/L　　C. 8 mg/L　　D. 5 mg/L

12. 城市污水一般是以______物质为其主要去除对象的。

A. BOD　　B. DO　　C. SS　　D. TS

13. 二级城市污水处理，要求BOD_5去除______。

A. 50%左右　　B. 80%左右　　C. 90%左右　　D. 100%

14. 生物化学需氧量表示污水及水体被______污染的程度。

A. 悬浮物　　B. 挥发性固体　　C. 无机物　　D. 有机物

15. 生活污水的pH一般呈______。

A. 中性　　B. 微碱性　　C. 中性、微酸性　　D. 中性、微碱性

16. 排放水体是污水的自然归宿，水体对污水有一定的稀释与净化能力，排放水体也称为污水的______处理法。

A. 稀释　　B. 沉淀　　C. 生物　　D. 好氧

17. 下列不属于水中杂质存在状态的是______。

A. 悬浮物　　B. 胶体　　C. 溶解物　　D. 沉淀物

18. TOD是指______。

A. 总需氧量　　B. 生化需氧量　　C. 化学需氧量　　D. 总有机碳含量

19. 下列说法不正确的是______。

A. 可降解的有机物一部分被微生物氧化，一部分被微生物合成细胞。

B. BOD是微生物氧化有机物所消耗的氧量与微生物内源呼吸所消耗的氧量之和。

C. 可降解的有机物分解过程分碳化阶段和硝化阶段。

D. BOD是碳化所需氧量和硝化所需氧量之和。

20. 下列说法不正确的是______。

A. COD测定通常采用$K_2Cr_2O_7$和$KMnO_7$为氧化剂

B. COD测定不仅氧化有机物，还氧化无机性还原物质

C. COD测定包括了碳化和硝化所需的氧量

D. COD测定可用于存在有毒物质的水

21. 对应处理级别选择处理对象：一级处理______；二级处理______；深度或三级处理______；特种处理______。

A. 残留的悬浮物和胶体、BOD和COD，氨氮、硝酸盐、磷酸盐

B. 不能自然沉淀分离的微细悬浮颗粒、乳化物，难于为生物降解的有机物和有毒有害的无机物

C. 水呈胶体和溶解状态的有机污染物

D. 水中呈悬浮状态的固体污染物

22. 生物法主要用于______。

A. 一级处理　B. 二级处理　C. 深度处理　D. 特种处理

23. 二级处理主要采用______。

A. 物理法　B. 化学法　C. 物理化学法　D. 生物法

24. 对应处理对象选择处理方法：悬浮物______；细菌______；色素______；无机盐类______。

A. 活性炭吸附　B. 漂白粉　C. 超滤　D. 过滤

25. 关于污染物在水体中稀释过程的说法，不正确的是______。

A. 污染物在静水中作由扩散引起的输移

B. 污染物在层流水体中作由扩散和随流引起的输移，两者相互抵消

C. 污染物在紊流水体中应采用涡流扩散系数计算

D. 污染物在海洋中采用二维扩散方程精度已足够

26. Ex 是______。

A. 分子扩散系数　B. 横向扩散系数　C. 纵向扩散系数　D. 竖向扩散系数

27. 下列判断正确的是______。

A. 河中心排放的污染物宽度是岸边排放的一半

B. 河中心排放的污染物宽度是岸边排放的两倍

C. 河中心排放的污染物浓度是岸边排放的一半

D. 河中心排放的污染物浓度是岸边排放的两倍

28. 关于污染物在海洋中稀释，不正确的说法是______。

A. 保守物，质在海洋中的总稀释度为 $D_1 \times D_2$

B. 初始稀释度 D_1 是排出口深度、直径和弗劳德数的函数

C. 输移扩散稀释度 D_2 是时间为 t 时和起始时污染物浓度的比值

D. 细菌在海洋中的总稀释度为 $D_1 \times D_2 \times D_3$

29. 海底多孔扩散器应与海水主流______。

A. 平行　B. 垂直　C. 倾斜　D. 随便

30. 关于自然降解，下列说法不正确的是______。

A. 有机物降解时耗氧速率与此时有机物含量成正比

B. 大气复氧时复氧速率与此时溶解氧含量成正比

C. 耗氧速率常数、复氧速率常数都可用 $k_t = k_{20} \times 1.047\ T^{20}$ 计算

D. 亏氧量变化速率是耗氧速率与复氧速率的代数和

31. 关于氧垂曲线，说法不正确的是______。

A. 受污点即亏氧量最大点

B. 曲线下降阶段耗氧速率＞复氧速率

C. 曲线上升阶段耗氧速率＜复氧速率

D. 曲线末端溶解氧恢复到初始状态

32. 下列指标不适宜评价难于生物降解的有机污染物的是______。

A. BOD_5　B. COD　C. TOC　D. 浓度

33. 有机物降解过程中均要耗氧，其主要发生在______。

A. 碳化阶段　　B. 硝化阶段　　C. 反硝化阶段　　D. 内源呼吸阶段

34. 某一污水，其BODu（S_A）与培养过程温度______，BOD_5与培养温度______。

A. 无关，无关　　B. 有关，无关　　C. 无关，有关　　D. 有关，有关

35. 有机污染物（C、N、S、H）经好氧分解后的产物______。

A. CO_2，H_2O，SO_4，NH_3　　B. CH_4，H_2O，SO_4，NH_3

C. CO_2，H_2O，H_2S，NO_3^-　　D. CH_4，H_2O，H_2S，NO_3

36. 溶解氧在水体自净过程中是个重要参数，它可反映水体中______。

A. 耗氧指标　　B. 溶氧指标

C. 有机物含量　　D. 耗氧和溶氧的平衡关系

37. 在很多活性污泥系统里，当污水和活性污泥接触后很短的时间内，就出现了______的有机物去除率。

A. 较少　　B. 很高　　C. 无一定关系　　D. 极少

三、名词解释

1. 生化需氧量BOD　2. 化学需氧量COD　3. 污水　4. 生活污水
5. 总需氧量（TOD）　6. 总有机碳（TOC）　7. 水体自净作用　8. 污水的物理处理法
9. 污水的化学处理法　10. 污水的生物处理法　11. 氧垂曲线

四、简答题

1. 表示污水物理性质的指标有哪些？
2. 固体物按存在状态可分为哪几种？
3. 如何理解总固体、悬浮固体、可沉固体的概念？
4. 污水中的含氮化合物有哪几种形式？测定指标有哪些？
5. 挥发酚主要包括哪些？
6. 简述BOD的含义及优缺点。
7. 简述COD的含义及优缺点。
8. 介绍TOC、TOD、THOD的概念。
9. 污水的生物指标有哪些？
10. 什么叫水体污染？造成水体污染的原因有哪些？
11. 悬浮固体对水体有哪些危害？
12. 简述水体富营养化的概念。
13. 什么叫水体自净？作用机理有哪些？
14. 绘图说明有机物耗氧曲线。
15. 绘图说明河流的复氧曲线。
16. 绘图说明河流氧垂曲线的工程意义。
17. 什么叫氧垂曲线？它有什么工程意义？
18. 什么叫水环境容量？它与哪些因素有关？包括哪两部分？
19. 污水中含有各种污染物，为了定量地表示污水中的污染程度，一般制订了哪些水质指标？
20. 影响废水处理工艺选择的因素有哪几点？
21. 污水处理厂厂址选择的原则是什么？

22. 什么是污水？简述其分类及性质。

23. 为什么通常把五日生化需氧量 BOD_5 作为衡量污染水的有机指标？

24. 简述耗氧有机物指标 BOD_5 和 COD 的异同点。

五、判断题

(　) 1. 水体中溶解氧的含量是分析水体自净能力的主要指标。

(　) 2. 有机污染物质在水体中的稀释、扩散，不仅可降低它们在水中的浓度，而且还可被去除。

(　) 3. 水体自净的计算，一般是以夏季水体中小于 4 mg/L 为根据的。

(　) 4. 化学需氧量测定可将大部分有机物氧化，而且也包括硝化所需氧量。

(　) 5. 从控制水体污染的角度来看，水体对废水的稀释是水体自净的主要问题。

(　) 6. 河流流速越大，单位时间内通过单位面积输送的污染物质的数量就越多。

(　) 7. 水的搅动和与空气接触面的大小等因素对氧的溶解速度影响较小。

(　) 8. 水体自净的计算，对于有机污染物的去除，一般要求考虑有机物的耗氧和大气的复氧这两个因素。

(　) 9. 水体正常生物循环中能够同化有机废物的最大数量为自净容量。

(　) 10. 河流的稀释能力主要取决于河流的推流能力。

(　) 11. 空气中的氧溶于水中，即一般所称的大气复氧。

(　) 12. 稀释、扩散是水体自净的重要过程。扩散是物质在特定的空间中所进行的一种可逆的扩散现象。

(　) 13. 在耗氧和复氧的双重作用下，水中的溶解氧含量出现复杂的、且无规律的变化过程。

(　) 14. 氧能溶解于水，但有一定的饱和度，饱和度和水温与压力有关，一般是与水温成反比关系，与压力成正比关系。

(　) 15. 氧溶解于水的速度，当其他条件一定时，主要取决于氧亏量，并与氧亏量成反比关系。

(　) 16. 废水中有机物在各时刻的耗氧速度和该时刻的生化需氧量成反比。

(　) 17. 化学需氧量测定可将大部分有机物氧化，其中不包括水中所存在的无机性还原物质。

(　) 18. 水中的溶解物越多，一般所含的盐类就越多。

(　) 19. 单纯的稀释过程并不能除去污染物质。

(　) 20. 水体自身也有去除某些污染物质的能力。

(　) 21. 工业废水不易通过某种通用技术或工艺来治理。

(　) 22. 酸性污水对污水的生物处理和水体自净有着不良的影响。

(　) 23. 排放水体是污水自然归宿，水体对污水有一定的稀释与净化能力，排放水体也称为污水的稀释处理法。

(　) 24. 有机污染物进入水体后，由于能源增加，势必使水中微生物得到增殖，从而少量地消耗水中的溶解氧。

(　) 25. 在实际水体中，水体自净过程总是互相交织在一起，并互为影响，互为制约。

(　) 26. 在耗氧和复氧的双重作用下，水中的溶解氧含量出现复杂的、但却又是有规律的变化过程。

（ ）27. 最大缺氧点的位置和到达的时间，对水体的已生防护是一个非常重要的参数。

（ ）28. 化学需氧量测定可将大部分有机物氧化，而且也包括水中所存在的无机性还原物质。

（ ）29. 河流的稀释能力主要取决于河流的扩散能力。

（ ）30. 生化需氧量是反映污水微量污染物的浓度。

（ ）31. 含有大量悬浮物和可沉固体的污水排入水体，增加了水体中悬浮物质的浓度，降低了水的浊度。

（ ）32. 生化需氧量是表示污水被有机物污染程度的综合指标。

（ ）33. 水体中耗氧的物质主要是还原性的无机物质。

（ ）34. 无机污染物对水体污染自净有很大影响，是污水处理的重要对象。

第十八节　城市污水物理处理方法

（一）基本要求

掌握格栅、沉砂池、沉淀池工作原理；熟悉格栅、沉砂池、沉淀池在污水中的工艺设计。

（二）习题

一、填空题

1. 根据污水中可沉物质的性质，凝聚性能的强弱及其浓度的高低，沉淀可分为（ ）、（ ）、（ ）、（ ）四种。

2. 根据沉淀的性质，初沉池初期的沉淀属于（ ），二沉池后期的沉淀属于（ ），二沉池污泥斗中的沉淀属于（ ）。

3. 沉砂池的主要功能是（ ），一般位于泵站和沉淀池等构筑物之前，对构筑物起保护作用。

4. 沉砂池在设计时规定最大流速是（ ），最小流速是（ ）。

5. 沉淀池按照水流方向可分为（ ）、（ ）、（ ）。

二、选择题

1. 污水流经格栅的速度一般要求控制在______。

A. 0.1～0.5m/s　　B. 0.6～1.0m/s　　C. 1.1～1.5m/s　　D. 1.6～2.0m/s

2. 圆形断面栅条的水力条件好，水流阻力小，但刚度较差，一般采用断面为______的栅条。

A. 带半圆的矩形　　B. 矩形　　C. 带半圆的正方形　　D. 正方形

3. 沉淀池的操作管理中主要工作为______。

A. 撇浮渣　　B. 取样　　C. 清洗　　D. 排泥

4. ______的变化会使二沉池产生异重流，导致短流。

A. pH　　B. DO　　C. 温度　　D. MLSS

5. 液体的动力黏滞性系数与颗粒的沉淀呈______。

A. 反比关系　　B. 正比关系　　C. 相等关系　　D. 无关

6. 在集水井中有粗格栅，通常其间隙宽度为______。

A. 10～15mm　　B. 15～25mm　　C. 25～50mm　　D. 40～70mm

7. 污水流量和水质变化的观测周期越长，调节池设计计算结果的准确性与可靠性 _____。

A. 越高　　B. 越低　　C. 无法比较　　D. 零

8. 废水治理需采用的原则是______。

A. 分散　　B. 集中　　C. 局部　　D. 分散与集中相结合

9. 污水处理厂内设置调节池的目的是调节______。

A. 水温　　B. 水量和水质　　C. 酸碱性　　D. 水量

10. 对污水中的无机的不溶解物质，常采用______来去除。

A. 格栅　　B. 沉砂池　　C. 调节池　　D. 沉淀池

11. 取水样的基本要求是水样要______。

A. 定数量　　B. 定方法　　C. 代表性　　D. 按比例

12. 沉淀池的形式按______不同，可分为平流、辐流、竖流 3 种形式。

A. 池的结构　　B. 水流方向　　C. 池的容积　　D. 水流速度

13. 为了使沉砂池能正常进行运行，主要要求控制______。

A. 悬浮颗粒尺寸　　B. 曝气量　　C. 污水流速　　D. 细格栅的间隙宽度

14. 格栅每天截留的固体物重量占污水中悬浮固体量的______。

A. 20%左右　　B. 10%左右　　C. 40%左右　　D. 30%左右

15. 水中的溶解物越多，一般所含的______也越多。

A. 盐类　　B. 酸类　　C. 碱类　　D. 有机物

16. 辐流式沉淀池的排泥方式一般采用______。

A. 静水压力　　B. 自然排泥　　C. 泵抽取　　D. 机械排泥

17. 悬浮物的去除率不仅取决于沉淀速度，而且与______有关。

A. 容积　　B. 深度　　C. 表面积　　D. 颗粒大小

18. 城市污水处理中的一级处理要求 SS 去除率在______左右。

A. 30%　　B. 50%　　C. 20%　　D. 75%

19. 集水井中的格栅一般采用______。

A. 格栅　　B. 细格栅

C. 粗格栅　　D. 一半粗，一半细的格栅

20. 竖流式沉淀池的排泥方式一般采用______。

A. 自然排泥　　B. 泵抽吸　　C. 机械排泥　　D. 静水压力

21. 在城市生活污水的典型处理流程中，格栅，沉淀，气浮等方法属于下面的哪种方法______。

A. 物理处理　　B. 化学处理　　C. 生物处理　　D. 深度处理

22. 表面负荷 q 的单位是______。

A. m/s　　B. m /m · s　　C. m/h　　D. 都对

23. 沉砂池的功能是从污水中分离______较大的无机颗粒。

A. 比重　　B. 重量　　C. 颗粒直径　　D. 体积

24. 污水的物理处理法主要是利用物理作用分离污水中主要呈______污染物质。

A. 漂浮固体状态　　B. 悬浮固体状态　　C. 挥发性固体状态　　D. 有机状态

25. 二沉池的排泥方式应采用______。

A. 静水压力　　B. 自然排泥　　C. 间歇排泥　　D. 连续排泥

26. 下列说法不正确的是______。

A. 调节池可以调节废水的流量、浓度、pH 值和温度

B 对角线出水调节池有自动均和的作用

C. 堰顶溢流出水调节池既能调节水质又能调节水量

D. 外设水泵吸水井调节池既能调节水质又能调节水量

27. 下列说法不正确的是______。

A. 格栅用以阻截水中粗大的漂浮物和悬浮物

B. 格栅的水头损失主要在于自身阻力大

C. 格栅后的渠底应比格栅前的渠底低 10～15 cm

D. 格栅倾斜 50°～60°，可增加格栅面积

28. 颗粒在沉砂池中的沉淀属于______。

A. 自由沉淀　　B. 絮凝沉淀　　C. 拥挤沉淀　　D. 压缩沉淀

29. 颗粒在初沉池初期______，在初沉池后期______。

A. 自由沉淀　　B. 絮凝沉淀　　C. 拥挤沉淀　　D. 压缩沉淀

30. 颗粒在二沉池初期______，在二沉池后期______，在泥斗中______。

A. 自由沉淀　　B. 絮凝沉淀　　C. 拥挤沉淀　　D. 压缩沉淀

31. 颗粒在污泥浓缩池中______。

A. 自由沉淀　　B. 絮凝沉淀　　C. 拥挤沉淀　　D. 压缩沉淀

32. 下列说法不正确的是______。

A. 自由沉淀试验用沉淀柱的有效水深应尽量与实际沉淀池的水深相同

B. 絮凝沉淀试验用沉淀柱的有效水深应尽量与实际沉淀池的水深相同

C. 对于自由沉淀 $E \sim t$ 曲线和 $E \sim u$ 曲线都与试验水深有关

D. 对于絮凝沉淀 $E \sim t$ 曲线和 $E \sim u$ 曲线都与试验水深有关

33. 不属于平流式沉淀池进水装置的是______。

A. 横向潜孔　　B. 竖向潜孔　　C. 穿孔墙　　D. 三角堰

34. 根据斜板（管）沉淀池原理，若将池深 H 等分成三层，则______。

A. 不改变流速 v 和最小沉速 u_0，池长 L 缩短 1/3

B. 不改变流速 v 和最小沉速 u_0，池长 L 缩短 2/3

C. 不改变流速 v 和最小沉速 u_0，池长 L 增长 1/3

D. 不改变流速 v 和最小沉速 u_0，池长 L 增长 2/3

35. 二沉池初期的沉淀过程属于______。

A. 自由沉淀　　B. 絮凝沉淀　　C. 集团沉淀　　D. 压缩沉淀

36. 为了提高沉淀效果，从理论上我们可以采取如下措施______。

A. 加大颗粒与液体的密度差，降低水温，增大粒径

B. 加大颗粒与液体的密度差，升高水温，增大粒径

C. 减小颗粒与液体的密度差，升高水温，减小粒径

D. 减小颗粒与液体的密度差，降低水温，减小粒径

37. 自由沉降颗粒的沉速与粒径和密度差有关，增加颗粒沉速的途径有______。

A. 减小密度差，增大粒径　　B. 增大密度差，减小粒径

C. 减小密度差，减小粒径　　D. 增大密度差，增大粒径

38. 二级处理的主要处理对象是处理______有机污染物。

A. 悬浮状态　　B. 胶体状态　　C. 溶解状态　　D. 胶体，溶解状态

39.城市污水处理厂，初次沉淀池沉淀时间宜采用______h。

A. 0.5～1.0　　B. 1.0～2.0　　C. 2.0～3.0　　D. 3.0～4.0

三、名词解释

1. 沉淀　　2. 沉淀池表面负荷

四、简答题

1. 什么是沉淀？试述沉淀的分类及特点。

2. 为了提高沉淀池的分离效果，人们常采取什么措施？

3. 现代污水处理技术按原理分为哪几种，并简述作用机理。

4. 污水处理混凝的种类有哪些？

5. 现代污水处理技术按处理程度分为哪几种，并简述处理目的和效果。

6. 沉砂池起什么作用？有哪几种形式？

7. 简述平流式沉淀池的构造。

8. 初沉池有什么作用？二沉池有什么作用？

9. 曝气沉砂池的优点有哪些？

10. 简述初次沉淀池几种类型。

11. 简述辐流沉淀池的进水和出水特点。

12. 简述向心辐流沉淀池的特点。

13. 绘图介绍辐流沉淀池的工作原理。

14. 简述竖流沉淀池的特点。

15. 简述浅层沉降原理。

16. 说明二次沉淀池里存在几种沉淀类型，为什么？

17. 绘图说明斜管沉淀池的构造。

五、计算题

1. 平流沉淀池设计流量为720 m^3/h。要求沉速等于和大于0.4 mm/s的颗粒全部去除。试按理想沉淀条件，求：

（1）所需沉淀池平面面积为多少 m^2？

（2）沉速为0.1 mm/s的颗粒，可去除百分之几？

六、判断题

（　）1. 在沉淀池运行中，为保证层流流态，防止短流，进出水一般都采取整流措施。

（　）2. 现代的城市污水是工业废水与生活污水的混合液。

（　）3. 固体物质的组成包括有机性物质和无机性物质。

(　) 4. 在沉淀试验中，对于自由沉降过程，$E \sim u$ 曲线与试验水深有关。

(　) 5. 平流沉砂池主要控制污水在池内的水平流速，并核算停留时间。

(　) 6. 对压缩沉淀来说，决定沉淀效果的主要参数是水力表面负荷。

(　) 7. 控制沉淀池设计的主要因素是对污水经沉淀处理后所应达到的水质要求。

(　) 8. 竖流式沉淀池其颗粒的沉速为其本身沉速，与水流上升速度相等。

(　) 9. 斜板沉淀池的池长与水平流速不变时，池深越浅，则可截留的颗粒的沉速越大，并成正比关系。

(　) 10. 在普通沉淀池中加设斜板可减小沉淀池中的沉降面积，缩短颗粒沉降深度，改善水流状态，为颗粒沉降创造了最佳条件。

(　) 11. 在水处理中，利用沉淀法来处理污水，其作用主要是起到预处理的目的。

(　) 12. 在一般沉淀池中，过水断面各处的水流速度是相同的。

(　) 13. 当沉淀池容积一定时，装了斜板后，表面积越大，池深就越浅，其分离效果就越好。

(　) 14. 初次沉淀池的作用主要是降低曝气池进水的悬浮物和生化需氧量的浓度，从而降低处理成本。

(　) 15. 二次沉淀池用来去除生物反应器出水中的生物细胞等物质。

(　) 16. 污水处理厂设置调节池的目的主要是调节污水中的水量和水质。

(　) 17. 沉淀池内的进水区和出水区是工作区，是将可沉颗粒与污水分离的区域。

(　) 18. 污水处理方法中的生物法主要是分离溶解态的污染物。

(　) 19. 污水沿着池长的一端进水，进行水平方向流动至另一端出水。这种方法称为竖流式沉淀池。

(　) 20. 城市污水是生活污水与雨水的混合液。

(　) 21. 在污水处理中利用沉淀法来处理污水，其作用主要是起到预处理的目的。

(　) 22. 用投加无机混凝剂处理污水的方法称为物理法。

(　) 23. 在一级处理中，初沉池是起到了主要的处理工艺。

(　) 24. 经过处理后的污水出路是进行农田灌溉。

(　) 25. 生活污水一般用物理方法就可进行处理。

(　) 26. 污水处理系统中一级处理的组成必须含有曝气池。

(　) 27. 对城市污水处理厂运行的好坏，常用一系列的技术经济指标来衡量。

(　) 28. 污水中的悬浮固体是指悬浮于水中的悬浮物质。

(　) 29. 可沉物质指能够通过沉淀加以分离的固体物质。

(　) 30. 沉淀是水中的漂浮物质，在重力的作用下下沉，从而与水分离的一种过程。

(　) 31. 辐流式沉淀池内的污水呈水平方向流动，其流速不变。

(　) 32. 竖流式沉淀池用机械刮泥设备排泥很容易，便于管理。

(　) 33. 预曝气是使一些颗粒产生絮凝作用的一种手段。

(　) 34. 从曝气沉砂池中排出的沉砂有机物可占 20%左右，长期搁置要腐败。

(　) 35. 沉淀设备中，悬浮物的去除率是衡量沉淀效果的重要指标。

(　) 36. 污水处理中的化学处理法通常用于处理城市污水。

(　) 37. 污水处理厂设置调节池，主要任务是调节水量和均化水质。

（　）38. 及时排除沉于池底污泥是使沉淀池工作正常，保证出水水质的一项重要措施。

第十九节　活性污泥法

（一）基本要求

掌握活性污泥法基本概念与流程、活性污泥法的净化机理与影响因素、活性污泥法的动力学基础、活性污泥的各种演变及应用、曝气池的需氧与供氧、活性污泥法的脱氮除磷原理及应用。熟悉活性污泥法的运行方式与曝气池工艺参数、曝气理论、活性污泥法的运行管理；了解活性污泥法新工艺；活性污泥法的工艺设计、曝气装置。

（二）习题

一、填空题

1. 在活性污泥系统中，当污水与活性污泥接触后很短的时间内，就出现很高的去除率，这种现象称为（　　　），它是由（　　　）引起的。

2. 在对数增长期，活性污泥的增长速率与其微生物量呈（　　　），与有机物量呈（　　　）。

3. 影响活性污泥的环境因素主要有（　　　）、（　　　）、（　　　）、（　　　）、（　　　）、（　　　）。

4. 生物脱氮过程是一个四阶段的反应过程，即（　　　）、（　　　）、（　　　）、（　　　）。

5. 根据 Monod 推论，在低有机物浓度时，微生物处于（　　　）或（　　　），有机物降解速率遵循（　　　）。

6. 在一般二级处理工艺中，初沉池的主要功能是（　　　）；二沉池的主要功能是（　　　）等，进一步稳定出水水质。

7. 活性污泥法正常运行的必要条件为（　　　）和（　　　）。

8. 正常的活性污泥的外观呈（　　　），其具有较大的（　　　）和较高的（　　　）。

9. 根据微生物净增长方程，当污泥负荷率增大时，系统中剩余污泥量将（　　　）。

10. 曝气池按照混合液流态可分为（　　　）、（　　　）、（　　　）。

11. 培养活性污泥的基本条件是（　　　）、（　　　）。

12. 在培养活性污泥的过程中，及时换水的目的是（　　　），（　　　）。

13. 对活性污泥进行驯化的目的是（　　　）。

14. 活性污泥运行的异常现象主要有（　　　）、（　　　）、（　　　）、（　　　）、（　　　）、（　　　）。

15. 污泥丝状菌膨胀主要是由于缺乏（　　　），（　　　）不足，（　　　）高，（　　　）低等引起的。

16. 结合水性污泥膨胀主要是由于（　　　）引起的。

17. 污泥解体主要是由于（　　　）、（　　　）存在引起的。

18. 一般认为氧化沟工艺在流态上介于（　　　）与（　　　）之间。

19. 氧化沟工艺一般 BOD 负荷低，工艺上同活性污泥法的（　　　）运行方式。

20. 在 AB 法废水工艺 A 段的作用是（　　　），B 段的作用是（　　　），其中 A 段比 B 段所承受的负荷高。

21. 延时曝气法的主要优点是（　　　），（　　　）。

22. 根据原理，脱 N 技术可分为（　　　）和（　　　）两种技术。

23. 影响氨气脱塔工作效果的因素主要有(　　　)、(　　　)、(　　　)、(　　　)。

24. 根据原理，除 P 技术可分为（　　　）和（　　　）两种。

25. 生物除磷的基本原理是（　　　）、（　　　）。

26. 活性污泥法有多种处理系统，如（　　　）、（　　　）、（　　　）、（　　　）、（　　　）。

27. 活性污泥法对营养物质的需求如下，BOD_5:N:P=（　　　）。

28. 活性污泥微生物增殖分为（　　　）、（　　　）、（　　　）、（　　　）。

29. 活性污泥系统中，（　　　）和（　　　）的出现,数量和种类在一定程度上能预示和指示出水水质,常称为指示性微生物。

30. 空气扩散装置在曝气池内的主要作用是：（　　　）、（　　　）、（　　　）。

31. 对硝化反应的环境影响因素主要有（　　　）、(　　　)、(　　　)、(　　　)和（　　　）。

32. 对生物脱氮反应的反硝化过程的环境影响因素主要有 6 个（　　　）、(　　　)、(　　　)、(　　　)、(　　　)和（　　　）。

33. 活性污泥由四部分物质组成：(　　　)、(　　　)、(　　　)、(　　　)。

34. 鼓风曝气系统的空气扩散装置主要分为（　　　）、(　　　)、(　　　)、水力剪切、水力冲击及空气升液等类型。

二、选择题

1. 活性污泥法正常运行的必要条件是______。

A. 溶解氧　　B. 营养物质和大量微生物

C. 适当的酸碱度　　D. 良好的活性污泥和充足的氧气

2. 氨的吹脱处理技术是属于______技术。

A. 物理脱 N　　B. 化学脱 N　　C. 物理化学脱 N　　D. 生物脱 N

3. 测定水中有机物的含量，通常用______指标来表示。

A. TOC　　B. SVI　　C. BOD_5　　D. MLSS

4. 一般衡量污水可生化的程度为 BOD/COD 为______。

A. 小于 0.1　　B. 小于 0.3　　C. 大于 0.3　　D. 0.5～0.6

5. 污泥浓度的大小间接地反映出混合液中所含______量。

A. 无机物　　B. SVI　　C. 有机物　　D. DO

6. 污泥回流的主要目的是保持曝气池中的______。

A. DO　　B. MLSS　　C. 微生物　　D. 污泥量

7. 废水中各种有机物的相对组成如没有变化，那 COD 与之间的比例关系为______。

A. COD＞BOD_5　　B. COD＞BOD_5＞第一阶段 BOD

C. COD＞BOD_5＞第二阶段 BOD　　D. COD＞第一阶段 BOD＞BOD_5

8. 曝气池供氧的目的是提供给微生物______的需要。

A. 分解有机物　　B. 分解无机物　　C. 呼吸作用　　D. 分解氧化

9. 活性污泥在二沉池的后期属于______。

A. 集团沉淀　　B. 压缩沉淀　　C. 絮凝沉淀　　D. 自由沉淀

10. _____活性污泥在组成和净化功能上的中心，是微生物中最主要的成分。

A. 细菌　　B. 真菌　　C. 后生动物　　D. 原生动物

11. _____计量曝气池中活性污泥数量多少的指标。

A. SV%　　B. SVI　　C. MLVSS　　D. MLSS

12. SVI 值的大小主要决定于构成活性污泥的______，并受污水性质与处理条件的影响。

A. 真菌　　B. 细菌　　C. 后生动物　　D. 原生动物

13. 对于好氧生物处理，当 pH______时，真菌开始与细菌竞争。

A. 大于 9.0　　B. 小于 6.5　　C. 小于 9.0　　D. 大于 6.5

14. 在微生物酶系统不受变性影响的温度范围内，温度上升有会使微生物活动旺盛，就能______反应速度。

A. 不变　　B. 降低　　C. 无关　　D. 提高

15. 鼓风曝气的气泡尺寸______时，气液之间的接触面积增大，因而有利用氧的转移。

A. 减小　　B. 增大　　C. 2 mm　　D. 4 mm

16. 溶解氧饱和度除受水质的影响外，还随水温而变，水温上升，DO 饱和度则______。

A. 增大　　B. 下降　　C. 2 mg/l　　D. 4 mg/l

17. 活性污泥处理污水起作用的主体是______。

A. 水质水量　　B. 微生物　　C. 溶解氧　　D. 污泥浓度

18. 通常 SVI 在______时，将引起活性污泥膨胀。

A. 30　　B. 60　　C. 150　　D. 100

19. 污泥指数的单位一般用______表示。

A. mg/l　　B. 日　　C. mL/g　　D. 秒

20. 污水厂常用的水泵是______。

A. 轴流　　B. 离心泵　　C. 容积泵　　D. 清水泵

21. 生活污水中的杂质以______为最多。

A. 无机物　　B. SS　　C. 有机物　　D. 有毒物质

22. 氧化沟是与______相近的简易生物处理法。

A. 推流式法　　B. 完全混合式法　　C. 活性污泥法　　D. 生物膜法

23. ______法可提高空气的利用率和曝气池的工作能力。

A. 渐减曝气　　B. 阶段曝气　　C. 生物吸附　　D. 表面曝气

24. 细菌的细胞物质主要是由______组成，而且形式很小，所以带电荷。

A. 蛋白质　　B. 脂肪　　C. 碳水化合物　　D. 纤维素

25. ______即是衡量污泥沉降性能的指标，也是衡量污泥吸附性能的指标。

A. SV%　　B. SVI　　C. SS　　D. MLSS

26. ______是对微生物无选择性的杀伤剂，既能杀灭丝状菌，又能杀伤菌胶团细菌。

A. 氨　　B. 氧　　C. 氮　　D. 氯

27. 为保证生化自净，污水中必须含有足够的______。
A. MLSS　B. DO　C. 温度　D. pH
28. 氨的吹脱处理技术过程中水温一定，维持 pH 为______效果最佳。
A. 6　B. 7　C. 10　D. 11
29. 在______情况下，活性污泥会产生丝状菌污泥膨胀。
A. 缺乏 N、P 营养　B. DO 不足　C. pH 低　D. 水温过高
E. ABCD 均对
30. 在______情况下，活性污泥会产生污泥解体。
A. DO 不足　B. DO 过量　C. 水温高　D. pH 低
31. A/O 系统中的厌氧段与好氧段的容积比通常为______。
A. 1:2　B. 1:3　C. 1/4:2/4　D. 1/4:3/4
32. 在______情况下，活性污泥会产生结合水性污泥膨胀。
A. 排泥不畅　B. DO 不足　C. 水温高　D. pH 值偏低
33. 生化处理中，推流式曝气池的 MLSS 一般要求掌握在______。
A. 2～3 g/L　B. 4～6g/L　C. 3～5 g/L　D. 6～8 g/L
34. 城市污水一般用______来进行处理。
A. 物理法　B. 化学法　C. 生物法　D. 物化法
35. A/O 法中的 A 段 DO 通常为______。
A. 0　B. 2　C. 0.5　D. 4
36. 活性污泥法处理污水，曝气池中的微生物需要营养物比为______。
A. 100:1.8:1.3　B. 100:10:1　C. 100:50:10　D. 100:5:1
37. 下列运行方式中，产泥量最好的是______。
A. 生物吸附法　B. 高负荷活性污泥法　C. 完全混合活性污泥法　D. 延时曝气法
38. 曝气池有______两种类型。
A. 好氧和厌氧　B. 推流和完全混合式
C. 活性污泥和生物膜法　D. 多点投水法和生物吸附法
39. 二级城市污水处理，要求 BOD_5 去除______。
A. 50%左右　B. 80%左右　C. 90%左右　D. 100%
40. ______能较确切地代表活性污泥微生物的数量。
A. SVI　B. SV%　C. MLSS　D. MLVSS
41. ______可反映曝气池正常运行的污泥量，可用于控制剩余污泥的排放。
A. 污泥浓度　B. 污泥沉降比　C. 污泥指数　D. 污泥龄
42. 评定活性污泥凝聚沉淀性能的指标为______。
A. SV%　B. DO　C. SVI　D. pH
43. 对于好氧生物处理，当 pH______时，代谢速度受到障碍。
A. 大于 9.0　B. 小于 9.0　C. 大于 6.5，小于 9.0　D. 小于 6.5
44. 序批式活性污泥法的特点是______。
A. 生化反应分批进行　B. 有二沉池　C. 污泥产率高　D. 脱氮效果差
45. 氧化沟运行的特点是______。

A. 运行负荷高　B. 具有反硝化脱氮功能　C. 处理量小　D. 污泥产率高

46. 后生动物在活性污泥中出现，说明______。

A. 污水净化作用不明显　B. 水处理效果较好

C. 水处理效果不好　D. 大量出现，水处理效果更好

47. 下列哪个环境因子对活性污泥微生物无影响______。

A. 营养物质　B. 酸碱度　C. 湿度　D. 毒物浓度

48. 下列说法不正确的是______。

A. 好氧生物处理废水系统中，异养菌以有机化合物为碳源

B. 好氧生物处理废水系统中，自养菌以无机碳为碳源

C. 好氧生物处理废水系统中，异养菌的代谢过程存在内源呼吸

D. 好氧生物处理废水系统中，自养菌的代谢过程不存在内源呼吸

49. 下列说法不正确的是______。

A. 微生物的净增长量等于降解有机物所合成的微生物增长量－微生物自身氧化所减少的微生物量

B. 微生物自身氧化率的单位为 1/d

C. 微生物的耗氧量等于微生物降解有机物所需的氧量－微生物自身氧化所需的氧量

D. 微生物自身氧化需氧率的单位为 gO_2/g（微生物 d）

50. 下列对好氧生物处理的影响因素不正确的是______。

A. 温度每增加 10～15 ℃，微生物活动能力增加一倍

B. 当 pH＜6.5 或 pH＞9 时，微生物生长受到抑制

C. 水中溶解氧应维持 2 mg/l 以上

D. 微生物对氮、磷的需要量为 BOD_5:N:P=200:5:1

51. 某曝气池的污泥沉降比为 25%，MLSS 浓度为 2 000 mg/l，污泥体积指数为______。

A. 25　B. 100　C. 125　D. 150

52.关于污泥体积指数，正确的是______。

A. SVI 高，活性污泥沉降性能好　B. SVI 低，活性污泥沉降性能好

C. SVI 过高，污泥细小而紧密　D. SVI 过低，污泥会发生膨胀

53. 关于污泥龄的说法，不正确的是______。

A. 相当于曝气池中全部活性污泥平均更新一次所需的时间

B. 相当于工作着的污泥总量同每日的回流污泥量的比值

C. 污泥龄并不是越长越好

D. 污泥龄不得短于微生物的世代期

54. 关于活性污泥处理有机物的过程，不正确的是______。

A. 活性污泥去除有机物分吸附和氧化与合成两个阶段

B. 前一阶段有机物量变，后一阶段有机物质变

C. 前一阶段污泥丧失了活性

D. 后一阶段污泥丧失了活性

55. 利用活性污泥增长曲线可以指导处理系统的设计与运行，下列指导不正确的是______。

A. 高负荷活性污泥系统处于曲线的对数增长期

B. 一般负荷活性污泥系统处于曲线的减速生长期

C. 完全混合活性污泥系统处于曲线的减速生长期

D 延时曝气活性污泥系统处于曲线的内源代谢期

56. 下列关于各种活性污泥运行方式不正确的是______。

A. 渐减曝气法克服了普通曝气池供氧与需氧之间的矛盾

B. 多点进水法比普通曝气池出水水质要高

C. 吸附再生法采用的污泥回流比比普通曝气池要大

D. 完全混合法克服了普通曝气池不耐冲击负荷的缺点

57. 不属于推流式的活性污泥处理系统的是______。

A. 渐减曝气法　　B. 多点进水法　　C. 吸附再生法　　D. 完全混合活性污泥法

58. 氧化沟的运行方式是______。

A. 平流式　　B. 推流式　　C. 循环混合式　　D. 完全混合式

59. 不属于机械曝气装置的是______。

A. 竖管　　B. 叶轮　　C. 转刷　　D. 转碟

60. 大中型污水厂多采用______式______曝气，小型污水厂多采用______式______曝气。

A. 完全混合　　B. 推流式　　C. 鼓风　　D. 机械

61. 关于生物法除氮过程的说法，不正确的是______。

A. 先硝化再反硝化

B. 硝化菌是好氧自养菌，反硝化菌是厌氧异养菌

C. 硝化要有足够的碱度，反硝化碱度不能太高

D. 硝化要维持足够的DO，反硝化可以低氧也可以无氧

62.关于反硝化菌不需要的条件是______。

A. 以有机碳为C源　　B. 有足够的碱度　　C. 缺氧　　D. 温度0～50 ℃

63. 关于生物法脱氮流程，不正确的是______。

A. 一级硝化及反硝化中硝化池同时进行碳的氧化

B. 一级、二级在反硝化之前都要投加有机碳源

C. 一级、二级中的曝气池主要起充氧作用

D. 一级、二级中的沉淀池都有回流污泥排出

64. 在活性污泥中起主要作用的是：______

A. 活性微生物　　B. 温度　　C. pH　　D. DO

65. 生物除氮技术是指利用微生物进行______。

A. 好氧硝化～缺氧反硝化　　B. 好氧硝化～厌氧反硝化

C. 缺氧硝化～好氧反硝化　　D. 厌氧硝化～好氧反硝化

66. 由曝气池耗氧量计算公式，可推出如下结论，当污泥负荷 N_{rs} 增大时，去除每公斤BOD 的耗氧量______，单位体积曝气池混合液需氧量______，每公斤活性污泥的需氧量______。

A. 下降，下降，上升　　B. 上升，下降，上升

C. 上升，上升，下降　　D. 下降，上升，上升

67. 在活性污泥系统中，若 N_{rs} 增加，则下列结论错误的是______。

A. 每公斤污泥需氧量加大，需增加供氧强度

B. 去除单位有机物的需氧量下降

C. 剩余污泥量增加

D. 污泥龄将增加

68. 污水处理厂的处理效率，二级处理活性污泥法 BOD_5 去除率为______。

A. 70%～90%　　B. 65%～95%　　C. 70%～95%　　D. 60%～90%

69. ______是活性污泥在组成和净化功能上的中心，是微生物中最主要的成分。

A. 细菌　　B. 真菌　　C. 原生动物　　D. 后生动物

70. 一般衡量污水可生化的程度为 BOD/COD 为______。

A. 小于 0.1　　B. 小于 0.3　　C. 大于 0.3　　D. 0.5～0.6

71. SVI 值的大小主要决定于构成活性污泥的______，并受污水性质与处理条件的影响。

A. 真菌　　B. 细菌　　C. 后生动物　　D. 原生动物

72. 在活性污泥系统中，由于______的不同，有机物降解速率，污泥增长速率和氧的利用速率都各不相同。

A. 菌种　　B. 污泥负荷率　　C. $F:M$　　D. 有机物浓度

73. 活性污泥法是需氧的好氧过程，氧的需要是______的函数。

A. 微生物代谢　　B. 细菌繁殖　　C. 微生物数量　　D. 原生动物

74. 对于好氧生物处理，当 pH______时，真菌开始与细菌竞争。

A. 大于 9.0　　B. 小于 6.5　　C. 小于 9.0　　D. 大于 6.5

75. 在微生物酶系统不受变性影响的温度范围内，水温上升就会使微生物活动旺盛，就能______反应有尽有速度。

A. 不变　　B. 降低　　C. 无关　　D. 提高

76. ______在污泥负荷率变化不大的情况下，容积负荷率可成倍增加，节省了建筑费用。

A. 阶段曝气法　　B. 渐减曝气法　　C. 生物吸附法　　D. 延时曝气法

77. 氧的最大转移率发生在混合液中氧的浓度为______时，具有最大的推动力。

A. 最大　　B. 零　　C. 4 mg/L　　D. 最小

78. 鼓风曝气的气泡尺寸______时，气液之间的接触面积增大，因而有利于氧的转移。

A. 减小　　B. 增大　　C. 2 mm　　D. 4 mm

79. 溶解氧饱和度除受水质的影响外，还随水温而变，水温上升，DO 饱和度则______。

A. 增大　　B. 下降　　C. 2 mg /L　　D. 4 mg/L

80. 曝气池混合液中的污泥来自回流污泥，混合液的污泥浓度______回流污泥浓度。

A. 相等于　　B. 高于　　C. 不可能高于　　D. 基本相同于

81. 活性污泥培训成熟后，可开始试运行。试运行的目的是为了确定______运行条件。

A. 空气量　　B. 污水注入方式　　C. MLSS　　D. 最佳

82. 鼓风曝气和机械曝气联合使用的曝气沉淀池，其叶轮靠近______，叶轮下有空气扩散装置供给空气。

A. 池底　　B. 池中　　C. 池表面　　D. 离池表面 1 m 处

83. 由于推流式曝气池中多数部位的基质浓度比完全混合式高，从理论上说其处理速率

应比完全混合式______。

A. 慢　　B. 快　　C. 相等　　D. 无关系

84. 合建式表面加速曝气池中，由于曝气区到澄清区的水头损失较高，故可获得较高的回流比，其回流比比推流式曝气池大______。

A. 10 倍　　B. 5～10 倍　　C. 2～5 倍　　D. 2 倍

三、名词解释

1. 混合液悬浮固体浓度　2. 混合液挥发性悬浮固体浓度　3. 污泥沉降比
4. 污泥容积指数　5. 污泥龄　6. BOD 污泥负荷
7. BOD 容积负荷　8. 污泥回流比　9. 底物
10. 好氧生物处理　11. 代谢　12. 生物处理
13. 活性污泥法　14. 比耗氧速率　15. 充氧能力 E_L
16. 氧转移效率 E_A　17. 污泥解体　18. 污泥膨胀
19. 污泥上浮　20. 污泥腐化现象　21. 同步驯化法

四、简答题

1. 绘出活性污泥法的基本流程，并指出各部分的作用。
2. 简述活性污泥概念，并说明其正常运行必须具备的条件。
3. 活性污泥中固体物质的组成由哪几部分组成？
4. 活性污泥中微生物有哪几类，在系统中各起什么作用？
5. 活性污泥的增长规律主要受什么因素控制？可以分为哪几个期，介绍各期内微生物的生长特点。
6. 介绍活性污泥对有机物的降解过程，写出代谢反应式，并绘出代谢模式图。
7. 说明生物絮体形成机理。
8. 影响活性污泥法运行的主要因素有哪些？
9. 反映活性污泥微生物量的指标有哪两项，并解释其定义及实际意义。
10. 评定活性污泥沉降性能的指标有哪两项，并解释其定义及实际意义。
11. 解释污泥龄，为什么说它是活性污泥系统设计、运行的重要参数？
12. 什么叫 BOD 污泥负荷和 BOD 容积负荷，两者有什么关系？为什么说选定合适的 BOD 污泥负荷既有一定的理论意义又有一定的经济意义？
13. 简述剩余污泥量计算公式。
14. 衡量曝气设备效能的指标有哪些？什么叫充氧能力？什么叫氧转移效率？
15. 简述微生物的总需氧量计算公式。
16. 简述传统活性污泥法的运行方式及优缺点。
17. 简述阶段曝气活性污泥法的运行方式及优缺点。
18. 简述吸附-再生活性污泥法的运行方式及优缺点。
19. 简述完全混合池的运行方式及优缺点。
20. 绘图说明传统活性污泥法、所段曝气活性污泥法、吸附-再生活性污泥法、完全混合池的各自 BOD 降解曲线。
21. 绘图说明间歇式活性污泥法的运行特点。
22. 简述活性污泥曝气池的曝气作用。

23. 简述传统活性污泥法的工艺特点，与传统法相比，阶段曝气法，再生曝气法，吸附-再生法分别做了什么改进？改进后具有何特点？

24. 简述延时曝气法及高负荷活性污泥法的工艺特点。

25. 完全混合活性污泥法有什么特点？比较适合于什么场合？

26. 试述生物吸附法的特点。

27. 试述深层曝气法的运行特点。

28. 简述氧总转移系数的物理意义及影响氧转移的因素。

29. 机械曝气装置有哪几种形式？并简述其氧转移原理。

30. 曝气池按照其混合液流态、平面形状、曝气方法以及和二沉池的关系可分为哪些种类？

31. 推流式曝气池的长宽比，长深比以及进出水分别有什么要求？

32. 二沉池起什么作用？它与初沉池有何区别？在设计中如何体现？

33. 根据氧转移公式解释如何提高氧转移速率。

34. 氧转移速率的影响因素有哪些？

35. 说明高浓度氮是如何吹脱去除的?

36. 简述生物脱氮的原理及运行条件。

37. 简要介绍 A/O 法生物脱氮工艺。

38. 简要介绍生物除磷机理。

39. 绘图说明 A^2/O 法同步脱氮除磷工艺。

40. 与传统活性污泥法曝气池相比较，氧化沟在构造方面，水流混合方面以及工艺方面有什么特征？

41. 常用的氧化沟有哪几种形式？

42. 简述间歇式活性污泥法（SBR 工艺）反应器的操作过程。

43. 简述 AB 法沉淀水处理工艺中 A、B 段功能。

44. 简述活性污泥的培养驯化方式。

45. 污泥处理系统的异常情况有哪些？

46. 什么是污泥膨胀？

47. 活性污泥生长过慢的原因及处理方法有哪些？

48. 污泥活性不够的原因及处理方法有哪些？

49. 为了使活性污泥曝气池正常运转，应认真做好哪些方面的记录？

50. 曝气池有臭味的原因及排除方法？

51. 污泥发黑的原因及排除方法？

52. 污泥变白的原因及排除方法？

53. 沉淀池有大块黑色污泥上浮的原因及排除方法？

54. 活性污泥法系统中，二次沉淀池起什么作用？在设计中有些什么要求？

55. 活性污泥法为什么需要回流污泥，如何确定回流比？

56. 活性污泥法需氧量如何计算，它体现了哪两方面的需要？

57. 试说明活性污泥法处理水中 BOD 的组成，并说明它们各代表何种处理构筑物的功能作用？

58. 简述活性污泥的特征。

59. 什么是污泥沉降比？它有什么作用？

60. 什么是污泥指数？它有什么作用？

61. DO 的变化如何影响活性污泥的反应过程？

62. 什么是污泥膨胀现象，它是如何产生的？如何预防？

63. 什么是污泥解体现象，它产生的原因和处理措施如何？

64. 什么是污泥腐化现象？它产生的原因和处理措施如何？

65. 什么是污泥脱氮现象？它产生的原因和处理措施如何？

66. 在活性污泥系统运行中为什么会出现泡沫问题，应采取何措施？

67. 氧化沟具有哪些特征？

68. AB 法废水工艺有哪些方面的特征？

69. 叙述 A/O 法的脱 N 机理。

70. 曝气池和二沉池的作用和相互联系是什么？

71. 如果某污水厂经常发生严重的活性泥污膨胀问题，大致可以从哪些方面着手进行研究分析，可以采取哪些措施加以控制？

72. 简述活性污泥法中微生物的代谢过程。

73. 影响活性污泥法微生物生理活动的因素有哪些？

74. 氧化沟工艺为什么能除氮？

75. 解释 SBR 法的五个阶段工作流程。

76. 为什么多点进水活性污泥法的处理能力比普通活性污泥法高？

77. 简述污泥膨胀概念，什么情况下容易发生污泥膨胀？

78. 进行硝化反应应控制哪些指标？并说明原因。

79. 影响反硝化的环境因素有哪些？说明原因。

80. 如何理解丝状菌污泥膨胀，其有何特点？

81. LAwrence～McCArty 模型的推论公式有哪五个？并一一写出来。

82. 试述纯氧曝气法的运行特点。

五、论述题

1. 按一相说明分析有机物净化过程，有以下关系式

$$v=-\frac{1}{x}\cdot\frac{\mathrm{d}s}{\mathrm{d}t}=v_{\max}\frac{S}{K_S+S}$$

试讨论在不同条件底物浓度时，有机物降解速率与哪些因素有关？

2. 曝气池内溶解氧浓度应保持多少？在供气正常时它的突然变化说明了什么？

3. 试分别阐述曝气池每日活性污泥的净增殖量与曝气池混合液每日需氧量的计算公式的物理意义，并写出每日排出剩余污泥体积量的计算式。

4. 请推导泥龄和污泥负荷之间的关系？为什么说可以通过控制排泥来控制活性污泥法污水处理厂的运行？

5. 什么是活性污泥？它由什么部分组成？它的活性是指何而言？如何评价活性污泥的好坏？

6. 双膜理论的基本要点是什么？试从双膜理论推导氧转移速率公式，并说明 K_{LA} 值如何

测定？

7. 列出 8 种活性污泥工艺及其主要优点和缺点，每种系统应在什么时候使用？

8. 分析氧化沟与传统活性污泥法的不同。

9. 目前，生物处理技术有许多新的工艺，如 SBR、AB 法、A/O、A^2/O 工艺和氧化沟等，创建这些新工艺的目的是什么？是根据什么（污染物降解机理）来创建这些新工艺的？

10. 曝气池内溶解氧浓度应保持多少？在供气正常时它的突然变化说明了什么？

11. 曝气设备的作用和分类如何，如何测定曝气设备的性能？

12. 曝气装置技术性能的主要指标有哪些？

13. 由微生物增殖基本方程 $\left(\frac{dX}{dt}\right)_g=\left(\frac{dX}{dt}\right)_s-\left(\frac{dX}{dt}\right)_e$ 推导出劳伦斯～麦卡蒂第一基本模型。

14. 城市污水二级处理水采用混凝沉淀除磷方法有哪几种？它们各自的原理如何？

15. 城市污水二级处理出水水质如何？为什么城市污水二级处理对氮、磷的去除率低？

六、计算题

1. 某活性污泥曝气池混合液浓度 MLSS＝2 500 mg/L。取该混合液 100 mL 于量筒中，静置 30 min 时测得污泥容积为 30 mL。求该活性污泥的 SVI 及含水率。（活性污泥的密度为 1 g/mL）

2. 活性污泥曝气池的 MLSS＝3 g/L，混合液在 1 000 mL 量筒中经 30 min 沉淀的污泥容积为 200 mL，计算污泥沉降比，污泥指数、所需的回流比及回流污泥浓度。

3. 某城市生活污水采用活性污泥法处理，废水量 25 000 m^3/d，曝气池容积 V＝8 000 m^3，进水 BOD_5 为 300 mg/L，BOD_5 去除率为 90%，曝气池混合液固体浓度 3 000 mg/L，其中挥发性悬浮固体占 75%。求：污泥负荷率 F_w，污泥龄，每日剩余污泥量，每日需氧量。生活污水有关参数如下：A＝0.60；b＝0.07；A＝0.45；B＝0.14。

4. 某地采用普通活性污泥法处理城市污水，水量 20 000 m^3/d，原水 BOD_5 为 300 mg/L，初次沉淀池 BOD_5 去除率为 30%，要求处理后出水的 BOD_5 为 20 mg/L。A＝0.5，b＝0.06，θ_c=10 d，MLVSS＝3 500 mg/L，试确定曝气池容积及剩余污泥量。

5. 已知活性污泥曝气池进水水量 Q＝2 400 m^3/d，进水 BOD_5 为 180 mg/L，出水 BOD_5 为 40 mg/L，混合液浓度 MLVSS＝1 800 mg/L，曝气池容积 V＝500 m^3，A＝0.65，b＝0.096 d^{-1}，求剩余污泥量ΔX 并据此计算总充氧量 R。

七、判断题

（　）1. 曝气池供氧的目的是提供给微生物分解无机物的需要。

（　）2. 用微生物处理污水是最经济的。

（　）3. 生化需氧量主要测定水中微量的有机物量。

（　）4. MLSS=MLVSS-灰分。

（　）5. 生物处理法按在有氧的环境下可分为推流式和完全混合式两种方法。

（　）6. 良好的活性污泥和充足的氧气是活性污泥法正常运行的必要条件。

（　）7. 按污水在池中的流型和混合特征，活性污泥法处理污水，一般可分为普通曝气法和生物吸附法两种。

（　）8. 好氧生物处理中，微生物都是呈悬浮状态来进行吸附分解氧化污水中的有机物。

（ ）9. 多点进水法可以提高空气的利用效率和曝气池的工作能力。

（ ）10. 曝气机的叶轮浸没深度一般在 10～100 mm，视叶轮形式而异。

（ ）11. 为了提高处理效率，对于单位数量的微生物，只应供给一定数量的可生物降解的有机物。

（ ）12. 高负荷活性污泥系统中，如在对数增长阶段，微生物活性强，去除有机物能力大，污泥增长受营养条件所限制。

（ ）13. 在叶轮的线速度和浸没深度适当时，叶轮的充氧能力可为最大。

（ ）14. 污泥负荷是描述活性污泥系统中生化过程基本特征的理想参数。

（ ）15. 从污泥增长曲线来看，F/M 的变动将引起活性污泥系统工作段或工作点的移动。

（ ）16. 对于单位数量的微生物，应供应一定数量的可生物降解的有机物，若超过一定限度，处理效率会大大提高。

（ ）17. 温度高，在一定范围内微生物活力强，消耗有机物快。

（ ）18. 表面曝气系统是通过调节转速和叶轮淹没深度调节曝气池混合液的 DO 值。

（ ）19. 对于一定的活性污泥来说，二沉池的水力表面负荷越小，溶液分离效果越好，二沉池出水越清晰。

（ ）20. 根据生化需氧量反应动力学有研究，生化需氧量反应是单分子反应呈一级反应，反应速度与测定当时存在的有机物数量成反比。

（ ）21. 活性污泥微生物的对数增长期，是在营养物与微生物的比值很高时出现的。

（ ）22. 完全混合式曝气池的导流区的作用是使污泥凝聚并使气水分离，为沉淀创造条件。

（ ）23. 活性污泥微生物是多菌种混合群体，其生长繁殖规律较复杂，通常可用其增长曲线来表示一般规律。

（ ）24. 活性污泥在每个增长期，有机物的去除率，氧利用速率及活性污泥特征等基本相同。

（ ）25. 在稳定条件下，由于完全混合曝气池内务点的有机物浓度是一常数，所以池内各点的有机物降解速率也是一个常数。

（ ）26. 浅层曝气的理论是根据气泡形成时的氧转移效率要比气泡上升时高好几倍，因此氧转移率相同时，浅层曝气的电耗较省。

（ ）27. 如果叶轮在临界浸没水深以下，不仅负压区被水膜阻隔，而且水跃情况大为削弱，甚至不能形成水跃，并不能起搅拌作用。

（ ）28. 计算曝气区容积，一般用以有机物负荷率为计算指标的方法。

（ ）29. 高的污泥浓度会改变混合液的黏滞性，减少扩散阻力，使氧的利用率提高。

（ ）30. 设计污泥回流设备时应按最小回流比设计，并具有按较小的几级回流比工作的可能性。

（ ）31. 当水温高时，液体的黏滞度降低，扩散度降低，氧的转移系数就增大。

（ ）32. 在稳定状态下，氧的转移速率等于微生物细胞的需氧速率。

（ ）33. 纯氧曝气法由于氧气的分压大，转移率高，能使曝气池内有较高的 DO，则不会发生污泥膨胀等现象。

（ ）34. 在理想的推流式曝气池中，进口处各层水流不会依次流入出口处，要互相干扰。

（　）35. 推流式曝气池中，池内各点水质较均匀，微生物群的性质和数量基本上也到处相同。

（　）36. 活性污泥法净化废水主要通过吸附阶段来完成的。

（　）37. 曝气系统必须要有足够的供氧能力才能保持较高的污泥浓度。

（　）38. 菌胶团多，说明污泥吸附、氧化有机物的能力不好。

（　）39. 污泥负荷、容积负荷是概述活性污泥系统中生化过程基本特征的理想参数。

（　）40. SVI 值越小，沉降性能越好，则吸附性能也越好。

（　）41. 污泥龄是指活性污泥在整个系统内的平均停留时间。

（　）42. 能被微生物降解的有机物是水体中耗氧的主要物质。

（　）43. 细菌是活性污泥在组成和净化功能上的中心，是微生物中最主要的成分。

（　）44. MLSS 是计量曝气池中活性污泥数量多少的指标。

（　）45. 污泥沉降比不能用于控制剩余污泥的排放，只能反映污泥膨胀等异常情况。

（　）46. 污泥龄也就是新增长的污泥在曝气池中平均停留时间。

（　）47. 活性污泥絮凝体越小，与污水的接触面积越大，则所需的溶解氧浓度就大；反之就小。

（　）48. 生物处理中如有有毒物质，则会抑制细菌的代谢进程。

（　）49. 渐减曝气是将空气量沿曝气池廊道的流向逐渐增大，使池中的氧均匀分布。

（　）50. 纯氧曝气是用氧代替空气，以提高混合液的溶解氧浓度。

（　）51. 污泥回流设备应按最大回流比设计，并具有按较小的几级回流比工作的可能性。

（　）52. 当活性污泥的培养和驯化结束后，还应进行以确定最佳条件为目的的试运行工作。

（　）53. 在活性污泥系统里，微生物的代谢需要 N、P 的营养物。

（　）54. 用微生物处理污水的方法叫生物处理。

（　）55. 按污水在池中的流型和混合特征，活性污泥法可分为生物吸附法和完全混合法。

（　）56. 在一般推流式的曝气池中，进口处各层水流依次流入出口处，互不干扰。

（　）57. 曝气池的悬浮固体不可能高于回流污泥的悬浮固体。

（　）58. 用微生物处理污水是最经济的。

（　）59. 生物处理法按在有氧的环境下可分为阶段曝气法和表面加速曝气法两种方法。

（　）60. 污泥回流的目的主要是要保持曝气池的混合液体积。

（　）61. SVI 是衡量污泥沉降性能的指标。

（　）62. 好氧性生物处理就是活性污泥法。

（　）63. 活性污泥法则是以活性污泥为主体的生物处理方法，它的主要构筑物是曝气沉砂池和初沉池。

（　）64. MLVSS 是指混合液悬浮固体中的有机物重量。

（　）65. 阶段曝气法的进水点设在池子前段数处，为多点进水。

（　）66. 传统活性污泥法是污水和回流污泥从池首端流入，完全混合后从池末端流出。

（　）67. 活性污泥的正常运行，除有良好的活性污泥外，还必须有充足的营养物。

（　）68. 培养活性污泥需要有菌种和菌种所需要的营养物。

(　　) 69. 氧化沟的曝气方式往往采用鼓风曝气的方法来供氧的。

(　　) 70. 污泥浓度是指曝气池中单位体积混合液所含挥发性悬浮固体的重量。

(　　) 71. 一般活性污泥是具有很强的吸附和氧化分解无机物的能力。

(　　) 72. 水温对生物氧化反应的速度影响不太大。

(　　) 73. 水处理过程中水温上升有利于混合、搅拌、沉淀等物理过程，但不利于氧的转移。

(　　) 74. 硝化作用是指硝酸盐经硝化细菌还原成氨和氮的作用。

(　　) 75. 反硝化作用一般在溶解氧低于 0.5 mg/L 时发生，并在试验室静沉 30～90 min 以后发生。

(　　) 76. 对于反硝化造成的污泥上浮，应控制硝化，以达到控制反硝化的目的。

第二十节　生物膜法

（一）基本要求

掌握生物膜法的基本概念与流程、净水机理；熟悉生物滤池、生物转盘工作原理和工艺设计；了解生物接触氧化、生物流化床的工作原理和工艺设计

（二）习题

一、填空题

1. 生物转盘一般由（　　　　）、（　　　　）、（　　　　）、（　　　　）四部分组成。

2. 生物接触氧化池靠曝气供氧，微生物以（　　　　）形式存在。

3. 接触氧化池的结构主要由（　　　　）、（　　　　）、（　　　　）、（　　　　）四部分组成。

4. 接触氧化池按照填料的布置可分为（　　　　）和（　　　　），其中（　　　　）水流方向为上向流，（　　　　）水流方向为下向流。

5. 高负荷生物滤池的高滤率是通过（　　　　）和（　　　　）而达成的。

6. 生物滤池有多种工艺形式，如（　　　　）、（　　　　）、（　　　　）、（　　　　）。

7. 生物膜法有多种处理系统，如（　　　　）、（　　　　）、（　　　　）、（　　　　）。

8. 生物流化床按照使载体流化的动力来源不同可分为（　　　　）、（　　　　）和（　　　　）等三种类型。

9. 生物膜整个增长过程由潜伏期、（　　　　）、（　　　　）、生物膜稳定期以及脱落期等五个阶段组成。

10. 生物膜的培养常称为挂膜，挂膜的方法一般有两种，即（　　　　）和（　　　　）。

二、选择题

1. 介于活性污泥法和生物膜法之间的是______。

A. 生物滤池　　B. 生物接触氧化池　　C. 生物转盘　　D. 生物流化床

2. 生物滤池的布水设备应使污水能______在整个滤池表面上。布水设备可采用活动布水器，也可采用固定布水器。

A. 集中分布　　B. 不集中分布　　C. 不均匀分布　　D. 均匀分布

3. 低负荷生物滤池的设计当采用碎石类填料时，滤池上层填料厚度宜为 1.3～1.8 m，粒径宜为_______mm。

A. 20～25　　B. 25～40　　C. 40～70　　D. 70～100

4. 生物转盘的水槽设计，应符合下列要求。每平方米______具有的水槽有效容积，一般宜为 5～9 L。

A. 盘片全部面积　　B. 盘片单面面积

C. 盘片淹没全部面积　　D. 盘片淹没单面面积

5. 污水处理厂的处理效率，二级处理生物膜法 SS 去除率为______。

A. 65%～85%　　B. 55%～65%　　C. 65%～70%　　D. 60%～90%

6. 城市污水处理厂，生物膜法后二次沉淀池的污泥区容积，宜按不大于_______h 的污泥量计算。

A. 2　　B. 3　　C. 4　　D. 5

7. 对同一种污水，生物转盘和盘片面积不变，将转盘分为多级串联运行，能提高出水水质和水中______含量。

A. MLSS　　B. pH　　C. SS　　D. DO

8. 生物滤池法的池内、外温差与空气流速______。

A. 成正比　　B. 成反比　　C. 相等　　D. 无关

三、名词解释

1. 生物膜法　　2. 生物转盘　　3. 生物转盘容积面积比（G）

4. 水力负荷　　5. 有机负荷

四、简答题

1. 分析生物膜的构造与净化机理。

2. 描述生物膜中的物质迁移。

3. 简述生物膜微生物相方面的特征。

4. 简述生物膜法的净水原理，为什么说处理规模相同时，生物膜法产生的剩余污泥比活性污泥少？

5. 与活性污泥法相比，生物膜法具有哪些特点？

6. 生物滤池的设计常采用哪两种负荷，各种负荷的定义是什么？

7. 画出生物膜的结构，并简述其对有机物的降解工况。

8. 生物膜法在处理工艺方面有哪些特征？

9. 生物膜处理污水过程中，在填料的选择上应遵循哪些原则？

10. 普通生物滤池有哪些方面的优缺点？

11. 高负荷生物滤池运行中，处理水回流起什么作用？

12. 塔式生物滤池有哪些优缺点？

13. 试述生物接触氧化法的特点？

14. 简述生物膜的形成及其净化污水的过程。

15. 列举三种典型生物流化床工艺并比较它们的特点。

16. 普通生物滤池、高负荷生物滤池、两级生物滤池各适用于什么具体情况？

17. 在考虑生物滤池的设计中，什么情况下必须采用回流？
18. 生物转盘的处理能力比生物滤池高吗？为什么？
19. 为什么高负荷生物滤池应该采用连续布水的旋转布水器？
20. 试指出生物接触氧化法的特点。在国内使用情况怎样？
21. 生物膜法污水处理系统，在微生物相方面和处理工艺方面有哪些特征？
22. 生物接触氧化法在工艺、功能及运行方面的主要特征有哪些？
23. 生物接触氧化池内曝气的作用有哪些？
24. 简述生物流化床工作原理及运行特点。
25. 生物膜运行中应注意哪些问题？

五、论述题

1. 试述生物膜法与活性污泥法之间的联系。

六、计算题

1. 实验室生物转盘装置的转盘直径 0.5 m，盘片为 10 片。废水量 Q=40 L/h，进水 BOD_5 为 200 mg/L，出水 BOD_5 为 50 mg/L，求该转盘的负荷率。

2. 选用高负荷生物滤池法处理污水，水量 Q=5 200 m^3/d，原水 BOD_5 为 300 mg/L，初次沉淀池 BOD_5 去除率为 20%，要求生物滤池的进水 BOD_5 为 150 mg/L，出水 BOD_5 为 30 mg/L，试确定该滤池回流比和最小循环比。

3. 某工业废水水量为 600 m^3/d，BOD_5 为 430 mg/L，经初沉池后进入高负荷生物滤池处理，要求出水 BOD_5≤30 mg/L 试计算塔式生物滤池尺寸。（假设冬季水温为 12 ℃，则由课本图 5.14 知 BOD_5 允许负荷率为 N_A=1 800 g/（m^3·d））。

七、判断题

（ ）1. 普通生物滤池的负荷量低，污水与生物膜的接触时间长，有机物降解程度较高，污水净化较为彻底。

（ ）2. 负荷是影响滤池降解功能的首要因素，是生物滤池设计与运行的重要参数。

（ ）3. 在生物滤池，滤料表面生长的生物膜污泥，可相当于活性污泥法的 MLVSS 能够用以表示生物滤池内的生物量。

（ ）4. 对同一种污水，生物转盘如盘片面积不变，将转盘分为多级串联运行，则能提高出水水质和出水 DO 含量。

第二十一节　厌氧生物处理

（一）基本要求

掌握厌氧生物处理的概念和基本原理；熟悉厌氧生物处理微生物生态学；了解厌氧生物处理工程技术、发展展望和厌氧颗粒污泥的形成及其微生物生理生态特征。

（二）习题

一、填空题

1. 升流式厌氧污泥床 UASB 由：（　　　　）、（　　　　）、（　　　　）等组成。

2. 厌氧处理对营养物质的需求量小，COD:N:P=（　　　　）。

3. 厌氧生物处理最适温度有两个区：中温区（　　　　）范围内，高温区（　　　　）范围内。

4. 影响产甲烷菌的主要生态因子有（　　　　）、（　　　　）、（　　　　）、（　　　　）、（　　　　）、（　　　　）、（　　　　）、（　　　　）、（　　　　）。

5. 根据不同的废水水质，UASB 反应器的构造有所不同，主要可分为（　　　　）和（　　　　）两种。

6. 厌氧生物代谢过程包括（　　　　）、（　　　　）、（　　　　）和（　　　　）等四个阶段。

二、选择题

1. 厌氧消化中的产甲烷菌是______。

A. 厌氧菌　B. 好氧菌　C. 兼性菌　D. 中性菌

2. 厌氧发酵过程中的控制步骤是______。

A. 酸性发酵阶段　B. 碱性发酵阶段　C. 中性发酵阶段　D. 兼性发酵阶段

3. 厌氧发酵的温度升高，消化时间______。

A. 增大　B. 减小　C. 不变　D. 不能判断

4. 厌氧发酵的温度升高，产生的沼气量______。

A. 增大　B. 减小　C. 不变　D. 不能判断

5. 下列哪一个不是现代厌氧生物处理废水工艺的特点______。

A. 较长的污泥停留时间　B. 较长的水力停留时间

C. 较少的污泥产量　D. 较少的 N、P 元素投加量

6. 下列废水厌氧生物处理装置不是从池底进水、池顶出水的是______。

A. 厌氧流化床　B. UASB 反应器　C. 厌氧滤池　D. 厌氧接触池

7. 下列哪一项在运行厌氧消化系统时属不安全做法______。

A. 消化池、贮气柜、沼气管道等不允许漏气　B. 消化池、贮气柜、沼气管道等维持正压

C. 贮气柜连接支管提供能源使用　D. 沼气管道附近有通风设备

8. 在污泥厌氧消化中，若出现产气量下降，它可能是由于______原因引起的。

A. 排泥量不够　B. 排泥量过大　C. 温度升高　D. 搅拌强度过大

9. 在污泥厌氧消化过程中，若消化液 pH 下降，则原因是______。

A. 温度过低　B. 搅拌不够　C. 投配率过大　D. C/N 过低

三、名词解释

1. 厌氧生物处理　2. UASB　3. 投配率

四、简答题

1. 请说明并解释有机物厌氧消化二阶段、三阶段、四阶段理论。

2. 画出厌氧生物处理四阶段代谢过程的示意图（图中的文字要注解详尽）。

3. 试简要讨论影响厌氧生物处理的因素。

4. 厌氧生物处理对象是什么？可达到什么目的？

5. 试比较厌氧法与好氧法处理的优缺点。

6. 厌氧消化的影响因素有哪些？

7. 什么是厌氧消化的投配率？

8. 厌氧消化溢流装置有何作用？

9. 厌氧消化为什么需要搅拌？

10. 说明污泥三段厌氧消化机理。

11. 解释两段厌氧消化的机理。

12. 说明厌氧消化的 C/N 比。

13. 什么叫厌氧消化？试描述有机物的厌氧消化过程（四阶段）。

14. 城市污水厂的污泥为什么要进行消化处理，有哪些措施可以加速污泥消化过程？

15. 简述厌氧生物处理的优缺点。

16. 简述厌氧消化的影响因素，为什么说消化池的投配率是重要设计参数？

17. 绘图说明升流式厌氧污泥床的构造。

18. 升流式厌氧污泥床（UASB 法）的处理原理是什么？有什么特点？

19. 简述升流式厌氧污泥床系统（UASB）三相分离器的功能。

20. 根据不同的废水水质，UASB 反应器的构造有所不同，主要可分为开放式和封闭式两种。试述这两种反应器的特点及各自适用的范围。

21. UASB 反应器中形成厌氧颗粒污泥具有哪些重要性？

22. UASB 反应器的进水分配系统的设计应满足怎样的要求？

23. UASB 反应器中气、固、液三相分离器的设计应注意哪几个问题？

24. 试述升流式厌氧污泥床颗粒污泥形成的机理及影响因素。

五、论述题

1. 试比较厌氧法和好氧法处理的优缺点和适用范围。

2. 试叙述好氧生物处理与厌氧生物处理的基本区别。

3. 与好氧生物处理相比，哪些因素对厌氧生物处理的影响更大？如何提高厌氧生物处理的效率？

七、判断题

（ ）1. 厌氧消化过程的反应速率明显高于好氧过程。

（ ）2. 沼气一般由甲烷、二氧化碳和其他微量气体组成。

第二十二节 自然生物处理系统

（一）基本要求

熟悉自然生物处理的基本原理；了解稳定塘、人工湿地应用。

（二）习题

一、填空题

1. 曝气氧化塘中 DO 的来源主要是（ ）和（ ）。

2. 常见的污水土地处理系统工艺有以下几种：（ ）、（ ）、（ ）、（ ）、（ ）。

3. 人工湿地是三个依存要素的组合体，即（　　）、（　　）和（　　）。

4. 在污水的稳定塘自然生物处理中，根据塘水中的微生物的优势群体类型和塘水中的溶解氧情况，将稳定塘分为（　　）、（　　）、（　　）、（　　）。

二、选择题

1. 介于活性污泥法和天然水体自净法之间的是______。

A. 好氧塘　　B. 兼性塘　　C. 厌氧塘　　D. 曝气塘

2. 好氧塘中 DO 的变化主要是由于______作用引起的。

A. 光合作用　　B. 生物降解作用　　C. 表面复氧

D. ABC 正确　　E. AC 正确

3. 曝气氧化塘的 BOD 负荷______，停留时间较短。

A. 较低　　B. 较高　　C. 一般　　D. 中间

三、名词解释

1. 稳定塘　　2. 污水土地处理　　3. 慢速渗滤处理系统

四、简答题

1. 简述土地处理对污水的净化过程。

2. 氧化塘工艺有什么优缺点？

3. 污水进入稳定塘之前，为什么应进行适当的预处理？

4. 稳定塘净化过程的影响因素有哪些？

5. 简述稳定塘污水处理的优缺点。

6. 氧化塘有哪几种形式？它们的处理效果如何？适用条件如何？

7. 稳定塘对污水的净化作用有哪些？

8. 试以兼性塘为例图示并说明稳定塘降解污染物的机理。

9. 简述好氧塘净化机理及其优缺点。

10. 好氧塘溶解氧浓度与 pH 值是如何变化的，为什么？

11. 说明湿地处理系统的类型，净化机理及构造特点。

五、判断题

（　）1. 灌溉农田是污水利用的一种方法，也可称为污水的土地处理法。

第二十三节　污泥的处理处置与利用

（一）基本要求

掌握污泥分类、特征与性质、污泥的各种浓缩机理、方法与计算、厌氧消化机理与消化池设计；熟悉污泥的稳定化处理；了解污泥干化，脱水与最终处置。

（二）习题

一、填空题

1. 厌氧消化池其结构主要包括（　　）、（　　），（　　）、（　　），（　　）和（　　）等部分。

2. 污泥厌氧消化的主要因素有（　　　）、（　　　）、（　　　）、（　　　）、（　　　）和（　　　）。

3. 温度是厌氧消化的一个影响因素，一般中温消化的温度为（　　　），高温消化的温度为（　　　）。

4. 污泥最终的处置方式有（　　　）和（　　　）。

5. 污泥处理的目的是使污泥（　　　）、（　　　）、（　　　）、（　　　）。

6. 污泥中所含水分大致分为4类：（　　　）、（　　　）、（　　　）、（　　　）。

7. 污泥浓缩的目的在于（　　　），（　　　），以利于后续处理与利用。

8. 降低污泥含水率的方法主要有（　　　）、（　　　）、（　　　）、（　　　）、（　　　）。

9. 污泥按来源不同可分为（　　　）、（　　　）。

10. 污泥按成分不同分（　　　）和（　　　）。

11. 污泥处理与处置的基本方法有（　　　）、（　　　）、（　　　）、（　　　）。

12. 污泥浓缩方法有（　　　）、（　　　）和（　　　）等3种。

13. 消化池的基本池型有（　　　）和（　　　）两种。

二、选择题

1. 下列哪些装置不算污泥的来源______。

A. 初沉池　B. 曝气池　C. 二沉池　D. 混凝池

2. 污泥的含水率从99%降低到96%，污泥体积减少了______。

A. 1/3　B. 2/3　C. 1/4　D. 3/4

3. 污泥在管道中流动的水力特征是______。

A. 层流时污泥流动阻力比水流大，紊流时则小

B. 层流时污泥流动阻力比水流小，紊流时则大

C. 层流时污泥流动阻力比水流大，紊流时则更大

D. 层流时污泥流动阻力比水流小，紊流时则更小

4. 污泥在管道中输送时应使其处于______状态。

A. 层流　B. 中间　C. 过渡　D. 紊流

5. 下列哪一项不是污泥的处理方法______。

A. 高速消化法　B. 厌氧接触法　C. 好氧消化法　D. 湿式氧化法

6. 下列哪一项不是污泥的最终处理方法______。

A. 用作农肥　B. 填地　C. 投海　D. 湿烧法烧掉

7. 污泥浓缩池中的沉淀过程属于______。

A. 自由沉淀　B. 絮凝沉淀　C. 集团沉淀　D. 压缩沉淀

8. 利用污泥中固体与水之间的比重不同来实现的，实用于浓缩比重较大的污泥和沉渣的污泥浓缩方法是______。

A. 气浮浓缩　B. 重力浓缩　C. 离心机浓缩　D. 化学浓缩

9. 厌氧消化后的污泥含水率______，还需进行脱水，干化等处理，否则不易长途输送和使用。

A. 60%　B. 80%　C. 很高　D. 很低

三、名词解释

1. 消化池的投配率　2. 熟污泥　3. 污泥含水率（计算公式）　4. 有机物负荷率（S）
5. 挥发性固体和灰分　6. 湿污泥比重　7. 比阻　8. 生污泥
9. 消化污泥　10. 可消化程度　11. 污泥含水率

四、简答题

1. 说明污泥流动的水力特征。
2. 简述污泥浓缩的目的。
3. 简述重力浓缩池垂直搅拌栅的作用。
4. 什么叫固体通量？如何根据固体通量确定浓缩池面积？
5. 简述消化污泥的培养与驯化方式。
6. 说明消化池异常现象有哪些?
7. 分析说明污泥的好氧消化机理。
8. 为什么进行污泥脱水？
9. 污泥机械脱水有几种方法？
10. 污泥处理的一般工艺如何？污泥浓缩的作用是什么？
11. 污泥浓缩有哪些方法？并加以比较。
12. 污泥比阻在污泥脱水中有何意义？如何降低污泥比阻？
13. 表示污泥性质的指标主要有哪些？
14. 厌氧消化的影响因素有哪些？
15. 试述中温消化与高温消化有什么不同？
16. 污泥投配率是如何影响厌氧消化过程的？
17. 搅拌对污泥的厌氧消化过程起什么作用，常用的搅拌方法有哪些？
18. 两级消化工艺与两相消化工艺是否相同？为什么不同？
19. 在消化池中若出现上清液中含有 BOD_5 和 SS 浓度增加，这是什么原因引起的，应采取什么措施？
20. 在消化池中若沼气气泡异常，它是什么原因引起的，应采取什么措施？
21. 简述污泥好氧消化的优缺点？
22. 污泥稳定的主要目的是什么？
23. 污泥最终处置的可能场所有哪些？污泥在进行最终处理前，需进行哪些预处理？
24. 为什么机械脱水前，污泥常须进行预处理？怎样进行预处理？
25. 污泥调理方法有哪些?
26. 在污泥处理的多种方案中，请分别给出污泥以消化、堆肥、焚烧为目标的工艺方案流程。
27. 简述污泥厌氧消化三阶段理论以及细菌特征和产物。
28. 简述 C/N 对厌氧消化过程的影响。
29. 试述厌氧消化过程中重金属离子、硫离子和氨的毒害作用 。
30. 试述两级消化与两相消化的原理与工艺特点。
31. 为什么说在厌氧消化系统中，既要保持一定的碱度，又要维持一定的酸度？
32. 对重力浓缩池来说，有哪三个主要设计参数，其含义如何?

五、论述题

1. 试述两级消化与两相消化的原理与工艺特点，两者之间有何联系？

2. 论述污泥厌氧消化的影响因素，并说明在操作上应如何进行控制，以维持较好的消化进程。

六、计算题

1. 含水率99.5%的污泥脱去1%的水，脱水前后的容积之比为多少？

2. 某污水处理厂每日新鲜污泥量为2 268 kg，含水率96.5%，污泥投配率5%。计算厌氧消化池容积。

3. 用加压溶气气浮法处理污泥，泥量 Q＝3 000 m^3/d，含水率 99.3%，采用气浮压力0.3 MPA（表压），要求气浮浮渣浓度3%，求压力水回流量及空气量。（A/S＝0.025，C_s＝29 mg/L，空气饱和系数 f＝0.5）

七、判断题

（ ）1. 在污水处理厂内，螺旋泵主要用作活性污泥回流提升。

（ ）2. 固体通量对于浓缩池来说是主要的控制因素，根据固体通量可确定浓缩池的体积和深度。

（ ）3. 无机性物质形成的可沉物质称为污泥。

习题答案

第一节　水质与水质标准

一、填空题

1.（溶解物）（胶体颗粒）（悬浮物）

2.（汞）（铬）（镉）（铅）（氰化物）（砷）

3.（反比）

4.（感官性状和一般化学指标）（微生物指标）（毒理指标）（放射性指标）

5.（社会循环）（自然循环）

6.（直接复用）（间接复用）

7.（排放水体）（回用）

8.（COD）（BOD）（氨氮）

二、判断题

1.（√）　2.（×）　3.（√）　4.（×）　5.（×）

6.（×）　7.（×）

三、名词解释

1. 合流制：是用同一管渠收集和输送城市污水和雨水的排水方式。

2. 分流制：用不同管渠分别收集和输送各种污水、雨水和生产废水的排水方式。

3. BOD_5：生化需氧量或生化耗氧量（一般指五日生化学需氧量），表示水中有机物等需氧污染物质含量的一个综合指标。

4. COD：化学需氧量,是以化学方法测量水样中需要被氧化的还原性物质的量。

5. TOC：总有机碳，在 900 ℃高温下，以铂作催化剂，使水样氧化燃烧，测定气体中 CO_2 的增量，从而确定水样中总的含碳量，表示水样中有机物总量的综合指标。

6. TOD：总需氧量，指水中能被氧化的物质，主要是有机物质在燃烧中变成稳定的氧化物时所需要的氧量，结果以 mg/L 表示。

7. 水体富营养化：是指由于大量的氮、磷、钾等元素排入到流速缓慢、更新周期长的地表水体，使藻类等水生生物大量地生长繁殖，使有机物产生的速度远远超过消耗速度，水体中有机物积蓄，破坏水生生态平衡的过程。

8. 水体自净：污染物随污水排入水体后，经过物理的、化学的与生物化学的作用，使污染的浓度降低或总量减少，受污染的水体部分地或完全地恢复原状，这种现象称为水体自净。

9. 总残渣：是水和废水在一定的温度下蒸发、烘干后剩余的物质，包括总不可滤残渣和总可滤残渣。其测定方法是取适量（如 50 mL）振荡均匀的水样于称至恒重的蒸发皿中，在蒸汽浴或水浴上蒸干，移入 103 ℃～105 ℃烘箱内烘至恒重，增加的质量即为总残渣。

10. 氧垂曲线：有机物排入河流后,经微生物降解而大量消耗水中的溶解氧，使河水耗氧；另一方面，空气中的氧通过河流水面不断地溶入水中，使溶解氧逐步得到恢复。所以耗氧与复氧是同时存在的，污水排入后，DO 曲线呈悬索状态下垂，故称为氧垂曲线。BOD_5 曲线呈逐步下降态，直至恢复到污水排入前的基值浓度。

11. MLVSS：本项指标所表示的是混合液活性污泥中的有机性固体物质部分的浓度，是混合液挥发性悬浮固体浓度。

四、简答题

1. 什么是“水华”现象？

水华现象即“赤潮”现象，指伴随着浮游生物的骤然大量增殖而直接或间接发生的现象。

2. 污水中含氮物质是如何分类及相互转换的？

污水中含氮物质主要有四种：有机氮、氨氮、亚硝酸盐氮和硝酸盐氮。四种含氮化合物的总量称为总氮。

污水中含氮物质的相互转换：有机氮很不稳定，容易在微生物的作用下，分解成其他三种。

3. 什么是水体富营养化？富营养化有哪些危害？

水体富营养化是指富含磷酸盐和某些形式的氮素的水，在光照和其他环境条件适宜的情况下，水中所含的这些营养物质足以使水体中的藻类过量生长，在随后的藻类死亡和随之而来的异养微生物的代谢活动中，水体中的溶解氧很可能被耗尽，造成水体质量恶化和水生态环境结构破坏的现象。

富营养化的危害很大，对人类健康、水体功能等都有损害：

①使水味变得腥臭难闻；

②降低水的透明度；

③消耗水中的溶解氧；

④向水体中释放有毒物质；

⑤影响供水水质并增加供水成本；

⑥对水生生态的影响。

4. 写出氧垂曲线的公式，并图示说明什么是氧垂点。

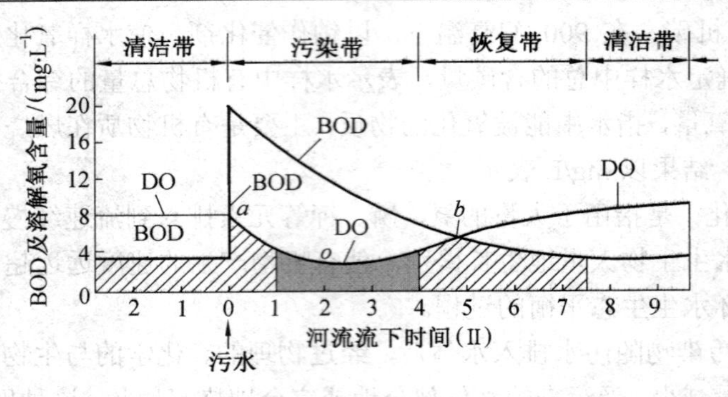

图 4.3 氧垂曲线

当耗氧速率=复氧速率时，为溶解氧曲线最低点，即临界亏氧点或氧垂点（图 4.3）。

5. 简述 BOD 的缺点及意义？

BOD 生化需氧量，生化需氧量是在指定的温度和时间段内，在有氧条件下由微生物（主要是细菌）降解水中有机物所需的氧量。

缺点：测定时间长；误差大；对某些工业废水不能用

6. 什么是水体自净？为什么说溶解氧是河流自净中最有力的生态因素之一？

DO 是水质监测的重要指标。表征的是水中游离 O_2 的数量。当河流受污染后，由于水中有机物浓度从高到低的演变过程中（自净），微生物的分解对于 O_2 的需要也是变化的。当河流从多污带到寡污带的变化，O_2 是逐渐升高的。

7. 水中杂质按尺寸大小可分成几类？了解各类杂质主要来源、特点及一般去除方法。

水中杂质按尺寸大小可分成三类：

（1）悬浮物：悬浮物尺寸较大，易于在水中下沉或上浮，采用沉淀或气浮方法。

（2）胶体：颗粒尺寸很小，在水中长期静置也难下沉，水中所存在的胶体通常有粘土、某些细菌及病毒、腐殖质及蛋白质等。有机高分子物质通常也属于胶体一类。天然不中的胶体一般带有负电荷，有时也含有少量正电荷的金属氢氧化物胶体。

粒径大于 0.1 mm 的泥砂去除较易，通常在水中很快下沉。而粒径较小的悬浮物和胶体物质，须投加混凝剂方可去除。

（3）溶解杂质，分为有机物和无机物两类。它们与水所构成的均相体系，外观透明，属于真溶液。但有的无机溶解物可使水产生色、臭、味。无机溶解杂质主要的某些工业用水的去除对象，但有毒、有害无机溶解物也是生活饮用水的去除对象。有机溶解物主要来源于水源污染，也有天然存在的。

8. 简述《生活饮用水卫生标准》中各项指标的意义。

在《标准》中所列的水质项目可分成以下几类。一类属于感官性状方面的要求，如水的浊度、色度、臭和味以及肉眼可见物等。第二类是对人体健康有益但不希望过量的化学物质。第三类是对人体健康无益但一般情况下毒性也很低的物质。第四类有毒物质。第五类细菌学指标，目前仅列细菌总数、总大肠菌数和余氯三项。

五、问答题

1. 论述我国水资源概况及合理开发和利用水资源的方法和措施。

我国水资源总量约 2.8 万亿 m^3，位居世界前几位。其中地表水资源约占 94%，地下水资源仅占 6%左右。虽然我国水资源总量并不少，但人均水资源仅 2 400 m^3 左右，只相当于世界人均占有量 1/4。从地区分布而言，我国地表水资源是东南多，西北少，由东南沿海向西北内陆递减。从时程分布而言，我国地表水资源的时程分布也极不均匀。综上所述，我国水资源是相当紧缺的。一是资源型缺水，二是污染型缺水，三是管理型缺水。

合理开采和利用水源至关重要。选择水源时，必须配合经济计划部门制定水资源开发利用规划，全面考虑统筹安排，正确处理与给水工程有关部门的关系，以求合理地综合利用和开发水资源。

2. 论述水源污染概况与趋势。

（1）水源污染是当今世界普遍存在的问题，特别是有机物污染，工业发达国家更为严重；

（2）不少有机污染物对人体有毒害作用，包括致癌、致畸和致突变作用；

（3）现已发现给水水源中有 2 000 多种有机物，据调查显示，饮用水中检测出几百种，其中十几种致癌，多种可疑致癌物，十几种为促癌物，几十种致突变物，美国将 119 种列为优先控制污染物；

（4）很多国家都规定了优先控制的有毒有机物种类。有些有毒有机污染物是在氯消毒或预氯化过程中产生的。例如腐殖酸在加氯过程中形成的三氯甲烷；氯仿（$CHCl_3$）及卤乙酸（HAAs）等有致癌作用。

3. 反映有机物污染的指标有哪几项？它们之间的相互关系如何？

有机物及其指标：

生物化学需氧量或生化需氧量（BOD）

化学需氧量（COD）

总需氧量（TOD）

总有机碳（TOD）

BOD：在水温为 20° 的条件下，由于微生物（主要是细菌）的生活活动，将有机物氧化成无机物所消耗的溶解氧量，称为生物化学需氧量或生化需氧量。

COD：在酸性条件下，将有机物氧化成 CO_2 与 H_2O 所消耗的氧量。

TOD：由于有机物的主要元素是 C、H、O、N、S 等。被氧化后，分别产生 CO_2、H_2O、NO_2 和 SO_2，所消耗的氧量称为总需氧量。

TOC：表示有机物浓度的综合指标。先将一定数量的水样经过酸化，用压缩空气吹脱其中的无机碳酸盐，排除干扰，然后注入含氧量已知的氧气流中，再通过以铂钢为触煤的燃烧管，在 900° 高温下燃烧，把有机物所含的碳氧化成 CO_2，用红外气体分析仪记录 CO_2 的数量并折算成含碳量即等于总有机碳 TOC 值。

它们之间的相互关系为：TOD＞COD＞BOD＞TOC。

第二节 水的处理方法概论

一、填空题

1.（物理方法）和（化学方法）

2.（好氧处理）和（厌氧处理）

3.（微滤）、（超滤）、（反渗透）和（纳滤）

4.（均相反应器）和（多相反应器）；（间歇式反应器）和（连续流式反应器）

5.（预沉池）或（沉砂池的澄清）

二、名词解释

1. 间歇式反应器：一种间歇的按批量进行反应的化学反应器，液体物料在反应器内完全混合而无流量进出。

2. 活塞流反应器：又称平推流反应器，是理想状态下在流动方向上完全没有返混，而在垂直于流动方向的平面上达到最大程度的混合。

3. 恒流搅拌反应器：物料不断进出，连续流动，反应器内各点的浓度和反应速度完全均匀。

4. 给水处理：根据给水水源的特点采取必要的水处理措施，改善源水水质，使之满足生活饮用水或工业用水要求。给水处理方法有澄清和消毒、软化、淡化和除盐、除臭除味、除铁除锰除氟。

三、简答题

1. 水的主要物理和化学处理方法有哪些？

物理处理法的主要处理对象是水中的漂浮物、悬浮物以及颗粒物质。常用的物理处理法有格栅与筛网、沉淀、气浮等。

化学处理方法是利用化学反应的作用以除去水中的溶解性或胶体性的物质。通常可达到比物理处理方法更高的净化程度。常用的处理方法有中和、混凝絮凝、化学沉淀、氧化还原和消毒等。

2. 简述典型给水处理工艺流程。

典型给水处理工艺流程：

原水——混凝——沉淀——过滤——消毒——饮用水

原水——预氧化——混凝——沉淀——过滤——活性炭吸附——消毒——饮用水

3. 简述典型城市污水处理工艺流程。

典型城市污水处理的工艺流程（图 4.4）

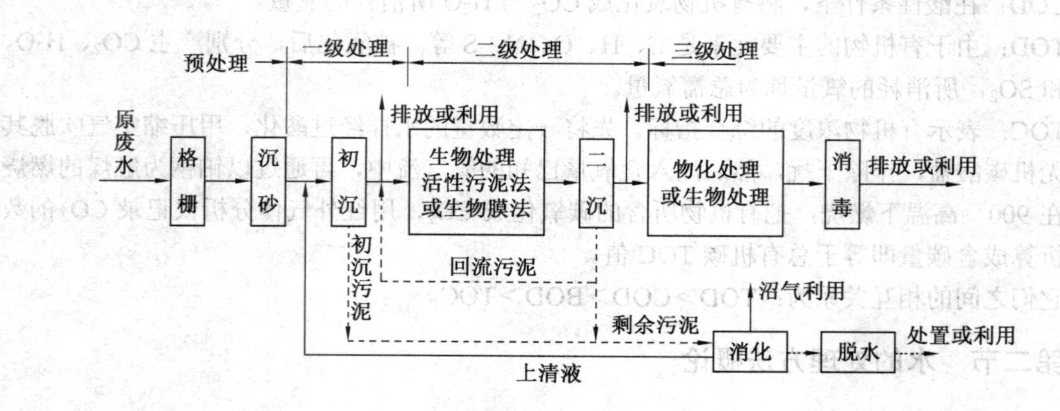

图 4.4　典型城市污水处理工艺流程

4. 反应器原理用于水处理有何作用和特点？

反应器是化工生产过程中的核心部分.在反应器中所进行的过程，既有化学反应过程，又有物理过程，影响因素复杂。在水处理方面引入反应器理论推动了水处理工艺发展。在化工生产过程中，反应器只作为化学反应设备来独立研究，但在水处理中，含义较广泛。许多水处理设备与池子都可作为反应器来进行分析研究，包括化学反应、生物化学反应以及物理过程等。例如，氯化消毒池，除铁、除锰滤池、生物滤池、絮凝池、沉淀池等等，甚至一段河流自净过程都可应用反应器原理和方法进行分析、研究。

四、问答题

1. 三种理想反应器的假定条件是什么?研究理想反应器对水处理设备的设计和操作有何作用?

三种理想反应器的假定条件如下：

（1）完全混合间歇式反应器中的反应：不存在由物质迁移而导致的物质输入和输出、且假定是在恒温下操作。

（2）完全混合连续式反应器：反应器内物料完全均匀混合且与输出产物相同的假定，且是在恒温下操作。

（3）推流型反应器：反应器内的物料仅以相同流速平行流动，而无扩散作用，这种流型唯一的质量传递就是平行流动的主流传递。

在水处理方面引入反应器理论推动了水处理工艺发展。在化工生产过程中，反应器只作为化学反应设备来独立研究，但在水处理中，含义较广泛。许多水处理设备与池子都可作为反应器来进行分析研究，包括化学反应、生物化学反应以及物理过程等。例如，氯化消毒池，除铁、除锰滤池、生物滤池、絮凝池、沉淀池等，甚至一段河流自净过程都可应用反应器原理和方法进行分析、研究。介绍反应器概念，目的就是提供一种分析研究水处理工艺设备的方法和思路。

2. PF 型和 CMB 型反应器为什么效果相同？两者优缺点比较。

在推流型反应器的起端（或开始阶段），物料是在 C_0 的高浓度下进行的，反应速度很快。沿着液流方向，随着流程增加（或反应时间的延续），物料浓度逐渐降低，反应速度乜随之逐渐减小。这也间歇式反应器的反应过程是完全一样的。介它优于间歇式反应器的在于：间歇式反应器除了反应时间以外，还需考虑投料和卸料时间，而推流型反应器为连续操作。

3. 混合与返混合在概念上有何区别？返混合是如何造成的？

CMB 和 CSTR 反应器内的混合是两种不同的混合。前者是同时进入反应器又同时流出反应器的相同物料之间的混合，所有物料在反应器内停留时间相同；后者是在不同时间进入反应器又在不同时间流出反应器的物料之间的混合，物料在反应器内停留时间各不相同，理论上，反应器内物料的停留时间分布相同。这种停留时间不同的物料之间混合，在化学反应工程上称之为“返混”。显然，在 PF 反应器内，是不存在返混现象的。造成返混的原因，主要是环流、对流、短流、流速不均匀、设备中存在死角以及物质扩散等等。

4. 为什么串联的 CSTR 型反应器比同体积的单个 CSTR 型反应器效果好？

如果采用多个体积相等的 CSTR 型反应器串联使用（图 4.5），则第 2 只反应器的输入物料浓度即为第 1 只反应器的输出物料浓度，以此类推。

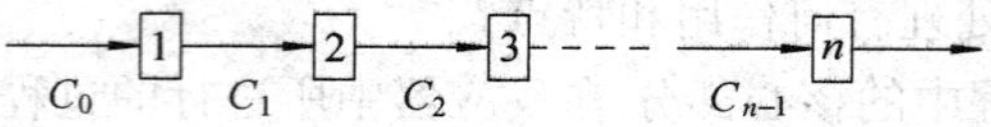

$$\xrightarrow{C_0} \boxed{1} \xrightarrow{C_1} \boxed{2} \xrightarrow{C_2} \boxed{3} - - - \xrightarrow{C_{n-1}} \boxed{n} \rightarrow$$

图 4.5

设为一级反应，每只反应器可写出如下公式

$$\frac{C_1}{C_0}=\frac{1}{1+k\overline{t}};\quad \frac{C_2}{C_1}=\frac{1}{1+k\overline{t}};\quad \cdots\cdots;\quad \frac{C_n}{C_{n-1}}=\frac{1}{1+k\overline{t}}$$

所有公式左边和右边分别相乘

$$\frac{C_1}{C_0}\cdot\frac{C_2}{C_1}\cdot\frac{C_3}{C_2}\cdots\frac{C_n}{C_{n-1}}=\frac{1}{1+k\overline{t}}\cdot\frac{1}{1+k\cdot\overline{t}}\cdot\frac{1}{1+k\overline{t}}\cdots\frac{1}{1+k\overline{t}}$$

$$\frac{C_n}{C_0}=\left(\frac{1}{1+k\overline{t}}\right)^n$$

式中 $\overline{t}$ 为单个反应器的反应时间。总反应时间 $\overline{T}=n\overline{t}$ 。

串联的反应器数愈多，所需反应时间愈短，理论上，当串联的反应器数 $n\to\infty$ 时，所需反应时间将趋近于 CMB 型和 PF 型的反应时间。

5. 地表水源和地下水源各有何优缺点？

大部分地区的地下水由于受形成、埋藏和补给等条件的影响，具有水质澄清、水温稳定、分布面广等特点。但地下水径流量较小，有的矿化度和硬度较高。

大部分地区的地表水源流量较大，由于受地面各种因素的影响，通常表现出与地下水相反的特点。例如，河不浑浊高，水温变幅大，有机物和细菌含量高，有时还有较高的色度。地表水受到污染。但是地表不一般具有径流量大，矿化度和硬度低，含铁锰量等较低的优点。地表水水质水量有明显的季节性。采用地表水源时，在地形、地质、水文、卫生防护等方面复杂。

6. 概略叙述我国天然地表水源和地下水源的特点。

（1）我国水文地质条件比较复杂。各地区地下水中含盐量相差很大，但大部分地下水的含盐在 200～500 mg/L 之间。一般情况下，多雨地区含盐量较低；干旱地区含盐量较高。

地下水硬度高于地表水，我国地下水总硬度通常在 60～300 mg/L（以 CaO 计）之间，少数地区有时高达 300～700 mg/L。

我国含铁地下水分布较广，比较集中的地区是松花江流域和长江中、下游地区。黄河流域、珠江流域等地也都有含铁地下水。含铁量通常为 10 mg/L 以下，个别可高达 30 mg/L。

地下水中的锰与铁共存，但含铁量比铁不。我国地下水含有锰量一般不超过 2～3 mg/L。个别高达 30 mg/L。

（2）我国是世界上高浊度水河众多的国家之一。西北及华北地区流经黄土高原的黄河水系、海河水系及长江中、上游等，河水含砂量很大，华北地区和东北和西南地区大部分河流，浊度较低。江河水的含盐量和硬度较低。总的来说，我国大部分河流，河水含流量和硬度一般均无碍于生活饮用。

7. 试举出 3 种质量传递机理的实例。

质量传递输可分为：主流传递；分子扩散传递；紊流扩散传递。

（1）主流传递：在平流池中，物质将随水流作水平迁移。物质在水平方向的浓度变化，是由主流迁移和化学引起的。

（2）分子扩散传递：在静止或作层流运动的液体中，存在浓度梯度的话，高浓度区内的组分总是向低浓度区迁移，最终趋于均匀分布状态，浓度梯度消失。如平流池等。

（3）在绝大多数情况下，水流往往处于紊流状态。水处理构筑物中绝大部分都是紊流扩散。

五、计算和推导

1. 在实验室内做氯消毒试验。已知细菌被灭活速率为一级反应，且 k=0.85 min^{-1}。求细菌被灭 99.5%时，所需消毒时间为多少分钟？（分别为 CMB 型和 CSTR 型计算）

解：设原有细菌密度为 C_0，t 时后尚存活的细菌密度为 C_i，被杀死的细菌则为 C_0-C_i，若为 CMB 型反应器，根据题意，在 t 时刻

$$\frac{C_0-C_\mathrm{i}}{C_0}=99.5\%$$

即 C_i=0.005 C_0。细菌被灭火率等于细菌减少速率，于是有

$$r(C_i)=-kC_i=0.85C_i$$

即

$$t=-\frac{1}{0.85}\ln\frac{0.005C_0}{C_0}=\frac{1}{0.85}\ln 200=6.23\ \mathrm{min}$$

若为 CSBR 型反应器，根据题意

$$t=\frac{1}{k}\left(\frac{C_0}{C_i}-1\right)=\frac{1}{0.85}\left(\frac{C_0}{0.005C_0}-1\right)=\frac{199}{0.85}=234.1\ \mathrm{min}$$

2. 液体中物料 i 浓度为 200 mg/L，经过 2 个串联的 CSTR 型反应器后，i 的浓度降至 20 mg/L。液体流量为 5 000 m^3/h；反应级数为 1；速率常数为 0.8 h^{-1}。求每个反应器的体积和总反应时间。

提示：由 CSTR 二级反应方程式可得

$$\frac{C_2}{C_0}=\left(\frac{1}{(1+kt)}\right)^2$$

得 t=2.7 h，所以 T=2t=5.4 h，则

$$V=Qt=5\,000\times 2.7=13\,500\ \mathrm{m}^3$$

3. 设物料 i 分别通过 CSTR 型和 PF 型反应器进行反应，进水和出水中 i 浓度之比为 C_0/C_e=10，且属于一级反应，k=2 h^{-1} 水流在 CSTR 型和 PF 型反应器内各需多少停留时间？（注：C_0—进水中 i 初始浓度；C_e—出水中 i 浓度）

解：（1）由 CSTR 一级反应方程式可得

$$t=(C_0/C_\mathrm{e}-1)/k=(10-1)/2=4.5\ \mathrm{h}$$

（2）由 PF 一级反应方程式可得

$$t = (\ln C_0 - \ln C_e)/k = 1.15\ \text{h}$$

4. 设物料 i 分别通过 4 只 CSTR 型反应器进行反应，进水和出水中 i 浓度之比为 $C_0/C_e=10$，且属于一级反应，$k=2\ \text{h}^{-1}$。求串联后水流总停留时间为多少？

解： 由 CSTR 二级反应方程式可得

$$C_2/C_0 = (1/(1+kt))^2$$

得

$$t=1.08\ \text{h}$$

所以

$$T=4t=4.32\ \text{h}$$

5. 根据物料平衡方程简单推导完全混合间歇式反应器的停留时间公式为

$$t = \int_{C_0}^{C_i} \frac{\mathrm{d}C_i}{-k \cdot C_i^2} = \frac{1}{k}\left(\frac{1}{C_i} - \frac{1}{C_0}\right)$$

根据物料衡算式为

$$\frac{\mathrm{d}C_i}{\mathrm{d}t} = r(C_i)$$

$t=0$，$C_i=C_0$；$t=t$，$C=C_i$，积分上式得

$$t = \int_{C_0}^{C_i} \frac{\mathrm{d}C_i}{r(C_i)}$$

设为一级反应，$r(C_i) = -kC_i$，则

$$t = \int_{C_0}^{C_i} \frac{\mathrm{d}C_i}{-kC_i} = \frac{1}{k}\ln\left(\frac{C_0}{C_i}\right)$$

设为二级反应，$r(C_i) = -kC_i^2$，则

$$t = \int_{C_0}^{C_i} \frac{\mathrm{d}C_i}{-k \cdot C_i^2} = \frac{1}{k}\left(\frac{1}{C_i} - \frac{1}{C_0}\right)$$

第三节　凝聚和絮凝

一、选择题

1. [B]　2. [B]　3. [A]　4. [ABC]　5. [ABCE]　6. [C]　7. [B]
8. [B]　9. [D]　10. [C]　11. [A]　12. [B]　13. [B]　14. [B]
15. [D]　16. [D]　17. [D]　18. [A]　19. [C]　20. [A]　21. [C]
22. [C]　23. [D]　24. [C]　25. [B]　26. [B]　27. [B]　28. [B]
29. [A]

二、填空题

1.（2 分钟）

2.（压缩双电层作用）（吸附-电中和作用）（吸附-架桥作用）（网捕-卷扫作用）

3.（机械混合）（水泵混合）（水力混合池混合）（管式混合）

4.（混凝剂）

5.（药剂快速水解）（聚合）（颗粒脱稳）

6.（布朗运动）（表面水化膜）（双电层结构）

7.（水流自身能量消耗）

8.（速度梯度）

9.（水温）（水电 pH 值）（水的碱度）（水中杂质含量）

10.（吸附电性中和）、（吸附架桥）（沉淀物卷扫作用）

11.（机械混合）、（水泵混合）、（水力混合池混合）、（管式混合）

12.（水力搅拌式）、（机械搅拌式）

13.（机械搅拌器）

14.（防止互相干扰）、（防止短流）、（G 值逐渐减少）

15.（重力投加）、（泵投加）、（水射器投加）、（泵前投加）

16.（转子流量计）、（电磁流量计）、（计量泵）、（苗嘴）

17.（硫酸铝）、（三氯化铁）、（聚丙烯酰胺）

18.（混凝效果好）（对人体健康无害）（使用方便）（货源充足）（价格低廉）

19.（无机）和（有机）

20.（逐渐减小）

三、名词解释

1. 胶体稳定性：胶体杂质和微小悬浮物能在水中长时间保持分散悬游状态，统称为分散颗粒的稳定性。胶体稳定性的主要原因有三：微粒的布朗运动、胶体颗粒间的静电斥力、胶体微粒表面的水化作用。

2. 聚集稳定性：由于胶体微粒间的静电斥力和胶体颗粒表面的水化作用，使胶体保持单个分散状态而不凝聚的现象，称为凝聚稳定性。

3. 动力学稳定性：由于胶体颗粒的布朗运动，胶体颗粒在水中做无规则的高速运动并趋于分散状态，称为动力学稳定，又叫沉降稳定性。

4. 胶体脱稳：胶体ξ点位的降低或消失，致使胶体失去凝聚稳定性的过程，称为胶体脱稳。

5. 同向凝聚：由水力搅拌或机械搅拌造成的颗粒碰撞凝聚，叫同向凝聚。

6. 异向凝聚：由颗粒的布朗运动造成的颗粒碰撞凝聚，叫异向凝聚。

7. 机械混合：水体通过机械提供能量，改变水体流态，以达到混合目的过程。

8. 混凝剂：为使胶体失去稳定性和脱稳胶体相互聚集所投加的药剂。

9. 助凝剂：为改善絮凝效果所投加的辅助药剂。

10. 絮凝：完成凝聚的胶体在一定的外力扰动下相互碰撞、聚集，以形成较大絮状颗粒的过程。

11. 水力混合（hydraulic mixing）：消耗水体自身能量，通过流态变化以达到混合目的的过程。

12. 隔板絮凝池（spacer flocculating tank）：水流以一定流速在隔板之间通过而完成絮凝过程的构筑物。

13. 药剂固定储备量(standby reserve of chemical)：为考虑非正常原因导致药剂供应中断，而在药剂仓库内设置的在一般情况下不准动用的储备量。

14. 混合（mixing）：使投入的药剂迅速均匀地扩散于被处理水中以创造良好反应条件的过程。

15. 折板絮凝池（folded-plate flocculating tank）：水流以一定流速在折板之间通过而完成絮凝过程的构筑物。

16. 机械絮凝池（machanical flocculating tank）：通过机械带动叶片而使液体搅动以完成絮凝过程的构筑物。

17. 栅条（网格）絮凝池（grid flocculating tank）：在沿流程一定距离的过水断面中设置栅条或网格，通过栅条或网格的能量消耗完成絮凝过程的构筑物。

四、简答题

1. 水温对混凝效果有何影响?

水温对混凝效果具有比较明显的影响，低温水处理困难。因为水温低时，尽管增加了投药量，但絮凝体的形成很缓慢，且结构松散，颗粒细小。其主要原因有：金属盐类混凝剂的水解是吸热反应，水温低时，混凝剂水解困难；低温水的黏度大，水中杂质微粒布朗运动减弱，彼此碰撞机会减少，不利于脱稳胶粒的相互凝聚，同时，水的黏度大，水的剪力增大，不利于絮凝体的成长。

2. 混合和絮凝的作用及其对水力条件有何要求?

混合作用在于形成凝聚微粒，反应作用在于形成絮凝体。混合要快速剧烈，在10～30 s，至多不超过2 min即告完成；在混合阶段，适宜的速度梯度G=700～1 000 s^{-1}，在反应阶段所需的平均速度梯度G一般在20～70 s^{-1}范围内，GT值控制在10^4～10^5范围内；从反应开始至反应结束，G值应逐渐减少，采用机械搅拌，搅拌速度应逐渐减小，采用水力搅拌，水流速度应逐渐减小。

3. 影响混凝效果的主要因素有哪几种？这些因素是如何影响混凝效果的？

影响混凝效果的主要因素有水温，水的pH值和碱度及水中悬浮物浓度。

①水温：无机盐的水解是吸热反应低温水混凝剂水解困难；低温水的黏度大，使水中杂质颗粒布朗运动强度减弱，碰撞机会减少，不利于胶粒脱稳混凝；水温低时胶体颗粒水化作用增强，妨碍胶体混凝；水温与水的pH值有关。

②pH值：对于硫酸铝而言，水的pH值直接影响铝离子的水解聚合反应，亦即影响铝盐水解产物的存在形态；对三价铁盐混凝剂时pH在6.0～8.4之间最好；高分子混凝剂的混凝效果受水的pH值影响比较小

③悬浮物浓度：含量过低时，颗粒碰撞速率大大减小，混凝效果差；含量高时，所需铝盐或铁盐混凝剂量将大大增加。

4. 目前我国常用的混凝剂有哪几种？各有何优缺点？

常用混凝剂特点见表4.4。

表 4.4　常用混凝剂特点

	优　点	缺　点
硫酸铝	价格较低，使用便利，混凝效果较好，不会给处理后的水质带来不良影响	当水温低时硫酸铝水解困难，形成的絮体较松散；不溶杂质含量较多。
聚合氯化铝（PAC）	1.应用范围广； 2.易快速形成大的矾花，沉淀性能好，投药量一般比硫酸铝低； 3.适宜的 pH 值范围较宽（在 5～9 间）； 4.水温低时，仍可保持稳定的混凝效果； 5.其碱化度比其他铝盐、铁盐高，因此药液对设备的侵蚀作用小。	
三氯化铁	极易溶于水；沉淀性好，处理低温水或低浊水效果比铝盐好	氯化铁液体、晶体物或受潮的无水物腐蚀性极大，调制和加药设备必须考虑用耐腐蚀材料
硫酸亚铁		不如三价铁盐那样有良好的混凝效果；残留在水中的 Fe^{2+}会使处理后的水带色；
聚合硫酸铁	投加剂量少；絮体生成快；对水质的适应范围广以及水解时消耗水中碱度少	
聚丙烯酰胺（PAM）	常作助凝剂以配合铝盐和铁盐作用，效果显著	

5. 混凝药剂的选用应遵循哪些原则？

混凝效果好(直接目的）；无毒害作用；货源充足；成本低，使用方便；新型药剂要有卫生许可；借鉴已有经验（查阅和参考类似水质水厂的药剂）

6. 絮凝过程中，G 值的真正涵义是什么？沿用已久的 G 值和 GT 值的数值范围存在什么缺陷？请写出机械絮凝池和水力絮凝池的 G 值公式。

速度梯度，控制混凝效果的水力条件，反映能量消耗概念。

G 值和 GT 值变化幅度很大，从而失去控制意义。

$$G=\sqrt{\frac{p}{\mu}}=\sqrt{\frac{gh}{\nu T}}$$

7. 当前水厂中常用的混合方法有哪几种？各有何优缺点？在混合过程中，控制 G 值的作用是什么？

（1）水泵混合：混合效果好，不需另建混合设施，节省动力，大、中、小型水厂均可采用。但采用 $FeCl_3$ 混凝剂时，若投量较大，药剂对水泵叶轮可能有轻微腐蚀作用。适用于取水泵房靠近水厂处理构筑物的场合，两者间距不宜大于 150 m。

（2）管式混合：简单易行。无须另建混合设备，但混合效果不稳定，管中流速低，混合不充分。

（3）机械混合池：混合效果好，且不受水量变化影响；缺点是增加机械设备并相应增加维修工作。

控制 G 值的作用是使混凝剂快速水解、聚合及颗粒脱稳。

8. 混合和絮凝反应同样都是解决搅拌问题，但它们对搅拌的要求有何不同？为什么？

混合的目的是，使胶体颗粒凝聚脱稳。在混合过程中，必需要使混凝剂的有效成分迅速均匀地与水中胶体颗粒接触产生凝聚作用。所以混合过程要求强烈、快速、短时，在尽可能短的时间内使混凝剂均匀分散到原水中。

絮凝反映的目的，就是要促使细小颗粒有效碰撞逐渐增长成大颗粒，最终使颗粒能重力沉降，实现固液分离。要完成有效的同向絮凝，需满足两个条件：①要使细小颗粒产生速度梯度，同时要求整个絮凝池中颗粒运动速度必须由快到慢逐级递减，才能保证已发生有效碰撞而絮凝的大颗粒不会破碎，保证絮凝效果。②要有足够的反应时间，使颗粒逐渐增长到可以重力沉降的尺寸。

9. 净化水时加混凝剂的作用是什么？

净化水时投加混凝剂的作用：破坏胶体的稳定性。投加电解质压缩双电层，以导致胶粒间相互凝聚。

10. 常见的净水混凝剂有哪些？有机混凝剂常见的是哪种？

混凝剂：硫酸铝、三氯化铁、硫酸亚铁、聚合氯化铝等；

有机高分子混凝剂：聚丙烯酰胺。

11. 吸附架桥作用净水机理是什么？

具有链状结构的高分子物质，利用其链节上的基团对胶体微粒的强烈吸附作用，使胶粒间通过高分子形成大颗粒的絮凝体，共同进行沉淀分离。

12. PAM 在碱性条件下如何水解？

PAM 在碱性条件下水解为 HPAM：因为聚丙烯酰胺每个链节上含有一个酰胺基—$CONH_2$，由于酰胺基之间氢键结合，使线性分子呈卷曲状而不能伸展开来，从而使架桥作用减弱。改制的方法是在 PAM 内加入碱基，使一部分链节上的酰胺基进行水解。PAM 的水解度一由酰胺基转化为羟基的百分数，控制在 30%～40%。

13. 混合和凝聚作用及对水力条件的要求是什么？

混合和絮凝的作用及其对水力条件的要求。混合作用在于形成凝聚微粒，反应作用在于形成絮凝体。混合要快速剧烈，在 10～30 S，至多不超过 2 min 即告完成；在混合阶段，适宜的速度梯度 G=700～1 000 s^{-1}，在反应阶段所需的平均速度梯度 G 一般在 20～70 s^{-1} 范围内，GT 值控制在 10^4～10^5 范围内；从反应开始至反应结束，G 值应逐渐减少，若采用机械搅拌搅拌速度应逐渐减小，若采用水力搅拌，水流速度应逐渐减小。

14. 何谓胶体稳定性？试用胶粒间互相作用势能曲线说明胶体稳定性的原因。

胶体稳定性是指胶体粒子在水中长期保持分散悬浮状态的特性。

（1）胶体颗粒之间的相互作用决定于排斥能与吸引能，分别由静电斥力与范德华引力产生；排斥势能：ER-1/d2；　吸引势能：EA-1/d6（有些认为是 1/d2 或 1/d3）

（2）由此可画出胶体颗粒的相互作用势能与距离之间的关系，见图 4.6。当胶体距离 $x < oa$ 或 $x > oc$ 时，吸引势能占优势；当 $oa < x < oc$ 时，排斥势能占优势；当 $x=ob$ 时，排斥势能最大，称为排斥能峰。

由于上述胶体间作用力的存在，胶体处于一个稳定的状态。

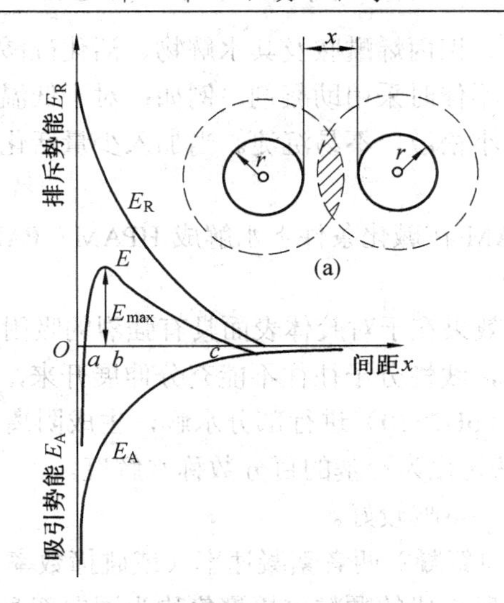

图 4.6　胶体颗粒相互作用势能与距离关系

15. 混凝过程中，压缩双电层和吸附-电中和作用有何区别？简要叙述硫酸铝混凝作用机理及其与水的 pH 值的关系。

压缩双电层机理：由胶体粒子的双电层结构可知，反离子的浓度在胶粒表面处最大，并沿着胶粒表面向外的距离呈递减分布，最终与溶液中离子浓度相等。向溶液中投加电解质，使溶液中离子浓度增高，则扩散层的厚度减小。该过程的实质是加入的反离子与扩散层原有反离子之间的静电斥力，把原有部分反离子挤压到吸附层中，从而使扩散层厚度减小。

由于扩散层厚度的减小，电位相应降低，因此胶粒间的相互排斥力也减少。另一方面，由于扩散层减薄，它们相撞时的距离也减少，因此相互间的吸引力相应变大。从而其排斥力与吸引力的合力由斥力为主变成以引力为主（排斥势能消失了），胶粒得以迅速凝聚。

吸附-电中和机理：胶粒表面对异号离子、异号胶粒、链状离子或分子带异号电荷的部位有强烈的吸附作用，这种吸附作用中和了电位离子所带电荷，减少了静电斥力，降低了ξ电位，使胶体的脱稳和凝聚易于发生。此时静电引力常是这些作用的主要方式。上面提到的三价铝盐或铁盐混凝剂投量过多，凝聚效果反而下降的现象，可以用本机理解释。因为胶粒吸附了过多的反离子，使原来的电荷变号，排斥力变大，从而发生了再稳现象。

硫酸铝混凝作用机理及其与水的 pH 值的关系：pH＜3 时，压缩扩散双电层作用。

pH＞3 时，吸附-电中和作用。pH＞3 时水中便出现聚合离子及多核羟基配合物，这些物质会吸附在胶核表面，分子量越大，吸附作用越强。

16. 高分子混凝剂投量过多时，为什么混凝效果反而不好？

在废水处理中，对高分子絮凝剂投加量及搅拌时间和强度都应严格控制，如投加量过大时，一开始微粒就被若干高分子链包围，而无空白部位去吸附其他的高分子链，结果造成胶粒表面饱和产生再稳现象。已经架桥絮凝的胶粒，如受到剧烈的长时间的搅拌，架桥聚合物可能从另一胶粒表面脱开，重新又卷回原所在胶粒表面，造成再稳定状态。

17. 什么叫助凝剂？常用的助凝剂有哪几种？在什么情况下需要投加助凝剂？

在单独使用混凝剂不能取得预期效果时，需投加某种辅助药剂以提高混凝效果，这种药剂称为助凝剂。助凝剂通常是高分子物质，作用机理是高分子物质的吸附架桥。

常用的助凝剂有：骨胶、聚丙烯酰胺及其水解物、活化硅酸、海藻酸钠等。

当单独使用混凝剂效果不佳时采用助凝剂，例如：对于低温、低浊度水采用铝盐或铁盐混凝时，形成的絮粒往往细小松散，不易沉淀。当加入少量活化硅酸时，絮凝体的尺寸和密度就会增大，沉速加快。

18. 为什么有时需将 PAM 在碱化条件下水解成 HPAM？PAM 水解度是何涵义？一般要求水解度为多少？

PAM 聚丙烯酰胺，混凝效果在于对胶体表面具有强烈的吸附作用，在胶粒之间形成桥联。由于酰胺基之间的氢键作用，线性分子往往不能充分伸展开来，致使桥架作用削弱。为此，通常将 PAM 在碱性条件下（pH＞10）进行部分水解，生成阴离子型水解聚合物（HPAM）

PAM 水解度：由酰胺基转化为羟基的百分数称水解度。

一般控制水解度在 30%～40%较好。

19. 何谓同向絮凝和异向絮凝？两者絮凝速率（或碰撞数率）与哪些因素有关？

同向絮凝：由流体运动所造成的颗粒碰撞聚集称为同向絮凝。其数率与颗粒直径的三次方成正比，与颗粒数量浓度平方成正比，以及速度梯度一次方成正比。

异向絮凝：由布朗运动所造成的颗粒碰撞聚集称为异向絮凝。其数率与水温成正比，与颗粒的数量浓度平方成反比。

20. 混凝控制指标有哪几种？为什么要重视混凝控制指标的研究？你认为合理的控制指标应如何确定？

在絮凝阶段通常以 G 和 GT 值作为控制指标。可以控制混凝效果，即节省能源，又能取得好的混凝效果。

21. 根据反应器原理，什么形式的絮凝池效果较好？折板絮凝池混凝效果为什么优于隔板絮凝池？

折板絮凝池的优点是：水流在同波折板之间曲折流动或在异波折板之间间缩放流动且连续不断，形成众多的小涡旋，提高了颗粒碰撞絮凝效果。与隔板絮凝池相比，水流条件大大改善，即在总的水流能量消耗中，有效能量消耗比例提高，故所需絮凝时间可以缩短，池子体积减小。

22. 何谓混凝剂“最佳剂量”？如何确定最佳剂量并实施自动控制？

混凝剂“最佳剂量”，即混凝剂的最佳投加量，是指达到既定水质目标的最小混凝剂投加量。目前问过的大多数水厂还是根据实验室混凝搅拌试验确定混凝剂最佳剂量，然后进行人工调整。这种方法虽然简单易行，但实验结果到生产调节往往滞后，且试验条件与生产条件也很难一致，故试验所得最佳剂量未必是生产上的最佳剂量。

23. 当前水厂中常用的絮凝设备有哪几种？各有何优缺点？在絮凝过程中，为什么 G 值应自进口值出口逐渐减少？

（1）隔板絮凝池包括往复式和回转式两种。优点：构造简单，管理方便。缺点：流量变化大者，絮凝效果不稳定，絮凝时间长，池子容积大。

（2）折板絮凝池优点：与隔板絮凝池相比，提高了颗粒碰撞絮凝效果，水力条件大大改善，缩短了絮凝时间，池子体积减小。缺点：因板距小，安装维修较困难，折板费用较高。

（3）机械絮凝池优点：可随水质、水量变化而随时改变转速以保证絮凝效果，能应用于任何规模水厂。缺点：需机械设备因而增加机械维修工作。

絮凝过程中，为避免絮凝体破碎，絮凝设备内的流速及水流转弯处的流速应沿程逐渐减少，从而 G 值也沿程逐渐减少。

24. 采用机械絮凝池时，为什么要采用 3～4 挡搅拌机且各挡之间需用隔墙分开？

因为单个机械絮凝池接近于 CSTR 型反应器，故宜分格串联。分格愈多，愈接近 PF 型反应器，絮凝效果愈好，但分格过多，造价增高且增加维修工作量。各挡之间用隔墙分开是为防止水流短路。

五、计算题

1. 隔板絮凝池设计流量 75 000 m^3/d。絮凝池有效容积为 1 100 m^3。絮凝池总水头损失为 0.26 m。求絮凝池总的平均速度梯度 $\overline{G}$ 值和 $\overline{G}T$ 值各为多少？（水厂自用水量按 5%计）

解：

水厂自用水量按 5%计，絮凝池设计流量为 Q，则絮凝池总流量为

$$Q_T / (\mathrm{m^3 \cdot s^{-1}}) = 75\,000 \times (1 + 5\%) = 78\,750\ \mathrm{m^3/d} = 0.91$$

水在絮凝池中的停留时间

$$T / \mathrm{s} = \frac{V}{Q} = 1100 / 0.91 = 1\,208.8$$

水温以 20 ℃计，此时水的运动粘度为

$$\nu = 1.005 \times 10^{-6}\ \mathrm{m^2/s}$$

则絮凝池总的平均速度梯度为

$$\overline{G} / \mathrm{s^{-1}} = \sqrt{\frac{gh}{\nu T}} = \sqrt{\frac{9.8 \times 0.26}{1.005 \times 10^{-6} \times 1\,208.8}} = 45.8$$

则

$$\overline{G}T = 45.8 \times 1\,208.8 = 5.54 \times 10^4$$

2. 某机械絮凝池分成 3 格。每格有效尺寸为 2.6 m（宽）×2.6 m（长）×4.2 m（深）。每格设一台垂直轴浆板搅拌器，构造按图 15.21，设计各部分尺寸为：r_2=1 050 mm；浆板长 1 400 mm，宽 120 mm；r_0=525 mm。叶轮中心点旋转线速度为：第一格 v_1=0.5 m/s；第二格 v_2=0.32 m/s；第三格 v_3=0.2 m/s。

求：3 台搅拌器所需搅拌功率及相应的平均速度梯度 $\overline{G}$ 值（水温按 20 ℃计算）。

解：设浆板相对于水流的线速度等于浆板旋转线速度的 0.75 倍，则每格相对于水流的叶轮转速分别为

$$\omega_1 / (\mathrm{r \cdot s^{-1}}) = \frac{0.75 v_1}{r_0} = \frac{0.75 \times 0.5}{0.525} = 0.714$$

$$\omega_2 / (\mathrm{r \cdot s^{-1}}) = \frac{0.75 v_2}{r_0} = \frac{0.75 \times 0.32}{0.525} = 0.457$$

$$\omega_3 / (\mathrm{r \cdot s^{-1}}) = \frac{0.75 v_3}{r_0} = \frac{0.75 \times 0.2}{0.525} = 0.286$$

（1）每格桨板所需功率计算

靠外桨板外缘旋转半径 r_2=1.05 m，内缘旋转半径 r_1=1.05−0.12=0.93 m。

靠内桨板外缘旋转半径 r_2=0.525+0.12/2=0.585 m，内缘旋转半径 r_1=0.525−0.12/2=0.465 m。

第一格

$$P_1 / \mathrm{W} = \sum_1^4 \frac{C_D \rho}{8} \cdot l\omega_1^3 (r_2^4 - r_1^4) =$$

$$\frac{4 \times 1.1 \times 1\,000}{8} \times 1.4 \times 0.714^3 \times [(1.05^4 - 0.93^4) + (0.585^4 - 0.465^4)] = 150.7$$

第二格

$$P_1 / \mathrm{W} = \sum_1^4 \frac{C_D \rho}{8} \cdot l\omega_2^3 (r_2^4 - r_1^4) =$$

$$\frac{4 \times 1.1 \times 1\,000}{8} \times 1.4 \times 0.457^3 \times [(1.05^4 - 0.93^4) + (0.585^4 - 0.465^4)] = 39.5$$

第三格

$$P_1 / \mathrm{W} = \sum_1^4 \frac{C_D \rho}{8} \cdot l\omega_3^3 (r_2^4 - r_1^4) =$$

$$\frac{4 \times 1.1 \times 1\,000}{8} \times 1.4 \times 0.286^3 \times [(1.05^4 - 0.93^4) + (0.585^4 - 0.465^4)] = 9.7$$

（2）平均速度梯度计算

水温按 20 ℃计算，水的黏度系数 $\mu = 1.002 \times 10^{-3}$ Pa·s。

每格体积为 V=2.6× 2.6× 4.2=28.392 m^3，则平均速度梯度为

$$\overline{G} / \mathrm{s}^{-1} = \sqrt{\frac{P_1 + P_2 + P_3}{\mu \times 3V}} = \sqrt{\frac{150.7 + 39.5 + 9.7}{1.002 \times 10^{-3} \times 3 \times 28.392}} = 48.4$$

第四节 沉淀

一、选择题

1. [A] 2. [C] 3. [B] 4. [BCD] 5. [A] 6. [A] 7. [A]
8. [D] 9. [D] 10. [A] 11. [C] 12. [B] 13. [B] 14. [C]
15. [C] 16. [D] 17. [C] 18. [C] 19. [B] 20. [A] 21. [D]
22. [D] 23. [A] 24. [D] 25. [C] 26. [B] 27. [C] 28. [D]
29. [C] 30. [B] 31. [B] 32. [A] 33. [A] 34. [A] 35. [B]
36. [B] 37. [A] 38. [C] 39. [A] 40. [B] 41. [B] 42. [D]
43. [B]

二、填空题

1.（减小水力半径 R）

2.（表面负荷率）（停留时间）

3.（平流式）（竖流式）（辐流式）

4.（自由沉淀）（絮凝沉淀）（拥挤沉淀）（压缩沉淀）

5.（清水区）（等浓度区）（过渡区）（压实区）

6.（清水段）（分离段）（过渡段）

7.（脉冲澄清池）

8.（*Re*、*Fr*）

9.（减小水力半径）

10.（表面负荷率）（池长）

11.（颗粒为自由沉淀）（水平流速相等和不变）（颗粒沉到池底即认为被去除）

12.（自由沉淀）（拥挤沉淀）

三、名词解释

1. 理想沉淀池：颗粒为自由沉淀、水平流速相等且不变、颗粒沉到池底即认为被去除。

2. 自由沉淀：颗粒在水中沉淀，彼此不受干扰，只受颗粒自身的重量和水流阻力的作用。

3. 拥挤沉淀：颗粒在水中沉淀，彼此相互干扰，或者受到容器壁的干扰。

4. 表面负荷率：沉淀池单位表面积的产水量。$U_i=Q/BL$ 单位为 $m^3/(m^2 \cdot d)$。

5. 截留沉速：从沉淀池进水段池顶 A 点开始下沉，在离开沉淀池瞬间，刚好沉到池底最远处的颗粒速度（所能被全部去除的颗粒中的最小颗粒的沉速），称为截留速度。单位 m/s。

6. 接触絮凝：以活性泥渣层作为接触介质的净水过程，实质上也是絮凝过程，一般称为接触絮凝。

7. 平流沉淀池异重流：是进入较静而具有密度相异的水体的一股水流。

8. 机械搅拌澄清池（accelerator）：利用机械的提升和搅拌作用，促使泥渣循环，并使原水中杂质颗粒与已形成的泥渣接触絮凝和分离沉淀的构筑物。

9. 脉冲澄清池：处于悬浮状态的泥渣层不断产生周期性的压缩和膨胀，促使原水中杂质颗粒与已形成的泥渣进行接触凝聚和分离沉淀的构筑物。

10. 上向流斜管沉淀池：池内设置斜管，水自下而上经斜管进行沉淀，沉泥沿斜管向下滑动的沉淀池。

11. 侧向流斜板沉淀池（side flow lamella）：池内设置斜板，水流由侧向通过斜板，沉泥沿斜板滑下的沉淀池。

12. 预沉（pre-sedimentation）：原水泥沙颗粒较大或浓度较高时，在凝聚沉淀前设置的沉淀工序。

四、简答题

1. 为什么斜板斜管沉淀池水力条件比平流沉淀池好？

由于斜板斜管沉淀池水力半径大大降低，降低了雷诺数 *Re*，提高了弗劳德数 *Fr*。

2. 机械搅拌澄清池搅拌设备有何作用？

搅拌设备由提升叶轮和搅拌桨组成。提升叶轮将回流水从第一反应室提升至第二反应室，使回流水中泥渣在池内不断循环；搅拌桨使第一反应室的水体与进水快速混合，泥渣随水流处于悬浮和环流状态。搅拌设备使接触絮凝过程在第一、第二反应室得到充分发挥。

3. 沉淀池表面负荷率和截留沉速关系如何、二者涵义有何区别？

沉淀池表面负荷率和截留沉速在数值上相等。沉淀池表面负荷率是单位表面积的产水量，单位为 $m^3/(m^2 \cdot d)$；截留沉速是从沉淀池进水区池顶 A 点开始下沉，在离开沉淀池瞬间，刚好沉到池底最远处的颗粒沉速，单位是 m/s。

4. 平流沉淀池进水为何采用穿孔隔墙？出水为什么往往采用出水支渠？

平流沉淀池进水采用穿孔墙，减小水力半径，改善水流条件，使进水均匀分布在整个进水截面，并尽量减少扰动。平流沉淀池出水采用出水支渠，缓减出水区附近的流线过于集中，加长出水堰口长度，降低堰口的流量负荷。

5. 斜管沉淀池的理论根据是什么？为什么斜管倾角通常采用 60°？

斜管沉淀池的理论依据是采用斜管沉淀池既可以增加沉淀面积，又可以利用斜管解决排泥问题。斜管倾角愈小，则沉淀面积愈大，沉淀效率愈高，但对排泥不利，实践证明，倾角为 60° 最好。

6. 机械搅拌澄清池和水力循环澄清池优缺点有何不同？

机械搅拌澄清池泥渣回流量可按要求调整控制，对源水的水量水质水温的适应性强，但需要机械设备和增加维护工作，结构复杂；水力循环澄清池结构简单，不需要机械设备，但泥渣回流量难以控制，对源水水量水质水温的适应性差，高度高、直径大。水力循环澄清池处理效果比机械搅拌澄清池差。

7. 澄清池的基本原理和主要特点是什么？

（1）澄清池的基本原理：依靠活性泥渣层达到澄清目的。当脱稳定杂质随水流与泥渣层接触时，便被泥渣层阻留下来，使水获得澄清。

（2）主要特点：

①将絮凝和沉淀两个过程在一个构筑物内靠活性泥渣完成；

②澄清池充分利用了活性泥渣的絮凝作用。

③澄清池的排泥措施，能不断排除多余的陈旧泥渣，其排泥量相当于新形成的活性泥渣量。

8. 简述浅池理论。

理想沉淀池：颗粒为自由沉淀、水平流速相等且不变、颗粒沉到池底即认为被去除。从理想沉淀池 $E=U_i/(Q/A)$ 得出结论：当颗粒沉速 U_i 一定时，增加表面积，去除率升高。所以当沉淀池容积一定时，池深越浅，表面负荷率越大，去除率就越高，这就是“浅池理论”。

9. 简述肯奇沉淀理论的基本概念和它的用途。

肯奇理论：$C_t=C_0H_0/H_t$

涵义：高度为 H_t，均匀浓度为 C_t 沉淀管中所含悬浮物量和原来高度为 H_0，均匀浓度为 C_0 的沉淀管中所含悬浮物量相等。

10. 理想沉淀池应符合哪些条件？根据理想沉淀条件，沉淀效率与池子深度、长度和表面积关系如何？

（1）颗粒处于自由沉淀状态。

（2）水流沿着水平方向流动，流速不变。

（3）颗粒沉到池底即认为已被去除，不再返回水流中。

去除率

$$E=\frac{U_i}{Q/A}$$

由式子可知：悬浮颗粒再理想沉淀池中的去除率只与沉淀池的表面负荷有关，而与其他因素如水深，池长，水平流速和沉淀时间均无关。

11. 影响平流沉淀池沉淀效果的主要因素有哪些？沉淀池纵向分格有何作用？

（1）沉淀池实际水流状况对沉淀效果的影响。（雷诺数 *Re* 和弗劳德数 *Fr*）

（2）凝聚作用的影响。

沉淀池纵向分格可以减小水力半径 *R* 从而降低 *Re* 和提高 *Fr* 数，有利于沉淀和加强水的稳定性，从而提高沉淀效果。

12. 设计平流沉淀池是根据沉淀时间、表面负荷还是水平流速?为什么？

设计平流沉淀池是根据表面负荷。因为根据 $E=\dfrac{U_i}{Q/A}$ 可知，悬浮颗粒在理想沉淀池中的去除率只与沉淀池的表面负荷有关，而与其他因素如水深、池长、水平流速和沉淀时间均无关。

13. 平流沉淀池进水为什么要采用穿孔隔墙？出水为什么往往采用出水支渠？

平路沉淀池进水采用穿孔隔墙的原因是使水流均匀地分布在整个进水截面上，并尽量减少扰动。增加出水堰的长度，采用出水支渠是为了使出水均匀流出,缓和出水区附近的流线过于集中，降低堰口的流量负荷。

14. 简要叙述书中所列四种澄清池的构造，工作原理和主要特点？

表 4.5　四种澄清池的构造、原理及特点

池型	主要构造	工作原理	主要特点
悬浮澄清池	气水分离器，澄清室，泥渣浓缩室等	加药后的原水经汽水分离（作用：分离空气，以免进入澄清池扰动泥渣层）从配水管进入澄清室，水自下而上通过泥渣层，水中杂质被泥渣层截留，清水从集水槽流出，泥渣进入浓缩室浓缩外运。	一般用于小型水厂，处理效果受水质，水量等变化影响大，上升流速较小。
脉冲澄清池	脉冲发生器，进水室，真空泵，进水管，稳流板	原水由进水管进入进水室，由于真空泵造成的真空使进水室水位上升，此为进水过程，当水位达到最高水位时，进气阀打开通入空气，进水室的水位迅速下降，此为澄清池放水过程。通过反复循环地进水和放水实现水的澄清。	澄清池的上升流速发生周期性的变化，处理效果受水量水质 水温影响较大，构造也较复杂。
机械搅拌澄清池	第一絮凝室，第二絮凝室，分离室	加药后的原水进入第一絮凝室和第二絮凝室内与高浓度的回流泥渣相接触，达到较好的絮凝效果，结成大而重的絮凝体，在分离室中进行分离。	泥渣的循环利用机械进行抽升
水力循环澄清池	第一絮凝室，第二絮凝室，泥渣浓缩室，分离室，喷嘴	原水从池底进入，先经喷嘴高速喷入喉管，在喉管下部喇叭口造成真空而吸入回流泥渣。原水和泥渣在喉管剧烈混合后被送入两絮凝室，从絮凝室出来的水进入分离室进行泥水分离。泥渣一部分进入浓缩室，一部分进行回流。	结构较简单，无须机械设备，但泥渣回流量难以控制，且因絮凝室容积较小，絮凝时间较短，处理效果较机械澄清池差

15. 说明沉淀有哪几种类型？各有何特点，并讨论各种类型的内在联系和区别，各适用在哪些场合？

根据悬浮物质的性质、浓度及絮凝性能，沉淀可分为4种类型。

自由沉淀：当悬浮物浓度不高时 在沉淀的过程中，颗粒之间互不碰撞，呈单颗粒状态，各自独立地完成沉淀过程。适用于沉砂池中的沉淀以及悬浮物浓度较低的污水在初次沉淀池中的沉淀过程。

絮凝沉淀：当悬浮物浓度约为50～500 mg/L时，在沉淀过程中，颗粒于颗粒之间可能互相碰撞产生絮凝作用，使颗粒的粒径与质量逐渐加大，沉淀速度不断加大。主要应用是活性污泥在二次沉淀池中的沉淀。

区域沉淀：当悬浮物浓度大于500 mg/L时，在沉淀过程中，相邻颗粒之间互相妨碍、干扰，沉速大的颗粒也无法超越沉速小的颗粒，各自保持相对位置不变，并在聚合力的作用下，颗粒群结合成一个整体向下沉淀。主要应用是二次沉淀池下部的沉淀过程及浓缩池开始阶段。

压缩沉淀：压缩、区域沉淀的继续，即形成压缩。颗粒间互相支承，上层颗粒在重力作用下，挤出下层颗粒的间隙水，使污泥得到浓缩。典型的例子是活性污泥在二次沉淀池的污泥斗中及浓缩池中的浓缩过程。

16. 如何衡量平流式沉淀的水力条件？在工程实践中为获得较好的水力条件，采用什么措施最为有效？

以雷诺数 Re 和弗劳德数 Fr 来衡量平流式沉淀池的水力条件。通常应降低 Re、提高 Fr。工程实践中为获得较好的水力条件，有效的措施是减少水力半径。池中采用纵向分格及斜板、斜管沉淀池。

五、计算题

1. 平流沉淀池设计流量为720 m^3/h。要求沉速等于和大于0.4 mm/s的颗粒全部去除。试按理想沉淀条件，求：

（1）所需沉淀池平面积为多少 m^2？

（2）沉速为0.1 mm/s的颗粒，可去除百分之几？

解：已知 $Q=720\ m^3/h=0.2\ m^3/s$；$u_0=0.4$ mm/s；$u_i=0.1$ mm/s。

①所需沉淀池平面积为

$$A/\mathrm{m}^2=\frac{Q}{u_0}=\frac{0.2}{0.4\times10^{-3}}=50$$

②沉速为0.1 mm/s的颗粒的去除率为

$$E=\frac{u_i}{u_0}=\frac{0.1}{0.4}=0.25$$

2. 原水泥砂沉降试验数据见表4.6。取样口在水面180 cm处。平流沉淀池设计流量为900 m^3/h，表面积为500 m^2，试按理想沉淀池条件，求该池可去除泥砂颗粒约百分之几？（C_0 表示泥砂初始浓度，C 表示取样浓度）。

表 4.6 原水泥砂沉降试验数据

取样时间/min	0	15	20	30	60	120	180
C/C_0	1	0.98	0.88	0.70	0.30	0.12	0.08

解：已知 h=180 cm；Q=900 m^3/h；A=500 m^2。

沉速计算见表 4.7。

表 4.7 沉速计算

取样时间/min	0	15	20	30	60	120	180
$u=h/t$/（cm・min^{-1}）	–	12	9	6	3	1.5	1

截留沉速 u_0/(cm·min^{-1})=$\dfrac{900\times100}{500\times60}$=3。

从图上查得 u_0=3cm/min 时，小于该沉速的颗粒组成部分等于 p_0=0.30。见图 4.7，相当于积分式 $\int_0^{P_0} u\,\mathrm{d}P$ 的面积为 0.506。因此得到总去除百分数为

$$P/\% = (1-0.30)+\frac{1}{3}(0.506)=86.9$$

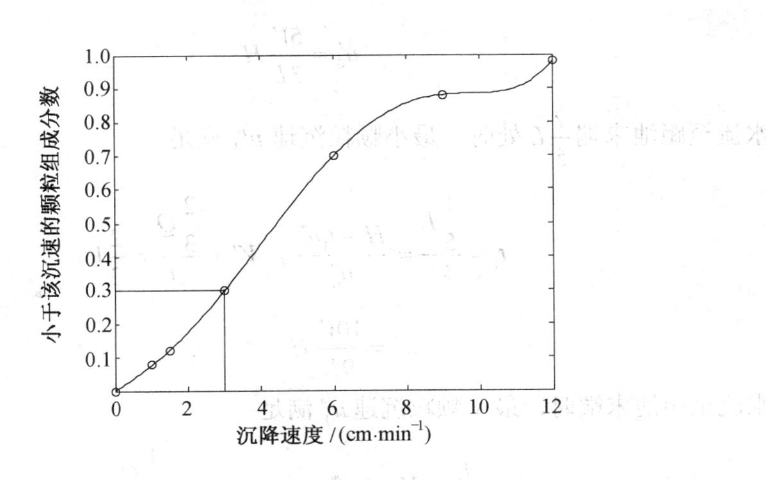

图 4.7 颗粒沉速示意图

3. 设初沉池为平流式，澄清部分高为 H，长为 L，进水量为 Q，试按理想沉淀理论对比：

①出水渠设在池末端。

②如图 4.8 所示，设三条出水渠时，两种情况下可完全分离掉的最小颗粒沉速 u_o。

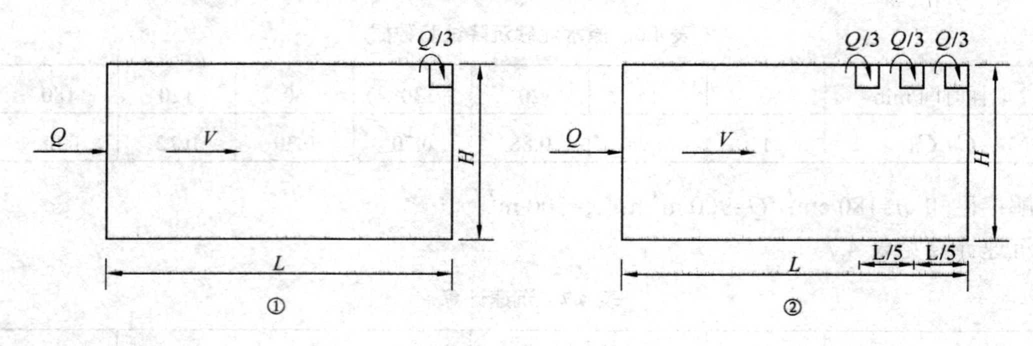

图 4.8 沉淀池示意图

解：（1）可完全分离掉的最小颗粒沉速 u_0 满足

$$\frac{L}{V}=\frac{H}{u_0}$$

得

$$u_0=\frac{V}{L}H$$

（2）当水流至距池末端 $\frac{2}{5}L$ 处时，最小颗粒沉速 u'_0 满足

$$t_1=\frac{\frac{3}{5}L}{V}=\frac{H}{u'_0}$$

得

$$u'_0=\frac{5V}{3L}H$$

当水流至距池末端 $\frac{2}{5}L$ 处时，最小颗粒沉速 u''_0 满足

$$t_1=\frac{\frac{1}{5}L}{V'}=\frac{H-t_1u''_0}{u''_0}，\quad V'=\frac{\frac{2}{3}Q}{A}=\frac{2}{3}V$$

得

$$u''=\frac{10V}{9L}H$$

当水流至距池末端时，最小颗粒沉速 u'''_0 满足

$$t_3=\frac{\frac{1}{5}L}{V''}=\frac{H-t_1u'''_0-t_2u'''_0}{u'''_0}，\quad V''=\frac{\frac{1}{3}Q}{A}=\frac{1}{3}V$$

得

$$u'''_0=\frac{2V}{3L}H$$

所以设三条出水渠时，可完全分离掉的最小颗粒沉速 u_0 为 $\frac{2V}{3L}H$，其值小于出水渠设在池末端时可完全分离掉的最小颗粒沉速 u_0。

4. 平流式沉淀池，水深 3.6 m，进水浊度 20 L，停留时间 T＝100 min，水质分析见表 4.8。

表 4.8 平流式沉淀池水质分析表

$v_i/(\mathrm{mm \cdot s^{-1}})$	0.05	0.10	0.35	0.55	0.6	0.75	0.82	1.0	1.2	1.3
$\geqslant v_i$ 所占颗粒%	100	94	80	62	55	46	33	21	10	3.9

求出水浊度。

解：沉降速度 $v/(\mathrm{mm \cdot s^{-1}})=\dfrac{3.6\times 1\,000}{100\times 60}=0.6$

去除率为

$$P/\%=\frac{0.55+[0.05(1-0.94)+0.10(0.94-0.80)+0.35(0.80-0.62)+0.55(0.62-0.55)]}{0.6}=74.4$$

出水浊度(mg/L)　　$20\times(1-74.4\%)=5.12$

第五节 过滤

一、选择题

1. [D]　2. [D]　3. [C]　4. [AD]　5. [A]　6. [C]　7. [D]
8. [A]　9. [B]　10. [A]　11. [B]　12. [D]　13. [D]　14. [C]
15. [A]　16. [B]　17. [A]　18. [D]　19. [A]　20. [C]　21. [A]
22. [A]　23. [B]　24. [C]　25. [C]　26. [D]　27. [B]　28. [A]
29. [A]　30. [B]　31. [B]　32. [C]　33. [D]

二、填空题

1.（固体颗粒）（悬浮物）

2.（无烟煤）（石英砂）

3.（无烟煤）（石英砂）（磁矿石）

4.（普通快滤池）

5.（越大）

6.（砂滤池）（煤滤池）（煤-砂滤池）（压力滤池）（重力滤池）（普通快滤池）、（虹吸滤池）（无阀滤池）

三、名词解释

1. 截留沉速：从沉淀池进水段 A 点开始下沉，所能全部去除的颗粒中的最小颗粒的沉速。

2. 反粒度过滤：滤料粒径循水流方向逐渐减小的过滤方式。

3. 滤层负水头：在过滤过程中，当滤层截留的大量杂质以致沙面以下某一深度处水头损失超过该处水深，就会出现负水头现象。

4. 滤层含污能力：当过滤周期结束，整个滤层单位体积滤料所截留的杂质量，以 $\mathrm{kg/m^3}$ 或 $\mathrm{g/cm^3}$ 计。

5. 滤料的反冲洗膨胀率：反冲洗时，滤层膨胀后所增加的厚度与膨胀前厚度之比，称为反冲洗膨胀率。$E=(L-L_0)/L_0$。

6. 滤料的不均匀系数：滤料的不均匀系数用 K_{80} 表示，$K_{80}=d_{80}/d_{10}$，其中 d_{80} 表示通过滤料质量 80%的筛孔孔径，d_{10} 表示通过滤料质量 10%的筛孔孔径。

7. 均质滤料：指整个滤层沿深度方向任一横断面上的滤料组成和平均粒径均匀一致。

8. 滤层的冲洗强度：以“cm/s”计的冲洗流速，换算成单位面积滤层所通过的冲洗流量，称为冲洗强度，以 $L/(s \cdot m^2)$计。$cm/s=10\ L/(s \cdot m^2)$。

9. 强制滤速：当一个或两个滤池停产检修时，其他滤池在超过正常负荷下的滤速。

10. 截污量：单位体积滤层中所截留的杂质量，以 kg/m^3 或 g/cm^3 计。

11. 虹吸滤池：一种以虹吸管代替进水和排水阀门的快滤池形式。滤池各格出水互相连通，反冲洗水由未进行冲洗的其余滤格的滤后水供给。过滤方式为等滤速、变水位运行。

12. 大阻力配水系统：指通过减小反冲洗进水管孔口面积达到增加配水系统水头损失，削弱承托层、滤料层阻力系数及配水系统压力不均匀的影响。

13. 均匀级配滤料（uniformly graded filtering media）：粒径比较均匀，不均匀系数（K_{80}）一般为 1.3～1.4，不超过 1.6 的滤料。

14. 无阀滤池（valveless filter）：一种不设阀门的快滤池形式。在运行过程中，出水水位保持恒定，进水水位则随滤层的水头损失增加而不断在虹吸管内上升，当水位上升到虹吸管管顶，并形成虹吸时，即自动开始滤层反冲洗，冲洗排泥水沿虹吸管排出池外。

15. 冲洗周期（过滤周期、滤池工作周期）（filter runs）：滤池冲洗完成开始运行到再次进行冲洗的整个间隔时间。

16. 反滤层（inverted layer）：在大口径或渗渠进水处铺设的粒径沿水流方向由细到粗的级配沙砾层。

17. 滤料有效粒径（d_{10}）（effective size of filtering media）：滤料经筛分后，小于总质量10%的滤料颗粒粒径。

18. 滤速（filtration rate）：单位过滤面积在单位时间内的滤过水量，一般以 m/h 为单位。

19. 表面扫洗（surface sweep washing）：V 型滤池反冲洗时，待滤水通过 V 型进水槽底配水孔在水面横向将冲洗含泥水扫向中央排水槽的一种辅助冲洗方式。

20. 承托层（graded gravel layer）：为防止滤料漏入配水系统，在配水系统与滤料层之间铺垫的粒状材料。

21. 表面冲洗（surface washing）：采用固定式或旋转式的水射流系统，对滤料表层进行冲洗的冲洗方式。

22. 初滤水（initial filtrated water）：在滤池反冲洗后，重新过滤的初始阶段滤后出水。

四、简答题

1. 滤料不均匀系数 K_{80} 越大，对滤料和反冲洗有何影响？

滤料不均匀系数 K_{80} 越大，对过滤和反冲洗有何影响。滤料不均匀系数 K_{80} 越大，表明粗细颗粒尺寸相差越大，滤料粒径越不均匀，对过滤和冲洗都不利。反冲洗时，为满足粗颗粒膨胀要求，细颗粒可能被冲出滤池；仅为满足细颗粒膨胀要求，粗颗粒得不到很好的冲洗。

2. 什么叫“等速过滤”和“变速过滤”？分析两种过滤方式的优缺点。

等速过滤：滤池进水水量保持不变，即滤速不变的过滤过程，称为等速过滤；变速过滤：滤速随时间而逐渐减小的过滤过程，称为变速过滤，也叫减速过滤。

相对于等速过滤，变速过滤的优点。变速过滤与等速过滤相比：在平均滤速相同时，变速过滤的滤后水质好；在过滤周期相同时，过滤水头损失小。因为过滤初期，滤速较大可使悬浮杂质深入下层滤料；过滤后期，滤速减小，可防止悬浮颗粒穿过过滤层。

与等速过滤相比，在平均滤速相同情况下，减速过滤的滤后水质较好，而且，在相同过滤周期内，过滤水头损失也较小。过滤初期，滤速较大可使悬浮杂质深入下层滤料；过滤后期滤速减小，可防止悬浮颗粒穿透滤层。等速过滤则不具备这种自然调节功能。

3. 什么是等速过滤？什么是变速过滤？为什么说等速过滤实质上是变速的，而变速过滤却接近等速？

等速过滤是指滤池过滤速度保持不变，亦即滤池流量保持不变。认为是变速是因为对于滤层孔隙内来说，水流速度是一个增速。

变速是指滤速随时间而逐渐减小的过滤。认为是等速是因为对于整个滤池的出水来说是不变的；其次，滤池组中，各个滤池处于过滤状态时，各个滤池的滤速不变。

4. 什么叫“负水头”？它对过滤和冲洗有何影响？如何避免滤层中“负水头”产生？

在过滤过程中，当滤层截留了大量的杂质以致砂面以下某一深度处的水头损失超过该处水深时，便出现负水头现象。

负水头会导致溶解于水中的气体释放出来而形成气囊。气囊对过滤有破坏作用，一是减少有效过滤面积，使过滤时的水头损失及滤层中孔隙流速增加，严重时会影响滤后水质；二是气囊会穿过滤层上升，有可能把部分细滤料或轻质滤料带出，破坏滤层结构。反冲洗时，气囊更易将滤料带出滤池。

避免出现负水头的方法是增加砂面上水深，或令滤池出口位置等于或高于滤层表面，虹吸滤池和无阀滤池所以不会出现负水头现象即是这个原因。

5. 简述 V 型滤池的主要特点。

V 型滤池进水槽呈 V 字形，滤速高，可达 7～20 m^3/h；采用单层加厚均质滤料；底部采用带长柄滤头的底板排水系统；反冲洗采用气冲+气冲、水冲+水冲方式；整个滤料层在深度方向上粒径分布基本均匀。

6. 双层和多层滤料混杂与否与哪些因素有关？滤料混杂对过滤有何影响？

主要决定于滤料的密度差，粒径差及滤料的粒径级配，滤料形状，水温及反冲洗强度等因素。

滤料混杂对过滤影响如何，有两种不同的观点：一种意见认为，滤料交界面上适度混杂，可避免交界面上积聚过多杂质而使水头损失增加较快，故适度混杂是有益的；另一种意见认为，滤料交界面不应有混杂现象。因为上层滤料起截留大量杂质作用，下层则起精滤作用，而界面分层清晰，起始水头损失将较小。实际上，滤料交界面不同程度的混杂是很难避免的。生产经验表明，滤料交界混杂厚度在一定时，对滤料有益无害。

7. 滤料承托层有何作用？

承托层作用，主要是防止滤料从配水系统中流失，同时对均布冲洗水也有一定作用。

为防止反冲洗时承托层移动，对滤料滤池常采用“粗-细-粗”的砾石分层方式。上层粗砾石用以防止中层细砾石在反冲洗过程中向上移动；中层细砾石用以防止砂滤料流失。下层粗砾石则用以支撑中层细砾石。具体粒径级配和厚度，应根据配水系统类型和滤料级配确定。对于一般的级配分层方式，承托层总厚度不一定增加，而是将每层厚度适当减小。

8. 气-水反冲洗有哪几种操作方式？各有什么优缺点？

操作方式有以下 3 种：

（1）先用空气反冲，然后再用水反冲。

（2）先用气-水同时反冲，然后再用水反冲。

（3）先用空气反冲，然后用气-水同时反冲，最后再用水反冲。

高速水流反冲虽然洗操作方便，池子和设备较简单，但是冲洗耗水量大，冲洗结束后，滤料上细下粗分层明显。采用气、水反冲洗方法既提高冲洗效果，又节省冲洗水量。同时，冲洗时滤层不一定需要膨胀或仅有轻微膨胀，冲洗结束后，滤层不产生或不明显产生上吸下粗分层现象，即保持原来滤层结构，从而提高滤层含污能力。

9. 小阻力配水系有哪些形式？选用时主要考虑哪些因素？

小阻力配水系的形式有：钢筋混凝土穿孔（或缝隙）滤板；穿孔滤砖；滤头。用时主要考虑的因素有：造价、配水均匀性、孔口易堵塞性、强度、耐腐蚀性.

10. 给水处理所选滤料符合要求是什么？

给水处理所选滤料符合要求：具有足够的机械强度、足够的化学稳定性、具有一定的颗粒级配和适当的孔隙率、就地取材货源充足价格低廉。

11. 什么叫“最小流态化冲洗流速”？当反冲洗流速小于最小流态化冲洗流速时，反冲洗时的滤层水头损失与反冲洗强度是否有关？

最小流态化冲洗流速是指反冲洗时滤料刚刚开始流态化的冲洗速度。当反冲洗流速小于最小流态化冲洗流速时，反冲洗时的滤层水头损失与反冲洗强度有关。

12. 简述滤池冲洗水的供给方式。

冲洗水泵和冲洗水塔。冲洗水泵投资少、操作麻烦、短时间内耗电量大；冲洗水塔投资大、操作简单、耗电均匀。

13. 简述大阻力配水系统和小阻力配水系统的优缺点。

大阻力系统的优点是配水均匀性好，但结构复杂、孔口水头损失大、动力消耗大、管道易结垢、增加检修困难；小阻力配水系统能够克服大阻力配水系统的缺点，但小阻力配水系统配水均匀性较大阻力配水系统差。因为，大阻力配水系统具有以巨大的孔口阻力加以控制的能力。

14. 冲洗水塔或冲洗水箱的高度和容积如何计算？

容积

$$V=0.09\,qFt$$

式中 V——水塔或水箱容积，m^3；F——单格滤池面积，m^2；t——冲洗历时，min。

水塔或水箱底高出滤池冲洗排水槽顶距离

$$H=h_1+h_2+h_3+h_4+h_5$$

式中 h_1——从水塔或水箱至滤池的管道中总水头损失，m；

h_2——滤池配水系统水头损失，m，$h_2=(q/10\,\alpha\mu)^2\,(1/2\,g)$；

h_3——承托层水头损失，m，$h_3=0.022\,qZ$；

q——反冲洗强度 L/（s·m^2）；

Z——承托层厚度，m；

h_4——滤料层水头损失，m；

h_5——备用水头，一般取 1.5～2.0 m。

15. 为什么粒径小于滤层中孔隙尺寸的杂质颗粒会被滤层拦截下来？

颗粒较小时，布朗运动较剧烈，然后会扩散至滤粒表面而被拦截下来。

16. 从滤层中杂质分布规律，分析改善快滤池的几种途径和滤池发展趋势。

双层滤料上层采用密度较小、粒径较大的轻质滤料，下层采用密度较大、粒径较小的重质滤料，双层滤料含污能力较单层滤料高一倍。在相同滤速下，过滤周期增长；在相同过滤周期下，滤速增长。

三层滤料上层采用密度较小、粒径较大的轻质滤料，中层采用中等密度、中等粒径滤料，下层采用密度较大、粒径较小的重质滤料，三层滤料不仅含污能力较高，而且保证了滤后的水质。

均质滤料是指沿整个滤层深度方向的任一横断面上，滤料组成和平均粒径均匀一致。这种均质滤料层的含污能力显然大于上细下粗的级配滤层。

17. 直接过滤有哪两种方式？采用原水直接过滤应注意哪些问题？

两种方式：（1）原水经加药后直接进入滤池过滤，滤前不设任何絮凝设备，这种过滤方式一般称“接触过滤”。（2）滤池前设一简易微絮凝池，原水加药混合后先经微絮凝池，形成粒径相近的微絮凝池后（粒径大致在 40～60 μm 左右）即刻进入滤池过滤，这种过滤方式称“微絮凝过滤”。

注意问题：（1）原水浊度和色度较低且水质变化较小。（2）通常采用双层、三层或均质材料，滤料粒径和厚度适当增大，否则滤层表面孔隙易被堵塞。（3）原水进入滤池前，无论是接触过滤或微絮凝过滤，均不应形成大的絮凝体以免很快堵塞滤层表面孔隙。（4）滤速应根据原水水质决定。

18. 清洁滤层水头损失与哪些因素有关？过滤过程中水头损失与过滤时间存在什么关系？可否用数学式表达？

因素：滤料粒径、形状、滤层级配和厚度及水温。 随着过滤时间的延长，滤层中截留的悬浮物量逐渐增多，滤层孔隙率逐渐减小，当滤速保持不变的情况下，将引起水头损失的增加。数学表达式：

$$H_0 = \sum h_0 = 180\frac{\nu}{g}\frac{(1-m_0)^2}{2}\left(\frac{1}{\varphi}\right)^2 l_0 v \times \sum_{i=1}^{n}\left(\frac{p_i}{d_i^2}\right)$$

19. 什么叫“等速过滤”和“变速过滤”？两者分别在什么情况下形成？分析两种过滤方式的优缺点并指出哪几种滤池属“等速过滤”。

当滤池过滤速度保持不变，即滤池流量保持不变时，称“等速过滤”。滤速随过滤时间而逐渐减小的过滤称“变速过滤”。

随着过滤时间的延长，滤层中截留的悬浮物量逐渐增多，滤层孔隙率逐渐减小，由公式可知道，当滤料粒径、形状、滤层级配和厚度以及水温已定时，如果孔隙率减小，则在水头损失保持不变的条件下，将引起滤速的减小；反之，当滤速保持不变的情况下，将引起水头损失的增加。这样就产生了等速过滤和变速过滤两种基本过滤方式。

虹吸滤池和无阀滤池即属等速过滤的滤池。

移动罩滤池属变速过滤的滤池，普通快滤池可以设计成变速过滤也可设计成等速过滤。

20. 什么叫滤料“有效粒径”和“不均匀系数”？不均匀系数过大对过滤和反冲洗有何影响？“均质滤料”的涵义是什么？

滤料的有效径粒是指通过滤料重量的筛孔孔径。不均匀系数表示滤料粒径级配。不均匀系数愈大，表示粗细尺寸相差愈大，颗粒愈不均匀。这对过滤和冲洗都很不利。因为不均匀系数较大时，过滤时滤层含污能力减小；反冲洗时，为满足粗颗粒膨胀要求，细颗粒可能被冲出滤池。若为满足细颗粒膨胀要求，粗颗粒将得不到很好清洗。如果径粒系数愈接近 1，滤料愈均匀，过滤和反冲洗效果愈好，但滤料价格提高。

21. 滤池反冲洗强度和滤层膨胀度之间关系如何?当滤层全部膨胀起来以后，反冲洗强度增大，水流通过滤层的水头损失是否同时增大?为什么?

当冲洗流速超过γ_{mf}以后，滤层中水头损失不变，但滤层膨胀起来，冲洗强度愈大，膨胀度愈大。

不会。因为当冲洗流速超过最小流态化冲洗流速γ_{mf}时，增大冲洗流速只是使滤层膨胀度增大，而水头损失保持不变。

22. 快滤池管廊布置有哪几种形式？各有何优缺点？

快滤池管廊布置有如下几种形式：

（1）进水、清水、冲洗水和排水渠，全部布置于管廊内，这样布置的优点是，渠道结构简单，施工方便，管渠集中紧凑。但管廊内管件较多，通行和检修不太方便；

（2）冲洗水和清水渠布置于管廊内，进水和排水以渠道形式布置于滤池另一侧，这种布置，可节省金属管件及阀门；管廊内管件简单；施工和检修方便；造价稍高；

（3）进水、冲洗水及清水管均采用金属管道，排水渠单独设置，这种布置，通常用于小水厂或滤池单行排列；

（4）对于较大型滤池，为节约阀门，可以虹吸管代替排水和进水支管，冲洗水管和清水管仍用阀门。

23. 滤池的冲洗排水槽设计应符合哪些要求，并说明理由。

为达到及时均匀地排出废水的目的，冲洗排水槽设计必须符合以下要求：

（1）冲洗废水应自由跌落入冲洗排水槽。槽内水面以上一般要有 7 cm 左右的保护高度以免槽内水面和滤池水面连成一片，使冲洗均匀性受到影响。

（2）冲洗排水槽内的废水，应自由跌落进入废水渠，以免废水渠干扰冲洗排水槽出流，引起壅水现象。

（3）每单位长的溢入流量应相等。

（4）冲洗排水槽在水平面上的总面积一般不大于滤池面积的 25%，以免冲洗时，槽与槽之间水流上升速度会过分增大，以致上升水流均匀性受到影响。

（5）槽与槽中心间距一般为 1.5～2.0 m。间距过大，从离开槽口最远一点和最近一点流入排水槽的流线相差过远，也会影响排水均匀性。

（6）冲洗排水槽高度要适当。槽口太高，废水排除不净；槽口太低，会使滤料流失。

24. 无阀滤池虹吸上升管中的水位变化是如何引起的？虹吸辅助管管口和出水堰口标高差表示什么？

虹吸辅助管中落水使上升管中水位上升，一直到达最高位；到达最高位后，下落水流伴随下降管的水流一起下落，导致真空度陡增，产生连续虹吸水流；水箱水位降至虹吸破坏口时，水位开始下降。

虹吸辅助管管口和出水堰口标高差表示终期允许水头损失值 H。

25. 无阀滤池反冲洗时，冲洗水箱内水位和排水水封井上堰口水位之差表示什么？若有地形可以利用，降低水封井堰口标高有何作用？

表示水头损失。无阀滤池虹吸上升管中的水位变化是由于随着过滤时间的延续，滤料层水头损失逐渐增加，虹吸上升管中水位相应逐渐升高。管内原存空气受到压缩，一部分空气将从虹吸下降管出口端穿过水封进入大气。当水位上升到虹吸辅助管的管口时，水从辅助管流下，依靠下降水流在管中形成的真空和水流的挟气作用，抽气管不断将虹吸管中空气抽出，使虹吸管中真空逐渐增大。虹吸辅助管管口和出水堰口标高差表示期终允许水头损失 H。

可增加可利用的冲洗水头，减小虹吸管径，节省建设费用

26. 为什么无阀滤池通常采用 2 格或 3 格滤池合用 1 个冲洗水箱？合用冲洗水箱的滤池格数过多对反冲洗有何影响？

合用一个冲洗水箱的滤池愈多，冲洗水箱深度愈小，滤池总高度得以降低。这样，不仅降低造价，也有利于与滤前处理的够筑物在高程上的衔接。

合用水箱滤池数过多时，将会造成不正常冲洗现象。冲洗行将结束时，虹吸破坏管刚露出水面，由于期于数格滤池不断向冲洗水箱大量工供水，管口很快又被水封，致使虹吸破坏不彻底，造成该格滤池时断时续地不停冲洗。

27. 进水管 U 形存水弯有何作用？

进水管设置 U 形存水弯的作用，是防止滤池冲洗时，空气通过进水管进入虹吸管从而破坏虹吸。当滤池反冲洗时，如果进水管停止进水，U 形存水弯即相当于一根测压管，存水弯中的水位将在虹吸管与进水管连接三通的标高以下。这说明此处有强烈的抽吸作用。如果不设 U 形存水弯，无论进水管停止进水或继续进水，都会将空气吸入虹吸管。

28. 虹吸管管径如何确定？设计中，为什么虹吸上升管管径一般要大于下降管管径？

按平均冲洗水头和计算流量即可求得虹吸管管径。管径一般采用试算法确定：即初步选定管径，算出总水头损失 Σh，当 Σh 接近 Ha 时，所选管径适合，否则重新计算。

29. 虹吸滤池分格数如何确定？虹吸滤池与普通快滤池相比有哪些主要的缺点？

$$q \leqslant n\,Q/F$$

式中 q——冲洗强度，L/（s·m^2）；

Q——每格滤池过滤流量，L/s；

F——单格滤池面积，m^2；

n——一组滤池分格数。

$$n \geqslant 3.6\,q/v$$

式中 v——滤速，m/h。

虹吸滤池的主要优点是：无须大量阀门及相应的开闭控制设备；无须冲洗水塔（箱）或冲洗水泵；出水堰顶高于滤料层，过滤时不会出现负水头现象。主要缺点是：由于滤池构造特点，池深比普通快滤池大，一般在 5 m 左右；冲洗强度受其余几格滤池的过滤水量影响，故冲洗效果不像普通快滤池那样稳定。

30. 设计和建造移动罩滤池，必须注意哪些关键问题？

冲洗罩移动、定位和密封是滤池正常运行的关键。移动速度、停车定位和定位后的密封时间等，均根据设计要求用程序控制或机点控制，密封可借弹性良好的橡皮翼板的贴阼作用或者能后升降的罩体本身的压实作用。设计中务求罩体定位准确、密封良好、控制设备安全可靠。

31. 简要地综合评述普通快滤池、无阀滤池、移动罩滤池、V 型滤池及压力滤池的主要优缺点和适用条件。

普通快滤池运转效果良好，首先是冲洗效果得到保证。使用任何规模水厂。主要缺点是管配件及阀门较多，操作较其他滤池稍复杂。

无阀滤池多用于中小型给水工程。优点是：节省大型阀门，造价较低；冲洗完全自动，因而操作管理较方便。缺点是：池体结构较复杂：滤料处于封闭结构中，装、卸困难；冲洗水箱位于滤池上部，出水标高较高，相应的抬高了滤前处理构筑物如沉淀池或澄清池的标高，从而给水厂处理构筑物的总体高程布置往往带来困难。

移动罩滤池适用于大、中型水厂。优点：池体结构简单；无须冲洗水箱或水塔；无大型阀门，管件少；采用泵吸式冲洗罩时，池深较浅。缺点：移动罩滤池比其他快滤池增加了机电及控制设备；自动控制和维修较复杂。

压力滤池常用于工业给水处理中，往往与离子交换器串联使用。其特点是：可省去清水泵站；运转管理较方便；可移动位置，临时性给水也很适用。但耗用钢材多，滤料的装卸不方便。

32. 从滤层中杂质分布规律，分析改善快滤池的几种途径和滤池发展趋势。

双层滤料上层采用密度较小、粒径较大的轻质滤料，下层采用密度较大、粒径较小的重质滤料，双层滤料含污能力较单层滤料高一倍。在相同滤速下，过滤周期增长；在相同过滤周期下，滤速增长。

三层滤料上层采用密度较小、粒径较大的轻质滤料，中层采用中等密度、中等粒径滤料，下层采用密度较大、粒径较小的重质滤料，三层滤料不仅含污能力较高，而且保证了滤后的水质。

均质滤料是指沿整个滤层深度方向的任一横断面上，滤料组成和平均粒径均匀一致。这种均质滤料层的含污能力显然大于上细下粗的级配滤层。

33. 为什么小水厂不宜采用移动罩滤池？它的主要优点和缺点是什么？

小水厂不能充分发挥冲洗罩使用效率,所以移动罩滤池适用于大、中型水厂。

优点：池体结构简单；无须冲洗水箱或水塔；无大型阀门，管件少；采用泵吸式冲洗罩时，池深较浅。

缺点：移动罩滤池比其他快滤池增加了机电及控制设备；自动控制和维修较复杂。

五、计算题

1. 一石英砂滤池，滤料ρ_s＝2.65 g/cm^2，m_0＝0.43，单独水反冲洗时测得每升砂水混合物中含砂重 1.007 kg，求膨胀度 e。

孔隙率的定义

$$m=\frac{1-G}{PV}=0.62$$

膨胀度

$$e=\frac{(m-m_0)}{(1-m)}=50\%$$

2. 某一组石英砂滤料滤池分 4 格，设计滤速 8 m/h，强制滤速 14 m/h，其中第一格滤池滤数为 6.2 m/h 时即进行反冲洗，这时其他滤池的滤速按反冲前滤速等比例增加，求第一格将要反冲时，其他滤池最大的滤速。

设反洗前滤速为：v_1，v_2，v_3，v_4；反洗时滤速为：v'_2，v'_3，v'_4；由于反洗前后滤速按反洗前滤速等比例增长得

$$\frac{v'_2}{v_2}=\frac{v'_3}{v_3}=\frac{v'_4}{v_4}$$

由合比定理得

$$\frac{v'_2}{v_2}=\frac{v'_3}{v_3}=\frac{v'_4}{v_4}=\frac{v'_2+v'_3+v'_4}{v_2+v_3+v_4}$$

而反洗时流量不变，即

$$\frac{v'_2+v'_3+v'_4}{v_2+v_3+v_4}=4\times\frac{8}{4\times 8-6.2}=1.24$$

故有

$$\frac{v'_\mathrm{i}}{v_\mathrm{i}}=1.24\Rightarrow v_\mathrm{i}=\frac{v'_\mathrm{i}}{1.24}=\frac{14}{1.24}=11.3$$

3.某天然海砂筛分结果见表 4.9。

表 4.9　筛分实验记录

筛孔/mm	留在筛上砂量		通过该号筛的砂量	
	质量/g	%	质量/g	%
2.36	0.8			
1.65	18.4			
1.00	40.6			
0.59	85.0			
0.25	43.4			
0.21	9.2			
筛盘底	2.6			
合计	200			

根据设计要求：d_{10}=0.54 mm，K_{80}=2.0。试问筛选滤料时，共需筛除百分之几天然砂粒（分析砂样 200 g）。

已知：砂粒球度系数ϕ=0.94；砂层孔隙率 m_0=0.4；砂层总厚度 l_0=70 cm；水温按 15 ℃

解：补填以上表格见表 4.10。

表 4.10　筛分实验记录表（数据）

筛孔/mm	留在筛上砂量		通过该号筛的砂量	
	质量/g	%	质量/g	%
2.36	0.8	0.4	199.2	99.6
1.65	18.4	9.2	180.8	90.4
1.00	40.6	20.3	140.2	70.1
0.59	85.0	42.5	55.2	27.6
0.25	43.4	21.7	11.8	5.9
0.21	9.2	4.6	2.6	1.3
筛盘底	2.6	1.3	–	–
合计	200	100.0		

由已知设计要求 d_{10}=0.54 mm　K_{80}=2.0，则 d_{80}=2×0.54=1.08。按此要求筛选滤料，方法如下：

自横坐标 0.54 mm 和 1.08 mm 两点，分别作垂线与筛分曲线相交。自两交点作平行线与右边纵坐标轴相交，并以此交点作为 10%和 80%，在 10%和 80%之间分成 7 等分，则每等分为 10%的砂量，以此向上下两端延伸，即得 0 和 100%之点，以此作为新坐标。再自新坐标原点和 100%作平行线与筛分曲线相交，在此两点以内即为所选滤料，余下部分应全部筛除。由图知，大粒径（d>1.52）颗粒约筛除 13.6% ，小粒径（d<0.43）颗粒约筛除 17.5% ，共筛除 31.1% 左右。

滤料筛分曲线如图 4.9 所示。

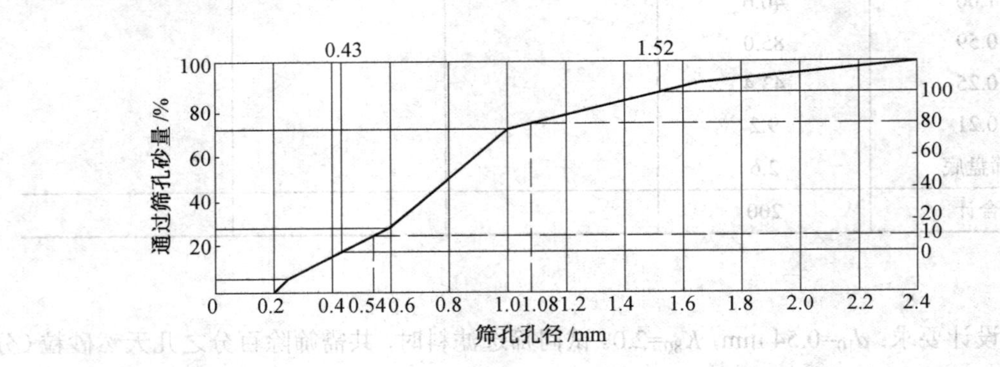

图 4.9　滤料筛分曲线

4. 设滤池尺寸为 5.4 m（长）×4 m（宽）。滤层厚 70 cm。冲洗强度 q＝14 L/(s·m^2)，滤层膨胀度 e＝40%。采用 3 条排水槽，槽长 4 m，中心距为 1.8 m。求：

（1）标准排水槽断面尺寸；

（2）排水槽顶距砂面高度；

（3）校核排水槽在水平面上总面积是否符合设计要求。

解：（1）每条排水槽的出口流量为

$$Q_1/(\mathrm{m^3 \cdot s^{-1}}) = \frac{qA}{n} = \frac{14 \times 5.4 \times 4}{3} = 100.8\ \mathrm{L/s} = 0.1008$$

利用式 17.38 计算排水槽断面模数

$$x\,/\,\mathrm{m}=0.45Q_1^{0.4}=0.45\times0.1008^{0.4}=0.180$$

按课本图 17.24 可计算标准排水槽的断面尺寸如下：

（2）利用式 17.37 计算槽顶距砂面的高度，其中冲洗排水槽低厚采用δ=0.05 m。

$$H\,/\,\mathrm{m}=eH_2+2.5x+\delta+0.07=0.4\times0.7+2.5\times0.18+0.05+0.07=0.85$$

（3）校核排水槽总面积：

排水槽总面积与滤池面积之比

$$\frac{3\times l\times2x}{F}=\frac{3\times4\times2\times0.18}{5.4\times4}=0.2<0.25$$

因此符合要求。

5. 滤池平面尺寸、冲洗强度及砂滤层厚度同上题，并已知：冲洗时间 6 min；承托层厚 0.45 m；大阻力配水系统开孔比α＝0.25%；滤料密度为 2.62 g/cm^3；滤层孔隙率为 0.4；冲洗水箱至滤池的管道中总水头损失按 0.6 计。求：

（1）冲洗水箱容积；

（2）冲洗水箱底至滤池排水冲洗槽高度。

解：（1）冲洗水箱容积按单个滤池冲洗水量的 1.5 倍计算，即

$$V=\frac{1.5\,qFt\times60}{1\,000}=0.09\,qFt$$

式中　F——单格滤池面积，m^2，F＝5.4×4＝21.6 m^2；

t——冲洗历时，min，t＝6 min；

q——冲洗强度，L/(s.m^2)，q＝14 L/(s.m^2)。

因此　$$V\,/\,\mathrm{m}^3=0.09\,\mathrm{qFt}=0.09\times14\times21.6\times6=163.3$$

（2）冲洗水箱底至滤池排水冲洗槽高度的计算式为

$$H_0=h_1+h_2+h_3+h_4+h_5$$

式中　h_1——从水塔或水箱至滤池的管道中总水头损失，m，h_1＝0.6 m；

h_2——滤池排水系统水头损失，m，对大阻力配水系统按孔口平均水头损失计算，即

$$h_2=\left(\frac{q}{10\alpha\mu}\right)^2\frac{1}{2g}$$

式中　α——开孔比，%，α＝0.25%；

μ——孔口流量系数，取 0.62。

因此　$$h_2\,/\,\mathrm{m}=\left(\frac{14}{10\times0.25\times0.62}\right)^2\frac{1}{2\times9.8}=0.04$$

式中　　h_3——承托层水头损失，m。

$$h_3=0.022\,qZ$$

式中　　Z——承托层厚度，为 0.45 m，因此

$$h_3=0.022\times14\times0.45=0.14$$

式中　　h_4——滤料层水头损失，m，用上式计算，即

$$h_4=\frac{\rho_s-\rho}{\rho}(1-m_0)L_0$$

式中　　ρ_s——滤料的密度，为 2.62 g/cm^3；

ρ——水的密度，为 1 g/cm^3；

m_0——滤层膨胀前孔隙率，为 0.4；

L_0——滤层厚度，为 0.7 m。

因此　　$$h_4/\text{m}=\frac{2.62-1}{1}(1-0.4)\times0.7=0.68$$

式中　　h_5——备用水头，一般取 1.5～2.0 m，这里取 2.0 m。

因此，所求高度为

$$H/\text{m}=0.6+0.04+0.14+0.68+2.0=3.48$$

六、推导分析题

1. 什么是大阻力配水系统？试推导穿孔管大阻力配水系统的设计依据

$$\left(\frac{f}{w_0}\right)^2+\left(\frac{f}{nw_a}\right)^2\leqslant0.29$$

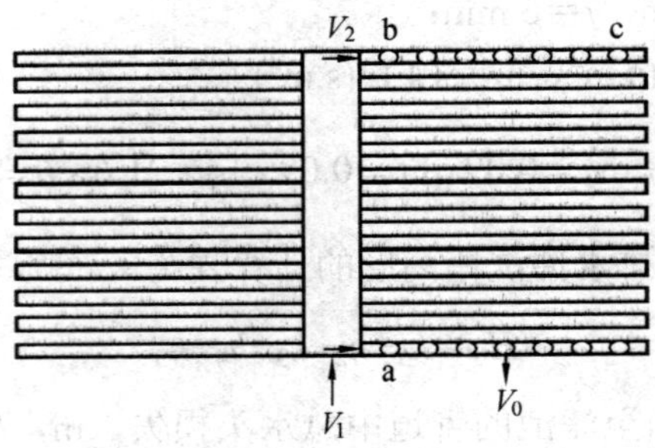

图 4.10　大阻力配水系统干管支管示意图

解：假定干管和支管沿程水头损失近为 0；各支管进水口局部水头损失近似相等。图示中孔口 a 与孔口 c 的出流量 Q_a、Q_c 的计算式为

$$Q_a=\mu\varpi\sqrt{2gH_a}$$

$$Q_c=\mu\varpi\sqrt{2gH_c}$$

$$\frac{Q_a}{Q_c}=\frac{\sqrt{H_a}}{\sqrt{H_a+\frac{1}{2g}(v_o^2+v_a^2)}}$$

上式说明，当孔口水头损失越大时，a 孔与 c 孔的出流量之比越接近于 1。

设配水系统配水均匀性要求在 95%以上时，即令 $Q_a/Q_c \geqslant 0.95$，则

$$\frac{\sqrt{H_a}}{\sqrt{H_a+\frac{1}{2g}(v_o^2+v_a^2)}} \geqslant 0.95$$

$$H_a \geqslant \frac{9}{2g}(v_o^2+v_a^2)$$

为了简化计算，假设每根支管的进口流量相同，v_0 和 v_a 可分别按下列两式进行计算，即

$$v_o=\frac{qF\times10^{-3}}{\varpi_O}$$

$$v_a=\frac{qF\times10^{-3}}{n\varpi_a}$$

为了简化计算，H_a 可以孔口平均水头损失计算，则 H_a 为

$$H_a=\left(\frac{qF\times10^{-3}}{\mu f}\right)^2\frac{1}{2g}$$

$$\left(\frac{qF\times10^{-3}}{\mu f}\right)^2\frac{1}{2g} \geqslant 9\times\frac{1}{2g}\left[\left(\frac{qF\times10^{-3}}{\varpi_O}\right)^2+\left(\frac{qF\times10^{-3}}{n\varpi_a}\right)^2\right]$$

将 μ=0.62 代入上式并整理得

$$\left(\frac{f}{w_0}\right)^2+\left(\frac{f}{nw_a}\right)^2 \leqslant 0.29$$

第六节 吸附

一、填空题

1.（物理吸附）（化学吸附）

2.（Freundlich 吸附等温式）（Langmuir 吸附等温式）

3.（热再生法）（生物再生法）（湿式氧化再生法）（溶剂萃取再生法）（电化学再生法）（微波辐射再生法）

4.（活性氧化铝）（焦炭）（磺化煤）

二、名词解释

1. 吸附：在两相界面上，物质的浓度自动发生累积或浓集的现象称为吸附，（固–液，固–气）在水处理中，主要利用固体物质表面对水中物质的吸附作用。

2. 吸附法：就是利用多孔性的固体物质，使水中的一种或多种物质被吸附在固体表面而去除的方法。

3. 吸附剂：具有吸附能力的多孔性固体物质称为吸附剂。

4. 吸附质：水中被吸附的物质则称为吸附质。

5. 粉末活性炭吸附（powdered activated carbon adsorption）：投加粉末活性炭，用以吸附溶解性物质和改善嗅、味的净水工序。

三、简答题

1. 什么是吸附等温线？它的物理意义和实用意义是什么？

吸附等温曲线是指在一定温度下溶质分子在两相界面上进行的吸附过程达到平衡时它们在两相中浓度之间的关系曲线。

判断吸附现象的本质,如属于分配（线性），还是吸附（非线性）；寻找吸附剂对特定吸附质的吸附容量；用于计算吸附剂的孔径、比表面等重要物理参数。

2. 什么是吸附平衡？

当吸附质的吸附速率=解吸速率（即 V 吸附=V 解吸），即在单位时间内吸附数量等于解吸的数量，则吸附质在溶液中的浓度 C 与在吸附剂表面上的浓度都不再变时，即达到吸附平衡，此时吸附质在溶液的浓度 C 叫平衡浓度。

3. 简述吸附等温式有哪些？

Langmuir 朗谬尔公式（单层吸附）；表示 I 型吸附等温线的有费兰德利希（Freundlich）经验公式（单层吸附）；表示 II 型吸附等温线的有 BET 公式（多层吸附公式）。

4. 简述吸附过程的 3 个阶段。

（1）外部扩散阶段:在吸附剂周围存在着一层固定的膜。吸 附质首先通过这个水膜才能到达吸附剂的表面，所以吸附速度与液膜扩散速度有关。

（2）颗粒内部扩散阶段。经水膜扩散到吸附剂表面的吸附质向细孔深处扩散。

（3）吸附反应阶段。吸附质被吸在细孔的内表面上。

吸附反应速度非常快，V 主要取决于第 1、2 阶段速度。

5. 简述影响活性炭吸附性能的因素主要有哪些？

活性炭的结构及特性；被吸附有机物的性质；水中有机物的浓度；温度和共存物质；接触时间；pH 值。

6. 简述水处理过程中，通常怎样选择粉末活性炭的投加点？说明原因。

选择粉末活性炭最适投加点的原则应是与混凝的相干降至最低程度、被絮凝体包裹的可能性小和有足够的炭水接触时间，一般也应根据具体情况通过试验确定。对于某一特定的水源水质，最佳粉末活性炭水处理工艺的确定，主要是通过试验模拟的手段，同时，该工艺的设计也主要是根据经验或参考类似水质水量的现有工艺。

四、问答题

1. 活性炭的表面化学性质有哪些？

活性炭是由形状扁平的石墨型微晶体构成；

微晶体边缘的碳原子，由于共价键不饱和而易与其他元素如氧、氢等结合形成各种含氧官能团，使活性炭具有一些极性；

目前对活性炭含有官能团（又称表面氧化物）的研究还不够充分，但已证实的有—OH 基、—COOH 基等。

2. 试从传质原理定性地说明影响吸附速度的因素。

吸附速度决定于吸附剂对吸附质的吸附过程。

第一阶段称为颗粒外部扩散阶段。在吸附剂颗粒周围存在着一层固定的溶剂薄膜。当溶液与吸附剂做相对运动时，这层溶剂薄膜不随溶液一同移动，吸附质首先通过这个薄膜可能到达吸附剂的外表面，所以吸附速度与液膜中扩散速度有关。吸附质首先要通过吸附剂颗粒周围存在的溶液薄膜才能到达吸附的表面。

第二阶段称为颗粒内部扩散阶段，经液膜扩散到达吸附剂表面的吸附质，向过度孔、细孔深处扩散。

第三阶段称为吸附、反应阶段，在此阶段，吸附质被吸附在细孔表面。

吸附速度与上述三个阶段进行的速度有关。因此吸附速度主要由液膜扩散速度和颗粒内部扩散速度来控制。

3. 活性炭吸附操作方式有哪些？

静态吸附：使废水与吸附剂搅拌混合，而废水没有自上而下流过吸附剂的流动，这种吸附操作叫静态吸附。

动态吸附：废水通过吸附剂自上向下流动而进行吸附。

4. 常见的活性炭吸附设备有哪些？

（1）固定床：吸附剂在床中是固定的，废水自上而下流过吸附剂。

单床式、多床串联式、多床并联式；

按水流方向又可分：升流式与降流式；

（2）移动床：接近饱和的吸附剂从塔底间歇排出，每次卸出总填充量的5%～20%，同时从塔顶投加等量再生炭或新炭。

（3）流化床：吸附剂在塔内处于膨胀流动状态。

第七节　氧化还原与消毒

一、选择题

1. [C]	2. [C]	3. [D]	4. [C]	5. [C]	6. [D]	7. [B]
8. [A]	9. [B]	10. [C]	11. [A]	12. [B]	13. [D]	14. [A]
15. [A]	16. [D]	17. [B]	18. [B]	19. [D]	20. [D]	

二、填空题

1.（自由性氯消毒）（化合性氯消毒）

2.（强化混凝）（粒状活性炭吸附）（膜过滤）

3.（三卤甲烷（THMs））（卤乙酸（HAAs））

4.（臭氧发生系统）（接触反应系统）（尾气处理系统）

5.（供热）

6.（氯气）（臭氧）（二氧化氯）

三、名词解释

1. 折点加氯：从折点加氯的曲线看，到达峰点 H 时，余氯最高，但这是化合性余氯而非自由性余氯，到达折点时，余氯最低。

2. 自由性氯：水中所含的氯以次氯酸存在时，称为自由性氯。

3. 化合性氯：水中所含的氯以氯胺存在时，称为化合性氯。

4. 需氯量：指用于灭活水中微生物、氧化有机物和还原性物质所消耗的加氯量。

5. 余氯量：指为了抑制水中残余病原微生物的再度繁殖，管网中尚需维持少量剩余氯。

6. 氯胺消毒法（chloramine disinfection）：氯和氨反应生成一氯胺和二氯胺以完成氧化和消毒的方法。

7. 臭氧尾气消除装置（off-gas ozone destructors）：通过一定的方法降低臭氧尾气中臭氧的含量，以达到既定排放浓度的装置。

8. 臭氧-生物活性炭处理（ozone-biological activated carbon process）：利用臭氧氧化和颗粒活性炭吸附及生物降解所组成的净水工艺。

9. 臭氧尾气（off-gas ozone）：自臭氧接触池顶部尾气管排出的含有少量臭氧（其中还含有大量空气或氧气）的气体。

10. 液氯消毒法（chlorine disinfection）：将液氯汽化后通过加氯机投入水中接触完成氧化和消毒的方法。

四、简答题

1. 制取 ClO_2 有哪几种方法？写出它们的化学反应式并简述 ClO_2 消毒原理和主要特点。

（1）主要的制取方法：

①用亚氯酸钠 $NaClO_2$ 和氯 Cl_2 制取，反应为

$$Cl_2+H_2O \rightarrow HOCl+HCl$$

$$HOCl+HCl+2\ NaClO_2 \rightarrow 2ClO_2+2NaCl+H_2O$$

总反应式

$$Cl_2+2\ NaClO_2 \rightarrow 2ClO_2+2NaCl$$

②用酸和亚氯酸钠 $NaClO_2$ 制取，反应为

$$5NaClO_2+4HCl4 \rightarrow ClO_2+2H_2O$$

$$10NaClO_2+5H_2SO_48 \rightarrow ClO_2+5Na_2SO_4+4H_2O$$

（2）消毒机理：它与微生物接触时，对细胞壁有较强的吸附力和穿透能力，可有效的氧化细胞内的酶以损伤细胞或抑制蛋白质的合成来破坏微生物。

（3）主要特点：

①物理和化学性质——易溶于水，室温下溶解度是 Cl_2 的 5 倍。在水中以水合分子的形式存在，不易发生水解作用，在酸性溶液中稳定，在碱性溶液中发生歧化反应。生成亚氯酸盐和氯酸盐，氧化能力是 Cl_2 的 2.63 倍，易爆炸。

②消毒特点——ClO_2 消毒是利用了其强氧化作用，它可降解农药和多芳香烃的难降解的物质，当 pH=9 时，可以很快地将水中的 S 和 P 氧化除去。当 pH=4～9 时，可将水中的有致癌作用的 THMs 氧化除去。消毒效果好，且不生成有机卤代物。

2. 用氯处理含氰废水时，为何要严格控制溶液的 pH 值？

一般用次氯酸钠处理含氰废水，氯气在水中溶解成氯化氢和次氯酸，次氯酸将氰化钠里的氰根氧化成无毒的 NaNCO，加碱的目的是保持次氯酸的生成,同时中和生成的氯化氢，在酸的条件下，氰化钠在水中生成氢氰酸,而这个氢氰酸才是真正的剧毒杀手。氢氰酸在水中的溶解度并不大，很容易挥发出来,所以保持处理过程中的碱性,是必要的。

3. 加氯点通常设置在什么位置？为什么？

加氯点通常设置的位置有：滤前投加，滤后投加和管网中途投加。

因为：（1）滤前投加，因为混凝剂投加时加氯，提高混凝效果。适用于当处理含腐殖质的高色度原水。

（2）滤后投加：因为将氯投在滤池出水口或清水池进口或滤池至清水池管线上，加氯量少，效果好。适用于原水水质较好。

（3）管网中途投加：一般在加压泵站。适用于城市管网延伸很长情况保证管网末梢的余氯。

4. 什么叫折点加氯？出现折点的原因是什么？折点加氯有何利弊？

水中有机物主要为氨和氮化物，其实际需氯量满足后，加氯量增加，余氯量增加，但是后者增长缓慢，一段时间后，加氯量增加，余氯量反而下降，此后加氯量增加，余氯量又上升，此折点后自由性余氯出现，继续加氯消毒效果最好，即折点加氯。

原因：当余氯为化合性氯时，发生反应，使氯胺被氧化为不起消毒作用的化合物，余氯会逐渐减小，但一段时间后，消耗氯的杂质消失，出现自由性余氯时，随加氯量增加，余氯又会上升。

利：当原水受严重污染，它能降低水的色度，去除恶臭，降低水中有机物含量，提高混凝效果。

弊：水中有机污染物与氯生成三卤甲烷，必须预处理或深度处理。

5. 生活饮用水标准中对余氯量是如何规定的？为什么要保持一定的余氯量？

生活饮用水标准中规定：游离性余氯与水接触 30 min 后应不低于 0.3 mg/L，在管网末梢水不应低于 0.05 mg/L。

因为（1）抑制水中残存细菌的再度繁殖。（2）管网作为预示再次受到污染的信号。

6. 试举出四种消毒方法。

氯气、臭氧、二氧化氯、紫外线消毒等。城市自来水中采用氯气消毒。

7. 简述自由性氯消毒原理。

自由性氯消毒是次氯酸 HOCl 起主要作用。次氯酸 HOCl 是中性分子，只有次氯酸才能扩散到带负电的细菌表面，并通过细菌的细胞壁穿透到细胞内部；当次氯酸 HOCl 到达细胞内部时，能起氧化作用破坏细胞的酶系统而使细菌死亡。

8. 当水中含有氨氮时，试述加氯量与余氯的关系。

四种关系：（1）加氯开始至满足水中起始需氯量阶段，加氯量=需氯量，加氯量满足起始需氯量至峰点阶段。（2）加氯量增加、余氯量增加，但余氯量增加的慢些。（3）峰点加氯至折点加氯阶段，加氯量增加，余氯量下降。（4）折点加氯以后，加氯量增加，余氯量上升。

9. 简述目前水的消毒方法主要。

氯消毒、二氧化氯消毒、氯胺消毒、漂白粉消毒、次氯酸钠消毒、臭氧消毒、紫外线消毒。

氯消毒优点是经济有效，使用方便。缺点是受污染水经氯消毒后往往产生一些有害健康的副产物，例如三氯甲烷。

ClO_2 对细菌、病毒等有很强的灭活能力。ClO_2 的最大优点是不会与水中有机物作用生成三氯甲烷。ClO_2 消毒还有以下优点：消毒能力比氯强，故在相同条件下，投加量比 Cl_2 少；ClO_2 余量能在管网中保持很长时间。消毒效果受水的 pH 值影响极小。作为氧化剂，ClO_2 能有效地去除或降低水的色、嗅及铁、锰、酚等物质。它与酚起氧化反应，不会生成氯酚。缺点是：ClO_2 本身和 ClO^{2-} 对人体红细胞有损坏，有报道认为，还对人的神经系统及生殖系统有损害。

氯胺消毒的优点是：当水中含有有机物和酚时，氯胺消毒不会产生氯臭和氯酚臭，同时大大减少 THMs 产生的可能；能保持水中余氯较久，适用与供水管网较长的情况。缺点是：杀菌力弱。

次氯酸钠消毒优点是：用海水或浓盐水作为原料，产生次氯酸钠，可以现场配置，就地投加，适用方便，投量容易控制。缺点是需要有次氯酸钠发生器与投加设备。

臭氧消毒优点：不会产生三卤甲烷等副产物，其杀菌和氧化能力均比氯强。缺点是：中间产物可能存在毒性物质或致突变物。

10. 什么叫自由性氯？什么叫化合性氯？两者消毒效果有何区别？简述两者消毒原理。

水中所含的氯以氯胺存在时，称为化合性氯。自由性氯的消毒效能比化合性氯高得多。

11. 水的 pH 值对氯消毒作用有何影响？为什么？

pH 值越低消毒作用越强。氯消毒作用的机理，主要通过次氯酸 HOCl 起作用。OCl^- 杀菌能力比 HOCl 差得多。pH 值高时 OCl^- 较多。当 pH 大于 9 时，OCl^- 接近 100%；pH 值低时，HOCl 较多，当 pH＜6 时，HOCl 接近 100%。

12. 什么叫余氯？余氯的作用是什么？

为了抑制水中残余病原微生物的再度繁殖，管网中尚需维持的那部分剩余氯，称为余氯。作用是为了防止水中残余病原微生物再度的繁殖。

13. 用什么方法制取 O_3 和 NaOCl?简述其消毒原理和优缺点.

O_3：在现场用空气或纯氧通过臭氧发生器高压放电产生的。臭氧所氧化作用分直接作用和间接作用两种。间接作用是指臭氧在水中可分解产生二级氧化剂–氢氧自由基·OH（表示OH 带有一未配对电子,故指活性大）。·OH 是一种非选择性的强氧化剂，可以使许多有机物彻底降解矿化，且反应速度很快。有关专家认为，水中 OH 及某些有机物是臭氧分解的引发剂或促进剂，臭氧消毒机理实际上仍然是氧化作用。臭氧化可迅速杀灭细菌、病菌等。

优点：不会产生三卤甲烷等副产物，其杀菌和氧化能力比氯强。

缺点：水中有机物经臭氧化后，有可能将大分子有机物分解成分子较小的中间产物，而在这些中间产物中，可能存在毒性物质或致突变物。

NaOCl：次氯酸钠是用发生器的钛阳极电解食盐水而制得，即

$$NaCl + H_2O \rightarrow NaOCl + H_2$$

次氯酸钠消毒作用仍依靠 HOCl。次氯酸钠在水中存在如下反应：$NaOCl + H_2O \rightarrow HOCl + NaOH$ 产生的次氯酸具有消毒作用。

优点：用食盐作为原料，采用次氯酸钠发生器现场制取，就地投加，使用方便；

缺点：不宜贮运，易分解。

14. 什么叫自由性氯？什么叫化合性氯？两者消毒效果有何区别？简述两者消毒原理。

以次氯酸，次氯酸盐离子和溶解的单质氯形式存在的氯为自由性氯；以氯胺和有机氯胺形式存在的总氯的一部分为化合性氯；前者机理主要是次氯酸起作用，它为中性分子，能扩散到带负电的细菌表面，并通过细胞的细胞壁穿透到细胞内部，起到氧化作用破坏细胞的酶系统而杀死细胞，消毒特点：经济有效，有后续消毒效果，技术成熟；有消毒副产物；后者使微生物的酶被氧化失效，破坏微生物正常的新陈代谢，从而使微生物死亡，特点是：当水中存在有机物和苯酚时，氯胺消毒不会产生氯臭和氯酚臭，且大大减少 THMs 的生成，能较长时间保持水中余氯。但是，消毒作用缓慢。杀菌能力差。

15. 水的 pH 值对氯消毒作用有何影响？为什么？

氯消毒作用的机理，主要是通过次氯酸 HOCl 起作用，即

$$Cl_2+H_2O \rightleftharpoons HOCl+HCl$$

$$HOCl \rightleftharpoons H^++OCl^-$$

因为起消毒作用的是 HOCl，而 pH 值 HOCl 与 OCl^-的相对比例取决于温度和 pH 值。pH 值较高时，OCl^-居多，pH＞9 时，OCl^-接近 100%；pH 值较低时，HOCl 较多，当 pH＜6 时，HOCl 接近 100%，当 pH=7.54 时，HOCl 与 OCl^-的量相当。所以，要保持好的消毒效炅，需要调整 pH 值。

五、计算和分析题

1. OCl^-离子占自由氯的百分比，其中 pH 值为 8。氯气溶解后电离，$HClO=H^+ + ClO^-$ $K=[H+][ClO^-]/[HClO]$，$k=2.6\times10^{-8}$，pH=8，问 ClO^-占自由氯的含量。

pH=8

$[H^+]=1\times10^{-8}$

$k=2.6\times10^{-8}$

$x=[ClO^-]/[HClO]=2.6$

ClO^-占自由氯的含量为

$[ClO^-]/\{[HClO]+[ClO^-]\}$

分子分母除以[HClO]

就是 2.6/(2.6+1)=72 %

2. 试绘出折点氯化曲线，并说明每一区域氯的主要形态和消毒特点。

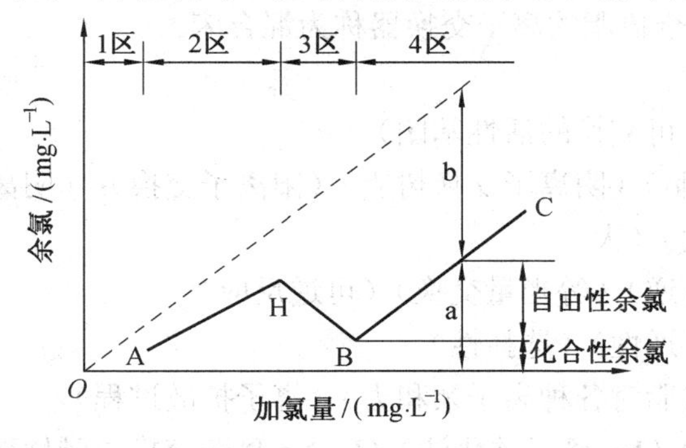

图 4.11　折点加氯

第一区：水中杂质耗尽氯，余氯量为零。

第二区：氯与氨反应，有化合性余氯存在（主要是 NH_2Cl），故有一定消毒效果。

第三区：继续产生化合性余氯，并且随着加氯量增加，发生下列反应：

$$2NH_2Cl+HOCl \rightarrow N_2\uparrow+3HCl+H_2O$$

余氯量反而减少，最后到达 B 点。

第四区：水中已没有消耗氯的物质，出现自由性余氯，此段效果最好。

第八节　离子交换

一、名词解释

1. 离子交换：离子交换是一类特殊的固体吸附过程，能够从电解质溶液中吸取某种阳离子或阴离子，而把本身所含另外一种带相同电荷的离子等当量交换下来释放到水中。

2. 交联度：交联剂在离子树脂内的百分含量，用 DVB 表示。

3. 粒度：表示离子交换树脂的粒径范围和不均匀程度的指标。

4. 湿真密度：指单位湿体积（不包括树脂间的空隙）湿态离子交换树脂的质量（g/mL）。

5. 湿视密度：指单位视体积湿态离子交换树脂的质量（g/mL）。

6. 总交换容量：是指单位质量或体积树脂内的交换基团总量或可交换离子的总数量。可分为质量交换容量，单位为 mg 当量/g（干树脂），和体积交换容量单位为 meq/L（湿树脂）。

7. 工作交换容量：指在一定工作条件下树脂所具有的实际交换容量。

8. 平衡交换容量：将离子交换树脂完成再生后，求出它和一定组成的水溶液作用到平衡状态时的交换容量，此指标表示在某种给定溶液中，离子交换树脂的最大交换容量。

9. 离子交换平衡：是在一定温度下，经过一定时间，离子交换体系中固态的树脂相和溶液相之间的离子交换反应达到的平衡。

10. 树脂饱和程度：在水的软化处理中，树脂饱和度指单位体积树脂所吸附的钙、美离子含量与其全交换容量之比。以百分比表示。

11. 复床：指阳、阴离子交换器串联使用以达到水的除盐的目的。

12. 混合床：阴、阳离子交换树脂装填在同一个交换器内，再生时使之分层，使用时向将其均匀混合。这种混合树脂的离子交换器称为混合床。

二、填空题

1.（高分子骨架）（可交换的活性基团）

2.（阳离子交换树脂）（阴离子交换树脂）（阳离子交换）；（阴离子交换）

3.（选择性）（越大）（大）

4.（当量定律）（可逆）（等当量交换）（可逆反应）

5.（等当量性）（可逆性）（选择性）

6.（离子浓度）（树脂对各种离子亲和力）（离子扩散过程）

7.（H 离子软化法）（Na 离子软化法）（H-Na 离子交换脱碱软化法）

8.（原水水质）（要求处理后的水质）

9.（强酸阳床）（除 CO_2 器）（强碱阴床）

10.（阴、阳树脂湿真比重的差异）。

三、简答题

1. 离子交换树脂的物理性质都有哪些？

粒度；密度（湿真密度、湿视密度）；含水率；溶胀性；机械强度；热稳定性。

2. 影响离子交换选择性的主要因素有哪些？

①活性基团中的固定离子对可交换活动离子的亲和力是离子交换选择性的重要因素，由于静电作用的影响，离子交换剂优先吸附具有较高电荷的反离子，即原子价越高的阳离子，亲和力越强。

②对同价离子（碱金属或碱土金属），交换亲和力随原子序数增大而优先被吸附，这是由于原子序数越大，则水和离子半径越小，活动性越强，其亲和力也就越大。相反，水合离子体积大者，交换亲和力越小。

一般化合价越大的离子被交换能力越强，同价离子中优先交换原子序数大的离子。

强酸性阳离子交换树脂：$Fe^{3+}>Al^{3+}>Ca^{2+}>Mg^{2+}>K^{+}>NH_4^{+}>Na^{+}>H^{+}>Li^{+}$

弱酸性阳离子交换树脂：$H^{+}>Fe^{3+}>Al^{3+}>Ca^{2+}>Mg^{2+}>K^{+}>NH_4^{+}>Na^{+}>Li^{+}$

强碱性阴离子交换树脂：$SO_4^{2-}>NO_3^{-}>Cl^{-}>OH^{-}>F^{-}>HCO_3^{-}>HSiO_3^{-}$

弱碱性阴离子交换树脂：$OH^{-}>SO_4^{2-}>NO_3^{-}>Cl^{-}>F^{-}>HCO_3^{-}>HSiO_3^{-}$

3. 离子交换反应由膜扩散控制还是由孔道扩散控制，其主要区别有哪些？

①溶液浓度：浓度梯度是膜扩散的推动力，其浓度的大小是影响扩散过程的主要因素，当水中离子浓度〉0.1 M 时，离子的膜扩散速度很快，此时孔道扩散即为控制步骤；树脂再生通常就属于这种情况；当水中离子浓度＜0.003 M 时，离子的膜扩散速度变得比较慢，为膜扩散所控制，水的软化过程即为此种情况。

②流速：膜扩散过程与流速有关，这是因为边界水膜的厚度与流速成反比的缘故（流速大，边界水膜小，交换速度提高，膜扩散加快），而孔道扩散过程基本上不受流速变化的影响。

③树脂半径：对于膜扩散，离子交换速度与颗粒半径的一次方成反比；而对于孔道扩散，离子交换速度与颗粒半径的平方成反比。

④交联度：交联度对于离子交换速度的影响，对于孔道扩散比起膜扩散更为显著。后者的影响仅限于，增加交联度使溶胀减小并导致颗粒外表面积的减小。而交联度对于孔道扩散过程的影响主要反映扩散系数的显著改变。

4. 简述顺流再生固定床的特点。

①优点：构造简单、运转方便。

②缺点：（1）在通常条件下，虽然再生剂单位耗量已二三倍于理论值，但再生效果仍不理想。（2）树脂上部再生程度高，而越是下部，再生效果越差。（3）在软化工作期间，出水剩余硬度较高。（4）在软化后期，由于树脂下半部原先再生不好，交换能力低，难以吸附原水中所有钙镁离子，出水剩余硬度提前超标，导致交换器过早失效，降低了工作效率。因此，顺流再生固定床只适用于设备出力小、原水硬度或含盐量较低的场合。

5. 与顺流再生比较，逆流再生具有哪些优点。

①再生剂单位耗量可降低 20%以上。

②出水质量显著提高。

③原水水质适用范围大为扩大，对于含盐量较大，硬度较高的水，仍能保证出水水质。

④再生液中再生剂浓度明显降低，一般不超过 1%。

⑤树脂工作交换容量有所提高。

6. 简述弱酸树脂的特性。

①树脂主要与水中碳酸盐硬度起交换反应。

②弱酸树脂对于水中非碳酸盐硬度以及钠盐一类的中性盐基本上不起反应。

③树脂的再生剂用量近于理论值，即等当量再生。

④弱酸树脂单体结合的活性基团多，所以交换容量大。

⑤弱酸树脂的适用范围，适用于去除水中碳酸盐硬度。

7. 简述大孔型离子交换树脂。大孔型的特点：

①孔道大而多，因而比表面积大，交换速度快。

②稳定性高，抗有机污染能力强。

③但成本高，单位体积交换容量稍低。

④再生剂用量偏大等不足之处。

8. 强碱阴床设置在强酸阳床之后的原因有哪些？

①若进水先通过阴床，容易生成 Ca_2CO_3，$Mg(OH)_2$ 沉积在树脂层内，使强碱树脂交换容量降低。

②阴床在酸性介质中易于交换，若进水先经过阴床，更不利于去除硅酸。因为强碱树脂对硅酸盐的吸附要比对硅酸的吸附差得多。

③强酸树脂抗有机物污染的能力胜过强碱树脂。

④若原水先通过阴床，本应由除 CO_2 器去除的 H_2CO_3，都要由阴床承担，从而增加了再生剂耗量。

9. 什么是阴离子双层床？简述双层床的优点。

阴离子交换双层床即在同一交换器内装有弱碱性和强碱型两种阳离子交换树脂。

优点：

①工作交换容量比强碱单床有显著提高，出水量也相应增加。

②盐耗显著降低，废碱量亦大为降低。

③对原水含盐量的适用范围比强碱单床与所扩大。

④碱比耗较低 1.1，对强碱则为理论值的 3～4 倍。如伴以加热再生。结果是：出水水质提高，硅含量减少。

⑤阴双层床对于工业低质液碱再生的适应性较强。

10. 简述树脂污染后的复苏处理。

阳树脂：无机物污染——用盐酸酸洗处理；

有机物污染——5%NaOH 溶液处理，提高再生液温度。

阴树脂：硅污染——用过量的碱再生液（约 40 ℃）进行再生；

铁铝污染——用 10%～15% HCl 溶液浸泡 12 h；

有机物污染——用碱性氯化钠混合复苏液（4%NaOH+10%NaCl）进行处理。

四、计算题

1. 现有试验用强酸干树脂 1 000 g，湿水溶胀后称重为 1 961 g，如果不记干树脂内部孔隙体积，则湿水溶胀后树脂颗粒本身体积增加多少？溶胀后树脂的含水率是多少？

解：取 1 L 水重 1 000 g，则溶胀后树脂颗粒本身体积增加

$$w/\mathrm{L}=\frac{(1961-1\,000)\ \mathrm{g}}{1\,000\ \mathrm{g}/\mathrm{L}}=0.961$$

干树脂湿水溶胀后的含水率是

$$\varphi/\%=\frac{1961-1\,000}{1961}=49$$

2. 测定苯乙烯系强酸树脂交换层中树脂湿视密度约为 1.3 g/mL，湿视密度为 0.75 g/mL，求该树脂交换层的孔隙率为多少？

解：假设该强酸湿树脂本身所占体积为 V_1，湿树脂堆积体积 V_2，则有

$$1.3\ V_1=0.75\ V_2$$

解得

$$V_1=0.576\ 9\ V_2$$

$$\text{湿树脂孔隙率/\%}=\frac{V_2-V_1}{V_2}\times 100=(1-0.576\ 9)\times 100=42.31$$

五、论述题

1. pH 值对离子交换树脂有哪些影响？

pH 值范围与树脂内活性基团的解离常数有关。

由于树脂活性基团分为强酸、弱酸、强碱和弱碱，水的 pH 值势必对它们的交换容量产生影响。强酸、强碱树脂的活性基团电离能力强，其交换容量基本与 pH 值无关。弱酸树脂在水中 pH 值低时不电离或只部分电离，因而只能在碱性溶液中，才含有较高的交换能力。弱碱性树脂相反，在 pH 值高时不电离或只部分电离。只是在酸性溶液中才含有较高的交换能力。因此各种类型树脂的使用有效 pH 值范围。

第九节　膜滤技术

一、名词解释

1. 膜滤过程：又称为膜分离过程，以选择透过性的分离膜为分离介质，在外界能量或化学位差的推动下，使原料侧组分选择透过膜，从而达到分离、提纯、浓缩的目的。

2. 截留率：透水流量与原水流量的比值。

3. 渗透通量：单位时间通过单位面积膜的渗透物的流量。$J=V/At$（K）（$L/m^2 \cdot h$）

4. 通量衰减系数：膜通量衰减程度。膜的渗透通量由于过程的浓差极化、膜的压密性及膜孔堵塞等原因将随时间延长而减少，用膜通量衰减系数表示。

5. 污泥密度指数：SDI，是衡量反渗透进水中胶体（颗粒物）潜在污染性的重要指标。确定反渗透系统进水水质的综合指标采用污泥密度指数 SDI。SDI 的测定方法是用有效直径 42.7 mm、平均孔径 0.45/μm 的微孔滤膜，在 0.2 MPa 的压力下，测定最初 500 mL 的进料液的滤过时间‰在加压 15 min 后，再次测定 500 mL 的进料液的滤过时间 t_2。那么 SDI 值可以利用下式计算：$\mathrm{SDI}=\frac{1-t_1}{t_2}\times\frac{100}{15}$。

6. 错流过滤：进水/浓缩液的流动方向和渗透方向相垂直，和膜面平行。

7. 死端过滤：待处理的水在压力的作用下全部透过膜，水中的微粒被膜截留。

8. 反渗透：将两种不同浓度的溶液分别置于选择性透过膜的两侧，在浓溶液一侧加上比渗透压高的压力，使浓溶液一侧 的溶剂向水一侧迁移，称之为反渗透。

9. 电渗析：是膜分离技术的一种，它是在直流电场作用下，以电位差为推动力，利用离子交换膜的选择透过性，把电解质从溶液中分离出来，从而实现溶液的淡化、浓缩或纯化的目的。

10. 浓差极化：在膜分离过程中，一部分溶质被截留，在膜表面及靠近膜表面区域的浓度越来越高，造成从膜表面到本体溶液之间产生浓度梯度，这一现象称为“浓差极化”。

11. MBR：膜生物反应器（Membrane Bio-Reactor）的简称，是一种将膜分离技术与生物技术有机结合的新型水处理技术。

12. 膜对：由 1 张阳离子交换膜、1 张淡水隔板，1 张阴离子交换膜、1 张浓水隔板按一定顺序组成的最小脱盐单元。

13. 膜堆：若干模对的集合体。

14. 极限电流密度：单位面积膜通过的电流称为电流密度 i，单位为 mA/cm^2。

二、填空题

1.（内压式）（外压式）

2.（电渗析）（反渗透）（纳滤）（超滤）（微滤）（渗析）

3.（终端过滤）（错流过滤）

4.（膜两侧的浓度差）（理想半透膜）

5.（板框式）（管式）（卷式）（中空纤维式）

6.（级）（段）

7.（压板）（电极托板）（电极）（极框）（阴膜）（阳膜）（浓水隔板）（淡水隔板）

三、简答题

1. 简述膜组件的分类及其优缺点？

表 4.11　膜组件的分类及特点

类型	优点	缺点	使用情况
螺旋卷式	膜填充密度大，结构紧凑，可使用强度好的平板膜制作，价格低廉	制作工艺技术复杂，密封较困难，易堵塞，不易清洗	适用于大容量规模。已商业化
中空纤维式	膜填充密度大，不需要外加支撑材料，浓差极化可忽略，价格低廉	制作工艺技术复杂，易堵塞，不易清洗	适用于大容量规模，已商业化
板框式	结构紧凑、简单、牢固、能承受高压，可使用强度较高的平板膜，性能稳定，工艺简单	装置成本高，流动状态不良，浓差极化严重，易堵塞，膜的装填密度小	适用于小容量规模，高污染和黏度大的液体，已商业化
管式	易清洗和更换，水流动态好，压力损失较小，耐较高压力，能处理含有悬浮物等易堵塞流水通道的溶液体系	装置成本高，管口密封较困难	适用于中小容量规模，高污染和黏度大的液体

2. 影响反渗透运行的参数主要有哪些？

（1）压力：压力是反渗透脱盐的推动力。研究表明，给水压力升高膜的水通量增大，盐透过量不变，脱盐率提高。当压力超过一定限度时会造成膜的老化，膜的变形加剧，透水能力下降。

（2）温度：在其他运行参数不变时，温度增加，产品水通量和盐透过量均增加。水通量的增加与水的黏度系数的降低成比例关系，一般温度每增加 1 ℃，产水量增加 1.5%～3%。

反渗透膜的进水温度底限为 5～8 ℃，此时的渗滤速率很慢。当温度从 11 ℃升至 25 ℃时，产水量提高 50%。但当温度高于 30 ℃时，大多数膜变得不稳定，加速水解的速度。一般醋酸纤维膜运行与保管的最高温度为 35 ℃，宜控制在 25～35 ℃之间。

（3）回收率：与进水水质有关。回收率过高在浓水侧容易产生浓差极化，在运行中应予以注意。

（4）进水含盐量：对同一系统来说，给水含盐量不同，其运行压力和产品水电导率也有差别，给水含盐量每增加 10×10^{-9} mg/L，进水压力需增加约 0.007 MPa，同时由于浓度的增加，产品水电导率也相应地增加。

（5）pH 值：碳酸盐垢及膜水解均与 pH 值有关 。一般芳香聚酰胺膜要求 pH 值在 2～11 之间，运行时 pH 值的控制，应以不生成 $CaCO_3$ 垢和膜水解稳定性好为依据。对于醋酸纤维膜运行时，水以偏酸性为宜，pH 值一般控制在 4～7 之间，在此范围外加速膜的水解与老化。目前认为 pH 值在 5～6 之间最佳。膜的水解不仅会引起产水量的减少，而且会造成膜对盐去除能力的持续性降低，直至膜损坏为止。

3. 简述反渗透膜的脱盐机理。

氢键理论

优先吸附毛细管理论

溶解扩散理论

4. 简述 MBR 系统的特点。

优点：（1）高效的固液分离，出水水质优质稳定。（2）剩余污泥产量少。（3）占地面积小，无须二沉池，工艺设备集中。（4）可去除氨氮及难降解有机物。（5）克服了传统活性污泥法易发生污泥膨胀的弊端。（6）操作管理方便，易于实现自动控制。

缺点：（1）投资大：膜组件的造价高，导致工程的投资比常规处理方法增加约 30%～50%。（2）能耗高：泥水分离的膜驱动压力；高强度曝气；为减轻膜污染需增大流速。（3）膜污染清洗。（4）膜的寿命及更换，导致运行成本高。膜组件一般使用寿命在 5 年左右，到期需更换。

5. 简述电渗析的基本原理？

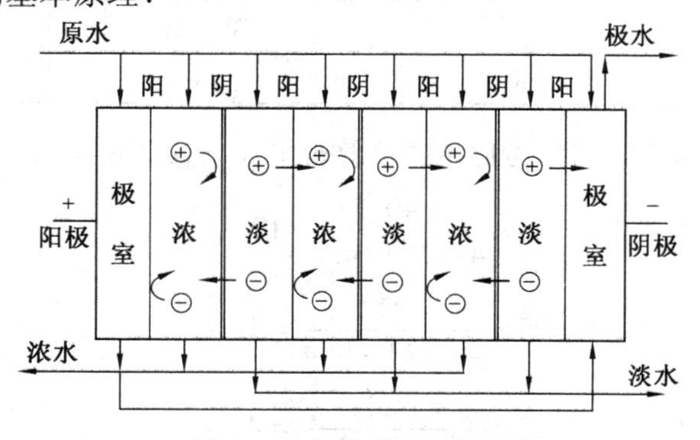

图 4.12 电渗析基本原理图

就是在阳极与阴极之间，将阳膜与阴膜交替排列，并且在每两种膜之间用特制的隔板将其隔开，隔板内设有水流通道，方便原水进入。当两端电极接通直流电后，电渗析过程开始。根据膜的选择性和异性相吸原理，阳离子透过阳膜向阴极迁移，阴离子透过阴膜向阳极迁移。

阴膜左侧的阳离子，在向阴极迁移的过程中，由于不能透过阴膜，被阻留在了左侧的隔板中，同样，阳膜右侧的阴离子被阻留在了右侧的隔板中。随着反应过程的进行，灰色隔板室的离子浓度越来越大，而相邻隔板室的溶液浓度越来越小，构成了浓室和淡室。将浓室和淡室的水分别用不同的管道收集，即可达到电解质分离、提纯的目的。

四、计算题

1. 已知：设计产水量 2 160 m^3/d，水回收率 75%，选用 Film tec BW30-8040 型元件，（1.6 MPa，30 m^3/d，脱盐 98%），选用压力容器长可容 4 个元件。试计算膜组件的数量及排列数并绘制工艺布置图（水经过内装 4 个 BW30-8040 长膜元件的回收率为 40%）？

解：（1）膜元件数量

$$N_e=\frac{Q_p}{q_{\max}\times 0.8}=\frac{2160}{30\times 0.8}=90$$

压力容器数

$$N=90/4=23$$

（2）设计要求膜系统的回收率为 75%，膜元件长度已知为 1 m，通过一个 4 m 长膜元件的回收率为 40%，显然达不到设计要求，因此需要分段处理，第二段的水来自第一段的浓水，按回收率 40%考虑，则第二段水的回收率为 60%×40%=24%，即水流经 8 m 长的膜组件的回收率为 40%+24%=64%，依次类推见表 4.12。

表 4.12　系统回收率与水流长度

系统回收率/%	40	64	78.4
原水流过的长度/m	4	8	12

因此要想达到 75%的回收率，至少需要采用一级三段式组合。每段膜组件的出力见表 4.13。

表 4.13　一级三段组合回收率

段数	第一段	第二段	第三段
回收率/%	40	24	14.4

因此，膜组件的排列组合可以按照下式计算得出（示意见图 4.13）：

第一段膜元件数量为 N_1/支 $=23\times\dfrac{40}{4+24+14.4}\approx 12$

第二段膜元件数量为 N_2/支 $=23\times\dfrac{24}{40+24+14.4}=7$

第三段膜元件数量为 N_2/支 $=23\times\dfrac{14.4}{40+24+14.4}=4$

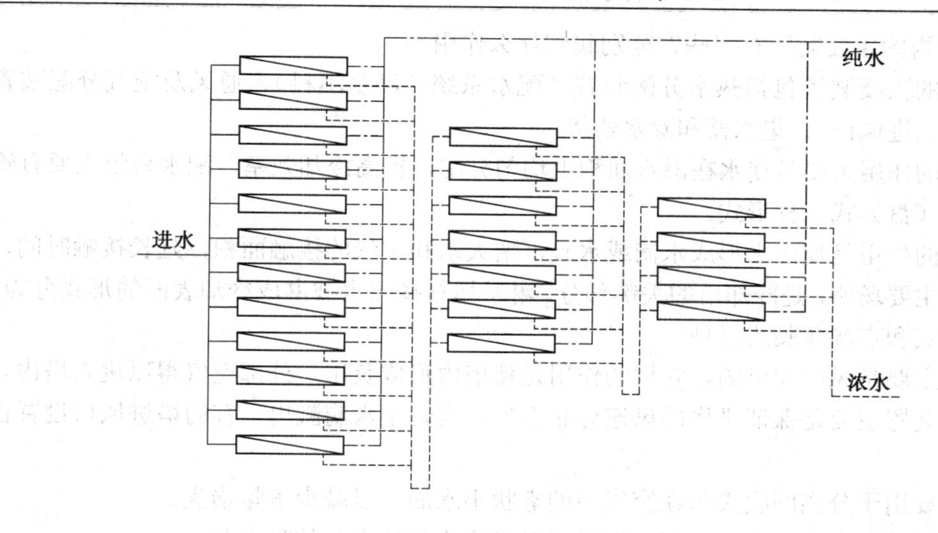

图 4.13　膜组件排列示意图

第十节　水的冷却

一、名词解释

1. 冷却水系统：用水作为工艺冷却介质的系统。

2. 直流式水冷却系统系统：水通过换热器后即排放的系统。

3. 绝对湿度：每 m^3 湿空气中所含水蒸气的质量成为空气的绝对湿度。其数值等于水蒸气在分压 P_q 和湿空气温度 T 时的密度。

4. 相对湿度：空气的绝对湿度和同温度下饱和空气的绝对湿度之比，称为湿空气的相对湿度，用φ表示。相对湿度表示湿空气接近饱和的程度。

5. 含湿量：在含有 1 kg 干空气的湿空气混合气体中，所含水蒸气的质量 x（kg）称为湿空气的含湿量，也称为比湿，单位为 kg/kg（干空气）。

6. 露点：大气压 P 一定时，使湿空气变成饱和空气的温度。

7. 湿空气的密度：湿空气的密度等于 1 m^3 湿空气中所含的干空气和水蒸气在各自分压下的密度之和。

二、填空题

1.（直流式）（循环式）（封闭式）（敞开式）

2.（面冷却池）（喷水冷却池）（冷却塔）

3.（水垢）（粘垢）（污垢）（水垢）（污垢）（粘垢）

4.（排污）（在冷却水系统中去除成垢的钙镁离子）（循环水水质调节）（投加阻垢剂）

5.（阴极保护）（牺牲阳极）（图层覆盖）（缓蚀剂处理）（缓蚀剂处理）

三、简答题

1. 简述冷却塔的分类。

按通风方式分类有自然通风冷却塔和机械通风冷却塔。按热水和空气的接触方式分类有湿式冷却塔、干式冷却塔和干湿式冷却塔。按热水和空气的流动方向分类有逆流式冷却塔和横流式冷却塔。

2. 冷却塔内的主要装置有哪些？分别起到什么作用？

冷却塔内的主要装置包括热水分配装置（配水系统、淋水填料）、通风及空气分配装置（风机、风筒、进风口）、集水器和除水器等。

配水系统的作用主要是使水在淋水面积上均匀分配，提高冷却效率。配水系统主要有管式、槽式、池（盘）式三种形式。

淋水填料的作用是使热水形成水滴或水膜，增大水和空气的接触面积，延长接触时间，是水被冷却的主要场所，是冷却塔的关键部分。淋水填料按照水被淋成冷却表面的形式分为：点滴式、薄膜式和点滴薄膜式三种。

通风装置主要是风机和风筒，它们的作用是使塔内形成负压，外部空气得以进入塔内。

空气分配装置主要是保证进塔的风速分布合理，为防止水滴溅出，有的塔进风口设置百叶窗。

除水器主要用于分离回收夹带在空气中的雾状小水滴，以减少水量损失。

集水池起储存和调节水量的作用，有时还可以作为循环水泵的吸水井。

3. 简述水的冷却原理。

循环冷却水的冷却是在冷却构筑物中以空气为冷却介质，主要由蒸发传热、接触传热使自身温度得到降低。

水与空气接触时，根据分子热运动学理论，水分子会向空气中不断逸出，空气中的水分子也会不断地返回到水中，当两者达到平衡时，就认为这时空气中的水蒸气是饱和的，一般空气中的水蒸气都是处于不饱和状态，这样当水域空气接触时水就会向空气中蒸发，直到空气中的水蒸气达到饱和为止，这一过程会带走水的自身的热量，这就是蒸发传热。

除蒸发传热外，当热水水面和空气直接接触时，如水的温度与空气的温度不一致，将会产生传热过程。例如水温高于空气温度，水将热量传给空气；空气接受了热量，温度上升，这种现象称为接触散热。

4. 简述循环冷却水处理的内容。

（1）沉积物控制

沉积物控制主要防止水中的微溶盐类 $CaCO_3$、$CaSO_4$、$Ca_3(PO_4)_2$ 和 $CaSiO_3$ 等从水中析出，黏附在设备或管壁上，形成水垢。

结垢控制的方法主要有两类：一类方法是控制循环水中结垢的可能性或趋势的热力学方法，如减少钙镁离子浓度、降低水的 pH 值和碱度；另一类方法是控制水垢生长速度和形成过程的化学动力学方法，如投加酸或化学药剂，改变水中盐类的晶体生长过程和生长形态，提高容许的极限碳酸盐硬度。

（2）金属腐蚀控制

防止循环冷却水腐蚀的方法主要是投加某些药剂——缓蚀剂，使之在金属表面形成一层薄膜将金属表面覆盖起来，从而与腐蚀介质隔绝，达到缓蚀的目的。缓蚀剂所形成的膜有氧化物膜、沉淀物膜和吸附膜三种类型。在阳极形成保护膜的缓蚀剂称为阳极缓蚀剂；在阴极形成保护膜的称为阴极缓蚀剂。

（3）生物污垢及其控制

微生物和藻类的生长会产生粘垢，粘垢会导致腐蚀和污垢。因此，如何控制微生物的滋长是很重要的。

微生物控制的化学药剂，也称为杀生剂，可以分为氧化型、非氧化型和表面活性剂。

第十一节　腐蚀与结垢

一、名词解释

1. 腐蚀：由于与周围介质相互作用，材料（通常是金属）遭受破坏或材料性能恶化的过程。

2. 标准电极电位：参加电极反应的物质都处于平衡状态（25 ℃，离子活度为 1，分压为 1.0×10^5 Pa）时得到的电势。

3. 阴极保护法：将被保护的金属作为腐蚀电极的阴极，即原电机的正极或作为电解池的阴极而不受腐蚀。

4. 牺牲阳极保护法：将较活泼的金属或其合金连接在被保护的金属上，使之形成原电池的方法。

二、填空题

1.（化学腐蚀）（电化学腐蚀）

2.（全面腐蚀）（局部腐蚀）（局部腐蚀）

3.（点蚀）（缝隙腐蚀）（浓差电池腐蚀）（选择性腐蚀）（应力腐蚀开裂）（腐蚀疲劳）（浸蚀）

4.（缓蚀剂法）（阴极保护法）

5.（牺牲阳极保护法）（外加电流法）

三、简答题

1. 影响腐蚀的因素有哪些？

（1）合金元素；（2）温度；（3）流速；（4）外界气体介质；（5）pH；（6）溶解盐类；（7）溶解气体；（8）悬浮固体；（9）微生物。

2. 简述腐蚀的过程。

腐蚀的过程本质上是化学反应，以金属腐蚀为例，其腐蚀过程大多为腐蚀原电池的工作过程。腐蚀原电池的基本过程为阳极溶解过程，金属以离子形式溶解到水溶液中，同时电子留在金属上。电流在阳极和阴极之间流动是通过电子导体和离子导体实现的，电子通过电子导体即金属从阳极迁移到阴极，溶液中的阳离子从阳极区迁移到阴极区，阴离子从阴极区迁移到阳极区。在阳极发生氧化反应，阴极发生还原反应。

3. 如何判断水垢析出的结果？

①饱和指数（LSI）

LSI＜0 水中溶解的碳酸钙量低于饱和量，溶解固相太酸钙，产生腐蚀；

LSI＞0 碳酸钙垢会析出，这种水属结垢型水；

LSI = 0 碳酸钙既不析出，原有碳酸钙垢层也不会被溶解掉，这种水属于稳定型水。

② 稳定指数（RSI）

RSI＜6 结垢；

RSI =6 不腐蚀不结垢；

RSI＞6；腐蚀。

4. 水质稳定处理的方法有哪些？

利用碳酸钙在管壁上形成保护膜；

利用二氧化硅在管壁上形成保护膜；

利用聚磷酸钠在管壁上形成保护膜。

第十二节　其他处理方法

一、名词解释

1. 中和：用化学法去除废水中的酸或碱，使 pH 达到中性左右的过程。

2. 过滤中和法：酸性废水流过碱性滤料是与滤料进行中和反应的方法。

3. 化学沉淀法：是指向水中投加某种化学物质，使之和水中某些溶解性物质发生化学反应，生成难溶的沉淀物，然后进行固液分离，从而去除水中溶解性物质的一种方法。

4. 电解：电解质溶液在电流作用下，发生电化学反应的过程。

5. 分解电压：能使电解正常进行时所需要的最小外加电压。

6. 吹脱、气提法：将气体通入水中，使之相互充分接触，使水中溶解气体和挥发性溶质穿过气液界面，向气相转移的方法。用于脱除水中溶解气体和某些挥发性物质。

7. 亨利定律：对于稀溶液，在一定温度下，当气液之间达到相互平衡时，溶质气体在气相中的分压与该气体在液相中的浓度成正比。

8. 萃取：向废水中投加一种与水不互溶，但能良好溶解污染物的溶剂，使其与废水充分混合接触。由于污染物在溶剂中的溶解度大于水中的溶解度，因而大部分污染物转移到溶剂相，然后分离废水和溶剂，即可达到分离、浓缩污染物和净化废水的目的。

二、填空题

1.（石灰）（石灰石）（白云石）（苏打）（苛性钠）（盐酸）（硫酸）

2.（与碱性废水相互中和）（药剂中和）（过滤中和）（与酸性废水相互中和）（药剂中和）

3.（氢氧化物法）（硫化物法）（钡盐法）

4.（气液相平衡）（传质速度理论）

5.（吹脱池）（吹脱塔）（塔式设备）

6.（物理法）（化学法）

7.（间歇式）（连续式）（单机萃取）（多级萃取）

三、简答题

1. 选择中和方法时应考虑哪些因素？

①含酸或含碱废水所含酸类或碱类的性质、浓度、水量及其变化规律；

②寻找能就地取材的酸性或碱性废料，并尽可能加以利用；

③本地区中和药剂和滤料的供应情况；

④接纳废水的水体性质、城市下水道能容纳废水的条件，后续处理单元对 pH 的要求。

2. 化学沉淀法的工艺流程包括哪些步骤？

①化学沉淀剂的配置与投加；

②沉淀剂与原水混合反应；

③固液分离，设备有沉淀池、气浮池或过滤池等；

④泥渣处理与利用。

3. 简述电絮凝的作用。

①当采用铁板或铝板作为阳极时，铁或铝失去电子后将逐步溶解在水中成为铁或铝离

子，并与水中的氢氧根结合，起到混凝的作用，有效地去除水中的悬浮物与胶体杂质。

②在电解过程中，阴极和阳极还会不断地产生 H_2 和 O_2 气体，有时还会产生其他气体，这些气体以微小气泡形式逸出，可以起到类似于气浮的溶气作用，使废水中的微粒杂质附着在气泡上而浮至水面，成为较易去出的浮渣；

③重金属离子及其他一些溶解污染物将直接被电解氧化还原成重金属或其他一些无害的或沉淀的物质得到去除。

4. 影响吹脱的主要因素有哪些？

（1）温度：在一定压力下，气体在水中的溶解度随温度升高而降低，因此，升温对吹脱有利。（2）气液比：空气量过小，气液两相接触不够；空气量过大，不仅不经济，发生液泛，即水被气流带走，破坏了操作。最好使气液比接近液泛极限（超过此极限的气流量将产生液泛），这时传质效率最高。（3）pH 值：在不同 pH 值条件下，气体的存在状态不同。（4）油类物质：水中油类物质会阻碍水中挥发物质向大气扩散，而且会阻塞填料，影响吹脱，应在预处理中除去。

5. 如何选择萃取剂？

在萃取过程中，萃取剂是影响萃取效果的关键因素之一。对于待定的溶质而言，可供选择的萃取剂有多种，选择萃取剂主要考虑一下几个方面。（1）萃取能力要大，即分配系数越大越好。（2）分离效果好，萃取过程中不乳化，不随水流失；（3）化学稳定性好，难燃不爆，毒性小，腐蚀性小，沸点高，凝固点滴，蒸汽压小，便于室温下储存和使用，安全可靠。（4）容易制备，来源较广，价格便宜。（5）容易再生和回收溶质。

6. 简述萃取的工艺过程。

萃取工艺过程主要包括以下三个主要程序：

（1）混合。把萃取剂与水进行充分接触，使溶质从水中转移到萃取剂中去。

（2）分离。使含有萃取物的溶剂与经过萃取的水分层分离。

（3）回收。萃取后的萃取相需要再生，分离出萃取物，才能继续使用，与此同时，把萃取物回收。

第十三节　典型给水处理系统

一、名词解释

1. 抗冲击性能：评价水处理技术可行性的重要依据，指由于原水水质和水量的波动变化，水处理工艺系统对水质水量变化的适应性。

二、填空题

1.（氯）（二氧化氯）（臭氧）（高锰酸钾）

2.（沉淀池的排泥水）（滤池反冲洗废水）

3.（悬浮固体）（混凝剂的投加量）

三、简答题

1. 选择给水处理工艺的依据是什么？

针对原水水质与用户对水质的要求这两者的差别，找出原水中不符合用水要求的水质项目，选择一种或几种水处理方法，将不符合要求的水质项目处理到符合用水水质标准。

2. 什么是地面水常规处理工艺系统，简述其工艺过程。

地面水常规处理工艺，主要是指在以天然地面水为原水的城市自来水厂中采用最广的一种工艺系统，主要是以去除水中的悬浮物和杀灭致病细菌为目标而设计的，主要由混凝、沉淀和过滤三个单元处理方法组成。

原水中的悬浮物，特别是难于沉降的胶体，与投入水中的混凝剂混合接触脱稳后，在絮凝池中生成足够大的絮凝体，进而在沉淀池中被沉淀除去，剩余的细小絮凝体进一步在滤池中被过滤除去，从而得到浊度符合要求的处理水。

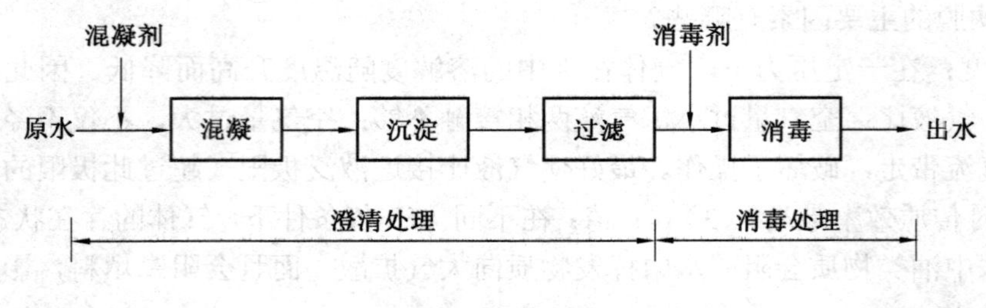

图 4.14　净水工艺示意图

3. 水厂平面布置应考虑哪些因素？

（1）布置紧凑，以减少水厂占地面积和连接管（渠）的长度，并便于操作管理。如沉淀池或澄清池应紧靠滤池；二级泵房尽量靠近清水池。但各构筑物之间应留出必要的施工和检修间距和管（渠）道地位。

（2）充分利用地形，力求挖填土方平衡以减少填、挖土方量和施工费用。例如沉淀池或澄清池应尽量布置在地势较高处，清水池尽量布置在地势较低处。

（3）各构筑物之间连接管（渠）应简单、短捷，尽量避免立体交叉，并考虑施工、检修方便。此外，有时也需设置必要的超越管道，以便某一构筑物停产检修时，为保证必须供应的水量采取应急措施。

（4）建筑物布置应注意朝向和风向。如加氯间和氯库应尽量设置在水厂主导风向的下风向；泵房及其他建筑物尽量布置成南北向。

（5）有条件时（尤其大水厂）最好把生产区和生活区分开，尽量避免非生产人员在生产区通行和逗留，以确保生产安全。

（6）对分期建造的工程，既要考虑近期的完整性，又要考虑远期工程建成后整体布局的合理性。还应考虑分期施工方便。

4. 给水厂污泥的处置方法有哪些？

（1）排入下水道由城市污水处理厂处理；

（2）脱水泥饼的陆上弃埋；

（3）泥饼的卫生填埋；

（4）泥饼的海洋投弃。

5. 给水处理厂基本建设程序有哪些？

（1）项目建议书；

（2）可行性研究报告；

（3）根据项目的咨询评估情况，对建设项目进行决策；

（4）根据可行性研究报告编制设计文件；

（5）初步设计经批准后，进行施工图设计；

（6）组织施工，并根据工程进度，做好生产准备；

（7）项目按批准的设计内容建成并经竣工验收合格后，正式投产，交付生产使用；

（8）生产运营一段时间后（一般为2年），进行项目后评价。

6. 简述给水处理厂的设计原则。

（1）水处理构筑物生产能力，应 以最高日供水量加水厂自用水量进行设计，并以水质最不利情况进行校核。

（2）水厂应按近期设计，考虑远期发展。

（3）水厂设计中应考虑各构筑物和设备检修、清洗及部分停止工作时仍能满足供水要求。

（4）水厂自动化程度应根据实际情况确定。

（5）设计中必须遵守设计规范的规定。

第十四节　特种水源水处理系统

一、名词解释

1. 活性氧化铝：是由氧化铝的水化物经400～600 ℃灼烧而成，制成颗粒状滤料，具有比较大的比表面积，可以通过离子交换进行除氟。

2. 总硬度：水中钙镁离子含量的总和。

3. 软化：降低水中钙镁离子的含量的方法。

二、填空题

1.（二价离子形式）

2.（0.3 mg/L 和 0.1 mg/L）

3.（氧化法）（将水中的二价铁氧化成三价铁）（三价铁）

4.（氧化法）（将水中的二价猛氧化成四价锰）（四价锰）

5.（拥挤沉淀）

6.（1.0 mg/L）

7.（吸附法）（药剂法）（电渗析法）（吸附法）

8.（活性氧化铝）（磷酸三钙）（骨炭）

9.（软化）（软化）（除盐）

10.（石灰软化法）（石灰-苏打软化法）（磷酸盐法）（掩蔽剂法）

11.（蒸馏法）（电渗析法）（反渗透法）（离子交换法）（填充床电渗析法）

12.（《游泳场所卫生标准》GB 9667—1996）

13.（循环过滤）

三、简答题

1. 为什么旧天然锰砂滤料的接触氧化活性比新天然锰砂滤料强？

采用锰砂滤料除铁是一种接触氧化工艺，在20世纪60年代在我国试验成功，经过试验发现旧天然锰砂滤料的接触氧化活性比新天然锰砂滤料强，且旧天然锰砂滤料若反冲洗过度，其催化活化性能会大大下降，表明起到催化作用的不是锰砂本身，而是锰砂表面覆盖的铁质滤膜，又称为铁质活性滤膜，天然锰砂对铁质活性膜只起到载体作用。因此旧的天然锰砂滤料由于表面覆盖有铁质活性膜，因而具有更好的除铁效果。

2. 含锰地下水常常含有铁，铁和锰的去除顺序如何，为什么？

地下水中铁锰共存时，应该先除铁后除锰。因为铁的氧化还原电位比锰低，二价铁对高价锰便成为还原剂，因此二价铁能大大阻碍二价锰的氧化，所以，只有水中不存在二价铁的情况下，二价锰才能被氧化。

3. 简述高浊度水处理的特点及其工艺？

高浊度水处理的特点是在常规处理工艺前增加预处理工艺。对高浊度水进行预处理，就是先用沉淀的方法将水中绝大部分泥沙除去，使沉淀处理后的水浊度降低到几百 NTU 以下，再用常规工艺对之做进一步处理，从而获得符合国家生活饮用水卫生标准水质的水。
高浊度水的处理工艺见图 4.15。

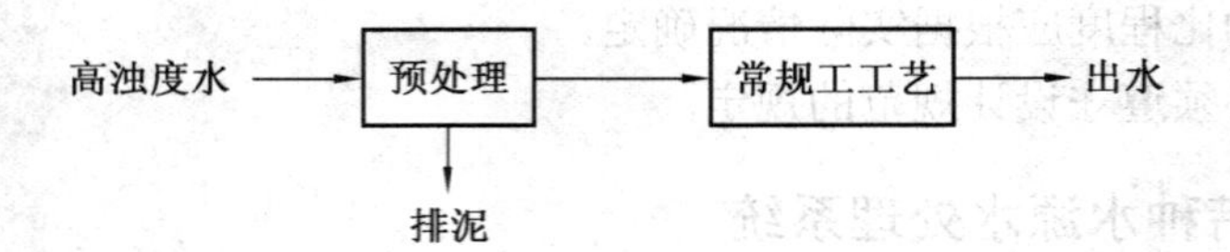

图 4.15　高浊度水质处理工艺示意图

4. 简述电渗析法除氟的原理。

电渗析法除氟，是使含氟水通过电渗析装置，负点性的氟离子在电场作用下向正电极运动，穿过离子交换膜，由清水室进入浓水室，清水室中的氟被去除。

第十五节　城市污水处理系统

一、名词解释

1. 污水污泥的堆肥：是将污泥与调理剂按一定比例混合，在一定条件下进行好氧发酵，经微生物作用产生的高温（一般 55 ℃高温可持续到以上） 以分解有机物，杀死病原菌及寄生虫卵。使污泥达到减害化和腐肥化而有利于土地利用。

二、填空题

1.（物理处理法）（化学处理法）（生物化学处理法）（一级）（二级）（深度处理）

2.（GB 18918—2002 的二级）（一级 A）

3.（达到水域环境标准，恢复水环境）（生产再生水供不同用水对象使用）

4.（浓缩）（稳定调节）（干化）（脱水）（消毒）

5.（含水率与含固率）（挥发性固体）（有毒有害物含量）（脱水性能）

6.（厌氧消化）（好氧消化）（湿式氧化）

7.（污泥的含水率）（最终处置的方式）

三、简答题

1. 基于水循环和物质循环的基本思想，污水处理工艺流程选择应考虑哪些原则？

（1）节省能源、节省资源。

（2）节省占地。污水与污泥处理工艺系统应尽量提高单位容积及单位面积负荷；尽可能布局紧凑；尽量少占用土地面积，留给 绿化用地和预留发展用地。

（3）结合当地地方条件充分考虑处理水的有效利用——包括农业灌溉、工业 冷却、城市杂用水、绿化、景观、城市小河湖泊的补充用水等等。充分考虑到污水热能利用、污泥制作有机肥料和其他资源化处置。

（4）根据排放水体、污水回用对象的要求正确确立污水处理程度，并且要充分考虑将来污水处理程度的提高。

（5）在满足处理程度与出水水质的条件下，选择工艺成熟、有运行经验的先进技术。

（6）特别应注意，任何工艺技术、流程都有一定的适用条件，所以要认真研究当地气象、地面与地下水资源、地质、给排水现状与发展规划，根据现状与预测污水产生量来选择污水处理工艺与流程布置。

2. 简述传统二级处理典型流程。

污水处理由格栅、沉砂池、初次沉淀池、曝气池和二次沉淀池组成。曝气池是污水生物处理的关键设备，根据需要通过改变进水方式运行。二级处理出水，经消毒处理后排放或进行深度处理（图4.16）。

污泥消化可采用一级消化或二级消化，消化后的污泥进行脱水干化处理。大型污水处理厂常用带式压滤脱水机。

活性污泥法处理系统，BOD_5和SS去除率高、出水水质较好、工作稳定可靠、有较成熟的运行管理经验。

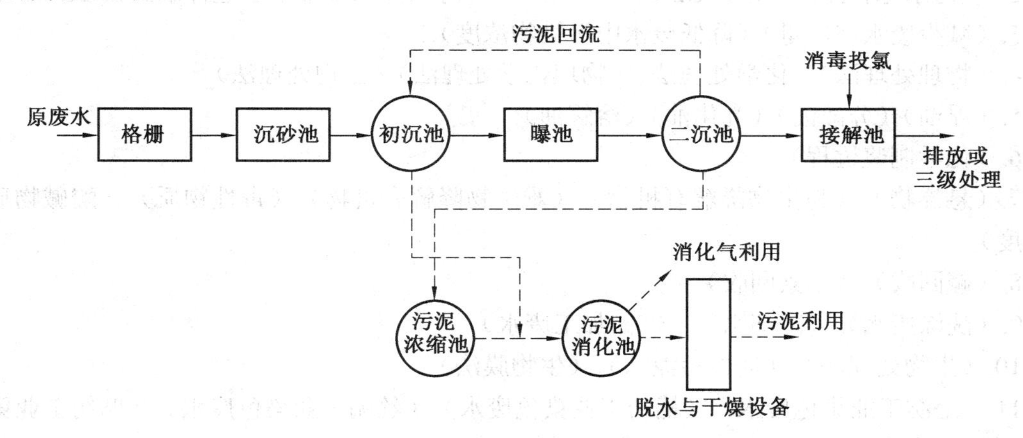

图 4.16 传统二级处理典型流程

3. 再生水主要用途有哪些？

（1）工业冷却水。

（2）补充公园及庭院水池、城市水渠、小河等景观用水。

（3）城市中水道：冲厕、洗车、道路与绿地浇洒用水，消防用水，施工用水以及融雪用水等等。

（4）农业用水等。

4. 污水深度处理系统有哪些？

①混凝、澄清过滤系统

②直接过滤系统

③絮凝过滤系统

④生物膜过滤系统

⑤气浮过滤系统

⑥臭氧化系统

⑦臭氧、活性炭联用系统

⑧反渗透工艺系统

第十六节　工业废水处理的工艺系统

一、名词解释

1. 工业废水：工业企业各行业生产过程中排除的废水的统称。

2. 印染废水：是指织物在染色或印花过程中产生的染色残液、漂洗水以及前处理（如：洗毛、丝麻脱胶、退浆等）、后整理产生的废水的混合废水。

3. 循环氨水：在煤气生产工艺上，发生炉（或焦炉）聚气管喷淋冷却循环水量是通过煤气冷却的热量平衡计算确定的。由于在喷淋冷却循环水中，不断溶入煤气中的酚和氨，故称为循环氨水。

二、填空题

1.（生产废水）（冷却废水）（生活污水）

2.（《污水综合排放标准》GB 8978—1996）（《污水排入城市下水道标准》CJ 18- 1999）

3.（减少废水产出量）（降低废水中污染物浓度）

4.（物理处理法）（化学处理法）（物理化学处理法）（生物处理法）

5.（浮油）（分散油）（乳化油）（溶解油）

6.（化学制浆过程）

7.（悬浮物）（易生物降解有机物）（难生物降解有机物）（毒性物质）（酸碱物质）（色度）

8.（碱回收）（木素回收）

9.（洗涤废水）（冷却水）（产品加工废水）

10.（生物处理法）（活性污泥法）（生物膜法）

11.（毛纺工业染色废水）（棉纺工业染色废水）（丝绸工业染色废水）（麻纺工业染色废水）

12.（用碱性氯化法）

13.（化学法）（离子交换法）（电解法）（活性炭吸附法）（蒸发浓缩法）（表面活性剂法）（化学法）

14.（普通中和滤池）（恒流速升流式膨胀池）（变流速升流式膨胀滤池）（滚筒式中和过滤）

15.（发酵废水）（酸、碱废水和有机溶剂废水）（设备与地板等的洗涤废水）

16.（生物法）

三、简答题

1. 简述工业废水的分类。

一般有 3 种分类方法。

（1）按行业的产品加工对象分类。如冶金废水、造纸废水、农药废水、化学肥料废水等。

（2）按工业废水中所含主要污染物的性质分类。含无机污染物为主的称为无机废水。含有机污染物为主的称为有机废水。

（3）按废水中所含污染物的主要成分分类。如酸性废水、碱性废水、含酚废 水、含镉废水、含锌废水、含汞废水、含氟废水、含有机磷废水、含放射性废水等。

2. 减少废水产出量的措施有哪些？

（1）废水进行分流。将工厂所有废水混合后再进行处理往往不是好方法，一般都需进行分流。对已采用混合系统的老厂来说，无疑是困难的，但对新建工厂，必须考虑废水分流的工艺和措施。

（2）节制用水。每生产单位产品或取得单位产值产出的废水量称为单位废水量。即使在同一行业中，各工厂的单位废水量也相差很大，合理用水的工厂，其单位废水量低。

（3）改革生产工艺。改革生产工艺是减少废水产出量的重要手段。措施有更换和改善原材料，改进装置的结构和性能，提高工艺的控制水平，加强装置设备的维修管理等。若能使某一工段的废水不经处理就用于其他工段，就能有效地降低废水量。

（4）避免间断排出工业废水。例如电镀工厂更换电镀废液时。常间断地排出大量高浓度废水，若改为少量均匀排出，或先放入贮液池内再连续均匀排出，能减少处理装置的规模。

3. 简述降低废水污染物的浓度的措施。

（1）改革生产工艺，尽量采用不产生污染的工艺。

（2）改进装置的结构和性能。废水中的污染物质是由产品的成分组成时，可通过改进装置的结构和性能来提高产品的收率，降低废水的浓度。

（3）废水进行分流。在通常情况下，避免少量高浓度废水与大量低浓度废水互相混合，分流后分别处理往往是经济合理的。

（4）废水进行均和。废水的水量和水质都随时间而变动，可设调节池进行均质。

（5）回收有用物质。这是降低废水污染物浓度的最好方法。

（6）排出系统的控制。当废水的浓度超过规定值时，能立即停止污染物发生源工序的生产或预先发出警报。

4. 石油化工废水有哪些特点？

（1）废水量大；

（2）废水组分复杂；

（3）有机物特别是短类及其衍生物含量高；

（4）含有多种重金属。

5. 美国造纸工业主要的厂内防治措施有哪些？

（1）提高黑液提取率及回收利用率；

（2）封闭筛浆系统；

（3）汽提及回用污冷凝液；

（4）建立纸机纤维回收和白水气浮回收系统及减少跑、冒、滴、漏等等。

6. 采用厌氧一好氧工艺处理啤酒废水具有哪些优点？

（1）大部分 COD、BOD 在厌氧反应器内去除，从而大大节省由于供氧而引起的电耗；

（2）新型厌氧反应器，如 UASB 和 AF 反应器，由于其污泥浓度很高，活性也很强，可在常温下处理，其COD容积负荷仍可达6～8 kg COD/($m^3 \cdot d$)，比好氧反应器的容积负荷高得多。因此，处理相同水量水质的啤酒废水，厌氧反应器所需的容积比好氧反应器小得多，从而可节省占地面积和降低基建投资；

（3）厌氧反应器内的污泥龄很长，厌氧污泥的表观产率较低，厌氧反应器排出的污泥不仅数量少，且稳定性较好，从而可降低污泥处理费用；

（4）废水中的大部分有机物转化为沼气，可回收数量可观的生物能。

由此可知，采用厌氧—好氧处理工艺比采用二级好氧法更为经济。

7. 常用的印染废水处理工艺流程有哪几种？

（1）生物接触氧化-混凝沉淀工艺（图4.17）。

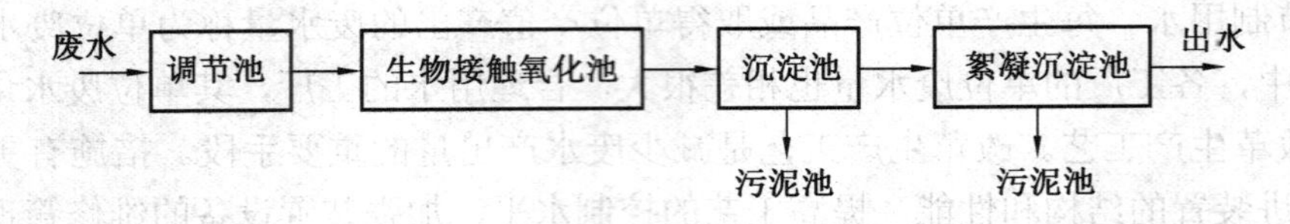

图4.17 生物接触氧化-混凝沉淀工艺示意图

（2）炉渣-化学凝聚工艺（图4.18）。

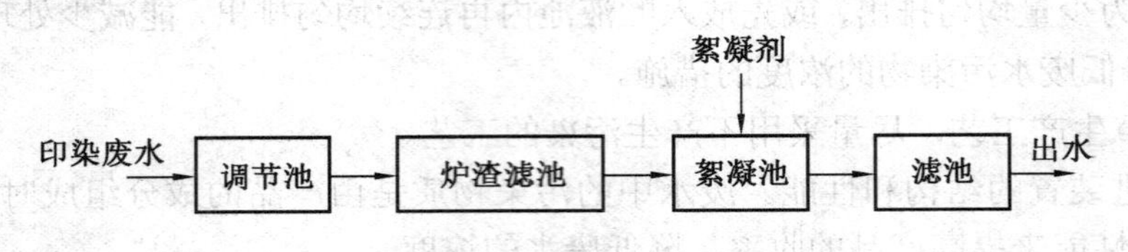

图4.18 炉渣-化学凝聚工艺示意图

（3）厌氧-好氧-生物炭处理工艺（图4.19）。

图4.19 厌氧-好氧-生物炭处理工艺示意图

8. 简述煤气废水的水质特征。

出炉煤气在冷却与洗涤净化过程形成的废水中，不但存在着大量的悬浮固体和水溶性无机化合物如氨、H_2S、CO_2、SO_2、氰化物，而且含有大量的酚类化合物、苯及其衍生物、吡啶等有机物。可见这种废水中的有机物种类多，污染程度高，COD值一般都在6 g/L以上，最高的达到25 g/L左右。不但氰化物与酚类化合物具有毒性，而且在焦油中含有致癌物质，在干馏制气废水中检测出含量较高的3，4-苯并芘，所以煤气废水是一种污染严重、危害性大的高浓度有毒、有机废水。

第十七节 水质与水质标准、水体污染与自净

一、填空题

1.（物理处理法）（化学处理法）（生物处理法）

2.（≤80.0 mg/L）（≤70.0 mg/L）（=6.0～9.0）

3.（生活污水）（工业废水）（降水）

4.（温度）（色度）（气味）（悬浮固体）

5.（排放水体）（灌溉农田）（重复使用）

6.（有机污染物）（无机污染物）

7.（BOD）（COD）（TOD）（TOC）

8.（物理过程）（化学及物理化学过程）（生物化学过程）

二、选择题

1. [C]	2. [C]	3. [C]	4. [B]	5. [D]	6. [C]	7. [B]
8. [C]	9. [B]	10. [C]	11. [D]	12. [A]	13. [C]	14. [D]
15. [D]	16. [A]	17. [D]	18. [A]	19. [D]	20. [C]	21. [DCAB]
22. [B]	23. [D]	24. [DBAC]	25. [B]	26. [C]	27. [D]	28. [C]
29. [B]	30. [B]	31. [A]	32. [A]	33. [A]	34. [C]	35. [A]
36. [D]	37. [B]					

三、名词解释

1. 生化需氧量BOD：在水温为20 ℃的条件下，由于微生物的生活活动，将有机物氧化成无机物所消耗的溶解氧量。

2. 化学需氧量COD：在酸性条件下，利用强氧化剂（我国用的是K_2CrO_7）将有机物氧化成CO_2和H_2O所消耗氧的量。

3. 污水：指经过使用，其物理性质和化学成分发生变化的水，也包括降水。

4. 生活污水：指人们在日常生活中使用过，并为生活废料所污染的水。

5. 总需氧量（TOD）：指有机污染物完全被氧化时所需要的氧量。

6. 总有机碳（TOC）：指污水中有机污染物的总含碳量。

7. 水体自净作用：水体在其环境容量范围内，经过物理、化学和生物作用，使排入的污染物质的浓度，随时间的推移在向下游流动的过程中自然降低。

8. 污水的物理处理法：指利用物理作用，分离污水中主要呈悬浮状态的污染物质，在处理过程中不改变其化学性质。

9. 污水的化学处理法：指利用化学反应作用来分离、回收污水中的污染物，或使其转化为无害的物质。

10. 污水的生物处理法：指利用微生物新陈代谢作用，使污水中呈溶解或胶体状态的有机污染物被降解并转化为无害的物质，使污水得以净化的方法。

11. 氧垂曲线：水体受到污染后，水体中的溶解氧逐渐被消耗，到临界点后又逐步回升的变化过程。

四、简答题

1. 表示污水物理性质的指标有哪些？

污水物理性质的指标是水温、色度、臭味、固体含量及泡沫。

（1）水温：对污水的物理性质、化学性质及生物性质有直接的影响。

（2）色度：生活污水的颜色常呈灰色，但当污水中的溶解氧降低至零，污水所含有机物腐烂，则水色转呈黑褐色并有臭味。悬浮固体形成的色度称为表色；胶体或溶解物质形成的色度称为真色。水的颜色用色度作为指标。

（3）生活污水的臭味主要由有机物腐败产生的气体造成。工业废水的臭味主要由挥发性化合物造成。臭味是物理性质的主要指标。

（4）固体含量用总固体量（TS）作为指标。

2. 固体物按存在状态可分为哪几种？

固体物按存在形态的不同可分为：悬浮的、胶体的和溶解的三种。

固体含量用总固体量（TS）为指标。

悬浮固体（SS）或叫悬浮物，悬浮固体由有机物和无机物组成，可分为挥发性悬浮固体（VSS)、非挥发性悬浮体（NVSS）两种。

胶体和溶解固体（DS）或称为溶解物，也是由有机物与无机物组成。

3. 如何理解总固体、悬浮固体、可沉固体的概念？

（1）把定量水样在 105～110 ℃烘箱中烘干至恒重，所得的质量即为总固体量。

（2）把水样用滤纸过滤后，被滤纸截留的滤渣，在 105～110 ℃烘箱中烘干至恒重，所得重量称为悬浮固体。

（3）悬浮固体中，有一部分可在沉淀池中沉淀，形成沉淀污泥，称为可沉淀固体。

4. 污水中的含氮化合物有哪几种形式？测定指标有哪些？

含氮化合物有四种：有机氮、氨氮、亚硝酸盐氮与硝酸盐氮。

四种含氮化合物的总量称为总氮（TN）。

凯氏氮（KN）是有机氮与氨氮之和。凯氏氮指标可以用来判断污水在进行生物法处理时，氮营养是否充足的依据。

总氮与凯氏氮之差值，约等于亚硝酸盐氮与硝酸盐氮。

凯氏氮与氨氮之差值，约等于有机氮。

5. 挥发酚主要包括哪些？

挥发酚包括苯酚、甲酚、二甲苯酚等，属于可生物降解有机物，但对微生物有毒害或抑制作用。

6. 简述 BOD 的含义及优缺点。

在水温为 20 ℃的条件下，由于微生物的生活活动，将有机物氧化成无机物所消耗的溶解氧量，称为生物化学需氧量或生化需氧量（BOD）。

优点：反映出微生物氧化有机物、直接地从卫生学角度阐明被污染的程度。

缺点：①测定时间需 5 d，太长，难以及时指导生产实践；②如果污水中难生物降解有机物浓度较高，测定的结果误差较大；③工业废水不含微生物生长所需的营养物质影响测定结果。

7. 简述 COD 的含义及优缺点。

用强氧化剂在酸性条件下，将有机物氧化所消耗的氧量，称为化学需氧量。

优点：①较精确地表示污水中有机物的含量；②测定时间仅需数小时；③不受水质的限制。

缺点：不能像 BOD 那样反映出微生物氧化有机物、直接地从卫生学角度阐明被污染的程度；此外，污水中存在的还原性无机物（如硫化物）被氧化也需消耗氧，所以值也存在一定误差。

8. 介绍TOC、TOD、THOD的概念。

TOC：总有机碳。以碳含量表示有机物浓度的综合指标。

TOD：总需氧量。指水中能被氧化的物质，主要是有机物在燃烧中变成稳定的氧化物时所需要的氧量。

THOD：理论需氧量。指将有机物中的碳元素和氮元素完全氧化为二氧化碳和水所需氧量的理论值。

9. 污水的生物指标有哪些？

污水生物性质的检测指标有：①大肠菌群数（或称大肠菌群值）；②大肠菌群指数；③病毒及细菌总数。

10. 什么叫水体污染？造成水体污染的原因有哪些？

（1）水体污染是指排入水体的污染物在数量上超过该物质在水体中的本底含量和水体的环境容量，从而导致水的物理、化学及微生物性质发生变化，使水体固有的生态系统和功能受到破坏。

（2）造成水体污染的原因：点源污染与面源污染两类。

①点源污染来自未经妥善处理的城市污水集中排入水体。

②面源污染来自：农田肥料、农药以及城市地面的污染物，随雨水径流进入水体；随大气扩散的有毒有害物质，由于重力沉降或降雨过程，进入水体。

11. 悬浮固体对水体有哪些危害？

（1）水体受悬浮固体污染后，浊度增加、透光度减弱。

（2）产生的危害：①与色度形成的危害相似；②悬浮固体可能堵塞鱼鳃，导致鱼类窒息死亡，如纸浆造成的此类危害最为明显；③由于微生物对有机悬浮固体的代谢作用，会消耗掉水体中的溶解氧；④悬浮固体中的可沉固体，沉积于河底，造成底泥积累与腐化，使水体水质恶化；⑤悬浮固体可作为载体，吸附其他污染物质，随水流迁移污染。

12. 简述水体富营养化的概念。

富含磷脂酸盐和其他形式的氮素的水在光照和其他环境条件下，水中所含的营养物质足以使水体中的藻类过量生长，水中的溶解氧可能被耗尽，造成水体质量恶化和水生态环境结构破坏的现象。

13. 什么叫水体自净？作用机理有哪些？

（1）污染物随污水排入水体后，经过物理的、化学的与生物化学的作用，使污染的浓度降低或总量减少，受污染的水体部分地或完全地恢复原状，这种现象称为水体自净。

（2）机理可分为 3 类：①物理净化作用：水体中的污染物通过稀释、混合、沉淀与挥发，使浓度降低，但总量不减；②化学净化作用：水体中的污染物通过氧化还原、酸碱反应、分解合成、吸附凝聚等过程，使存在形态发生变化及浓度降低，但总量不减；③生物化学净化作用：水体中的污染物通过水生生物特别是微生物的生命活动，使其存在形态发生变化，有机物无机化，有害物无害化，浓度降低，总量减少。

14. 绘图说明有机物耗氧曲线。

有机物被微生物降解，消耗水中的溶解氧，使DO下降，降解耗氧速率与有机物浓度成正比（图4.20）。

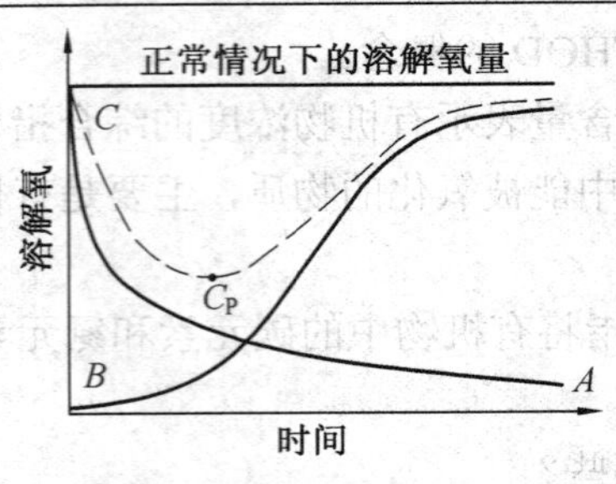

图 4.20　有机物耗氧曲线

15. 绘图说明河流的复氧曲线。

河流流动过程中，接受大气复氧，使 DO 上升复氧速率与亏氧量成正比（图 4.21）。

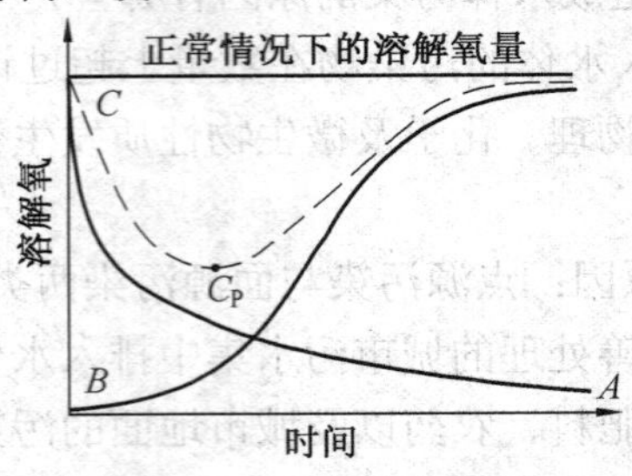

图 4.21　河流的复氧曲线

16. 绘图说明河流氧垂曲线的工程意义。

（1）用于分析受有机污染的河水中的溶解氧的变化动态，推求河流的自净过程及其环境容量，进而确定可排入河流的有机物最大用量，或污水处理厂的处理程度。

（2）用于推算确定缺氧点及氧垂点的位置及到达时间并依此制定河流水体防护措施（图 4.22）。

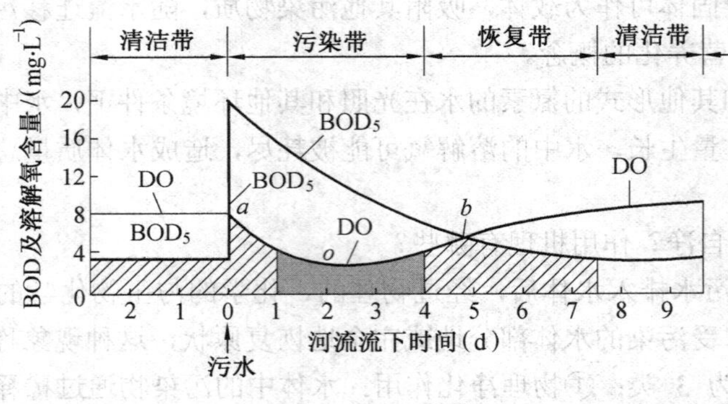

图 4.22　氧垂曲线

17. 什么叫氧垂曲线？它有什么工程意义？

（1）有机物排入河流后，经微生物降解而大量消耗水中的溶解氧，使河水亏氧；另一方面，空气中的氧通过河流水面不断地溶入水中，使溶解氧逐步得到恢复。污水排入后，DO 曲线呈悬索状下垂，故称为氧垂曲线。

（2）工程意义：①用于分析受有机物污染的河水中溶解氧的变化动态，推求河流的自净过程及其环境容量，进而确定可排入河流的有机物最大限量；②推算确定最大缺氧点即氧垂点的位置及到达时间，并依此制定河流水体防护措施。

18. 什么叫水环境容量？它与哪些因素有关？包括哪两部分？

（1）水环境容量：在满足水环境质量标准的条件下，水体所能接纳的最大允许污染物负荷量，又称水体纳污能力。

（2）水环境容量可用函数关系表达为

$$W=f(C_0,C_N,x,Q,q,t)$$

式中，W——水环境容量，用污染物浓度乘水量表示，也可用污染物总量表示；C_0——河水中污染物的原有浓度；C_N——地面水环境质量标准；x,Q,q,t——分别表示距离，河流流量，排放污水量和时间。

（3）水环境容量一般包括两部分：差值容量与同化容量：水体稀释作用属差值容量；生化作用的去污容量称同化容量。

19. 污水中含有各种污染物，为了定量地表示污水中的污染程度，一般制订了哪些水质指标？

（1）悬浮固体：在吸滤的情况下，被石棉层（或滤纸）所截留的水样中的固体物质，经过 105 ℃干燥后的重量；

（2）总固体（TS）：水样在（105～110 ℃）一定温度下，在水浴锅上蒸发至干所余留的总固体数量；

（3）化学需氧量（COD）：用 $KMnO_4$ 作氧化剂，测得的耗氧量为 $KMnO_4$ 耗氧量；COD：用重铬酸钾作氧化剂，在酸性条件下，将有机物氧化成 H_2O 和 CO_2；

（4）生化需氧量（BOD）：指在温度、时间都一定的条件下，微生物在分解、氧化水中有机物的过程中，所消耗的游离氧数量；

（5）pH：表示污水的酸碱状况；

（6）氨氮、亚硝酸盐氮、硝酸盐氮：可反映污水分解过程与经处理后无机化程度；

（7）氯化物：指污水中氯离子的含量；

（8）溶解氧（DO）：溶解于水中的氧量。

20. 影响废水处理工艺选择的因素有哪几点？

（1）污水处理程度不同；

（2）污水水质和水量的变化情况

（3）工程造价和运行费用

（4）自然条件

（5）运行管理

21. 污水处理厂厂址选择的原则是什么？

（1）应与选定的污水处理工艺相适应，如选定稳定塘或土地处理系统为处理工艺时，必须有适当的土地面积。

（2）无论采用什么处理工艺，都应尽量做到少占农田和少占良田。

（3）厂址必须位于集中给水水源下游，并应设在城镇、工厂厂区及生活区的下游和夏季主风向的下风向。为保证卫生要求，厂址应与城镇、工厂厂区、生活区及农村居民点保持约 300 m 的距离，但也不宜太远，以免增加管道长度，提高造价。

（4）当处理后的污水或污泥用于农业、工业或市政时，厂址应考虑与用户靠近，或者便于运输，当处理水排放时，则应与受纳水体靠近。

（5）厂址不宜设在雨季易受水淹的低洼处，靠近水体的处理厂，要考虑不受洪水威 胁，厂址应设在 地理条件较好的地方，如无塌方、滑坡等特殊地质现象，土壤承载力较好（一般要求在 0.15 MPa 以上）；要求地下水位低，以方便施工，降低造价。

（6）要充分利用地形，应选择有适当坡度的地区，以满足污水处理构筑物高程布置的需要，减少上方工程量，若有可能，宜采用污水不经水泵提升而自流入处理构筑物的方案，以节省动力费用，降低处理成本。

（7）根据城市总体发展规划，污水处理厂厂址的选择应考虑远期发展的可能性，有扩建的余地。

22. 什么是污水？简述其分类及性质。

污水是指经过使用，其物理性质和化学成分发生变化的水，也包括降水。 污水按其来源可分为生活污水、工业废水及降水。生活污水中主要污染物为有机性污染物。

23. 为什么通常把五日生化需氧量 BOD_5 作为衡量污染水的有机指标？

生化需氧量的反应速度与微生物的种类、数量及温度有关，一般在 20 ℃，欲求完全生化需氧量历时 100 d 以上，这在实际上不可取。实际观察表明，好氧分解速度一般在开始几天最快，且具有一定代表性，所以通常以 BOD_5 作为有机污染物指标。

24. 简述耗氧有机物指标 BOD_5 和 COD 的异同点。

相同点：都是通过微生物呼吸所消耗的溶解氧量来表示污水被有机污染物污染程度的指标。

不同点：（1）BOD_5 是在 20 ℃，氧充足，不搅动的条件下，微生物降解有机物 5 d 所需的氧量，COD 是用强氧化剂在酸性条件下，将有机污染物氧化成 CO_2 和 H_2O 所耗的氧量。（2）BOD_5 较 COD 误差大。

五、判断题

1.（√）	2.（×）	3.（×）	4.（×）	5.（×）
6.（√）	7.（×）	8.（√）	9.（√）	10.（×）
11.（√）	12.（×）	13.（×）	14.（√）	15.（×）
16.（×）	17.（×）	18.（√）	19.（√）	20.（√）
21.（√）	22.（√）	23.（√）	24.（×）	25.（√）
26.（√）	27.（√）	28.（√）	29.（×）	30.（×）
31.（×）	32.（√）	33.（×）	34.（×）	

第十八节　城市污水物理处理方法

一、填空题

1.（自由沉淀）（絮凝沉淀）（区域沉淀）（压缩沉淀）

2.（自由沉淀）（区域沉淀）（压缩沉淀）

3.（从污水中分离比重较大的无机颗粒）

4.（为了防止无机颗粒被冲走）（为了防止有机颗粒沉降）

5.（平流式沉淀池）（辐流式沉淀池）（竖流式沉淀池）

二、选择题

1. [B]　2. [B]　3. [D]　4. [C]　5. [A]　6. [C]　7. [A]

8. [D] 9. [B] 10. [B] 11. [C] 12. [B] 13. [C] 14. [B]
15. [A] 16. [D] 17. [B] 18. [B] 19. [C] 20. [D] 21. [A]
22. [B] 23. [A] 24. [B] 25. [D] 26. [C] 27. [B] 28. [A]
29. [AB] 30. [BCD] 31. [D] 32. [C] 33. [D] 34. [B] 35. [B]
36. [B] 37. [D] 38. [D] 39. [B]

三、名词解释

1. 沉淀：水中的可沉物质在重力作用下下沉，从而与水分离的一种过程。

2. 沉淀池表面负荷：单位时间内通过沉淀池单位表面积的流量，又叫溢流率。在数值上等于截流沉速，即能在水中全部下沉去除的颗粒中的最小颗粒的沉速。$q_0=Q/A$ 其中 Q 为处理水量；A 为沉淀池表面积。

四、简答题

1. 什么是沉淀？试述沉淀的分类及特点。

沉淀是指水中的可沉物质在重力作用下下沉，从而与水发生分离的一种过程。根据污水中可沉物质的性质，凝聚性能的强弱及其浓度的高低，根据悬浮物质的性质、浓度及絮凝性能，沉淀分为 4 种类型。

（1）自由沉淀：悬浮物浓度不高，且不具絮凝性能，在沉淀的过程中，悬浮固体的尺寸，形状均不发生变化，互不干扰，各自独立地完成沉淀过程。

（2）絮凝沉淀：悬浮物浓度不高（50～500 mg/L），但具凝聚性能，在沉淀的过程中，互相黏合，结合成较大的絮凝体，沉速加快。

（3）区域沉淀（成层沉淀）：悬浮物浓度较高（大于 500 mg/L），颗粒间相互干扰，沉速降低，悬浮颗粒结合为一个整体，共同下沉，与液体之间形成清晰界面。

（4）压缩沉淀：悬浮物浓度很高，固体颗粒互相接触，互相支承，在重力作用下，挤出颗粒间的水。

2. 为了提高沉淀池的分离效果，人们常采取什么措施？

（1）从原水水质方面着手，改变水中悬浮物的状态，使其易于与水发生分离

（2）从沉淀池结构方面着手，创造宜于颗粒沉淀分离的边界条件。

3. 现代污水处理技术按原理分为哪几种，并简述作用机理。

3 种：物理处理法，化学处理法和生物化学处理法。

（1）物理处理法：利用物理作用分离污水中呈悬浮状态的固体污染物质。

（2）化学处理法：利用化学反应的作用，分离回收污水中处于各种形态的污染物质。化学处理法多用于处理生产污水。

（3）生物化学处理法：是利用微生物的代谢作用，使污水中呈溶解、胶体状态的有机污染物转化为稳定的无害物质。

4. 污水处理混凝的种类有哪些？

（1）化学混凝：利用正电荷的电解质，压缩污水中负电粒子的双电层，当大量正电荷进入胶粒的双电层内，使双电层变薄，电位减小，胶粒相互聚合下沉。

（2）物理混凝：混凝剂水解成高聚物，大颗粒高聚物对胶体有强烈吸附能力，可吸附一定距离的胶体共同下沉。

（3）生物混凝：利用微生物的吸附絮凝作用，吸附胶体颗粒一同下沉。

5. 现代污水处理技术按处理程度分为哪几种，并简述处理目的和效果。

一级、二级和三级处理。

（1）一级处理，主要去除污水中呈悬浮状态的固体污染物质，物理处理法大部分只能完成一级处理的要求。经过一级处理后的污水，BOD 一般可去除 30%左右，达不到排放标准。一级处理属于二级处理的预处理。

（2）二级处理，主要去除污水中呈胶体和溶解状态的有机污染物质，去除率可达 90%以上，使有机污染物达到排放标准。

（3）三级处理，是在一级、二级处理后，进一步处理难降解的有机物、磷和氮等能够导致水体富营养化的可溶性无机物等。

6. 沉砂池起什么作用？有哪几种形式？

（1）沉砂池的功能：①去除比重较大的无机颗粒；②沉砂池一般设于泵站、倒虹管前，以便减轻无机颗粒对水泵、管道的磨损；③也可设于初次沉淀池前，以减轻沉淀池负荷及改善污泥处理构筑物的处理条件。

（2）常用的沉砂池有平流沉砂池、曝气沉砂池、多尔沉砂池和钟式沉砂池等。

7. 简述平流式沉淀池的构造。

平流式沉淀池由流入装置、流出装置、沉淀区、缓冲层、污泥区及排泥装置等组成。

8. 初沉池有什么作用？二沉池有什么作用？

（1）初次沉淀池是一级污水处理厂的主体处理构筑物，或作为二级污水处理厂的预处理构筑物设在生物处理构筑物的前面。处理的对象是悬浮物质 SS，可改善生物处理构筑物的运行条件并降低其 BOD 负荷。

（2）二次沉淀池设在生物处理构筑物的后面，用于沉淀去除活性污泥或腐殖污泥，它是生物处理系统的重要组成部分。

9. 曝气沉砂池的优点有哪些？

（1）空气使池内水流做旋流运动，无机颗粒之间的互相碰撞与摩擦机会增加，把表面附着的有机物磨去，并通过水流作用使无机颗粒与有机颗粒分开，得到清洁砂。

（2）可以起到预曝气的作用。

（3）水流旋转前进，可把密度较小的有机物旋至水流中心部分随水带走防止沉淀。

10. 简述初次沉淀池的几种类型？

（1）平流沉淀池。（2）辐流沉淀池（分普通辐流沉淀池和向心辐流沉淀池）。（3）竖流式沉淀池。（4）斜板斜管沉淀池

11. 简述辐流沉淀池的进水和出水特点。

（1）普通辐流沉淀池：中心进水，周边出水；水流速度中间最大，影响处理效果，向池周方向慢慢减小，容积利用率减少。

（2）向心辐流沉淀池：周边进水，沉淀池中心部位的 0.25*R*、0.5*R* 或周边出水；进出水过水断面大，流速小，提高处理能力。

12. 简述向心辐流沉淀池的特点。

（1）进水断面大，流速小，设导流絮凝区，但使活性污泥絮凝，加速沉淀区沉淀。

（2）池底水流为向心流，可将沉淀污泥推向污泥斗，便于排泥。

（3）容积利用系数高。

（4）流入区设在池周边，流出槽设在沉淀池中心部位的 0.25R、0.5R 或周边，提高处理效果。

13. 绘图介绍辐流沉淀池的工作原理。

（1）普通辐流沉淀池

水由中心管穿孔挡板进入池中，向池四周方向流动，流速逐渐减小，由于异重流的作用，颗粒中较大的在中间开始沉淀，然后较小的随水流变慢陆续沉淀（图 4.23）。

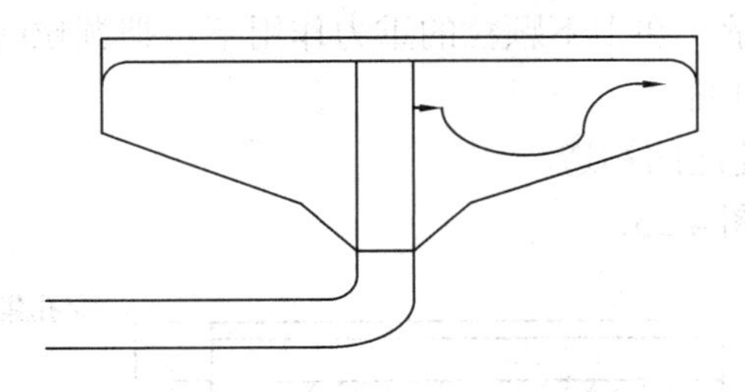

图 4.23　普通辐流沉淀池

（2）向心式辐流沉淀池

在接近进口处有一段接触絮凝作用区，周边进水流速小，出水流速小，产生异重流而使水流成环形流动，颗粒随水流过程中产生沉淀（图 4.24）。

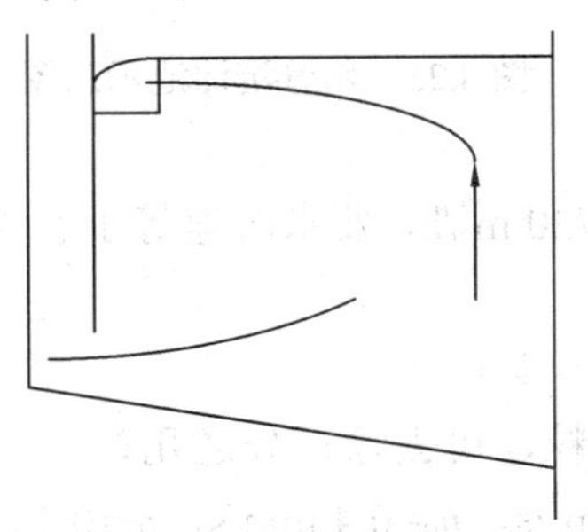

图 4.24　向心式辐流沉淀池

14. 简述竖流沉淀池的特点。

（1）池径不大，池深大，水流分布均匀；

（2）水流由下向上流动；

（3）处理水量小；

（4）有一个污泥悬浮区，当沉速＝上升流速时，SS 上升，因碰撞，颗粒直径增大，从而使沉速增大。当沉速＜上升流速时，悬浮物上升流速碰到污泥悬浮区。

15. 简述浅层沉降原理。

理想沉淀池因沉速为 u_i 的颗粒的去除率 E，当 $u_i > u_o$（截留沉速）时，颗粒全部去除，而 $u_i < u_o$ 时，$E = u_i / u_o = u_i / q$（表面负荷）$= u_i / (Q/A) = Au_i / Q$，则 E 只与 u_iA，Q 有关，当 Q 不变，u_i 不变，增大沉淀池表面积 A，可使 E 增大，这样若沉淀池体积 V 不变，池高 h 变浅，$A=V/h$ 变大，而使 E 变大，这种由于浅池而使 E 增大的理论就是浅池理论。

16. 说明二次沉淀池里存在几种沉淀类型，为什么？

（1）自由沉淀：沉淀初期，历时短暂，刚从曝气池内排出的水，沉淀颗粒互不干扰。

（2）初期的沉降为絮凝沉淀：此时从曝气池中随水流进来的生物污泥和悬浮物浓度不高，而且絮凝性很强，在二沉池中聚集成大的絮体从而沉下。

（3）后期沉降为成层沉淀：当在初期沉淀中的絮体聚集到一定程度，下降到一定程度，在中下部就出现悬浮固体浓度较高，颗粒彼此靠得很近，而且有很强的吸附力使所有颗粒聚集成一个整体，各自保持位置不变进行下沉。

（4）浓缩过程为浓缩沉降：当后期沉降到一定程度，使悬浮固体浓度很高，颗粒之间便互相接触，彼此上下支承，在上下颗粒的重力作用下，把颗粒间隙的水挤出，颗粒相互位置不断靠近，使污泥群体压缩。

17. 绘图说明斜管沉淀池的构造。

斜管沉淀池示意图见图 4.25。

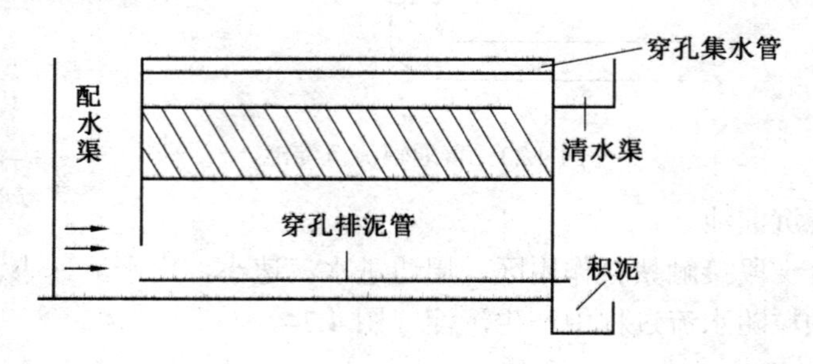

图 4.25　斜管沉淀池示意图

五、计算题

1. 平流沉淀池设计流量为 720 m^3/h。要求沉速等于和大于 0.4 mm/s 的颗粒全部去除。试按理想沉淀条件，求：

（1）所需沉淀池平面积为多少 m^2？

（2）沉速为 0.1 mm/s 的颗粒，可去除百分之几？

解：已知 Q=720 m^3/h=0.2 m^3/s，u_0=0.4 mm/s，u_i=0.1 mm/s

（1）所需沉淀池平面积为

$$A=\frac{Q}{u_0}=\frac{0.2}{0.4\times10^{-3}}=50\ \text{m}^2$$

（2）沉速为 0.1 mm/s 的颗粒的去除率为

$$E=\frac{u_i}{u_0}=\frac{0.1}{0.4}=0.25$$

六、判断题

1.（√）	2.（√）	3.（√）	4.（×）	5.（√）
6.（×）	7.（√）	8.（×）	9.（×）	10.（×）
11.（×）	12.（×）	13.（√）	14.（√）	15.（√）
16.（√）	17.（×）	18.（×）	19.（×）	20.（×）
21.（×）	22.（×）	23.（√）	24.（×）	25.（×）
26.（×）	27.（√）	28.（×）	29.（√）	30.（×）
31.（×）	32.（×）	33.（√）	34.（×）	35.（√）
36.（×）	37.（√）	38.（√）		

第十九节 活性污泥法

一、填空题

1.（初期去除现象）（吸附作用）

2.（一级反应）（零级反应）

3.（BOD 负荷率）（DO）（水温）（营养物平衡）（pH 值）（有毒物质）

4.（同化反应）（氨化反应）（硝化反应）（反硝化反应）

5.（减速增长期）（内源呼吸期）（一级反应）

6.（去除进水中的悬浮物质）（去除由生物反应器出水所携带的生物污泥等）

7.（良好的活性污泥）（充足的氧）

8.（黄褐色的絮绒颗粒状）（表面积）（含水率）

9.（增加）

10.（推流式）（完全混合式）（循环混合式）

11.（菌种）（营养环境）

12.（及时补充营养）（排除有害物质）

13.（使所培养的活性污泥可用于处理特定废水）

14.（污泥膨胀）（污泥腐化）（污泥上浮）（污泥解体）（泡沫问题）（异常生物相）

15.（N、P）（DO 不足）（水温高）（pH）

16.（排泥不畅）

17.（曝气过量）（有毒物质）

18.（完全混合）（推流）

19.（延时曝气）

20.（生物吸附）（生物降解）

21.（净化效率高）（产泥量少）

22.（N 的吹脱处理）（生物脱 N）

23.（pH 值）（水温）（布气负荷）（气液比）

24.（化学除 P）（生物除 P）

25.（聚 P 菌过量摄取 P）（形成高 P 污泥排出）

26.（传统活性污泥法）（吸附再生活性污泥法）（完全混合性污泥法）（分段进水活性污泥法）（渐减曝气活性污泥法）

27.（100:5:1）

28.（适应期）（对数增殖期）（减速增殖期）（内源呼吸期）

29.（原生动物）（后生动物）

30.（充氧）（搅拌与混合）

31.（温度）（溶解氧）（碱度和 pH）（C/N 比）（有毒物质）

32.（温度）（溶解氧）（碱度和 pH）（C/N 比）（碳源有机物）（有毒物质）

33.（具有代谢功能活性的微生物群体）（微生物自身氧化的残留物）（由污水挟入的并被微生物所吸附的有机物）（由污水挟入的无机物质）

34 .（微气泡）（中气泡）（大气泡）

二、选择题

1. [D]　2. [C]　3. [C]　4. [C]　5. [C]　6. [B]　7. [D]
8. [A]　9. [A]　10. [A]　11. [D]　12. [B]　13. [B]　14. [D]
15. [A]　16. [B]　17. [B]　18. [C]　19. [A]　20. [B]　21. [C]
22. [C]　23. [B]　24. [A]　25. [B]　26. [D]　27. [B]　28. [D]
29. [E]　30. [B]　31. [D]　32. [A]　33. [A]　34. [C]　35. [C]
36. [D]　37. [D]　38. [B]　39. [C]　40. [D]　41. [B]　42. [C]
43. [A]　44. [A]　45. [B]　46. [B]　47. [C]　48. [D]　49. [C]
50. [D]　51. [C]　52. [B]　53. [B]　54. [D]　55. [C]　56. [B]
57. [D]　58. [C]　59. [A]　60. [BCAD]　61. [B]　62. [B]　63. [C]
64. [A]　65. [A]　66. [D]　67. [D]　68. [B]　69. [A]　70. [C]
71. [B]　72. [C]　73. [A]　74. [B]　75. [D]　76. [C]　77. [B]
78. [A]　79. [B]　80. [C]　81. [D]　82. [A]　83. [B]　84. [C]

三、名词解释

1. 混合液悬浮固体浓度：简写 MLSS，又称混合液污泥浓度，它表示的是在曝气池单位容积混合液内所含有的活性污泥固体物的总重量，即：MLSS=Ma+Me+Mi+Mii

2. 混合液挥发性悬浮固体浓度：简写 MLVSS，本项指标所表示的是混合液活性污泥中有机性固体物质部分的浓度，即：MLVSS=Ma+Me+Mi

3. 污泥沉降比：简写 SV，又称 30 min 沉降率。混合液在量筒内静置 30 min 后所形成沉淀污泥的容积占原混合液容积的百分率，以%表示。

4. 污泥容积指数：简写为 SVI，简称“污泥指数”。本项指标的物理意义是在曝气池出口处的混合液，在经过 30 min 静沉后，每 g 干污泥所形成的沉淀污泥所占有的容积，以 mL 计。

5. 污泥龄：曝气池内活性污泥总量（V_x）与每日排放污泥量之比，称之为污泥龄，即活性污泥在曝气池内的平均停留时间，又称为“生物固体平均停留时间”。

6. BOD 污泥负荷：所表示的是曝气池内单位重量（kg）活性污泥，在单位时间（1 d）内能够接受，并将其降解到预定程度的有机污染物量（BOD）$Ns=F/M=QS_o/V_x$

7. BOD 容积负荷：单位曝气池容积（m^3）在单位时间（1 d）内，能够接受，并将其降解到预定程度的有机污染物量

8. 污泥回流比：污泥回流比（R）是指从二沉池返回到曝气池的回流污泥量 QR 与污水流量 Q 之比。

9. 底物：一切在生物体内可通过酶的催化作用而进行生物化学变化的物质统称为底物。

10. 好氧生物处理：是一 种在提供游离氧的前提下，以好氧微生物为主，使有机物降解、稳定的无害化处理方法。

11. 代谢：为了维持生命活动过程与繁殖下代而进行的各种化学变化称为微生物的新陈代谢，简称代谢。

12. 生物处理：是主利用微生物能很强的分解氧化有机物的功能，并采取一定的人工措施，创造一种可控制的环境，使微生物大量生长、繁殖，以提高其分解有机物效率的一种废水处理方法。

13. 活性污泥法：以污水中的有机污染物为基质，在溶解氧存在的条件下，通过微生物群的连续培养活性污泥的，经凝聚、吸附、氧化分解，沉淀等过程去除有机物的一种方法。

14. 比耗氧速率：单位重量的活性污泥在单位时间内所能消耗的溶解氧量，单位为 $mgO_2/(gMLVSS \cdot h)$ 或 $mgO_2/(gMLSS \cdot h)$

15. 充氧能力 E_L：通过机械曝气装置的转动，在单位时间内转移到混合液的氧量，以 kgO_2/h 计。表示一台机械曝气设备。

16. 氧转移效率 E_A：通过鼓风曝气转移到混合液中的氧占总供氧量的百分比%。

17. 污泥解体：当活性污泥处理系统的处理水质浑浊，污泥絮凝体微细化，处理效果变坏等为污泥解体现象。

18. 污泥膨胀：污泥的沉降性能发生恶化，不能在二沉池内进行正常的泥水分离的现象。

19. 污泥上浮：污泥（脱氮）上浮是由于曝气池内污泥泥龄过长，硝化进程较高，但却没有很好的反硝化，因而污泥在二沉池 底部产生反硝化，硝酸盐成为电子受体被还原，产生的氮气附于污泥上，从而使污泥比重降低，整块上浮。另外，曝气池内曝气过度，使污泥搅拌过于激烈，生成大量小气泡附聚于絮凝体上，或流入大量脂肪和油类时，也可能引起污泥上浮。

20. 污泥腐化现象：在二沉池中由于长时间滞留而产生厌氧发酵生成气体硫化氢、甲烷等，从而使大块污泥上浮，污泥腐败变黑产生恶臭，此现象就称为污泥腐化现象。

21. 同步驯化法：为缩短培养和驯化时间，把培养和驯化这两个阶段合并进行，即在培养开始就加入少量工业废水，并在培养过程中逐渐增加比重，使活性污泥在增长过程中，逐渐适应工业废水并具有处理它的能力。

四、简答题

1. 绘出活性污泥法的基本流程（图 4.26），并指出各部分的作用。

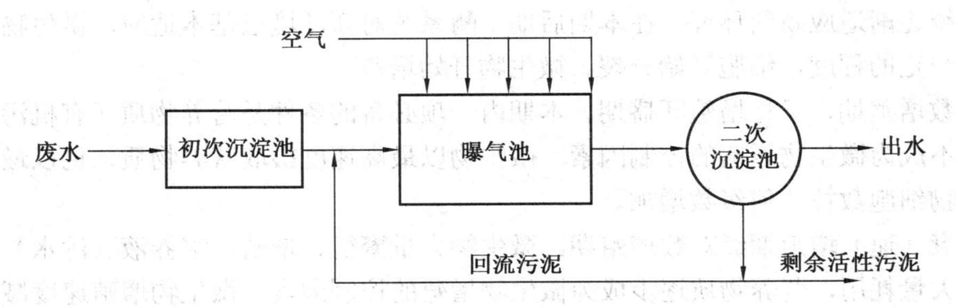

图 4.26 活性污泥法基本流程

（1）曝气池：微生物降解有机物的反应场所；（2）二沉池：泥水分离；（3）污泥回流：确保曝气池内生物量稳定（4）曝气：为微生物提供溶解氧，同时起到搅拌 混合的作用。

2. 简述活性污泥概念，并说明其正常运行必须具备的条件。

活性污泥法：向生活污水中通入空气进行曝气，持续一段时间后，污水中即生成一种褐色絮凝体。该絮体由大量繁殖的微生物群体构成，可氧化分解污水中有机物，并易于沉淀分离从而得到澄清的处理出水。

正常运行必须具备的条件：①污水中含有足够的可溶解性易降解的有机物，作为微生物生理活动所必需的营养物质；②混合液中含有足够的溶解氧；③活性污泥在曝气池中呈悬浮状态，能够与污水充分接触；④活性污泥连续回流，同时及时排除剩余污泥，使曝气池中保持恒定的活性污泥浓度；⑤没有对微生物有毒害作用的物质进入。

3. 活性污泥中固体物质的组成有哪几部分组成？

①具有代谢功能活性的微生物群体（Ma）；

②微生物菌体自身氧化的残留物（Me）；

③由原污水挟人的难为细菌降解的惰性有机物质（包含难降解有机物质）（Mi)；

④活性污泥的无机组成部分（Mii）。

4. 活性污泥中微生物有哪几类，在系统中各起什么作用？

（1）活性污泥微生物是由细菌类、真菌类、原生动物、后生动物等异种群体所组成的混合培养体。

（2）在活性污泥处理系统中：①净化污水的第一承担者，也是主要承担者是细菌②而摄食处理水中游离细菌，使污水进一步净化的原生动物则是污水净化的第二承担者。③原生动物摄取细菌，是活性污泥生态系统的首次捕食者。④后生动物摄食原生动物，则是生态系统的第二次捕食者。

5. 活性污泥的增长规律主要受什么因素控制？可以分为哪几个期，介绍各期内微生物的生长特点。

（1）活性污泥的含量，即有机物量（F）与微生物量（M）的比值（F/M）是对活性污泥微生物增殖速度产生影响的主要因素，也是 BOD 去除速度、氧利用速度和活性污泥的凝聚、吸附性能的重要影响因素。

（2）整个增长曲线可分为四个阶段（期）。

①适应期。微生物培养的最初阶段，是微生物细胞内各种酶系统对新培养基环境的适应过程。在本阶段初期微生物不裂殖，数量不增加，但在质的方而却开始出现变化，如个体增大，酶系统逐渐适应新的环境。在本期后期，酶系统对新环境已基本适应，微生物个体发育也达到了一定的程度，细胞开始分裂、微生物开始增殖。

②对数增殖期，又称增殖旺盛期。本期内一项必备的条件是营养物质（有机污染物）非常充分，不成为微生物增殖的控制因素。微生物以最高速度摄取营养物质，也以最高速度增殖。微生物细胞数按几何级数增加。

③减衰（速）增殖期经对数增殖期，微生物大量繁衍、增殖，培养液（污水）中的营养物质也被大量耗用，营养物质逐步成为微生物增殖的控制因素，微生物增殖速度减慢，增殖速度几乎和细胞衰亡速度相等，微生物活体数达到最高水平，但却也趋于稳定。

④内源呼吸期培养液（污水）中营养物质继续下降，并达到近乎耗尽的程度，微生物由于得不到充足的营养物质，而开始利用自身体内储存的物质或衰死菌体，进行内源代谢以营生理活动。

6. 介绍活性污泥对有机物的降解过程，写出代谢反应式，并绘出代谢模式图。

（1）初期吸附去除在活性污泥系统内，在污水开始与活性污泥接触后的较短时间（5～10 min）内，污水中的有机污染物即被大量去除，出现很高的 BOD 去除率。这种初期高速去除现象是由物理吸附和生物吸附交织在一起的吸附作用所导致产生的。活性污泥具有很强的吸附能力。

（2）微生物的代谢污水中的有机污染物，首先被吸附在有大量微生物栖息的活性污泥表面，并与微生物细胞表而接触，在微生物透膜酶的催化作用下，透过细胞壁进入微生物细胞体内，被摄入细胞体内的有机污染物，在各种胞内酶的催化作用下，微生物对其进行代谢反应。

$$\text{分解代谢：}\begin{cases}(C_5H_7NO_2)_n + 5nO_2 \xrightarrow{\text{酶}} 5nCO_2 + 2nH_2O + nNH_3 + \Delta H\text{（内源呼吸）}\\ C_xH_yO_z + \left(x + \dfrac{y}{4} - \dfrac{z}{2}\right)O_2 \xrightarrow{\text{酶}} CO_2 + H_2O + \Delta H\text{（呼吸作用）}\end{cases}$$

$$\text{合成代谢：}nC_xH_yO_z + nNH_3 + n\left(x + \frac{y}{4} - \frac{z}{2} - 5\right)O_2 \xrightarrow{\text{酶}} (C_5H_7NO_2)_n + n(x-5)CO_2 + \frac{n}{2}H_2O - \Delta H$$

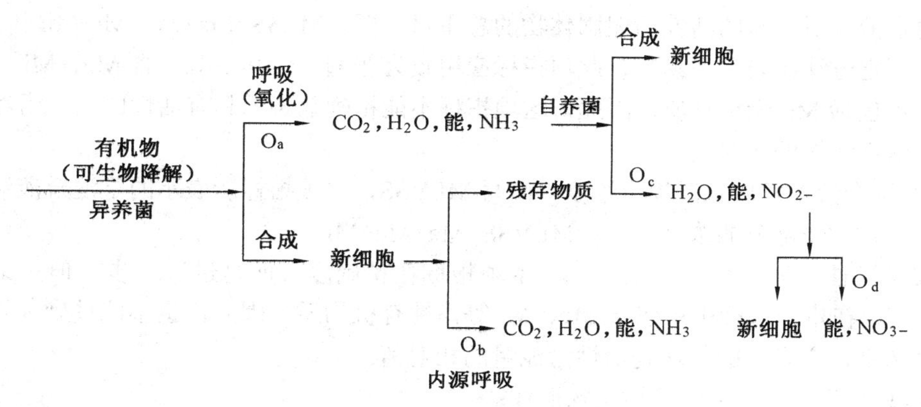

图 4.27　可生物降解有机物降解过程示意图

（3）活性污泥的沉淀分离，泥水分离，使处理水澄清剩余污泥进入污泥处理系统。

7. 说明生物絮体形成机理

絮体是由细菌内源代谢分泌的聚合物在微生物之间起黏合剂的作用，而且内源代谢分泌聚合物与微生物成适当比例才能形成良好的生物絮凝体，如果微生物增值率过高，内源代谢分泌的聚合物不足以吸附新增殖的微生物，就不可能形成良好的絮体，如果有机物浓度过低，内源代谢产生的聚合物质被微生物当成食物消耗，絮体也难产生。同时，在营养充沛时，能的含量高，细菌处于对数增长期，运动性能活泼，动能大于范德华力，菌体不能结合，并且在内源呼吸期内微生物动能降低，不能与范德华力想抗衡，并且在布朗运动下，微生物互相碰撞，互相结合，形成絮体。

8. 影响活性污泥法运行的主要因素有哪些？

（1）营养物质平衡：碳源，氮源，无机盐类及某些生长素。$BOD_5 \geqslant 100$ mg/L，BOD:N:P=100:5:1。

（2）溶解氧含量：DO≥2 mg/L（以出口为准），DO 上升，污泥增长也上升，底物降解也上升，S 下降，同时 DO 也不易过高，能导致有机污染物分解过快，使微生物缺少营养，老化过快，结构松散，同时运行费用高。

（3）pH 值，影响微生物生理活动影响微生物膜电性，影响其吸收营养物质，影响代谢功能也易使蛋白质变性，最佳 pH 为 6.5～8.5，pH＜6.5 丝状菌产生膨胀，pH＞9 菌胶易解体活性污泥遭破坏。

（4）水温：最适温度为酶活性的最适温度 20～30 ℃，水温不适使微生物生理活动受到破坏，导致形态和生理特性改变，甚至死亡。

（5）有毒物质：对微生物生理活动具有抑制作用的某些无机物质及有机物质，但当有毒物质浓度低于极限允许浓度时，毒害和抑制作用显示不出来。

（6）BOD 负荷率（N_s）：曝气池内单位质量活性污泥在单位时间内能够接受并降解到预定程度的有机污染物量，决定有机污染物的降解速度，活性污泥增长速度的最重要的因素，N_s上升，污泥增长上升，底物降解上升，原水污染物浓度上升，曝气池体积上升，污泥龄短。

9. 反映活性污泥微生物量的指标有哪两项，并解释其定义及实际意义。

（1）混合液悬浮固体浓度，简写 MLSS，又称混合液污泥浓度，它表示的是在曝气池单位容积混合液内所含有的活性污泥固体物的总重量，即：MLSS=Ma+Me+Mi+Mii

由于测定方法比较简便易行，此项指标应用较为普遍，但其中既包含 Me、Mi 二项非活性物质，也包括 Ma 无机物质，因此，这项指标不能精确地表示具有活性的活性污泥量，而表示的是活性污泥的相对值。

（2）混合液挥发性悬浮周体浓度，简写 MLVSS，本项指标所表示的是混合液活性污泥中有机性固体物质部分的浓度，即：MLVSS=Ma+Me+Mi

在表示活性污泥活性部分数量上，本项指标在精确度方面是进了一步，但只是相对于 MLSS 而言，在本项指标中还包含 Me、Mi 等惰性有机物质。因此，也不能精确地表示活性污泥微生物量，它表示的仍然是活性污泥量的相对值。

Ma：具有代谢功能活性的微生物群体；

Me：微生物内源代谢自身氧化的残留物；

Mi：由原污水挟入难为细菌降解的惰性有机物质；

Mii：由污水挟入的无机物质。

10. 评定活性污泥沉降性能的指标有哪两项，并解释其定义及实际意义。

（1）污泥沉降比简写 SV，又称 30 min 沉降率。混合液在量筒内静置 30 min 后所形成沉淀污泥的容积占原混合液容积的百分率，以%表示。污泥沉降比能够：

①反映曝气池运行过程的活性污泥量；

②可用以控制、调节剩余污泥的排放量；

③还能通过它及时地发现污泥膨胀等异常现象的发生。有一定的实用价值，是活性污泥处理系统重要的运行参数，也是评定活性污泥数量和质量的重要指标。

（2）污泥容积指数，简写为 SVI，简称“污泥指数”。本项指标的物理意义是在曝气池出口处的混合液，在经过 30 min 静沉后，每 g 干污泥所形成的沉淀污泥所占有的容积，以 mL 计。SVI 值能够反映活性污泥的凝聚、沉降性能．对生活污水及城市污水，此值以介于 70～100 之间为宜。SVI 值过低，说明泥粒细小，无机质含量高，缺乏活性；过高，说明污泥的沉降性能不好，并且已有产生膨胀现象的可能。

11. 解释污泥龄，为什么说它是活性污泥系统设计、运行的重要参数？

（1）曝气池内活性污泥总量（V_x）与每日排放污泥量之比，称之为污泥龄，即活性污泥在曝气池内的平均停留时间，又称为“生物固体平均停留时间”。

（2）污泥龄与污泥去除负荷（N_{rs}）呈反比关系。这一参数还能够说明活性污泥微生物的状况，世代时间长于污泥龄的微生物在曝气池内不可能繁衍成优势菌种属。

12. 什么叫 BOD 污泥负荷和 BOD 容积负荷，两者有什么关系？为什么说选定合适的 BOD 污泥负荷既有一定的理论意义又有一定的经济意义？

（1）BOD 污泥负荷：所表示的是曝气池内单位重量（kg）活性污泥，在单位时间（1 d）内能够接受，并将其降解到预定程度的有机污染物量（BOD）$N_s=F/M=QS_o/V_x$

（2）BOD 容积负荷：单位曝气池容积（m^3）在单位时间（1 d）内，能够接受，并将其降解到预定程度的有机污染物量（BOD）$N_v=QS_o/VN_s$ 值与 N_v 值之间的关系）

（3）BOD 污泥负荷，是影响有机污染物降解、活性污泥增长的重要因素。①采月高额的 BOD 污泥负荷，将加快有机污染物的降解速度与活性污泥增长速度，降低曝气池的存积，在经济上比较适宜．但处理水水质未必能够达到预定的要求。②采用低值的 BOD 污泥负荷，有机污染物的降解速度和活性污泥的增长速度，都将降低，曝气池的容积加大，建设费用有所增高，但处理水的水质可能提高，并达到要求。

13. 简述剩余污泥量计算公式。

$$\Delta X=Y(S_a\sim S_e)Q\sim K_dVX_v$$

式中 ΔX——污泥增长量 kg/d；

Y——产率系数，kg 污泥/kgBOD；

S_a——经预处理后，进入曝气池污水含有的有机污染物 BOD 量，kg/m^3；

S_e——经活性污泥处理后，处理水中 BOD 量，kg/m^3；

Q——每日处理水量，m^3/d；

K_d——活性污泥微生物的自身氧化率 d^{-1}，衰减系数；

V——曝气池的有效容积 m^3；

X_v——MLVSS，kg/m^3。

14. 衡量曝气设备效能的指标有哪些？什么叫充氧能力？什么叫氧转移效率？

主要指标：动力效率 E_p、氧的利用率 E_A、充氧能力 E_L。

充氧能力 E_L：通过机械曝气装置的转动，在单位时间内转移到混合液的氧量，以 kgO_2/h 计。表示一台机械曝气设备。

氧转移效率 E_A：通过鼓风曝气转移到混合液中的氧占总供氧量的百分比%。

15. 简述微生物的总需氧量计算公式。

$$Q=A(S_a\sim S_e)Q\sim b(V)X_v$$

式中 Q——微生物的总需氧量，kgO^2/d；

A——去除单位底物的需氧量，$kg\ O^2/kgBOD\cdot d$；

S_a——经预处理后，进入曝气池污水含有的有机污染物 BOD 量，kg/m^3；

S_e——经活性污泥处理后，处理水中 BOD 量，kg/m^3；

Q——每日处理水量，m^3/d；

b——单位污泥自身氧化的需氧量，$kg\ O^2/kgMLSS\cdot d$；

V——曝气池的有效容积 m^3；

X_v——MLVSS，kg/m^3。

16. 简述传统活性污泥法的运行方式及优缺点。

（1）运行方式：原污水从池首进入，与回流污泥混合从池首到池尾推流流动，沿途曝气，从池尾出水。

（2）优点：①处理效果极好，BOD 去除 90%以上。②不易污泥膨胀。

（3）缺点：①因池首不宜承受过大有机负荷，曝气池容积大，占用土地多，基建费用高。②供氧和需氧不平衡。③耐冲击负荷能力差，对水质、水量变化地适应性低。

17. 简述阶段曝气活性污泥法的运行方式及优缺点。

（1）运行方式：原污水沿曝气池的长度分散但均衡地进入，水流主体为推流式前进，沿途曝气，从池尾出水。

（2）优点：①需氧和供氧较平衡，均衡有机污染物负荷，降低能耗，使活性污泥的降解功能得以正常发挥。②耐水量，水质冲击负荷强。③出流混合液的污泥降低，减轻二次沉淀池的负荷，有利于固液分离。

（3）缺点：出水水质不好。

18. 简述吸附——再生活性污泥法 的运行方式及优缺点。

（1）运行方式：把吸附阶段和再生阶段分成两个部分，中间进水，从吸附阶段部分流出进入二沉池，从二沉池回流污泥进入再生阶段的反应池，再生污泥与原水混合流入吸附反应池。

（2）优点：①节约空气量，缩小池的容积。②耐水质，水量冲击能力强。③污泥吸附活性强。④丝状菌不易繁殖，防止污泥膨胀。⑤使用上有很大灵活性。

（3）缺点：①处理效果不好。②不宜处理溶解性有机污染物含量多的污水。

19. 简述完全混合池的运行方式及优缺点。

（1）运行方式：污水进入混合池后立即与池内水完全混合均匀，整个池内不断曝气，废水在曝气区内与污泥接触进行吸附，在沉淀区进行氧化分解，再从四周的出水槽内流出。

（2）优点：①抗冲击负荷强。②净化功能良好发挥，处理效率优于推流式曝气池。③曝气池内混合液的需氧速度均衡，动力消耗低于推流式曝气池。④池中各点水质相同，各部分有机物降解工况点相同，便于调控。

（3）缺点：①易出现污泥膨胀。②一般情况下，处理水质低于推流式曝气池。

20. 绘图说明传统活性污泥法、段曝气活性污泥法、吸附-再生活性污泥法、完全混合池的各自 BOD 降解曲线。（图 4.28）

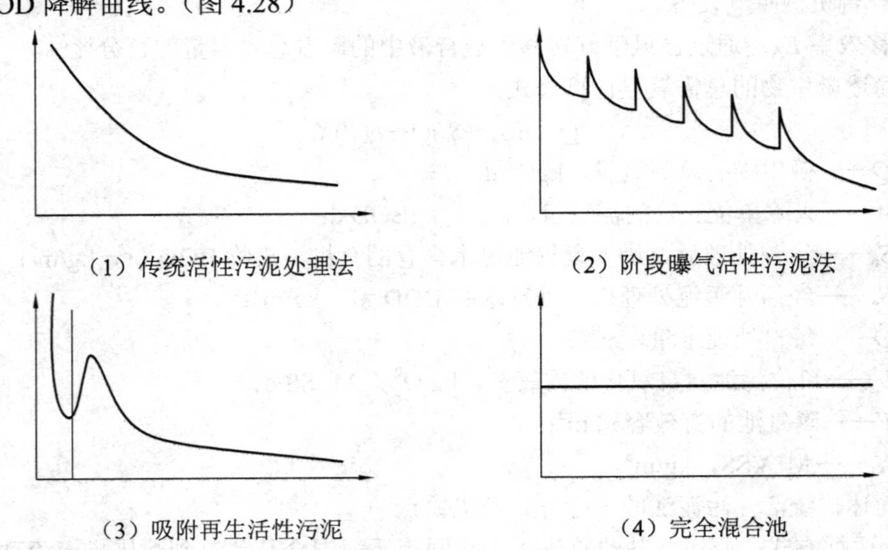

图 4.28　几种方式的 BOD 降解曲线

21. 绘图说明间歇式活性污泥法的运行特点（图 4.29）。

特点：①工艺简单，可省略二沉池和污泥回流设备。

②反应推动力大，效率高。

③沉淀效果好，管理得好时，处理水质优于连续式。

④不易发生污泥膨胀。

⑤通过运行方式调节（前加缺氧，厌氧时间）可脱 N 除 P。

⑥便于自动控制。

⑦适用于中小型污水处理装置。

⑧一般情况下，无须调节池。

⑨采用集有机污染物降解和混合液沉淀于一体得反应器，间歇曝气曝气池。

⑩曝气池容积小于连续式，建设费用与运行费用都较低。

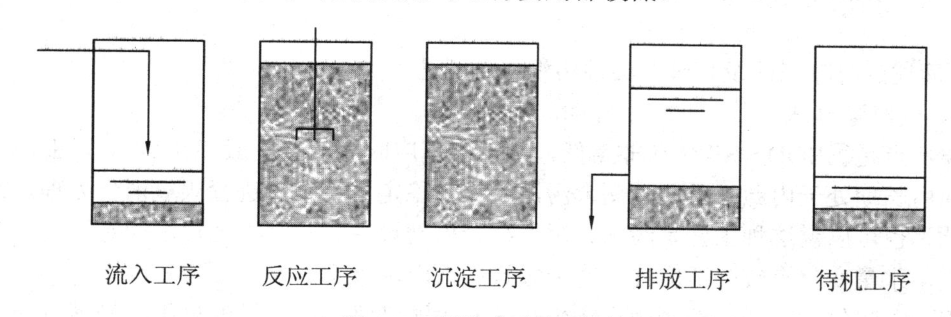

图 4.29 间歇式活性污泥法

22. 简述活性污泥曝气池的曝气作用。

（1）向活性污泥法系统的液相供给溶解氧，并起搅拌和混合作用，使系统内正常进行生化反应，水气液三相良好接触提高氧利用率。使活性污泥与污水充分接触，有利于污染物的降解。

（2）维持液体的足够速度以使水中固体物悬浮。

23. 简述传统活性污泥法的工艺特点，与传统法相比，阶段曝气法，再生曝气法，吸附-再生法分别做了什么改进？改进后具有何特点？

（1）传统活性污泥法的工艺特点

①曝气池呈狭长方形，污水和回流污泥浓度从池前端流入呈推流式至池末端流出，经历了第一阶段的吸附和第二阶段代谢的完整过程，活性污泥也经历了一个从池首端的对数增长，经减速增长到池末端的内源呼吸期的完全生长周期。②处理效率高，BOD_5 去除率可达 90%以上，特别适用于处理要求高而水质较稳定的污水。③耗氧不稳定。④抗冲击能力差。⑤体积负荷率低，曝气池庞大，占用土地较多，基建费用高。

（2）阶段曝气法

改进：污水沿曝气池的长度分散地，但均衡地进入。

特点：①曝气池内有机污染物负荷及需氧率得到均衡，一定程度地缩小了耗氧速度与充氧速度之间的差距见图有助于能耗的降低。②污水分散均衡注入，提高了曝气池对水质、水量冲击负荷的适应能力。③混合液中的活性污泥浓度沿池长逐步降低，出流混合液的污泥较低，减轻二次沉淀池的负荷，有利于提高二次沉淀池固、液分离效果。

（3）再生曝气法

改进：从二次沉淀池排出的回流污泥，不直接进入曝气池，而是先进入称之为再生池的反应器内，进行曝气，在污泥得到充分再生，活性恢复后，再行进入曝气池与流人的污水相混合、接触，进行有机污染物的降解反应。

特点：①总容积小，基建费用低，②抗击负荷能力强，③活性污泥不受毒害作用，④出水水质不及传统法。

（4）吸附-再生法

改进：将活性污泥对有机污染物降解的两个过程——吸附与代谢稳定，分别在各自的反应器内进行。

特点：①污水与活性污泥在吸附池内接触的时间较短，②容积小，③对水质、水量的冲击负荷具有一定的承受能力。当在吸附池内的污泥遭到破坏时，可由再生池内的污泥予以补救。

24. 简述延时曝气法及高负荷活性污泥法的工艺特点。

（1）延时曝气法

主要特点是①BOD～SS 负荷非常低，②曝气反应时间长，一般多在 24 h 以上，③活性污泥在池内长期处于内源呼吸期，剩余污泥量少且稳定，无须再进行厌氧消化处理。

因此，也可以说这种工艺是污水、污泥综合处理设备。具有①处理水稳定性高，②对原污水水质、水量变化有较强适应性，③无须设初次沉淀池等。

优点：①曝气时间长，控制微生物生长处于内源呼吸期；②排泥量少，管理方便，处理效果好；③由于曝气时间长，曝气池的能耗费高；④适用于小型处理站或处理要求较高的污水处理。

（2）高负荷活性污泥法

主要特点是①BOD～SS 负荷高，②曝气时间短，③处理效果较低，一般 BOD 的去除率不超过 70%～75 %。

25. 完全混合活性污泥法有什么特点？比较适合于什么场合？

（1）特点：①池内各类水质完全相同，抗冲击能力强。②污水在曝气池内分布均匀，各部位的水质相同，F:M 值相等。③曝气池内混合液的需氧速度均衡，动力消耗低于推流式曝气池。④污泥降解能力低，易产生污泥膨胀现象 ⑤因连续进出水，易产生短流，出水水质差。

（2）适用于处理工业废水，特别是浓度较高的有机废水。

26. 试述生物吸附法的特点。

（1）处理效率低；（2）适用于含胶体和 SS 多的有机废水处理；（3）污泥的吸附和再生分别在两个池子或一个池子的两部分进行；（4）回流污泥量大；（5）容积负荷率大；（6）需氧均匀；（7）抗冲击能力强。

27. 试述深层曝气法的运行特点。

（1）占地面积大大降低，氧利用效率高。（2）微气泡黏附在污泥上影响其沉淀，需加消泡措施。

28. 简述氧总转移系数的物理意义及影响氧转移的因素。

（1）氧总转移系数：表示曝气过程中氧的总传递性。当传递过程中阻力大，则 K_{LA} 值低，反之则 K_{LA} 比值高。

（2）影响氧转移的因素：液相主体的紊流程度，液膜厚度，气、液界面的更新，气、液接触面积、气相中的氧分压等。

29. 机械曝气装置有哪几种形式？并简述其氧转移原理。

（1）竖轴式、卧轴式。

（2）曝气装置（曝气器）转动，水面上的污水不断地以水幕状由曝气器周边抛向四周，形成水跃，液面呈剧烈的搅动状，使空气卷入；曝气器转动，具有提升液体的作用，使混合液连续地上、下循环流动，气、液接触界面不断更新，不断地使空气中的氧向液体内转移；曝气器转动，其后侧形成负压区，能吸人部分空气。

30. 曝气池按照其混合液流态、平面形状、曝气方法以及和二沉池的关系可分为哪些种类？

（1）混合液流态：推流式、完全混合式、循环混合式。

（2）平面形状：长方廊道形、圆形跑道形、方形跑道形、环形跑道形。

（3）曝气方法：鼓风曝气池、机械曝气池、机械鼓风曝气池。

（4）与二沉池的关系：曝气-沉淀池合建式、分建式。

31. 推流式曝气池的长宽比，长深比以及进出水分别有什么要求？

（1）长宽比：$L\geqslant$（5～10）B。

（2）宽深比：$B=$（1～2）H。

（3）进出水：①进水口与进泥口均设于水下，采用淹没出流方式，以免形成短路，并设闸门以调节流量；②出水一般都采用溢流堰的方式，处理水流过堰顶，溢流流入排水渠道。

32. 二沉池起什么作用？它与初沉池有何区别？在设计中如何体现？

（1）二沉池用以澄清混合液并回收，浓缩活性污泥，进行泥水分离，并由于水量、水质的变化，还要暂时贮存污泥。

（2）区别：作用除进行泥水分离外，还进行污泥浓缩，并由于水量、水质的变化，还要暂时贮存污泥；进入二沉池的活性污泥混合液的性质也有其特点，其浓度高（2 000～4 000 mg/L），有絮凝性能，属于成层沉淀。

（3）设计平流式二次沉淀池时，最大允许的水平流速要比初次沉淀池的小一半；池的出流堰常设在离池末端一定距离的范围内；

辐流式二次沉淀池可采用周边进水的方式以提高沉淀效果；此外，出流堰的长度也要相对增加，使单位堰长的出流量不超过5～8 m^3 / (m·h)。中心管中的下降流速不应超过0.03 m/s，以利气、水分离，提高澄清区的分离效果。

曝气沉淀池的导流区，其下降流速还要小些（0.015 m/s 左右）。由于活性污泥质轻，易腐变质等，采用静水压力排泥的二次沉淀池，其静水头可降至 0.9m；污泥斗底坡与水平夹角不应小于 50°，以利污泥顺利滑下和排泥通畅。

33.根据氧转移公式解释如何提高氧转移速率。

（1）氧转移速度公式

$$dC/dt=K_{LA}(C_s-C)$$

式中　dC/dt——液相主体中溶解氧浓度变化速率；

K_{LA}——氧总转移系数。

$$K_{LA}=D_LA/X_fV$$

式中　D_L——氧分子在液膜中的扩散系数；

A——气液两相接触界面面积；

X_f——液膜厚度；

V——液相主体的容积；

C_s——气液膜界面处溶解氧的浓度；

C——液膜与液相主体界面处溶解氧浓度。

（2）提高 dC/dt：①提高 K_{LA}，使 D_L，A 变大，加强液相主体的紊流程度，降低液膜厚度，加速气，液界面的更新，使 V 小，增大气液接触面积。②提高 C_s，提高气相中的氧分压。

34. 氧转移速率的影响因素有哪些？

（1）污水水质。（2）水温。（3）氧分压。（4）气泡的大小，气液的接触面积。（5）液体的紊流程度。（6）气泡和液体的接触时间。（7）液膜的更新速度。（8）液相中氧的浓度梯度和气相中氧分压梯度。

35. 说明高浓度氮是如何吹脱去除的?

因为 $NH_3 \cdot H_2O \rightleftharpoons NH_3+H_2O$，在适当的 pH 和适当的温度下，反应向右向进行，产生氨气，将污水通过氨气脱除塔，下部鼓入空气，污水在填料的作用下，使水气充分接触，水滴不断的形成，破碎，使游离氨呈气态逸出。

36. 简述生物脱氮的原理及运行条件。

（1）原理：①同化作用：一部分氮被同化为微生物细胞的祖坟，存在于微生物细胞及内院呼吸残留物中的氮可在二沉池中以剩余活性污泥的形式得以去除。②氨化作用：有机氮化物被氨化菌分解转化为氨氮。③硝化作用：氨氮在亚硝化单胞菌的作用下转化为亚硝酸氮，亚硝酸氮再被硝化杆菌转化为硝酸氮。④反硝化作用：亚硝酸氮和硝酸氮，在缺氧的条件下，被兼性异养的反硝化细菌，转化成气态氮（N_2）或 N_2、NO。

（2）运行条件：①好氧条件，满足“硝化需氧量”的要求；②保持一定的碱度；③混合液中有机物含量不应过高，BOD 值应在 15～20 mg/L 以下。

37. 简要介绍 A/O 法生物脱氮工艺（图 4.30）。

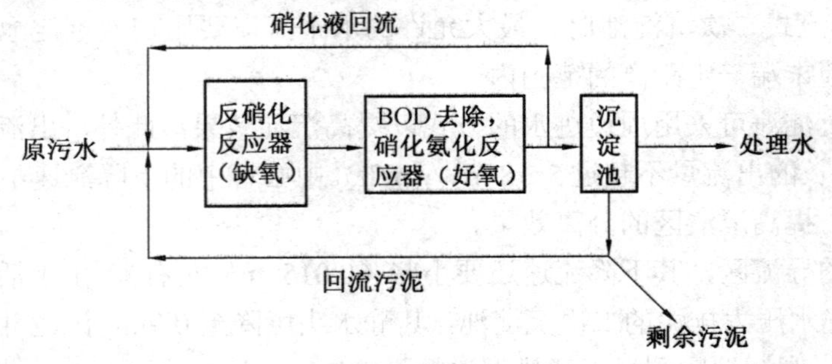

图 4.30　生物脱氮原理示意图

硝化反应器内充分反应的硝化液的一部分回流反硝化反应器而反硝化反应器内脱氮菌以原水中的有机物作为碳源，以回流液中的硝酸盐作为受电体进行呼吸和生命活动，进行反硝化反应，水再流入硝化反应器，去除 BOD 和进行氨化硝化反应。

38. 简要介绍生物除磷机理。

利用聚磷菌一类的微生物，能够过量的，在数量上超过生理要求的从外部环境摄取磷，并将磷从聚合的形态储存在菌体内，形成高磷污泥，排除系统外，达到从污水中除磷的效果。

（1）聚磷菌对磷的过量摄取

在好氧的条件下，聚磷菌有氧呼吸，不断使 ADP+H_3PO_4+能→ATP+H_2O，其中 H_3PO_4 小部分来自体内的聚磷酸盐，大部分来自外部环境中的 H_3PO_4，而大量的 H_3PO_4 进入聚磷菌合成聚磷酸盐。

（2）聚磷菌的放磷

在厌氧条件下，ATP 水解，放出 H_3PO_4 和能。

39. 绘图说明 A^2/O 法同步脱氮除磷工艺。

分成四个部分见图 4.31。

A. 释放磷，部分有机物氨化　　B. 脱氮，硝态氮是由内循环送来的

C. 去除 BOD，硝化，吸收磷　　D. 泥水分离

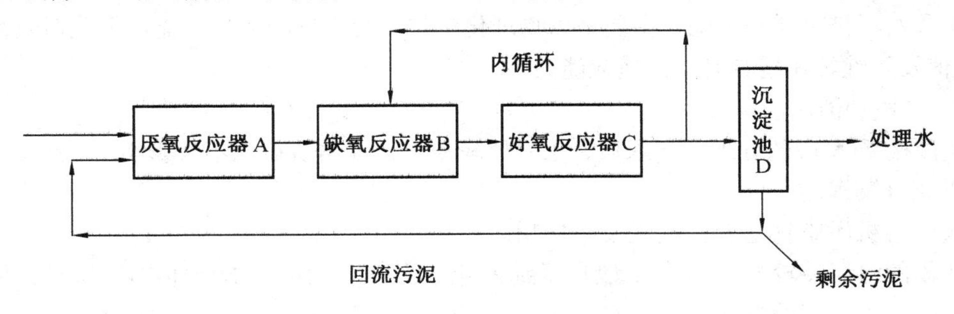

图 4.31 A^2/O 法同步脱氮除磷工艺示意图

40. 与传统活性污泥法曝气池相比较，氧化沟在构造方面，水流混合方面以及工艺方面有什么特征？

（1）在构造方面的特征：①氧化沟一般呈环形沟渠状．平面多为椭圆形或圆形，总长可达几十米，甚至百米以上。沟深取决于曝气装置。②单池的进水装置比较简单，只要伸入一根进水管即可。出水一般采用溢流堰式，宜于采用可升降式的，以调节池内水深。

（2）在水流混合方面的特征：在流态上，氧化沟介于完全混合与推流之间。污水在沟内的流速平均为 0.4 m/s，氧化沟总长为 L，当 L 为 100～500 m 时，污水完成一个循环所需时间约为 4～20 min，氧化沟内的流态是完全混合式的，但是又具有某些推流式的特征。氧化沟的这种独特的水流状态，有利于活性污泥的生物凝聚作用，可以将其区分为富氧风、缺氧区，用以进行硝化和反硝化，取得脱氮的效应。

（3）在工艺方面的特征：①可考虑不设初沉池，有机性悬浮物在氧化沟内能够达到好氧稳定的程度；②可考虑不单设二次沉淀池，使氧化沟与二次沉淀池合建，可省去污泥回流装置；③BOD 负荷低。

41. 常用的氧化沟有哪几种形式？

（1）卡罗塞氧化沟。由多沟串联氧化沟及二次沉淀池、污泥回流系统所组成。

（2）交替工作氧化沟系统。有 2 池和 3 池两种交替工作氧化沟系统。

（3）二次沉淀池交替运行氧化沟系统。氧化沟连续运行，设两座二次沉淀池，交替运行，交替回流污泥。

（4）奥贝尔氧化沟系统。污水首先进入最外环的沟渠，然后依次进入下一层沟渠，最后由位于中心的沟渠流出进入二次沉淀池。

（5）曝气～沉淀一体化氧化沟。所谓一体化氧化沟。将二次沉淀池建氧化沟内。

42. 简述间歇式活性污泥法（SBR 工艺）反应器的操作过程。

（1）流入；（2）反应；（3）沉淀；（4）排放；（5）待机。

43. 简述 *AB* 法沉淀水处理工艺中 *A*、*B* 段功能。

（1）*A* 段功能：

①*A* 段连续不断地从排水系统中接受污水，同时也接种在排水系统中存活的微生物种群。

②*A* 段负荷高，为增殖速度快的微生种群提供了良好的环境条件。

③*A* 段污泥产率高，并有一定的吸附能力。*A* 段对污染物的去除，主要依靠生物污泥的吸附作用，某些重金属和难降解有机物和氮磷等植物性营养物质，都能够通过 *A* 段而得到一定去除，从而减轻 *B* 段负荷。

④*A* 段对污染物质的去除，主要是以物理化学作用为主导的吸附功能，因此对负荷、温度、pH 值及毒性等作用具有一定适应能力。

（2）*B* 段功能：

①*B* 段接受 A 段的处理水，水质、水量比较稳定，冲击负荷已不再影响 *B*，*B* 段的净化功能得以充分发挥。

②去除有机污染物是 *B* 段的主要净化功能。

③*B* 段的污泥龄较长，氮在 *A* 段也得到了部分的去除，BOD:N 比值有所降低，因此 *B* 段具有产生硝化反应的条件。

④*B* 段承受的负荷为总负荷的 30%～60%，较传统活性污泥处理系统，曝气池的容积可减少 40%左右。

44. 简述活性污泥的培养驯化方式。

（1）异步培养法：现培养再驯化。

（2）同步培养法：培养驯化同时进行或交替进行。

（3）接种培养法：以污水厂污泥作为种泥，再进行适当培训。

45. 污泥处理系统的异常情况有哪些？

导致处理效果降低，污泥流失的情况

（1）污泥膨胀；（2）污泥解体；（3）污泥腐化；（4）污泥上浮；（5）泡沫问题；（6）异常生物相。

46. 什么是污泥膨胀？

污泥变质时，污泥不易沉降，SVI 值增高，污泥结构松散，体积膨胀，含水率上升，澄清液稀少，但较清澈，颜色也有异变的现象为污泥膨胀。

原因：丝状菌大量繁殖和污泥中结合水异常增多。

47. 活性污泥生长过慢的原因及处理方法有哪些？

原因：（1）营养物不足，微量元素不足；（2）进液酸化度过高；（3）种泥不足。

处理方法：（1）增加营养物和微量元素；（2）减少酸化度；（3）增加种泥。

48. 污泥活性不够的原因及处理方法有哪些？

原因：（1）温度不够；（2）产酸菌生长过快；（3）营养或微量元素不足；（4）无机物 CA^{2+}

引起沉淀。

排除方法：（1）提高温度；（2）控制产酸菌生长条件；（3）增加营养物和微量元素；（4）减少进泥中 CA^{2+} 含量。

49. 为了使活性污泥曝气池正常运转，应认真做好哪些方面的记录？

（1）严格控制进水量和负荷。

（2）控制污泥浓度。

（3）控制回流污泥量，注意活性污泥的质量。

（4）严格控制排泥量和排泥时间。

（5）适当供氧。

（6）认真做好记录，及时分析运行数据。做到四个经常用，既经常计算、经常观察、经常联系、经常测定。

50. 曝气池有臭味的原因及排除方法？

主要原因为曝气池供氧不足，氧含量偏低。应增加供氧，使曝气池的氧含量浓度高于 2 mg/L。

51. 污泥发黑的原因及排除方法？

主要原因为曝气池 DO 过低，有机物厌氧分解释放出 H_2S，其与 Fe^{2+} 作用生成 FeS。增加供氧或加大污泥回流量。

52. 污泥变白的原因及排除方法？

原因丝状菌或固着型纤毛虫大量繁殖；进水 pH 过低，曝气池 pH≤6，丝状霉菌大量生成。

排除方法：如有污泥膨胀，其他症状参照膨胀对策；提高进水的 P。

53. 沉淀池有大块黑色污泥上浮的原因及排除方法？

主要原因为沉淀池局部积泥厌氧，产生 CH_4、CO_2，气泡附于泥粒使之上浮，出水氨氮往往较高。防止沉淀池有死角，排泥后在死角区用压缩空气冲洗。

54. 活性污泥法系统中，二次沉淀池起什么作用？在设计中有些什么要求？

活性污泥法系统中，二次沉淀池的作用在于（1）泥水分离作用；（2）对污泥起一定的浓缩作用以保证曝气池对污泥量需要。故根据沉淀速度确定的沉降面积和为满足一定的浓缩作用确定面积后，选择其中大者作为设计沉淀面积，以保证对二者需要。

55. 活性污泥法为什么需要回流污泥，如何确定回流比？

活性污泥法是依靠生物污泥对 BOD 的去除的，进水所带生物量有限，故应从二次沉淀池分离出的污泥中回流，一部分进曝气池。回流比的大小取决于曝气池内污泥浓度 X 和回流污泥浓度 X_r，根据进出曝气池的污泥平衡 $r=(X_r \sim X)/X$。

56. 活性污泥法需氧量如何计算，它体现了那两方面的需要？

活性污泥法需氧量一是生物对 BOD 的分解需氧，二是微生物内源呼吸需氧。日常需氧量的计算式为 $O_2=AQ(S_0 \sim S_e)+bVX_0$，$Q$ 日处理水量。

57. 试说明活性污泥法处理水中 BOD 的组成，并说明它们各代表何种处理构筑物的功能作用？

活性污泥法处理水中 BOD 由两项组成：（1）为溶解性的 BOD_5；（2）非溶解性的 BOD_5。溶解性的 BOD_5 来自生物处理后残存的溶解性有机物，它表示了曝气池运行效果，非溶解性 BOD_5 来源于二次沉淀池中带出和微生物悬浮性固体，它表示了二次沉淀池中固液分离的效果。

58. 简述活性污泥的特征。

（1）具有吸附，氧化有机物的能力；（2）良好的活性污泥，易于固液分离，即具有良好的凝聚沉降性能。

59. 什么是污泥沉降比？它有什么作用？

污泥沉降比是指曝气池混合液经 30 min 沉淀后，沉淀污泥与混合液的体积比。

作用：（1）可控制剩余污泥的排放；（2）可及时反映污泥膨胀等异常情况，便于及早查明原因，采取措施。

60. 什么是污泥指数？它有什么作用？

污泥指数是指曝气池混合液经 30 min 沉淀后，1 g 干污泥所占的体积。

作用：（1）反映活性污泥的活性；（2）反映活性污泥的凝聚沉淀性能，利用其可判断污泥是否处于即将膨胀或已经膨胀的状态，以便查明原因，及时采取措施。

61. DO 的变化如何影响活性污泥的反应过程？

活性污泥反应是一个好养分解过程，如果供氧不足则会出现厌氧状态，妨碍微生物正常的代谢过程，并滋长丝状菌，引起污泥膨胀；如果供氧过量，则耗能太大经济上不适宜，所以一般 DO 应维持在 2 mg/L 左右。这说明在低浓度有机底物的条件下，有机底物降解遵循一级反应，随有机物浓度而变，因为在低有机物浓度时，微生物基本上处于减速增长期或内源呼吸期，由于微生物多而有机物少，因此有机物成为反应速率的限制因素。

62. 什么是污泥膨胀现象，它是如何产生的？如何预防？

正常的活性污泥沉降性能良好，含水率在 99%左右，当污泥变质时，不易沉降，含水率上 升，体积膨胀，澄清液减少，这种现象就称为污泥膨胀现象。

原因：（1）丝状菌大量繁殖，使泥块松散，密度降低所致；（2）结合水性污泥膨胀，是排泥不畅所致。

措施：（1）按照进出水浓度，变更空气量，使营养和供氧维持适当的比例关系；（2）严格控制排泥量和排泥时间。

63. 什么是污泥解体现象，它产生的原因和处理措施如何？

处理水质浑浊，污泥絮凝体微细化处理效果变坏，此现象就称为污泥解体现象。

原因：（1）曝气过量→F/M 平衡遭到破坏→微生物减少失去活性→降低吸附能力→絮凝体缩 小→处理水浑浊；（2）有毒物质→抑制或伤害微生物→使之失去活性。

措施：（1）减少曝气量；（2）去除有毒物质。

64. 什么是污泥腐化现象？它产生的原因和处理措施如何？

在二沉池中由于污泥长期滞留而产生厌氧发酵生成气体 H_2S、CH_4 等，从而使大块污泥上浮，污泥腐败变黑，产生恶臭，此现象即为污泥腐化现象。

原因：缺氧厌氧发酵。

措施：（1）安设不使污泥外溢的浮渣清除设备；（2）清除沉淀池的死角地区；（3）加大池底坡度或改进池底刮泥设备不使污泥滞留。

65. 什么是污泥脱氮现象？它产生的原因和处理措施如何？

由于在曝气池内曝气量过大，产生大量硝酸盐，在二沉池中产生反硝化生成气体 N_2 携泥上浮的现象即为污泥脱氮现象。

原因：曝气量过大或曝气时间过长。

措施：（1）增加污泥的回流量或及时排放污泥以减少沉淀池的污泥量；（2）减少曝气量或曝气时间以减少 DO 量进而减弱硝化作用。

66. 在活性污泥系统运行中为什么会出现泡沫问题，应采取何措施？

原因：由大量合成洗涤剂或其他起泡物质引起。

措施：（1）喷水或投加除沫剂；（2）分段注水以提高混合液浓度。

67. 氧化沟具有哪些特征？

（1）氧化沟一般呈环形沟渠状，平面多为椭圆形或圆形；（2）在流态上，氧化过介于完全混合与推流之间；（3）BOD 负荷低，同延时曝气系统 *A*、对水温、水质、水量的变化有较强的适应性 *B*、θ_c 可达 15～30 d 可生长硝化菌，运行得当，即可进行脱氮 *C*、污泥产率低，较稳定，无须消化处理；（4）可考虑不设初沉池，有机性悬浮物在氧化沟内，能达到好氧稳定的程度；（5）可考虑不设二沉池，合建，省回流设备。

68. *AB* 法废水工艺有哪些方面的特征？

（1）可不设初沉池；（2）*A*、*B* 段各拥有自己独立的回流系统，两端完全分开，有各自独立的微生物群体，处理效果稳定；（3）*A* 段主要进行生物吸附作用，*B* 段主要进行生物降解作用；（4）*A* 段较 *B* 段承受的负荷高，污泥产率高。

69. 叙述 *A/O* 法的脱 N 机理。

将反硝化反应装置于系统之前，使通过内循环从硝化反应器中进行充分硝化的污水在其中进行反硝化脱 N。

70. 曝气池和二沉池的作用和相互联系是什么？

曝气池：在有氧条件下利用微生物进行好养分解降解 BOD。

二沉池：使从曝气池出水携带出的生物污泥在其中进行分离，稳定出水水质，同时有贮泥作用。

联系：曝气池中微生物的量要通过从二沉池回流污泥来维持，曝气池中多余的微生物需通过二沉池剩余污泥来排除，两者共同作用才能使系统取得良好的处理效果。

71. 如果某污水厂经常发生严重的活性泥污膨胀问题，大致可以从哪些方面着手进行研究分析，可以采取哪些措施加以控制？

原因：（1）丝状菌膨胀：A：水质因素，含溶解性碳水化合物高，含硫化物高的废水易产生丝状菌膨胀，另外水温过高，pH 偏低，营养物 N、P 不足及含 N 太高会引起丝状菌污泥膨胀 B：运行条件，曝气池负荷和 DO 浓度都会影响污泥膨胀 C：工艺方法，完全混合式比传统式较易产生污泥膨胀，SBR 一般不易产生；（2）非丝状菌膨胀：主要由于废水水温较低而污泥负荷太高时，使污泥表面附着水大大增加引起污泥膨胀。因此，应对具体原因采取具体措施加以预防。

72. 简述活性污泥法中微生物的代谢过程。

污水中的有机物，首先被吸附在大量微生物栖息的活性污泥表面，并与微生物细胞表面接触，在透膜酶的作用下，透过细胞 壁进入微生物细胞体内，小分子的有机物能够直接透过细胞壁进入微生物体内，大分子的有机物，则必须在细胞外酶——水解酶的作用下，被水解为小分子后再被微生物摄入细胞体内。微生物通过各种胞内酶的催化作用，对摄入细胞体内的有机物金行代谢反应。

过程为两步：（1）分解代谢：微生物对一部分有机物进行氧化分解，最终形成二氧化碳和水等稳定的无机物，并提供合成新细胞物质 所需的能量；（2）合成代谢：剩下的一部分有机物被微生物用于合成新细胞，所需能量来自分解代谢微生物对自身的细胞物质进行分解，并提供能量，即内源呼吸或自身氧化。当有机物充分时，大量合成新的细胞物质，内源呼吸作用不明显，但当有机物消耗殆尽时，内源呼吸就成为提供分解代谢和合成代谢的主要方式。

73. 影响活性污泥法微生物生理活动的因素有哪些？

有营养物、溶解氧、pH 值、温度和有毒物质。

74. 氧化沟工艺为什么能除氮？

在氧化沟内由于溶解氧浓度不一致，在曝气装置下游，溶解氧浓度从高到低变动，甚至可能出现缺氧段，氧化沟的这种独特的水流状态，有利于活性污泥的生物凝聚作用，而且可以将其区分为富氧区、缺氧区，用以进行硝化和反硝化作用，取得脱氮效果。

75. 解释 SBR 法的五个阶段工作流程。

SBR 反应器操作按时间次序，一个周期分为五个阶段：进水阶段→反应阶段→沉淀阶段→排水阶段→闲置阶段（1）进水阶段：进水前反应器内存在高浓度的活性污泥混合液，可以起到谁知调节作用；（2）反应阶段：包括曝气与搅拌混合，此阶段主要是好氧过程，可以处理有机物和对氮的硝化作用；（3）沉淀阶段：停止曝气，使混合液处于静止状态，活性污泥与水分离。此阶段时间控制得长短后，可以形成缺氧后氧状态，能够进行反硝化和除磷效果；（4）排水阶段：经沉淀后产生的上清液，作为处理水出水，一直排到最低水位；（5）闲置阶段：排水后，反应器处于停滞状态，此阶段可长可短，可有可无，主要根据污水的水量和水质情况而定。

76. 为什么多点进水活性污泥法的处理能力比普通活性污泥法高？

因为污水沿池长分段注入曝气池，有机物负荷及需氧量得到均衡，一定程度的缩小了需氧量与供氧量之间的差距，有助于降低能耗；又能比较充分的发挥活性污泥微生物的降解功能；污水分散均衡注入提高了曝气池对水质、水量冲击负荷的适应能力。

77. 简述污泥膨胀概念，什么情况下容易发生污泥膨胀？

污泥膨胀：指污泥结构极度松散，体积增大、上浮，难于沉降分离影响出水水质的现象。

（1）碳水化合物含量高火可溶性有机物含量多的污水；（2）腐化或早期硝化的废水，硫化氢含量高的废水；（3）但磷含量不均衡的废水；（4）含有有毒物质的废水；（5）高 pH 值或低 pH 值的废水；（6）混合液中溶解氧浓度太低；（7）缺乏一些微量元素的废水；（8）曝气池混合液受到冲击负荷；（9）污泥龄过长及有机负荷过低，营养物不足；（10）高有机负荷，且在缺氧的情况下；（11）水温过高或过低。

78. 进行硝化反应应控制哪些指标？并说明原因。

对硝化反应的环境影响因素主要有温度、溶解氧、碱度和 pH、C/N 比和有毒物质。温度不但影响硝化细菌的比增长速率，而且影响硝化菌的活性；硝化反应必须在好氧条件下进行，DO 浓度影响硝化反应速率和硝化细菌的生长速度，建议大于 2；硝化反应消耗碱度，随着硝化进行，pH 急剧下降，亚硝酸菌和硝酸细菌在 7.7～8.1 和 7.0～7.8 活性最强；污泥龄较短，使硝化细菌来不及大量繁殖就排出处理系统；某些重金属、络合离子和有毒有机物对硝化细菌有毒害作用。

79. 影响反硝化的环境因素有哪些？说明原因。

对生物脱氮反应的反硝化过程的环境影响因素主要有温度、溶解氧、碱度和 pH、C/N 比、碳源有机物和有毒物质。温度对反硝化速率的影响与反硝化设备的类型、硝酸盐负荷率等因素有关，适宜温度 20～40 ℃；反硝化细菌是异样兼性厌氧菌，只有在无分子氧而同时存在硝酸和亚硝酸例子的条件下，才能利用这些离子中的氧进行呼吸，使硝酸盐还原；反硝化过程适宜 7.0～7.5，不适宜的 pH 值影响反硝化菌的增殖和酶的活性，过程产生碱度，有助于维持 pH；有机物可作为碳源和电子供体；用实际污水作碳源，只有一部分快速可生物降解 BOD 作为反硝化的有机碳源，C/N 需求要高；考虑驯化的影响，通过试验得出反硝化菌对抑制和有毒物质的允许浓度。

80. 如何理解丝状菌污泥膨胀，其有何特点？

丝状菌污泥膨胀：丝状菌异常增长而引起的污泥膨胀。

特点：污泥结构松散，质量变轻，沉淀压缩性能差；SV 值增大，有时达到 90%，SVI 达到 300 以上；大量污泥流失，出水浑浊；二次沉淀难以固液分离，回流污泥浓度低，有时还伴随大量的泡沫的产生，无法维持生化处理的正常工作。

81. LAwrence～McCArty 模型的推论的公式有哪五个？并一一写出来。

（1）$S_e=K_s(1/\theta_c+K_d)/Y_v mA_x \sim (1/\theta_c+K_d)$…………在完全混合式中处理水有机物浓度 与生物固体平均停留时间（S_e）与生物固体平均停留时间（θ_c）之间的关系式

（2）$X=\theta_c Y(S_0 \sim S_e)/t(1+K_d\theta_c)$…… ……………反应器内活性污泥浓度 X 与 θ_c 的关系

（3）$Y_{obs}=Y/(1+K_d\ \theta_c)$…………………………………表观产量（$Y_{obs}$）与 Y、θ_c 之间关系

（4）$Q(S_0 \sim S_e)/V=K_2XS_e$………………………………………………………莫若公式推论 1

（5） $q=(S_0 \sim S_e)/XV=K_2S_e$…………………………………………………….莫若公式推论 2

82. 试述纯氧曝气法的运行特点。

（1）氧转移率比空气曝气提高很多；（2）供气条件改善，可使 MLSS 维持在较高水平；（3）很少产生污泥膨胀现象。

五、论述题

1. 按一相说明分析有机物净化过程，其关系式为

$$v=-\frac{1}{x}\cdot\frac{\mathrm{d}s}{\mathrm{d}t}=v_{\max}\frac{S}{K_S+S}$$

试讨论在不同条件底物浓度时，有机物降解速率与哪些因素有关？

分两种情况：

（1）在高浓度底物时，即 $S \gg K_S$，$v=v_{\max}$，有机底物以最大的速度进行降解，而与有机底物浓度无关，呈零级反应关系。此时的微生物处于对数增长期，其降解速率与有机底物无关，而与其他影响因素有关，如 DO、pH、温度和有毒物质等；

（2）当 $S \ll K_S$ 时，$v=v_{\max}\dfrac{S}{K_S}=K_2S$，此时反应呈一级反应,有机底物的含量是反映速率的控制因素。微生物处于内源呼吸期或减速增殖期。另外，DO、pH、温度和毒物也有制约，但不是控制因素。

2. 曝气池内容解氧浓度应保持多少？在供气正常时它的突然变化说明了什么？

曝气池内容解氧浓度应保持在不低于 2 mg/L，在局部也不宜低于 1 mg/L。

在供气正常时它突然变化，可能是由于进水水质变好，有机物 BOD 负荷降低，使 DO 突然升高；可能由于进水水质恶化，有机物 BOD 负荷增大，使 DO 突然降低；可能由于进水水质太恶劣，致使微生物群崩溃。

3. 试分别阐述曝气池每日活性污泥的净增殖量与曝气池混合液每日需氧量的计算公式的物理意义？并写出每日排出剩余污泥体积量的计算式。

曝气池每日活性污泥的净增殖量是微生物合成反应和内源代谢二项生理活动的综合结果。

$$\Delta X = aS_r - bX$$

式中　ΔX——活性污泥的净增殖量；

aS_r——微生物去除有机污染物的过程中产生的污泥；

a——污泥产率；

bX——微生物内源代谢的自身氧化而消耗的自身质量；

b——微生物内源代谢的自身氧化率。

曝气池混合液每日需氧量等于活性污泥微生物对有机污染物的氧化分解和其本身在内源代谢期的自身氧化的耗氧量。

$$R = O_2 = a'QS_r + b'VX_V$$

式中　R——混合液需氧量；

$a'QS_r$——活性污泥微生物对有机污染物的氧化分解的耗氧量；

a'——活性污泥微生物对有机污染物的氧化分解过程的需氧率，即活性污泥微生物每代谢 1 kg BOD 所需要的氧量；

$b'VX_V$——活性污泥微生物本身在内源代谢期自身氧化的耗氧量；

b'——活性污泥微生物通过内源代谢的自身氧化过程的耗氧率，即每 kg 活性污泥每天自身氧化所需要的氧量。所以，每日排出剩余污泥体积量为

$$Q_s = \frac{\Delta X}{fX_r} \qquad f = \frac{\text{MLVSS}}{\text{MLSS}}$$

式中　ΔX——活性污泥的净增殖量；

X_r——回流污泥浓度。

4. 请推导泥龄和污泥负荷之间的关系？为什么说可以通过控制排泥来控制活性污泥法污水处理厂的运行？

活性污泥微生物每日在曝气池内的净增值量为

$$\Delta X = Y(S_a - S_e)Q - K_d VX_V$$

式中　$Y(S_a - S_e)Q$——每日降解有机污染物过程中产生的活性污泥；

$K_d VX_V$——微生物由于自身氧化而消耗的自身质量。

所以

$$\frac{\Delta X}{X_V V} = Y\frac{QS_r}{X_V V} - K_d$$

而

$$\frac{QS_r}{X_V V} = \frac{Q(S_a - S_e)}{VX_V} = N_{rs}$$

$$\frac{\Delta X}{X_V V} = \frac{1}{\theta_c}$$

所以
$$\frac{1}{\theta_c}=YN_{rs}-K_d$$

即污泥龄的倒数与污泥负荷是一阶线性函数关系。

通过控制每日排泥的数量就等于控制污泥龄 $\theta_c=\frac{VX_V}{\Delta X}$，根据以上线性关系，控制污泥龄，即通过调节 $\frac{1}{\theta_c}$（Y、K_d 不变），从而达到控制污泥去除负荷 N_{rs} 的目的。污泥去除负荷是污水处理厂的运行的重要参数和运行指标。

5. 什么是活性污泥？它由什么部分组成？它的活性是指何而言？如何评价活性污泥的好坏？

向生活污水注入空气进行曝气，每天保留沉淀物，更换新鲜污水，这样在持续一段时间后，在污水中即形成一种黄褐色的絮凝体，这种絮凝体主要是有大量繁殖的微生物群体所构成，它易于沉淀与水分离，并使污水得到净化、澄清。这种絮凝体就是称为“活性污泥”的生物污泥。

活性污泥由下列四部分物质组成：（1）具有代谢功能活性的微生物群体（M_a）；(2)微生物（主要是细菌）内源代谢、自身氧化的残留物（M_e）；（3）由原污水挟入的难为细菌降解的惰性有机物质（M_i）；（4）由污水挟入的无机物质（M_{ii}）。

它的活性是指：在微生物群体新陈代谢功能的作用下，具有将有机污染物转化为稳定的无机物的活力。

可用两项指标表示其沉降－浓缩性能（1）污泥沉降比（SV），它能反映曝气池运行过程的活性污泥量，可以控制、调节剩余污泥的排放量，还能通过它及时的发现污泥膨胀等异常现象的发生；（2）污泥容积指数（SVI），SVI 值过低说明泥粒细小，无机质含量高，缺乏活性，过高，说明污泥的沉降性能不好，并且已有产生膨胀现象的可能。

6. 双膜理论的基本要点是什么？试从双膜理论推导氧转移速率公式，并说明 K_{LA} 值如何测定？

双膜理论的基本点可以归纳如下：

（1）在气液两相接触的界面两侧存在着处于层流状态的气膜和液膜，在其外侧则分别为气相主体和液相主体，两个主体均处于紊流状态。

（2）在于气液两相的主体均处于紊流状态，其中物质浓度基本上是均匀的，不存在浓度差，也不存在传质阻力，气体分子从气体主体传递到液相主体，阻力仅在于气液两层层流膜中。

（3）在气膜中存在着氧的分压梯度，在液膜中存在着氧的浓度梯度，它们是氧转移的推动力。

（4）氧难溶于水，因此，氧转移决定性的阻力又集中在液膜上，因此，氧分子通过液膜是氧转移过程的控制步骤，通过液膜的转移速度是氧转移过程的控制速度。

由双膜理论知：氧转移决定性的阻力集中在液膜上，氧分子通过液膜是氧转移的控制步骤。

设液膜厚度为 X_f 则在液膜溶解氧浓度的梯度为

$$-\frac{dC}{dx}=\frac{C_s-C}{X_f}$$

代入公式

$$\frac{dM}{dt}=-D_L A\frac{dC}{dx}$$

得

$$\frac{dM}{dt}=D_L A\left(\frac{C_s-C}{X_f}\right)$$

式中 $\frac{dM}{dt}$——氧传递速率，kgO_2/h；

D_L——氧分子在液膜中得扩散系数，m^2/h；

A——气、液两相接触界面面积，m^2；

$\frac{C_s-C}{X_f}$——液膜内溶解氧的浓度梯度，$kgO^2/(m^3 \cdot m)$。

设液相主体的容积为 V（m^3），并用其除以上式得

$$\frac{\frac{dM}{dt}}{V}=\frac{D_L A}{X_f V}(C_s-C)$$

$$\frac{dC}{dt}=K_L\frac{A}{V}(C_s-C)$$

式中 $\frac{dC}{dt}$——液相主体中溶解氧浓度变化速度（或氧转移速度），$kgO^2/(m^3 \cdot h)$；

K_L——液膜中氧分子传质系数，m/h；$K_L=\frac{D_L}{X_f}$。

由于 A 值难测，采用总转移系数 K_{LA} 代替 $K_L\frac{A}{V}$，因此，上式改写为

$$\frac{dC}{dt}=K_{La}(C_s-C)$$

即得氧转移速率公式。

氧总转移系数 K_{LA} 是评价空气扩散装置供氧能力的重要参数，有数种测定法。

（1）水中无氧状态下的测定法

用清水进行测定。

①首先用脱氧剂－亚硫酸钠（或氮气）进行脱氮；

②在溶解氧为 O 的状态下，进行曝气充氧，每隔一段时间测定溶解氧值，直到饱和时为止。

水中溶解氧的变化率或转移速度见上式。

根据冲氧过程的 $C-t$ 关系，求出 $\frac{dC}{dt}$ 值，作 $\frac{dC}{dt}\sim C$ 关系坐标图，的直线，直线的斜率

即为 K_{LA} 值。

（2）对曝气池内混合液的 K_{LA} 值的测定

（3）在混合液中存在着活性污泥微生物，在曝气充氧过程中，始终伴随着活性污泥微生物的耗氧，设活性污泥微生物的耗氧速率为 R，则混合液内氧的变化率是氧的转移率与氧的消耗率之差，即

$$\frac{\mathrm{d}C}{\mathrm{d}t}=K_{\mathrm{La}}(C_{\mathrm{S}}'-C)-R$$

式中　C_{S}'——混合液溶解氧饱和浓度。

上式可改写为下列形式

$$\frac{\mathrm{d}C}{\mathrm{d}t}=(K_{\mathrm{La}}C_{\mathrm{S}}'-R)-K_{\mathrm{La}}C$$

上式可作为直线方程式考虑，做 $\frac{\mathrm{d}C}{\mathrm{d}t}\sim C$ 关系坐标图，的直线，直线的斜率即为 K_{LA} 值，而截距 $K_{\mathrm{La}}C_{\mathrm{S}}'-R$ 。

先用小曝气量，仅使活性污泥悬浮于水中，由于活性污泥微生物耗氧，混合液中的溶解氧下降到零，然后再用大曝气量，逐时定点测定混合液的溶解氧量，以致达到饱和值为止。

7. 列出 8 种活性污泥工艺及其主要优点和缺点，每种系统应在什么时候使用？

（1）传统活性污泥法优点：处理效果好，BOD_5 去除率可达 90%以上，适于处理净化程度和稳定程度要求较高的污水；对污水的处理程度比较灵活，根据需要可适当调整。缺点：曝气池首端有机物负荷高，耗氧速率也高，因此，为了避免溶解氧不足的问题，进水有机物负荷不宜过高；耗氧速率沿池长是变化的，而供氧速率难于与其相吻合、适应，在池前段可能出现供氧不足的现象，池后段又可能出现溶解氧过剩的现象；曝气池容积大，占用的土地较多，基建费用高；对进水水质、水量变化的适应性较低。

（2）渐减曝气活性污泥法优点：供氧量沿池长逐步递减，使其接近需氧量，避免能源的浪费。

（3）阶段进水活性污泥法优点：污水沿池长度分段注入曝气池，有机物负荷及需氧量得到均衡，一定程度地缩小了需氧量与供氧量之间的差距，有助于降低能耗，又能够比较充分地发挥活性污泥微生物的降解功能；污水分散均衡注入，提高了曝气池对水质、水量冲击负荷的适应能力。

（4）吸附－再生活性污泥法优点：与传统活性污泥法系统相比，污水与活性污泥在吸附池内接触的时间较短，因此，吸附池的容积一般较小。吸附池与再生池的容积之和，仍低于传统活性污泥法曝气池的容积，基建费用较低；本工艺对水质、水量的冲击负荷具有一定的承受能力。当在吸附池内的污泥遭到破坏时，可由再生池内的污泥予以补救。缺点：本工艺处理效果低于传统法，不宜处理溶解性有机物含量较高的污水。

（5）完全混合活性污泥法优点：由于进入曝气池的污水很快即被池内已存在的混合液所稀释和均化，原污水在水质、水量方面的变化，对活性污泥产生的影响将降到极小的程度，因此，这种工艺对冲击负荷有较强的适应能力，适用于处理工业废水，特别是浓度较高的有机废水。缺点：在曝气池混合液内，各部位的有机物浓度相同，活性污泥微生物质与量相同，在这种情况下，微生物对有机物降解的推动力低，由于这个原因活性污泥易于产生污泥膨胀。

此外，在相同 *F/M* 的情况下，其处理水底物浓度大于采用推流式曝气池的活性污泥法系统。

（6）延时曝气活性污泥法优点：由于 *F/M* 负荷非常低，曝气时间长，一般多在 24 h 以上，活性污泥在池内长期处于内源呼吸期，剩余污泥量少且稳定，无须再进行厌氧消化处理，因此，这种工艺是污水、污泥综合处理系统。此外，本工艺还具有处理水稳定性高，对原污水水质、水量变化有较强适应性等优点。缺点：曝气时间长，池容大，基建费和运行费用都较高，占用较大的土地面积等。延时曝气法适用于处理对处理水质要求高而且又不宜采用污泥处理技术的小城镇污水和工业废水，处理水量不宜过大。

（7）高负荷活性污泥法 缺点：*F/M* 负荷高，曝气时间短，处理效果差，BOD_5 去除率不超过 70%～75%。适用于处理对处理水水质要求不高的污水。

（8）纯氧曝气活性污泥法 优点：氧利用率可达 80%～90%，而鼓风曝气系统仅为 10% 左右；曝气池内混合液的 MLSS 值可达 4 000～7 000 mg/L，能够提高曝气池的容积负荷；曝气池混合液的 SVI 值较低，一般都低于 100，污泥膨胀现象发生的较少；产生的剩余污泥量少。

8. 分析氧化沟与传统活性污泥法的不同。

氧化沟工艺流程简单，构筑物少，运行管理方便。氧化沟可不设初沉池；可不单设二次沉淀池，使氧化沟与二沉池合建（如交替工作氧化沟）；可省去污泥回流装置。氧化沟 BOD 负荷低，同活性污泥法的延时曝气系统类似，对水温、水质、水量的变动有较强的适应性；可以繁殖时代时间长、增长速度慢的微生物，如硝化菌，在氧化沟内可以发生消化反应。如设计运行得当，氧化沟具有反硝化的效果。

9. 目前，生物处理技术有许多新的工艺，如 SBR、AB 法、A/O、A^2/O 工艺和氧化沟等，创建这些新工艺的目的是什么？是根据什么（污染物降解机理）来创建这些新工艺的？

创建新工艺的目的：是为了满足对不同水质处理要求及经济有效而创建

创建新工艺的依据：SBR 法：降解机理同活性污泥法，只是间歇运行操作，使工艺系统组成简单，勿需设污泥回流设备，不设二沉池，曝气池容积减少，建设费用及运行费用均降低。AB 法：是依据生物吸附作用、生物降解作用而创建的，将两种作用分别在两个阶段完成，使各段拥有自己独立的回流系统及独特的微生物群体，处理效果稳定。A/O：是依据厌氧放 P，好氧吸收 P、降解 BOD，最终达到降解 BOD、除 P 的目的，本工艺流程简单无须投药、内循环，因此建设费用及运行费用均较低。A^2/O 工艺：是在 A/O 工艺基础上开发的新工艺，使在厌氧时再进行反硝化脱 N，好养时再 进行硝化，最终达到同步脱 N 除 P，降解 BOD 的作用。氧化沟工艺：由于其结构的特点可将其分为富氧区、缺氧区，用以进行硝化和反硝化达到脱 N 除 P 效果。

10. 曝气池内容解氧浓度应保持多少？在供气正常时它的突然变化说明了什么？

曝气池内容解氧浓度应保持在不低于 2 mg/L，在局部也不宜低于 1 mg/L。

在供气正常时它突然变化，可能是由于进水水质变好，有机物 BOD 负荷降低，使 DO 突然升高；可能由于进水水质恶化，有机物 BOD 负荷增大，使 DO 突然降低；可能由于进水水质太恶劣，致使微生物群崩溃。

11. 曝气设备的作用和分类如何，如何测定曝气设备的性能？

空气扩散装置习称曝气装置，分鼓风曝气装置和机械曝气装置两大类。

作用有（1）充氧，将空气中的氧转移到混合液中的活性污泥絮凝体上，以供微生物呼吸；（2）搅拌、混合，使曝气池内的混合液充分混合，接触；（3）部分有推流作用（如氧化沟）。

12. 曝气装置技术性能的主要指标有

（1）动力效率（E_P），每消耗 1 kWh 电能转移到混合液中的氧量，以 kgO_2/kWh 计；

（2）氧的利用效率（E_A），通过鼓风曝气转移到混合液中的氧量，占总供氧量的百分比（%）；

（3）氧的转移效率（E_L），也称充氧效率，通过机械曝气装置的转动，在单位时间内转移到混合液中的氧量，以 kgO_2/h 计。

对于鼓风曝气装置的性能可按（1）（2）两项指标评定，对机械曝气装置的性能，可按（1）（3）两项指标来评定。

13. 由微生物增殖基本方程 $\left(\frac{dX}{dt}\right)_g=\left(\frac{dX}{dt}\right)_s-\left(\frac{dX}{dt}\right)_e$ 推导出劳伦斯-麦卡蒂第一基本模型。

$$\left(\frac{dX}{dt}\right)_g=\left(\frac{dX}{dt}\right)_s-\left(\frac{dX}{dt}\right)_e,\quad \left(\frac{dX}{dt}\right)_e=K_dX,\quad \left(\frac{dX}{dt}\right)_S=Y\left(\frac{dS}{dt}\right)_u$$

积分

$$\Delta X=Y(S_0-S_e)Q-K_dVX$$

$$\frac{\Delta X}{VX}=\frac{Y(S_0-S_e)Q}{VX}-\frac{K_dVX}{VX}=Y\frac{S_rQ}{VX}-K_d$$

$$\frac{1}{\theta_C}=\frac{\Delta X}{VX}$$

$$q=\frac{Q(S_0-S_e)}{VX}=\frac{QS_r}{VX}$$

$$\frac{1}{\theta_C}=Y\frac{Q(S_0-S_e)}{VX}-K_d=Yq-K_d$$

14. 城市污水二级处理水采用混凝沉淀除磷方法有哪几种？它们各自的原理如何？

（1）金属盐混凝沉淀除磷。

A：铝盐除磷。铝离子与正磷离子化合，形成难溶的磷酸铝，通过沉淀加以去除。

$$Al^{3+}+PO_4^{3-}\rightarrow AlPO_4$$

B：铁盐除磷。铁离子有二价与三价之分，三价铁离子与磷的反应和铝离子的反应相同，生成物同样是 $FePO_4$、Fe（OH）$_3$。二价铁离子与磷的反应较三价铁离子的反应复杂一些。为了比较彻底地从污水中去除铁和磷，就必须对二价铁离子和三价铁离子加以氧化，因此需要充足的氧。

（2）石灰混凝除磷。

向含磷污水中投加石灰，由于形成氢氧根离子，污水的 pH 值上升。与此同时，污水中的磷与石灰中的钙产生反应。形成[CA_5（OH）（PO_4）$_3$]（羟磷石灰）。

15. 城市污水二级处理出水水质如何？为什么城市污水二级处理对氮、磷的去除率低？

根据二级处理技术净化功能对城市污水所能达到的处理程度，在它的处理出水中，在一般情况下，还会含有相当数量的污染物质，如 $BOD_5$20～30 mg/L；COD60～100 mg/L；SS20～30 mg/L；NH_3-N15～25 mg/L；磷 6～10 mg/L，此外，还可能含有细菌和重金属等有毒有害物质。

城市污水二级处理对氮、磷的去除率低是因为她仅为微生物的生理功能所用，即用于细胞合成，其量是很小的。

六、计算题

1. 某活性污泥曝气池混合液浓度 MLSS＝2 500 mg/L。取该混合液 100 mL 于量筒中，静置 30 min 时测得污泥容积为 30 mL 。求该活性污泥的 SVI 及含水率。（活性污泥的密度为 1 g/mL）

解：(1)100 mL 混合液对应的污泥容积为 30 mL，则 1 L 混合液对应的污泥容积为 300 mL，又 1 L 混合液中含泥 2 500 mg＝2.5 g，故 SVI＝300/2.5＝120 mL/g 干泥。

（2）1 mL 该活性污泥含干泥，1/SVI＝1/120＝0.008 g，因活性污泥密度为 1 g/mL，故 1mL 活性污泥质量为 1 g，则含水率为

$$\frac{1-0.008}{1}\times100\%=99.2\%$$

2. 活性污泥曝气池的 MLSS＝3 g/L，混合液在 1 000 mL 量筒中经 30 min 沉淀的污泥容积为 200 mL，计算污泥沉降比，污泥指数、所需的回流比及回流污泥浓度。

解：（1）SV＝200/1 000×100%＝20%

（2）SVI＝SV(mL/L)/MLSS g/L＝(200 mL /1 L)/3 g/L＝66.7 mL/g

（3）Xr＝10^6/SVI＝10^6/66.7＝15 000 mL/g

（4）因 X（1＋r）＝Xr×r，即 3（1＋r）＝15×r，则 r＝0.25＝25%。

3. 某城市生活污水采用活性污泥法处理，废水量 25 000 m^3/d，曝气池容积 V＝8 000 m^3，进水 BOD_5 为 300 mg/L，BOD_5 去除率为 90%，曝气池混合液固体浓度 3 000 mg/L，其中挥发性悬浮固体占 75%。求：污泥负荷率 F_w，污泥龄，每日剩余污泥量，每日需氧量。生活污水有关参数如下：A＝0.60；b＝0.07；A＝0.45；B＝0.14。

解：（1）X＝3 000 mg/L＝3 g/L，X_v＝0.75X＝2.25 g/L

$$F_w\ /\ (\mathrm{kgBOD_5\cdot kg^{-1}SS\cdot d^{-1}})=\frac{L_0Q}{VX_V}=\frac{300\times10^{-3}\times2\,500}{8\,000\times2.25}=0.42$$

（2）E＝$(L_0-L_e)/L_0$，90%＝$(300-L_e)/300$，L_e＝30 mg/L

$$u\ /\ (\mathrm{kgBOD_5\cdot kg^{-1}VSS\cdot d^{-1}})=\frac{QL_r}{X_VV}=\frac{25\,000\times(300-30)\times10^{-3}}{2.25\times8\,000}=0.375$$

$$1/\theta_c=Au-b，1/\theta_c=0.6\times0.375-0.07，1/\theta_c=0.155$$

$$\theta_c/\mathrm{d}=6.45$$

（3）剩余污泥

$$\Delta X\ /\ (\mathrm{kg^{-1}VSS\cdot d^{-1}})=\frac{1}{\theta_c\times(X_V\mathrm{v})}=0.155\times2.25\times8\,000=2\,790$$

对应的 MLSS 量（kg·d^{-1}）为

$$2\,790/0.75=3\,720$$

（4）$O_2/QL_r=A+B/u$，$O_2/25\,000$（300−30）$\times10^{-3}=0.45+0.14/0.375$

$$O_2/6\,750=0.823，O_2/（\text{kg}\cdot\text{d}^{-1}）=5\,557$$

4. 某地采用普通活性污泥法处理城市污水，水量 20 000 m^3/d，原水 BOD_5 为 300 mg/L，初次沉淀池 BOD_5 去除率为 30%，要求处理后出水的 BOD_5 为 20 mg/L。$A=0.5$，$b=0.06$，θ_c=10 d，MLVSS＝3 500 mg/L，试确定曝气池容积及剩余污泥量。

解：（1）初次沉淀池的 $E=(L_1-L_2)/L_1$，$30\%=(300-L_2)/300$，$L_2=210$ mg/L

即初沉池出水 BOD_5 浓度 210 mg/L，故曝气池进水 BOD_5 为 210 mg/L，则曝气池容积

$$V/\text{m}^3=\frac{AQ(L_0-L_e)}{X_V(1/\theta_c+b)}=\frac{0.5\times(210-20)\times20\,000}{3\,500\times(0.1+0.06)}=3\,393$$

（2）$\Delta X/(\text{kg}^{-1}\cdot\text{VSS}\cdot\text{d}^{-1})=X_vV/\theta_c=3\,500\times10^{-3}/10\times3\,393=1\,187.55$

5. 已知活性污泥曝气池进水水量 $Q=2\,400$ m^3/d，进水 BOD_5 为 180 mg/L，出水 BOD_5 为 40 mg/L，混合液浓度 MLVSS＝1 800 mg/L，曝气池容积 $V=500$ m^3，$A=0.65$，$b=0.096$ d^{-1}，求剩余污泥量ΔX 并据此计算总充氧量 R。

解：（1）$$u(\text{kgBOD}_5\cdot\text{kg}^{-1}\text{VSS}\cdot\text{d}^{-1})=\frac{QL_r}{X_VV}=\frac{2\,400\times(180-40)}{1\,800\times500}=0.37$$

$$1/\theta_c=Au-b=0.65\times0.37-0.096，1/\theta_c=0.144\,5$$

$$\theta_c/\text{d}=6.92$$

剩余污泥

$$\Delta X/(\text{kg}^{-1}\text{VSS}\cdot\text{d}^{-1})=\frac{X_Vv}{\theta_c}=0.144\,5\times1\,800\times10^{-3}\times500=130$$

（2）总充氧量$=AQS_r+bVX$

$=0.65\times2\,400\ \text{m}^3/\text{d}\times(180\ \text{mg/L}\sim40\ \text{mg/L})+0.096\times500\ \text{m}^3\times1\,800\ \text{mg/L}$

$=304.8$ kg/d

七、判断题

1.（×）	2.（√）	3.（×）	4.（×）	5.（×）
6.（√）	7.（×）	8.（×）	9.（√）	10.（√）
11.（√）	12.（×）	13.（√）	14.（×）	15.（√）
16.（×）	17.（√）	18.（√）	19.（√）	20.（×）
21.（√）	22.（√）	23.（√）	24.（×）	25.（√）
26.（√）	27.（×）	28.（√）	29.（×）	30.（×）
31.（×）	32.（√）	33.（√）	34.（×）	35.（×）
36.（×）	37.（√）	38.（×）	39.（×）	40.（×）
41.（√）	42.（×）	43.（√）	44.（√）	45.（×）
46.（√）	47.（×）	48.（√）	49.（×）	50.（√）
51.（√）	52.（√）	53.（×）	54.（√）	55.（×）
56.（×）	57.（√）	58.（√）	59.（×）	60.（×）
61.（√）	62.（×）	63.（×）	64.（√）	65.（√）

66.（×） 67.（×） 68.（√） 69.（×） 70.（×）
71.（×） 72.（×） 73.（√） 74.（×） 75.（√）
76.（×）

第二十节　生物膜法

一、填空题

1.（盘片）（接触反应槽）（转轴）（驱动装置）
2.（生物膜）
3.（池体）（填料）（布水装置）（曝气系统）
4.（直流式）（分流式）（直流式）（分流式）
5.（限制进水 BOD_5 值）（处理水回流措施）
6.（普通生物滤池）（高负荷生物滤池）（塔式生物滤池）（曝气生物滤池）
7.（生物滤池法）（生物转盘法）（生物接触氧化法）（生物流化床法）
8.（液流为动力的两相流化床或液流动力流化床）（气流为动力的三相流化床或气流动力流化床）（机械搅拌流化床）
9.（对数期或动力学增长期）（线性增长期）
10.（闭路循环法）（连续法）

二、选择题

1. [B] 2. [D] 3. [B] 4. [A] 5. [D] 6. [C] 7. [D] 8. [A]

三、名词解释

1. 生物膜法：生物膜法处理废水就是使废水与生物膜接触，进行固、液相的物质交换，利用膜内微生物将有机物氧化，使废水获得净化，同时，生物膜内的微生物不断生长与繁殖。

2. 生物转盘：一种好氧处理污水的生物反应器，由许多平行排列浸没在氧化槽中的塑料圆盘（盘片）所组成，圆盘表面生 长有生物群落，转动的转盘周而复始地吸附和生物氧化有机污染物，使污水得到净化。

3. 生物转盘容积面积比(G)：又称液量面积比，是接触氧化槽的实际容积 V（m^3）与转盘盘片全部表面积 A（m^2）之比，$G=(V/A)\times 1\,000\ L/m^2$。当 G 值低于 5 时，BOD 去除率即将有较大幅度的下降。所以对城市污水，G 值以介于 5～9 之间为宜。

4. 水力负荷：指每 m^2 滤池表面在每日所能接受的污水量。

5. 有机负荷：单位时间内供给单位体积滤料的有机物量。

四、简答题

1. 分析生物膜的构造与净化机理。

A. 厌氧层　B. 好氧层　C. 附着水层　D. 流动水层

净化机理：

（1）生物膜表面积大，能大量吸附水中有机物。

（2）有机物降解是在生物膜表层 0.1～2 mm 的好氧生物膜内进行。

（3）多种物质的传递过程：

①空气→流动水层→附着水层→生物膜→微生物呼吸；

②污染物→流动水层→附着水层→生物膜→生物降解；

③微生物代谢产物：H_2O→附着水层→流动水层

CO_2，H_2S，NH_3→水层→通入空气

（4）厌氧层与好氧层达到生态平衡和稳定关系，当厌氧层还不厚时。

（5）当厌氧层逐渐增厚，代谢产物增多，要透过好氧层向外逸出，破坏好氧层的稳定，破坏了两层的平衡，减弱生物膜的固着力，老化脱落。

2. 描述生物膜中的物质迁移。

生物膜有很强的亲水性，在表面存在一层附着水层，附着水层内的有机物质大多已被氧化，其浓度比滤池进水的有机物浓度低的多，由于浓度差的作用，有机物和氧会从污水中转移到附着水层中去，进而被生物膜所吸收，好氧层对有机物进行氧化分解和同化作用，产生的代谢产物一部分溶入附着水层，一部分到空气中，由于生物膜厚度加大，致使其深层因氧不足而发生厌氧分解，积蓄厌氧分解代谢产物，透过好氧层向外逸出，并从好氧层得到厌氧分解的原料。

3. 简述生物膜微生物相方面的特征。

（1）微生物的多样化：由细菌、真菌、藻类、原生动物、后生动物以及一些肉眼可见的蠕虫，昆虫的幼虫组成。

（2）生物的食物链长：因生物膜上能栖息高次营养水平的生物，所以食物链长，使污泥量少。

（3）能够存活世代时间长的微生物，因生物污泥的生物固体平均停留时间与污水的停留时间无关，具有一定的反硝化脱氮功能。

（4）分段运行和优占种属：分多段运行，每段繁衍于本段水质相适应的微生物。有利于微生物新陈代谢充分发挥和有机物的降解。

4. 简述生物膜法的净水原理，为什么说处理规模相同时，生物膜法产生的剩余污泥比活性污泥少？

（1）污水的生物膜处理法是与活性污泥法并列的一种污水好氧生物处理技术。生物膜是使细菌和菌类一类的微生物和原生动物、后生动物一类的微型动物附着在滤料或某些载体上生长繁育，并在其上形成膜状生物污泥。污水与生物膜接触，污水中的有机污染物，作为营养物质，为生物膜上的微生物所摄取，污水得到净化．微生物自身也得到繁衍增殖。

（2）在生物膜上生长繁育的生物中，动物性营养一类者所占比例较大，微型动物的存活率亦高。在生物膜上能够栖息高次营养水平的生物，在捕食性纤毛虫、轮虫类、线虫类之上还栖息着寡毛类和昆虫，在生物膜上形成的食物链要长于活性污泥上的食物链。所以在生物膜处理系统内产生的污泥量也少于活性污泥处理系统。

5. 与活性污泥法相比，生物膜法具有哪些特点？

（1）微生物相方面的特征：①生物膜中的微生物多样化，能够存活世代时间较长的微生物。②生物的食物链长。③分段运行与优势菌属。

（2）水处理工艺方面的特征：①耐冲击负荷，对水质、水量变动由较强的适应性。②微生物量多，处理能力大，净化功能强。③污泥沉降性能好，易于沉降分离。④能够处理低浓度的污水。⑤易于运行管理，节能，无污泥膨胀问题。

6. 生物滤池的设计常采用哪两种负荷，各种负荷的定义？

（1）水力负荷、有机负荷。

（2）①水力负荷：单位面积的滤池或单位体积滤料每日处理的废水量。②有机负荷：单位时间供给单位体积滤料的有机物量。

7. 画出生物膜的结构（图 4.32），并简述其对有机物的降解工况。

污水与载体滤料流动接触，形成生物膜，由于微生物不断增殖，生物膜不断增厚，当氧不能 透入时即形成厌氧层膜，在降解过程中，好氧层不断从流动水层中摄取所需的 BOD_5、O_2 等，将好养分解的产物 CO_2、H_2O、NH_3 等排出，厌氧层则进行厌氧分解，产物不断排出。即通过生物膜上微生物的代谢活动，污水在流动的过程中被净化。

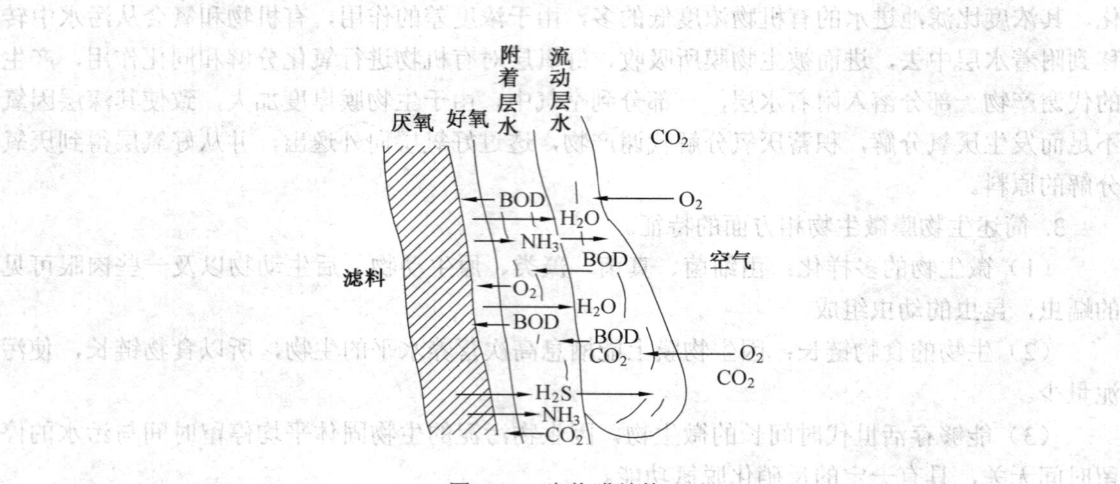

图 4.32　生物膜结构

8. 生物膜法在处理工艺方面有哪些特征？

（1）对水质、水量变动有较强的适应性；（2）对低温水有一定的净化功能；（3）宜于固液分离；（4）能够处理低浓度水；（5）动力费用低；（6）产泥量少；（7）具有硝化脱 N 功能。

9. 生物膜处理污水过程中，在填料的选择上应遵循哪些原则？

（1）足够的机械强度，以抵抗强烈的水流剪切力的作用；（2）优良的稳定性，主要包括生物稳定性、化学稳定性和热力学稳定性；（3）亲疏水性及良好的表面带电特性，通常废水 pH 在 7 左右时，微生物表面带负电荷，而载体为带正电荷的材料时，有利于生物体与载体之间的结合；（4）无毒性或抑制性；（5）良好的物理性状，如载体的形态、相对密度、孔隙率和比表面积等；（6）就地取材、价格合理。

10. 普通生物滤池有哪些方面的优缺点？

优点：（1）BOD 去除率高，可达 95%；（2）运行稳定，易于管理，节省能源。

缺点：（1）负荷低，占地大，不适于大污水量处理；（2）易堵，对预处理要求高；（3）产生滤池蝇，影响环境卫生；（4）喷嘴喷洒污水较高，散发臭味。

11. 高负荷生物滤池运行中，处理水回流起什么作用？

（1）稀释进水，并均化与稳定进水水质；（2）提高进水量，加大 q；（3）抑制厌氧层发育，使臭味、滤池蝇减少。

12. 塔式生物滤池有哪些优缺点？

优点：（1）处理污水量大，容积负荷高，占地面积小，经常运转费用低；（2）塔内微生物分层，能承受较大的有机物和有毒物质的冲击负荷；（3）由于塔身较高，自然通风良好，氧供给充足，产泥量少。

缺点：（1）当进水 BOD 浓度较高时，生物生长迅速，易引起滤料堵塞，所以进水 BOD 应控制在 500 mg/L，否则需采用处理水回流稀释措施；（2）基建投资大，BOD 去除率低。

13. 试述生物接触氧化法的特点？

（1）供氧方面同活性污泥法，采用曝气冲刷生物膜，使膜更新快，并保持活性；（2）生物膜上生物相丰富，净化效果良好；（3）兼顾活性污泥法和生物膜法的优点。

优点：（1）抗冲击负荷强，无污泥膨胀，不需回流污泥，易于维护管理，出水水质好，污泥量少；（2）具有多种净化功能，可除 N、P。

缺点：可能出现滤料堵塞，布水、布气不易均匀。

14. 简述生物膜的形成及其净化污水的过程。

生物膜的形成是一系列物理、化学和生物过程。开始时，少许微生物附着在附着体上，同时分解污水中有机物（主要是好氧菌）；随着附着层的增厚，微生物膜里面开始进入厌氧状态，由于水中的溶解氧进入里层的速率慢的缘故，外层微生物处于好氧状态，中间层则为兼性状态，最里面处于厌氧状态，也就说，整个膜能够完成好氧，兼性和厌氧的生化处理作用；随着生物膜进一步增厚，同时在水力的作用下，里层的膜不断老化而失去活性，甚至死亡，则与之相连的小块膜脱落，变成剩余污泥而被排到池外。膜的整个生长过程就是对包裹在外面污水进行净化的过程，氧和有机物不断进入膜而被消耗，产生的二氧化碳则被排到膜外，达到净化水质的作用。

15. 列举三种典型生物流化床工艺并比较它们的特点。

有液流动力流化床、气流动力流化床和机械搅拌流化床三种。

（1）液流动力流化床：一般为两相流化床，以液流为动力，使载体流化，在流化床里只有污水和载体想接触，而在单独的充氧设备内对污水进行充氧；

（2）气流动力流化床：也称三相流化床，是以气体为动力使载体流化，在流化器里存在有液相、气相和固相，液相为污水，气相为空气，固相为载体，三相同时进入流化床，在空气强烈地混合和搅拌作用下，载体之间也产生强烈摩擦作用，外层生物膜脱落；

（3）机械搅拌流化床：又称悬浮粒子生物处理器，流化床里分为反应室和固液分离室两部分组成，中央接近反应床底部安装有叶片搅拌机，能带动载体呈悬浮状态，中间采用空气扩散装置充氧，达到对污水的有机物处理的效果。

16. 普通生物滤池、高负荷生物滤池、两级生物滤池各适用于什么具体情况？

普通生物滤池一般适用于处理每日污水量不高于 1 000 m^3 的小城镇污水或有机性工业废水。

高负荷生物滤池比较适宜于处理浓度和流量变化较大的废水。

当原污水浓度较高，或对处理水质要求较高时，可以考虑二级滤池处理系统。

17. 在考虑生物滤池的设计中，什么情况下必须采用回流？

有下列情况考虑回流：进水有机物浓度高；水量很小，无法维持水力负荷在最小经验值以上；废水中某种有机污染物在高浓度时也有可能抑制微生物生长。

18. 生物转盘的处理能力比生物滤池高吗？为什么？

高。

生物转盘与生物滤池相比有如下优点：不会发生如生物滤池中滤料的堵塞现象；生物相分级；污泥龄长，具有硝化、反硝化的功能；废水与生物膜的接触时间比滤池长，耐冲击负荷能力强；动力消耗低。

19. 为什么高负荷生物滤池应该采用连续布水的旋转布水器？

若布水不均，造成某一部分滤料负荷过大，另一部分不足。

20. 试指出生物接触氧化法的特点。在国内使用情况怎样？

所谓生物接触氧化法就是在池内充填一定密度的填料，污水浸没全部填料并与填料上的生物膜广泛接触，在微生物新陈代谢功能的作用下，污水中的有机物得以去除，污水得以净化。近 20 年来，该技术在国内外都得到了深入的研究，并广泛地用于处理生活污水、城市污水和食品加工等有机工业废水，而且还用于处理地表水源水的微污染，取得了良好的处理效果。

21. 生物膜法污水处理系统，在微生物相方面和处理工艺方面有哪些特征？

微生物相方面：（1）生物膜中的微生物多样化，能够存活时代时间较长的微生物；（2）生物的食物链长，污泥量低；（3）分段运行与优势菌属，利于微生物新陈代谢功能的充分发挥和有机污染物的降解。

处理工艺方面：（1）耐冲击负荷，对水质、水量变动有较强的适应性；（2）微生物量多，处理能力大、净化功能强；（3）污泥沉降性能良好，易于沉降分离；（4）能够处理低浓度的污水；（5）易于运行管理，节能，无污泥膨胀问题；（6）需要较多的填料和支撑结构；（7）出水澄清度较低；（8）活性生物量较难控制，运行方面灵活性差。

22. 生物接触氧化法在工艺、功能及运行方面的主要特征有哪些？

在工艺方面：（1）采用多种形式的填料，在生物膜上微生物是丰富的，除细菌和多种属原生动物和后生动物外，还能够生长氧化能力较强的球衣菌属的丝状菌，而无污泥膨胀之虑。且在生物膜上能够形成稳定的生态系统与食物链。（2）填料表面全为生物膜所布满，形成了生物膜的主体结构，由于丝状菌的大量滋生，有可能形成一个呈立体结构的密集的生物网，污水在其中通过起到类似“过滤”的作用，能够有效地提高净化效果。（3）由于进行曝气，生物膜表面不断地接受曝气吹脱，这有利于保持生物膜的活性，抑制厌氧膜的增殖，也易于提高氧的利用率，因此能够保持较高浓度的活性生物量。生物接触氧化处理技术能够接受较高的有机负荷率，处理效率较高，有利于缩小池容，减少占地面积。即（1）多种填料，微生物丰富，形成稳定生态系统与食物链；填料表面布满生物膜，形成生物网，提高净化效果；生物膜表面接受曝气吹脱，利于保持生物膜活性，保持较高浓度的活性生物量。

在运行方面：（1）对冲击负荷有较强的适应能力，在间歇运行条件下，仍能够保持良好的处理效果，对排水不均匀的企业，更具有实际意义。（2）操作简单、运行方便、易于维护管理，无须污泥回流，不产生污泥膨胀现象，也不产生滤池蝇。（3）污泥生成量少，污泥颗粒较大，易于沉淀。

在功能方面：生物接触氧化处理技术具有多种净化功能，除有效地去除有机污染外，如运行得当还能够用以脱氮，因此，可以作为三级处理技术。

缺点是：如设计或运行不当，填料可能堵塞，此外，布水、曝气不易均匀，可能在局部出现死角。

23. 生物接触氧化池内曝气的作用有哪些？

由于进行曝气，生物膜表面不断地接受曝气吹脱，这有利于保持生物膜的活性，抑制厌氧膜的增殖，也易于提高氧的利用率，因此能够保持较高浓度的活性生物量。

24. 简述生物流化床工作原理及运行特点。

生物流化床，就是以砂、活性炭、焦炭一类的较小的惰性颗粒为载体充填在床内，因载体表面被覆着生物膜而使其质变轻，污水以一定流速从下向上流动，使载体处于流化状态。它利用流态化的概念进行传质或传热操作，是一种强化生物处理、提高微生物降解有机物能力的高效工艺。

特点是：生物量大，容积负荷高；微生物活性高；传质效果好；具有较强的抵抗冲击负荷的能力，不存在污泥膨胀问题；较高的生物量和良好的传质条件使生物流化床可以在维持相同的处理效果的同时，减小反应器容积及占地面积，节省投资。

25. 生物膜运行中应注意哪些问题？

（1）防止生物膜过厚（生物滤池负荷过高造成）。

解决办法：①加大回流量；②二级滤池串联，交替进水；③低频加水，布水器转速减慢。

（2）维持较高的 DO：4 mg/L。

（3）减少出水悬浮物浓度。

五、论述题

1. 试述生物膜法与活性污泥法之间的联系。

相同点：两者都是利用好氧微生物处理污水的水处理方法。

不同点：（1）微生物存在形式不同：生物膜上的微生物无须象活性污泥那样承受强烈的搅拌冲击，宜于生长增殖，生物膜固着在滤料或填料上，其生物固体平均停留时间（污泥龄）较长，因此在生物膜上能够生长世代时间较长、比增殖速度很小的微生物。在生物膜上还可能大量出现丝状菌，而且没有污泥膨胀之虞；（2）剩余污泥量不同：在生物膜上形成的食物链要长于活性污泥上的食物链，因此，在生物膜处理系统内产生的污泥量也少与活性污泥处理系统，一般说来，生物膜处理法产生的污泥量较活性污泥处理系统少 1/4 左右；（3）适应性不同：生物膜处理法对水质、水量变动有较强的适应性，污泥沉降性能好，宜于固液分离；（4）生物膜处理法能够处理低浓度的污水，活性污泥法处理系统，不宜于处理低浓度废水；（5）生物膜处理法易于维护运行、节能，与活性污泥处理系统相比较，生物膜处理法中的各种工艺都是比较易于维护的管理的，而且像生物滤池、生物转盘等工艺，都还是节能源的，动力费用较低。去除单位重量 BOD 的耗电量较少。

六、计算题

1. 实验室生物转盘装置的转盘直径 0.5 m，盘片为 10 片。废水量 Q=40 L/h，进水 BOD_5 为 200 mg/L，出水 BOD_5 为 50 mg/L，求该转盘的负荷率。

解：总盘片面积 $F=n\times 1/4\times 3.14\times D^2\times 2$

$$F/\mathrm{m}^2=10\times 0.25\times 3.14\times 0.5^2\times 2=3.925$$

$$Q/\mathrm{m}^3\cdot\mathrm{d}=40\ \mathrm{L/h}=0.96$$

$$u/(\mathrm{gBOD_5}\cdot\mathrm{m}^{-2}\cdot\mathrm{d}^{-1})=\frac{Q(L_0-L_e)}{F}=\frac{0.96\times(200-50)}{3.925}=36.7$$

2. 选用高负荷生物滤池法处理污水，水量 Q＝5 200 m^3/d，原水 BOD_5 为 300 mg/L，初次沉淀池 BOD_5 去除率为 20%，要求生物滤池的进水 BOD_5 为 150 mg/L，出水 BOD_5 为 30 mg/L，试确定该滤池回流比和最小循环比。

解：初次沉淀池的 $E=(L_1-L_2)/L_1$，$20\%=(300-L_2)/300$，L_2=240 mg/L 即初沉池出水 BOD_5 浓度。

因进入滤池 BOD_5 浓度 L_0=240 mg/L＞150 mg/L，所以必须回流

$$S_a=(S_0+RS_e)/(1+R)$$

$$R=(S_0\sim S_a)/(S_a\sim S_e)$$

$$150=(240+30R)/[(1+R)]$$

$$R=(240\sim150)/(150\sim30)$$

$$R=0.75$$

$$F=QT/Q=1+R=1+0.75=1.75$$

3. 某工业废水水量为 600 m^3/d，BOD_5 为 430 mg/L，经初沉池后进入高负荷生物滤池处理，要求出水 BOD_5≤30 mg/L 试计算塔式生物滤池尺寸。（假设冬季水温为 12 ℃，则由课本图 5.14 知 BOD_5 允许负荷率为 N_A=1 800 g/（$m^3\cdot d$））。

解：（1）由题可知：废水量 Q=600 m^3/d，进水 BOD_5=430 mg/L，要求出水 BOD_5≤30 mg/L

①塔滤的滤料容积

$$V/\mathrm{m}^3=\frac{S_a Q}{N_a}=\frac{430\times600}{1800}=143$$

②滤池高度

由课本表 5.8，按进水 BOD_5=430 mg/L，将滤池高度近似确定为 14 m。

③塔式滤池表面积

决定采取三座塔滤，每座塔滤的表面积为

$$A/\mathrm{m}^2=\frac{143}{3\times14}=3.405$$

④塔式滤池直径

$$D/\mathrm{m}=\sqrt{4\times3.405/3.14}=2.08$$

塔滤高：径为 14:2.08=6.73:1（介于 6:1 和 8:1 之间）符合要求，计算成立。

七、判断题

1.（√）　　2.（√）　　3.（×）　　4.（√）

第二十一节　厌氧生物处理

一、填空题

1.（进水配水系统）（反应区/污泥床区/污泥悬浮层区）（三相分离器/沉淀区/回流缝）（气封）

2.（500:5:1）

3.（30～39 ℃）（50～60 ℃）

4.（pH 值）（氧化还原电位）（有机负荷率）（温度）（污泥浓度）（碱度）（接触与搅拌）（营养）（抑制物和激活剂）

5.（开放式）（封闭式）

6.（水解阶段）（产酸发酵阶段）（产氢产乙酸阶段）（产甲烷阶段）

二、选择题

1. [A] 2. [B] 3. [B] 4. [A] 5. [B] 6. [D] 7. [C]
8. [B] 9. [C]

三、名词解释

1. 厌氧生物处理：传统上厌氧生物处理主要用于处理剩余污泥，称为厌氧消化，亦称污泥消化，指在无氧条件下，利用厌氧微生物对有机物的代谢作用，达到有机废水或污泥处理的目的，并获得沼气过程的统称。广义：厌氧生物处理技术是指在无氧或缺氧条件下，利用厌氧和兼性厌氧微生物的生命活动，将各种有机物或无机物加以转化的过程。

2. UASB：即升流式厌氧污泥层反应器，集生物反应与沉淀于一体的厌氧反应器。反应器运行时，废水自下部进入反应器，并以一定上升流速通过污泥层向上流动。进水底物与厌氧活性污泥充分接触而得到降解，并产生沼气。产生的沼气形成小气泡上升将污泥托起，有明显的膨胀，气、固、液的混合也上升至三相分离区，气体被收集，污泥与水则进入相对静止的沉淀区在重力作用下，水与污泥分离，上清液排出，污泥被截留在三相分离器下部并通过斜壁返回到反应区内。

3. 投配率：每日投加的生污泥容积占反应器容积的百分数。

四、简答题

1. 请说明并解释有机物厌氧消化二阶段、三阶段、四阶段理论。

（1）两阶段理论（传统观点）：

①产酸（或酸化）阶段：指有机物在产酸细菌的作用下，分解为脂肪酸及其他产物，并合成新细胞；

②产甲烷阶段：脂肪酸在产甲烷菌的作用下转化为甲烷和二氧化碳并合成新细胞。

（2）三阶段理论：

①水解发酵阶段：复杂的非溶解性的有机物在产酸细菌胞外水解酶的作用下被转化为简单的溶解性高级脂肪酸，然后渗入细胞内。

②产酸脱氢阶段：将溶解性高级脂肪酸降解为简单脂肪酸并脱氢，对于奇数碳有机物 还产生 CO_2。

③产甲烷阶段：将脱氢的简单脂肪酸还原为甲烷。

（3）四阶段理论：

①水解阶段：复杂的非溶解性的有机物在产酸细菌胞外水解酶的作用下被转化为简单的溶解性单体或二聚体的过程。

②产酸发酵阶段：产酸发酵细菌将溶解性单体或二聚体有机物转化为以挥发性脂肪酸和醇为主的末端产物，同时产生新的细胞物质。

③产氢产乙酸阶段：将产酸发酵阶段 2C 以上有机物（除乙酸）和醇转化为乙酸、氢气、二氧化碳的过程，并产生新的细胞物质。

④产甲烷阶段：由严格专性厌氧的产甲烷细菌将乙酸、甲酸、甲醇、甲胺和 CO_2/H_2 等转化为沼气（CH_4+CO_2）的过程。

2. 画出厌氧生物处理四阶段代谢过程的示意图（图中的文字要注解详尽）（图 4.33）。

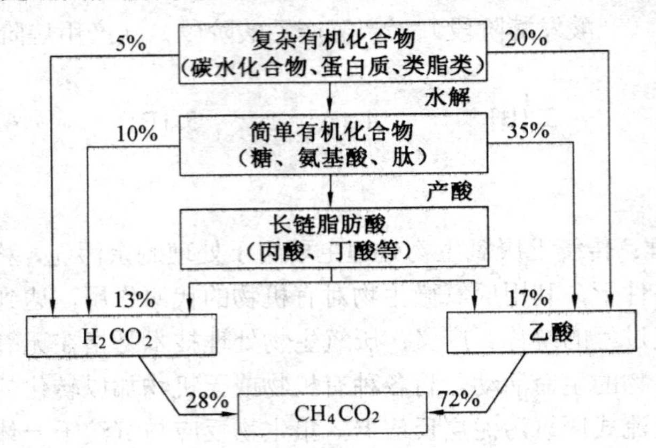

图 4.33 厌氧生物处理四阶段示意图

3. 试扼要讨论影响厌氧生物处理的因素。

影响厌氧消化的主要因素有：（1）温度：有中温发酵和高温发酵，高温发酵消化时间短产气量高，杀菌灭卵效果好；（2）pH 及碱度：厌氧发酵的最佳 pH 值应控制在 6.8～7.2，低于 6 或高于 8，厌氧效果明显变差，挥发酸的数量直接影响到 pH 值，故反应器内应维持足够的碱度；（3）碳氮比，适宜的碳氮比为 C/N＝(10～20):1；（4）有机负荷率，厌氧消化的控制速率是甲烷发酵阶段，因此过高的有机负荷可能导致有机酸的积累而不利于甲烷发酵的进行；（5）搅拌：适当搅拌是必需的，以防止形成渣泥壳和保证消化生物环境条件一致；（6）有毒物质，应控制在最大允许浓度以内。

4. 厌氧生物处理对象是什么？可达到什么目的？

厌氧生物处理对象主要为：（1）有机污泥；（2）高浓度有机废水；（3）生物质。

通过厌氧处理后，（1）可达到杀菌灭卵、防蝇除臭的作用；（2）可去除污泥、废水中大量有机物，防止对水体的污染；（3）在厌氧发酵的同时可获得可观的生物能－沼气；（4）通过厌氧发酵，固体量可减少约 1/2，并可提高污泥的脱水性能。

5. 试比较厌氧法与好氧法处理的优缺点。

就高浓度有机废水与污泥和稳定处理而言。

厌氧处理的主要优势在于：（1）有机废水、污泥被资源化利用又（产沼气）；（2）动力消耗低（不需供氧）。

厌氧处理的存在不足在于：处理不彻底，出水有机物浓度仍然很高，不能直接排放。相对比较而言，好氧活性污泥法则对有机物的处理比较彻底，出水可以达标排放，但动力消耗大。

6. 厌氧消化的影响因素有哪些？

（1）温度；（2）生物固体停留时间与负荷；（3）搅拌与混合；（4）营养与 C/N 比；（5）氮的守恒与转化；（6）有毒物质；（7）酸碱度，pH 值和消化液的缓冲作用；（8）污泥投配率。

7. 什么是厌氧消化的投配率？

每日投加新鲜污泥体积占消化池有效容积的百分数。

8. 厌氧消化溢流装置有何作用？

保持沼气压力恒定，防止投配过量，排泥不及时，气量不平衡等情况发生，防止压破池顶盖。

9. 厌氧消化为什么需要搅拌？

（1）厌氧消化是细菌体的内酶与外酶和底物进行的接触反应，因此必须使两者充分混合。

（2）使池内温度与浓度均匀。

（3）防止污泥分层，防止形成浮渣层。

（4）缓冲池内碱度，提高污泥分解速度。

（5）搅拌可以使新鲜污泥与熟污泥混合，加强其热传。

（6）提高消化池的负荷，使消化状态活跃，产气量增加。

10. 说明污泥三段厌氧消化机理。

（1）水解发酵阶段：复杂的非溶解性的有机物在产酸细菌胞外水解酶的作用下被转化为简单的溶解性高级脂肪酸，然后渗入细胞内。

（2）产酸脱氢阶段：将溶解性高级脂肪酸降解为简单脂肪酸并脱氢，对于奇数碳有机物还产生 CO_2。

（3）产甲烷阶段：将脱氢的简单脂肪酸还原为甲烷。

11. 解释两段厌氧消化的机理。

（1）产酸（或酸化）阶段：指有机物在产酸细菌的作用下，分解为脂肪酸及其他产物，并合成新细胞；

（2）产甲烷阶段：脂肪酸在产甲烷菌的作用下转化为甲烷和二氧化碳并合成新细胞。

12. 说明厌氧消化的 C/N 比。

因 C 担负两个作用：一是作为反应过程的能源。二是合成新细胞。而合成新细胞的 C/N=5∶1，所以要求 C/N=（10～20）∶1。

如果 C/N 高，细胞的氮不足，水中缓冲能力下降，pH 下降。C/N 低，氮量过多，pH 可能上升，铵盐积累，抑制消化进程。

13. 什么叫厌氧消化？试描述有机物的厌氧消化过程（四阶段）。

（1）厌氧消化法，即在无氧的条件下，由兼性菌及专性厌氧细菌降解有机物，最终产物是二氧化碳和甲烷气，使污泥得到稳定。

（2）污泥厌氧消化过程：

①水解阶段：复杂的非溶解性有机物，在产酸细菌胞外水解酶的作用下，转化成简单的溶解性单体或二聚体。

②产酸发酵阶段：溶解性单体或二聚体有机物，在产酸发酵细菌作用下，转化为挥发性脂肪酸和醇为主的末端产物，同时产生新的细胞物质。

③产氢产乙酸阶段：将产酸发酵阶段 2C 以上的有机酸（除乙酸）和醇，转化为乙酸、氢气、二氧化碳等，并产生新的细胞物质。

④产甲烷阶段：由严格专性厌氧的产甲烷细菌，将乙酸、甲酸、甲醇、甲胺和 CO_2/H_2 等转化为 CH_4 和 CO_2（沼气）的过程。

14. 城市污水厂的污泥为什么要进行消化处理，有哪些措施可以加速污泥消化过程？

（1）原因：提高厌氧生物处理能力和稳定性。

（2）措施：①提高反应器中生物持有量；②利用厌氧生物处理中微生物种群的特点，实现相分离；③研制反应器使之形成特殊的水力流态，从而创造厌氧微生物的最适生态条件。

15. 简述厌氧生物处理的优缺点。

优点：（1）能耗少，运行费用低：产泥率低，处理污泥费用节省；不需供氧设备，能耗约为好氧法的10%；

（2）污泥产量少：厌氧法产泥率为好氧法的20～50%；

（3）营养盐需要少：COD∶N∶P=500∶5∶1；

（4）甲烷可作为潜在能源：生物能；

（5）可消除气体产生的污染；

（6）应用范围广：高浓度的有机废水；污泥；好氧法难处理的有机物；含有毒有害物质较高的有机废水；

（7）可承受较高的有机负荷和容积负荷；2～4（好氧），5～60 COD/(m^3·d)（可降解难生物降解有机物）；

（8）厌氧污泥可长期储存，添加底物后可实现快速响应。

缺点：（1）欲达到理想的生物量启动周期长：厌氧生物处理过程反应速度较慢，反应产能较少（1/20～1/30），因而合成新细胞的速度也慢，启动与处理时间较长；

（2）有时需要提高碱度；

（3）处理程度往往达不到排放标准，常需进一步通过好氧处理达到排放要求；

（4）低温条件下降解速率低；

（5）对某些有毒物质敏感；

（6）产生臭味和腐蚀性物质；

（7）厌氧生物处理技术不能除磷（厌氧：释放p；好氧：吸收p）

（8）在处理高、低浓度的有机废水时，生产运行经验以及理论研究，尚欠成熟。

16. 简述厌氧消化的影响因素，为什么说消化池的投配率是重要设计参数？

（1）厌氧消化的影响因素：①温度因素。甲烷菌对于温度的适应性，可分为两类，即中温甲烷菌、高温甲烷菌。②生物固体停留时间（污泥龄）与负荷。③搅拌和混合。搅拌的方法一般有：泵加水射器搅拌法；消化气循环搅拌法和混合搅拌法等。④营养与C/N比。⑤氮的守恒与转化，在厌氧消化池中，氮的平衡是非常重要的因素。⑥有毒物质。

（2）投配率是消化池设计的重要参数，投配率过高，消化池内脂肪酸可能积累，pH下降，污泥消化不完全，产气率降低；投配率过低，污泥消化较完全，产气率较高，消化池容积大，基建费用增高。

17. 绘图说明升流式厌氧污泥床的构造（图4.34）。

（1）进水配水系统；（2）反应区；（3）三相分离器；（4）气室；（5）处理水排出系统；（6）排泥系统，浮渣收集系统

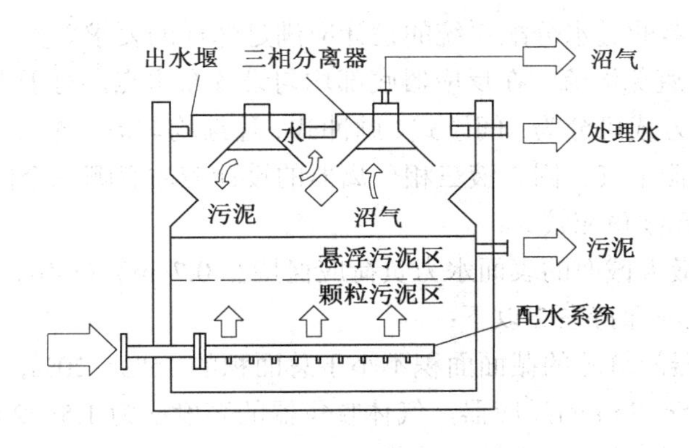

图 4.34 升流式厌氧污泥床示意图

18. 升流式厌氧污泥床（UASB 法）的处理原理是什么？有什么特点？

处理原理：当反应器运行时，废水自下部进入反应器，并以一定上升流速通过污泥层向上流动。气液固的混合液上升至三相分离器内，气体可被收集，污泥和水则进入上部相对静止的沉淀区，在重力作用下，水与污泥分离，上清液从沉淀区上部排出，污泥被截留在三相分离器下部并通过斜壁返回到反应区内。

特点：（1）反应器内污泥浓度高，一般平均污泥浓度为 30～40 g/L，其中底部污泥床污泥浓度 60～80 g/L，污泥悬浮层污泥浓度 5～7 g/L；（2）有机负荷高，水力停留时间短，中温消化，COD 容积负荷一般为 10～20 $kgCOD/m^3 \cdot d$；（3）反应器内设三相分离器，被沉淀区分离的污泥能自动回流到反应器，一般无污泥回流设备；（4）无混合搅拌设备。投产运行正常后，利用本身产生的沼气和进水来搅动；（5）污泥床内不填载体，节省造价及避免堵塞问题。

缺点：（1）反应器内有短流现象，影响处理能力；（2）进水中的悬浮物应比普通消化池低得多，特别是难消化的有机物固体不宜太高，以免对污泥颗粒化不利或减少反应区的有效容积，甚至引起堵塞；（3）运行启动时间长，对水质和负荷突然变化比较敏感。

19. 简述升流式厌氧污泥床系统（UASB）三相分离器的功能。

气液固的混合液上升至三相分离器内，气体可被收集，污泥和水则进入上部相对静止的沉淀区，在重力作用下，水与污泥分离，上清液从沉淀区上部排出，污泥被截留在三相分离器下部并通过斜壁返回到反应区内。

20. 根据不同的废水水质，UASB 反应器的构造有所不同，主要可分为开放式和封闭式两种。试述这两种反应器的特点及各自适用的范围。

开放式特点是反应器的顶部不加密封，出水水面是开放的，或加一层不密封的盖板，这种 UASB 反应器主要适用于处理中低浓度的有机废水。

封闭式特点是反应器的顶部加盖密封。在液面与池顶之间形成一个气室，可以同时收集反应区和沉淀区产生的沼气。这种形式反应器适用于处理高浓度有机废水或含硫酸盐较高的有机废水。

21. UASB 反应器中形成厌氧颗粒污泥具有哪些重要性？

UASB 反应器能够在高负荷条件下处理废水的重要原因是以产甲烷菌为主体的厌氧微生物形成了颗粒污泥，保证了很高的生物量。

22. UASB 反应器的进水分配系统的设计应满足怎样的要求？

布水尽量均匀，避免沟流。在反应器底部均匀设置布水点，对于大型 UASB 采取反应器底部多点进水。进水方式可分为：间歇式、脉冲式、连续均匀流、连续与间歇回流相结合等。

23. UASB 反应器中气、固、液三相分离器的设计应注意哪几个问题？

（1）沉淀器底部倾角应较大；

（2）沉淀器内最大截面的表面水力负荷应保持在 0.7 m^3/（m^2h）以下，水流通过液-固分离空隙的平均流速应保持在 2 以下；

（3）气体收集器间缝隙的截面面积不小于总面积的 15%～20%；

（4）对于高为 5～7 m 的反应器，气体收集器的高度应为 1.5～2 m；

（5）气室与液～固分离的交叉应重叠；

（6）避免气室内产生大量泡沫和浮渣；

（7）气室上部排气管直径足够大。

24. 试述升流式厌氧污泥床颗粒污泥形成的机理及影响因素。

机理：细菌很容易在惰性材料表面上附着并结团。污泥结团的主要核心是较重的污泥及颗粒，细菌则以某种程度附着在上面。通过新生细菌的附着、截留使这些较重的“基本核心”增长成较密实的污泥絮体。在启动后期，污泥絮体及附着其上不断繁殖的细菌，在重力、水流及逸出的气泡剪切力的扰动和影响下发生生物团聚作用。

影响因素：颗粒污泥的形成受污泥接种物的性质、底物成分、反应器的工艺条件、微生物的性质以及微生物菌种间、微生物与底物间的相互作用等影响，是生物、化学及物理因素等多种作用的结果。

五、论述题

1. 试比较厌氧法和好氧法处理的优缺点和适用范围。

厌氧法与好氧法相比：优点①能量需求大大降低，还可产生能量。②污泥产量极低。同时厌氧污泥可以长期存储，停止运行后，可迅速启动。③负荷高，同时 N、P 营养需要量较少。④处理后废水有机物浓度高于好氧处理。受氢体不同，好氧以 O_2 为受氢体，厌氧以化合态的氧、碳、硫、氮为受氢体。好氧处理不彻底。⑤厌氧微生物可对好氧微生物所不能降解的一些有机物进行降解（或部分降解），应用范围广。缺点①厌氧微生物增殖缓慢，所以启动和处理时间比好氧设备长。②出水往往不能达到排放标准，需进一步处理。③处理过程控制较复杂。厌氧生物处理应用于高浓度工业废水处理、处理污泥和垃圾。

2. 试叙述好氧生物处理与厌氧生物处理的基本区别。

好氧生物处理法是在有氧的条件下，由好氧微生物降解污水中的有机物，最终产物是水和二氧化碳。

厌氧生物处理法是在无氧的条件下，由厌氧细菌降解有机物，最终产物是二氧化碳和甲烷气。

好氧法适于处理低浓度有机废水，对高浓度有机废水需用大量水稀释后才能进行处理。

厌氧法不仅可用来处理高浓度有机废水，还可以处理低浓度有机废水。

3. 与好氧生物处理相比，哪些因素对厌氧生物处理的影响更大？如何提高厌氧生物处理的效率？

与好氧生物处理相比，对厌氧生物处理的影响更大的因素有微生物被驯化的程度、微生物浓度、pH 值等。厌氧生物处理所需的启动时间比较长，所以微生物的循化程度和微生物的浓度对其影响非常显著。当 pH 值在中性附近波动时，处理效果较好。

要提高厌氧生物处理的效率，可控制 pH 值在中性范围附近波动，亦可控制微生物的浓度，浓度过低，则启动时间更长。微生物的驯化程度越好，则处理效率越高。

七、判断题

1.（×）　　　2.（√）

第二十二节　自然生物处理系统

一、填空题

1.（人工曝气）（表面复氧）

2.（慢速渗滤）（快速渗滤）（地表漫流）（湿地处理）（地下渗滤）

3.（土壤）（植物）（微生物）

4.（好氧塘）（兼性塘）（厌氧塘）（曝气塘）

二、选择题

1. [D]　　　2. [D]　　　3. [B]

三、名词解释

1. 稳定塘：是人工适当修正或人工修建的设有围堤和防渗层的污水池塘，主要依靠自然生物净化功能。污水在池塘内流动缓慢，贮存时间较长，以太阳能为初始能源，通过污水中存活的微生物的代谢活动和包括水生植物在内的多种生物的综合作用，使有机污染物的易降解。

2. 污水土地处理：污水有节制的投配到土地上，通过土壤～植物系统的物理的、化学的、生物的吸附、过滤与净化作用和自我调控功能，使污水可生物降解的污染物得以降解净化，氮磷等营养物质和水分得以再利用，促进绿色植物增长并获得增产。

3. 慢速渗滤处理系统：将污水投配到种有作物的土地表面，污水缓慢地在土地表面流动并向土壤中渗滤，一部分污水直接为作物所吸收，一部分则渗入土壤中，从而使污水达到净化目的的一种土地处理工艺。

四、简答题

1. 简述土地处理对污水的净化过程。

（1）物理过滤——土壤颗粒间的孔隙具有截留、滤除水中的 SS 的功能。

（2）物理吸附与物理化学吸附。

范德华力——土壤中黏土矿物颗粒能够吸附土壤中的中性分子。

离子交换、吸附和螯合作用——金属离子。

（3）化学反应与化学沉淀——金属离子与土壤中的某些组分进行化学反应生成难溶性化合物而沉淀。

（4）微生物代谢作用下的有机物分解：土壤具有强大自净能力的原因。

（5）植物吸附和吸收作用：慢速渗滤系统中，污水中的营养物质主要靠作物的吸附和吸收而去除。

2. 氧化塘工艺有什么优缺点？

优点：（1）构造简单；（2）维护管理方便；（3）效果良好。

缺点：（1）占地面积大；（2）效果受气温影响较大；（3）可能引起周围污染。

3. 污水进入稳定塘之前，为什么应进行适当的预处理？

通过预处理（1）去除悬浮物；（2）调整 pH 值；（3）去除有毒有害物质使稳定塘能进行正常工作，功能不受影响。

4. 稳定塘净化过程的影响因素有哪些？

温度、光照、混合、营养物质、有毒物质和蒸发量及降雨量。

5. 简述稳定塘污水处理的优缺点。

优点：在条件合适时，基建投资少；运行管理简单，耗能少，运行费用低（为传统人工处理厂的 1/3～1/5）；可进行综合利用，形成复合生态系统，可产生明显的经济、环境和社会效益。

缺点：占地面积过多；处理效果受气候影响较大，如过冬问题，春、秋季翻塘问题等；如设计或运行不当，可能形成二次污染（如污染地下水、产生臭气等）。

6. 稳定塘对污水的净化作用有哪些？

（1）在风和水流作用下稀释；

（2）沉淀和絮凝；

（3）微生物的代谢；

（4）浮游生物的净化；

（5）水生维管束植物的作用。

7. 试以兼性塘为例图示并说明稳定塘降解污染物的机理？（图 4.35）

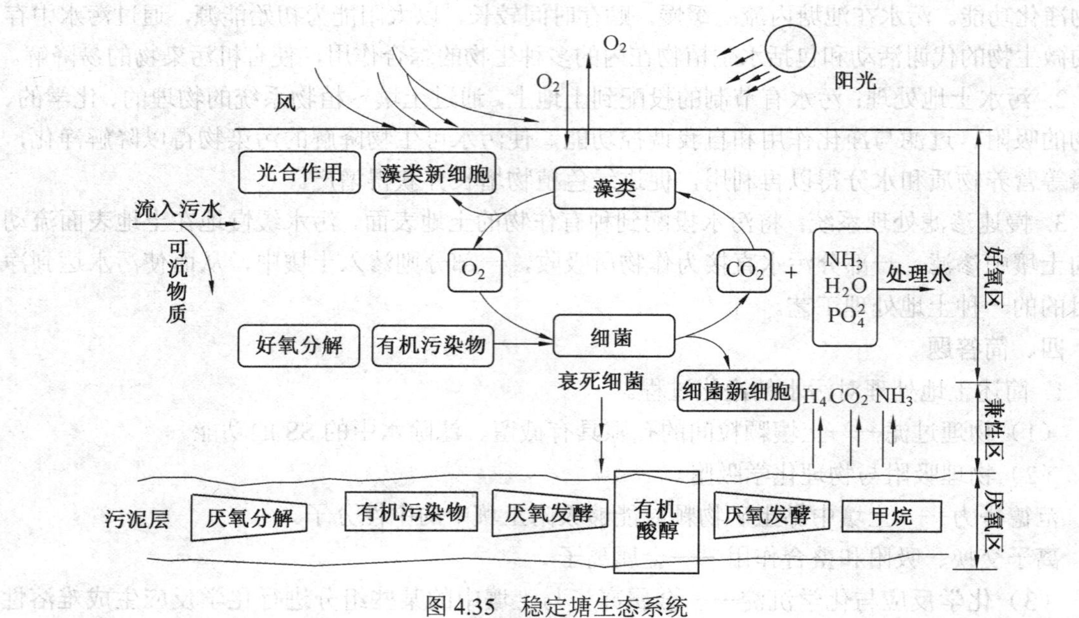

图 4.35 稳定塘生态系统

好氧层，其所产生的各项指标的变化和各项反应与好氧塘相同，由好氧异养微生物对有机污染物进行氧化分解；藻类的光合作用旺盛，释放大量的氧。

在塘底部，由沉淀的污泥和衰死的藻类和菌类形成的污泥层，在这层里由于缺氧，而进行由厌氧微生物起主导作用的厌氧发酵，为厌氧层。

好氧层与厌氧层之间，存在一个兼性层，在这里溶解氧量低，而且是时有时无，一般在白昼有溶解氧存在，而在夜间又处于厌氧状态。

除有机物降解外，这里还可以进行更为复杂的反应，如硝化反应等。

8. 简述好氧塘净化机理及其优缺点。

好氧塘净化机理：好氧塘内存在着藻～菌及原生动物的互生体系，在阳光照射时间内，藻类的光合作用释放大量的氧，塘表面也由于风力的搅动进行自然复氧，这一切使塘水保持良好的好氧状态。水中生存的好氧异氧型微生物通过其本身的代谢活动对有机物进行氧化分解，代谢产物 CO_2 作为藻类光合作用的碳源。

优点：处理效率高，污水在塘内停留时间短，但进水应进行较彻底的预处理以去除可沉悬浮物，防止形成污泥沉积层。

缺点：占地面积大，出水中含有大量的藻类，需进行除藻处理，对细菌的去除效果也较差。

9. 好氧塘溶解氧浓度与 pH 值是如何变化的，为什么？

白昼，藻类光合作用放出的氧超过细菌降解有机物所需，塘水中氧的含量很高，甚至达到饱和。晚间藻类光合作用停止，进行有氧呼吸，水中溶解氧浓度下降，在凌晨时最低；阳光开始照射时，光合作用又开始进行，溶解氧再行上升。白昼，由于光合作用，藻类吸收 CO_2，pH 值上升；夜晚光合作用停止，有机物降解产生的 CO_2 溶于水，pH 又下降。

10. 说明湿地处理系统的类型，净化机理及构造特点。

1）自由水面人工湿地处理系统用人工筑成水池或沟槽状，地面铺设隔水防渗层，充填一定深度的土壤层在土壤层种植芦苇一类的维管束植物。污水由湿地的一端通过布水装置进入，并以交钱的水层在地表面上以推流方式向前流动，从另一端溢入集水沟，在推流的过程中保持自由水面。

（2）人工潜流湿地处理系统是人工筑成的床槽，床内充填介质提供芦苇类等挺水植物的生长条件。床底设黏土隔水层，并具有一定的坡度。污水从沿床宽度设置的布水装置进入，水平流动通过介质，污染物质与布满生物膜的介质表面和溶解氧较高的植物根系接触而得到净化。

五、判断题

1.（√）

第二十三节 污泥的处理处置与利用

一、填空题

1.（污泥的投配）（排泥及溢流系统）（沼气的排出）（收集与储存设备）（搅拌设备）（加温设备）

2.（温度）（污泥投配率）（搅拌）（C/N）（有毒物质）（*P*H 值）

3.（30～55 ℃）（50～55 ℃）

4.（陆地处置）（海洋处置）

5.（减量化）（稳定化）（无害化）（资源化）

6.（颗粒间的空隙水）（毛细结合水）（污泥颗粒吸附水）（内部结合水）

7.（降低污泥含水率）（减少污泥体积）

8.（浓缩法）（自然干化法）（机械脱水法）（干燥）（焚化法）

9.（沉淀污泥）（生物处理污泥）

10.（有机污泥）（无机污泥）

11.（浓缩）（稳定）（调理）（脱水）

12.（污泥重力浓缩）（污泥气浮浓缩）（污泥机械浓缩）

13.（圆柱形）（蛋形）

二、选择题

1. [B] 2. [D] 3. [A] 4. [D] 5. [B] 6. [D] 7. [D]
8. [B] 9. [C]

三、名词解释

1. 消化池的投配率：投加量和总量的比数，每天需要投加的投加量和消化池的有效容积的比就是投配率。

2. 熟污泥：消化污泥。在好氧或厌氧条件下进行消化，使污泥中挥发物含量降低到固体相对不易腐烂和不发恶臭时的污泥。

3. 污泥含水率：污泥中所含水分的重量与污泥总重量之比的百分数称为污泥含水率。

4. 有机物负荷率（S）：消化池的单位容积在单位时间内能够接受的新鲜污泥中挥发性干污泥量，即指每日进入的干泥量与池子容积之比。

5. 挥发性固体和灰分：挥发性固体，即 VSS，通常用于表示污泥中的有机物的量；灰分表示无机物含量。

6. 湿污泥比重：湿污泥比重等于湿污泥量与同体积的水重量之比值。

7. 比阻：单位过滤面积上，单位干重滤饼所具有的阻力。

8. 生污泥：未经消化处理的污泥，包括初次沉淀污泥，剩余污泥，腐殖污泥。

9. 消化污泥：生污泥经厌氧消化或好氧消化处理后的污泥

10. 可消化程度：表示污泥中可被消化降解的有机物数量。

11. 污泥含水率：污泥中所含水分的重量与污泥总重量之比的百分数。

四、简答题

1. 说明污泥流动的水力特征。

（1）当污泥含水率>99%时，属于牛顿流体，流动特性同水流。

（2）当污泥含水率<99%时，显示出塑性，半塑性流体的特性，流动特性不同于水流。

（3）当污泥流速慢，处于层流状态，阻力很大。

（4）当污泥流速快，处于紊流状态，阻力较小。

2. 简述污泥浓缩的目的。

减小容积，方便污泥的后续处理。

3. 简述重力浓缩池垂直搅拌栅的作用。

（1）栅条后面，可形成微小涡流，有助于颗粒间的絮凝，使颗粒变大。

（2）造成空穴，使污泥颗粒的空隙水与气泡逸出，提高浓缩效果。

（3）促进浓缩作用。

4. 什么叫固体通量？如何根据固体通量确定浓缩池面积？

（1）固体通量：单位时间通过单位面积的固体量。

（2）浓缩池的断面面积应按控制断面来设计，即

$$A \geqslant Q_o C_o / G_L$$

Q_o为入池水的流量（m^3/h）；C_o为入池水的固体浓度（kg/m^3）；A浓缩池设计表面积（m^2）；G_L为极限固体通量（$kg/(m^2 \cdot h)$）

5. 简述消化污泥的培养与驯化方式。

（1）逐步培养法：把生污泥投入消化池，加热使温度逐步升高，直到消化温度，每日投加新鲜污泥，直至设计泥面，停止加泥，维持温度，待污泥成熟，产生沼气后就可使用。

（2）一次培养法：将池塘污泥，经 2 mm×2 mm 孔网过滤投入消化池，约为消化池容积的 1/10，以后逐日加入新鲜污泥，至设计泥面，然后加温 1 h 升温 1 ℃至硝化温度，控制 pH，稳定 3～5 d，产生沼气后，再加生污泥。

6. 说明消化池异常现象有哪些？

（1）产气量下降；

（2）上清液水质恶化；

（3）沼气的气泡异常：连续喷出像啤酒开盖后出现的气泡，大量气泡剧烈喷出，但产气量正常不起泡。

7. 分析说明污泥的好氧消化机理。

在不投加营养物质的条件下，对污泥进行长时间的曝气，使污泥中的微生物处于内源呼吸阶段而进行自身氧化，因此微生物机体的可生物降解部分可被氧化去除，使污泥量减少。

8. 为什么进行污泥脱水？

因污泥经浓缩，消化后，含水率和体积仍很大，为了减少体积，为了综合利用和最终处理。

9. 污泥机械脱水有几种方法？

（1）真空过滤脱水；（2）压滤脱水；（3）滚压脱水；（4）离心脱水。

10. 污泥处理的一般工艺如何？污泥浓缩的作用是什么？

污泥处理的一般工艺如下：污泥→浓缩→污泥消化→脱水和干燥→污泥利用。

污泥浓缩的作用在于去除污泥中大量的水分，缩小污泥体积，以利于后继处理，减小厌氧消化池的容积，降低消化耗药量和耗热量等。

11. 污泥浓缩有哪些方法？并加以比较。

浓缩污泥可以用重力浓缩法，也可以用气浮浓缩法和离心浓缩法、重力浓缩法主要构筑物为重力浓缩池，设备构造简单，管理方便，运行费用低；气浮浓缩主要设施为气浮池和压缩空气系统，设备较多，操作较复杂，运行费用较高，但气浮污泥含水率一般低于重力浓缩污泥。离心浓缩则可将污泥含水率降到 80%～85%，大大缩小了污泥体积，但相比之下电耗较大。

12. 污泥比阻在污泥脱水中有何意义？如何降低污泥比阻？

污泥比阻大，污泥脱水不易，脱水效率低，动力消耗大；降低污泥比阻的处理为污泥预处理，有（1）化学混凝法；（2）淘洗一化学混凝法，此法可大大降低混 凝剂用量。

13. 表示污泥性质的指标主要有哪些？

（1）污泥含水率；（2）挥发性固体与灰分；（3）可消化程度；（4）湿污泥比重与干污泥比重；（5）污泥的肥分；（6）污泥的细菌组成。

14. 厌氧消化的影响因素有哪些？

（1）温度；（2）污泥投配比；（3）搅拌；（4）C/N 比；（5）pH 值；（6）有毒物质。

15. 试述中温消化与高温消化有什么不同？

（1）中温消化控制温度为 30～35 ℃，高温消化温度控制为 50～55 ℃。（2）高温消化比中温消化需时短，处理效率和产气率高，对寄生虫卵杀灭率高。（3）高温消化比中温消化耗热量大，保温费用高。

16. 污泥投配率是如何影响厌氧消化过程？

污泥厌氧消化过程一般分为酸性发酵阶段和甲烷发酵阶段，两阶段起作用的分别是产酸菌和 产甲烷菌，这两种细菌因世代时间的不同而使两阶段过程产生差异。若污泥投配率过大，使污泥很快转化为有机酸而使消化液 pH 值降低，污泥消化不完全，产气率低；若污泥投配率过小，污泥消化完全，产气高，但造成消化池容积过大，利用率低，基建费用高。

17. 搅拌对污泥的厌氧消化过程起什么作用，常用的搅拌方法有哪些？

（1）防浮渣和沉淀及分层现象；（2）保证池中环境相同，强化微生物与污染物接触；（3）促进气泥分离，释放沼气。

方法：（1）泵加水射器搅拌法；（2）消化气循环搅拌法；（3）混合搅拌法。

18. 两级消化工艺与两相消化工艺是否相同？为什么不同？

两级消化工艺是第一级消化池有集气罩，有加热、搅拌设备，第二级消化池不加热，不搅拌，依靠剩余热量继续消化，产生的沼气不收集。两级消化的优点是减少耗热量，减少搅拌所需能耗，热污泥含水率低。

两相消化工艺是将酸性发酵阶段和甲烷发酵阶段分别控制在各自消化池最佳环境条件下进行消化，因此消化池总容积小，加温耗热量少，运行管理方便。

19. 在消化池中若出现上清液中含有 BOD_5 和 SS 浓度增加，这是什么原因引起的，应采取什么措施？

（1）排泥量不够；（2）固体负荷过大；（3）消化程度不够；（4）搅拌不够。

根据分析具体原因采取具体措施。

20. 在消化池中若沼气气泡异常，它是什么原因引起的，应采取什么措施？

（1）排泥量过大，池内污泥量不足或有机负荷过高，搅拌不足，应减少排泥量或减少有机负荷，适当加大搅拌强度。（2）由于浮渣过厚引起，应搅拌破碎浮渣层。（3）不起泡时可暂时减少或中止污泥投配。

21. 简述污泥好氧消化的优缺点？

优点：（1）污泥中可生物降解有机物的降解程度高；（2）上清液 BOD（3）消化污泥量少，无臭、稳定、易脱水，处置方便；（4）消化污泥肥分高，易被吸收；（5）基建投资省，运行管理方便。

缺点：（1）运行能耗多，运行费高；（2）不能回收甲烷；（3）有机物分解程度随温度波动较大。

22. 污泥稳定的主要目的是什么？

便于污泥的储存和利用，避免恶臭产生，减少有机含量或抑制细菌代谢。

23. 污泥最终处置的可能场所有哪些？污泥在进行最终处理前，需进行哪些预处理？

污泥的最终处置与利用主要有：作为农肥利用、制化工原料、建筑材料利用、填埋与填海造地、排海。

预处理有：浓缩、稳定、调理、脱水、干化。

24. 为什么机械脱水前，污泥常须进行预处理？怎样进行预处理？

机械脱水前，一般应进行预处理（调理），是因为城市污水处理系统产生的污泥，尤其是活性污泥脱水性能一般都较差，直接脱水将需要大量的脱水设备，因而不经济。对污泥进行预处理，改善其脱水性能，提高脱水设备的生产能力，获得综合的技术经济效果。

25. 污泥调理方法有哪些？

有化学调理，淘洗，热调理，冷冻溶解法。

26. 在污泥处理的多种方案中，请分别给出污泥以消化、堆肥、焚烧为目标的工艺方案流程。

（1）生污泥→浓缩→消化→自然干化→最终处置

生污泥→浓缩→消化→机械脱水→最终处置

生污泥→浓缩→消化→最终处置

（2）生污泥→浓缩→自然干化→堆肥→最终处置

（3）原污泥→浓缩→消化→脱水→焚烧→焚烧灰填埋

27. 简述污泥厌氧消化三阶段理论以及细菌特征和产物。

参与厌氧消化第一阶段的微生物包括细菌、原生动物和真菌，统称水解与发酵细菌，大多数为专性厌氧菌，也有不少兼性厌氧菌；

参与厌氧消化第二阶段的微生物是一群极为重要的菌种——产氢产乙酸菌以及同型乙酸菌；

参与厌氧消化第三阶段的微生物是甲烷菌——甲烷发酵阶段的主要细菌，属于绝对的厌氧菌。

28. 简述 C/N 对厌氧消化过程的影响。

碳氮比太高，细菌的氮量不足，消化液缓冲能力低，pH 值容易降低。碳氮比太低，含氮量过多，pH 值可能上升到 8.0 以上，脂肪酸的铵盐要积累，使有机物分解受到抑制。对于污泥处理来说，碳氮比以（10～20）：1 较合适。

29. 试述厌氧消化过程中重金属离子、硫离子和氨的毒害作用 。

重金属过量，在厌氧发酵阶段有抑制微生物生长的可能性；氨氮浓度 1 500～3 000 mg/L 且高 pH 值时，对产甲烷阶段有明显的抑制作用；SRB 与产甲烷细菌竞争，若 SRB 过高，对产甲烷阶段有明显抑制作用。

30. 试述两级消化与两相消化的原理与工艺特点。

两级厌氧消化，根据消化过程沼气产生的规律进行设计。目的是节省污泥加温与搅拌所需的能量。

两相厌氧消化，根据消化机理进行设计。目的是使各相消化池具有更适合于消化过程各个阶段各自的菌种群生长繁殖的环境。

31. 为什么说在厌氧消化系统中，既要保持一定的碱度，又要维持一定的酸度？

甲烷细菌生长最适宜的 pH 值范围约为 6.8～7.2 之间，如果 pH 值低于 6 或者高于 8，生长繁殖将大受影响。产酸细菌对酸碱度不及甲烷细菌敏感，其适宜的 pH 值范围较广，在 4.5～

8.0 之间。由于产酸和产甲烷大多在同一构筑物内进行，故为了维持平衡，避免过多的酸积累，常保持反应器内的 pH 值在 6.5～7.5（最好在 6.8～7.2）的范围内。

污水处理厂产生的混合污泥 600 m^3/d，含水率 96%，有机物含量为 65%，用厌氧消化作稳定处理，消化后熟污泥的有机物含量为 50%。消化池无上清液排除设备，求消化污泥量。

消化污泥量的计算公式为

$$V_d = \frac{V_1(100-p_1)}{100-p_d}\left[\left(\frac{1-pV_1}{100}\right)+\frac{pV_1}{100}\frac{1-R_d}{100}\right]$$

式中 V_d——消化污泥量，m^3/d；

p_d——消化污泥含水率，%，取周平均值；

V_1——生污泥量，m^3/d；

p_1——生污泥含水率，%，取周平均值；

pV_1——生污泥有机物含量，%；

R_d——可消化程度，%，取周平均值。

32. 对重力浓缩池来说，有哪三个主要设计参数，其含义如何?

固体通量（或称固体过流率）：单位时间内，通过浓缩池任一断面的固体重量。单位：$kg/(m^2 \cdot h)$；

水面积负荷：单位时间内，每单位浓缩池表面积溢流的上清液流量；单位：$m^3/(m^2 \cdot h)$；

污泥容积比 SVR：浓缩池体积与每日排出的污泥体积之比值，表示固体物在浓缩池中的平均停留时间；

根据以上 3 个设计参数就可设计出所要求的浓缩池的表面积，有效容积和深度。

五、论述题

1. 试述两级消化与两相消化的原理与工艺特点，两者之间有何联系？

两级厌氧消化是根据消化过程沼气产生的规律进行设计的。目的是节省污泥加温与搅拌所需的能量。在中温消化的消化时间与产气率的关系中我们可以看到，在消化的前 8 天，产生的沼气量约占全部气量的 80%，若把消化池设计成两级，第一级有加温，搅拌设备，并有集气罩收集气体，然后把排出的污泥送入第二级消化池。第二级消化池没有加温与搅拌设备，依靠余热继续消化，消化温度约为 20 ℃～26 ℃，产气量约占 20%，可收集或不收集，由于不搅拌，第二级消化池有浓缩的功能。

两相消化是根据消化机理进行设计的。目的是使各相消化池具有更适合消化过程三个阶段各自的菌种生长繁殖的环境。厌氧消化可分为三个阶段即水解与发酵阶段、产氢产乙酸阶段及产甲烷阶段。各阶段的菌种、消化速度对环境的要求及消化产物等都不相同，造成运行管理方面的诸多不便。采用两相消化法，即把第一二阶段与第三阶段分别在两个消化池中进行，使各自都有最佳的环境条件。

2. 论述污泥厌氧消化的影响因素，并说明在操作上应如何进行控制，以维持较好的消化进程。

因为甲烷发酵阶段是厌氧消化反应的控制因素，因此厌氧反应的各项影响因素也以对甲烷菌的影响为准。

温度因素：甲烷菌对于温度的适应性，可分为两类，即中温甲烷菌（适应温度区为 30～36 ℃）；高温甲烷菌（适应温度区为 50～53 ℃）两区之间的温度，反应速度反而减退。

生物固体停留时间与负荷：厌氧消化效果的好坏与污泥龄有直接的关系。有机物降解过程是污泥龄的函数，而不是进水有机物的函数。由于甲烷菌的增殖比较慢，对环境条件的变化十分敏感，因此，有获得稳定的处理效果就要保持较长的污泥龄

搅拌和混合；厌氧消化是由细菌体的内酶和外酶与底物进行的接触反应。因此必须使两者充分混合。搅拌的方法一般有：泵加水射器搅拌；消化气搅拌法和混合搅拌法等。

营养与 C/N 比：厌氧消化池中，细菌生长所需要营养由污泥提供。合成细胞所需的碳源（C）担负着双重任务，一是作为反应的能源，二是合成新细胞。一般 C/N 达到（10～20）:1 为宜。从 C/N 来看，初次沉淀池污泥比较合适，混合污泥次子，而活性污泥不大适宜单独进行厌氧消化处理。

氮的守恒与转化：在厌氧消化池中，氮的平衡是非常重要的因素，尽管消化系统中的硝酸盐都将被还原成氮气存在于消化气中，但仍然存在与系统中，由于细胞的增殖很少，故只有很少的氮转化成为细胞，大部分可生物降解的氮都转化为消化液中的 NH_3，因此消化液中氮的浓度多高于进如消化池的原污泥。

有毒物质：所谓“有毒”是相对的。事实上任何一种物质对甲烷消化都有两面的作用，即有促进甲烷菌生长的作用与抑制甲烷细菌生长的作用，关键在于它们的浓度界限。

酸碱度、pH 值和消化液的缓冲作用：水解与发酵菌及产氢产乙酸菌对 pH 的适应范围大致为 5～6.5，而甲烷菌对批 pH 的适应范围为 6.6～7.5 之间。在消化系统中，如果水解发酵阶段与产酸阶段的反应速率超过产甲烷阶段，则 pH 会降低，影响甲烷菌的生活环境。但是，在消化系统中，由于消化液的缓冲作用，在一定范围内可以避免产生这样的情况。

六、计算题

1. 含水率 99.5%的污泥脱去 1%的水，脱水前后的容积之比为多少？

解：脱水前污泥含水率 99.5%，脱水后污泥含水率 99.5%−1%＝98.5%。

根据脱水前后泥量保持不变，　即

$$V_1\,(1-99.5\%)=V_2\,(1-98.5\%)$$

$$V_1\times0.5\%=V_2\times1.5\%$$

$$V_1/V_2=3$$

2. 某污水处理厂每日新鲜污泥量为 2 268 kg，含水率 96.5%，污泥投配率 5%。计算厌氧消化池容积。

解：污泥体积

$$V'/(\mathrm{m^3\cdot d^{-1}})=\frac{2\,268}{(1-0.965)\times1\,000}=64.8$$

$$V/\mathrm{m^3}=\frac{V'}{P\times100}=\frac{64.8\times100}{5}=1\,296$$

3. 用加压溶气气浮法处理污泥，泥量 Q＝3 000 m³/d，含水率 99.3%，采用气浮压力 0.3 MPA（表压），要求气浮浮渣浓度 3%，求压力水回流量及空气量。（A/S＝0.025，C_s＝29 mg/L，空气饱和系数 f＝0.5）。

解：含水率 99.3%的污泥，则含泥率为 1−99.3%=0.7%，对应的污泥浓度 X_0=7 000 mg/L。

表压 0.3 MPa 对应的绝对压力 P=4.1 kgf/cm^2

$$\frac{A}{S}=\frac{RC_S(fP-1)}{QX_0}$$

$$0.025=\frac{R\times 29(0.5\times 4.1-1)}{3\,000\times 7\,000}$$

$$R/(\mathrm{m^3\cdot d^{-3}})=17\,241$$

$$A/(\mathrm{kg\cdot d^{-1}})=0.025\,S=0.025\times 3\,000\times 7=525$$

七、判断题

1.（√）　2.（×）　3.（×）

第五章　建筑给水排水工程

第一节　建筑给水

（一）基本要求

了解给水系统分类、组成及给水方式；掌握给水设计秒流量与给水系统设计；掌握给水系统增压、贮水设备选择计算；掌握节水和防水质污染措施；熟悉给水管道布置、敷设及管材、附件选用。

（二）习题

一、名词解释

1. 控水附件　2. 过载流量　3. 常用流量　4. 分界流量　5. 最小流量
6. 始动流量　7. 给水方式　8. 额定流量　9. 最低工作压力　10. 给水当量
11. 设计秒流量　12. 叠压供水　13. 接户管

二、填空题

1. 建筑给水系统按使用目的基本上可分三类（　　　）、（　　　）、（　　　）。

2. 生活给水系统按供水水质可分为（　　　）、（　　　）、（　　　）。

3. 给水系统由（　　　）、（　　　）、（　　　）、（　　　）、（　　　）及（　　　）组成。

4. 给水系统按水平配水干管的敷设位置，可以布置成（　　　）、（　　　）和（　　　）三种方式。

5. 室内给水管道的敷设应根据建筑物的性质及要求，可以分为（　　　）及（　　　）。

6. 钢管连接方法有（　　　）、（　　　）、（　　　）及（　　　）四种方式。

7. 室外埋地引入管要防止地面活荷载和冰冻的破坏，其管顶覆土厚度不宜小于（　　　），并应敷设在冰冻线以下（　　　）。

8. 埋地式生活饮用水储水池周围（　　　）以内不得有化粪池，当达不到此要求时，应采取防污染措施。

9. 流速式水表可分为（　　　）和（　　　）。

10. 离心泵的工作方式有（　　　），泵轴高于吸水面的是（　　　），泵轴低于吸水面的是（　　）。

11. 室内给水系统一般采用离心泵，它具有（　　）、（　　）、（　　）、（　　）、运行平稳等优点。

12. 在生产（　　）给水系统中，无水箱调节时水泵出水量按（　　）确定，有水箱调节时，水泵流量可按（　　）确定，若水箱容积较大，且室内用水均匀，水泵流量可按（　　）确定。

13. 按气压给水设备输水压力稳定性，可分为（　　）和（　　）。

14. 气压给水设备的理论依据是（　　）。

15. 按气压设备罐内气、水接触方式，可分为（　　）和（　　）。

16. 水泵吸水井的有效容积应大于应大于（　　）的出水量。

17. 溢流管应装在水箱最高设计水位以上（　　）处，管径按排泄水箱最大入流量确定，一般应比进水管（　　）。

18. 当生活饮用水池（箱）内的贮水，（　　）内不能得到更新时，应设置（　　）。

19. 水箱（池）进水管应在溢流水位以上接入，当溢流水位确定有困难时，进水管口最低点高出溢流边缘的高度等于进水管管径，但最小不应（　　），最大不应（　　）。

20. 在非饮用水管道上接出水嘴或取水短管时，应采取（　　）的措施。

三、简答题

1. 室内给水管道安装方式有哪几种？各有什么优缺点？

2. 建筑室内塑料给水管敷设应注意的要点有哪些？

3. 室内给水方式有哪几种？

4. 贮水池或水箱中的消防水保护措施有哪些？

5. 试述建筑内部给水系统引起水质污染的原因及其防治措施？

四、选择题

1. 给水引入管的埋设深度主要根据城市给水管网及当地的气候、水文地质条件和地面荷载而定。在寒冷地区，引入管应埋在冰冻线以下______。

A. 0.15 m　　B. 0.3 m　　C. 0.4 m　　D. 0.5 m

2. 生活给水管道，当压力较低时，应采用塑料管。压力较高时，可采用______。

A. 铸铁管　　B. 塑料管　　C. 无缝钢管　　D. 衬塑钢管

3. 下列叙述中符合《建筑给水排水设计规范》(GB 50015—2003)(2009 年版)的是______。

A. 规范中给出的别墅用水定额不包含汽车擦车用水。

B. 规范中给出的医院建筑用水定额中已包含了食堂用水。

C. 当地主管部门给出的住宅生活用水定额与规范中的用水定额不一致时，应按当地规定执行。

D. 规范中给出的集体宿舍、旅馆和公共建筑等的生活用水定额中已包括空调用水。

4. 下面哪个不是建筑给水系统的附件：______。

A. 疏水器　　B. 配水龙头　　C. 闸阀　　D. 止回阀

5. 下列关于避难层的消防设计哪条不正确：______。

A. 避难层可兼作设备层，但设备管道宜集中布置

B. 避难层仅需消火栓

C. 避难层应设有消火栓和消防卷帘

D. 避难层应设自动喷水灭火系统

6. 建筑物内塑料给水管敷设哪一条是错误的：_______。

A. 不得布置在灶台上边缘

B. 明设立管距灶台边缘不得小于 0.3 m

C. 距燃气热水器边缘不宜小于 0.2 m

D. 与水加热器和热水器应不小于 0.4 m 金属管过渡

7. 高位水箱的设置高度应保证最不利点消火栓静水压力。当建筑高度不超过 100 m 时，高层建筑最不利点消火栓静水压力不应低于______，当建筑高度超过 100 m 时，高层建筑最不利点消火栓静水压力不应低于______。

A. 0.07 MPa；0.13 MPa　　B. 0.07 MPa；0.15 MPa

C. 0.10 MPa；0.13 MPa　　D. 0.10 MPa；0.15 MPa

8. 消防水泵应保证在火警后多长时间内启动______。

A. 0.5 min　　B. 3 min　　C. 5 min　　D. 10 min

9. 建筑高度超过 100 m 的高层建筑，其生活给水系统宜采用的给水方式是______。

A. 垂直分区并联给水　　B. 垂直分区减压给水

C. 垂直分区串联给水　　D. 不分区给水

10. 下列关于水表的叙述中正确的是______。

A. 水表节点是指安装在引入管上的水表及其前后设置的阀门和泄水装置的总称

B. 水平螺翼式水表可以垂直安装，垂直安装时水流方向必须自上而下

C. 与湿式水表相比，干式水表具有较高的灵敏性

D. 水表不能被有累计水量功能的流量计所代替

11. 埋地式生活饮用水池周围______以内不得有化粪池，当达不到此要求时，应采取防污染措施。

A. 10 m　　B. 5 m　　C. 2 m　　D. 20 m

12. 对比赛用游泳池的循环水应采用的处理流程是______。

A. 过滤、消毒　　B. 过滤、加药和消毒

C. 混凝沉淀、过滤和加热　　D. 沉淀、过滤和消毒

13. 当给水管网存在短时超压工况，且会引起使用不安全时，应设置______。

A.安全阀　　B. 泄压　　C. 多功能控制阀　　D. 减压阀

14. 当给水管道内水流需要双向流动时，管道上不应安装______。

A. 截止阀　　B. 蝶阀　　C. 球阀　　D. 闸阀

15.下述某工程卫生间选用的给水管及其敷设方式中，合理的是______。

A. 选用 PP-R 聚丙烯管，热熔连接，敷设在结构板内

B. 选用 PP-R 聚丙烯管，热熔连接，靠墙、顶板明设

C. 选用 PP-R 聚丙烯管，热熔连接，敷设在地面垫层内

D. 选用薄壁不锈钢管，卡环式连接，敷设在找平层内

16. 根据《建筑给水排水工程设计规范》（GB50015—2003）（2009 年版），室内给水管道不应穿越遇水会损坏设备和引发事故的房间，下述属于这类房间的是______。

A. 办公室　　B. 起居室　　C. 音像库房　　D. 自行车库

17. 给水横管穿过预留孔洞时，管顶上部净空不得小于建筑物沉降量，以保护管道，一般不小于______。

A. 0.3 m　　B. 0.25 m　　C. 0.4 m　　D. 0.1 m

18. 在湿热条件下或在空气湿度较高的房间内，空气中的水分会凝结成水附着在给水管道外壁甚至滴水，针对这种现象，给水管道应做______。

A. 防露措施　　B. 防腐措施　　C. 防漏措施　　D. 防振措施

19. 当给水管道必须穿越人防地下室时，下列处理方法中正确的是______。

A. 设防爆阀门　　B. 设橡胶软管　　C. 设泄水装置　　D. 设防水套管

20. 需要泄空的给水管道，其横管宜设有______的坡度坡向泄水装置。

A. 0.003～0.006　　B. 0.001～0.004　　C. 0.002～0.005　　D. 0.003～0.005

21. 上行下给式系统配水干管最高点应设______装置；下行上给式配水系统，可利用最高配水点放气；系统最低点应设_____装置。

A. 检查装置；泄水装置　　B. 排气装置；检查装置

C. 排气装置；泄水装置　　D. 调节装置；检查装置

22. 城市给水管道与自备水源供水管道直接连接方式为______。

A. 可以　　B. 不可以　　C. 视情况而定　　D. 其他

23. 生活饮用水水池（箱）内的贮水，______内不能得到更新时，应设置水消毒装置。

A. 24 h　　B. 36 h　　C. 48 h　　D. 60 h

24. 室外给水管网在一天中某个时刻周期性水压不足，或室内某些用水点需要稳定压力的建筑物可设置屋顶水箱时，应采用______。

A. 直接给水方式　　B. 设水箱的给水方式

C. 设水泵的给水方式定　　D. 水箱和水泵的给水方式

25. 为防止倒流污染，卫生器具配水龙头出水口高出卫生器具溢流边缘的最小空气间隙不得小于______。

A. 2 倍出水口直径　　B. 2.5 倍出水口直径　　C. 出水口直径　　D. 1.5 倍出水口直径

26. 生活给水系统采用气压给水设备供水时，罐内的最高工作压力不得使管网最大水压处配水点的水压大于______。

A. 0.35 MPa　　B. 0.45 MPa　　C. 0.55 MPa　　D. 0.60 MPa

27. 可以不设置管道倒流防止器或其他有效防止倒流污染的设备是______。

A. 从城市给水管网上直接吸水的水泵吸水管起端。

B. 从城市给水管网上直接向有压容器或密闭容器注水的注水管上。

C. 直接从给水管道上接出自动升降式喷头的绿地自动喷灌系统的管道起端。

D. 室外给水管道至室外消火栓的连接管道上

28. 以下哪项措施不符合节约用水、科学用水的要求______。

A. 在公共建筑中需计量水量处均设置水表。

B. 控制配水件出水量，使通过水表的流量小于水表的最小流量。

C. 采用节水型卫生器具。

D. 防止给水系统出现水质污染现象。

29. 下列节水措施中，哪项是正确合理的______。

A. 住宅入户管上均装设水表

B. 综合楼分住宅和旅馆两部分，两者共用一总水表计量收费。

C. 雨水充沛地区宜采用雨水回收利用，少雨地区不宜采用雨水利用。

D. 旅馆、办公楼、综合医院等公共建筑的盥洗废水均可作为中水水源，经处理消毒后可用于冲厕及绿化用水。

30. 某14层住宅楼采用加压供水方式，水池和水加压装置设置在地下室水泵房内，下列哪种供水方式能使水泵的运行工况点控制在水泵高效区的一个点上______。

A. 恒速泵—用户　　B. 恒速泵—高位水箱—用户

C. 气压罐供水装置—用户　　D. 恒压变频调速泵—用户

31. 下列有关建筑生活给水系统供水方式的说法中，哪项最准确______。

A. 多层建筑没必要采用分区供水方式　　B. 多层建筑没必要采用加压供水方式

C. 高层建筑可不采用分区供水方式　　D. 超高层建筑可采用串联供水方式

32. 由城市给水管网夜间直接供给的建筑物高位水箱的生活用水容积应按最高日用水量的______计算。

A. 15%～20%　　B. 15%～20%　　C. 50%　　D. 100%

33. 下面关于水箱的配管、附件说法不正确的是______。

A. 水位信号装置直通值班室的洗涤盆处。

B. 进水管中心距水箱顶应有150～200 mm的距离。

C. 泄水管从水箱底接出，用以检修或清洗时泄水。

D. 溢流管口应设在水箱设计最高水位以下。

34. 下列哪类建筑生活给水系统水表的口径应以通过安装水表管段的设计秒流量不大于水表的过载流量来选定______。

A. 旅馆　　B. 公共浴室　　C. 洗衣房　　D. 体育场

35. 某工程高区给水系统采用调速泵加压供水，最高日用水量为140 m^3/d，水泵设计流量20 m^3/h，泵前设吸水池，其市政供水补水管的补水量为25 m^3/h，则吸水池最小有效容积为______。

A. 1 m^3　　B. 10 m^3　　C. 28 m^3　　D. 35 m^3

36. 已知一座贮水池的水泵吸水管管径为100 mm，则吸水管喇叭口至池底的净距不应小于______，吸水管与吸水管之间的净距不宜小于______。

A. 0.08 m；0.35 m　　B. 0.08 m；0.5 m　　C. 0.10 m；0.35 m　　D. 0.10 m；0.5 m

37. 某五层住宅，层高3 m，用经验法估算从室外地面算起该给水系统所需的压力为______。

A. 28 kPa　　B. 24 kPa　　C. 250 kPa　　D. 240 kPa

四、计算题

1. 某住宅共160户，每户平均4人，用水定额为150 L/（人·d），时变化系数K_h=2.4，拟采用补气式立式气压给水设备供水，试计算气压水罐总容积（α_a=1.3，η_q=6，α_b=0.75，β=1.1）。

2. 居住人数为1 000人的集体宿舍（Ⅱ类）给水系统，最高日用水定额为100 L/（人·d），

时变化系数为 K_h=2，BC 管段供低区 500 人用水，当量总数为 49，市政管网直接供水；BD 管段供高区 500 人用水，当量总数为 49，水泵加压供水，引入管 AB 向 BC 和 BD 管段供水，求引入管 AB 最小设计流量？（α=2.5）

3. 有一直接供水的 6 层建筑，该建筑 1～2 层为商场（α=1.5），总当量数为 20，3～6 层为旅馆（α=2.5），总当量数为 125，求该建筑生活给水引入管的设计秒流量。

4. 某住宅楼共 120 户，若每户按 4 人计算，生活用水定额取 200 L/（人·d），时变化系数为 2.5，用水时间 24 h，每户设置的卫生器具当量总数为 8，求最大用水时卫生器具给水当量平均出流概率 U_0。

5. 某办公楼的一个公共卫生间内设有蹲式大便器 4 个（延时自闭冲洗阀）、小便器 4 个（自动自闭冲洗阀）、洗手盆 2 个（感应水嘴）和拖布池 1 个（单阀水嘴、给水当量 1.00），求该卫生间的给水设计秒流量。

6. 某住宅楼给水系统分高、低两区，低区由市政管网直接供水，高区由变频泵组供水，在地下室设备间设生活用水储水箱和变频泵组。已知高区用户最高日用水量为 102.4 m^3/d，求储水箱的有效容积。

7. 某住宅楼采用气压给水设备供水（隔膜式气压水罐），该建筑最大小时用水量为 12.5 m^3/h，求水泵的流量（以气压水罐内的平均压力计，其对应的水泵扬程的流量）。

8. 某住宅楼采用气压给水设备供水（隔膜式气压水罐），该建筑最大小时用水量为 12.5 m^3/h，若安全系数取 1.2，水泵 1 小时内的启动 6 次，求气压水罐的调节容积。

9. 某座层高为 3.2 m 的 16 层办公楼，无热水供应。每层设公共卫生间一个，每个卫生间设置带感应式水嘴的洗手盆 4 个，冲洗水箱浮球阀大便器 6 个、自动自闭式冲洗阀小便器 3 个、拖布池 2 个（q=0.2 L/s）。每层办公人数 60 人，每天办公室时间 10 h，用水定额为 40 L 每人每日。市政供水管网可用压力为 0.19 MPa，拟采用调速泵组供给高区卫生间用水。求该调速泵组设计流量。

10. 某企业职工食堂与厨房相邻，给水引入管仅供厨房和职工食堂用水。厨房、职工食堂用水器具额定流量、当量数见下表，求引入管流量。

表 5.1　用水定额

名称	额定流量/（L·s^{-1}）	当量	数量
职工食堂洗碗台水嘴	0.15	0.75	6
厨房污水盆水嘴	0.20	1.00	2
厨房洗涤盆水嘴	0.30	1.50	4
厨房开水器水嘴	0.20	1.00	1

第二节　建筑消防系统

（一）基本要求

了解灭火设施设置场所火灾危险等级及灭火系统选择；掌握消防用水量计算；掌握消火栓系统设计；掌握自喷灭火系统设计；了解建筑灭火器及其他非水消防系统设计。

（二）习题

一、名词解释

1. 耐火极限 2. 水枪充实水柱 3. 闪点 4. 爆炸下限 5. 沸溢性油品
6. 半地下室 7. 地下室 8. 重要公共建筑 9. 商业服务网点 10. 防火分区
11. 防火间距 12. 高架仓库 13. 裙房 14. 建筑高度 15. 综合楼
16. 高级住宅

二、填空题

1. 耐火极限的单位是（　　　）。

2. 消火栓距地面安装高度为（　　　）。

3. 水泵结合器是连接（　　　）向（　　　）加压供水的装置。

4. 闭式自动喷水灭火系统喷头的热敏元件是（　　　）和（　　　）。

5. 消防水箱的安装高度应满足（　　　）消火栓所需的水压要求，且应储存（　　　）的室内消防水量。

6. 室外消防给水系统若采用低压给水系统，管道的压力应保证灭火时最不利点消火栓的水压（从地面算起）不小于（　　　）。

7. 室内消火栓口处的静水压力大于（　　　）时，应采用分区给水系统。

8. 室内消火栓口处的出水压力大于（　　　）时，应设置减压设施。

9. 室外消防给水管道应采用阀门分成若干独立段，当某段损坏时，停止使用的消火栓在一层中不应超过（　　　）。

10. 消防水泵应保证在火警后（　　　）内启动。

11. 高位消防水箱的消防储水量，一类公共建筑不应小于（　　　），二类公共建筑不应小于（　　　）。

三、简答题

1. 什么情况下需要设置两路进水?

四、选择题

1. 下列关于避难层的消防设计哪条不正确______。

A. 避难层可兼作设备层，但设备管道宜集中布置

B. 避难层仅需消火栓

C. 避难层应设有消火栓和消防卷帘

D. 避难层应设自动喷水灭火系统

2. 高位水箱的设置高度应保证最不利点消火栓静水压力。当建筑高度不超过 100 m 时，高层建筑最不利点消火栓静水压力不应低于______，当建筑高度超过 100 m 时，高层建筑最不利点消火栓静水压力不应低于______。

A. 0.07 MPa；0.13 MPa　　B. 0.07 MPa；0.15 MPa

C. 0.10 MPa；0.13 MPa　　D. 0.10 MPa；0.15 MPa

3. 在设计自动喷水灭火系统时，配水管道的工作压力不应大于______；湿式系统、干式系统的喷水头动作后应由______直接连锁自动启动供水泵。

A. 1.2 MPa 火灾报警信号　　B. 1.2 MPa 压力开关

C. 0.4 MPa 火灾报警信号　　D. 0.4 MPa 压力开关

4. 根据现行《高层民用建筑设计防火规范》(GB 50045—95)(2005 年版)，下列建筑中属于一类高层建筑的是______。

A. 十八层普通住宅　　B. 建筑高度为 40 m 的教学楼

C. 具有空气调节系统的五星级饭店　　D. 县级广播电视楼

5. 某单元住宅，底层有 2.2 m 高的单元式储藏间，2～8 层为单元式住宅。以下消火栓的设置方案中，更符合现行国家规范的是______。

A. 设置 SN25 的消火栓　　B. 设置 SN50 的消火栓

C. 设置干式消火栓立管　　D. 可以不设室内消火栓

6. 高层民用建筑临时高压消防给水系统有______供水工况。

A. 4 种　　B. 2 种　　C. 1 种　　D. 3 种

7. 液化石油储罐区总容积超过______时，应设置固定喷淋冷却水装置.

A. 20 m^3　　B. 30 m^3　　C. 50 m^3　　D. 40 m^3

8. 下列建筑中，______可不设室内消防给水系统。

A. 820 个座位的礼堂　　B. 3 层、体积为 7 200 m^3 的商店

C. 8 层的单元式住宅，底层设有商业服务网点　　D. 6 层的教学楼

9. 某普通旅馆建筑高度为 20 m，在走道和旅馆的客房内设有自动喷水灭火系统，其火灾危险等级属于______。

A. 轻危险级　　B. 中危险级Ⅰ级　　C. 中危险级Ⅱ级　　D. 严重危险级Ⅱ级

10. 环境温度不低于 4 ℃，且不高于 70 ℃的场所应采用______。

A. 湿式系统　　B. 干式系统

C. 预作用系统　　D. 重复启闭预作用系统

11. 某地下车库干式自动喷水灭火系统，该建筑火灾危险等级为中危险级Ⅱ级，则系统的作用面积应为______。

A. 160 m^2　　B. 200 m^2　　C. 208 m^2　　D. 260 m^2

12. 某地下车库采用预作用自动喷水灭火系统，共有喷头 1 388 只，则该建筑需要报警阀______。

A. 1 只　　B. 2 只　　C. 3 只　　D. 4 只

13. 直立式边墙型喷头、其溅水盘与背墙的距离不应小于______，且不应大于______。

A. 50 mm；75 mm　　B. 75 mm；100 mm　　C. 75 mm；150 mm　　D. 100 mm；150 mm

14. 净空高度大于______的闷顶和技术层内有可燃物时，应设置喷头。

A. 800 mm　　B. 1 000 mm　　C. 1 200 mm　　D. 2 100 mm

15. 中药材库房配置手提式灭火器，它的最大保护距离为______。

A. 10 m　　B. 15 m　　C. 25 m　　D. 20 m

16. 在同一灭火器配置场所，当选用两种或两种以上类型灭火器时，应采用灭火剂相容的灭火器。下列哪两种灭火剂是相容的______。

A. 碳酸氢钠与磷酸铵盐　　B. 碳酸氢钠与水成膜泡沫

C. 碳酸氢钠与蛋白泡沫　　D. 水成膜泡沫与蛋白泡沫

17. 工程设计需采用局部应用气体灭火系统时，应选择______。

A. 七氟丙烷灭火系统　　B. IG541 混合气体灭火系统
C. 热气溶胶预制灭火系统　　D. 二氧化碳灭火系统

18. 下列水喷雾灭火系统喷头选择说明中，不正确的是______。
A. 扑灭电缆火灾的水雾喷头应采用高速喷头
B. 扑灭电缆火灾的水雾喷头应采用工作压力大于等于 0.3 MPa 的中速喷头
C. 扑灭电气火灾的水雾喷头应采用离心雾化型喷头
D. 用于储油罐防护冷却用的水雾喷头宜采用中速型喷头

19. 闪点为 55 ℃的 B 类火灾可选用下列何种灭火设施进行灭火______。
A. 水喷雾灭火系统　　B. 雨淋灭火系统
C. 泡沫灭火系统　　D. 自动喷水灭火系统

20. 消防水泵应保证在火警后多长时间内启动______。
A. 0.5 min　　B. 3 min　　C. 5 min　　D. 10 min

五、计算题

1. 一栋二类高层住宅楼的消火栓灭火系统如下图所示，已知该系统消防泵的设计流量为 10.0 L/s，设计计算扬程为 70 m，最不利消火栓口处压力为 19 m。求该系统的计算手头损失值。（水泵设计扬程不计安全系数）

2. 某厂房在两个防火分区之间设防火卷帘，在其上部设置防护冷却水幕，水幕宽 15 m，高 7 m，计算其消防用水量。

3. 用于扑救固体火灾的水喷雾系统设有 10 个喷头，喷头的平均出流量为 2.5 L/s，计算最小消防储水量。

4. 一座建筑高度 60 m 的办公楼设有自动喷水湿式灭火系统，采用标准洒水喷头（下垂型），喷头最小工作压力为 0.05 MPa，最大工作压力 0.45 MPa。在走道单独布置喷头，计算走道的最大宽度。

第三节　建筑排水

（一）基本要求

了解排水系统分类、组成及排水体制选择；掌握污水排水管道设计流量计算与系统设计；掌握屋面雨水排水工程设计流量计算与系统设计；了解排水管道系统水气流动规律；熟悉排水管道布置、敷设及管材、附件选用；熟悉污水、废水局部处理构筑物选择计算。

（二）习题

一、名词解释

1. 终限流速　2. 水封　3. 伸顶通气管　4. 专用通气立管　5. 汇合通气管
6. 主通气立管　7. 副通气立管　8. 间接排水　9. 通气管　10. 环形通气管
11. 同层排水　12. 设计充满度　13. 排水设计秒流量　14. 汇水面积
15. 满管压力流雨水排水系统

二、填空题

1. 苏维脱排水系统的两个特殊配件是（　　　）和（　　　）。

2. 建筑排水管道系统的检查清通设备有（　　　）、（　　　）和（　　　）。

3. 排水铸铁管有（　　　）和（　　　）两种连接方式。

4. 排水立管水流状态主要经过（　　　）、（　　　）和（　　　）三个阶段。

5. 集水池容积不宜小于最大一台泵（　　　）的出水量，且水泵 1 h 内启动次数不宜超过（　　　）。

6. 消防电梯井集水池的有效容积不得小于（　　　）m^3。

7. 排水泵的流量应按（　　　）选定，当有排水量调节时，可按生活排水（　　　）确定。

8. 公共建筑内应以（　　　）为单元设置一台备用泵，平时宜交互运行。

9. 化粪池的深度不得小于（　　　）m，宽度不得小于（　　　）m，长度不得小于（　　　）m，圆形化粪池直径不得小于（　　　）m。

10. 双格化粪池第一个占总容积的（　　　）。

11. 隔油池设计的控制条件是污水在隔油池内（　　　）和（　　　）。

12. 降温池的容积和废水排放形式有关，若废水是间断排放，（　　　）和（　　　）的总和计算有效容积。

13. 在连接（　　　）的大便器或（　　　）卫生器具的铸铁排水横管上，宜设置清扫口。

14. 铸铁排水立管上检查口之间的距离不宜大于（　　　）m，塑料排水立管宜每隔（　　　）设置一个检查口。

15. 大便器是唯一没有十字栏栅的卫生器具，瞬时排水量大，其最小管径为（　　　）mm。

16. 排水系统中最小管径是（　　　）mm。

17. 小便槽和连接 3 个及 3 个以上小便器的排水支管管径不小于（　　　）mm。

18. 水封的深度为（　　　）mm。

19. 多层住宅厨房间的排水立管管径最小为（　　　）mm。

20. 公共食堂厨房排水管实际选用的管径应比计算管径（　　　），且干管管径不小于（　　　）mm，支管管径不小于（　　　）mm。

21. 一般情况下，管道敷设坡度应采用（　　　），当横管过长或建筑空间受限制时，可采用（　　　）。

22. 粘接、熔接的塑料排水横支管的标准坡度均为（　　　）。

23. 单斗雨水系统的初始阶段管道充水率（　　　），掺气比（　　　）。

24. 雨水斗是一种雨水由此进入排水管道的专用装置，设在（　　　）或（　　　）的最低处。

25. 雨水悬吊管的坡度，塑料管不小于（　　　），铸铁管不小于（　　　）。

26. 雨水设计重现期应根据建筑物的重要程度、气象特征确定，一般性建筑取（　　　）年，重要公共建筑不小于（　　　）年。

27. 雨水在管道中的流动状态可分为（　　　）、（　　　）和（　　　）。

三、简答题

1. 通气管系统的作用。

2. 什么是水封？水封的作用？水封破坏的原因？

3. 建筑内部排水系统的组成。

4. 如何选择排水体制？

5. 排水管道布置与敷设总原则是什么？

6. 简述雨水内排水系统的组成。

7. 建筑屋面雨水流量如何求定？

8. 什么是天沟外排水？有何优缺点？应如何选择屋面雨水排除方式？

四、选择题

1. 在建筑排水系统中，杂排水是指______。

A. 淋浴排水和厨房排水　　B. 建筑内部的各种排水

C. 除粪便污水外的各种排水　　D. 厨房排水和粪便污水

2. 生活排水是______。

A. 居民在日常生活中排出的生活污水和生活废水的总称

B. 居民在日常生活中排出的大小便器污水、洗涤废水以及屋面雨水的总称

C. 居民在日常生活中排出的大小便器（槽）污水以及与此类似的卫生设备产生的污水的总称

D. 居民在日常生活中排出的洗涤设备、沐浴设备和盥洗设备产生的废水的总称

3. 带有可开启检查盖的配件，设在排水立管及较长横管上用做检查清通的设备是______。

A. 检查口　　B. 检查井　　C. 清扫口　　D. 地漏

4. 建筑内部分流制生活排水系统是指______。

A. 生活排水与屋面雨水分别排至建筑物外　　B. 生活污水与屋面雨水分别排至建筑物外

C. 生活废水与生活污水分别排至建筑物外　　D. 生活废水与屋面雨水分别排至建筑物外

5. 下列对建筑物内生活排水通气管管径的叙述中不符合要求的是______。

A. 通气管管径不宜小于排水管管径的 1/2

B. 结合通气管的管径不宜小于通气立管的管径

C. 通气立管的长度在 50 m 以上时，其管径应与排水立管管径相同

D. 连接两根排水立管的通气立管，若长度≤50 m 时，其管径可比排水立管管径缩小两级

6. 下列哪一个情况排水系统应设环形通气管？______

A. 连接 4 个及 4 个以上卫生器具的横支管。

B. 连接 4 个及 4 个以上卫生器具且长度大于 12 m 的排水横支管。

C. 连接 7 个及 7 个以上大便器具的污水横支管。

D. 对卫生、噪音要求较高的建筑物内不设环形通气管，仅设器具通气管。

7. 下列关于通气管的定义中，称为主通气立管的是______。

A. 仅与排水立管连接，为排水立管内空气流通而设置的垂直通气管道

B. 连接环形通气管和排水立管，为排水横支管和排水立管内空气流通而设置的垂直通气管道

C. 仅与环形通气管连接，为排水横支管内空气流通而设置的通气立管

D. 排水立管与最上层排水横支管连接处向上垂直延伸至室外通气用的管道

8. 以下有关建筑排水系统组成的要求中，不合理的是______。

A. 系统中均应设置清通设备

B. 建筑标准要求高的高层建筑的生活污水立管应设置专用通气立管

C. 与生活污水管相连的各类卫生器具的排水口下均需设置存水弯

D. 生活污水不符合直接排入市政管网要求时，系统中应设局部处理构筑物

9. 某集体宿舍共 200 人居住，在计算化粪池容积时，使用化粪池的人数应按______计算。

A. 100 人　　B. 140 人　　C. 200 人　　D. 240 人

10. 下列关于地漏及其设置的说法中，错误的是______。

A. 非经常使用地漏排水的场所，应设置钟罩式地漏

B. 当采用排水沟排水时，8 个淋浴器可设置一个直径 100 mm 的地漏

C. 食堂排水宜设置网框式地漏

D. 不需经常从地面排水的盥洗室可不设置地漏

11. 下列关于检查口和清扫口的作用及设置要求中，正确的是______。

A. 检查口和清扫口是安装在排水管上用作检查和双向清通的附件

B. 铸铁排水管道上设置的清扫口应与管道的材质相同

C. 排水立管上应设检查口，排水横管上应设清扫口不得设置检查口

D. 排水立管有乙字弯管时，在该层乙字弯管的上部应设检查口

12. 存水弯是在卫生器具排水管上或卫生器具内部设置的一定高度的水柱，防止排水管道系统中的气体窜入室内，下面不是存水弯的类型的是______。

A. P 型　　B. S 型　　C. U 型　　D. V 型

13. 专用通气立管应每隔______层、主通气立管应每隔______层，设结合通气立管与污水立管连接。

A. 2；8～10　　B. 1；8～10　　C. 3；6～9　　D. 2；6～9

14. 下列有关建筑重力流排水系统的立管、横管通过不同流量管内流态变化的叙述中，不正确的是______。

A. 通过立管的流量小于该管的设计流量时，管内呈非满流状态

B. 通过立管的流量等于该管的设计流量时，管内呈满流状态

C. 通过横干管的流量小于该管的设计流量时，管内呈非满流状态

D. 通过横干管的流量等于该管的设计流量时，管内呈非满流状态

15. 某饮料用水储水箱的泄水由 DN50 泄水管排入漏斗入排水立管，则排水漏斗与泄水管排水口间的最小空气间隙应为______。

A. 50 mm　　B. 100 mm　　C. 125 mm　　D. 150 mm

16. 下列关于排水管道的叙述正确的是______。

A. 塑料排水管的最大设计充满度小于同规格的铸铁排水管

B. 塑料排水管的通用坡度小于铸铁排水管

C. 粘接的塑料排水支管的通用坡度为 0.026

D. 底层单独排出的排水横支管宜设环形通气管接至邻近的通气立管。

17. 下列关于排水管道的设计错误的是______。

A. 只连接一个洗脸盆的排出管管径取 D_e75

B. 连接 3 个小便器的横支管管径取 DN100

C. 排水管管径均应按计算确定

D. 医院相邻的两个诊室不能公共存水弯

18. 建筑屋面雨水管道设计流态的选择，不正确的是______。

A. 檐沟外排水宜按重力流设计

B. 长天沟外排水宜按压力流设计

C. 高层建筑屋面雨水宜按压力流设计

D. 工业厂房、库房、公共建筑的大型屋面雨水排水宜按压力流设计

19. 根据《建筑给水排水工程设计规范》(GB50015—2003)(2009 年版)，重力流屋面雨水排水系统中，悬吊管和埋地管应分别按______设计。

A. 非满流　满流　　B. 满流　非满流　　C. 非满流　非满流　　D. 满流　满流

20. 当天沟水深完全淹没雨水斗时，单斗雨水系统内出现最大负压值与最大正压值的部位是______。

A. 立管与埋地管连接处；悬吊管与立管连接处

B. 悬吊管与立管连接处；立管与埋地管连接处

C. 雨水斗入口处；立管与埋地管连接处

D. 雨水斗入口处；连接管与悬吊管连接处

21. 屋面雨水收集系统中，雨水管道管材和接口的工作压力______。

A. 应大于建筑物高度产生的静水压力，且能承受 0.09 MPa 负压

B. 应能承受 0.09 MPa 的正压和负压

C. 应大于建筑物高度产生的静水压力，负压无所谓

D. 应能承受 0.50 MPa 的正压和 0.09 MPa 的负压

22. 雨水供水系统的补水流量应以______为依据进行计算。

A. 不大于管网系统最大时用水量　　B. 不小于管网系统最大时用水量

C. 管网系统最高日用水量　　D. 管网系统平均日用水量

五、计算题

1. 某集体宿舍的厕所间及浴洗间共设高位水箱大便器 10 个，小便槽 3.0 m，洗脸盆 18 个，污水盆 2 个，试确定排出管中的合流污水设计流量，已知数据见表 5.2。

表 5.2　卫生器具数量及当量表

卫生器具名称	数量/个	排水量/($L\cdot s^{-1}$)	当量数/(当量·$个^{-1}$)
高水箱大便器	10	1.5	4.5
小便槽	3.0 m	0.05	0.15
洗脸盆	18	0.25	0.75
污水盆	2	0.33	1.0

2. 某企业生活间排水立管连接有大便器(q=1.5 L/s，b=2%)8 个，自闭式冲洗阀小便器(q=0.1 L/s，b=10%)8 个，洗手盆(q=0.1 L/s，b=50%)4 个，求该立管的排水设计秒流量。

3. 某公共浴室排水管道承担 1 个洗手盆（q=0.1 L/s，b=50%），4 个淋浴器（q=0.15 L/s，b=80%），1 个自闭冲洗阀大便器的排水（q=1.5 L/s，b=2%）求其排水立管的设计秒流量。

4. 某医院（α=1.5）共三层，仅设伸顶通气的铸铁生活排水立管，该立管每层接纳一个淋浴器（N=0.45，q=0.15 L/s）和一个大便器（N=4.5，q=1.5 L/s），求满足要求且最为经济的排水立管管径。

5. 一幢 12 层宾馆，层高 3.3 m，两客房卫生间背靠背对称布置并共用排水立管，每个卫生间设浴盆、洗脸盆、冲落式坐便器各一只。排水系统污废分流，共用一根通气立管，采用柔性接口机制铸铁排水管，求污水立管的最小管径。

6. 某医院住院部公共盥洗室内设有伸顶通气的铸铁排水立管，其横支管采用 45°斜三通连接卫生器具的排水，其上连接污水盆 2 个，洗手盆 8 个，求该立管的最小管径。

7. 某 11 层住宅的卫生间，一层单独排水，2～11 层使用同一根立管排水，已知每户卫生间设有 1 个坐便器（N=6.0，q=2.0 L/s，b=10%），1 个淋浴器（N=0.45，q=0.15 L/s，b=10%）和 1 个洗手盆（N=0.75，q=0.25 L/s，b=20%）。求其排水立管底部的设计秒流量。

8. 某商场地下室公共卫生间的污水，需由集水池收集，再由污水泵提升后排出。已知最大小时污水量为 2 m^3/h，选用 2 台流量为 10 L/s 的污水泵（1 用 1 备，自动控制），求集水池最小有效容积。

9. 某一般建筑采用重力流雨水排水系统，屋面汇水面积为 600 m^2，降雨量重现 P 期取两年（表 5.3），该建筑所在城市 2～12 年降雨历时为 5 min 的降雨强度 q_i 见表 5.3。求屋面雨水溢流设施的最小设计流量。

表 5.3　降雨强度表

P/a	2	2	8	10	12
q_i/（$L \cdot s^{-1} \cdot m^{-2}$）	110	157	178	190	201

10.某厂房设计降雨强度 q=478 L/（s · m^2），屋面径流系数=0.9，拟采用屋面结构形成的矩形沟槽做排水天沟，其宽 B=0.6 m，高 H=0.3 m，设计水深 h 取 0.15 m，天沟水流速度 v= 0.6 m/s，求天沟的最大允许汇水面积。

第四节　建筑热水及饮水供应

（一）基本要求

掌握热水供应系统分类、组成及供水方式；掌握热水量、耗热量和热媒耗量计算；掌握水加热器、贮热设备及安全设施的选择计算；掌握热水供应系统管网水力计算；熟悉饮水制备及饮水系统设置要求；了解热水、饮水管道布置、敷设及管材、附件选用。

（二）习题

一、名词解释

1. 设计小时耗热量　2. 设计小时供热量　3. 第一循环系统　4. 第二循环系统
5. 水质阻垢缓蚀处理　6. 全日热水供应系统　7. 管道直饮水系统　8. 开式热水供应系统

9. 闭式热水供应系统　10. 热水供水温度

二、填空题

1. 上行下给式热水供应系统排气装置应设置在配水干管（　　　　）；下行上给式配水系统可利用最高配水点放气。

2. 按热水管网运行方式的不同，可分为（　　　　）和（　　　　）。

3. 热水供应系统保温材料应符合（　　　　）、具有（　　　　）、（　　　　）、（　　　　）、易于施工成型及可就地取材。

4. 热水横管均应保持有不小于（　　　　）的坡度，配水横干管应沿水流方向（　　　　）；回水横管应沿水流方向（　　　　）。

5. 热水管网按采用的加热方式的不同，有（　　　　）和（　　　　）。

6. 半容积式水加热器带有（　　　　）与（　　　　）的内藏式容积式水加热器

7. 集中热水供应系统的加热和贮热设备有（　　　　）、（　　　　）、（　　　　）和（　　　　）。

8. 热水系统中阻止蒸汽通过的附件是（　　　　）。

9. 减压阀是利用流体通过（　　　　）而减压并达到所要求值的自动调节阀，阀后压力可在一定范围进行调整。

10. 闭式热水供应系统的日用水量不大于（　　　　）时，可采用设安全阀泄压的措施。

11. 补偿管道热伸长技术措施有（　　　　）和（　　　　）两种。

12. 热水供应系统所用冷水的计算温度，应以（　　　　）确定。

13. 管道饮用净水系统一般由（　　　　）、（　　　　）、（　　　　）、（　　　　）和（　　　　）组成。

14. 饮用净水管网系统必须设置（　　　　），应保证（　　　　）和（　　　　）中饮用水的有效循环。

15. 饮用净水在供配水系统中各个部分的停留时间不应超过（　　　　）小时，供配水管路中不应产生滞水现象。

16. 饮水供应有（　　　　）和（　　　　）两类。

三、简答题

1. 简述热水供应系统的组成。

2. 什么是直接加热？有何特点

3. 建筑热水供应系统循环管网设置的作用？循环流量应如何求解？

四、选择题

1. 饮用净水宜采用______方式。

A. 调速泵组直接供水　　B. 水泵水箱联合供水

C. 外网直接供水　　D. 气压给水方式供水

2. 管道直饮水系统循环管网内水的停留时间最长不应超过______。

A. 4 h　　B. 8 h　　C. 12 h　　D. 16 h

3. 高层住宅楼管道直饮水系统应竖向分区，分区最低处配水的静水压力满足要求的是______。

A. 0.35 MPa　　B. 0.40 MPa　　C. 0.45 MPa　　D. 0.55 MPa

4. 已知淋浴器出水温度为 40 ℃，热水温度为 55 ℃，冷水温度为 15 ℃，则热水混合系数为______。

A. 22.4%　　B. 37.5%　　C. 62.5%　　D. 78.6%

5. 下列管材中，不宜用在定时热水供应系统的是______。

A. 薄壁铜管　　B. 薄壁不锈钢管

C. 镀锌钢管内衬不锈钢管　　D. PB 管

6. 全日制热水供应系统的循环水泵应由______控制开停

A. 泵前回水管的温度　　B. 水加热器出口水温

C. 配水点水温　　D. 卫生器具的使用温度

7. 原水无须水质软化处理时，水加热器出口的最高水温为______。

A. 60 ℃　　B. 50 ℃　　C. 75℃　　D. 70 ℃

8. 冷水的计算温度，应以当地______确定

A. 全年的平均水温　　B. 冬季的平均水温

C. 最冷月的最低水温　　D. 最冷月的平均水温

9. 下列原水水质均符合要求的集中热水供应系统中，加热设备热水出水温度 t 的选择，不合理的是______。

A. 浴室供沐浴用热水系统 t=40 ℃　　B. 饭店专供洗涤用热水系统 t=75 ℃

C. 住宅生活热水系统 t=60 ℃　　D. 招待所盥洗用热水系统 t=55 ℃

10. 下列关于机械循环与自然循环热水供应系统的叙述中，错误的是______。

A. 两者循环动力来源不同

B. 自然循环系统利用热动力差进行循环

C. 机械循环系统利用配水管网的给水泵的动力进行循环

D. 然循环系统中不设循环水泵

11. 某开式热水供应系统中，水加热器的传热面积为 12 m^3，则膨胀管的最小管径为______。

A. 25 mm　　B. 32 mm　　C. 40 mm　　D. 50 mm

12. 某建筑设机械循环集中热水供应系统，循环水泵的扬程 0.28 MPa，循环水泵处的静水压力为 0.72 MPa，则循环水泵壳体承受的工作压力不得小于______。

A. 1.00 MPa　　B. 0.44 MPa　　C. 0.72 MPa　　D. 0.28 MPa

13. 定时热水供应系统的循环流量可按循环管网中水每小时循环______计算。

A. 1～2 次　　B. 1～4 次　　C. 2～4 次　　D. 4～6 次

14. 医院热水供应系统的锅炉或水加热器不得少于______，其他建筑的热水供应系统的水加热设备不宜少于______，一台检修时，其余各台的总供热能力不得小于设计小时耗热量的______。

A. 2 台；2 台；50%　　B. 3 台；3 台；50%

C. 2 台；2 台；70%　　D. 3 台；3 台；70%

五、计算题

1. 某住宅楼40户，以5人/户计，采用集中热水供应系统，热水用水定额为 150 L/(人·d)，热水温度以 65 ℃计，冷水温度为 10 ℃。已知：水的比热 $C=4.19\times10^3$ J/（kg·℃），时变化

系数 K_h=4.5。采用容积式水加热器，热水每日定时 24 h 供应，蒸汽汽化热按 2 167 kJ/kg 计算。试求解：

（1）最大时热水耗用量；

（2）设计小时耗热量；

（3）蒸汽耗量；

（4）容积式水加热器所需容积（不考虑附加容积）。

2. 某居住小区集中热水供应系统，各类用水最大时用水量及用水时段、最大小时及平均小时耗热量见表 5.4，求该小区设计小时耗热量？

表 5.4 小区用水情况表

项目	住宅	食堂	浴室	健身中心
最大时用水量/m^3	1 000	210	250	80
最大用水时段/h）	18～24	6～12	18～24	0～6
最大小时耗热量/（$kJ \cdot h^{-1}$）	2 500 000	840 000	400 000	120 000
平均小时耗热量/（$kJ \cdot h^{-1}$）	1 000 000	220 000	200 000	30 000

3. 某居民楼 100 户，共 400 人，每户有两个卫生间，每个完卫生间内有大便器、洗脸盆、带淋浴器的浴盆各 1 个，均由该楼集中热水供应系统定时供热水 4 h，求该系统最大小时设计耗热量。

4. 某建筑水加热器底部至生活饮用水高位水箱水面高度为 5 m，冷水的密度为 0.999 7 kg/L，热水的密度为 0.983 2 kg/L，求膨胀管高出生活饮用水箱水面的高度。

5. 某机械循环全日制集中热水供应系统，采用半容积式水加热器供应热水，配水管到起点水温 65 ℃，终点水温 60 ℃，回水终点水温 55 ℃，热水密度以 1 kg/L 计算。该系统配水管道热损失 108 000 kJ/h，回水管道热损失 36 000 kJ/h，求该系统的热水循环流量。

6. 某建筑定时供应热水，设半容积式水加热器，采用上行下给机械循环供水方式，经计算配水管网总容积 300 L，其中管内热水可以循环流动的配水管道容积 180 L，系统循环流量为 1 080 L/h，循环次数为 4 次/h，求回水管道容积。

7. 某办公楼全日循环管道直饮水系统的最高日直饮水量为 2 500 L，时变化系数为 1.5，水嘴额定流量为 0.04 L/s，共 12 个水嘴，采用调速泵供水，求该系统的设计流量。

第五节 小区给水排水

（一）基本要求

掌握居住小区给水排水系统设计计算；熟悉居住小区管道布置敷设原则；了解居住小区雨水利用方式。

（二）习题

一、名词解释

1. 居住小区

二、填空题

1. 居住小区给水系统主要由（　　　）、（　　　）、（　　　）和（　　）组成。

2. 自备水源的居住小区给水系统（　　　）与城市给水系统管道（　　）。

3. 在布置小区给水管道时，应按（　　　）、（　　　）和（　　）的顺序进行。

4. 为保证小区供水可靠性，小区（　　　）应布置成（　　　）或与城市管网连成环状，与城市管网的连接管（　　　），且当其中一条发生故障时，其余的连接管应通过不小于（　　）的流量。

5. 居住小区管网漏失水量和未预见水量之和可按最高日用水量的（　　）计。

6. 居住小区排水定额是其相应的给水系统用水定额的（　　　）。

7. 居住小区公共建筑排水系统的排水定额和时变化系数与相应的生活给水系统的用水定额和时变化系数（　　　）。

三、简答题

1. 居住小区设计用水量包括哪些部分？

四、选择题

1. 居住小区环状给水管网与市政给水管的连接不宜少于两条，当其中一条发生故障时，其余的连接管应通过不小于______。

A. 50 %　　B. 80 %　　C. 60 %　　D. 70 %

2. 以下居住小区各项用水量中，仅用于校核管网，不属于正常用水量的是______。

A. 未预见水量　　B. 消防水量

C. 管网漏失水量　　D. 一般公用设施用水量

3. 居住小区管网漏失水量和未预见水量之和可按最高日用水量的_____取值

A. 5 %～10 %　　B. 8 %～15 %　　C. 10 %～20 %　　D. 10 %～15 %

4. 以下居住小区给水系统的水量要求和建筑给水方式的叙述中，错误的是______。

A. 居住小区的室外给水系统，其水量只需满足居住小区内全部生活用水的要求

B. 居住小区的室外给水系统，其水量应满足居住小区内全部用水的要求

C. 当市政给水管网的水压不足，但水量满足要求，可采用吸水井和加压设备的给水方式

D. 室外给水管网压力周期性不足，其室内给水可采用单设高位水箱的给水方式。

五、计算题

1. 某居住小区居民生活用水量为 600 m^3/d，公共建筑用水量为 350 m^3/d，绿化用水量为 56 m^3/d，水景、娱乐设施和公用设施用水量共 160 m^3/d，道路、广场用水量 34 m^3/d，未预见水量及管网漏失水量以 10 %计，消防用水量为 20 L/s。求该小区最高日用水量。

2. 有一居住小区给水管道服务 4 栋多层居民楼和 4 栋高层居民楼（图 5.1），高层居民楼设有水池水泵和水箱的间接供水，引入管流量 3 栋是 5.0 L/s，1 栋是 3.0 L/s。多层居民楼是室外给水管网直接供水，其中 3 栋当量总数均为 N=160，U_0=3.5；另外 1 栋为 N=80，U_0=2.5。该居住小区设计总人数为 1 800 人，每户的平均当量为 7.5，用水定额为 280 L/人·d，时变化系数为 2.5。求室外给水总管道的设计流量。

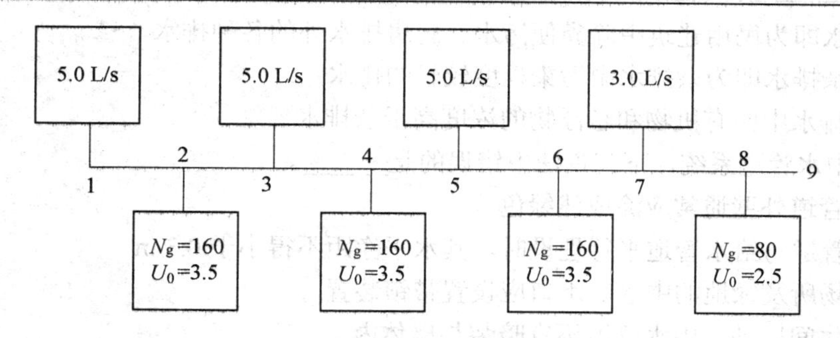

图 5.1　小区居民楼用水情况示意图

3.某居住小区居住人数为 4 000 人，已知生活污水定额为 150 L/（人·d）。求该小区的生活污水最高日平均秒流量。

第六节　建筑中水

（一）基本要求

掌握中水系统组成；掌握中水水质的确定、中水量计算及水量平衡措施；熟悉建筑中水处理工艺；

（二）习题

一、名词解释

1. 中水工程　　2. 水量平衡

二、填空题

1. 建筑中水处理系统由（　　　　）、（　　　　）和（　　　　）三部分组成。

2. 建筑中水系统由（　　　　）、（　　　　）和（　　　　）三部分组成。

3. 中水原水收集系统有（　　　　）和（　　　　）两种。

4. 在中水调节池或中水高位水箱上设（　　　　），当（　　　　）或（　　　　）出现故障时，由自来水补充水量，以保障用户正常使用。

三、选择题

1. 当中水同时满足多种用途时，其水质应按______。

A. 最高水质标准确定　　B. 平均水质标准

C. 最高水质标准确定　　D. 用水量最大的水质标准确定

2. 以下有关建筑中水的叙述中不正确的是______。

A. 建筑中水处理系统由预处理、主处理、后处理三部分组成

B. 中水系统包括原水系统、处理系统、供水系统三部分

C. 中水系统分为合流集水系统和分流集水系统

D. 中水原水收集系统是指收、输送中水原水到中水处理设施的管道系统和一些附属构筑物

3. 一下有关中水水源的叙述中，不正确的是______。

A. 优质杂排水、杂排水、生活排水均可作为中水水源

B. 杂排水即为民用建筑中除粪便污水、厨房排水外的各种排水

C. 优质杂排水即为杂排水中污染程度较轻的排水

D. 生活排水中的有机物和悬浮物的浓度高于杂排水

4. 关于中水管道系统，下列说法中错误的是______。

A. 中水管道外壁通常应涂成浅绿色

B. 中水管道与给水管道平行埋设时，其水平净距不得小于 0.3 m

C. 公共场所及绿地的中水取水口应设置带锁装置

D. 除卫生间以外，中水管道不宜暗装与墙体内

5. 根据《建筑中水设计规范》（GB50336—2002），中水原水量的计算相当于按照中水水源的______确定。

A. 排水设计秒流量　B. 最大时给水量　C. 最高日给水量　D. 平均日排水量

四、计算题

1. 某城镇新建一栋 36 户住宅楼，拟建中水工程用于冲洗便器、庭院绿化和道路洒水。每户平均按 4 人计算，每户有坐便器、浴盆、洗脸盆和厨房洗涤盆各一个，当地用水量标准为 310 L/（人·d）。绿化和道路洒水量按日用水量的 10%计算。经调查，各项用水所占百分数和各项用水使用时损失水量百分数见表 5.5，试作水量平衡分析。

表 5.5　36 户住宅楼用水情况表

	冲厕用水	厨房用水	沐浴用水	盥洗用水	洗衣用水
占日用水量百分数/%	21	20	30	7	22
折减系数β	1	0.8	0.9	0.9	0.85

2. 某小区设有中水设有中水系统，其中自来水供水量为：住宅 80 m^3/d，公建 60 m^3/d，服务设施 160 m^3/d；中水供冲厕及绿化，用水量为 213 m^3/d。若原水收集率 75 %，中水站内自耗水量为 10 %，求自来水不补水量。

3. 某公寓设置中水供水系统用于冲厕，中水总用水量为 12 m^3/d，中水处理设备运行时间为 8 h/d，求该系统的中水储水箱的最小有效容积。

4. 某建筑采用中水作为绿化和冲厕用水，中水原水为淋浴、盥洗和洗衣排水，厨房废水不回用。其中收集淋浴、盥洗和洗用水为 149 m^3/d、45 m^3/d、63 m^3/d，厨房废水为 44 m^3/d。排水量系数为 0.9，冲厕用水量为 49 m^3/d，绿化需水量为 83 m^3/d。中水设备自用水量取中水用水量的 15 %。求中水系统溢流量。

5. 某住宅楼设中水系统，以优质杂排水为中水水源。该建筑平均日给水量为 100 m^3/d，最高日给水量折算成平均日给水量的折减系数α为 0.7，分项给水百分率 b 及按给水量计算排水量的折减系数β见表 5.6。求可集流的中水原水量。

表 5.6　给水百分率及给水量

系数	冲厕	厨房	沐浴	盥洗	洗衣
b/%	21	20	31	6	22
β	1.0	0.8	0.9	0.9	0.85

习题答案

第一节　建筑给水

一、名词解释

1. 控水附件：管道系统中调节水量、水压、控制水流方向、改善水质以及关断水流，便于管道、仪表和设备检修的各类阀门和设备。

2. 过载流量：水表在规定误差限内使用的上限流量。在过载流量时，水表只能短时间使用而不致损坏。此时旋翼式水表的水头损失为100 KPa，此时螺翼式水表的水头损失为10 KPa。

3. 常用流量：水表在规定误差限内允许长期通过的流量，其数值为过载流量的一半。

4. 分界流量：水表误差限改变时的流量，其数值为常用流量的函数。

5. 最小流量：水表在规定误差限内使用的下线流量，其数值为常用流量的函数。

6. 始动流量：水表开始连续指示时的流量，此时水表不计示值误差。螺翼式水表没有始动流量。

7. 给水方式：建筑内部给水系统的供水方案。

8. 额定流量：满足卫生器具和用水设备用途要求而规定的，其配水口在单位时间内流出的水量。

9. 最低工作压力：各种配水装置为克服给水管件内摩阻、冲击及流速变化等阻力，其额定出流流量所需的最小静水压力。

10. 给水当量：以污水盆上支管直径为15 mm的配水龙头单位时间的出流量0.2 L/s作为一个当量，其他卫生器具的额定流量与0.2 L/s的比值，即为该卫生器具的给水当量。

11. 设计秒流量：建筑内的生活用水在一昼夜、一小时都是不均匀的，为保证用水，生活给水管网的设计流量应为建筑物内，卫生器具按最不利组合出流时的最大瞬时流量，又称为设计秒流量。

12. 叠压供水：利用室外给水管网余压直接抽水在增压的二次供水方式。

13. 接户管：布置在建筑物周围，直接与建筑物引入管和排出管相接的给水排水管道。

二、填空题

1.（生活给水系统）（生产给水系统）（消防给水系统）

2.（生活饮用水系统）（直饮水系统）（杂用水系统）

3.（引入管）（给水管网）（给水附件）（配水设施）（增压和贮水设备）（水表）

4.（上行下给式）（下行上给式）（中供式）

5.（明装）（暗装）

6.（法兰连接）（焊接）（螺纹连接）（卡箍连接）

7.（0.7 m）（0.15 m）

8.（10 m）

9.（旋翼式）和（螺翼式）

10.（两种）（自吸式）（自灌式）

11.（结构简单）（管理方便）（体积小）（效率高）

12.（设计秒流量）（最大时流量）（平均时流量）

13.（变压式）（定压式）

14.（波义耳-马略特定律）

15.（补气式）（隔膜式）

16.（最大 1 台水泵 3 min）

17.（50 mm）（大一级）

18.（48 h）（水消毒装置）

19.（小于 25 mm）（大于 150 mm）

20.（防止误饮误用）

三、简答题

1. 室内给水管道安装方式有哪几种？各有什么优缺点？

明装和暗装两种方式

明装优缺点：安装维护方便、造价低、管道外露影响美观、表面易结露、积灰尘。

暗装优缺点：管道隐蔽、不影响室内美观、整洁、施工复杂、维修困难、造价高。

2. 建筑室内塑料给水管敷设应注意的要点有哪些？

（1）不得布置在灶台上边缘；明设立管距灶台边缘不得小于 0.4 m；距燃气热水器边缘 0.2 m。达不到此要求时，应有保护措施。

（2）与水加热器和热水器应有不小于 0.4 m 金属管过度，不得直埋于建筑物结构层内。如一定要埋设时，必须要在管外设套管。

（3）小管径（一般外径不得大于 25 mm）的配水支管，可直接埋在垫层中，或安装在非承重墙体上开凿的管槽内。

（4）采用卡套式或卡环式接口交联聚乙烯管、铝塑复合管，为避免直埋管因接口渗漏而维修困难，要求直埋管段中途应采用分水器集中配水，管接口均明露在外，便于检修。

（5）塑料给水管在室内宜暗装。明装时立管应布置在不易受撞击处，如果不能避免，应在管外加保护措施。

3. 室内给水方式有哪几种？

直接给水方式、水箱给水方式、水泵给水方式、水泵和水箱给水方式、气压给水方式、分区给水方式、分质给水方式。

4. 贮水池或水箱中的消防水保护措施有哪些？

消防水保护措施有：

（1）生活、生产水泵吸水管上开小孔形成虹吸出流；

（2）贮水池中设置溢流墙；

（3）水箱出水管上开小孔形成虹吸出流。

5. 试述建筑内部给水系统引起水质污染的原因及其防治措施？

建筑内部给水系统引起水质污染的原因及其防治措施如下：

（1）管道设备腐蚀污染

防治措施：采用耐腐蚀材料的管道、水箱和气压水罐；采用除氧措施，减少水体的溶解氧；采用水质稳定处理方法。

（2）水体滞留变质

防治措施：管网尽量为环网，有条件时末端设回水管路；合理确定水池、水箱容积；水箱进出管对称布置，防止水滞留，加强管理，定期清洗。

（3）直接混接污染

防治措施：提高非饮用水的水质，在连接处要使生活饮用水的水压高于非饮用水的水压；在非饮用水管路外涂明显色彩，验收时要逐段检查，防止误接。

（4）间接混接污染

防治措施：给水管配水出口不得被任何液体或杂质所淹没；给水管配水出口高出用水设备溢流水位的最小空气间隙，不得小于配水出口处给水管管径的 2.5 倍；严禁生活饮用水管道与大便器（槽）直接连接。

（5）二次污染

防治措施：水箱加盖、加锁；水箱进水管淹没式出流，设真空破坏装置。

（6）其他方面

防治措施：防止回流污染；生活饮用水水箱溢流管的排出水不得排入生活饮用水水池；消防水泵检查时的排水不得饮用水水池；加强给水管网的施工和管理，管道竣工试压合格后，要进行浸泡消毒后再投入使用。

四、选择题

1. [A]	2. [D]	3. [C]	4. [A]	5. [B]	6. [B]	7. [C]
8. [A]	9. [A]	10. [B]	11. [B]	12. [C]	13. [A]	14. [A]
15. [C]	16. [C]	17. [D]	18. [A]	19. [A]	20. [C]	21. [C]
22. [B]	23. [C]	24. [B]	25. [B]	26. [C]	27. [D]	28. [B]
29. [A]	30. [B]	31. [D]	32. [D]	33. [D]	34. [A]	35. [A]
36. [D]	37. [D]					

五、计算题

1. 某住宅共 160 户，每户平均 4 人，用水定额为 150 L/（人·d），时变化系数 K_h=2.4，拟采用补气式立式气压给水设备供水，试计算气压水罐总容积（α_a=1.3，η_q=6，α_b=0.75，β=1.1）。

解：该住宅最高日最大用水量

$$Q_h/(m^3 \cdot h^{-1}) = \frac{160 \times 4 \times 150}{24 \times 1\,000} \times 2.4 = 9.6$$

水泵出水量

$$q_b/(m^3 \cdot h^{-1}) = 1.2Q_h = 1.2 \times 9.6 = 11.52$$

取α_a=1.3、n_q=6，则气压水罐的水调节容积为

$$V_{q1} / m^3 = \alpha_a \frac{q_b}{4n_q} = \frac{1.3 \times 11.52}{4 \times 6} = 0.624$$

取α_b=0.75、β=1.1，则气压水罐的总容积为

$$V_q / m^3 = \frac{\beta V_{q1}}{1 - \alpha_b} = \frac{1.1 \times 0.624}{1 - 0.75} = 2.75$$

2. 居住人数为 1 000 人的集体宿舍（Ⅱ类）给水系统，最高日用水定额为 100 L/(人·d)，时变化系数为 K_h=2，BC 管段供低区 500 人用水，当量总数为 49，市政管网直接供水；BD 管段供高区 500 人用水，当量总数为 49，水泵加压供水，引入管 AB 向 BC 和 BD 管段供水，求引入管 AB 最小设计流量？（α=2.5）

解：
$$Q_{BC} / (\mathrm{L \cdot s^{-1}}) = 0.2\alpha\sqrt{N_g} = 0.2 \times 2.5 \times \sqrt{49} = 3.5$$

$$Q_{BC} / (\mathrm{L \cdot s^{-1}}) = \frac{500 \times 100}{86\,400} = 0.58$$

$$Q_{AB} / (\mathrm{L \cdot s^{-1}}) = 3.5 + 0.58 = 4.08$$

3. 有一直接供水的 6 层建筑，该建筑 1～2 层为商场（α=1.5），总当量数为 20，3～6 层为旅馆（α=2.5），总当量数为 125，求该建筑生活给水引入管的设计秒流量。

解：
$$\alpha = \frac{1.5 \times 20 + 2.5 \times 125}{20 + 125} = 2.4$$

$$q_g / (\mathrm{L \cdot s^{-1}}) = 0.2\alpha\sqrt{N_g} = 2.4 \times 0.2 \times \sqrt{145} = 5.8$$

4. 某住宅楼共 120 户，若每户按 4 人计算，生活用水定额取 200 L/（人·d），时变化系数为 2.5，用水时间 24 h，每户设置的卫生器具当量总数为 8，求最大用水时卫生器具给水当量平均出流概率 U_0。

解：
$$U_0 / \% = \frac{q_0 m K_h}{0.2\alpha T \times 3\,600} = \frac{200 \times 4 \times 2.5}{0.2 \times 8 \times 24 \times 3\,600} = 1.4$$

5. 某办公楼的一个公共卫生间内设有蹲式大便器 4 个（延时自闭冲洗阀）、小便器 4 个（自动自闭冲洗阀）、洗手盆 2 个（感应水嘴）和拖布池 1 个（单阀水嘴、给水当量 1.00)，求该卫生间的给水设计秒流量。

解：
$$N_g = 4 \times 0.5 + 4 \times 0.5 + 2 \times 0.5 + 1 = 6$$

$$q_g / (\mathrm{L \cdot s^{-1}}) = 0.2\alpha\sqrt{N_g} + 1.2 = 0.2 \times 1.5 \times \sqrt{6} + 1.2 = 1.93$$

6. 某住宅楼给水系统分高、低两区，低区由市政管网直接供水，高区由变频泵组供水，在地下室设备间设生活用水储水箱和变频泵组。已知高区用户最高日用水量为 102.4 m^3/d，求储水箱的有效容积。

解：
$$V / \mathrm{m^3} = 102.4 \times 0.25 = 25.6$$

7. 某住宅楼采用气压给水设备供水（隔膜式气压水罐），该建筑最大小时用水量为 12.5 m^3/h，求水泵的流量（以气压水罐内的平均压力计，其对应的水泵扬程的流量）。

解：
$$Q_b / (\mathrm{m^3 \cdot h^{-1}}) = 1.2 \times 12.5 = 15$$

8. 某住宅楼采用气压给水设备供水（隔膜式气压水罐），该建筑最大小时用水量为 12.5 m^3/h，若安全系数取 1.2，水泵 1 h 内的启动 6 次，求气压水罐的调节容积。

解：

$$V_{ql}/\mathrm{m}^3 = \frac{\alpha_a q_b}{4n_b} = \frac{1.2\times1.2\times12.5}{4\times6} = 0.75$$

9. 某座层高为 3.2 m 的 16 层办公楼，无热水供应。每层设公共卫生间一个，每个卫生间设置带感应式水嘴的洗手盆 4 个，冲洗水箱浮球阀大便器 6 个、自动自闭式冲洗阀小便器 3 个、拖布池 2 个（q=0.2 L/s）。每层办公人数 60 人，每天办公室时间 10 h，用水定额为 40 L/（人·d）。市政供水管网可用压力为 0.19 MPa，拟采用调速泵组供给高区卫生间用水。求该调速泵组设计流量。

解：市政管网供水压力可供到 3 层，4～16 层为高区，由调速泵组供应卫生间用水。

每层卫生间的

$$N_g = 0.5\times4+0.5\times6+0.5\times3+1\times2=8.5$$

$$q_g/(\mathrm{m}^3\cdot\mathrm{h}^{-1}) = 0.2\alpha\sqrt{N_g} = 0.2\times1.5\times\sqrt{8.5\times13} = 11.35$$

10.某企业职工食堂与厨房相邻，给水引入管仅供厨房和职工食堂用水。厨房、职工食堂用水器具额定流量、当量数见表 5.7，求引入管流量。

表 5.7　企业用水情况表

名称	额定流量/（L·s^{-1}）	当量	数量
职工食堂洗碗台水嘴	0.15	0.75	6
厨房污水盆水嘴	0.20	1.00	2
厨房洗涤盆水嘴	0.30	1.50	4
厨房开水器水嘴	0.20	1.00	1

洗碗台总干管设计秒流量

$$q_g/(\mathrm{L}\cdot\mathrm{s}^{-1}) = 0.15\times6\times1 = 0.9$$

厨房总干管设计秒流量

$$q_g/(\mathrm{L}\cdot\mathrm{s}^{-1}) = 0.2\times2\times0.5+0.30\times4\times0.7+0.2\times1\times0.5 = 1.14$$

洗碗台水嘴不予厨房用水叠加，故引入管流量

$$q_g/(\mathrm{L}\cdot\mathrm{s}^{-1}) = 1.14$$

第二节　建筑消防

一、名词解释

1. 耐火极限：在标准耐火试验条件下，建筑构件、配件或结构从受到火的作用时起，到失去稳定性、完整性或隔热性时止的这段时间，用小时表示。

2. 水枪充实水柱：水枪射流在 26～38 cm 直径圆断面内、包含全部水量 75 %～90 %的密实水柱长度称为水枪充实水柱。

3. 闪点：在规定的试验条件下，液体挥发的蒸气与空气形成的混合物，遇火源能够闪燃的液体最低温度（采用闭杯法测定）。

4. 爆炸下限：可燃的蒸气、气体或粉尘与空气组成的混合物，遇火源即能发生爆炸的最低浓度（可燃蒸气、气体的浓度，按体积比计算）。

5. 沸溢性油品：含水并在燃烧时可产生热波作用的油品，如原油、渣油、重油等。

6. 半地下室：房间地面低于室外设计地面的平均高度大于该房间平均净高 1/3，且小于等于 1/2 着。

7. 地下室：房间地面低于室外设计地面的平均高度大于该房间平均净高 1/2 着。

8. 重要公共建筑：人员密集、发生火灾后伤亡大、损失大、影响大的公共建筑。

9. 商业服务网点：居住建筑的首层或首层及二层设置的百货店、副食店、粮店、邮政所、储蓄所、理发店等小型营业也用房。

10. 防火分区：在建筑内部采用防火墙、耐火楼板及其他的防火分隔设施而成，能在一定时间内防止火灾向同一建筑的其余部分蔓延的局部空间。

11. 防火间距：防止着火建筑的辐射热在一定时间内引燃相邻建筑，且便于消防扑救的分隔间距。

12. 高架仓库：货架高度超过 7 m 且机械化操作或自动化控制的货架仓库。

13. 裙房：与高层建筑相连的建筑高度不超过 24 m 的附属建筑。

14. 建筑高度：建筑物室外地面到其檐口或屋面面层的高度，屋顶上的水箱间、电梯机房、排烟机房和楼梯出口小间等不计入建筑高度。

15. 综合楼：由两种及两种以上用途的楼层组成的公共建筑。

16. 高级住宅：建筑装修标准高和设有空气调节系统的住宅。

二、填空题

1.（h）

2.（1.1 m）

3.（消防车）（室内消防给水管网）

4.（内装高膨胀性液体的玻璃球）（易熔合金锁片）

5.（室内最不利）（10 min）

6.（10 m H_2O）

7.（1.0 MPa）

8.（0.5 MPa）

9.（5 个）

10.（0.5 min）

11.（18 m^3）（12 m^3）

三、简答题

1. 什么情况下需要设置两路进水?

室内消火栓超过 10 个且室外消防流量大于 15 L/s 时，室内消防给水管道至少应有两条进水管与室外环状网相连，并应将室内管道连成环状或将进水管与室外管道连成环状。

四、选择题

1. [B]	2. [B]	3. [B]	4. [C]	5. [C]	6. [B]	7. [C]
8. [A]	9. [A]	10. [A]	11. [C]	12. [B]	13. [C]	14. [A]
15. [D]	16. [B]	17. [D]	18. [B]	19. [C]	20. [A]	

五、计算题

1. 一栋二类高层住宅楼的消火栓灭火系统如下图所示，已知该系统消防泵的设计流量为10.0 L/s，设计计算扬程为70 m，最不利消火栓口处压力为19 m。求该系统的计算手头损失值。（水泵设计扬程不计安全系数）

解：

$$H_b/\text{m} = 70$$

$$H_1/\text{m} = 3+4+30=70$$

$$H_4/\text{m} = 19$$

$$H_2/\text{m} = H_b - H_1 - H_4 = 70 - 37 - 19 = 14$$

2. 某厂房在两个防火分区之间设防火卷帘，在其上部设置防护冷却水幕，水幕宽15 m，高7 m，计算其消防用水量。

解：根据《自动喷水灭火系统设计规范》（GB 50084—2001）（2005年版）第5.5.10条：喷水强度取0.8 L/m。

$$Q/(\text{L}\cdot\text{s}^{-1}) = 0.8\times15 = 12$$

3. 用于扑救固体火灾的水喷雾系统设有10个喷头，喷头的平均出流量为2.5 L/s，计算最小消防储水量。

解：根据《水喷雾灭火系统设计规范》（GB 50219—95）表3.1.2用于扑灭固体火灾的水喷雾持续时间为1 h。

$$V/\text{m}^3 = 1.05\times10\times25\times3.6\times1 = 94.5$$

4. 一座建筑高度60 m的办公楼设有自动喷水湿式灭火系统，采用标准洒水喷头（下垂型）。喷头最小工作压力为0.05 MPa，最大工作压力0.45 MPa。在走道单独布置喷头，计算走道的最大宽度。

每个喷头的流量

$$q_0/(\text{L}\cdot\text{min}^{-1}) = K\sqrt{10p} = 80\times\sqrt{10\times0.05} = 56.57$$

每个喷头的保护面积

$$A_s/\text{m}^2 = \frac{q}{D} = \frac{56.57}{6} = 9.43$$

每个喷头的保护半径

$$R/\text{m} = \sqrt{\frac{9.43}{3.14}} = 1.73$$

喷头间的最小距离不能小于2.4 m，则走道宽度的一半最大值为

$$b/\text{m} = \sqrt{R^2 - \left(\frac{S}{2}\right)^2} = \sqrt{1.73^2 - 1.2^2} = 1.246$$

走道的最大宽度 $B=2b=2.29$ m。

第三节　建筑排水

一、名词解释

1. 终限流速：当水膜所受的向上的摩擦力与重力平衡时，水膜的下降速度和水膜的厚度不再变化，这时的流速叫终限流速。

2. 水封：在装置中有一定高度的水柱，防止排水管系统中气体传入室内。

3. 伸顶通气管：为使排水系统内空气流通，压力稳定，防止水封破坏而设置的与大气相通的管道。

4. 专用通气立管：仅与排水立管连接，为排水立管内空气流通而设置的垂直通气管道。

5. 汇合通气管：连接数根通气立管或排水立管顶端通气部分，并延伸至室外接通大气的管段。

6. 主通气立管：连接环形通气管和排水立管，为排水横支管和排水立管内空气流通而设置的垂直管道。

7. 副通气立管：仅与环形通气管连接，为排水横支管内空气流通而设置的通气立管。

8. 间接排水：设备或容器的排水管道与排水系统非直接连接，其间留有空气间隙。

9. 通气管：为使排水系统空气流通，压力稳定，防止水封破坏而设置的与大气相通的管道。

10. 环形通气管：在多个卫生器具的排水横支管上，从最始端的两个卫生器具之间接出至主通气立管或副通气立管的通气管段。

11. 同层排水：排水横支管布置在排水层或室外，器具排水管不穿越楼层的排水方式。

12. 设计充满度：设计流量时，管内水深与管径的比值，设计充满度随管径增大而增大。

13. 排水设计秒流量：为保证最不利时刻的最大排水量能迅速、安全地排放，某管段的瞬时最大排水量称为排水设计秒流量。

14. 汇水面积：雨水管渠汇集降雨的面积。

15. 满管压力流雨水排水系统：按满管压力流原理设计管道内雨水流量，压力等可得到有效控制盒平衡的屋面雨水排水系统。

二、填空题

1.（气水混合器）（气水分离器 ）

2.（检查口）（清扫口）（检查井）

3.（刚性接口）（柔性接口）

4.（附壁螺旋流）（水膜流）（水塞流）

5.（5 min）（6 次）

6.（2.0 m^3）

7.（生活排水设计秒流量）（最大小时流量）

8.（每个生活排水集水池）

9.（1.3 m）（0.75 m）（1.0 m）（1.0 m）

10.（75 %）

11.（停留时间）（水平流速）

12.（按一次最大排水量）（所需冷却水量）

13.（2 个及 2 个以上）（3 个及 3 个以上）

14.（10 m）（6 层）

15.（100 mm）

16.（50 mm）

17.（75 mm）

18.（50～100 mm）

19.（75 mm）

20.（大一号）（100 mm）（75 mm）

21.（通用坡度）（最小坡度）

22.（0.026）

23.（最小）（最大）

24.（屋面）（天沟）

25.（0.005）（0.01）

26.（2～5 年）（10 年）

27.（重力无压流）（重力半有压流）（压力流）

三、简答题

1. 简述通气管系统的作用。

建筑内部排水系统时水汽两相流，为使排水管道系统内空气流通，压力稳定，避免因管内压力波动使有毒有害气体进入室内，需要设置与大气相通的通气管道系统。

2. 什么是水封？水封的作用？水封破坏的原因？

存水弯内一节高度的水柱称为水封。

水封是在卫生器具排水口下，用来抵抗排水管内气压变化，防止排水管道系统中气体窜入室内的一定高度的水柱，通常用存水弯来实施。

因静态和动态原因造成存水弯内水封高度减小，不足以抵抗管道内允许的压力变化时，管道内气体进入室内的现象叫水封破坏。

水封破坏与存水弯内的水量损失有关，有以下三个原因：

（1）自虹吸损失：卫生器具在瞬时大量排水的情况下，存水弯自身充满而形成虹吸，排水结束后，存水弯内水封的实际高度低于应有的高度。

（2）诱导虹吸损失：某卫生器具不排水时，存水弯内水封的高度符合要求。当管道系统内其他卫生器具大量排水时，系统内压力发生变化，使存水弯内的水上下振动，引起水量损失。

（3）静态损失：静态损失是因卫生器具较长时间不使用造成的水量损失。

3. 简述建筑内部排水系统的组成。

卫生器具和生产设备受水器、排水管道、清通设备、提升设备、污水局部处理构筑物和通气系统。

4. 如何选择排水体制？

选择建筑内部排水体制时要综合考虑以下要素：

（1）污废水的性质。

（2）污废水污染程度。

（3）污废水综合利用的可能性和处理要求。

5. 简述排水管道布置与敷设总原则。

室内排水管道的布置与敷设在保证排水通畅、安全可靠的前提下，还应兼顾经济、施工、管理、美观等因素。

（1）排水通畅，水力条件好。

（2）保证设有排水管道房间或场所的正常使用。

（3）保证排水管道不受损坏。

（4）室内环境卫生条件好。

6. 简述雨水内排水系统的组成。

雨水斗、连接管、悬吊管、立管、排出管、埋地干管。

7. 建筑屋面雨水流量如何求定？

建筑屋面雨水流量采用的计算为

$$Q = \frac{\varphi F q_5}{10\,000}，\ Q = \frac{\varphi F h_5}{3\,600}$$

式中　ϕ——径流系数；

F——汇水面积；

q——当地降雨历时为 5 min 的暴雨强度；

h——当地降雨历时为 5 min 的降雨厚度。

8. 什么是天沟外排水？有何优缺点？应如何选择屋面雨水排除方式？

答：天沟外排水是屋面雨水沿屋面坡度自流至在建筑屋面人工设置的矩形或梯形沟渠，在沟渠末端设置雨水斗及雨水立管排除屋面雨水的一种方式，该方式适合于长度不超过 100 m 的多跨工业厂房。

优点：屋面不设雨水斗，管道不穿越屋面，不会因施工不善而造成屋面漏水或检查井冒水、节省管材、施工方便，有利于厂房的空间使用。

缺点：屋面垫层厚，结构负荷大、晴天屋面堆积灰尘，雨天天沟排水不畅、排水立管可能冻裂。

雨水排除方式的选择应根据建筑物的类型、结构形式、屋面面积大小、当地气候条件以及生活生产的需要，经过经济及技术比较，本着既安全又经济的原则选择。

四、选择题

1. [C]	2. [A]	3. [A]	4. [C]	5. [D]	6. [B]	7. [B]
8. [C]	9. [B]	10. [A]	11. [D]	12. [D]	13. [B]	14. [B]
15. [D]	16. [C]	17. [C]	18. [C]	19. [A]	20. [B]	21. [A]
22. [B]						

五、计算题

1. 某集体宿舍的厕所间及浴洗间共设高位水箱大便器 10 个，小便槽 3.0 m，洗脸盆 18 个，污水盆 2 个，试确定排出管中的合流污水设计流量，已知数据见表 5.8。

表 5.8 用水器具调查表

卫生器具名称	数量/个	排水量/（$L\cdot s^{-1}$）	当量数/（当量·个$^{-1}$）
高水箱大便器	10	1.5	4.5
小便槽	3.0 m	0.05	0.15
洗脸盆	18	0.25	0.75
污水盆	2	0.33	1.0

解：

$$q_{\mathrm{p}} = 0.12\alpha\sqrt{N_{\mathrm{p}}} + q_{\max}$$

$$N_{\mathrm{p}} = 8\times4.5+3\times0.15+12\times0.75+2\times1.0=47.45$$

$$q_{\mathrm{p}}/(\mathrm{L\cdot s^{-1}}) = 0.12\times2.5\sqrt{47.45}+1.5=3.57$$

2. 某企业生活间排水立管连接有大便器（q=1.5 L/s，b=2%）8 个，自闭式冲洗阀小便器（q=0.1 L/s，b=10%）8 个，洗手盆（q=0.1 L/s，b=50%）4 个，求该立管的排水设计秒流量。

解：

$$q_{\mathrm{p}}/(\mathrm{L\cdot s^{-1}}) = \sum q_0 n_0 b = 1.5\times8\times0.02+0.1\times8\times0.1+0.1\times4\times0.5=0.52$$

计算值 q_{p}=0.25 L/s 小于一个大便器的排水流量 q_{p}=1.5 L/s，故应取 q_{p}=1.5 L/s。

3. 某公共浴室排水管道承担 1 个洗手盆（q=0.1 L/s，b=50%），4 个淋浴器（q=0.15 L/s，b=80%），1 个自闭冲洗阀大便器的排水（q=1.5 L/s，b=2%）求其排水立管的设计秒流量。

解：

$$q_p/(\mathrm{L\cdot s^{-1}}) = \sum q_0 N_0 b = 0.1\times1\times50\%+0.15\times4\times80\%+1.5\times1\times2\%=0.56$$

计算值 q_{p}=0.56 L/s 小于一个大便器的排水流量 q_{p}=1.5 L/s，故应取 q_{p}=1.5 L/s。

4. 某医院（α=1.5）共三层，仅设伸顶通气的铸铁生活排水立管，该立管每层接纳一个淋浴器（N=0.45，q=0.15 L/s）和一个大便器（N=4.5，q=1.5 L/s），求满足要求且最为经济的排水立管管径。

解：

$$N_p = (0.45+1.5)\times3=5.85$$

$$q_p/(\mathrm{L\cdot s^{-1}}) = 0.12\times1.5\times\sqrt{5.85}+1.5=1.94$$

5. 一幢 12 层宾馆，层高 3.3 m，两客房卫生间背靠背对称布置并共用排水立管，每个卫生间设浴盆、洗脸盆、冲落式坐便器各一只。排水系统污废分流，共用一根通气立管，采用柔性接口机制铸铁排水管，求污水立管的最小管径。

解：

$$q_p/(\mathrm{L\cdot s^{-1}}) = 0.12\alpha\sqrt{N_p}+q_{\max} = 0.12\times1.5\times\sqrt{4.5\times2\times12}+1.5=3.37$$

6. 某医院住院部公共盥洗室内设有伸顶通气的铸铁排水立管，其横支管采用 45°斜三通连接卫生器具的排水，其上连接污水盆 2 个，洗手盆 8 个，求该立管的最小管径。

解： $q_p/(\text{L}\cdot\text{s}^{-1})=0.12\alpha\sqrt{N_p}+q_{\max}=0.12\times2.5\times\sqrt{1\times2+0.3\times8}+0.33=0.96$

根据《建筑给水排水设计规范》（GB 50015—2003）（2009 年版）表 4.4.1，45°斜三通连接情况下立管 DN 50 mm 最大排水能力通过流量为 1.0 L/s，另根据《建筑给水排水设计规范》（GB 50015—2003）（2009 年版）表 4.4.15 条第 3 款，医院洗涤盆和污水盆的排水管管径，不得小于 DN 75 mm，综上所述，排水立管管径为 DN 75 mm。

7. 某 11 层住宅的卫生间，一层单独排水，2～11 层使用同一根立管排水，已知每户卫生间设有 1 个坐便器（N=6.0，q=2.0 L/s，b=10%），1 个淋浴器（N=0.45，q=0.15 L/s，b=10%）和 1 个洗手盆（N=0.75，q=0.25 L/s，b=20%）。求其排水立管底部的设计秒流量。

解： $q_p/(\text{L}\cdot\text{s}^{-1})=0.12\alpha\sqrt{N_p}+q_{\max}=0.12\times1.5\times\sqrt{(6+075+0.45)\times10}+2=3.53$

8. 某商场地下室公共卫生间的污水，需由集水池收集，再由污水泵提升后排出。已知最大小时污水量为 2 m^3/h，选用 2 台流量为 10 L/s 的污水泵（1 用 1 备，自动控制），求集水池最小有效容积。

解： 根据《建筑给水排水设计规范》（GB 50015—2003）（2009 年版）第 4.7.8 条第 1 款规定，集水池的有效容积不宜小于最大一台污水泵 5 min 的出水量，则其最小有效容积为

$$V/\text{m}^3=\frac{10\times60\times5}{1\,000}3$$

9. 某一般建筑采用重力流雨水排水系统，屋面汇水面积为 600 m^2，降雨量重现 P 期取两年，该建筑所在城市 2～12 年降雨历时为 5 min 的降雨强度 q_i 见表 5.9。求屋面雨水溢流设施的最小设计流量。

表 5.9　降水强度表

P/年	2	2	8	10	12
q_i/（$\text{L}\cdot\text{s}^{-1}\cdot\text{m}^{-2}$）	110	157	178	190	201

解： 屋面雨水排水系统排水量为

$$Q/(\text{L}\cdot\text{s}^{-1})=\frac{\varphi Fq_5}{10\,000}=\frac{0.9\times600\times110}{10\,000}=5.94$$

10 年重现期屋面雨水排水工程与溢流设施总排水能力为

$$Q/(\text{L}\cdot\text{s}^{-1})=\frac{\varphi Fq_5}{10\,000}=\frac{0.9\times600\times190}{10\,000}=10.26$$

溢流设施溢流量($\text{L}\cdot\text{s}^{-1}$)为

$$10.26-5.94=4.32$$

10. 某厂房设计降雨强度 q=478 L/(s·m^2)，屋面径流系数=0.9，拟采用屋面结构形成的矩形沟槽做排水天沟，其宽 B=0.6 m，高 H=0.3 m，设计水深 h 取 0.15 m，天沟水流速度 v = 0.6 m/s，求天沟的最大允许汇水面积。

解： 天沟断面

$$\omega/\text{m}^2=BH=0.6\times0.15=0.09$$

天沟水流速度，v =0.6 m/s 天沟排水能力

$$Q/(\mathrm{m}^3\cdot\mathrm{s}^{-1})=0.09\times0.6=0.054$$

汇水面积

$$F/\mathrm{m}^2=\frac{54\times10\,000}{478\times0.9}=1\,255.23$$

第四节 建筑热水及饮水供应

一、名词解释

1. 设计小时耗热量：热水供应系统中用水设备、器具最大时段内的小时耗热量。

2. 设计小时供热量：热水供应系统中加热设备最大时段内的小时产热量。

3. 第一循环系统：集中热水供应系统中，锅炉与水加热器或热水机组与热水贮水器之间组成的热水循环系统。

4. 第二循环系统：集中热水供应系统中，水加热器或热水贮水器与热水配水点之间组成的热水循环系统。

5. 水质阻垢缓蚀处理：采用电、磁、化学稳定剂等物理、化学方法稳定水中钙、镁离子，使其在一定的条件下不形成水垢，延缓对加热设备或管道的腐蚀的水质处理。

6. 全日热水供应系统：在全日、工作班或营业时间内不间断供应热水的系统。

7. 管道直饮水系统：原水经深度净化处理，通过管道输送，供人们直接饮用的供水系统。

8. 开式热水供应系统：热水管系与大气相通的热水供应系统。

9. 闭式热水供应系统：热水管系不与大气相通的热水供应系统。

10. 热水供水温度：热水供应设备（热水锅炉、水加热器等）的出口水温。

二、填空题

1.（最高处）

2.（全日制）（定时制）

3.（导热系数小）（一定的机械强度）（重量轻）（无腐蚀性）

4.（0.003）（上升）（下降）

5.（直接加热）（间接加热）

6.（适量贮存）（调节容积）

7.（容积式水加热器）（半容积式水加热器）（即热式水加热器）

8.（疏水器）

9.（阀瓣产生阻力）

10.（30 m^3）

11.（自然补偿）（设置伸缩器补偿）

12.（当地最冷月平均水温）

13.（供水水泵）（循环水泵）（供水管网）（回水管网）（消毒设备）

14.（循环管道）（干管）（立管）

15.（4～6 小时）

16.（开水供应系统）（冷饮水供应系统）

三、简答题

1. 简述热水供应系统的组成。

（1）第一循环系统。

（2）第二循环系统。

（3）附件。

2. 什么是直接加热？有何特点

直接加热也称一次换热，是以燃气、燃油、燃煤为燃料的热水锅炉，把冷水加热到所需热水温度，或者将蒸汽或高温水通过穿孔管或喷射器直接通入冷水混合制备热水。

热水锅炉直接加热具有热效率高、节能的特点；蒸汽直接加热方式具有设备简单、热效率高、无须冷凝水的优点，但存在噪声大、对蒸汽质量要求高、冷凝水不能回收，热源需水量大经水质处理的补充水运行费用高等缺点。

3. 建筑热水供应系统循环管网设置的作用？循环流量应如何求解？

循环管网设置的意义：循环管网中流动的介质是系统循环流量。循环流量是为了补偿配水管网在用水低峰时管网向周围散失的热量，保持一定流量在管网中循环流动，不断向管网补充热量，从而保证各配水点的水温的流量。

全日供应热水系统的总循环流量

$$q_x = \frac{Q_s}{C\Delta T \times \rho_r}$$

式中 q_x——全日热水供应系统的总循环流量，L/s；

Q_s——配水管网的热损失，W；

C——水的比热，4 187 J/（kg·℃）；

ΔT——配水管网中计算管路起点与终点的水温差，一般取 5～10 ℃；

ρ_r——热水密度，kg/L。

四、选择题

1. [A] 2. [C] 3. [A] 4. [C] 5. [D] 6. [B] 7. [C]
8. [D] 9. [A] 10. [C] 11. [B] 12. [A] 13. [C] 14. [A]

五、计算题

1. 某住宅楼共 144 户，每户按 3.5 人计，采用集中热水供应系统。热水用水定额为 80 L/人·d（60 ℃，ρ=0.982 3 kg/L），冷水温度为 10 ℃（ρ=0.999 7 kg/L），每户设有 2 个卫生间和 1 个厨房，每个卫生间内设有 1 个浴盆（小时用水量为 300 L/h，水温 40 ℃，ρ = 0.992 2 kg/L，b 为 70%）、1 个洗手盆（小时用水量为 30 L/h，水温 30 ℃，ρ=0.995 7 kg/L，b 为 50%）和 1 个大便器，厨房内设 1 个洗涤盆（小时用水量为 180 L/h，水温 50 ℃，ρ = 0.988 1 kg/L，b 为 70%），时变化系数为 3.28。

计算：采用全日或定时集中热水供应系统时，该住宅楼的设计小时耗热量。

解：（1）全日制热水供应系统设计小时耗热量

$$Q_h / (\mathrm{kJ \cdot h^{-1}}) = K_h \frac{mq_r C \cdot (t_r - t_1) \cdot \rho_r}{T} = 3.28 \times \frac{144 \times 3.5 \times 80 \times 4.187 \times (60-10) \times 0.983\,2}{24} = 1134\,221.7$$

（2）定时制热水供应系统设计小时耗热量

$$Q_{\mathrm{h}} / (\mathrm{kJ} \cdot \mathrm{h}^{-1}) = \sum q_{\mathrm{h}} (t_{\mathrm{r}} - t_{1}) \rho_{\mathrm{r}} n_{0} bC = 300 \times (40 - 10) \times 0.992\,2 \times 144 \times 70\% \times 4.187 = 3\,768\,818.5$$

2. 某居住小区集中热水供应系统，各类用水最大时用水量及用水时段、最大小时及平均小时耗热量见表 5.10，求该小区设计小时耗热量？

表 5.10　集中热水供应系统用水量及耗热量表

项目	住宅	食堂	浴室	健身中心
最大时用水量/m^3	1 000	210	250	80
最大用水时段/h	18～24	6～12	18～24	0～6
最大小时耗热量/（$kJ \cdot h^{-1}$）	2 500 000	840 000	400 000	120 000
平均小时耗热量/（$kJ \cdot h^{-1}$）	1 000 000	220 000	200 000	30 000

解：

$$Q_{\mathrm{h}} / (\mathrm{kJ} \cdot \mathrm{h}^{-1}) = Q_{\mathrm{h住宅}} + Q_{\mathrm{h浴室}} + \overline{Q_{\mathrm{h食堂}}} + \overline{Q_{\mathrm{h健身中心}}} = 2\,500\,000 + 400\,000 + 220\,000 + 30\,000 = 3\,150\,000$$

3. 某居民楼 100 户，共 400 人，每户有两个卫生间，每个完卫生间内有大便器、洗脸盆、带淋浴器的浴盆各 1 个，均由该楼集中热水供应系统定时供热水 4 h，求该系统最大小时设计耗热量。

解： $Q_{\mathrm{h}} / (\mathrm{kJ} \cdot \mathrm{h}^{-1}) = \sum q_{\mathrm{h}} (t_{\mathrm{r}} - t_{1}) \rho_{\mathrm{r}} N_{0} bC = 300 \times (40 - 10) \times 1 \times 100 \times 1 \times 4.187 = 3\,768\,300$

4. 某建筑水加热器底部至生活饮用水高位水箱水面高度为 5 m，冷水的密度为 0.999 7 kg/L，热水的密度为 0.983 2 kg/L，求膨胀管高出生活饮用水箱水面的高度。

解：
$$h / \mathrm{m} = H\left(\frac{\rho_{\mathrm{L}}}{\rho^{\mathrm{R}}} - 1\right) = 5.0 \times \left(\frac{0.999\,7}{0.983\,2} - 1\right) = 0.08$$

又根据《建筑给水排水设计规范》(GB 50015—2003)(2009 年版) 第 5.4.19 条，膨胀管出口离接入水箱水面的高度不小于 100 mm，故取 h=100 mm。

5. 某机械循环全日制集中热水供应系统，采用半容积式水加热器供应热水，配水管到起点水温 65 ℃，终点水温 60 ℃，回水终点水温 55 ℃，热水密度以 1 kg/L 计算。该系统配水管道热损失 108 000 kJ/h，回水管道热损失 36 000 kJ/h，求该系统的热水循环流量。

解：
$$q_{x} / (\mathrm{L} \cdot \mathrm{h}^{-1}) = \frac{Q_{\mathrm{s}}}{C\rho\Delta t} = \frac{10\,800}{4.187 \times 1 \times (65 - 60)} = 5159$$

6. 某建筑定时供应热水，设半容积式水加热器，采用上行下给机械循环供水方式，经计算配水管网总容积 300 L，其中管内热水可以循环流动的配水管道容积 180 L，系统循环流量为 1 080 L/h，循环次数为 4 次/h，求回水管道容积。

解：
$$V / \mathrm{L} = \frac{1\,080}{4} - 180 = 90$$

7. 某办公楼全日循环管道直饮水系统的最高日直饮水量为 2 500 L，时变化系数为 1.5，水嘴额定流量为 0.04 L/s，共 12 个水嘴，采用调速泵供水，求该系统的设计流量。

解：
$$q_{g} / (\mathrm{L} \cdot \mathrm{h}^{-1}) = mq_{0} = 4 \times 0.04 = 0.16$$

第五节 小区给水排水

一、名词解释

1. 居住小区：含有教育、医疗、文体、经济、商业服务及其他公共建筑的城镇居民住宅建筑区。

二、填空题

1.（水源）（管道系统）（二次加压泵房）（贮水池）

2.（严禁）（直接连接）

3.（干管）（支管）（接户管）

4.（给水干管）（环状）（不少于 2 根）（70%）

5.（10%～15%）

6.（85%～95%）

7.（相同）

三、简答题

1. 居住小区设计用水量包括哪些部分？

包括居民生活用水量、公共建筑用水量、绿化用水量、水景和娱乐设施用水量、道路和广场浇洒用水量、公共设施用水量、管网漏失水量和未预见水量。

四、选择题

1. [D]　2. [B]　3. [D]　4. [A]

五、计算题

1. 某居住小区居民生活用水量为 600 m^3/d，公共建筑用水量为 350 m^3/d，绿化用水量为 56 m^3/d，水景、娱乐设施和公用设施用水量共 160 m^3/d，道路、广场用水量 34 m^3/d，未预见水量及管网漏失水量以 10 %计，消防用水量为 20 L/s。求该小区最高日用水量。

解：
$$Q_d / (m^3 \cdot d^{-1}) = (600+350+56+160+34 \times 1.1) = 1320$$

2. 有一居住小区给水管道服务 4 栋多层居民楼和 4 栋高层居民楼（图 5.2），高层居民楼设有水池水泵和水箱的间接供水，引入管流量 3 栋是 5.0 L/s，1 栋是 3.0 L/s。多层居民楼是室外给水管网直接供水，其中 3 栋当量总数均为 N=160，U_0=3.5；另外 1 栋为 N=80，U_0=2.5。该居住小区设计总人数为 1 800 人，每户的平均当量为 7.5，用水定额为 280 L/（人·d），时变化系数为 2.5。求室外给水总管道的设计流量。

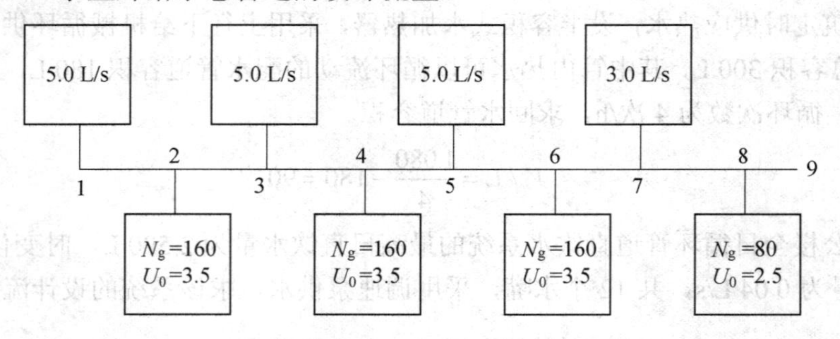

图 5.2 居民区居民楼用水情况示意图

解：$q_{1\text{-}2}/(\mathrm{L\cdot s^{-1}})$=5.0

$q_{2\text{-}3}/(\mathrm{L\cdot s^{-1}})$=5.0+3.25（$N$=160，$U_0$=3.5，查教材附录 E）=8.25

$q_{3\text{-}4}/(\mathrm{L\cdot s^{-1}})$=8.25+5.0=13.25 L/s

$q_{4\text{-}5}/(\mathrm{L\cdot s^{-1}})$=5.0+5.0+5.02（$N$=320，$U_0$=3.5，查教材附录 E）=15.02

$q_{5\text{-}6}/(\mathrm{L\cdot s^{-1}})$=15.02+5.0=20.02 L/s

$q_{6\text{-}7}/(\mathrm{L\cdot s^{-1}})$=5.0+5.0++5.0+6.52（$N$=480，$U_0$=3.5，查教材附录 E）=21.52

$q_{7\text{-}8}/(\mathrm{L\cdot s^{-1}})$=21.52+3.0=24.52 L/s

$q_{8\text{-}9}/(\mathrm{L\cdot s^{-1}})$=5.0+5.0++5.0+3.0+7.0（$N$=560，$U_0$=3.36，查教材附录 E）=25.0

3. 某居住小区居住人数为 4 000 人，已知生活污水定额为 150 L/（人·d）。求该小区的生活污水最高日平均秒流量。

解：
$$q_p/(\mathrm{L\cdot s^{-1}})=\frac{4\,000\times150}{86\,400}=6.94$$

第六节　建筑中水

一、名词解释

1. 中水工程：中水是由上下水派生出来的，各种排水经过物理化学处理达到规定的标准，其标准低于生活饮用水标准，可用做生活、市政、环境等方面的杂用水，如冲厕用水绿化浇洒道路等。

2. 水量平衡：水量平衡就是将设计的建筑或建筑群的中水原水量、处理量、处理设备耗水量、中水调节贮存量、中水用量、自来水补给量进行计算和协调，使其达到供给与使用平衡一致的过程。

二、填空题

1.（前处理）（主处理）（后处理）

2.（中水原水收集系统）（处理系统）（中水供水）

3.（合流集水系统）（分流集水系统）

4.（自来水补水管）（中水原水不足）（集水系统）

三、选择题

1. [A]　　2. [C]　　3. [B]　　4. [B]　　5. [D]

四、计算题

1. 某城镇新建一栋 36 户住宅楼，拟建中水工程用于冲洗便器、庭院绿化和道路洒水。每户平均按 4 人计算，每户有坐便器、浴盆、洗脸盆和厨房洗涤盆各一个，当地用水量标准为 310 L/（人·d）。绿化和道路洒水量按日用水量的 10%计算。经调查，各项用水所占百分数和各项用水使用时损失水量百分数见表 5.11，试作水量平衡分析。

表 5.11　各项用水所占百分数和折减系数

	冲厕用水	厨房用水	沐浴用水	盥洗用水	洗衣用水
占日用水量百分数/%	21	20	30	7	22
折减系数β	1	0.8	0.9	0.9	0.85

解：（1）以优质杂排水为中水原水，住宅楼日总用水量 Q_d 为

$$Q_d / (m^3 \cdot d^{-1}) = \frac{310 \times 36 \times 4}{1000} = 39.68$$

（2）计算可集用水量 Q_1

沐浴排水量：$q_{11} / (m^3 \cdot d^{-1}) = Q_d \times 0.30 \times 0.9 = 10.71$

舆洗排水量：$q_{12} / (m^3 \cdot d^{-1}) = Q_d \times 0.07 \times 0.9 = 2.50$

洗衣排水量：$q_{13} / (m^3 \cdot d^{-1}) = Q_d \times 0.22 \times 0.85 = 7.42$

可集流水量：$Q_1 / (m^3 \cdot d^{-1}) = q_{11} + q_{12} + q_{13} = 20.63$

（3）厨房用水 q_4

$$q_4 / (m^3 \cdot d^{-1}) = Q_d \times 0.20 = 7.94$$

（4）中水用水量 Q_3

冲厕用水量：$q_{31} / (m^3 \cdot d^{-1}) = Q_d \times 0.21 \times 1.0 = 8.33$

绿化撒水和道路用水量：$q_{32} / (m^3 \cdot d^{-1}) = Q_d \times 0.10 = 3.97$

中水总用水量：$Q_3 / (m^3 \cdot d^{-1}) = q_{31} + q_{32} = 12.3$

（5）中水处理水量 Q_2

$$Q_2 / (m^3 \cdot d^{-1}) = (1 + n) q_3 = 14.15$$

（6）溢流的集流水量 Q_0

$$Q_0 / (m^3 \cdot d^{-1}) = Q_1 - Q_2 = 6.48$$

水量平衡图如 5.3 所示。

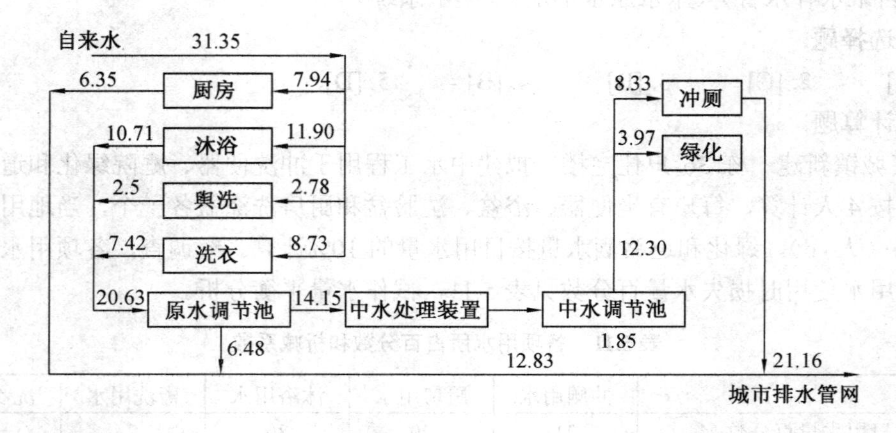

图 5.3　水量平衡图

2. 某小区设有中水设有中水系统,，其中自来水供水量为：住宅 80 m³/d，公建 60 m³/d，服务设施 160 m³/d；中水供冲厕及绿化，用水量为 213 m³/d。若原水收集率 75%，中水站内自耗水量为 10%，求自来水不补水量。

解：中水收集水量为

$$Q/(\mathrm{m}^3\cdot\mathrm{d}^{-1})=(80+60+160)\times0.75=225$$

中水产水量为

$$Q/(\mathrm{m}^3\cdot\mathrm{d}^{-1})=225\times0.9=202.5$$

自来水补水量($\mathrm{m}^3\cdot\mathrm{d}^{-1}$)为

$$213-202.5=10.5$$

3.某公寓设置中水供水系统用于冲厕，中水总用水量为 12 m³/d，中水处理设备运行时间为 8 h/d，求该系统的中水储水箱的最小有效容积。

解：根据《建筑中水设计规范》（GB50336—2002）第 5.3.3 条第 2 款及其条文说明。

间歇运行时中水储水池容积为

$$W_2/\mathrm{m}^3=1.2t_2\left(Q_{2h}-Q_{3h}\right)=1.2\times8\times\left(\frac{12}{8}\times1.1-0.5\right)=11.04$$

4.某建筑采用中水作为绿化和冲厕用水，中水原水为淋浴、盥洗和洗衣排水，厨房废水不回用。其中收集淋浴、盥洗和洗用水为 149 m³/d、45 m³/d、63 m³/d，厨房废水为 44 m³/d。排水量系数为 0.9，冲厕用水量为 49 m³/d，绿化需水量为 83 m³/d。中水设备自用水量取中水用水量的 15%。求中水系统溢流量。

解：中水原水量($\mathrm{m}^3\cdot\mathrm{d}^{-1}$)为

$$(149+45+63)\times0.9=231.3$$

中水处理量($\mathrm{m}^3\cdot\mathrm{d}^{-1}$)为

$$(49+83)\times1.15=151.8$$

中水系统溢流量($\mathrm{m}^3\cdot\mathrm{d}^{-1}$)为

$$231.3-151.8=79.5$$

5.某住宅楼设中水系统，以优质杂排水为中水水源。该建筑平均日给水量为 100 m³/d，最高日给水量折算成平均日给水量的折减系数α为 0.7，分项给水百分率 b 及按给水量计算排水量的折减系数β见表 5.12。求可集流的中水原水量。

表 5.12　给水情况及折减系数

系数	冲厕	厨房	沐浴	盥洗	洗衣
b/%	21	20	31	6	22
β	1.0	0.8	0.9	0.9	0.85

解：$Q_y/(\mathrm{m}^3\cdot\mathrm{d}^{-1})=0.9\times100\times0.31+0.9\times100\times0.06+0.85\times100\times0.22=52$

第六章　给水排水管网系统

第一节　给排水管网系统概论

（一）基本要求

掌握用水量表达和用水量变化曲线、系数；掌握给水排水系统的功能和组成；了解给水排水系统的工作原理，了解给水管网系统的类型和排水管网系统的类型；了解给水管网的构成和排水管网系统的构成。

（二）习题

一、名词解释

1. 给水排水系统　2. 排水工程系统　3. 平均日用水量　4. 最高日用水量
5. 最高日平均时用水量　6. 最高日最高时用水量　7. 日变化系数　8. 时变化系数
9. 给水管网系统　10. 配水管网　11. 排水管网系统

二、填空题

1. 给水的用途通常分为（　　）、（　　）和（　　）三大类。
2. 生活用水主要包括（　　）、（　　）和（　　）。
3. 工业生产用水分为（　　）、（　　）和（　　）。
4. 废水可以分为（　　）、（　　）和（　　）三种类型。
5. 给排水系统中各子系统及其组成部分具有（　　）关系。
6. 清水池用于调节（　　）与（　　）之差。
7. 取水量是根据（　　）控制的。
8. 调节池和均和池用于调节（　　）和（　　）之差；排水调节池称为（　　），具有（　　）的作用，以降低因污染物随时间变化造成的处理困难。
9. 泵站内应设有（　　），必要时安装（　　）、（　　）等，以保证水泵机组安全运行。
10. （　　）和（　　）可降低和稳定输配水系统局部的水压，以避免水压过高造成管道或其他设施的漏水、爆裂、水锤破坏，或避免用水的不舒适感。
11. 排水管网由支管、干管、主干管等构成，一般顺沿地面高程由（　　）向（　　）

布置成（　　　）网络。排水管网中设置（　　　）等附属构筑物及流量等检测设施，便于系统的运行与维护管理。

12. 污水管网的管道一般采用（　　　）；雨水管网的管道一般采用（　　　）。

13.（　　　）排放口具有较好的防止冲刷能力；（　　　）排放口可使废水与接纳水体均匀混合。

14. 排水系统主要有（　　　）和（　　　）两种。

15. 合流制排水系统又分为（　　　）和（　　　）。

16. 分流制排水系统又分为（　　　）和（　　　）。

三、简答题

1. 公共设施用水有哪些特点？
2. 工业生产用水有哪些特点？
3. 简述给水排水系统具备的三项主要功能。
4. 简述给水排水系统的三个水质标准。
5. 简述给水排水系统的三个水质变化过程。
6. 给水系统中的水在输送中的压力方式有哪些？
7. 给水管网系统有何作用？
8. 排水管网系统有何作用？
9. 简述给排水管网系统的功能。

四、判断题

（　）1. 在工业企业中，一般采用合流制排水系统。

（　）2. 同一城镇的不同地区应采用相同的排水制度。

五、问答题

1. 给水排水系统划分为几大子系统？
2. 城市用水量分为几大类？
3. 给水管网系统有哪些类型？

第二节　给水排水管网工程规划

（一）基本要求

掌握城市用水量预测计算；掌握给水管网输水管渠的定线和给水管网定线、排水管网布置原则；掌握给水排水工程技术经济分析方法。了解废水综合治理和区域排水系统，熟悉给水管网、排水管网布置形式。了解给水排水工程规划原则和工作程序。

（二）习题

一、名词解释

1. 平行式　　2. 正交式　　3. 窨井　　4. 区域排水系统

5. 静态年计算费用法　6. 动态年计算费用法

二、填空题

1. 城市总体规划的期限一般为（　　　）年。给水排水工程规划近期按（　　　）年进行规划，远期按（　　　）年进行规划。

2. 给水管网布置的基本形式有（　　　）和（　　　）。

3. 为保证安全供水，可以用一条输水管渠在用水区附近建造（　　　），或是采用（　　　）。

4. 为避免输水管渠局部损坏，可在平行管渠之间设置（　　　），并安装必要的（　　　），以缩小事故检修时的断水范围。

5. 输水管渠即使在平坦地区，埋管也应做成（　　　）和（　　　）的坡度，以便在管坡顶点设（　　　），管坡低处设（　　　）。

6. 排水管网一般布置成树状网，根据地形不同，可以采用两种基本布置形式：（　　　）和（　　　）。

7. 跌水井的主要功能是（　　　）和（　　　），防止管道被强力冲刷而损坏。

8. 检查井主要设置在（　　　）、（　　　）、（　　　）处，保证管道衔接通畅，方便清通和维护。

9.（　　　）是影响排水管道定线的主要因素。

10. 污水支管的布置形式有（　　　）、（　　　）和（　　　）三种。

11. 根据地面标高和河道水位，雨水管渠排水区域分为（　　　）和（　　　）。

12. 雨水管渠采用（　　　）和（　　　）相结合的形式。

13. 雨水出口的布置有（　　　）和（　　　）两种形式。

14. 给水排水工程技术经济分析的主要方法有（　　　）和（　　　）。

15. 给水排水工程的投资偿还期一般可选用（　　　）年，最长不宜超过（　　　）年。

三、简答题

1. 城市用水量由那两部分组成？

2. 城市用水量的预测方法有哪些？

3. 简要介绍给水管网不同形式的优缺点。

4. 雨水管渠通常采用哪种布置形式？为什么？

四、判断题

（　）1. 给水排水工程规划可以与城市总体规划相协调。

（　）2. 给水和排水的调节水池会随远期供水或排水量同步增大。

（　）3. 在水源缺乏的地区，不宜扩大城市规模，也不宜设置用水量大的工厂。

（　）4. 给水干管延伸方向应和二级泵站输水到水池、水塔、大用户的水流方向基本一致。

（　）5. 干管可以在高级路面或重要道路下通过。

（　）6. 排水区界流域边界可以与分水线不相符合。

（　）7. 当地形坡度较大时，雨水干管宜布置在地形低处或溪谷线上；当地形平坦时，雨水干管宜布置在排水流域的两侧，以便尽可能扩大重力流排除雨水的范围。

五、问答题

1. 给水排水工程规划原则有哪些？

2. 简述污水干管的布置特点。

3. 简要介绍区域排水系统的特点。

六、计算题

某给水工程项目投资为 5 800 万元，年运行费用为 245 万元/a，求（1）投资偿还期为 20 年的静态年计算费用值；（2）利率为 5.5%，还款期为 20 年的动态年计算费用值。

第三节　给水排水管网水力学基础

（一）基本要求

掌握沿程水头损失、局部水头损失的计算；掌握非满流管道的水力计算；掌握串联或并联管道的简化、管道水力等效简化；掌握水头损失公式的指数形式。了解管网中的流态，了解恒定流与非恒定流，均匀流与非均匀流，压力流与重力流。

（二）习题

一、名词解释

1. 水力坡降　　　　　　　　2. 水头

二、填空题

1. 当 R_e 小于（　　　）时为层流，当 R_e 大于（　　　）时为紊流，当 R_e 介于（　　　）到（　　　）时，水流状态不稳定，属于（　　　）。

2. 紊流流态分为三个阻力特征区：（　　　）、（　　　）和（　　　）。三个阻力特征区的划分与（　　　）、（　　　）及（　　　）有关。

3. 水头分为（　　　）、（　　　）和（　　　）三种形式。

4.（　　　）公式适用于各种流态，是适用性和计算精度最高的公式之一。

5.（　　　）公式适用于较光滑的圆管、满管、紊流计算，主要用于给水管道水力计算。

6.（　　　）公式适用于明渠、非满管流或较粗糙的管道水力计算。

7. 大量的计算表明，给水排水管网中的局部水头损失一般不超过沿程水头损失的（　　　）。

8. 污水排水管道一般采用（　　　）设计，雨水排水管网一般采用（　　　）设计。

9. 当管道充满度为（　　　）时，管道中的流量最大，为满管流量的（　　　）倍；当管道充满度为（　　　）时，管道中流速最大，为满管流流速的（　　　）倍。

10. 在管网末端的管道，转输流量为零，流量折算系数为（　　　）；在管网起端，转输流量远大于沿线流量，流量折算系数为（　　　）。因此，管道沿线出流的流量可以近似地一分为二转移到两个端点上。

11. 两台以上水泵并联工作，如果它们的型号不同，工作流量不等，其水力特性由线不能直接由（　　　）得到，但可以采用（　　　）求得。

三、简答题

1. 简述谢才公式及其物理意义。

2. 简述达西公式及其物理意义。

3. 简要叙述两台以上同型号水泵并联工作时，水泵组的水力特性公式。

四、判断题

（　）1. 给水排水管网中，多数管道的水流状态处于紊流过渡区和水力光滑管区。

（　）2. 给水排水管网中的水流经常处于恒定流状态，特别是雨水排水及合流制排水管网中。

（　）3. 沿程水头损失一般远大于局部水头损失。

（　）4. 关于管渠断面形状，由于矩形的水力条件和结构性能好，在给水排水管网中采用最多。

（　）5. 水泵在变速工作时，从理论上看，改变转速只会影响水泵的动扬程，而不会改变水泵的内阻。

（　）6. 给水排水管网中，水泵多数以并联形式工作。

（　）7. 实现并联工作的水泵必须具有相近的工作扬程范围，特别是高效区的扬程范围应接近。

五、计算题

1. 当管道中水流流速为 0.9 m/s 时，海曾-威廉系数为 120，试计算当流速为 0.6 m/s 时的海曾-威廉系数值。

2. 采用海曾-威廉公式计算水头损失，n=1.852，m=4.87，计算两条 DN500 管道并联的等效管道直径。

3. 某排水管道直径为 D=500 mm，管壁粗糙系数 n=0.013，管道中有 3 个 45° 弯头，2 个闸阀，2 个直流三通，试计算当量管长度。已知，弯头ξ=0.4，闸阀ξ=0.19，三通ξ=0.1。

4. 如图 6.1 所示，平行敷设的两条管材、管径相同的输水管线，设有两根连通管，其中一根 1 200 m 长度的输水管发生事故时，通过阀门切换，在总水头损失不变的情况下，事故流量 Q_1 为设计流量 Q 的多少？是否能达到事故校核的要求？

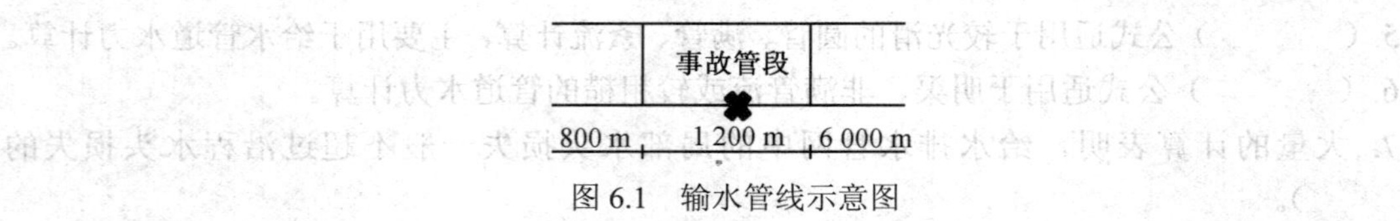

图 6.1　输水管线示意图

第四节　给水排水管网模型

（一）基本要求

掌握给水排水管网的简化；掌握管网节点流量方程组和管段压降方程组；掌握环能量方程组，掌握环状管网与树状管网的拓扑特性。了解给水排水管网模型的元素及管网模型的标识。了解管网图的基本概念，关联矩阵和回路矩阵的特点。

（二）习题

一、名词解释

1. 管段　　2. 节点　　3. 环　　4. 树状管网　　5. 基本回路

二、填空题

1. 给水排水管网的简化包括（　　　　）和（　　　　）的简化。

2. 管段和节点的特征包括（　　　　）属性、（　　　　）属性和（　　　　）属性三个方面。

3. 管网模型的拓扑特性即为节点与管段的关联关系，其分析方法采用数学中的（　　　　）。

三、简答题

1. 简述给水排水管网简化的原则。

2. 管网中附属设施的简化方法有哪些？

3. 简要介绍欧拉公式。

4. 什么是节点流量方程？

5. 什么是管段压降方程？

6. 什么是环能量方程？

四、判断题

（　）1. 泵站、减压阀、跌水井、非全开阀门等应设于节点上。

（　）2. 从理论上讲，管段方向的设定可以任意。

五、问答题

1. 管线简化的方法有哪些？

2. 树状管网的性质有哪些？

第五节　给水管网水力分析和计算

（一）基本要求

掌握树状管网水力计算，掌握哈代-克罗斯方法；掌握管网节点方程组水力分析和计算。了解给水管网水力特性，了解管网恒定流方程组求解条件及管网恒定流方程组的求解方法。

（二）习题

一、名词解释

1. 管段水力特性　　2. 管网平差　　3. 虚环　　4. 水头平差法

二、填空题

1. 求解环状管网恒定流方程组的两种基本方法为（　　　　）和（　　　　）。

2. 求树状管网管段流量一般采用（　　　　）；求节点水头，以定压节点为起始，采用（　　　　）。

3. 环能量方程组经过线性化后，可采用两种常用算法，分别为：（　　　　）算法和（　　　　）算法。

4. 节点校正压力方程组经过线性化后，可采用（　　　　）算法和（　　　　）算法。

三、简答题

1. 简要回答管网恒定流方程组求解条件。

2. 如何解环方程组？

3. 如何解节点方程组？

四、判断题

（ ）1. 管段水头损失的方向应与流量方向一致。

（ ）2. 若管网中节点总数为 N，定压节点数为 R，则定流节点数为 N-R-1。

（ ）3. 若管网中没有定压节点，根据定流节点也可以计算获得节点水头。

（ ）4. 若原管网有 R 个定压节点，通过假设虚环，增加 P 条虚管段，同时也就产生 R-1 个虚环。

（ ）5. 节点压力平差算法类似于哈代-克罗斯算法，忽略系数矩阵的全部非主对角元素。

五、问答题

1. 虚环有哪些假设？

六、计算题

1. 如图 6.2 所示的配水管网，初步流量分配及平差计算结果见附图 6.2，计算得各环的校正流量分别为Δq_{I}=−5.97 L/s；Δq_{II}=+1.10 L/s；Δq_{III}=+2.05 L/s，则下一次平差计算的管段 2～5 的流量为多少？

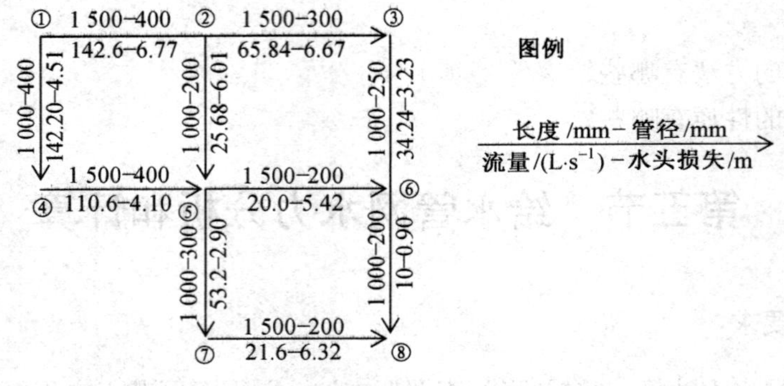

图 6.2 配水管网示意图

2. 某树枝状管网布置及节点流量如图 6.3 所示，则管段 3～4 的流量为多少？

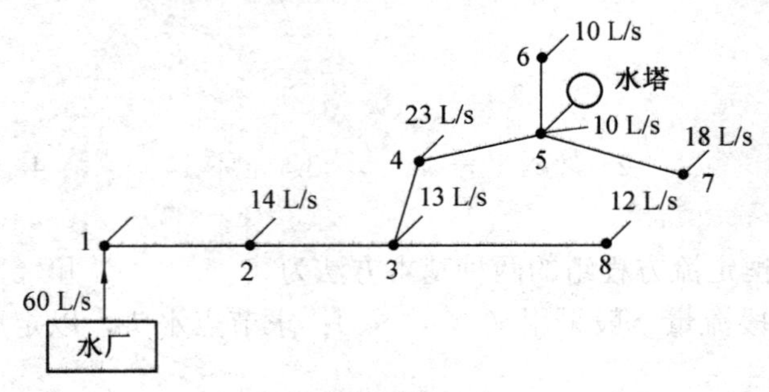

图 6.3 管网布置及节点流量示意图

3. 某输水工程采用重力输水，将原水输送到自来水厂的配水井。已有一根输水管线总长 12 km，其中 DN1000 的管线长 7 km，DN900 的管线长 5 km，输水能力为 10 万 m^3/d。拟扩建输水管线一根，长 14 km，管径 DN1000,。则扩建完成后，在相同进水水位的条件下，总输水能力能达到多少？（DN1000 管径的比阻 a=0.001 48，DN900 管径的比阻 a=0.002 6）

第六节　给水管网工程设计

（一）基本要求

掌握给水管网最高日设计用水量的计算；掌握给水管网调节计算；掌握节点设计流量分配计算和管段设计流量分配计算；掌握泵站扬程与水塔高度设计；掌握给水管网和消防校核。熟悉分区给水系统及分区给水的能量分析。了解给水管网水头转输工况校核和事故工况校核。

（二）习题

一、名词解释

1. 工业用水指标　2. 集中流量　3. 沿线流量　4. 经济流速
5. 经济管径　6. 节点服务水头　7. 控制点　8. 分区给水

二、填空题

1. 工业企业内工作人员生活用水量，一般车间采用每人每班（　　　）；高温车间采用每人每班（　　　）。

2. 城市或居住区的室外消防用水量，应按同时发生的（　　　）和（　　　）确定。

3. 浇洒道路用水量一般为每平方米路面每次（　　　）L，每日（　　　）次。大面积绿化用水量可采用（　　　）L/（$m^2 \cdot d$）。

4. 给水处理系统与供水泵站之间的流量差由（　　　）调节；供水泵站与给水管网之间的流量差由（　　　）调节。

5. 清水池中除了贮存调节用水量以外，还存放（　　　）用水量和（　　　）水量。

6. 当缺乏资料时，一般清水池容积可按最高日用水量的（　　　）设计。清水池应设计成（　　　）两只，如仅有一只，应（　　　）或采取适当措施，以便清洗或检修时不间断供水。

7. 当缺乏资料时，水塔容积可按最高日用水量的（　　　）至（　　　）计算，城市用水量大时取（　　　）值。

8. 城市用水分为两类：（　　　）用水和（　　　）用水。

9. 输水管配水长度为（　　　），单侧用水管段的配水长度取其实际长度的（　　　）。

10. 为了防止管网因水锤现象出现事故，最大设计流速不应超过（　　　）；为避免水中悬浮物质在水管内沉积，最低设计流速通常不得小于（　　　）。

11. 设计流量已定时，管径和设计流速的（　　　）成反比。

12. 管网总造价和年运行费用都与（　　　）和（　　　）有关。

13. 管网设计校核包括供水（　　　）和（　　　）两个方面；进行校核的方法有（　　　）校核法和（　　　）校核法。

14. 管网校核一般分三种：（　　　）校核、（　　　）校核和（　　　）校核。

15. 若管网校核不满足要求的情况下，处理的方法有：（　　　）和（　　　）。

16. 进行消防校核时，节点服务水头需要满足火灾处节点的灭火服务水头，其值为

(   ) 自由水压。

17. 水塔转输工况校核通常只对(   )或(   )的最大转输工况进行校核。

18. 分区给水的两种形式分别为:(   )和(   )。

19. 重力给水分区系统中,输水管段如需设置高位水池,则水池应尽量布置在地形(   )的地方,以免出现(   )管段。

20. 管网中多余的水压消耗在用户给水龙头的(   )损失上,产生了能量浪费。

21. 给水分区数越多,能量节约(   ),最多只能节约(   )的能量。

22. 当城市狭长时,采用(   )分区较宜,增加的输水管长度不多,便于集中管理;城市垂直于等高线方向延伸时,(   )分区更为适宜。

23. 水厂的位置影响分区的形式,水厂靠近高区时,宜采用(   )分区;水厂远离高区时,宜采用(   )分区。

三、简答题

1. 清水池与水塔的消防用水量是否相同?

2. 清水池容积如何计算?

3. 简述节点设计流量的计算公式。

4. 消防校核采用什么方法?不满足设计要求时,如何处理?

5. 水塔转输校核采用什么方法?不满足设计要求时,如何处理?

6. 事故校核采用什么方法?不满足设计要求时,如何处理?

7. 简要叙述分区给水的目的。

8. 泵站供水能力的组成有几部分?

四、判断题

( )1. 最高日设计用水量计算时,包括居住区综合生活用水,工业企业生产用水和职工生活用水,消防用水,浇洒道路,工业自备水源所供应的水量,及未预见水量和管网漏失水量。

( )2. 消防用水量不累积到设计总用水量中,仅作为设计校核使用。

( )3. 在缺乏实际用水资料的情况下,最高日城市综合用水的时变化系数宜采用 1.3~1.6,日变化系数宜采用 1.1~1.5,个别小城镇可适当缩小。

( )4. 对于多水源给水管网系统,供水调节能力比较强,一般不需要在管网中设置水塔或高位水池进行用水量调节。

( )5. 如果给水处理系统与给水管网之间流量差较小,可以不建造清水池。

( )6. 配水长度不一定是实际管长。

( )7. 当管段供水区域内用水密度较大时,其供水面积值可以适当缩小。

( )8. 流量允许从节点处流入或流出,管段沿线也允许有流量进出。

( )9. 供水泵站或水塔的供水流量从节点处进入系统,但其方向与用水流量方向不同,应作为负流量。

( )10. 设计流量相同时,如果设计流速小,管径相应增大,此时,管网造价增加,管段的水头损失也相应增加。

( )11. 管网总造价随管径的增加或设计流速的减小而增加;管网年运行费用随着管径的增加或设计流速的减小而减小。

（　）12. 树状管网或管网中的枝状管段的设计流量不会因为管径选择的不同而改变。

（　）13. 环状管网管段的设计流量可用于计算泵站的扬程和水塔高度。

（　）14. 串联分区和并联分区节省的供水能力不同。

五、问答题

1. 单水源给水管网系统供水泵站如何设置？

2. 管段设计流量分配应遵循哪些原则？

3. 选取经济流速和确定管径的原则有哪些？

六、计算题

1. 某城市人口 30 万，平均日综合生活用水定额为 200 L/（cap·d），工业用水量（含职工生活用水和淋浴用水）占生活用水的比例为 40%，浇洒道路和绿化用水量为生活与工业用水的 10%，水厂自用水率为 5%，综合用水的日变化系数为 1.25，时变化系数为 1.30，如不计消防用水，则该城市最高日设计用水量至少为多少？

2. 水塔处地面标高为 15 m，水塔柜底距离地面 20.5 m，现拟在距离水塔 5 km 处建一幢住宅楼，该地面标高为 12 m，若水塔至新建住宅楼管线的水力坡降为 0.15%，则按管网最小服务水头确定的新建住宅楼建筑层数应为多少层？

3. 某城市最高日用水量 120 000 t/d，每小时用水量见表 6.1，若水厂取水泵房全天均匀供水，二级泵站直接向管网供水，则水厂内清水池调节容积至少应为多少？

表 6.1　某市最高日用水量表

时间	0～1	1～2	2～3	3～4	4～5	5～6	6～7	7～8	8～9	9～10	10～11	11～12
水量	2 500	2 500	2 000	2 000	2 500	5 000	6 000	6 000	5 500	4 500	6 000	7 000
时间	12～13	13～14	14～15	15～16	16～17	17～18	18～19	19～20	20～21	21～22	22～23	23～24
水量	7 000	5 500	4 500	4 000	6 500	7 000	7 000	6 500	6 000	5 500	5 000	4 000

4. 一个较大城市给水系统分三个区（图 6.4），其中 1 区的供水量为总供水量的一半，水泵扬程为 H；2 区和 3 区的供水量均为总供水量的 1/4，三个区内都不设调节构筑物。2 区增压水泵扬程为 0.7 H，3 区增压水泵扬程为 0.8 H，1 区管网在 2 区和 3 区增压水泵房的进水点处的水压均为 0.4 H。则分区给水比不分区时能节省多少能量？

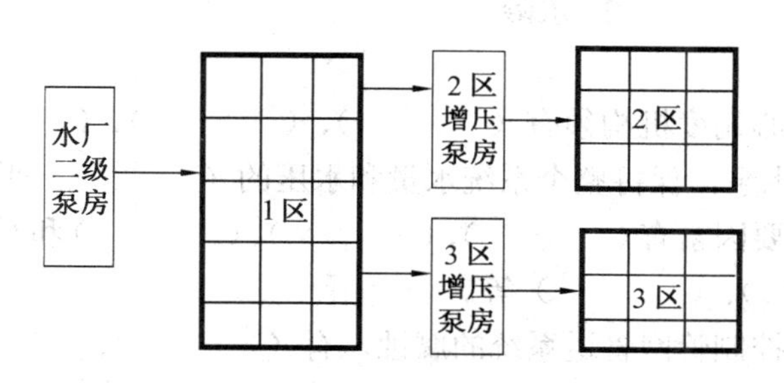

图 6.4　城市给水系统分区示意图

第七节　给水管网优化设计

（一）基本要求

了解给水管网优化设计和运行管理的基本内容、原理。掌握经济管径计算及管网造价相关基础理论。

（二）习题

一、名词解释

1. 管网造价　　2. 管道单位长度造价

二、填空题

1. 管道单位长度造价与管道（　　）有关。

2. 若泵站扬水至近处水塔或高位水池，泵站扬程主要用于满足（　　）的需要；若泵站扬水至较远处且无地势差，其扬程主要用于克服（　　）。

三、简答题

1. 简述给水管网造价的表达式。

四、问答题

1. 给水管网优化设计数学模型的约束条件有哪些？

第八节　给水管网运行调度与水质管理

（一）基本要求

掌握给水管网水质特点，熟悉给水管网运行管理基本知识。掌握给水管网的日常管理知识。

（二）习题

一、名词解释

1. 二次污染　　2. 水龄

二、填空题

1. 给水系统的中心调度机构须有（　　）、（　　）、（　　）等成套设备，以便统一调度各水厂的水泵，保持整个系统水量和水压的（　　）平衡。

2. 水质变差的主要因素有（　　）、（　　）、（　　）和（　　）、（　　）、（　　）、（　　）、（　　）等。

3. 有三种方法可控制管网管道系统的腐蚀，有（　　）、（　　）和（　　）。

三、简答题

1. 给水管网优化调度的主要目标是什么？

2. 简要介绍给水管网运行调度系统发展的三个阶段。

3. 供水管网中水质恶化的原因有哪些？

4. 管道腐蚀的种类有哪些？

四、判断题

（　）1. 在给水管网中，氯化物的衰减速度比自由氯要慢。

（　）2. 在一定的 pH 值条件下，给水管网采用氯氨消毒，不会导致水中的富营养化。

（　）3. 一般来说，对所有的化学反应，腐蚀速率会随着温度的提高而加快。

（　）4. 硬水一般比软水的腐蚀性高。

（　）5. 调整水压可以改变停留时间。

五、问答题

1. 如何保证管网的正常水量或水质？

第九节　污水管网设计与计算

（一）基本要求

掌握污水设计流量的计算；掌握污水管网水力计算及管道平面图和纵剖面图的绘制。掌握污水量的变化系数和设计污水量定额及污水管道设计参数的选择和计算。掌握污水管网的节点和管段设计流量的计算。了解管道的污水处理方法和污水管道中水质转化过程。

（二）习题

一、名词解释

1. 排放系数　　2. 污水量日变化系数 K_d　　3. 污水量时变化系数 K_h

4. 污水量总变化系数 K_z　　5. 污水管段设计流量　　6. 管道埋深

7. 覆土厚度　　8. 不计算管段

二、填空题

1. 城镇污水由（　　　）和（　　　）组成。

2. 综合生活污水由（　　　）和（　　　）组成。

3. 一般情况下，生活污水和工业废水的污水量大约为用水量的（　　　）。

4. 我国城市的排放系统通常采用（　　　）。

5. 污水管网是按（　　　）污水排放流量进行设计的。

6. 地下水位较高的地区，地下水渗入管道的水量，可按平均日综合生活污水和工业废水总量的（　　　）计算。

7. 在大型污水管网中，为减小管道的埋设深度，常需要增加设置（　　　）；而在地形坡度较大的地区，为防止管道受到地面荷载的冲击或被冻坏，提高管道的埋深，需要设置（　　　）。

8. 污水明渠的最小设计流速为（　　　）。

9. 一条管段的埋设深度分为（　　　）埋深、（　　　）埋深和（　　　）埋深。

10. 一般在干燥土壤中，最大埋深不超过（　　　）m；在多水、流砂、石灰岩地层中，一般最大埋深不超过（　　　）m。

11. 污水管道常用的衔接方法有：(　　　　) 和 (　　　　)。

12. 当下游管道地面坡度急增，下游管径可能小于上游管道，此时应采用 (　　) 法。

13. 污水管道系统的控制点，常位于本区的 (　　　　) 或 (　　　　) 处，它们的埋深控制该地区污水管道的最小埋深。

14. 污水管道如一个 (　　　) 反应器。

15. 最可行的管道污水处理过程是 (　　　　) 处理。可以采用三种措施提高污水处理效率，包括：(　　　　)、(　　　　) 和 (　　　　)。

三、简答题

1. 为什么在天热干旱季节污水量约为用水量的 50%，而排放系数选用 0.8～0.9？

2. 污水设计流量计算与给水设计用水量计算一样吗？

3. 写出污水总变化系数的计算公式。

4. 污水管道衔接的原则是什么？

四、判断题

(　) 1. 工业废水的日变化系数可近似取值为 1。

(　) 2. 污水管网图为含回路的树状图，比较简单。

(　) 3. 计算污水管道充满度时，设计流量包括淋浴或短时间内突然增加的污水量。

(　) 4. 当污水管道管径小于或等于 300 mm 时，应按短时间内的满管流复核，以保证污水不能从管道中溢流到地面。

(　) 5. 采用较大的管径，选用较小的管道坡度，可使管道埋深减小。

(　) 6. 管径越大，相应的最小设计坡度值越大。

(　) 7. 管道设计坡度与设计流速的平方成反比。

(　) 8. 水面平接法适用于上、下游管道直径相同时。

(　) 9. 管顶平接法适用于地面坡度平坦或下游管道直径大于上游管道直径时采用。

五、问答题

1. 为什么污水管道应按非满管流设计？

2. 污水管道的最小覆土厚度应满足什么要求？

六、计算题

1. 图为某居民区生活污水管道平面布置图，各街区的排水方向及污水管内的流向如图 6.5 所示，街区 F_a、F_b、F_c、F_d 的面积分别为 6.3 ha、6.35 ha、7.0 ha、6.1 ha。四个街区的生活污水比流量皆为 0.8 L/（s·ha）。假定各设计管段污水流量均从起点进入，试计算主干管上设计管段 2～3 的污水设计流量 $Q_{2\text{-}3}$。

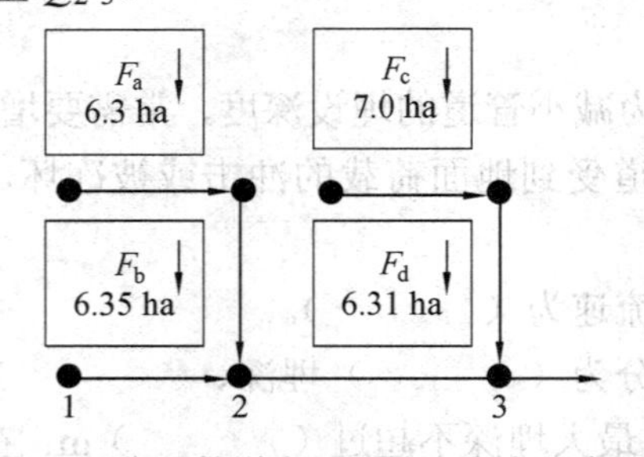

图 6.5　街区管道布置及冲水方向示意图

2.书馆某城区包括居住区及工业区，居住区生活污水的设计流量为 Q_1=250 L/s，工业区的生活污水及淋浴污水设计流量为 Q_2=25 L/s，工业区工业废水设计流量为 Q_3=100 L/s，因该地区地下水位较高，地下水渗入量为 Q_4=20 L/s，则该城区污水总设计流量应为多少？

3. 某城区居住 A 区面积 25 hm^2，人口密度为 400 人/hm^2，居民生活污水定额为 150 L/（人·d）。居住区内有一餐厅，设计污水量为 5 L/s；附近居住 B 区的生活污水平均污水量为 15 L/s，也接人 A 区。则居住 A 区设计污水管末端的设计流量为多少？

4. 某工厂高温车间有职工 170 人，分三班工作，每班 8 小时，早、中、晚班职工人数分别为 70 人、60 人、40 人。该车间职工生活污水定额为 35 L/（人·班）。则该车间的生活污水设计流量为多少（L/s）？

5. 某城镇平均日生活污水量为 50 000 m^3/d，时变化系数为 1.2，该城镇最大日生活污水量为多少 m^3/d?

第十节 雨水管渠设计和优化计算

（一）基本要求

掌握暴雨强度公式，雨水管渠设计流量的计算；掌握雨水管渠设计参数的选择和计算。掌握暴雨强度重现期，管道断面计算时间与折减系数；掌握合流制排水管网的水力计算要点。了解排洪沟设计与计算，了解雨水径流的调节方法。掌握合流制管渠污水流量计算。了解雨量分析与雨量公式，旧合流制排水管网的改造，排水管网优化设计。

（二）习题

一、名词解释

1. 降雨量　　2. 降雨深度　　3. 年平均降雨量　　4. 月平均降雨量
5. 最大日降雨量　　6. 降雨历时　　7. 暴雨强度　　8. 暴雨强度频率
9. 重现期　　10. 汇水面积　　11. 地面径流　　12. 径流系数
13. 集水时间　　14. 截流倍数　　15. 旱流污水量

二、填空题

1. 雨量计记录的数据为每场雨的（　　　）、（　　　）和（　　　）之间的变化关系。

2. 在一般情况下，低洼地段采用的设计重现期（　　　）高地；干管采用的设计重现期（　　　）支管；工业区采用的设计重现期（　　　）居住区；市区采用的设计重现期（　　　）郊区。

3. 如果汇水面积由径流系数不同的地面组合而成，则整个汇水面积上的平均径流系数可采用（　　　）计算。

4. 雨水干管的平面布置宜采用（　　　）出水口，在技术上、经济上都较合理。

5. 雨水管渠的充满度按（　　　）设计。

6. 雨水管渠满流时管道内的最小设计流速为（　　　）。

7. 金属管最大设计流速为（　　　），非金属管最大设计流速为（　　　）。

8. 雨水口连接管的最小坡度不小于（　　　）。

9. 雨水调节池有三种设置形式，分别为：(　　　)、(　　　)和(　　　)。

10. 雨水调节池的最高水位控制条件为：(　　　)。

11. 当溢流井的溢流堰口标高低于水体最高水位时，需在排放渠道上设置(　　　)、(　　　)或(　　　)。

12. 常见的溢流井有(　　　)溢流井、(　　　)溢流井和(　　　)溢流井。

13. 排洪沟纵向坡度一般不小于(　　　)。

三、简答题

1. 简要介绍暴雨强度与降雨量的关系。
2. 简述我国的暴雨强度公式。
3. 雨水管道接入明渠时，如何处置？
4. 简述调节雨水管渠高峰径流量的方法。

四、判断题

(　)1. 降雨历时区间取的越宽，计算得出的暴雨强度就越小。

(　)2. 重现期越大，降雨强度越小。

(　)3. 同一排水系统应采用同一重现期。

(　)4. 在降雨强度增至最大时，相应产生的地面径流量也最大。

(　)5. 当降雨强度降至与入渗率相等时，余水率为 0，地面没有径流。

(　)6. 当地面材料透水率较小、植被少、地形坡度大、雨水流动快的情况下，径流系数较大。

(　)7. 发生满管流的断面的上游管道中的水流应是非满管流状态。

(　)8. 随着集水面积的不断增大，有可能会出现管道系统中的下游管段计算流量小于其上游管段的计算流量。

(　)9. 雨水管渠允许溢流。

(　)10. 为使水体少受污染，应采用较小的截流倍数。

(　)11. 合流管渠的雨水设计重现期一般应比分流制雨水管渠的设计重现期降低 10%～25%。

五、问答题

1. 对城市旧合流制排水管网系统的改造，有几种途径？
2. 排洪沟排洪渠平面布置的基本要求有哪些？

六、计算题

1. 两个相邻地块的雨水管道布置如图 6.6 所示，假定设计流量均从管道起点进入，当重现期 P=1 a 时，该地区设计暴雨强度为：$q=\dfrac{2001}{(t+8)^{0.711}}=167i$ L/(s·ha)，地面径流系数均为 0.7，地面集水时间均为 t=10 min，试计算雨水管段 1～2 的雨水设计流量 $Q_{1\sim2}$。

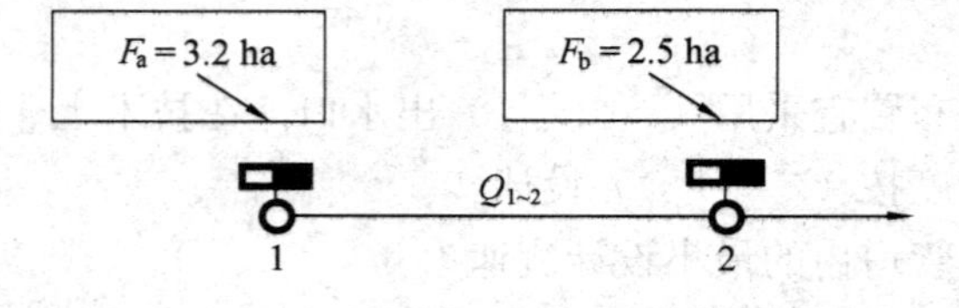

图 6.6　雨水管道布置图

2. 某城区截留式合流制排水系统中（图 6.7），1～2 为雨污水合流干管，2 为溢流井，2～3 为截流干管。已知，从合流干管流至溢流井的雨污总水量为 500 L/s，其中旱流污水量为 30 L/s；溢流井的截留倍数为 3.0；则流经溢流井转输至下游截留干管的混合污水量为多少？溢流井向水体溢出的水量为多少？

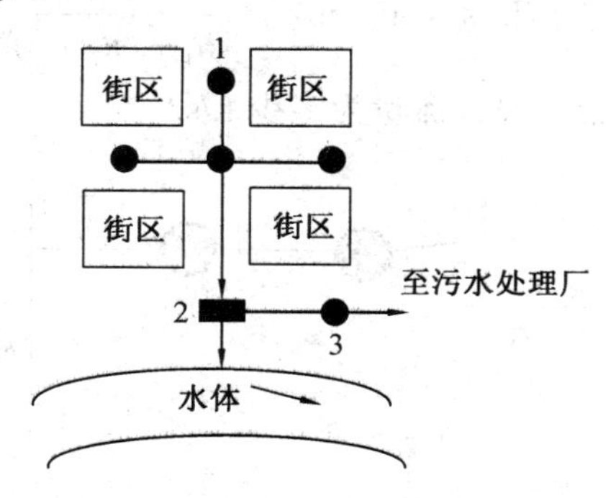

图 6.7　截留式合流制排水系统

3. 某大型工业企业位于山脚下，已建成一条矩形断面的排洪沟，沟宽 4.0 m，沟深 3.2 m（含超高 0.2 m），沟底纵坡 0.15%，沟壁粗糙系数为 0.017。假设该排洪沟汇水面积内不同重现期的山洪流量见表 6.2，则排洪沟的设计防洪标准（重现期）是什么？

表 6.2　防洪标准重现期

防洪标准重现期/a	山洪流量/（$m^3 \cdot s^{-1}$）
20	20.4
40	25.6
50	30.5

4. 某旧城镇设有一条合流制排水管渠，如图 6.8 所示。图中 2、3、4 为溢流井，已知条件见表 6.3。则合流管渠 2～3 管段的设计流量和 3～4 管段的雨水设计流量分别为多少？

表 6.3　雨水设计流量表

合流管渠	生活污水/（$L \cdot s^{-1}$）		工业废水/（$L \cdot s^{-1}$）		雨水设计流量/（$L \cdot s^{-1}$）	截流倍数
	平均流量	最大时流量	最大班平均流量	最大时流量		
1～2 管段	10	22	15	30	600	2.5
2～3 管段	15	30	20	40	550	2.0
3～4 管段	20	39	25	50	500	1.5

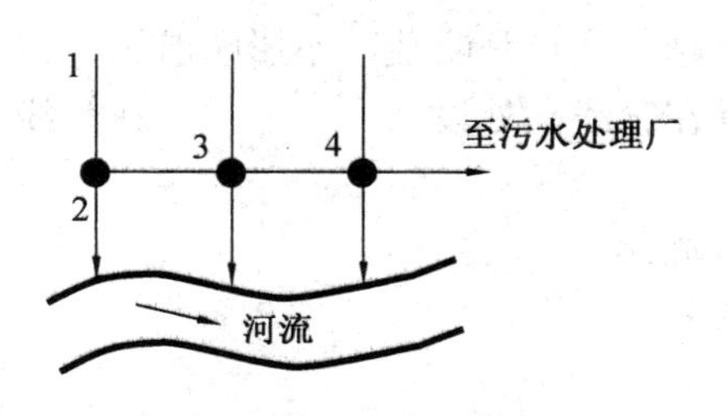

图 6.8　合流制排水管渠

5. 某排水区域的雨水干管布置如图 6.9 所示，已知：F_a=5 hm²，t_a=8 min，F_b =10 hm²，t_b= 15 min。从 A 到 B 的雨水管道流行时间为 $t_{a\text{-}b}$=10 min，m=1.2，P=1a。当 P=1a 时的暴雨强度公式为

$$q/(\mathrm{L\cdot s^{-1}\cdot h^{-1}\cdot m^{-2}})=\frac{1\,500}{(t_1+mt_2+5)^{0.6}}$$

径流系数φ=0.6。求 B 点的设计流量为多少 L/s?

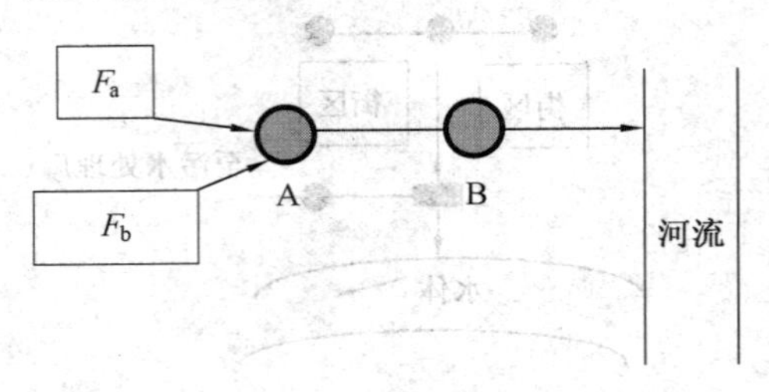

图 6.9 雨水干管布置

第十一节 给水排水管道材料和附件

（一）基本要求

掌握给水管网和排水管网常用的材料，给水管网常用的附件和附属构筑物。了解给水排水管道的连接方式，了解常用的排水沟渠的断面形式。了解附属构筑物的结构。

（二）习题

一、名词解释

1. 阀门　　　　　　2. 止回阀

二、填空题

1. 给水管道可分为（　　　）和（　　　）。

2. 管道材料的选择，取决于管道承受的（　　　）、（　　　）、（　　　）和市场供应情况等。

3. 混凝土管的制造方法主要有三种：（　　　）、（　　　）和（　　　）。

4. （　　　）管渠，适用于合流制排水系统。

5. （　　　）管渠适用于明渠。

6. 消火栓分为（　　　）和（　　　），后者适用于气温较低的地区。

7. （　　　）从河底穿越，优点是隐蔽，不影响航运，但施工和检修不便。

8. 在管道系统中，通常在管线高处设（　　　），在管线的最低点设置（　　　）。

三、简答题

1. 管网中的专用设备有哪些？

2. 球墨铸铁有哪些特点？

3. 塑料管的特点有哪些？

4. 大口径闸阀启闭有什么特点？如何操作？

5. 管线如何穿越障碍物？

四、判断题

（　）1. 止回阀一般安装在水压大于 196 kPa 的泵站出水管上，防止事故时水倒流。

（　）2. 一般单口排气阀水平安装在管线上。

（　）3. 阀门井安装在寒冷地区，一般不采用阀门套筒，因阀杆易被渗漏的水冻住。

（　）4. 倒虹管一般采用混凝土管。

（　）5. 在主要管线和次要管线的连接处，阀门经常设置在主要管线上。

第十二节　给水排水管网管理与维护

（一）基本要求

掌握管网流量常用的检测方法、管网的检漏方法，掌握管道的防腐蚀方法。了解给水排水地理信息系统，了解排水管渠的修复方法和排水管渠的清通方法。了解给水排水管网技术资料管理。

（二）习题

一、名词解释

1. 腐蚀

二、填空

1. （　　　　）可作为今后放大管径或增敷管线的依据。

2. 给水管网中的流量测定普遍采用（　　　　）流量计和（　　　　）流量计。

3. 检漏的方法应用较广，费用较省的有（　　　　）和（　　　　），个别城市采用（　　　　）和（　　　　）。

4. 听漏法所用工具为（　　　　）。

5. 防止给水管腐蚀的方法有：（　　　　）、（　　　　）和（　　　　）。

6. 给水系统管线清垢的常用方法有：（　　　　）、（　　　　）和（　　　　）。

7. 排水管渠常见的故障有：（　　　　）、（　　　　）、（　　　　）或污水的侵蚀作用，使管渠损坏、裂缝或腐蚀。

8. 排水管渠常用的清通方法有（　　　　）和（　　　　）两种。

9. 排水管渠常析出的气体有：（　　　　）、（　　　　）和（　　　　）。

10. 排水管渠的常用修复方法为：（　　　　）和（　　　　）。

三、简答题

1. 给水排水管网地理信息管理的主要功能有哪些？

2. 电磁流量计有哪些特点？

3. 超声波流量计有哪些特点？

4. 简要介绍阴极保护的两种方法。

四、判断题

（　）1. 竣工图应在管沟回填土以后绘制。

（　）2. 测定管网的水压，应在有代表性的测压点进行。测压点以设在大、中口径的干管线上为主。

（　）3. 测压点也可以设在进户支管上或有大量用水的用户附近。

（　）4. 如某一地区的水压线过密，表示该处管网的负荷过大，所用的管径偏大。

习题答案

第一节　给排水管网系统概论

一、名词解释

1. 给水排水系统：是为人们的生活、生产和消防提供用水和排除废水的设施总称。

2. 排水工程系统：各种用水在被用户使用以后，水质受到了不同程度的污染，成为废水。为收集废水而建设的废水收集、处理和排放工程设施，称为排水工程系统。

3. 平均日用水量：规划年限内，用水量最多的年总用水量除以用水天数。该值一般作为水资源规划和确定城市设计污水量的依据。

4. 最高日用水量：用水量最多的一年内，用水量最多的一天的总用水量。该值一般作为取水工程和水处理工程规划和设计的依据。

5. 最高日平均时用水量：最高日用水量除以 24 h，得到的最高日小时平均用水量。

6. 最高日最高时用水量：用水量最高日的 24 h 中，用水量最大的一小时用水量。该值一般作为给水管网工程规划与设计的依据。

7. 日变化系数：在一年中，最高日用水量与平均日用水量的比值，记作 K_d，K_d=365 Q_d/Q_y。

8. 时变化系数：在一日内，每小时用水量的变化可以用时变化系数表示，最高时用水量与平均时用水量的比值，记作 K_h，K_h=24 Q_h/Q_d。

9. 给水管网系统：一般由输水管（渠）、配水管网、水压调节设施（泵站、减压阀）及水量调节设施（清水池、水塔、高位水池）等构成。

10. 配水管网：由主干管、干管、支管、连接管、分配管等构成。配水管网中还需要安装消火栓、阀门（闸阀、排气阀、泄水阀等）和检测仪表（压力、流量、水质检测等）附属设施，以保证消防供水和满足生产调度、故障处理、维护保养等管理需要。

11. 排水管网系统：一般由废水收集设施、排水管网、水量调节池、提升泵站、废水输水管（渠）和排放口等构成。

二、填空题

1.（生活用水）（工业生产用水）（市政用水）

2.（居民生活用水）（公共设施用水）（工业企业生活用水）

3.（产品用水）（工艺用水）（辅助用水）

4.（生活污水）（工业废水）（雨水）

5.（流量连续）

6.（给水处理水量）（管网中的用水量）

7.（清水池水位）

8.（排水管网流量）（排水处理流量）（均和池）（均和水质）

9.（水流止回阀）（水锤消除器）（多功能阀，如截止阀、止回阀）

10.（减压阀）（节流孔板）

11.（高）（低）（树状）（雨水口、检查井、跌水井、溢流井、水封井、换气井）

12.（非满管流）（满管流）

13.（岸边式）（分散式）

14.（合流制）（分流制）

15.（直排式合流制）（截流式合流制）

16.（完全分流制）（不完全分流制）

三、简答题

1. 公共设施用水的特点有哪些？

用水量大、用水地点集中，该类用水的水质要求与居民生活用水相同。

2. 工业生产用水的特点有哪些？

工业企业门类多，系统庞大复杂，对水质、水量、水压的要求差异很大。

3. 简述给水排水系统具备的三项主要功能。

水量保障、水质保障和水压保障。

4. 简述给水排水系统的三个水质标准。

原水水质标准，给水水质标准，排放水质标准。

5. 简述给水排水系统的三个水质变化过程。

给水处理，用户用水，废水处理。

6. 给水系统中的水在输送中的压力方式有哪些？

全重力给水；一级加压给水；二级加压给水；多级加压给水

7. 给水管网系统有何作用？

承担供水的输送、分配、压力调节（加压、减压）和水量调节任务，起到保障用户用水的作用。

8. 排水管网系统有何作用？

承担污废水收集、输送、高程或压力调节和水量调节任务，起到防止环境污染和防治洪涝灾害的作用。

9. 给排水管网系统的功能。

水量输送（实现一定水量的位置迁移，满足用水与排水的地点要求），水量调节（采用贮水措施解决供水、用水与排水的水量不平均问题），水压调节（采用加压和减压措施调节水的压力，满足水输送、使用和排放的能量要求）。

四、判断题

1.（×）（分流制）　　　　2.（×）（可采用不同）

五、问答题

1. 给水排水系统划分为几大子系统？

（1）原水取水系统：包括水源地、取水设施、提升设备和输水管渠等。

（2）给水处理系统：包括各种物理、化学、生物等方法的水质处理设备和构筑物。

（3）给水管网系统：包括输水管渠、配水管网、水压调节设施及水量调节设施，又称为输配水系统。

（4）排水管网系统：包括污水和废水收集与输送管渠、水量调节池、提升泵站及附属构筑物等。

（5）废水处理系统：包括物理、化学、生物等方法的水质净化设备和构筑物。

（6）排放和重复利用系统：包括废水受纳体和最终处置设施。

2. 城市用水量分为几大类？

（1）居民生活用水量；（2）公共设施用水量；（3）工业企业生产用水量和工作人员生活用水量；（4）消防用水量；（5）市政：道路和绿地浇洒用水量；（6）未预见用水量及给水管网漏失水量。

3. 给水管网系统有哪些类型？

（1）按水源数目：单水源给水管网系统；多水源给水管网系统。

（2）按系统构成：统一给水管网系统；分区给水管网系统。

（3）按输水方式：重力输水管网系统；压力输水管网系统。

第二节　给水排水管网工程规划

一、名词解释

1. 平行式：排水干管与等高线平行，而主干管则与等高线基本垂直。平行式适应于城市地形坡度很大，可以减少管道的埋深，避免设置过多的跌水井，改善干管的水力条件。

2. 正交式：排水干管与地形等高线垂直相交，而主干管与等高线平行敷设。正交式适应于地形平坦略向一边倾斜的城市。

3. 窨井：排水管道的连接主要采用检查井和跌水井等连接井方式，通常亦统称为窨井。

4. 区域排水系统：又称为流域排水系统，将两个以上城镇地区的污水统一排除和处理的系统。

5. 静态年计算费用法：工程项目费用一般由建设投资费用和运行费用之和构成，表达公式为

$$W = \frac{1}{T} \times C + Y$$

式中　W——年计算费用，元/a；

C——工程项目投资额，元；

T——投资偿还期，a；

Y——年运行费，元/a。

6. 动态年计算费用法：年平均分摊资金额与项目年运行费用之和，即：

$$W = \theta C + Y \frac{i\%(1+i\%)^T}{(1+i\%)^T - 1} \times C + Y$$

式中　i——利率。

二、填空题

1.（20）（5～10）（10～20）

2.（树状网）（环状网）

3.（水池进行流量调节）（两条输水管渠）

4.（连接管）（阀门）

5.（上升）（下降）（排气阀）（泄水阀）

6.（平行式）（正交式）

7.（管道高程变化的连接）（较大水流落差的消能）

8.（管道交汇）（直线管道中的管径变化）（管道方向的改变）

9.（地形）

10.（低边式）（围坊式）（穿坊式）

11.（自排区）（强排区）

12.（明渠）（暗管）

13.（分散）（集中）

14.（数学分析法）（方案比较法）

15.（15）（20）

三、简答题

1. 城市用水量由那两部分组成？

第一部分应为规划期内由城市给水工程统一供给的居民生活用水、工业用水、公共设施用水及其他用水水量的总和；第二部分应为城市给水工程统一供给以外的所有用水水量的总和。

2. 城市用水量的预测方法有哪些？

分类估算法；单位面积法；人均综合指标法；年递增率法；线性回归法；生长曲线法。

3. 简要介绍给水管网不同形式的优缺点。

树状网：供水可靠性较差，管网末端水流缓慢，水质容易变坏；

环状网：可以减轻水锤产生的危害，但造价比树状网高。

4. 雨水管渠通常采用哪种布置形式？为什么？

根据分散和直接的原则，多采用正交式布置，使雨水管渠尽量以最短的距离重力流排入附近的池塘、河流、湖泊等水体中。

四、判断题

1.（×）（必须）　2.（×）（不会，通常远期水量变化小）　3.（√）　4.（√）

5.（×）（尽量避免）　6.（×）（应与）　7.（×）（中间）

五、问答题

1. 给水排水工程规划原则有哪些？

（1）贯彻执行国家和地方相关政策和法规；（2）城镇及工业企业规划应兼顾给水排水工程；（3）给水排水工程规划要服从城镇发展规划；（4）合理确定远近期规划与建设范围；（5）合理利用水资源和保护环境；（6）规划方案应尽可能经济和高效

2. 简述污水干管的布置特点。

污水干管不宜设在交通的快车道下和狭窄的街道下，也不宜设在无道路的空地上，而通常设在污水量较大或地下管线较少一侧的人行道、绿化带或慢车道下。道路宽度超过 40 m 时，可考虑在道路两侧各设一个污水管，以减少连接支管的数目及与其他管道的交叉，便于施工、检修和维护管理。污水干管最好以排放大量废水的工厂或公共建筑为起端，使污水干管能较快发挥作用，保证良好的水力条件。

3. 简要介绍区域排水系统的特点。

区域排水系统的优点：污水厂数量少，处理设施大型化、集中化，每单位水量的基建和运行管理费用低，因而比较经济；污水厂占地面积小，节省土地；水质、水量变化小，有利于运行管理；河流等水资源利用与污水排放的体系合理化，而且可能形成统一的水资源管理体系。

区域排水系统的缺点：当排入大量工业废水时，有可能使污水处理发生困难；工程设施规模大，组织与管理要求高，而且一旦污水厂运行管理不当，对整个河流影响较大。

六、计算题

某给水工程项目投资为 5 800 万元，年运行费用为 245 万元/a，求（1）投资偿还期为 20 年的静态年计算费用值；（2）利率为 5.5%，还款期为 20 年的动态年计算费用值。

解：（1）静态年计算费用值为

$$W/(\text{万元}\cdot a^{-1})=\frac{5\,800}{20}+245=535$$

（2）动态年计算费用值为

$$W/(\text{万元}\cdot a^{-1})=\frac{0.055\times(1+0.055)^{20}}{(1+0.055)^{20}-1}\times 5\,800+245=730.34$$

第三节　给水排水管网水力学基础

一、名词解释

1. 水力坡降：水位沿水流方向降低，称为水力坡降。

2. 水头：指单位重量的流体所具有的机械能，常用单位为米水柱。

二、填空题

1.（2 000）（4 000）（2 000）（4 000）（过渡流态）

2.（阻力平方区）（过渡区）（水力光滑管区）（雷诺数 Re）（管径）（管壁粗糙度）

3.（位置水头）（压力水头）（流速水头）

4.（柯尔勃洛克-怀特）

5.（海曾-威廉）

6.（曼宁）

7.（5%）

8.（非满管流）（满管流）

9.（0.94）（1.08）（0.81）（1.14）

10.（0.577）（0.5）

11.（叠加）（最小二乘法）

三、简答题

1. 简述谢才公式及其物理意义。

谢才公式的基本形式为

$$h_f=\frac{v^2}{C^2R}l$$

式中　h_f——沿程水头损失，m；

v——过水断面平均流速，m/s；

C——谢才系数；

R——过水断面水力半径，m，即断面面积除以湿周；

l——管渠长度，m。

2. 简述达西公式及其物理意义。

达西-韦伯公式为

$$h_f = \lambda \frac{l}{D}\frac{v^2}{2g}$$

式中　D——管段直径，m；

g——重力加速度，m/s^2；

λ——沿程阻力系数，λ=8 g/C^2。

3. 简要叙述两台以上同型号水泵并联工作时，水泵组的水力特性公式。

$$h_p = h_e - \frac{s_p}{N^n} q_p^n$$

式中　h_p——水泵组扬程，m；

h_e——水泵静扬程，m；

S_p——水泵内阻系数；

q_p——水泵流量，m^3/s。

四、判断题

1.（×）（阻力平方区）　2.（×）（非恒定流）　3.（√）　4.（×）（圆管）

5.（×）（静扬程）　6.（√）　7.（√）

五、计算题

1.当管道中水流流速为 0.9 m/s 时，海曾-威廉系数为 120，试计算当流速为 0.6 m/s 时的海曾-威廉系数值。

解：

$$\frac{C_w}{C_{w0}} = \left(\frac{v_w}{V}\right)^{0.081}，\quad \frac{C_w}{120} = \left(\frac{0.9}{0.6}\right)^{0.081}$$

计算得出 C_w=124。

2. 采用海曾-威廉公式计算水头损失，n=1.852，m=4.87，计算两条 DN500 管道并联的等效管道直径。

解：

$$d/\text{mm} = (N)^{\frac{n}{m}} d_i = 2^{\frac{1.852}{4.87}} \times 500 = 650.7$$

3. 某排水管道直径为 D=500 mm，管壁粗糙系数 n=0.013，管道中有 3 个 45° 弯头，2 个闸阀，2 个直流三通，试计算当量管长度。已知，弯头ξ=0.4，闸阀ξ=0.19，三通ξ=0.1。

解：管道的局部阻力系数为

$$\xi=3\times0.4+2\times0.19+2\times0.1=1.78$$

排水管道采用曼宁公式计算谢才系数为

$$C=\frac{\sqrt[6]{R}}{n}=\frac{\sqrt[6]{0.25\times 0.5}}{0.013}=54.4$$

当量管长度为

$$L_{\mathrm{d}}\ /\ \mathrm{m}=\frac{D\xi}{8g}C^2=\frac{0.5\times 1.78}{8\times 9.8}\times 54.4^2=33.6$$

4. 如图 6.10 所示，平行敷设的两条管材、管径相同的输水管线，设有两根连通管，其中一根 1 200 m 长度的输水管发生事故时，通过阀门切换，在总水头损失不变的情况下，事故流量 Q_1 为设计流量 Q 的多少？是否能达到事故校核的要求？

图 6.10　事故管段示意图

解：设单位长度比阻为 a，正常情况下的水头损失为

$$h=L\times a\left(\frac{Q}{2}\right)^2=3\,000\times a\left(\frac{Q}{2}\right)^2=750\ aQ^2$$

事故时的水头损失为

$$h_1=(800+1\,000)a\times\left(\frac{Q_1}{2}\right)^2+1\,200a\times Q_1^2=1\,650\ Q_1^2$$

因

$$h_1=h$$

则

$$\frac{Q_1}{Q}=\left(\frac{750}{1\,650}\right)^{\frac{1}{2}}=67.4\%$$

事故校核要求事故流量达到设计流量的 70%，因此不能达到校核的要求。

第四节　给水排水管网模型

一、名词解释

1. 管段：是管线和泵站等简化后的抽象形式，它只能输送水量，管段中间不允许有流量输入或输出，但水流经管段后可因加压或损失产生能量改变。

2. 节点：是管线交叉点、端点或大流量出入点的抽象形式。节点只能传递能量，不能改变水的能量。

3. 环：在管网图中，起点与终点重合的路径称为回路，也称为环。

4. 树状管网：无回路且连通的管网图定义为树状管网，组成树状管网的管段称为树枝。

5. 基本回路：是相互独立的回路，也可称为自然回路。

二、填空题

1.（管线的简化）（附属设施）

2.（构造）（拓扑）（水力）

3.（图论方法）

三、简答题

1. 简述给水排水管网简化的原则。

宏观等效原则：对给水排水管网局部简化后，要保持其功能及各元素之间的关系不变。

小误差原则：简化必然带来模型与实际系统的误差，需要将误差控制在允许范围内，满足工程要求。

2. 管网中附属设施的简化方法有哪些？

删除不影响全局水力特性的设施，如全开的闸阀、排气阀、泄水阀、消火栓等。将同一处的多个相同设施合并，并联或串联工作的水泵或泵站合并。

3. 简要介绍欧拉公式。

对于一个连通的管网图，欧拉公式为

$$M=L+N-1$$

式中 M——管段数；

L——内环数；

N——节点数。

4. 什么是节点流量方程？

对于管网模型中的任意节点 j，根据质量守恒定律，流入节点的所有流量之和应等于流出节点的所有流量之和，表示为

$$\sum_{i\in S_j}(\pm q_i)+Q_j=0$$

$$j=1，2，3，\ldots，N$$

式中 Q_j——节点 j 的流量；

q_i——管段 i 的流量；

S_j——节点 j 的关联集；

N——管网模型中的节点总数。

5. 什么是管段压降方程？

在管网模型中，所有管段都与两个节点关联，根据能量守恒定律，任意管段 i 两端节点水头之差，应等于该管段的压降，表示为

$$H_{Fi}-H_{Ti}=h_i \qquad i=1，2，3，\ldots，M$$

式中 H_{Fi}——管段 i 的起点节点水头；

H_{Ti}——管段 i 的终点节点水头；

h_i——管段 i 的压降；

M——管网模型中的管段总数。

6. 什么是环能量方程？

在管网模型中，所有的环路都是由封闭的管段组成，规定回路中的管段流量和水头损失的方向以顺时针为正，逆时针为负，则各管段的水头损失的代数和一定等于 0。表示为

$$\sum_{i\in k}h_i=\sum_{i\in k}(H_{F_i}-H_{T_i})=0$$

式中 H_{Fi}——管段 i 的起点节点水头；

H_{Ti}——管段 i 的终点节点水头；

h_i——管段 i 的压降；

k——管网中的环的编号；

i——第 k 环中的管段编号。

四、判断题

1.（×）（管段）　　2.（√）

五、问答题

1. 管线简化的方法有哪些？

（1）删除次要管线，保留主干管线和干管线。（2）当管线交叉点很近时，可以将其合并为同一交叉点。（3）将全开的阀门去掉，将管线从全闭阀门处切断；只有调节阀、减压阀等需要给予保留。（4）并联的管线可以简化为单管线，其直径采用水力等效原则计算。（5）在可能的情况下，将大系统拆分为多个小系统，分别进行分析计算

2. 树状管网的性质有哪些？

（1）在树状管网中，任意删除一条管段，将使管网图成为非连通图；（2）在树状管网中，任意两个节点之间必然存在且仅存在一条路径；（3）在树状管网中，任意两个不相同的节点间加上一条管段，则出现一个回路；（4）由于不含回路，树状管网的节点数 N 与树枝数 M 关系为

$$M=N-1$$

第五节　给水管网水力分析和计算

一、名词解释

1. 管段水力特性：是指管段流量与水头之间的关系，包括管段上各种具有固定阻力的设施影响，表示为

$$h_i = s_i q_i |q_i|^{n-1} - h_{ei} \qquad i=1，2，3，…，M$$

式中　h_i——管段压降，mH_2O；

q_i——管段流量，m^3/s；

n——管段阻力指数；

M——管段总数；

s_i——管段阻力系数，为管段上所有设施阻力系数之和；

h_{ei}——管段扬程即管段上泵站静扬程，m。

2. 管网平差：在解环方程组的过程中，忽略了泰勒展开式的高次项，计算会有误差，需要多次迭代不断校正管段流量，使水头损失闭合差不断减小，直至闭合差接近于 0。这个过程称为管段流量平差，简称管网平差。

3. 虚环：为了便于利用环能量方程表达路径能量问题，在每两个定压节点之间，构造一个虚拟的环，称为虚环。

4. 水头平差法：当管网中环数 L 较大时，系数矩阵的大多数元素为零，主对角元素值是较大的正值，非主对角的不为零的元素都是较小的负值。该系数矩阵为一个对称正定矩阵，且是一个主对角优势稀疏矩阵。因此，哈代-克罗斯算法提出，只保留主对角元素，忽略其他

所有元素，将线性方程组化简为

$$\Delta q_k^{(1)}=-\frac{\Delta h_k^{(0)}}{\sum\limits_{i\in R_k} z_i^{(0)}}\qquad k=1,\ 2,\ \dots,\ L$$

此式称为哈代-克罗斯平差公式，又称为水头平差法。

二、填空题

1.（解环方程组）（解节点方程组）

2.（逆推法）（顺推法）

3.（牛顿-拉夫森）（哈代-克罗斯）

4.（牛顿-拉夫森）（节点压力平差）

三、简答题

1. 简要回答管网恒定流方程组求解条件。

节点流量或压力必须有一个已知；管网中至少有一个定压节点。

2. 如何解环方程组？

先进行管段流量初分配，使节点流量连续性条件得到满足；然后，在保持节点流量连续性不被破坏的条件下，通过施加环校正流量，设法使各环的能量方程得到满足。

3. 如何解节点方程组？

以节点水头为未知量，首先拟定各节点水头初值，使环能量方程条件得到满足，但节点的流量连续性是不满足的。给各定流节点的初始压力施加一个增量，通过求解节点压力增量，使节点流量连续性方程得到满足。

四、判断题

1.（√）　2.（×）（N-R）　3.（×）（不可以）　4.（√）　5.（√）

五、问答题

1. 虚环有哪些假设？

（1）在管网中增加一个虚节点，作为虚定压节点，编码为 0，虚节点供应两个定压节点的流量。虚节点的压力定义为零；（2）从虚定压节点到每个定压节点增设一条虚管段，并假设该管段将流量输送到实际定压节点。该虚管段无阻力，但虚拟设一个泵站，泵站扬程为所关联定压节点水头，虚泵站无阻力。则虚管段能量方程为：$H_0-H_{Ti}=h_i=-H_{Ti}$；（3）定压节点流量改由虚管段供应，其节点流量改为零，成为已知量，其余节点水头假设为未知量。因此，不再有多定压节点，管网成为单定压节点。

六、计算题

1. 如图 6.11 所示的配水管网，初步流量分配及平差计算结果见图 6.11，计算得各环的校正流量分别为Δq_{I}=−5.97 L/s；Δq_{II}=+1.10 L/s；Δq_{III}=+2.05 L/s，则下一次平差计算的管段 2～5 的流量为多少？

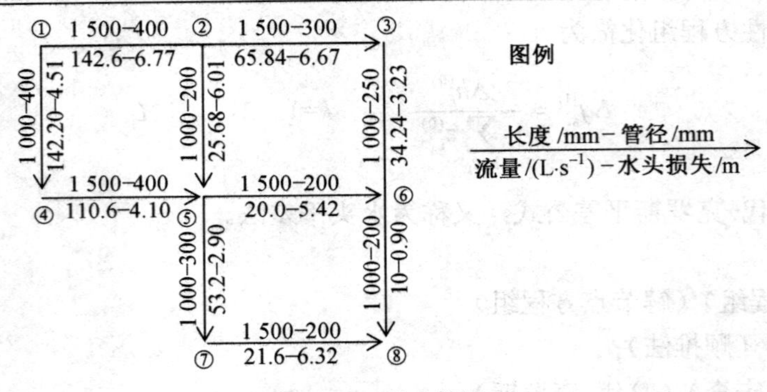

图 6.11　配水管网

解：

$$Q_{2\text{-}5}/(\text{L}\cdot\text{s}^{-1})=25.8-5.97-1.10=18.73$$

2. 某树枝状管网布置及节点流量如图 6.12 所示，则管段 3～4 的流量为多少？

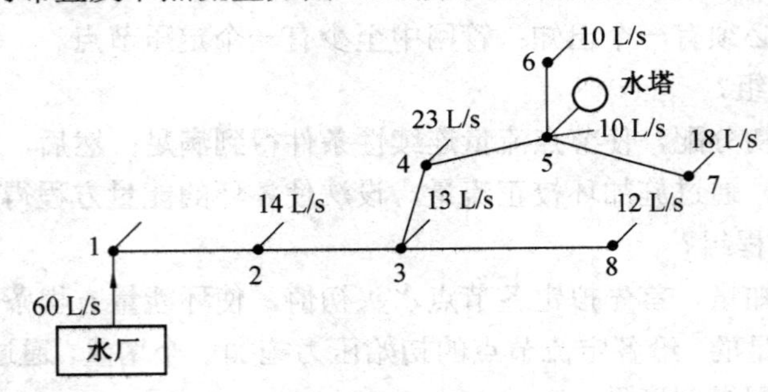

图 6.12

解：

$$Q_{3\sim8}/(\text{L}\cdot\text{s}^{-1})=12;\quad Q_{2\sim3}/(\text{L}\cdot\text{s}^{-1})=60-14=46$$

则

$$Q_{3\sim4}/(\text{L}\cdot\text{s}^{-1})=46-12-13=21$$

3. 某输水工程采用重力输水，将原水输送到自来水厂的配水井。已有一根输水管线总长 12 km，其中 DN1000 的管线长 7 km，DN900 的管线长 5 km，输水能力为 10 万 m^3/d。拟扩建输水管线一根，长 14 km，管径 DN1000，则扩建完成后，在相同进水水位的条件下，总输水能力能达到多少？（DN1000 管径的比阻 a=0.001 48，DN900 管径的比阻 a=0.002 6）

解：可资用水头为

$$h/\text{m}=\sum aLQ^2=(0.001\,48\times7\,000+0.002\,6\times5\,000)\times\left(\frac{100\,000}{24\times3\,600}\right)^2=31.23$$

则新增的 DN1000 管道的输水能力为

$$Q/(\text{万m}^3\cdot\text{d}^{-1})=\sqrt{\frac{h}{aL}}=\sqrt{\frac{31.23}{0.001\,48\times14\,000}}=\frac{1.23\ \text{m}^3}{s}=10.6$$

总输水能力（万 $m^3\cdot d^{-1}$）为

$$10/6+10=20.6$$

第六节 给水管网工程设计

一、名词解释

1. 工业用水指标：一般以万元产值用水量表示。

2. 集中流量：从管网中一个点取得用水，且用水流量较大的用户，其用水流量称为集中流量，如工业企业、事业单位、大型公共建筑等用水。

3. 沿线流量：分散用水户从管段沿线取得用水，且流量较小的用户，其用水流量称为沿线流量，如居民生活用水。浇洒道路或绿化用水等。

4. 经济流速：一定年限 T 年内，管网造价和管理费用之和为最小的流速，称为经济沉速。

5. 经济管径：根据经济流速确定的管径称为经济管径。

6. 节点服务水头：节点地面高程加上节点所连接用户的最低供水压力，即为节点服务水头。

7. 控制点：给水管网用水压力最难满足的节点。

8. 分区给水：根据城市地形特点将整个给水系统分成若干个区，每区有独立的泵站和管网，但各区之间有适当的联系，以保证供水可靠性和运行调度灵活性。

二、填空题

1.（25 L）（35 L）

2.（火灾次数）（一次灭火的用水量）

3.（1.0～2.0）（2～3）（1.5～4.0）

4.（清水池）（水塔或高位水池）

5.（消防）（给水处理系统生产自用）

6.（10%～20%）（相等容积的）（分格）

7.（2.5%～3%）（5%～6%）（低）

8.（集中）（分散）

9.（零）（50%）

10.（2.5～3 m/s）（0.6 m/s）

11.（平方根）

12.（管径）（设计流速）

13.（流量）（压力）（水头）（流量）

14.（消防工况）（水塔转输工况）（事故工况）

15.（修改管网中个别管段直径）（选择合适的水泵或改变水塔高度）

16.（10 m）

17.（对置水塔）（靠近供水末端网中水塔）

18.（并联分区）（串联分区）

19.（较高）（虹吸）

20.（局部水头）

21.（越多）（1/2）

22.（并联）（串联）

23.（并联）（串联）

三、简答题

1. 清水池与水头的消防用水量是否相同？

清水池消防贮备水量按 2 h 室外消防用水量计算；水塔的消防水量为室内消防贮备水量，按 10 min 室内消防用水量计算。

2. 清水池容积如何计算？

清水池设计有效容积为

$$W=W_1+W_2+W3+W_4$$

式中　W_1——清水池调节容积，m^3；

W_2——消防贮备水量，m^3；

W_3——给水处理系统生产自用水量，m^3，一般取最高日用水量的 5%~10%；

W_4——安全贮备水量，m^3。

3. 简述节点设计流量的计算公式。

节点设计流量是最高时用水集中流量、沿线流量（转移后）和供水设计流量之和。假定流出节点为正向，则公式为

$$Q_j = q_{mj} - q_{sj} + \frac{1}{2}\sum_{i\in S_j} q_{mj} \qquad j = 1,2,3,\cdots,N$$

$$\sum Q_j = 0$$

式中　N——管网图的节点总数；

Q_j——节点 j 的节点设计流量，L/s；

q_m——最高时位于节点 j 的集中流量，L/s；

q_{sj}——位于节点 j 的（泵站或水塔）供水设计流量，L/s；

q_{mi}——最高时管段 I 的沿线流量，L/s；

S_j——节点 j 的关联集，即与节点 j 关联的所有管段编号的集合。

4. 消防校核采用什么方法？不满足设计要求时，如何处理？

消防工况校核一般采用水头校核法。按最高用水时确定的水泵扬程不够消防需要时，须放大个别管段的直径，以减小水头损失。当最高用水时和消防时的水泵扬程相差很大时，须设专用消防泵供消防时使用。

5. 水塔转输校核采用什么方法？不满足设计要求时，如何处理？

转输工况校核一般采用流量校核法。转输工况校核不满足要求时，应适当加大从泵站到水塔最短供水路线上管段的管径。

6. 事故校核采用什么方法？不满足设计要求时，如何处理？

事故工况校核一般采用水头校核法。经过核算不能符合要求时，可以增加平行主干管条数或埋设双管。也可以采取贮备用水的保障措施。

7. 简要叙述分区给水的目的。

分区给水的目的，从技术上是管网的水压不超过管道可以承受的压力，以免损坏管道和附件，并可减少管网漏水量；在经济上可以降低供水动力费用。在给水区很大、地形高差显著或远距离输水时，分区给水具有重要的工程价值。

8. 泵站供水能力的组成有几部分？

由三部分组成：（1）保证最小服务水头所需的能量；（2）克服水管摩阻所需的能量；（3）未利用能量，各用水点的水压过剩而浪费的能量。

四、判断题

1.（×）（不包括自备水源）2.（√）　3.（×）（加大）　4.（√）

5.（×）（必须建造）　6.（√）　7.（×）（调大）　8.（×）（不允许）

9.（√）　10.（×）（减小）　11.（√）　12.（√）

13.（×）（不能）　14.（×）（相同）

五、问答题

1. 单水源给水管网系统供水泵站如何设置？

（1）当给水管网内部设水塔或高位水池时，供水泵站设计供水流量为最高时用水流量。

（2）当给水管网中设置水塔或高位水池时，供水泵站设置如下：A.一般分为两级或三级，高峰供水时段分一级，低峰供水时段分一级，在高峰和低峰供水量之间为一级；B.泵站各级供水量尽量接近用水量，以减小水塔或高位水池的调节容积；C.分级供水时，应注意水泵机组的合理搭配，尽可能满足目前和今后一段时间内用水量增长的需要；D.必须使泵站24小时供水量之和与最高日用水量相等，24小时供水量百分数之和应为100%。

2. 管段设计流量分配应遵循哪些原则？

（1）从一个或多个水源出发进行管段设计流量分配，应使供水流量沿较短的距离输送到整个管网的所有节点上，这是供水的目的性；

（2）当要向两个或两个以上方向分配设计流量时，要向主要供水方向分配较多的流量，次要供水方向分配较少的流量，特别注意不能出现逆向流，这是供水的经济性；

（3）应确定两条或两条以上平行的主要供水方向，在各平行供水方向上分配相接近的较大流量，垂直于主要供水方向的管段也要分配一定的流量，使主要供水方向管段损坏时，流量可通过这些管段绕道通过，这是供水的可靠性。

3. 选取经济流速和确定管径的原则有哪些？

（1）大管径可取较大的经济流速，小管径可取较小的经济流速；（2）管段设计流量占整个管网供水流量比例较小时，取较大的经济流速，反之，取较小的经济流速；（3）输水管所取的经济流速应较管网中其他管段的经济流速小；（4）管线造价较高而电价较低时，取较大的经济流速，反之取较小的经济流速；（5）重力供水时，各管段的经济管径或经济流速按充分利用地形高差来确定；（6）根据经济流速计算的管径不符合标准管径时，可选用相近的标准管径；（7）当管网中存在多个水源或设有对置水塔时，在各水源或水塔供水分界区域的管段设计流量可能特别小，管径要适当放大；（8）重要的输水管，应采用平行双条，每条管道直径按设计流量的50%确定。长距离输水时，输水管应设置两处以上的连通管，并安装切换阀门，保证事故供水量达到70%供水量要求。

六、计算题

1. 某城市人口30万，平均日综合生活用水定额为200 L/（cap·d），工业用水量（含职工生活用水和淋浴用水）占生活用水的比例为40%，浇洒道路和绿化用水量为生活与工业用水的10%，水厂自用水率为5%，综合用水的日变化系数为1.25，时变化系数为1.30，如不计消防用水，则该城市最高日设计用水量至少为多少？

解：（1）最高日综合生活用水量（m^3/d）：30 万×200/1 000×1.25=75 000。

（2）工业企业用水量（m^3/d）：75 000×40%=30 000。

（3）浇洒道路和绿化用水量（m^3/d）：（75 000+30 000）×10%=10 500。

（4）管网漏失及未预见（m^3/d）：（75 000+30 000+10 500）×15%=17 325。

最高日设计用水量（万 m^3/d）：75 000+30 000+10 500+17 325=132 825=13.28。

2. 水塔处地面标高为 15 m，水塔柜底距离地面 20.5 m，现拟在距离水塔 5 km 处建一幢住宅楼，该地面标高为 12 m，若水塔至新建住宅楼管线的水力坡降为 0.15%，则按管网最小服务水头确定的新建住宅楼建筑层数应为多少层？

解：水塔的总水头高度（m）为：20.5+（15−12）=23.5。

水力损失（m）为：5 000×0.15%=7.5。

住宅楼处的水头高度（m）为：23.5−7.5=16。

根据一层 10 m，二层 12 m，以后每一层增加 4 m，住宅楼可以建为 3 层楼。

3. 某城市最高日用水量 120 000 *t*/d，每小时用水量见表 6.4，若水厂取水泵房全天均匀供水，二级泵站直接向管网供水，则水厂内清水池调节容积至少应为多少？

表 6.4　用水量示意表

时间	0～1	1～2	2～3	3～4	4～5	5～6	6～7	7～8	8～9	9～10	10～11	11～12
水量	2 500	2 500	2 000	2 000	2 500	5 000	6 000	6 000	5 500	4 500	6 000	7 000
时间	12～13	13～14	14～15	15～16	16～17	17～18	18～19	19～20	20～21	21～22	22～23	23～24
水量	7 000	5 500	4 500	4 000	6 500	7 000	7 000	6 500	6 000	5 500	5 000	4 000

解：

表 6.5　水量计算表

$A(i)=\sum\pm$	$S(i)=\sum A(i)$
−13 500	−13 500
2 500	−11 000
−500	−11 500
5 500	−6 000
−1 500	−7 500
8 500	1 000
−1 000	0

清水池容积：Max[*S*(*i*)] −Min[*S*(*i*)]=1 000− (−13 500)=14 500 m^3

根据每小时供水量：120 000/24=5 000，与二级泵站用水量的差值，根据正负划分获得 *A*(*i*)数列，及 *A*(*i*)列累积求和（用于校核，必须归零）获得 *S*(*i*)数列−2 500，−2 500，−3 000，−3 000，−2 500，0，1 000，1 000，500，−500，1 000，2 000，2 000，500，−500，−1 000，1 500，2 000，2 000，1 500，1 000，500，0，−1 000

则数列 *A*(*i*)及 *S*(*i*)如表所示，获得清水池调节容积为 14 500 m^3。

4. 一个较大城市给水系统分三个区（图 6.13），其中 1 区的供水量为总供水量的一半，

水泵扬程为 H；2 区和 3 区的供水量均为总供水量的四分之一，三个区内都不设调节构筑物。2 区增压水泵扬程为 0.7 H，3 区增压水泵扬程为 0.8 H，1 区管网在 2 区和 3 区增压水泵房的进水点处的水压均为 0.4 H。则分区给水比不分区时能节省多少能量？

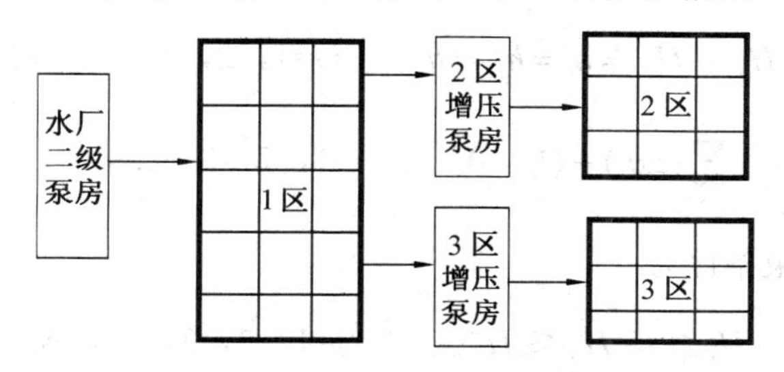

图 6.13　给水系统分区图

解：分区前的能量为

$$E_{前} = \rho gQ(H + 0.8\,\mathrm{H}) = 1.8\ \ \rho gQH$$

分区后的能量为

$$E_{后} = \rho g(QH + 0.8\,\mathrm{H} \times \frac{Q}{4} + 0.7\,\mathrm{H} \times \frac{Q}{4}) = 1.375\ \ \rho gQH$$

则节省的能量为

$$\Delta E / \% = \frac{E_{前} - E_{后}}{E_{前}} = \frac{1.8 - 1.375}{1.8} \times 100 = 23.6$$

第七节　给水管网优化设计

一、名词解释

1. 管网造价：在管网优化设计计算中，仅考虑管道系统和与之直接配套的管道配件及阀门等的综合造价，称为管网造价。

2. 管道单位长度造价：指单位长度管道的建设费用，包括管材、配件与附件等的材料费和施工费。

二、填空题

1.（直径）

2.（地形高差）（管道水头损失）

三、简答题

1. 简述给水管网造价的表达式。

给水管网造价可表示为

$$C = \sum_{i=1}^{M} C_i l_i = \sum_{i=1}^{M} (a + bD_i^{a}) l_i$$

式中　D_i——管段 i 的直径，m；

C_i——管段 i 的管道单位长度造价，元/m；

l_i——管段 i 的长度，m；

M——管网管段总数。

四、问答题

1. 给水管网优化设计数学模型的约束条件有哪些？

（1）水力约束条件为

$$H_{F_i}-H_{T_i}=h_i=h_{f_i}=h_{p_i} \qquad i=1，2，3，…，M$$

$$\sum_{i\in S_j}(\pm q_i)+Q_j=0 \qquad j=1，2，3，…，N$$

（2）节点水头约束条件为

$$H_{\min j}\leqslant H_j\leqslant H_{\max j} \qquad j=1，2，3，…，N$$

（3）供水可靠性和管段设计流量非负约束条件为

$$q_i\geqslant q_{\min i} \qquad i=1，2，3，…，M$$

（4）非负约束条件为

$$D_i\geqslant 0 \qquad i=1，2，3，…，M$$

$$h_{pi}\geqslant 0 \qquad i=1，2，3，…，M$$

第八节　给水管网运行调度与水质管理

一、名词解释

1. 二次污染：给水管网系统中的化学和生物反应给水质带来不同程度的影响，会导致水质变差，称为管网水质的二次污染。

2. 水龄：水在管网中的停留时间，指水从水源节点流至各节点的流经时间。

二、填空题

1.（遥控）（遥测）（遥讯）（动态）

2.（水源水质）（输水管道渗漏）（管道的腐蚀）（管壁上金属的腐蚀）（贮水设备中残留或产生的污染物质）（消毒剂与有机物和无机物之间的化学反应产生的消毒副产物）（细菌的再生长和病原体的寄生）（悬浮物导致的混浊度）

3.（调整水质）（涂衬保护层）（更换管道材料）

三、简答题

1. 给水管网优化调度的主要目标是什么？

在满足管网供水服务范围内的用水量、服务压力和水质要求条件下，尽可能降低供水成本，节约供水电能，稳定供水压力，降低管网漏损，保障管网运行安全。

2. 简要介绍给水管网运行调度系统发展的三个阶段。

（1）人工经验调度；（2）计算机辅助优化调度；（3）全自动优化调度与控制。

3. 供水管网中水质恶化的原因有哪些？

有些地区管网中出现水的浊度及色度增高、气味发臭等水质恶化问题，其原因除了出厂水水质不够清洁外，还可能由于水管中的积垢在水流冲击下脱落，管线末端的水流停滞，或管网边远地区的余氯不足而致细菌繁殖等原因引起。

4. 管道腐蚀的种类有哪些？

（1）均衡腐蚀；（2）凹点腐蚀；（3）结节腐蚀；（4）生物腐蚀

四、判断题

1.（√）　　2.（×）（可能会）　　3.（√）　　4.（×）（低）　　5.（×）（不能）

五、问答题

1. 如何保证管网的正常水量或水质？

（1）通过给水栓、消火栓和放水管，定期放去管网中的部分“死水”，并冲洗管道；

（2）长期未用的管线或管线末端，在恢复使用时必须冲洗干净；

（3）管线延伸过长，应在管网中途，以提高管网边缘地区的余氯浓度，防止细菌繁殖；

（4）定期对金属管道清垢、刮管和衬涂内壁，以保证管线输水能力和水质洁净；

（5）无论新敷管线竣工后或旧管线检修后，均应冲洗消毒；

（6）定期清洗水塔、水池和屋顶高位水箱；

（7）在管网的运行调度中，重视管网的水质检测，消除管网中水流滞留时间过长等不利因素。

第九节　污水管网设计与计算

一、名词解释

1. 排放系数：城市污水量定额与城市用水量定额之间有一定的比例关系，该比例称为排放系数。

2. 污水量日变化系数 K_d：指设计年限内，最高日污水量与平均日污水量的比值。

3. 污水量时变化系数 K_h：指设计年限内，最高日最高时污水量与该日平均时污水量的比值。

4. 污水量总变化系数 K_z：指设计年限内，最高日最高时污水量与平均日平均时污水量的比值。$K_z=K_d \cdot K_h$。

5. 污水管段设计流量：将该管段的上游端汇入污水流量和该管段的收集污水量作为管段的输水流量，称为该管段的设计流量。

6. 管道埋深：污水管道的埋设深度是指管道的内壁底部离开地面的垂直距离，亦简称为管道埋深。

7. 覆土厚度：管道的顶部离开地面的垂直距离。

8. 不计算管段：在街区和厂区内最小管径为 200 mm，在街道下的最小管径为 300 mm，当设计污水流量小于一定值时，可以不通过计算直接采用最小管径，在平坦地区还可以直接采用相应的最小设计坡度。这一管段称为不计算管段。

二、填空题

1.（城镇综合生活污水）（工业废水）

2.（居民生活污水）（公共建筑污水）

3.（60%～80%）

4.（0.8～0.9）

5.（最高日最高时）

6.（10%～15%）

7.（提升泵站）（跌水井）

8.（0.4 m/s）

9.（起点）（终点）（管段平均）

10.（7～8）（5）

11.（水面平接）（管顶平接）

12.（管底平接）

13.（最远）（最低）

14.（推流式）

15.（好氧生物）（向管道中补充空气或氧气）（增加污水中附着的生物量）（接种新鲜的污水）。

三、简答题

1. 为什么在天热干旱季节污水量约为用水量的50%，而排放系数选用0.8～0.9？

一般情况下，生活污水和工业废水的污水量大约为用水量的60%～80%，在天热干旱季节有时可达50%。但是，由于地下水和地面雨水可以通过管道的接口、裂隙等处进入排水管，雨水也可能从检查井口和错误接入的管道进入污水管，还有一些未包括在城市给水系统中的自备水源的企业或其他用户的排水也可能进入排水系统，使实际污水量增大。因此，我国的排放系数常采用0.8～0.9。

2. 污水设计流量计算与给水设计用水量计算一样吗？

污水设计流量计算与给水设计用水量计算方法有差别。居民生活用水量或综合生活用水量计算，采用最高日用水量定额和相应的时变化系数；计算居民生活污水量或综合生活污水量时，采用平均日污水量定额和相应的总变化系数。

3. 写出污水总变化系数的计算公式。

总变化系数K_z的取值范围为1.3～2.3，可按下式计算

$$K_z=\begin{cases}2.3 & Q_d\leqslant 5\\ \dfrac{2.7}{Q_d^{0.11}} & 5<Q_d<1\,000\\ 1.3 & Q_d\geqslant 1\,000\end{cases}$$

4. 污水管道衔接的原则是什么？

管道衔接要遵守两个原则：（1）避免上游管道形成回水，造成淤积；（2）在平坦地区应尽可能提高下游管道的标高，以减少埋深。

四、判断题

1.（√）　2.（×）（不含）　3.（×）（不包括）　4.（√）　5.（√）

6.（×）（越小）　7.（×）（正比）　8.（√）　9.（×）（较大）

五、问答题

1. 为什么污水管道应按非满管流设计？

（1）污水流量随时变化，而且雨水或地下水可以通过检查井盖或管道接口渗入污水管道。因此，污水管道必需保留一部分管道内的空间，为未预见水量的增长留有余地，避免污水溢出而妨碍环境卫生；

（2）污水管道内沉积的污泥可能分解析出一些有害气体，需留出适当的空间，以利管道内的通风，排除有害气体。

（3）便于管道的疏通和维护管理。

2. 污水管道的最小覆土厚度应满足什么要求？

（1）防止管道内污水冰冻和因土壤冰冻膨胀而损坏管道；

（2）防止地面荷载破坏管道；

（3）满足街区污水连接管衔接的要求。

从上述三个不同因素出发，可得到三个不同覆土厚度值，其中的最大值就是这一管段允许的最小覆土厚度或最小埋设深度。

六、计算题

1. 图 6.14 为某居民区生活污水管道平面布置图，各街区的排水方向及污水管内的流向如图所示，街区 F_a、F_b、F_c、F_d 的面积分别为 6.3 ha、6.35 ha、7.0 ha、6.1 ha。四个街区的生活污水比流量皆为 0.8 L/（s·ha）。假定各设计管段污水流量均从起点进入，试计算主干管上设计管段 2～3 的污水设计流量 $Q_{2\text{-}3}$。

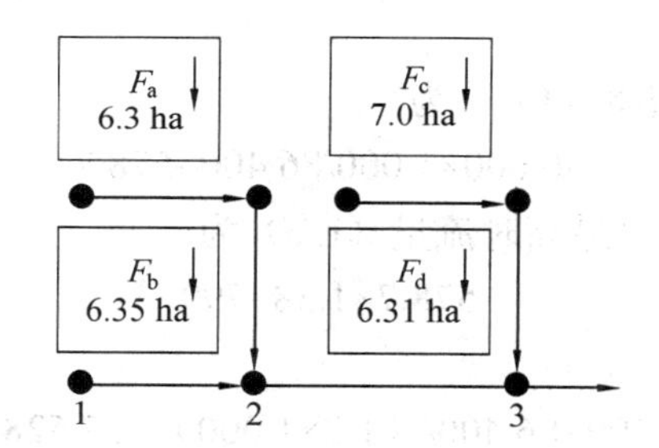

图 6.14　居民区给水管道平面布量图

解：2～3 管段接收 A、B、D 的污水，则平均污水流量（L/s）为

$$0.8\times（6.3+6.35+6.1）=15$$

查得 K_z=2.0，则

$$Q_{2\text{-}3}/(\text{L}\cdot\text{s}^{-1})=15\times2.0=30$$

2. 某城区包括居住区及工业区，居住区生活污水的设计流量为 Q_1=250 L/s，工业区的生活污水及淋浴污水设计流量为 Q_2=25 L/s，工业区工业废水设计流量为 Q_3=100 L/s，因该地区地下水位较高，地下水渗入量为 Q_4=20L/s，则该城区污水总设计流量应为多少？

解：总设计流量（L/s）为

$$Q/(\text{L}\cdot\text{s}^{-1})=250+25+100+20=395$$

3. 某城区居住 A 区面积 25 hm^2，人口密度为 400 人/hm^2，居民生活污水定额为 150 L/（人·d）。居住区内有一餐厅，设计污水量为 5 L/s；附近居住 B 区的生活污水平均污水量为 15 L/s，也接人 A 区。则居住 A 区设计污水管末端的设计流量为多少？

解：居住 A 区平均日生活污水量为

$$Q_A/(\text{L}\cdot\text{s}^{-1})=\frac{nN}{24\times3\,600}=\frac{150\times(400\times25)}{24\times3\,600}=17.36$$

则A、B区的生活平均污水量之和为

$$17.36+15=32.36$$

生活污水总变化系数为

$$K_Z=\frac{2.7}{32.36^{0.11}}=1.84$$

则A区设计污水管末端的设计流量（L/s）为

$$32.36\times1.84+5=64.6\ \mathrm{L/s}$$

4. 某工厂高温车间有职工170人，分三班工作，每班8小时，早、中、晚班职工人数分别为70人、60人、40人。该车间职工生活污水定额为35 L/（人·班）。则该车间的生活污水设计流量为多少（L/s）？

解：高温车间$K_h=2.5$，则

$$Q/(\mathrm{L\cdot s^{-1}})=\frac{70\times35\times25}{3\,600\times8}=0.213$$

5. 某城镇平均日生活污水量为50 000 m^3/d，时变化系数为1.2，该城镇最大日生活污水量为多少m^3/d?

解：平均日生活污水秒流量（L/s）为

$$50\,000\times1\,000/86\,400=578.7$$

计算K_z值，K_z=1.38，则最高日最高时流量（L/s）为

$$578.7\times1.38=799$$

最高日平均时污水量（m^3/d）为

$$799\times86\,400/（1.2\times1\,000）=57\,528$$

第十节　雨水管渠设计和优化计算

一、名词解释

1. 降雨量：指单位地面面积上在一定时间内降雨的雨水体积，单位为体积/（面积·时间）。

2. 降雨深度：当降雨量用长度/时间表示时，降雨量又称为一定时间内的降雨深度。

3. 年平均降雨量：指多年观测的各年降雨量的平均值，单位为mm/a。

4. 月平均降雨量：指多年观测的各月降雨量的平均值，单位为mm/月。

5. 最大日降雨量：指多年观测的各年中降雨量最大一日的降雨量，单位为mm/d。

6. 降雨历时：在降雨量累积曲线上取某一时间段，称为降雨历时。

7. 暴雨强度：如果降雨历时覆盖了降雨的雨峰时间，则计算获得的降雨量即为对应于该降雨历时的暴雨强度。

8. 暴雨强度频率：计算某个特定的降雨历时的暴雨强度出现的经验频率，简称暴雨强度频率。

9. 重现期：指在多次的观测中，事件数据值大于等于某个设定值重复出现的平均间隔年数，单位为年（a）。

10. 汇水面积：指雨水管渠汇集和排除雨水的地面面积，单位为hm^2或km^2。

11. 地面径流：降落在地面上的雨水在沿地面流行的过程中，一部分雨水被地面上的植物、洼地、土壤或地面缝隙截留，剩余的雨水在地面上沿地面坡度流动，称为地面径流。

12. 径流系数：地面径流量与总降雨量的比值，径流系数小于 1。

13. 集水时间：指雨水从汇水面积上的最远点流到设计的管道断面所需要的时间，单位为 min。

14. 截流倍数：当溢流井内的水流刚达到溢流状态的时候，合流管和截流管中的雨水量与旱流污水量的比值，称为截流倍数。

15. 旱流污水量：生活污水量和工业废水量之和，相当于无降雨日的城市污水量。

二、填空题

1.（瞬时降雨强度）（累积降雨量）（降雨时间）

2.（大于）（大于）（大于）（大于）

3.（加权平均法）

4.（分散式）

5.（满管流）

6.（0.75 m/s）

7.（10 m/s）（5 m/s）

8.（0.01）

9.（溢流堰式）（流槽式）（泵汲式）

10.（不使上游地区溢流积水）

11.（防潮门）（闸门）（排涝泵站）

12.（截流槽式）（溢流堰式）（跳跃堰式）

13.（1%）

三、简答题

1. 简要介绍暴雨强度与降雨量的关系。

暴雨强度用符号 i 表示，单位为 mm/mim 或 mm/h。在工程上，常采用单位时间内单位面积上的降雨量 q 表示。I 和 q 之间的换算关系为

$$q/(\mathrm{L\cdot s^{-1}\cdot hm^2})=\frac{10\,000}{60}i=167i$$

2. 简述我国的暴雨强度公式。

我国的暴雨强度公式的形式为

$$q=\frac{167A_1(1+C\lg P)}{(t+b)^n}$$

式中　q——设计暴雨强度，L/(s^{-1}·hm^2)；

t——降雨历时，min；

P——设计重现期，a；

A_1，C，n，b——待定参数。

3. 雨水管道接入明渠时，如何处置？

当管道接入明渠时，在管道接口处应设置挡土的端墙，连接处的土明渠应加铺砌，铺砌高度不低于设计超高，铺砌长度自管道末端算起 3～10 m。最好适当跌水，当跌水高差为 0.3～2 m 时，需做 45° 斜坡，斜坡应加铺砌。当跌差大于 2 m 时，应按水工构筑物设计。

4. 简述调节雨水管渠高峰径流量的方法。

方法有两种：（1）利用管渠本身的调节能力蓄洪，称为管渠容量调洪法，该方法调洪能力有限，可节约管渠造价 10%左右；（2）另外建造人工调节池或利用天然洼地、池塘、河流等蓄洪，该法蓄洪能力大。

四、判断题

1.（√）　2.（×）（大）　3.（×）（可采用不同）　4.（√）　5.（×）（仍有径流）
6.（√）　7.（√）　8.（√）　9.（√）　10.（×）（较大）
11.（×）（提高）

五、问答题

1. 对城市旧合流制排水管网系统的改造，有几种途径？

（1）改为分流制，是一个比较彻底的改造方法。

（2）改造为截流式合流制管网，该方法没有杜绝污水对水体的污染。

（3）对溢流混合污水进行适当处理，可以较好地解决溢流混合污水对水体的污染。

（4）对溢流混合污水量进行控制。采用表面蓄水措施，削减高峰径流量。

2. 排洪沟排洪渠平面布置的基本要求有哪些？

（1）进口段：为使洪水能顺利进入排洪沟，排洪沟的进口应直接插入山洪沟，衔接点的高程为原山洪沟的高程。或以侧流堰为进口，将截流坝的顶面做成侧流堰渠与排洪沟直接相接，适用于进口高程高于原山洪沟高程。

（2）出口段：排洪沟出口段应布置在不致冲刷排放地点的岸坡，应选择地质条件好的地段，并采取护砌措施。出口段宜设置渐变段，逐渐增大宽度，降低流速，或采用消能、加固措施。出口标高应在河流常水位以上。

（3）连接段：当排洪沟受地形限制不能布置成直线时，应保证转弯处有良好的水流条件，弯曲半径不小于设计水面宽度的 5～10 倍。

六、计算题

1.两个相邻地块的雨水管道布置如图 6.15 所示，假定设计流量均从管道起点进入，当重现期 P=1 a 时，该地区设计暴雨强度为：$q=\dfrac{2001}{(t+8)^{0.711}}=167i$ L/(s•ha)，地面径流系数均为 0.7，地面集水时间均为 t=10 min，试计算雨水管段 1～2 的雨水设计流量 $Q_{1\sim2}$。

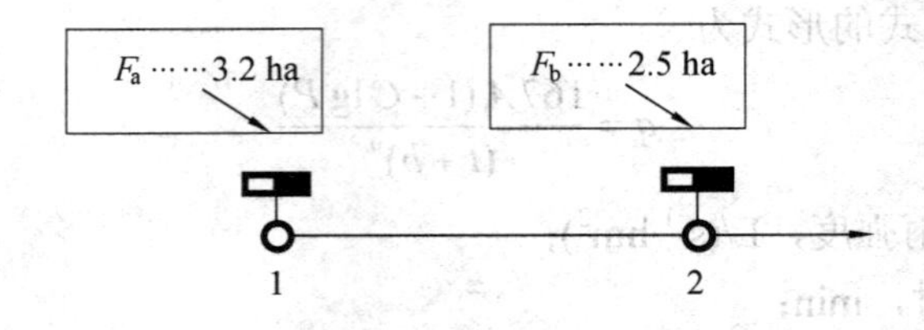

图 6.15　雨水管道布置图

解：

$$Q_{1\sim2}/(\mathrm{L\cdot s^{-1}})=\varphi pF=0.7\times3.2\times\frac{2001}{(10+8)^{0.711}}=574$$

2. 某城区截留式合流制排水系统中（图 6.16），1～2 为雨污水合流干管，2 为溢流井，2～3 为截流干管。已知，从合流干管流至溢流井的雨污总水量为 500 L/s，其中旱流污水量为 30 L/s；溢流井的截留倍数为 3.0；则流经溢流井转输至下游截留干管的混合污水量为多少？溢流井向水体溢出的水量为多少？

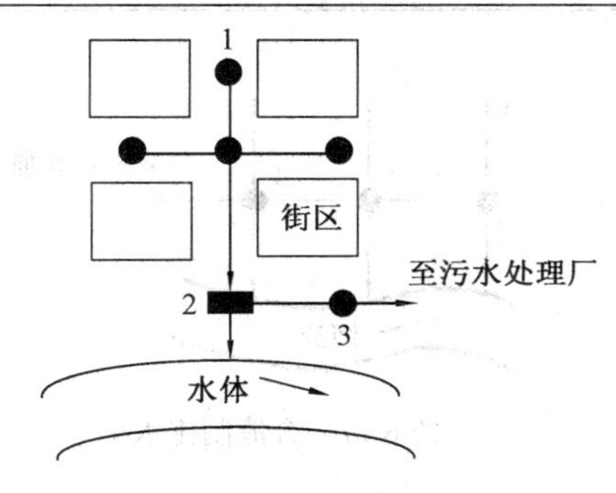

图 6.16 截留式合流制排水系统

解：根据截流井及截留倍数的定义，可得截流井后管段的设计流量为

$$Q' / (\mathrm{L \cdot s^{-1}}) = (n_0 + 1)Q_{dr} = 4 \times 30 = 120$$

2~3 管段截留的雨水量（L/s）为

$$3 \times 30 = 90$$

溢流井向水体溢出的水量（L/s）为

$$500 - 120 = 380$$

3. 某大型工业企业位于山脚下，已建成一条矩形断面的排洪沟，沟宽 4.0 m，沟深 3.2 m（含超高 0.2 m），沟底纵坡 0.15%，沟壁粗糙系数为 0.017。假设该排洪沟汇水面积内不同重现期的山洪流量如表所示，则排洪沟的设计防洪标准（重现期）是什么？

表 6.6 防洪标准

防洪标准重现期/a	山洪流量/（$\mathrm{m^3 \cdot s^{-1}}$）
20	20.4
40	25.6
50	30.5

解：计算山洪流速为

$$v / (\mathrm{m^3 \cdot s^{-1}}) = \frac{1}{n} R^{\frac{2}{3}} i^{\frac{1}{2}} = \frac{1}{0.017} \left(\frac{4 \times 3}{4 + 6} \right)^{\frac{2}{3}} \times 0.15\%^{\frac{1}{2}} = 2.57$$

$$Q / (\mathrm{m^3 \cdot s^{-1}}) = A \cdot v = 4 \times 3 \times 2.57 = 30.87$$

因此，该排洪沟的设计标准为 50 年。

4. 某旧城镇设有一条合流制排水管渠，如图所示。图 6.17 中 2、3、4 为溢流井，已知条件如下表所示。则合流管渠 2～3 管段的设计流量和 3～4 管段的雨水设计流量分别为多少？

表 6.7 合流制流量表

合流管渠	生活污水/（$\mathrm{L \cdot s^{-1}}$）		工业废水/（$\mathrm{L \cdot s^{-1}}$）		雨水设计流量/（$\mathrm{L \cdot s^{-1}}$）	截流倍数
	平均流量	最大时流量	最大班平均流量	最大时流量		
1～2 管段	10	22	15	30	600	2.5
2～3 管段	15	30	20	40	550	2.0
3～4 管段	20	39	25	50	500	1.5

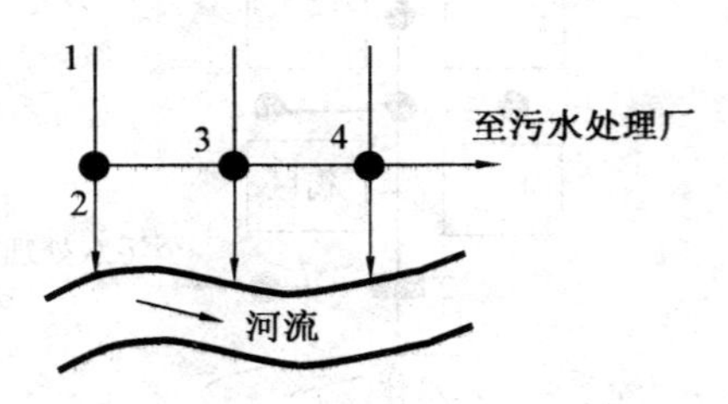

图 6.17　合流制排水渠

解：（1）旱流流量（L/s）为

$$1\sim2:10+15=25$$
$$2\sim3:15+20=35$$

（2）2～3 管段设计流量计算

转输流量（L/s）：$(2.5+1)\times25=87.5$ 。

本段雨水量：550 L/s。

本段旱流流量：35 L/s。

则 2～3 管段设计流量（L/s）为

$$87.5+550+35=672.5$$

（3）3～4 管段雨水设计流量计算

转输雨水流量（L/s）：2.5×25+2.0×35=132.5。

本段雨水流量：500 L/s。

则 3～4 管段雨水设计流量（L/s）为

$$132.5+500=632.5$$

5. 某排水区域的雨水干管布置如图 6.18 所示，已知：F_a=5 hm^2，t_a=8 min，F_b =10 hm^2，t_b= 15 min。从 A 到 B 的雨水管道流行时间为 $t_{a\text{-}b}$=10 min，m=1.2，P=1a。当 P=1a 时的暴雨强度公式为：$q=\dfrac{1500}{(t_1+mt_2+5)^{0.6}}$，径流系数$\varphi$=0.6。求 B 点的设计流量为多少 L/s?

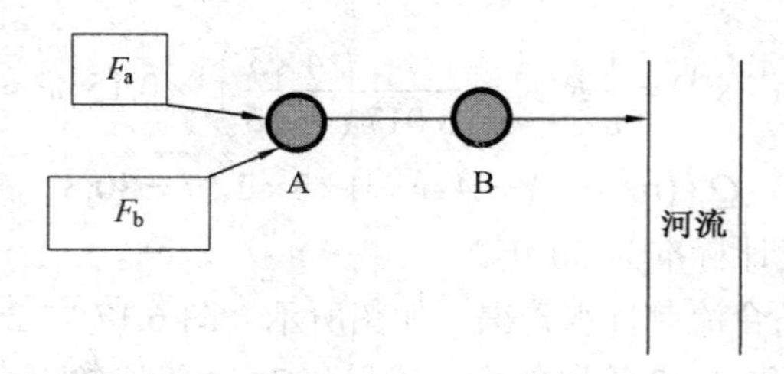

图 6.18　雨水干管布置图

解：根据极限强度理论：暴雨强度随降雨历时减少的幅度小于汇水面积随降雨历时增长的速度，因此

$$Q/(\text{L}\cdot\text{s}^{-1})=\frac{1\,500}{(15+5)^{0.6}}\times0.6\times(5+10)=2\,237$$　（F_b 全径流，F_a 最大流量已过）

$$Q'/(\text{L}\cdot\text{s}^{-1})=\frac{1\,500}{(8+5)^{0.6}}\times0.6\times\left[5+\left(\frac{8}{15}\times10\right)\right]=1\,996$$（F_a 全径流，F_b 部分参与，该值低）

则，设计流量为 2 237 L/s。

第十一节　给水排水管道材料和附件

一、名词解释

1. 阀门：在管道系统中，用于调节管线中的流量或水压的装置。

2. 止回阀：限制压力管道中的水流朝一个方向流动的阀门。

二、填空题

1.（金属管）（非金属管）

2.（水压）（外部荷载）（地质及施工条件）

3.（捣实法）（压实法）（振荡法）

4.（凹底矩形断面）

5.（梯形断面）

6.（地上式）（地下式）

7.（倒虹管）

8.（排气阀）（泄水阀）

三、简答题

1. 管网中的专用设备有哪些？

管网中的专用设备有：阀门、消火栓、通气阀、放空阀、冲洗排水阀、减压阀、调流阀、水锤消除器、检修人孔、伸缩器、存渣斗、测流测压设备等。

2. 球墨铸铁有哪些特点？

球墨铸铁具有灰铸铁管的许多优点，机械性能有很大提高，强度是灰铸铁管的多倍，抗腐蚀性能远高于钢管。球墨铸铁管的重量较轻，很少发生爆管、渗水和漏水现象，可以减少管网漏损率和管网维修费用。球墨铸铁管的接口水密性好，有适应地基变形的能力，抗振效果好。

3. 塑料管的特点有哪些？

塑料管具有强度高、表面光滑、不易结垢、水头损失小、耐腐蚀、重量轻、加工和接口方便的优点，但是管材的强度较低，膨胀系数较大，用作长距离管道时，需考虑温度补偿措施。

4. 大口径闸阀启闭有什么特点？如何操作？

大口径的阀门，手工开启或关闭时，很费时间，劳动强度大。直径较大的阀门有齿轮传动装置，并在闸板两侧接旁通阀，以减小水压差，便于启闭。开启阀门时，先开旁通阀．关闭阀门时则后关旁通阀，或者应用电动阀门以便于启闭。安装在长距离输水管上的电动阀门，应限定开启和闭合的时间，以免因启闭过快而出现水锤现象使水管损坏。

5. 管线如何穿越障碍物？

给水管线穿越铁路时，若埋设较深，可不设套管；若穿越重要的铁路或交通繁忙的公路时，水管须放在钢筋混凝土套管内。穿越铁路或公路时，水管管顶应在铁路路轨或公路路面以下 1.2 m，两端应设检查井，井内设阀门或排水管。

管线穿越河川山谷时，可利用现有桥梁架设水管，或敷设倒虹管，或建造水管桥。

四、判断题

1.（√） 2.（×）（垂直） 3.（√） 4.（×）（钢管） 5.（×）（次要）

第十二节 给水排水管网管理与维护

一、名词解释

1. 腐蚀：金属管道的变质现象，其表现方式有生锈、坑蚀、结瘤、开裂或脆化等。

二、填空题

1.（水压线的密集程度）

2.（电磁）（超声波）

3.（直接观察）（听漏）（分区装表）（分区检漏）

4.（听漏棒）

5.（采用非金属管材）（金属管表面涂油漆、水泥砂浆、沥青等）（阴极保护）

6.（冲洗）（刮管）（酸洗法）

7.（污物淤塞管道）（过重的外荷载）（地基不均匀沉陷）

8.（水力方法）（机械方法）

9.（硫化氢）（甲烷）（二氧化碳）

10.（热塑内衬法）（胀破内衬法）

三、简答题

1. 给水排水管网地理信息管理的主要功能有哪些？

给水排水管网的地理信息管理，包括泵站、管道、管道阀门井、水表井、减压阀、泄水阀、排气阀、用户资料等。

2. 电磁流量计有哪些特点？

电磁流量计有如下特点：电磁流量变送器的测量管道内无运动部件，因此使用可靠，维护方便，寿命长，而且压力损失很小，也没有测量滞后现象，可以用来测量脉冲流量。在测量管道内有防腐蚀衬里，也可测量各种腐蚀性介质。流量测量范围大，输出信号可与电动单元组合仪表或工业控制机联用。

3. 超声波流量计有哪些特点？

超声波流量计的主要优点是，在管道外侧测量，实现无妨碍测量，只要能传播超声波的流体皆可用来测量，可以对高黏度液体、非导电性液体或气体进行测量。

4. 简要介绍阴极保护的两种方法。

阴极保护的方法：（1）使用消耗性的阳极材料，如铝、镁，隔一定距离用导线连接到管线（阴极）上，在土壤中形成电路。其结果是阳极腐蚀，管线得到保护。这种方法常用在缺少电源、土壤电阻率低和水管保护涂层良好的情况。（2）通入直流电的阴极保护法。埋在管线附近的废铁和直流电源的阳极连接，电源的阴极连接到管线上，可防止腐蚀。应用于土壤电阻率高或金属管外漏时。

四、判断题

1.（×）（以前） 2.（√） 3.（×）（不宜设在） 4.（×）（管径偏小）

参考文献

[1] 黄君礼. 水分析化学[M]. 4 版. 北京：中国建筑工业出版社，2013.

[2] 顾夏声，胡洪营，文湘华，等. 水处理生物学[M]. 5 版. 北京：中国建筑工业出版社，2011.

[3] 姜乃昌. 泵与泵站[M]. 5 版. 北京：中国建筑工业出版社，2011.

[4] 李圭白，张杰主. 水质工程学（上册）[M]. 2 版. 北京：中国建筑工业出版社，2013.

[5] 李圭白，张杰主. 水质工程学（下册）[M]. 2 版. 北京：中国建筑工业出版社，2013.

[6] 张自杰. 排水工程[M]. 5 版. 北京：中国建筑工业出版社，2015.

[7] 严煦世，刘遂庆. 给水排水管网系统[M]. 2 版. 北京：中国建筑工业出版社，2008.